建筑节点构造图集

屋面工程

《建筑节点构造图集》编委会　编

中国建筑工业出版社

图书在版编目(CIP)数据

屋面工程/《建筑节点构造图集》编委会编. 一北京：中国建筑工业出版社，2007
(建筑节点构造图集)
ISBN 978-7-112-09209-3

Ⅰ. 屋… Ⅱ. 建… Ⅲ. 屋顶—结构设计—图集 Ⅳ. TU231-64

中国版本图书馆 CIP 数据核字(2007)第 045698 号

本书为《建筑节点构造图集》之一。书中收集了中南、华北、西北、河北、河南、浙江、江苏等地方标准图集有关屋面的构造图，分平屋面、坡屋面、种植屋面三个部分，包括有卷材防水屋面、涂膜防水屋面、刚性防水屋面、混凝土瓦屋面、油毡瓦屋面、玻璃屋面、压型钢板屋面、小青瓦屋面等。对各种屋面均列出了分层做法，以及檐口、檐沟、女儿墙、泛水、屋脊、屋面设施基础、管道伸出屋面处理等细部构造详图。全书有总的设计说明，各种屋面则附有简要的说明。可供房屋建筑屋面设计、施工与学习参考，可在设计中直接选用。

* * *

责任编辑：曲汝铎
责任设计：赵明霞
责任校对：兰曼利 刘 钰

建筑节点构造图集
屋面工程
《建筑节点构造图集》编委会 编
*
中国建筑工业出版社出版、发行（北京西郊百万庄）
各地新华书店、建筑书店经销
北京千辰公司制作
北京富生印刷厂印刷
*
开本：880×1230 毫米 1/16 印张：19¾ 字数：626 千字
2008 年 12 月第一版 2008 年 12 月第一次印刷
印数：1—3000 册 定价：**52.00** 元
ISBN 978-7-112-09209-3
(15873)

《建筑节点构造图集》编委会名单

编委会主任 胡永旭

编委会委员 （以姓氏的汉语拼音排序）

陈　平　房泽民　冯　燕　高俊普

郭伟佳　郝凤鸣　胡永旭　李保平

李金保　曲汝铎　单　梅　孙虹波

孙晓文　王洪涛　王健康　项连斌

杨传濡　曾赐生　张　申　郑荣科

编写人员 黎　钟　曲汝铎　李新生

编 辑 说 明

为了推动建筑科技的发展。促进建筑设计施工的标准化进程，由中国建筑工业出版社和各省、直辖市、自治区建筑标准设计办公室（站）合作，组成了本套专辑的编委会，编委会委员由各省市区标办的负责人担任，2006年7月在广西南宁召开了编委会第一次工作会议，决定编辑出版《建筑节点构造图集》，制定了编写本套专辑的原则、范围、体例、程序和做法，并确定了第一批图集的题目。

一、这套图集涵盖了建筑设计、建筑施工、建筑设备、建筑电器、市政工程、园林工程等多个领域，选编范围在各省市区已经编制完成的地方标准图集。编写原则是依据这些图集，确定专题，同类型的构造节点做法选择技术先进、成熟可靠、应用广泛、少有争议的做法。

二、为了达到相互交流、汲取借鉴的原则，图集不分地域，只是依据构造做法的原则编写，读者在不同的地区和条件下，可以参考使用。

三、因为本图集中的内容选自地方标准图集，出处标注在每页上。大部分图是节选，不是完整的设计，因此图集的内容仅作为参考借鉴，不能照搬。如果读者想选用，请依据图上的出处，找到原图，依据原图选用。

四、由于本书是选编的图集，每个专题和分类难于系统，多不能自成体系，前后的编排也难于联系，读者在使用时，每项内容的选用，都是独立的思考单元，切不可照搬照用。

五、本书的编写原则之一，是力求广度，也就是把全国各地方的设计成果能够最大限度地体现出来，各省市区由于经济技术水平的差异，在编制标准图集的过程中，存在着较大的差异，故此，在深度上存在参差不齐的现象，读者在使用中请予斟酌，但是从这点上出发，也会使读者能够了解各地方上的差异。

六、本书在编写过程中，得到了各省市区建设主管部门的重视，也得到了各省市区建筑标准办公室以及参与编制地方编制图集的部门有关人员的大力支持，在此一并表示衷心的感谢。

七、由于所收资料非常广泛，差异巨大、类型繁多，编写过程难免有所纰漏和错误，敬请读者指出，以便再版时予以更正，读者有所建议和意见也请告诉我们。

联系地址：北京百万庄　中国建筑工业出版社

《建筑节点构造图集》编委会　收

邮政编码：100037　　电话：58934831　　传真：68314843

电子信箱：quruduo@163.com

《建筑节点构造图集》编委会

目　录

4 玻璃屋面

5 透光屋面

6 压型钢板屋面

7 小青瓦屋面

8 琉璃瓦屋面

9 折坡屋面

10 屋面老虎窗

11 屋面天窗

12 屋面其他构造

总　说　明

一、图集编制说明

本图集是根据中南地区、华北地区、西北地区、江苏省、浙江省、河北省、河南省等的标准设计部门分别出版发行的标准设计图集摘录编成。目的是“为提高屋面工程技术水平，确保防水、保温隔热工程的功能与质量”，给建筑设计和施工人员提供屋面做法的经验和资料，以兹借鉴。

本图集按照《屋面工程技术规范》(GB 50345—2004）相应分类，根据上述地区有关的平屋面、坡屋面（瓦屋面）、种植屋面（覆土植草屋面）的标准图集，加以综合编成。对于平屋面分为柔性防水屋面（卷材防水屋面、涂膜防水屋面）和刚性防水屋面（细石混凝土防水屋面)；保温隔热屋面分别将种植屋面、倒置屋面、架空屋面、蓄水屋面列出，但将种植屋面单独列为一篇。对于坡屋面列出了混凝土瓦屋面（平瓦屋面、水泥瓦屋面)、油毡瓦屋面和金属板材屋面、玻璃屋面。每类屋面均先列出分层做法，然后列举檐口、女儿墙、泛水、檐沟、水落口、伸出屋面管道等主要部位的细部构造。在列出各类屋面构造图之前均有简要的设计说明。

本图集只适用于一般工业与民用建筑房屋。一些特殊的屋面，图集中未予列入。

二、屋面设计说明

屋面工程设计与施工应遵守国家及地方有关环境保护和建筑节能的规定，并符合国家标准《屋面工程技术规范》(GB 50345—2004)、《屋面工程质量验收规范》(GB 50207—2002)，以及国家和地方其他有关标准规范的规定和要求。

屋面设计应满足坚固耐久、保温隔热、防水排水及抵抗腐蚀的要求，同时要力求做到构造简单、造价经济、外表美观。

屋面工程设计应包括以下内容：

(1) 确定屋面防水等级和设防要求；

(2) 屋面工程的构造设计；

(3) 防水层选用的材料及其主要物理性能；

(4) 保温隔热层选用的材料及其主要物理性能；

(5) 屋面细部构造的密封防水措施，选用材料及其主要物理性能；

(6) 屋面排水系统的设计。

屋面设计依据的规范有：

- 《民用建筑设计通则》(GB 50352—2005)
- 《屋面工程技术规范》(GB 50345—2004)
- 《屋面工程质量验收规范》(GB 50207—2002)
- 《民用建筑热工设计规范》(GB 50176—1993)
- 《民用建筑节能设计标准（采暖居住建筑部分)》(JGJ 26—1995)
- 《夏热冬冷地区居住建筑节能设计标准》(JGJ 134—2001)
- 《夏热冬暖地区居住建筑节能设计标准》(JGJ 75—2003)
- 《公共建筑节能设计标准》(GB 50189—2005)

还有当地的有关规范与规定。

屋面设计应根据工程特点、地区自然条件，按《屋面工程技术规范》(GB 50345—2004）规定，决定屋面防水等级要求，选用防水层材料及构造做法。按最上一层防水层的材料选定各部位所适应的节点，并确定保护层、防水层、附加防水层、保温层和找平层的材料及其做法。

屋面设计应严格遵守下列的规定：

对屋面防水等级及设防的规定如下：

屋面工程应根据建筑物的性质、重要程度、使用功能要求以及防水层合理使用年限，按不同等级进行设防，并应符合表1的要求。

屋面防水等级和设防要求 表1

项目	屋面防水等级			
	Ⅰ级	Ⅱ级	Ⅲ级	Ⅳ级
建筑物类别	特别重要或对防水有特殊要求的建筑	重要的建筑和高层建筑	一般的建筑	非永久性的建筑
防水层合理使用年限	25年	15年	10年	5年
设防要求	三道或三道以上防水设防	二道防水设防	一道防水设防	一道防水设防
防水层选用材料	宜选用合成高分子防水卷材、高聚物改性沥青防水卷材、金属板材、合成高分子防水涂料、细石防水混凝土等材料	宜选用高聚物改性沥青防水卷材、合成高分子防水卷材、金属板材、合成高分子防水涂料、高聚物改性沥青防水涂料、细石防水混凝土、平瓦、油毡瓦等材料	宜选用高聚物改性沥青防水卷材、合成高分子防水卷材、三毡四油沥青防水卷材、金属板材、高聚物改性沥青防水涂料、合成高分子防水涂料、细石防水混凝土、平瓦、油毡瓦等材料	可选用二毡三油沥青防水卷材、高聚物改性沥青防水涂料等材料

注：1 规范中规定采用的沥青均指石油沥青，不包括煤沥青和煤焦油等材料。

2. 石油沥青纸胎油毡和沥青复合胎柔性防水卷材，系限制使用材料。

3. 在Ⅰ、Ⅱ级屋面防水设防中，如仅作一道金属板材时，应符合有关技术规定。

卷材防水屋面基层与突出屋面结构（女儿墙、立墙、天窗壁、变形缝、烟囱等）的交接处，以及基层的转角处（水落口、檐口、天沟、檐沟、屋脊等），均应做成圆弧。内部排水的水落口周围应做成略低的凹坑。

每道卷材防水层厚度选用应符合表2的规定。

卷材防水层厚度选用表 表2

屋面防水等级	设防道数	合成高分子防水卷材	高聚物改性沥青防水卷材	沥青防水卷材和沥青复合胎柔性防水卷材	自粘聚酯胎改性沥青防水卷材	自粘橡胶沥青防水卷材
Ⅰ级	三道或三道以上设防	不应小于1.5mm	不应小于3mm	—	不应小于2mm	不应小于1.5mm
Ⅱ级	二道设防	不应小于1.2mm	不应小于3mm	—	不应小于2mm	不应小于1.5mm
Ⅲ级	一道设防	不应小于1.2mm	不应小于4mm	三毡四油	不应小于3mm	不应小于2mm
Ⅳ级	一道设防	—	—	二毡三油	—	—

屋面设施的防水处理应符合下列规定：

1. 设施基座与结构层相连时，防水层应包裹设施基座的上部，并在地脚螺栓周围做密封处理；

2. 在防水层上放置设施时，设施下部的防水层应做卷材增强层，必要时应在其上浇筑细石混凝土，其厚度不应小于50mm；

3. 需经常维护的设施周围和屋面出入口至设施之间的人行道应铺设刚性保护层。

每道涂膜防水层厚度选用应符合表3的规定。

涂膜防水层厚度选用表 **表3**

屋面防水等级	设防道数	高聚物改性沥青防水涂料	合成高分子防水涂料和聚合物水泥防水涂料
Ⅰ级	三道或三道以上设防	—	不应小于1.5mm
Ⅱ级	二道设防	不应小于3mm	不应小于1.5mm
Ⅲ级	一道设防	不应小于3mm	不应小于2mm
Ⅳ级	一道设防	不应小于2mm	—

细石混凝土防水层的厚度不应小于40mm，并应配置直径为4～6mm、间距为100～200mm的双向钢筋网片；钢筋网片在分格缝处应断开，其保护层厚度不应小于10mm。

防水层的分格缝应设在屋面板的支承端、屋面转折处、防水层与突出屋面结构的交接处，并应与板缝对齐。

对屋面构造的规定：

结构层为装配式钢筋混凝土板时，应用强度等级不小于C20的细石混凝土将板缝灌填密实；当板缝宽度大于40mm或上窄下宽时，应在缝中放置构造钢筋；板端缝应进行密封处理。

天沟、檐沟纵向坡度不应小于1%，沟底水落差不得超过200mm；天沟、檐构排水不得流经变形缝和防火墙。

在纬度40°以北地区且室内空气湿度大于75%，或其他地区室内空气湿度常年大于80%时，若采用吸湿性保温材料做保温层，应选用气密性、水密性好的防水卷材或防水涂料做隔汽层。

隔汽层应沿墙面向上铺设，并与屋面的防水层相连接，形成全封闭的整体。

具有保温隔热要求的屋面工程，屋面保温可采用板状材料或整体现喷保温层，屋面隔热可采用架空、蓄水、种植等隔热层。

板状保温材料的质量应符合表4的要求。

板状保温材料质量 **表4**

项目	质量要求					
	聚苯乙烯泡沫塑料		硬质聚氨酯泡沫塑料	泡沫玻璃	加气混凝土类	膨胀珍珠岩类
	挤压	模压				
表观密度（kg/m^3）	—	15～30	≥30	≥150	400～600	200≥350
压缩强度（kPa）	≥250	60～150	≥150	—	—	—
抗压强度（MPa）	—	—	—	≥0.4	≥2.0	≥0.3
导热系数[W/(m·K)]	≤0.030	≤0.041	≤0.027	0≤.062	0.220	≤0.087
70℃，48h后尺寸变化率（%）	≤2.0	≤4.0	≤5.0	—	—	—
吸水率（v/v,%）	≤1.5	≤6.0	≤3.0	≤0.5	—	—
外观	板材表面基本平整，无严重凹凸不平					

现喷硬质聚氨酯泡沫塑料的表观密度宜为35～40kg/m^3，导热系数小于0.030W/(m·K)，压缩强度大于150kPa，闭孔率大于92%。保温层厚度应根据所在地区按现行建筑节能设计标准计算确定。

保温层的构造：当保温层设在防水层上部时，保温层的上面应做保护层，保温层设在防水层下部时，保温层的上面应做找平层；屋面坡度较大时，保温层应采取防滑措施；吸湿性保温材料不宜用于封闭式保温层；当需要采用时，宜采用排汽屋面。

保温屋面在与室内空间有关联的天沟、檐沟处，均应铺设保温层；天沟、檐沟、檐口与屋面交接处，屋面保温层的铺设应延伸到墙内，其伸入的长度不应小于墙厚的1/2。屋面的排汽出口应埋设排汽管，排汽管宜设在结构层上，穿过保温层及排汽道的管壁四周应打排汽孔，排汽管应做防水处理。

除上述规定外，其余规定将在以下分别按平屋面、瓦屋面与种植屋面加以叙述。

屋面接缝密封防水适用于屋面防水工程的密封处理，并与刚性防水屋面、卷材防水屋面、涂膜防水屋面等配套使用。

屋盖系统的各种接缝是屋面渗漏的主要部位，密封处理质量好坏，直接影响屋面防水工程的连续性和整体性。因此，对于防水等级为Ⅰ～Ⅳ级的建筑屋面接缝部位，均应进行密封防水处理。密封防水处理不宜作为一道防水单独使用，它主要用于屋面构件与构件、构件与配件的拼接缝，以及各种防水材料接缝和接头的密封防水处理。

接缝密封材料如下：

背衬材料有：聚乙烯泡沫塑料棒、橡胶泡沫棒等，均应适应基层的膨胀和收缩。

接缝密封材料有改性石油沥青及合成高分子密封材料，其物理性能应分别符合表5、表6要求：

改性石油沥青密封材料物理性能 **表5**

项目		性能要求	
		Ⅰ类	Ⅱ类
耐热度	温度（℃）	70	80
	下垂值（mm）	≤4.0	
低温柔性	温度（℃）	-20	-10
	粘结状态	无裂纹和剥离现象	
拉伸粘结性（%）		≥125	
浸水后拉伸粘结性（%）		125	
挥发性（%）		≤2.8	
施工度（mm）		≥22.0	≥20.0

注：改性石油沥青密封材料按耐热度和低温柔性分为Ⅰ类和Ⅱ类。

合成高分子密封材料物理性能 **表6**

项目		技术指标						
		25LM	25HM	20LM	20HM	12.5E	12.5P	7.5P
拉伸模量（MPa）	23℃ -20℃	≤0.4 和 ≤0.6	>0.4 或 >0.6	≤0.4 和 ≤0.6	>0.4 或 >0.6	—		
定伸粘结性		无破坏					—	
浸水后定伸粘结性		无破坏					—	
热压冷拉后粘结性		无破坏					—	
拉伸压缩后粘结性		—					无破坏	
断裂伸长率（%）		—					≥100	≥20
浸水后断裂伸长率（%）		—					≥100	≥20

注：合成高分子密封材料按拉伸模量分为低模量（LM）和高模量（HM）两个次级别；按弹性恢复率分为弹性（E）和塑性（P）两个次级别。

关于接缝密封防水的设计与构造：

1. 应保证密封部位不渗水，并满足防水层合理使用年限的要求。

2. 屋面密封防水的接缝宽度宜为5～30mm，接缝深度可取接缝宽度的0.5～0.7倍。

3. 密封材料选择应符合下列规定：

（1）根据当地历年最高气温、最低气温、屋面构造特点和使用条件等，选择耐热度、柔度相适应的密封材料；

（2）根据屋面接缝位移大小和特征，应选择与位移能力相适应的密封材料。

4. 接缝处的密封材料底部应设置背衬材料，背衬材料宽度应比接缝宽度大20%，嵌入深度为密封材料的设计厚度。背衬材料应选择与密封材料不粘结或粘结力弱的材料；采用热灌法施工时，应选用耐热性好的背衬材料。

5. 密封防水处理连接部位的基层，应涂刷基层处理剂；基层处理剂应选用与密封材料材性相容的材料。

6. 接缝部位外露的密封材料上应设置保护层。

7. 结构层板缝中浇灌的细石混凝土上应填放背衬材料，上部嵌填密封材料，并应设置保护层。

8. 天沟、檐沟、檐口、泛水卷材收头、水落口、伸出屋面管道根部等节点密封防水处理，应符合屋面工程技术规范要求，其细部将于各种屋面详图中表示。

附　屋面工程建筑材料标准目录

1. 现行建筑防水材料标准应按附表1的规定选用。

现行建筑防水材料标准　　附表1

类　别	标　准　名　称	标　准　号
沥青和改性沥青防水卷材	1. 石油沥青纸胎油毡、油纸 2. 石油沥青玻璃纤维胎油毡 3. 石油沥青玻璃布胎油毡 4. 铝箔面油毡 5. 改性沥青聚乙烯胎防水卷材 6. 沥青复合胎柔性防水卷材 7. 自粘橡胶沥青防水卷材 8. 弹性体改性沥青防水卷材 9. 塑性体改性沥青防水卷材 10. 自粘聚合物改性沥青聚酯胎防水卷材	GB 326—89 GB/T 14686—93 JC/T 84—1996 JC 504—1996 GB 18967—2003 JC/T 690—1998 JC 840—1999 GB 18242—2000 GB 18243—2000 JC 898—2002
高分子防水卷材	1. 聚氯乙烯防水卷材 2. 氯化聚乙烯防水卷材 3. 氯化聚乙烯-橡胶共混防水卷材 4. 高分子防水材料（第一部分片材） 5. 高分子防水卷材胶粘剂	GB 12952—2003 GB 12953—2003 JC/T 684—2005 GB 18173.1—2000 JC 863—2000
防水涂料	1. 水性沥青基防水涂料 2. 聚氨酯防水涂料 3. 溶剂型橡胶沥青防水涂料 4. 聚合物乳液建筑防水涂料 5. 聚合物水泥防水涂料	JC 408—1996 GB/T 19250—2003 JC/T 852—1999 JC/T 864—2000 JC/T 894—2001
密封材料	1. 聚氨酯建筑密封膏 2. 聚硫建筑密封膏 3. 丙烯酸酯建筑密封膏 4. 硅酮建筑密封膏 5. 建筑防水沥青嵌缝油膏 6. 混凝土建筑接缝用密封胶	JC/T 482—2003 JC/T 483—2006 JC/T 484—2006 GB/T 14683—2003 JC/T 207—1996 JC/T 881—2001
刚性防水材料	1. 砂浆、混凝土防水剂 2. 混凝土膨胀剂 3. 水泥基渗透结晶型防水材料	JC 474—1999 JC 476—2001 GB 18445—2001
瓦	1. 油毡瓦 2. 烧结瓦 3. 混凝土瓦	JC/T 503—1996 JC 709—1998 JC 746—1999
防水材料试验方法	1. 沥青防水卷材试验方法 2. 建筑胶粘剂通用试验方法 3. 建筑密封材料试验方法 4. 建筑防水涂料试验方法 5. 建筑防水材料老化试验方法	GB/T 328—2007 GB/T 12954—1991 GB/T 13477—2002 GB/T 1677—1997 GT/T 18244—2000

2. 现行建筑保温隔热材料标准应按附表 2 的规定选用。

现行建筑保温隔热材料标准 **附表 2**

类别	标准名称	标准号
保温隔热材料	1. 建筑物隔热用硬质聚氨酯泡沫塑料 2. 膨胀珍珠岩绝热制品 3. 膨胀蛭石制品 4. 泡沫玻璃绝热制品 5. 绝热用模塑聚苯乙烯泡沫塑料 6. 绝热用挤塑聚苯乙烯泡沫塑料（XPS）	GB 10800—1989 GB/T 10303—2001 JC 442—1996 JC/T 647—2005 GB/T 10801.1—2002 GB/T 10801.2—2002
保温隔热材料试验方法	1. 保温材料憎水性试验方法 2. 硬质泡沫塑料试验方法 3. 加气混凝土导热系数试验方法 4. 膨胀珍珠岩绝热制品试验方法 5. 塑料燃烧性能试验方法 6. 无机硬质绝热制品试验方法	GB 10299—1988 GB/T 8810—8813—2005 JC 275—1996 GB/T 5486—1985 GB/T 2406—1993 GB/T 5486—2001

3. 沥青玛琋脂标号的选用

粘贴各层卷材和粘结绿豆砂保护层的沥青玛琋脂标号，应根据屋面的使用条件、坡度和当地历年极端最高气温，按附表 3 的规定选用。

沥青玛琋脂选用标号 **附表 3**

材料名称	屋面坡度	历年极端最高气温	沥青玛琋脂标号
沥青玛琋脂	1% ~3%	小于 38℃ 38 ~41℃ 41 ~45℃	S-60 S-65 S-70
	3% ~15%	小于 38℃ 38 ~41℃ 41 ~45℃	S-65 S-70 S-75
	15% ~25%	小于 38℃ 38 ~41℃ 41 ~45℃	S-75 S-80 S-85

注：1. 卷材层上有块体保护层或整体刚性保护层时，沥青玛琋脂标号可按表中规定降低 5 号；

2. 屋面受其他热源影响（如高温车间等）或屋面坡度超过 25% 时，应将沥青玛琋脂的标号适当提高。

平　屋　面

平屋面设计说明

一般平屋面的分层做法是最上一层为防水层，以下为保温隔热层、隔汽层、找平层、隔离层，然后是屋面结构层。为提高屋面保温效果，不少地区采用了将保温层设于防水层上面的倒置式做法，为了隔热保温也有采用蓄水屋面、架空屋面、种植屋面的种种做法，本章将分别加以介绍。种植屋面因不单纯为隔热问题，牵涉问题多些，故另立一篇专门介绍。下面先列出平屋面设计的几个问题：

1. 关于屋面防水等级和设防要求，以及隔热保温的设计在总说明中已有介绍。至于每道防水的厚度，隔热计算应用的传热系数和热惰性指标限值等资料将于以后各节分别随有关问题列出。

2. 关于保护层。当采用柔性防水层以及倒置式屋面时，在保温层的上面均应设保护层。

作为屋面的保护层，如为上人屋面，可选用：8～10mm 厚地砖块材、预制混凝土板（30mm×250mm×250mm，或 40mm×370mm×370mm），或架空混凝土板（40mm×490mm×490mm，混凝土 C20 配双向 ϕ4@150 钢筋），板缝采用 1∶2 水泥砂浆，或 40mm 厚细石混凝土（表面分格缝间距 <2m）填实。如为不上人屋面，可撒粒径 2～5mm 的绿豆砂（中砂）或卵石（粒径 10～30mm，厚 50mm），或刷浅色反光涂层 2 道，或抹水泥砂浆面层（20mm 厚，分格缝间距 1m）。

3. 防水层材料有：柔性的为卷材和涂膜，刚性的为细石混凝土。

合成高分子防水卷材有：三元乙丙橡胶防水卷材、氯化聚乙稀-橡胶共混卷材、氯化乙烯（CPE）防水卷材、聚氯乙烯（Ⅱ型）防水卷材等。

高聚物防水卷材有：SBS 改性沥青、APP 改性沥青、自粘聚酯胎（或纤维胎）改性沥青、自粘橡胶沥青、铅箔面改性沥青等防水卷材。

沥青类防水卷材有：石油沥青纸胎油毡、石油沥青玻璃纤维胎油毡等（均为限制使用材料）。

合成高分子涂料（涂膜）有：硅橡胶、聚硫橡胶，聚氨酯（非焦油型）和丙烯酸酯类、聚合物水泥等。

高聚物改性沥青涂料（涂膜）有：氯丁橡胶沥青涂料、再生橡胶沥青涂料（JG—2）、SBS 改性沥青防水涂料。

细石混凝土为：40mm 厚 C30 细石混凝土整浇，配双向钢筋 ϕ4@150；掺入水泥用量 12%（按产品说明）的 UEA 混凝土微膨胀剂，或掺入水泥用量 3% 的硅质密实剂，或掺入体积率 0.8%～1.2% 的钢纤维（宜用 42.5 级普通硅酸盐水泥或硅酸盐水泥，水灰比≤0.55，水泥用量≥330kg/m^3，含砂率 35%～40%，灰砂比为 1∶2～1∶2.5。钢筋网片宜置于上半部）。

天沟、檐沟应增铺附加防水层，采用沥青防水卷材时应增铺一层卷材；采用高聚物改性沥青防水卷材、合成高分子卷材或涂膜防水时，增铺有胎体增强材料的涂膜附加层。

4. 关于保温隔热层应根据热工分区经计算确定

对防水等级为Ⅰ、Ⅱ级的建筑屋面，要求传热系数较小的屋面和建筑标准较高的屋面，宜选用导热系数和干密度小的保温材料，以减轻屋盖自重。

5. 关于隔汽层

在纬度 40°以北地区，且室内空气湿度大于 75%，其他地区室内空气湿度常年大于 80% 时，当采用吸湿性保温材料做保温层时，应做隔汽层。

隔汽层应选用气密性、水密性好的防水卷材或防水涂料，如氯化聚乙烯防水卷材（1.5mm 厚）、SBS 改性沥青防水卷材（4mm 厚），或聚氨酯防水涂料（1.5mm 厚）。

在屋面的每个防水单元，隔气层应满铺，周边屋面与墙面的连接处，应连续沿墙面向上铺设，高出保温层上表面不少于 150mm，且与屋面防水层搭牢，形成全封闭的整体。

6. 关于找平层

当采用 1∶2.5 水泥砂浆时，在现浇板面上为 20mm 厚，在整体或板状材料保温层上为 25mm 厚，在预制混凝土板上为30mm厚。当采用细石混凝土找平时，为35mm厚。找平层应留分格缝，其纵横间距不大于6m，缝宽为5～20mm，并嵌填密封材料。在结构板缝处应对应地留分格缝。

7. 关于其他配件

如雨水斗、雨水管及排汽管，应优先选用PVC-V硬塑料制品、玻璃钢制品，或采用钢制品。城市住宅，优先采用防攀半圆PVC落水管。雨水斗见国家标准图01S302，防攀水落管见国家标准图02ZTJ202。外露钢连接件应刷防护油漆，可用红丹漆2道打底，再刷调和漆二道，表面颜色由单项工程设计确定。

1 柔性防水屋面

卷材、涂膜防水屋面构造举例（中南05ZJ201）（7页）

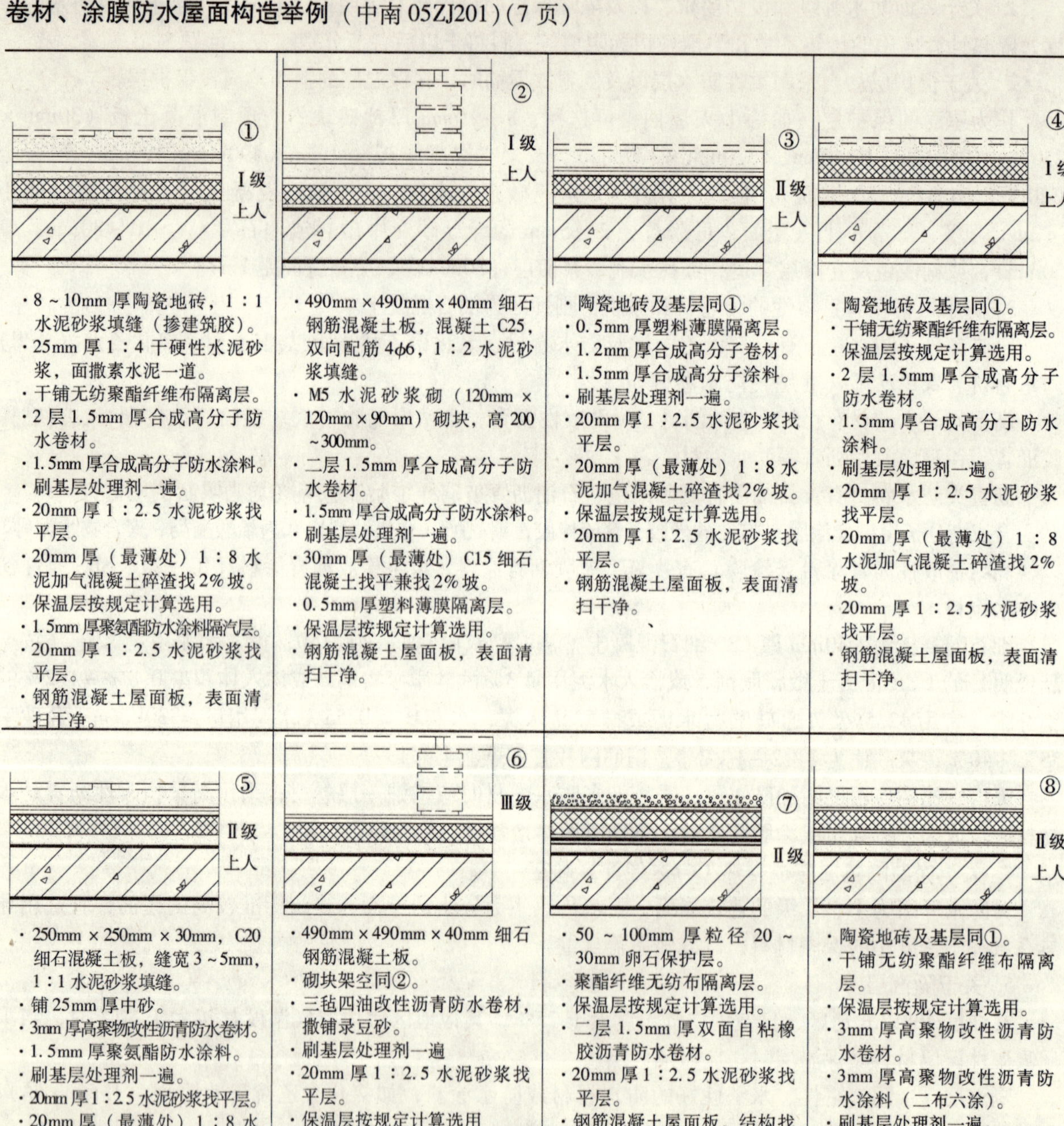

说明：④、⑦、⑧节点，倒置保温隔热屋面的保温材料应选用挤塑聚苯乙烯泡沫塑料板或硬质聚氨酯泡沫塑料板。

平檐口及外天沟（中南 05ZJ201）（8 页）

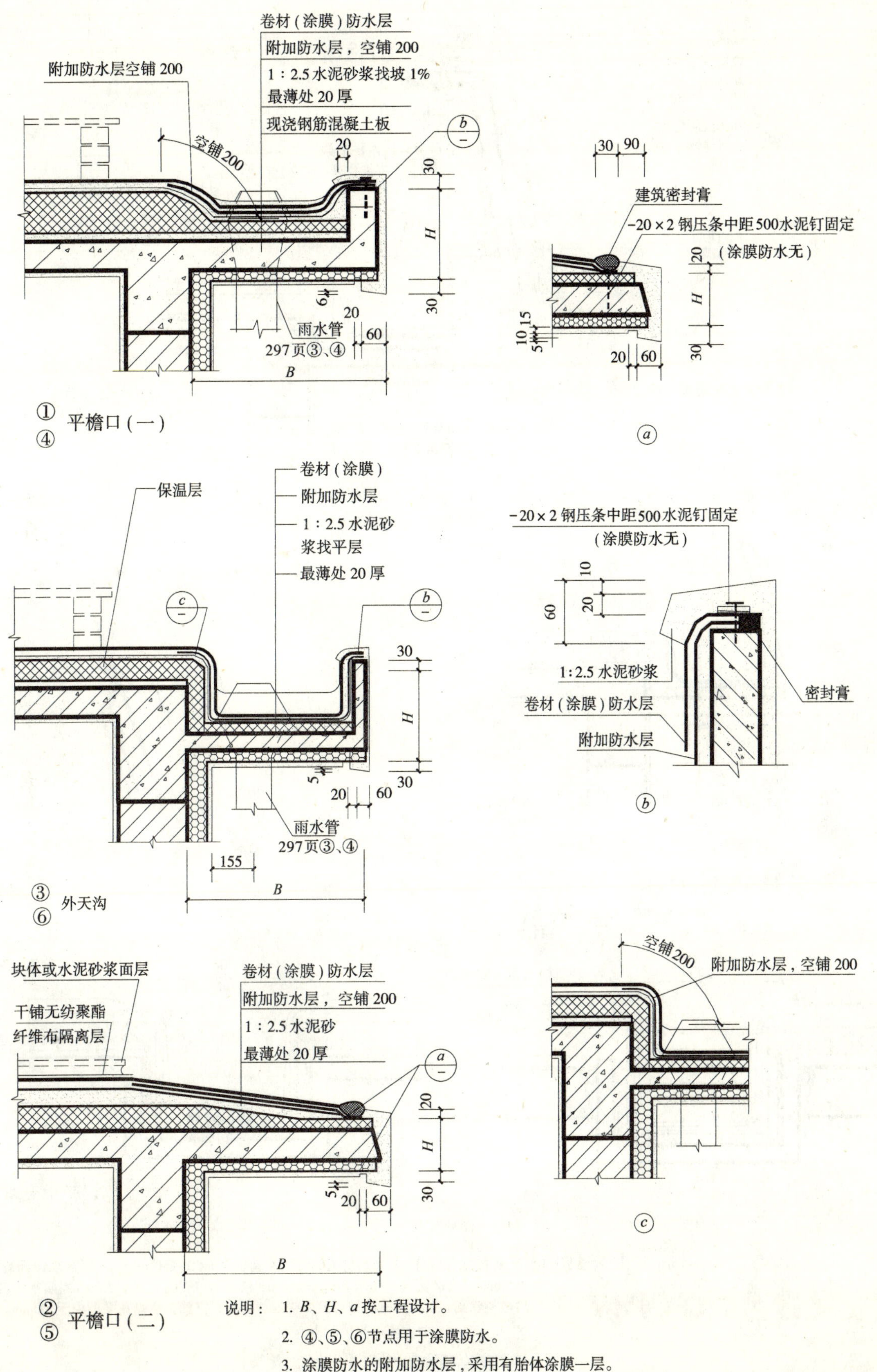

说明：

1. B、H、a 按工程设计。
2. ④、⑤、⑥节点用于涂膜防水。
3. 涂膜防水的附加防水层，采用有胎体涂膜一层。

带斜板天沟和中天沟（中南 05ZJ201）(9 页)

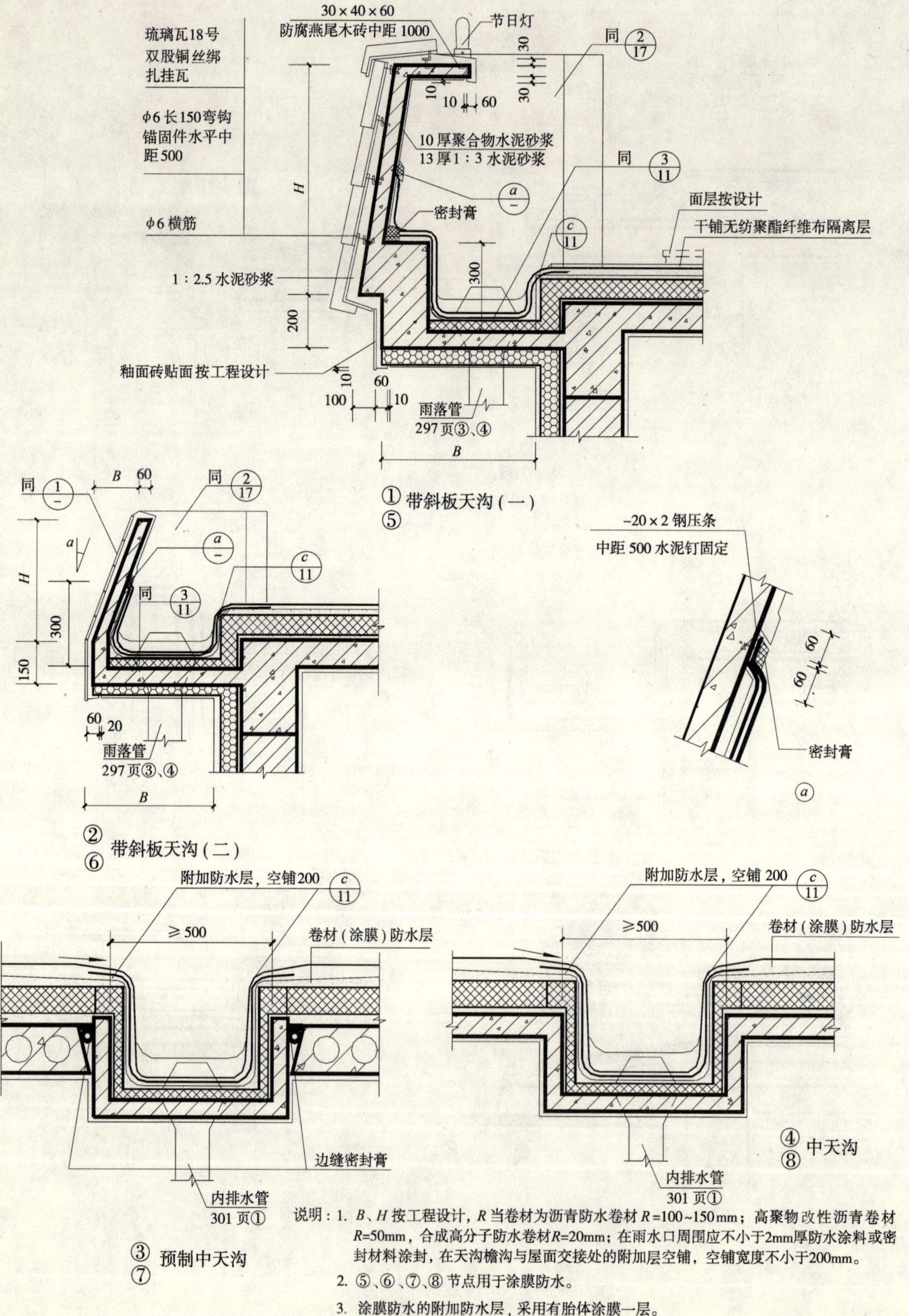

说明：1. B、H 按工程设计，R 当卷材为沥青防水卷材 R=100~150mm；高聚物改性沥青卷材 R=50mm，合成高分子防水卷材R=20mm；在雨水口周围应不小于2mm厚防水涂料或密封材料涂封，在天沟檐沟与屋面交接处的附加层空铺，空铺宽度不小于200mm。

2. ⑤、⑥、⑦、⑧ 节点用于涂膜防水。

3. 涂膜防水的附加防水层，采用有胎体涂膜一层。

屋面泛水（中南 05ZJ201）(10 页)

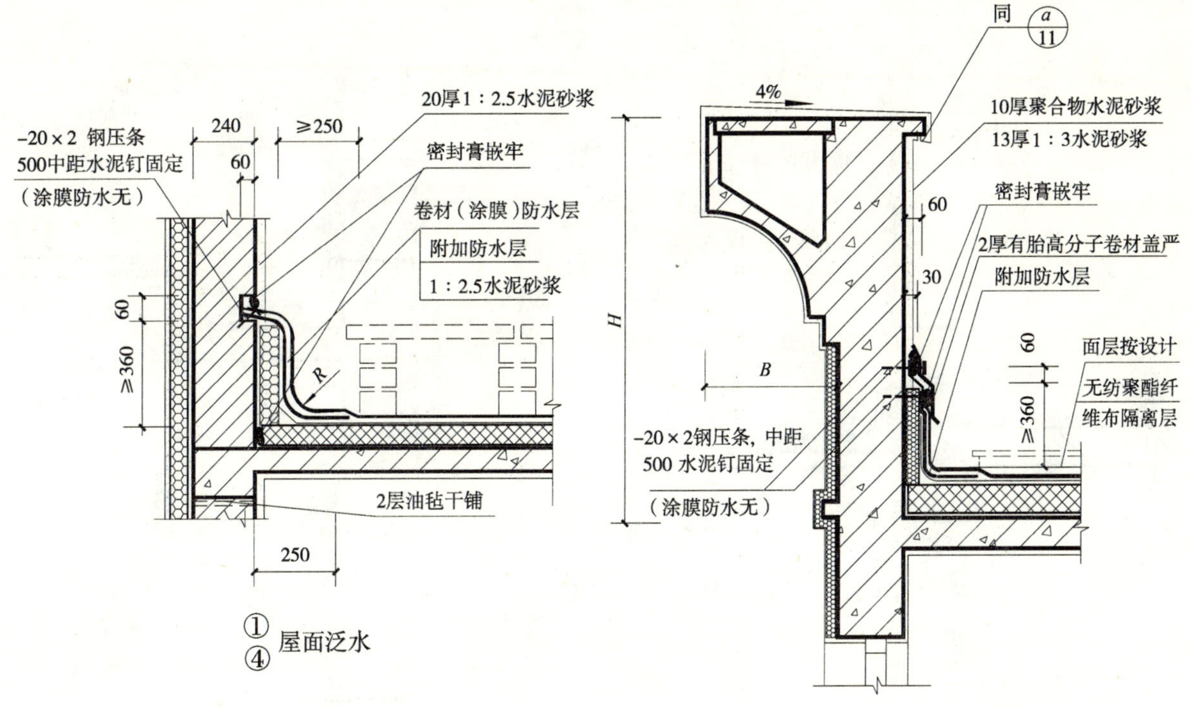

①
④ 屋面泛水

②
⑤ 混凝土墙泛水

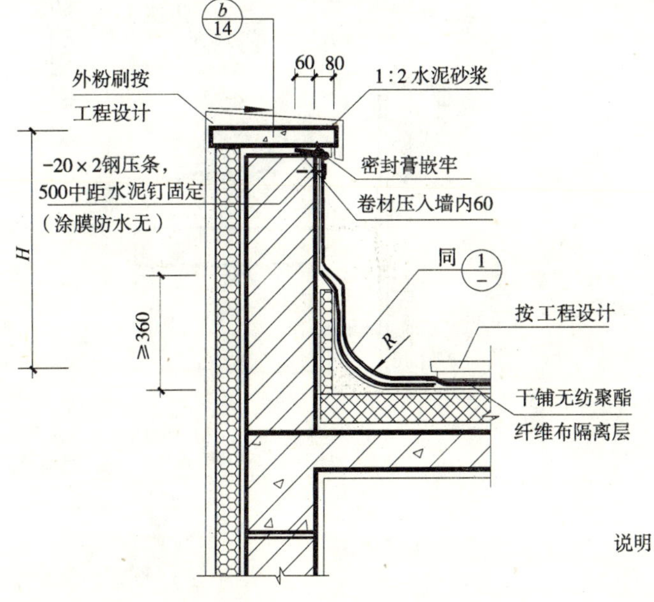

③
⑥ 女儿墙泛水

说明：1. a、B、H、h 按工程设计，R 按当卷材为沥青防水卷材 R=100~150mm；高聚物改性沥青卷材R=50mm，合成高分子防水卷材R=20mm；在雨水口周围应不小于2mm厚防水涂料或密封材料涂封，在天沟檐沟与屋面交接处的附加层空铺，空铺宽度不小于200mm。

2. ④、⑤、⑥节点用于涂膜防水。

3. 涂膜防水的附加防水层，采用有胎体涂膜一层。

女儿墙天沟　出水口　溢水口（中南05ZJ201）(11页)

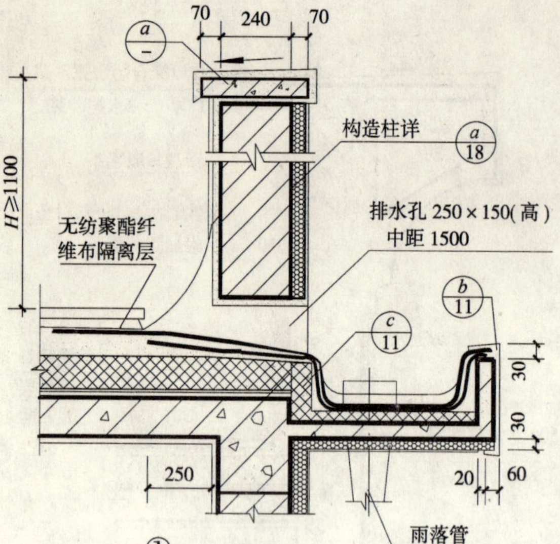

①⑤ 女儿墙外天沟

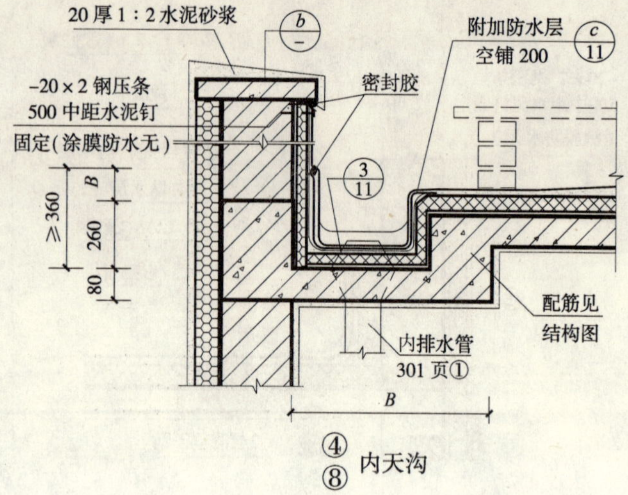

④⑧ 内天沟

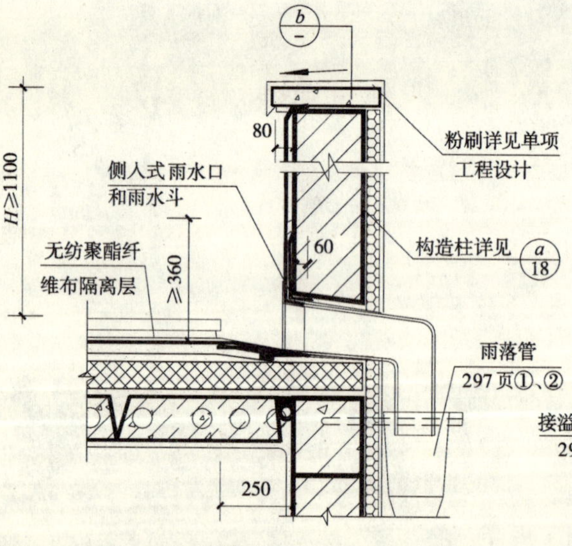

②⑥ 女儿墙出水口

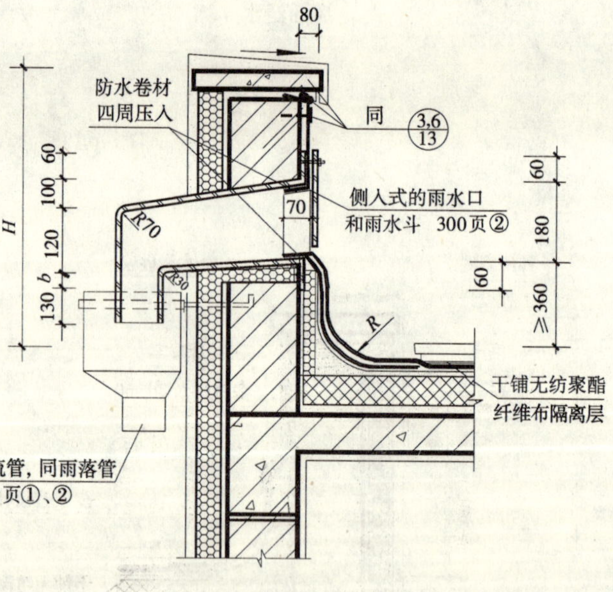

③⑦ 女儿墙溢水口

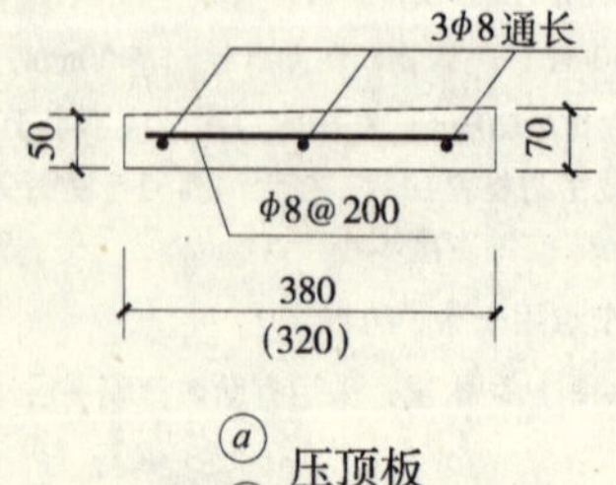

ⓐⓑ 压顶板

说明：1. 上人屋面女儿墙高度不小于1100mm。屋面面层按工程设计。

2. 压顶板采用C25细石混凝土，钢筋HPB235。

3. ⑤、⑥、⑦、⑧节点用于涂膜防水。

4. 涂膜防水的附加防水层，采用有胎体涂膜一层。

屋面出入口（中南 05ZJ201）（12 页）

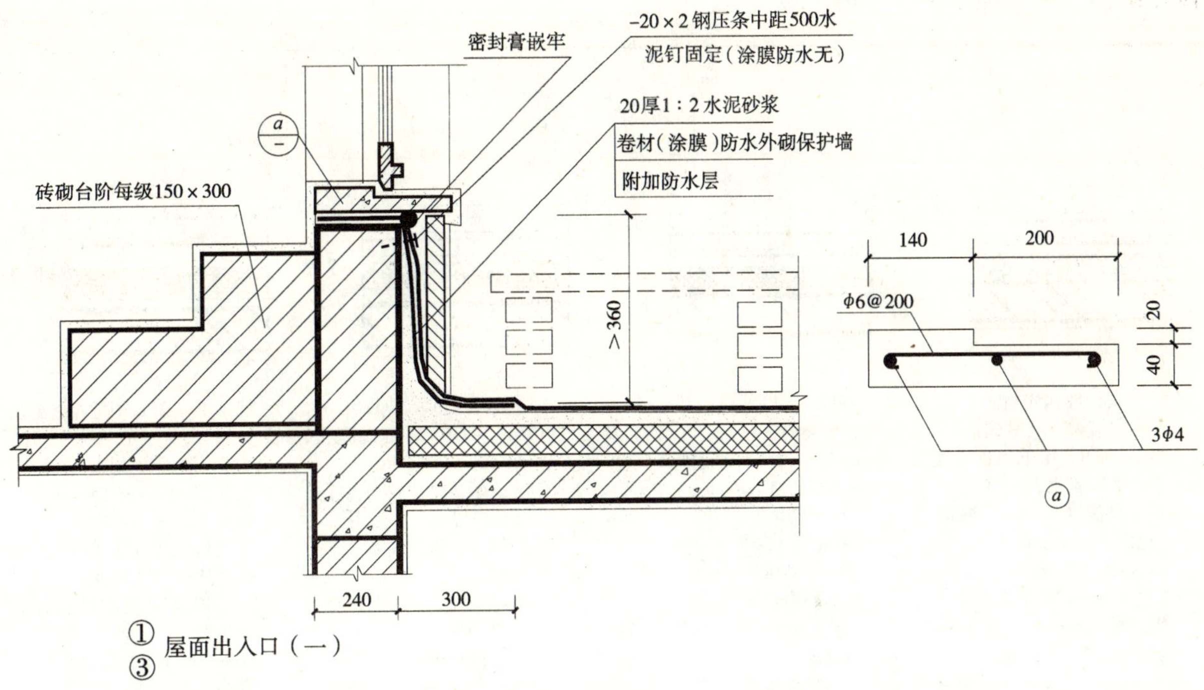

① ③ 屋面出入口（一）

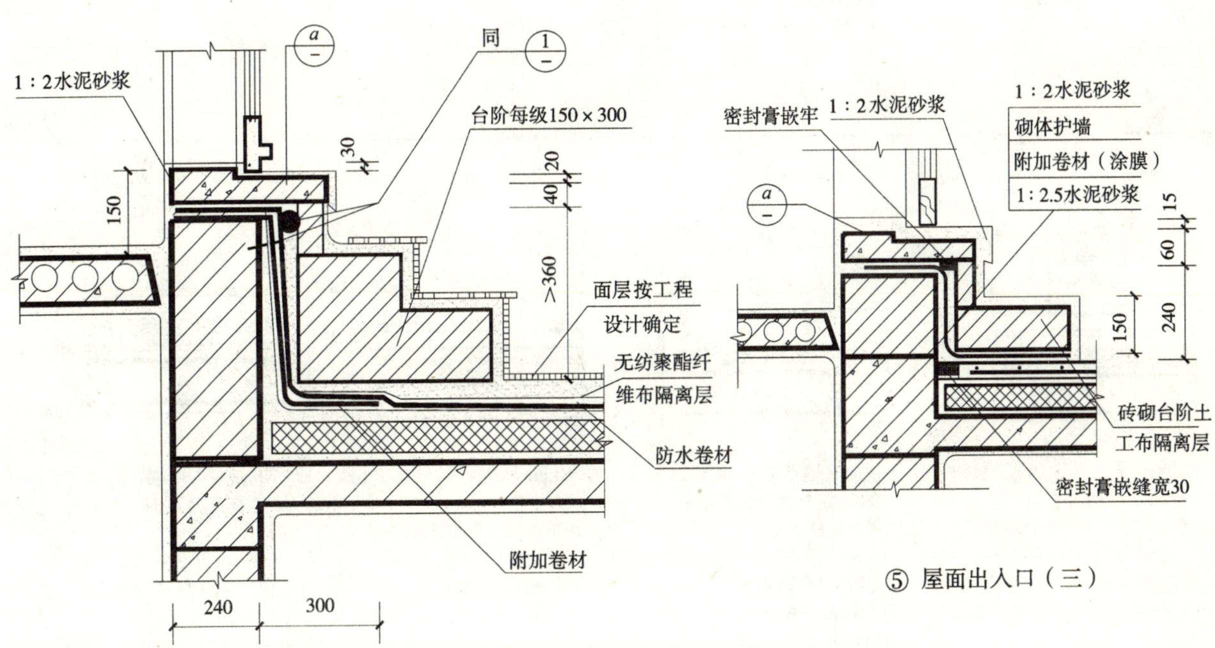

⑤ 屋面出入口（三）

② ④ 屋面出入口（二）

说明：1. ⓐ板采用C30细石混凝土预制，板长向两端各伸入墙内。

2. 有变形缝的出入口应另行考虑。

3. ③、④节点用于涂膜防水，⑤节点用于刚性防水。

4. 涂膜防水的附加防水层，采用有胎体涂漠一层。

2 刚性防水屋面

刚性防水屋面构造举例（中南05ZJ201）（17页）

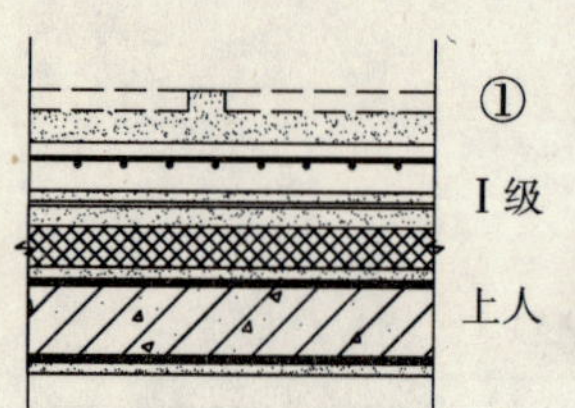

·8~10mm厚陶瓷地砖1：1水泥砂浆填缝（掺建筑胶）。
·25mm厚1：4干硬性水泥砂浆，面撒素水泥一道。
·40mm厚C30细石混凝土（双向ϕ4@150mm）。
·10mm厚纸筋灰。
·2层1.5mm厚合成高分子防水卷材。
·刷基层处理剂一遍。
·20mm厚1：2.5水泥砂浆找平层。
·保温层按规定计算选用。
·钢筋混凝土屋面板，结构找坡3%（或材料找坡2%）。

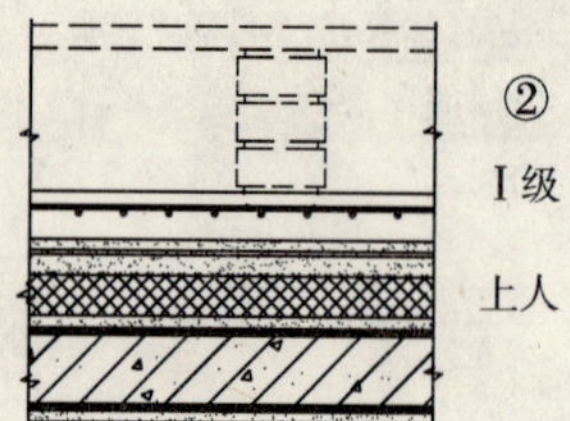

·490mm×490mm×40mm细石钢筋混凝土板，C25，钢筋双向4ϕ6，1：2水泥砂浆填缝。
·M5砂浆砌120mm×120mm×90mm砌块，高200~300mm。
·40mm厚C30细石混凝土，钢筋双向ϕ4@150mm。
·10mm厚麻刀灰。
·2层1.5mm厚合成高分子防水卷材。
·刷基层处理剂一遍。
·20mm厚1：2.5水泥砂浆找平层。
·保温层按规定计算选用。
·钢筋混凝土屋面板，结构找坡3%（或材料找坡2%）。

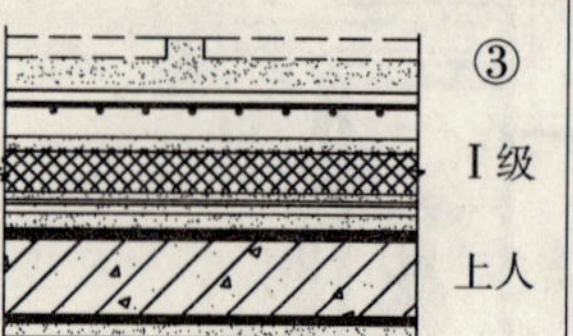

·陶瓷地砖及基层同①。
·40mm厚C30细石混凝土，钢筋双向ϕ4@150mm。
·0.5mm厚塑料薄膜隔离层。
·保温层按规定计算选用。
·2层1.5mm厚合成高分子防水卷材。
·20mm厚1：2.5水泥砂浆找平层。
·钢筋混凝土屋面板，结构找坡3%（或材料找坡2%）。

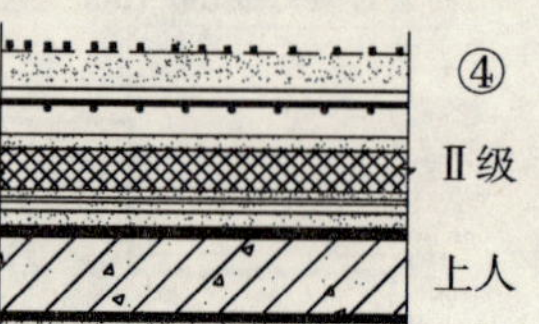

·铺贴19~25mm高人造草皮地毯。
·40mm厚C30细石混凝土，钢筋双向ϕ4@150mm，表面压光。
·干铺石油沥青油毡一层，保温层按规定计算选用。
·3mm厚高聚物改性沥青防水卷材。
·20mm厚1：2.5水泥砂浆找平层，刷基层处理剂一遍。
·钢筋混凝土屋面板，结构找坡3%（或材料找坡2%）。

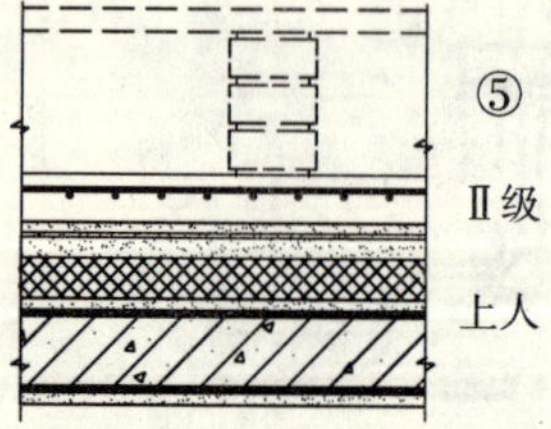

·40mm厚细石钢筋混凝土板，砌块架空同②。
·40mm厚C30细石钢筋混凝土（双向配筋ϕ4@150mm）。
·干铺石油沥青油毡一层。
·1.2mm厚合成高分子防水卷材。
·刷基层处理剂一遍。
·20mm厚1：2.5水泥砂浆找平层。
·保温层按规定计算选用。
·钢筋混凝土屋面板，结构找坡3%（或材料找坡2%）。

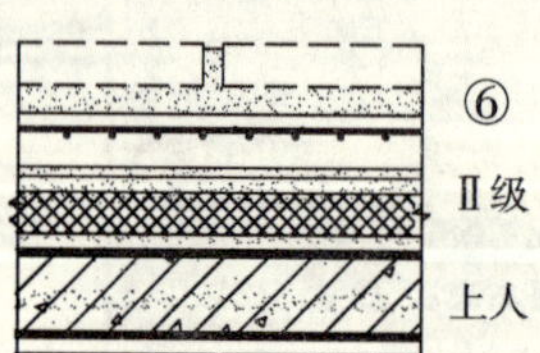

·40mm厚370mm×370mm大阶砖，聚合物水泥砂浆填缝。
·25mm厚中砂。
·40mm厚C30细石钢筋混凝土（双向配筋ϕ4@150mm）。
·0.5mm厚塑料薄膜隔离层。
·1.5mm厚合成高分子防水涂料。
·刷基层处理剂一遍。
·20mm厚1：2.5水泥砂浆找平层。
·保温层按规定计算选用。
·钢筋混凝土屋面板，结构找坡3%（或材料找坡2%）。

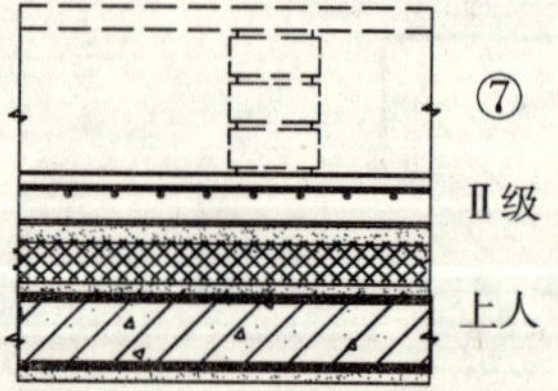

·40mm厚细石钢筋混凝土板，砌块架空同②。
·40mm厚C30细石钢筋混凝土（双向配筋ϕ4@150mm）。
·干铺石油沥青油毡一层。
·1.5mm厚合成高分子防水涂料。
·刷基层处理剂一遍。
·20mm厚1：2.5水泥砂浆找平层。
·保温层按规定计算选用。
·钢筋混凝土屋面板，结构找坡3%（或材料找坡2%）。

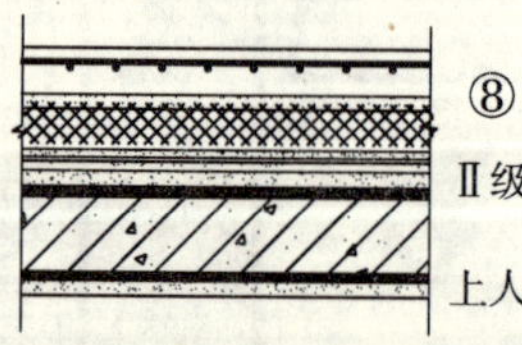

·40mm厚C30细石钢筋混凝土（双向配筋ϕ4@150mm），表面压光。
·0.5mm厚塑料薄膜隔离层。
·保温层按规定计算选用。
·1.5mm厚合成高分子防水涂料。
·刷基层处理剂一遍。
·20mm厚1：2.5水泥砂浆找平层。
·钢筋混凝土屋面板，结构找坡3%（或材料找坡2%）。

刚性防水挑檐口（中南 05ZJ201）（18 页）

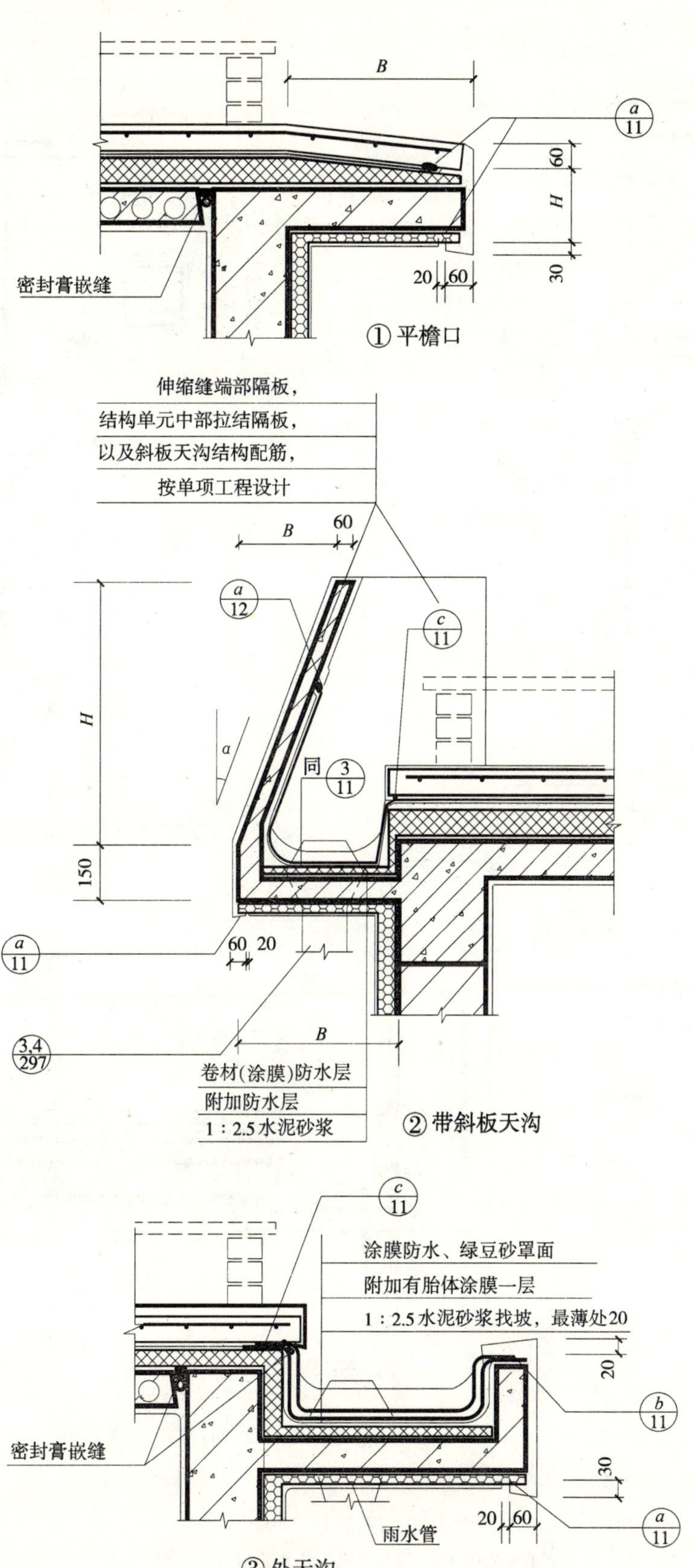

说明：檐口形式、外粉刷及 B、H、α 均按工程设计

女儿墙檐口（中南 05ZJ201）(19 页)

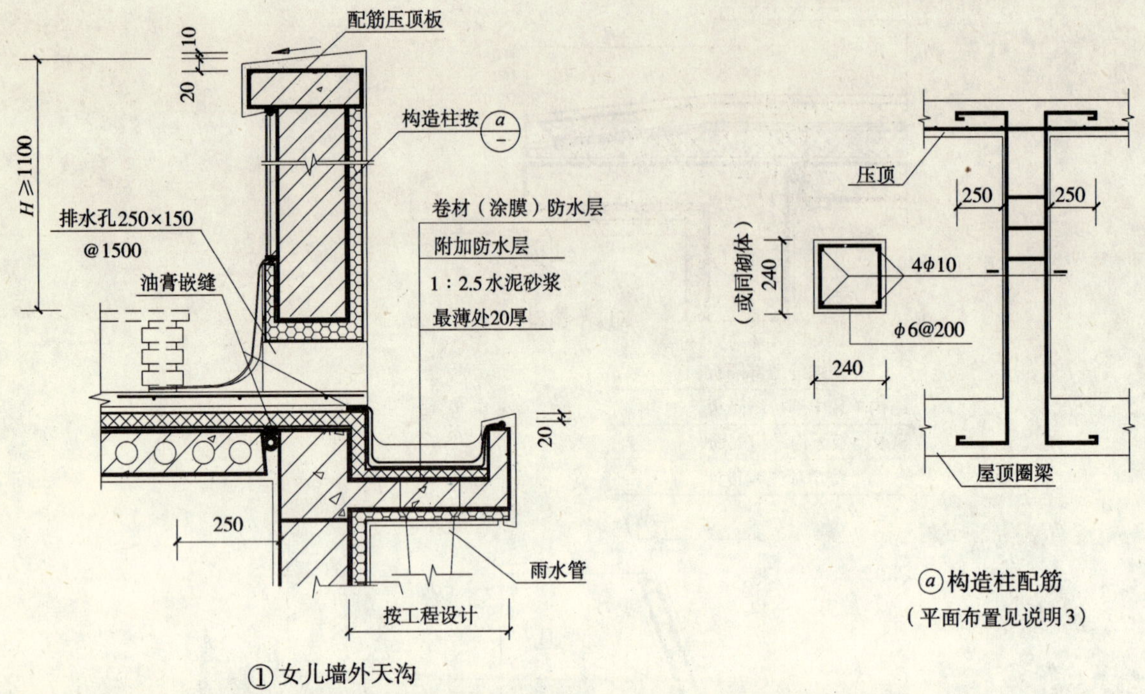

① 女儿墙外天沟

ⓐ 构造柱配筋

（平面布置见说明3）

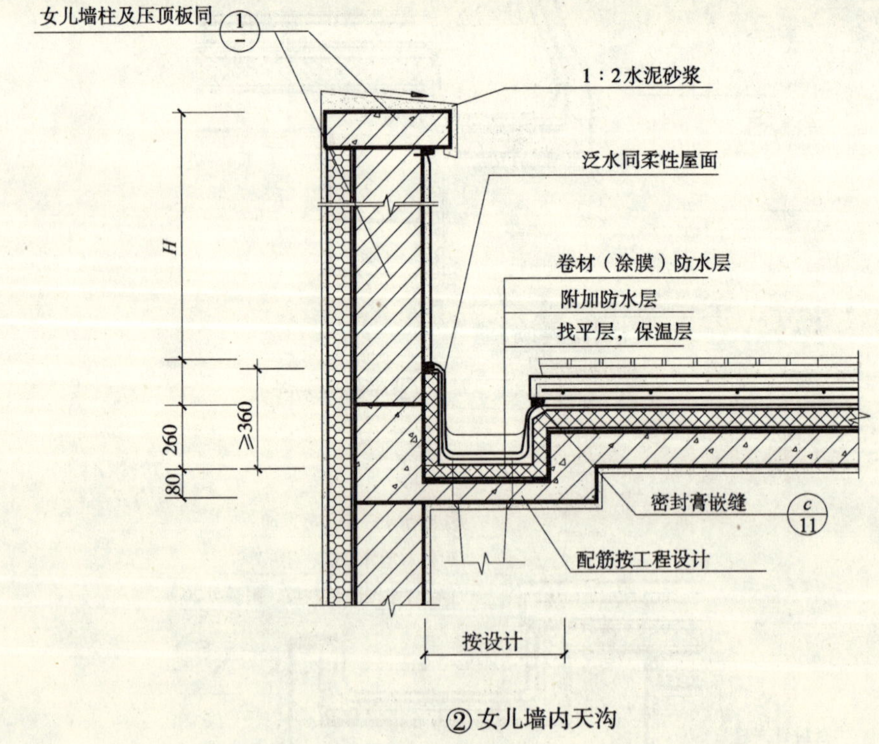

② 女儿墙内天沟

说明：1. 女儿墙高度设计未注明时取 H=1100mm。

2. 压顶和构造柱混凝土强度等级C25，钢筋HPB。

3. 构造柱沿檐口圈梁布置，构造柱间距：
抗震为7度及以下时≤3600 mm；抗震为8度时≤2400 mm。

上人屋面内天沟（中南 05ZJ201）（20 页）

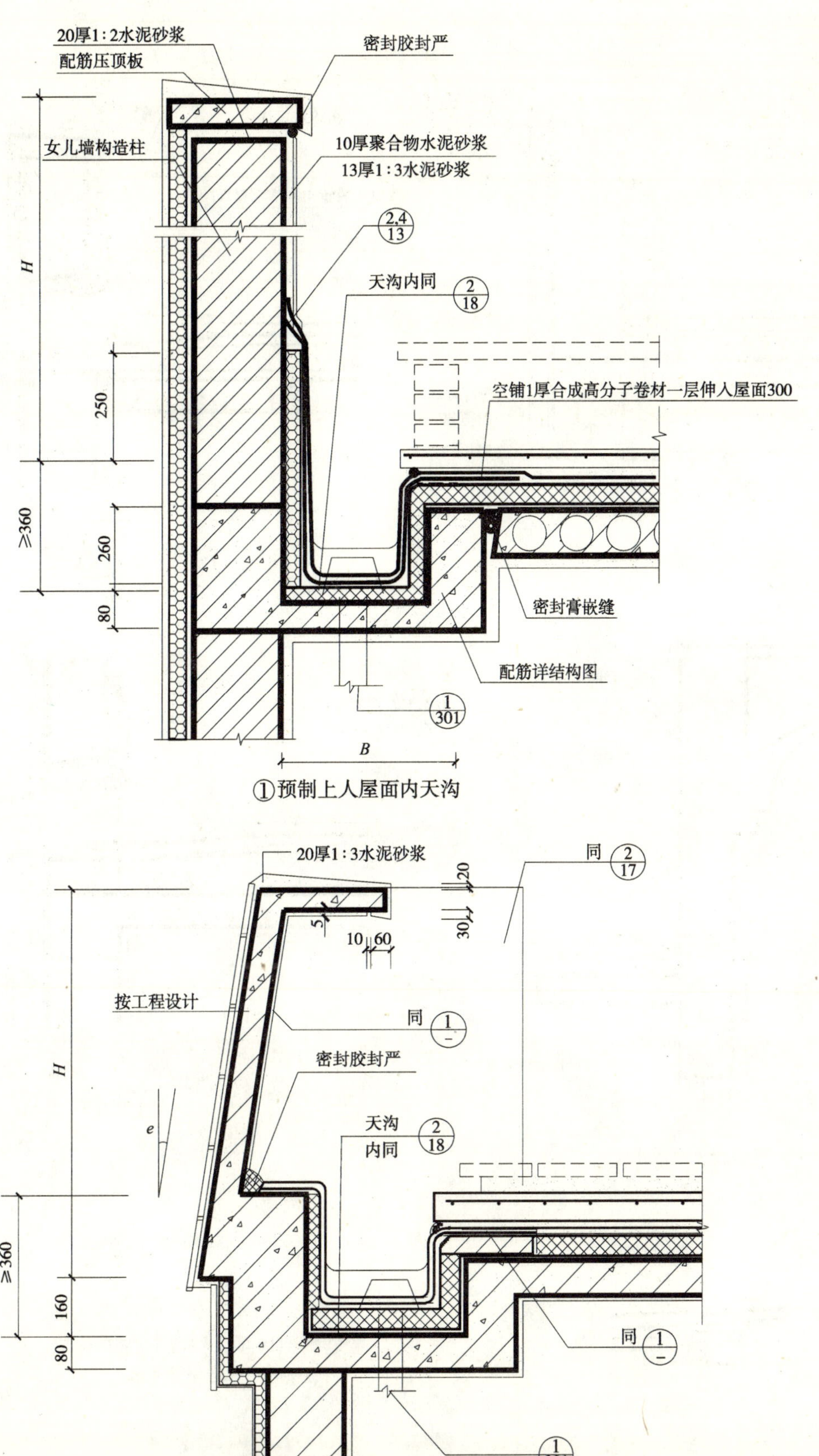

屋面泛水　出水口（中南 05ZJ201）（21 页）

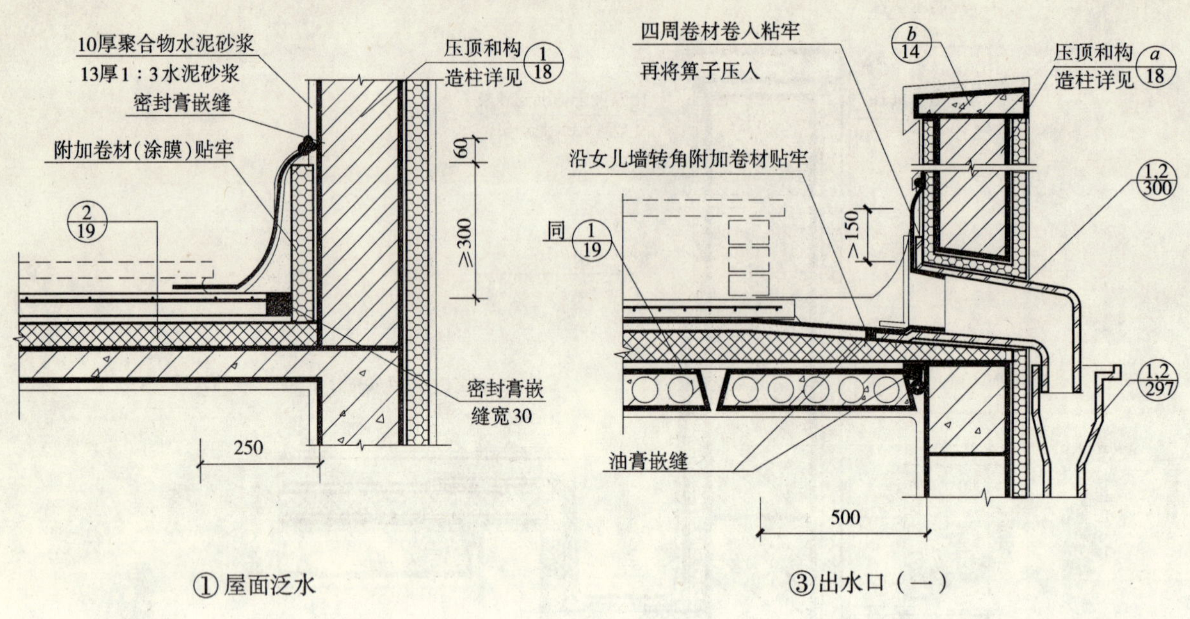

①屋面泛水　　③出水口（一）

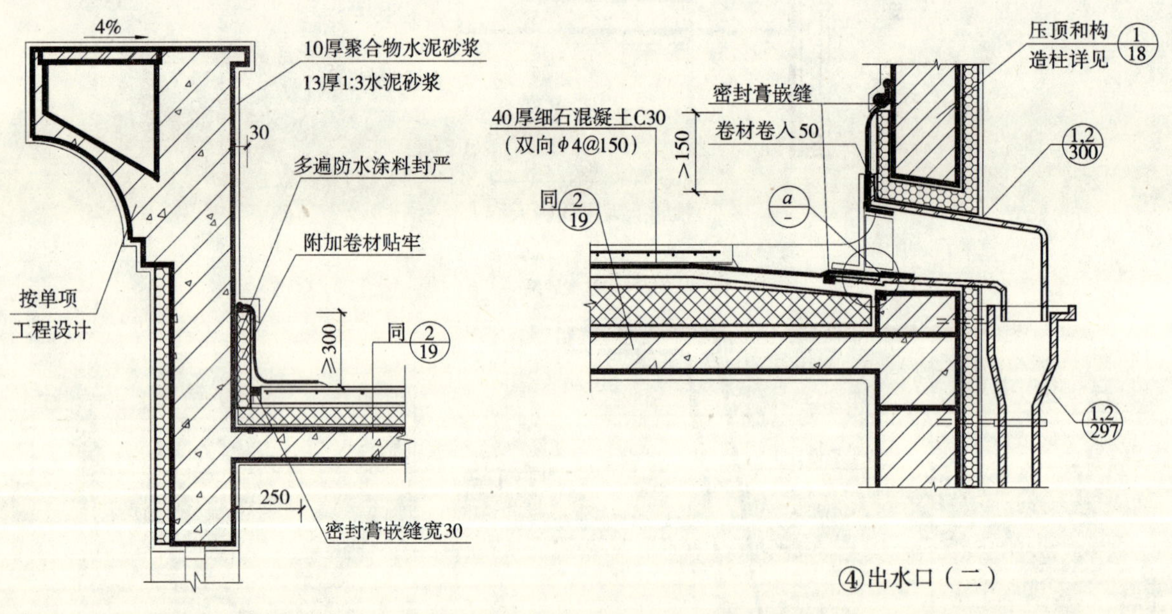

②混凝土墙泛水　　④出水口（二）

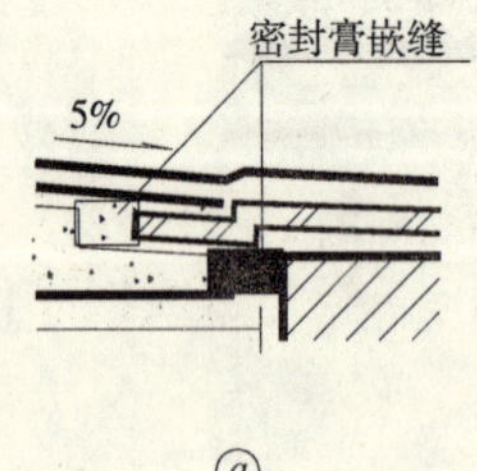

ⓐ

说明：水落口根部找坡保温层必须拍实，
以免板块沉降，产生积水。

3 倒置式屋面

设计说明

倒置式屋面是将保温层设在防水层上面以提高屋面保温效果的屋面。其保温层材料必须吸水率较低，同时对保温层的抗压强度也有较高的要求，一般多采用 30～50mm 厚的挤塑聚苯板及约 40mm 厚的硬泡聚氨酯，这种材料的导热系数较低，≤0.6W/(m·K)。

提高屋面保温效果除能进一步节约能源（满足节能 65% 的要求）外，还对防止结构墙体裂缝有利，工程中可根据要求改变保温厚度。

采用现场喷涂发泡的硬泡体聚氨酯防水保温一体化材料时，喷涂 3～4 遍，可视为两道防水层（对Ⅱ、Ⅲ级防水可不另设防水层，对Ⅰ级防水需再增设一道防水层），但纯粹作为保温用的发泡聚氨酯不属此范围。

挤塑聚苯板及聚氨酯泡体性能：

物理性能	单 位	挤塑聚苯板	聚氨酯硬泡体
密度	kg/m^3	25～50	≥55
压缩强度（45d）	kPa	≥150	≥300
吸水率（浸水 96h）	%	≤1.5	≤1.0
导热系数（25℃）	W/(m·K)	≤0.030	≤0.022

倒置式屋面做法（华北 88J5-1）（6～16 页）

名 称	用料及分层做法	附 注
1A 防滑地砖面 （上人架空屋面） （挤塑聚苯板保温） 屋面传热系数 0.57W/(m^2·K) 屋面重量标准值 4.52kN/m^2	1. 10mm 厚 500mm×500mm 防滑地砖，每块架空板贴一块。	
	2. 10mm 厚聚合物砂浆铺卧。	
	3. 130mm 厚 500mm×500mm 预制架空板，用 1∶4 水泥增稠粉砂浆铺砌，架空板侧边粘三块 2～5mm 厚发泡橡胶块，以形成 2.5mm 宽缝，排水，通风。	
	4. 50mm 厚挤塑聚苯板保温层。	
	5. 防水层。	
	6. 20mm 厚 1∶5 水泥增稠粉砂浆找平层。	
	7. 找坡层，檐口起始处 1m 范围内抹 0～2.0mm 厚 1∶4 水泥砂浆找 2% 坡，1m 以外最薄 20mm 厚加气碎块混凝土找 2% 坡。	
	8. 钢筋混凝土屋面板。	
1B 防滑地砖面 （上人架空屋面） （硬泡聚氨酯保温） 屋面传热系数 0.57W/m^2·K 屋面重量标准值 4.22kN/m^2	1、2、3 同 1A 的 1、2、3。	
	4. 40mm 厚硬泡体聚氨酯防水保温一体化材料。	
	5. 防水层一道（只用于Ⅰ级防水，Ⅱ、Ⅲ级防水无此道工序。	
	6. 7、8 同 1A 的 6、7、8。	

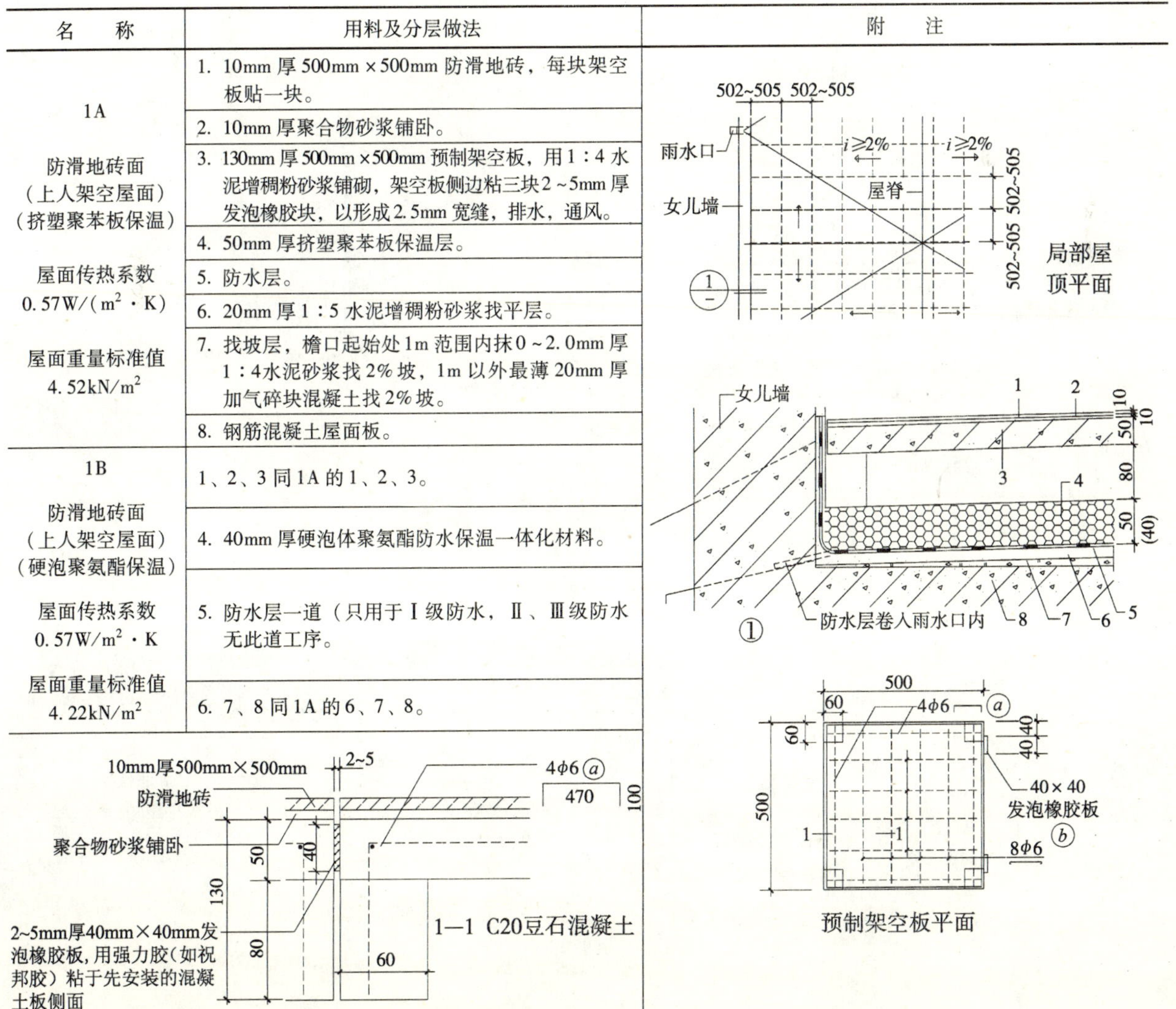

续表

名　称	用料及分层做法	附　注
2A	1. 8～10mm厚彩色釉面防滑地砖，干水泥擦缝	局部屋顶平面
防滑地砖面（上人架空屋面）（挤塑聚苯板保温）	2. 20mm厚聚合物砂浆铺卧	
屋面传热系数 0.57W/(m^2·K)	3. 50mm厚498mm×498mm预制混凝土板，双向配筋ϕ6@150mm，C20混凝土，用1∶3水泥砂浆铺砌在115mm×115mm高200mm非粘土半头砖墩上，靠女儿墙处改用180mm宽钢排水箅子	
屋面重量标准值 5.51kN/m^2	4. 双向500中距、用1∶3水泥砂浆砌115×115×90二皮非黏土半头砖墩，墩高200	
	5. 50mm厚挤塑聚苯板保温层	
	6. 防水层	
	7. 20mm厚1∶5水泥增稠粉砂浆找平层	
	8. 找坡层：檐口起始处1m范围内抹0～20mm厚1∶4水泥砂浆找2%坡，1m以外最薄20mm厚加气碎块混凝土找2%坡	①
	9. 钢筋混凝土屋面板	
2B	1、2、3、4同2A的1、2、3、4	
防滑地砖面（上人架空屋面）（硬泡聚氨酯保温）	5. 40mm厚硬泡体聚氨酯防水保温一体化材料	
屋面传热系数 0.57W/(m^2·K)	6. 防水层一道（只用于Ⅰ级防水，Ⅱ、Ⅲ级防水无此道工序）	
屋面重量标准值 5.22kN/m^2	7、8、9同2A的7、8、9	

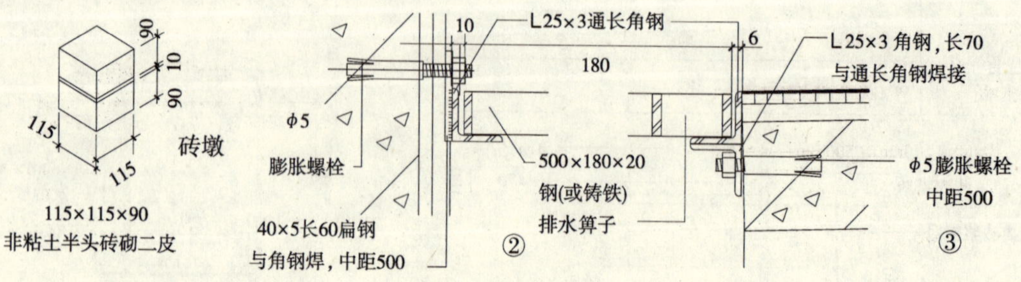

续表

<table>
<tr><th>名　称</th><th>用料及分层做法</th><th>附　注</th></tr>
<tr><td rowspan="7">3
干铺仿石砖面
（上人）
（挤塑聚苯板保温）
屋面传热系数
0.57W/（m^2·K）
屋面重量标准值
3.97kN/m^2</td><td>1. 干铺20mm厚298mm×298mm（或248mm×248mm）彩色仿石砖（用塑料座铺设）</td><td rowspan="7"> 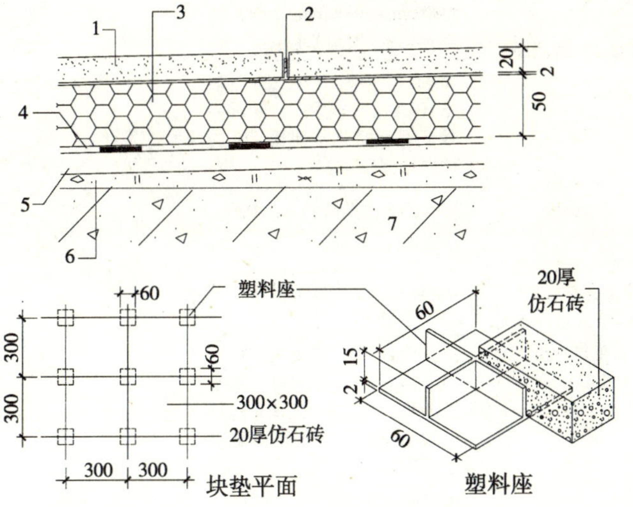1 3 2 20 2 50 4 5 6 7
60 塑料座 20厚 仿石砖 60 300 60 15 300 2 300×300 20厚仿石砖 60 300 300
块垫平面 塑料座</td></tr>
<tr><td>2. 仿石砖接头处均设置塑料座，中距300mm或250mm</td></tr>
<tr><td>3. 50mm厚挤塑聚苯板保温层</td></tr>
<tr><td>4. 防水层</td></tr>
<tr><td>5. 20mm厚1：5水泥增稠粉砂浆找平层</td></tr>
<tr><td>6. 找坡层：檐口起始处1m范围内抹0～20mm厚1：4水泥砂浆找2%坡，1m以外最薄20mm厚加气碎块混凝土找2%坡</td></tr>
<tr><td>7. 钢筋混凝土屋面板</td></tr>
<tr><td rowspan="7">4
干铺仿石砖面
（上人）
（硬泡聚氨酯保温）
屋面传热系数
0.57W/（m^2·K）
屋面重量标准值
3.67kN/m^2</td><td>1. 干铺20mm厚298mm×298mm（或248mm×248mm）彩色仿石砖（用塑料座铺设）</td><td rowspan="7"> 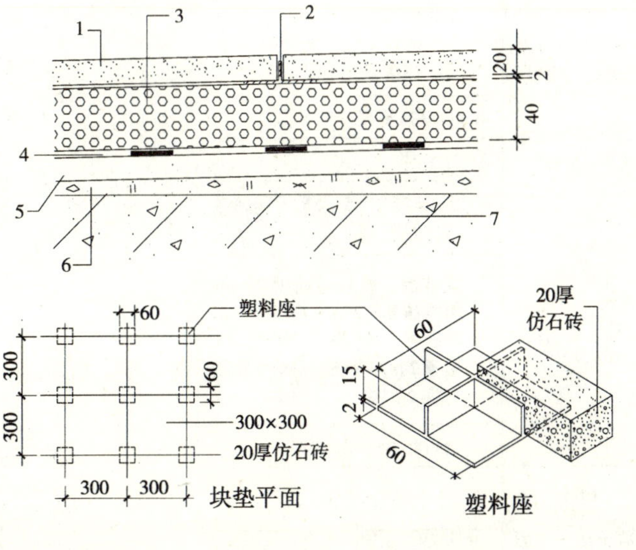1 3 2 20 2 40 4 5 7 6
60 塑料座 20厚 仿石砖 60 300 60 15 300 2 300×300 20厚仿石砖 60 300 300
块垫平面 塑料座</td></tr>
<tr><td>2. 仿石砖接头处均设置塑料座，中距300mm或250mm</td></tr>
<tr><td>3. 40mm厚硬泡体聚氨酯防水保温一体化材料</td></tr>
<tr><td>4. 防水层一道（只用于Ⅰ级防水，Ⅱ、Ⅲ级防水无此道工序）</td></tr>
<tr><td>5. 20mm厚1：5水泥增稠粉砂浆找平层</td></tr>
<tr><td>6. 找坡层：檐口起始处1m范围内抹0～20mm厚1：4水泥砂浆找2%坡，1m以外最薄20mm厚加气碎块混凝土找2%坡</td></tr>
<tr><td>7. 钢筋混凝土屋面板</td></tr>
</table>

名　称	用料及分层做法	附　注
5A （塑料凸片隔离层） 5B （砂浆隔离层） 防滑地砖面 （上人） （挤塑聚苯板保温） 屋面传热系数 0.56W/（m^2·K） 屋面重量标准值 4.55kN/m^2	1. 8～10mm 厚彩色釉面防滑地砖干水泥擦缝	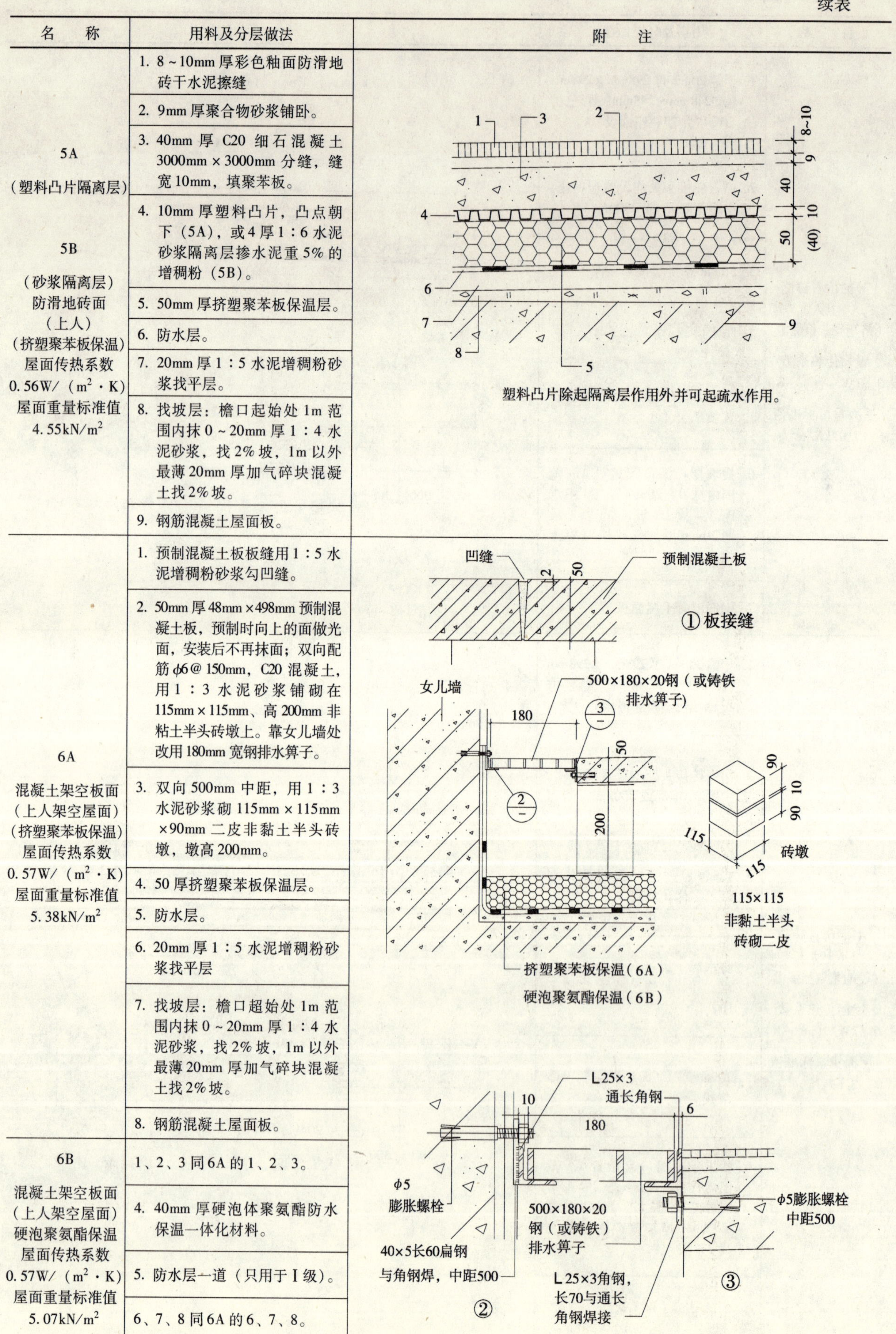塑料凸片除起隔离层作用外并可起疏水作用。
	2. 9mm 厚聚合物砂浆铺卧。	
	3. 40mm 厚 C20 细石混凝土 3000mm×3000mm 分缝，缝宽 10mm，填聚苯板。	
	4. 10mm 厚塑料凸片，凸点朝下（5A），或 4 厚 1∶6 水泥砂浆隔离层掺水泥重 5% 的增稠粉（5B）。	
	5. 50mm 厚挤塑聚苯板保温层。	
	6. 防水层。	
	7. 20mm 厚 1∶5 水泥增稠粉砂浆找平层。	
	8. 找坡层：檐口起始处 1m 范围内抹 0～20mm 厚 1∶4 水泥砂浆，找 2% 坡，1m 以外最薄 20mm 厚加气碎块混凝土找 2% 坡。	
	9. 钢筋混凝土屋面板。	
6A 混凝土架空板面 （上人架空屋面） （挤塑聚苯板保温） 屋面传热系数 0.57W/（m^2·K） 屋面重量标准值 5.38kN/m^2	1. 预制混凝土板板缝用 1∶5 水泥增稠粉砂浆勾凹缝。	
	2. 50mm 厚 48mm×498mm 预制混凝土板，预制时向上的面做光面，安装后不再抹面；双向配筋 φ6@150mm，C20 混凝土，用 1∶3 水泥砂浆铺砌在 115mm×115mm、高 200mm 非粘土半头砖墩上。靠女儿墙处改用 180mm 宽钢排水箅子。	
	3. 双向 500mm 中距，用 1∶3 水泥砂浆砌 115mm×115mm×90mm 二皮非黏土半头砖墩，墩高 200mm。	
	4. 50 厚挤塑聚苯板保温层。	
	5. 防水层。	
	6. 20mm 厚 1∶5 水泥增稠粉砂浆找平层	
	7. 找坡层：檐口超始处 1m 范围内抹 0～20mm 厚 1∶4 水泥砂浆，找 2% 坡，1m 以外最薄 20mm 厚加气碎块混凝土找 2% 坡。	
	8. 钢筋混凝土屋面板。	
6B 混凝土架空板面 （上人架空屋面） 硬泡聚氨酯保温 屋面传热系数 0.57W/（m^2·K） 屋面重量标准值 5.07kN/m^2	1、2、3 同 6A 的 1、2、3。	
	4. 40mm 厚硬泡体聚氨酯防水保温一体化材料。	
	5. 防水层一道（只用于Ⅰ级）。	
	6、7、8 同 6A 的 6、7、8。	

续表

名　　称	用料及分层做法	附　　注
7 刚性防水混凝土面 （挤塑聚苯板保温） 屋面传热系数 0.56W/(m²·K) 屋面重量标准值 4.39kN/m²	1. 50mm厚刚性防水混凝土面，C20细石混凝土掺水泥基渗透结晶型掺合剂（或在混凝土浇筑后涂刷或干撒水泥基渗透结晶型浓缩剂），双向配筋 φ6@100，分缝：全缝中距6m，半缝中距1.5m，按刚性防水作法 2. 5mm厚1∶6水泥增稠粉砂浆隔离层。 3. 50mm厚挤塑聚苯板，4厚聚合物砂浆粘铺。 4. 0.7mm厚GFZ聚乙烯丙纶防水卷材用1.3mm厚专用粘结料粘贴（或其他易于抹砂浆的防水材料）。 5. 20mm厚1∶5水泥增稠粉砂浆找平层。 6. 找坡层：檐口起始处1m范围内抹0～20mm厚1∶4水泥砂浆，找2%坡，1m以外最薄20mm厚加气碎块混凝土找2%坡。 7. 钢筋混凝土屋面板。	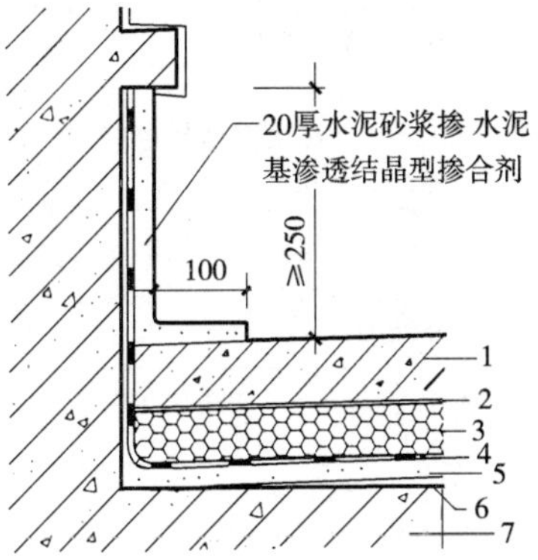 20厚水泥砂浆掺水泥基渗透结晶型掺合剂 100　≥250 可用于Ⅱ级防水工程，Ⅰ级防水工程可在GFZ卷材上加粘一层1.5厚双面自粘防水卷材，挤塑板可直接粘在双面自粘卷材上，或增加一层GFZ卷材
8 配筋混凝土面 （小型车停车屋面） （硬泡聚氨酯保温） 屋面传热系数 0.55W/(m²·K) 屋面重量标准值 4.81kN/m²	1. 80mm厚C20混凝土随打随抹，双向配筋 φ8@250，分缝12mm宽，双向中距3000，缝填粗砂。 2. 10mm厚塑料凸片隔离层，凸点朝下。 3. 40mm厚硬泡体聚氨酯防水保温一体化材料（压缩强度≥750kPa）。 4. 20mm厚1∶5水泥增稠粉砂浆找平层。 5. 找坡层：檐口起始处1m范围内抹0～20mm厚1∶4水泥砂浆找2%坡，1m以外最薄20mm厚C15豆石混凝土，找2%坡。 6. 钢筋混凝土屋面板。	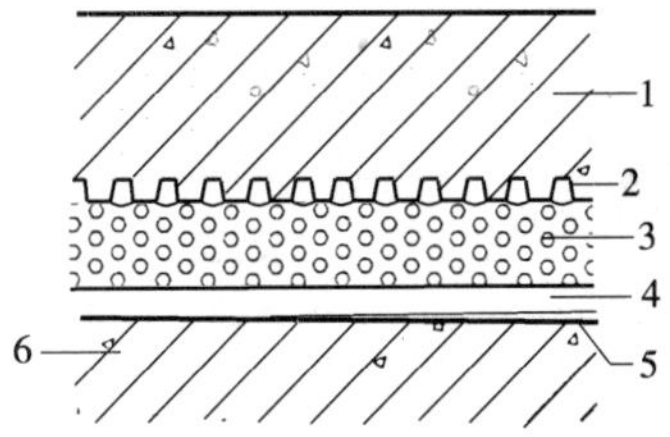 一般用于地下室、半地下室或一层房屋的屋面，停小汽车（卧车）
9 配筋混凝土面 （小型车停车屋面） （挤塑聚苯板保温） 屋面传热系数 0.57W/(m²·K) 屋面重量标准值 5.08kN/m²	1. 80mm厚C20混凝土随打随抹，双向配筋 φ8@250，分缝12mm宽，双向中距3000，缝填粗砂。 2. 5mm厚1∶6水泥增稠粉砂浆隔离层。 3. 50mm厚挤塑聚苯板保温（压缩强度≥350kPa）。 4. 防水层。 5. 20mm厚1∶5水泥增稠粉砂浆找平层。 6. 找坡层：檐口起始处1m范围内抹0～20mm厚1∶4水泥砂浆，找2%坡，1m以外最薄20mm厚C15豆石混凝土，找2%坡。 7. 钢筋混凝土屋面板。	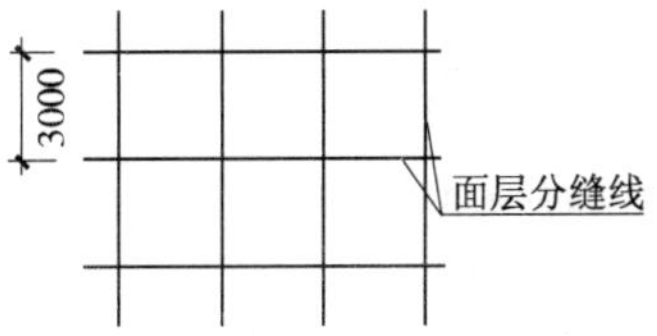 3000 面层分缝线

续表

名　称	用料及分层做法	附　注
10 （10*A*，10*B*） 配筋混凝土面 （消防车道屋面） （硬泡聚氨酯保温） 屋面传热系数 0.56W/(m²·K) 屋面重量标准值 5.86kN/m²	1. 120mm 厚 C25 混凝土随打随抹，双向配筋 ϕ8@250mm，分缝 12mm 宽，双向中距 3000mm，缝填粗砂	弹性密封膏 20厚软质聚乙烯泡沫塑料条 20 翻起立墙处喷两道（20厚）硬泡聚氨酯 1 2 3 4 5 可用于住宅小区内行车道（包括消防车道），荷载每平方米 300kN（30t）。
	2. 10mm 厚塑料凸片（10*A*）或 5mm 厚 1：6 水泥增稠粉砂浆隔离层（10*B*）。	
	3. 40mm 厚硬泡体聚氨酯防水保温一体化材料（压缩强度 >350kPa）。	
	4. 20mm 厚 1：5 水泥增稠粉砂浆找平层。	
	5. 找坡层：檐口起始处 1m 范围内抹 0～20mm 厚 1：4 水泥砂浆，找 2% 坡，1m 以外最薄 20mm 厚加气碎块混凝土，找 2% 坡。	
	6. 钢筋混凝土屋面板。	
11 混凝土架空板 （不上人） （挤塑聚苯板保温） 屋面传热系数 0.57W/(m²·K) 屋面重量标准值 5.08kN/m²	1. 除靠女儿墙处留 180mm 宽外，满铺 50 厚 498mm × 498mm 预制混凝土板，双向配筋 ϕ6@150，C20 混凝土，用1：5水泥增稠粉砂浆铺砌在砖墩上	女儿墙 预制架空板 180　115　50　200　50 (40) 粘浅色聚酯无纺布 250 90　9010　115　115 砖墩 115×115×90 非黏土半头砖砌二皮
	2. 双向 500mm 中距用 1.3 水泥砂浆砌 115mm × 115mm × 90mm 二皮非黏土半头砖墩，墩高 200mm。	
	3. 50mm 厚、挤塑聚苯板保温层。	
	4. 防水层。	
	5. 20mm 厚 1.5 水泥增稠粉砂浆找平层。	
	6. 找坡层：檐口起始处 1m 范围为抹 0～20mm 厚 1.4 水泥砂浆，找 2% 坡，1m 以外最薄 20mm 厚加气碎块混凝土，找 2% 坡。	
	7. 钢筋混凝土屋面板。	
12 卵石面 （不上人） （挤塑聚苯板保温） 屋面传热系数 0.57W/(m²·K) 屋面重量标准值 3.70kN/m²	1. 40mm 厚卵石铺平，卵石粒径20～30mm，不得使用粒径小于 6mm 的石砂。	1　40　2　3　4　5　6　7
	2. 干铺一层无纺聚酯纤维布隔离层。	
	3. 50mm 厚挤塑聚苯板保温层。	
	4. 防水层。	
	5. 20mm 厚 1：5 水泥增稠粉砂浆找平层。	
	6. 找坡层：檐口起始处 1m 范围内抹 0～20mm 厚 1：4 水泥砂浆，找 2% 坡，1m 以外最薄 20mm 厚加气碎块混凝土，找 2% 坡。	
	7. 钢筋混凝土屋面板。	

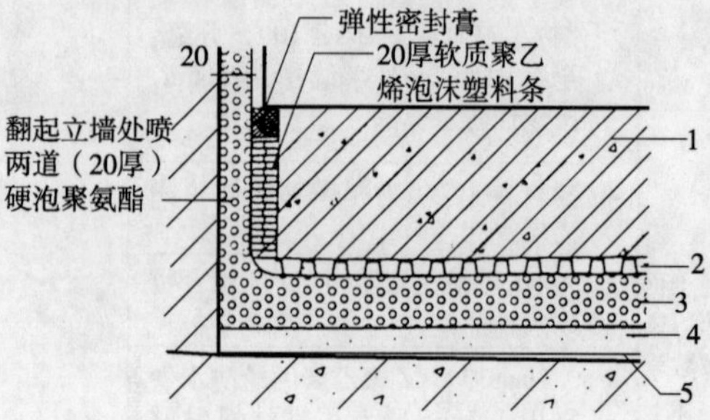

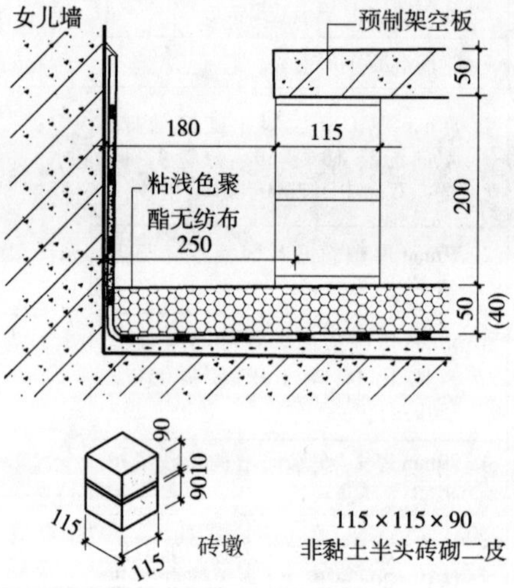

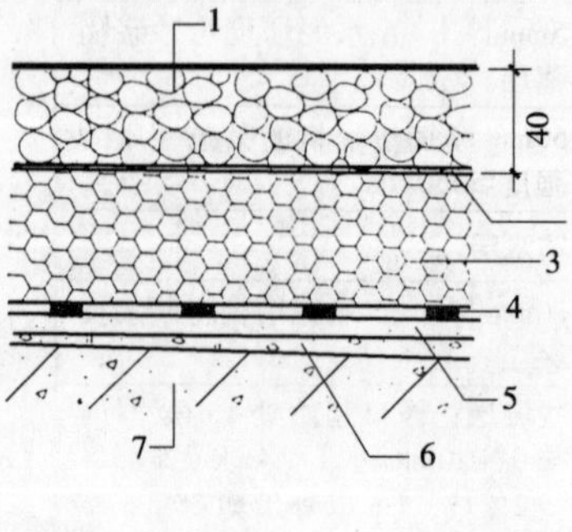

续表

名　称	用料及分层做法	附　注
13 水泥砂浆面 （不上人） （挤塑聚苯板保温） 屋面传热系数 0.57W/(m²·K) 屋面重量标准值 3.38kN/·m² 14*A* 14*B*	1. 20mm 厚 1∶5 水泥增稠粉砂浆，内配 14 号镀锌钢丝网，网孔 30mm，分缝处钢丝网断开，双向分缝中距为：钢丝网网宽 + 20mm，缝宽 10mm 嵌塑料条	10 1.2 20 U形塑料分缝隙条
	2. 50mm 厚挤塑聚苯板保温层	
	3. 防水层	
	4. 20mm 厚 1∶5 水泥增稠粉砂浆找平层	
	5. 找坡层：檐口起始处 1m 范围内抹 0～20mm 厚 1∶4 水泥砂浆找 2% 坡，1m 以外最薄 20mm 厚加气碎块混凝土找 2% 坡	
	6. 钢筋混凝土屋面板	
15 保护涂料面 （不上人） （硬泡聚氨酯保温） 屋面传热系数 0.83W/(m²·K)	1. 喷或刷 1～2mm 厚弹性防紫外线涂料	
	2. 30mm 厚保温防水合一型硬泡聚氨酯（厚度或按工程设计）	
	3. 带坡度的薄屋面板（混凝土穹顶板等）（屋面做法重量极轻，适用于大跨度公共建筑的屋面）	
16 防水砂浆面 （不上人或上人） （SF 防水、 保温及找坡） 屋面传热系数 0.59W/(m²·K) 屋面重量标准值 1.57kN/m²	1. 20mm 厚 SF 聚合物水泥防水砂浆面层：水泥∶砂子∶珍珠岩∶防水溶液（重量比）=1∶2∶0.2，振捣抹平压光，分格缝双向中距 3m，缝宽 10mm，缝填密封膏	1 2 3 4 保温料 导热系数≤0.078W/(m·K) 干密度≤345kg/m³ 抗压强度≥187kPa
	2. 30mm 厚 SF 聚合物水泥防水砂浆底层，水泥∶砂子∶珍珠岩∶防水溶液（重量比）=1.2∶0.5∶1.3，振捣	
	3. 最薄 90mm 厚 SF 聚合物水泥珍珠岩保温兼找坡层，水泥∶珍珠岩∶防水溶液（重量比）=1∶1.8∶2，找 2% 坡	
	4. 钢筋混凝土屋面板	

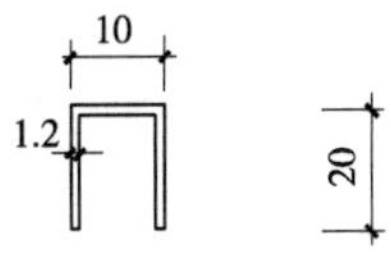

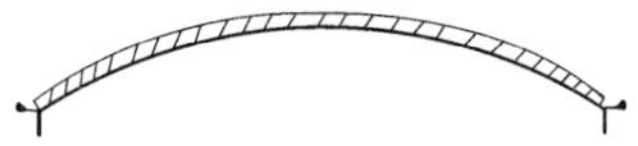

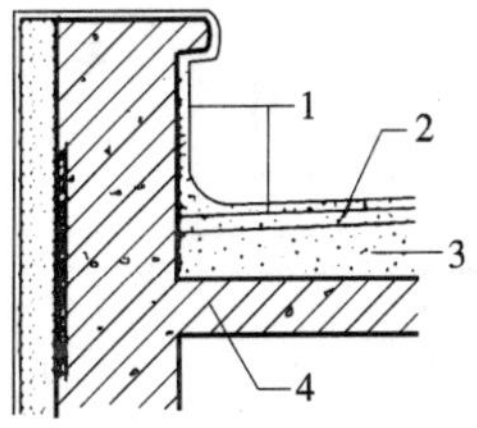

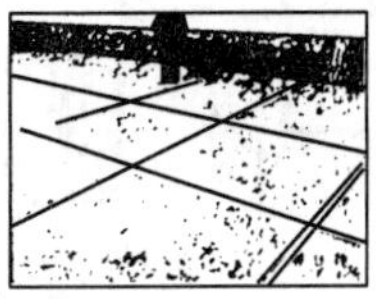

倒置式保温屋面（中南05ZJ201）(28 页)

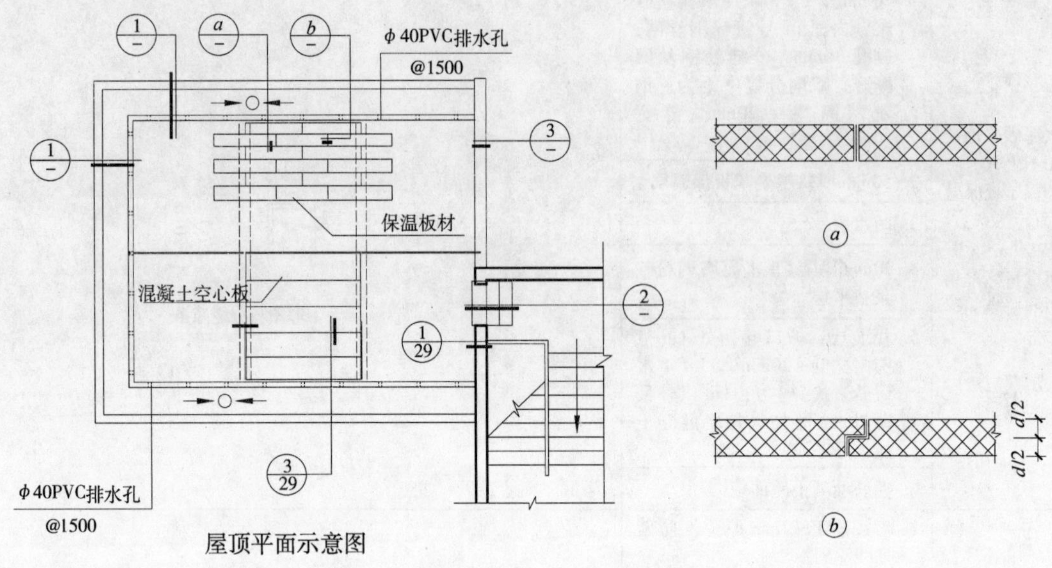

屋顶平面示意图

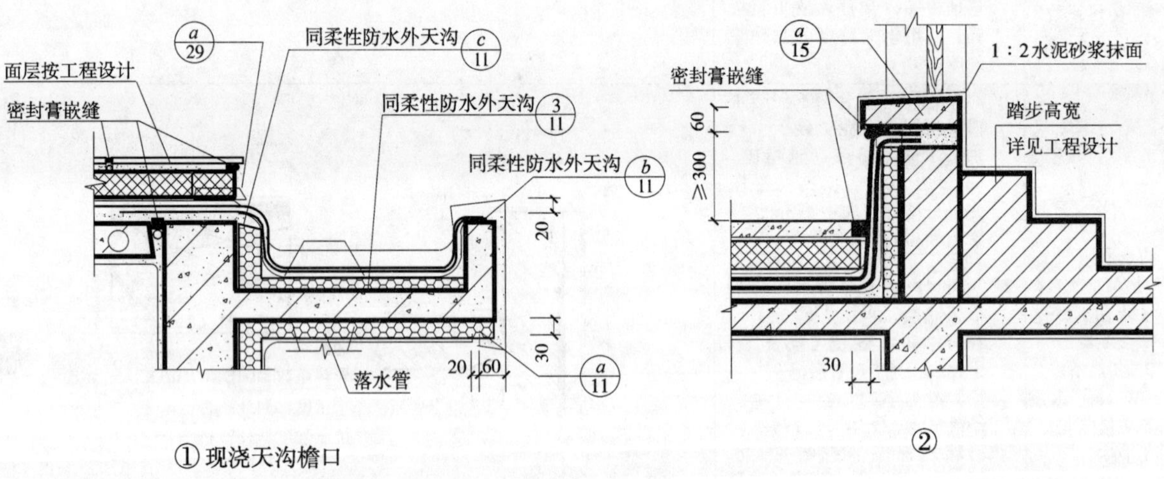

① 现浇天沟檐口

②

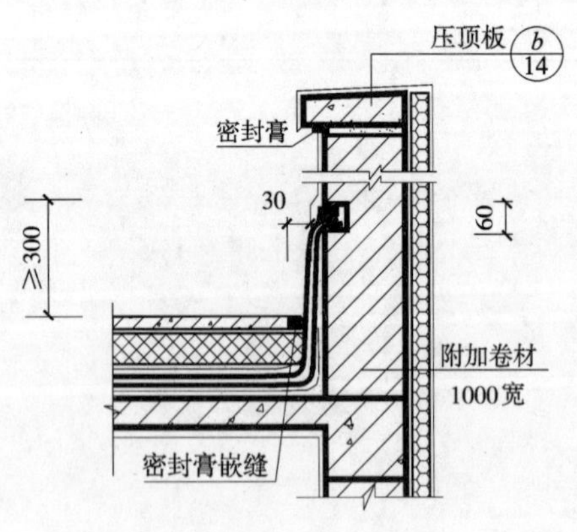

③

说明：1. 找平层及保护层应按间距小于等于6m设置分仓缝。

2. 保温材料板应选用挤塑聚苯乙烯泡沫塑料板，或硬质聚氨酯泡沫塑料板。

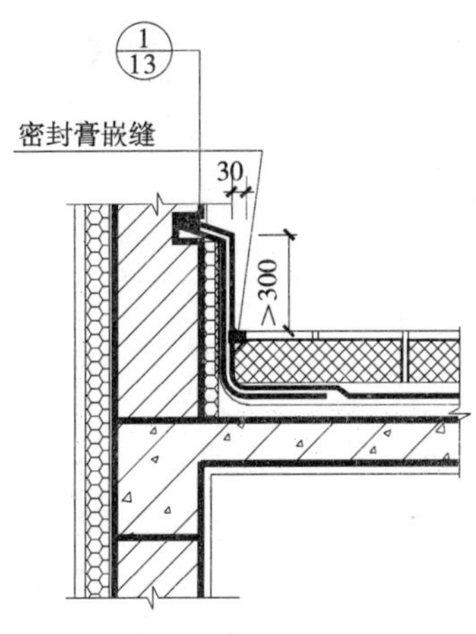

①屋面泛水

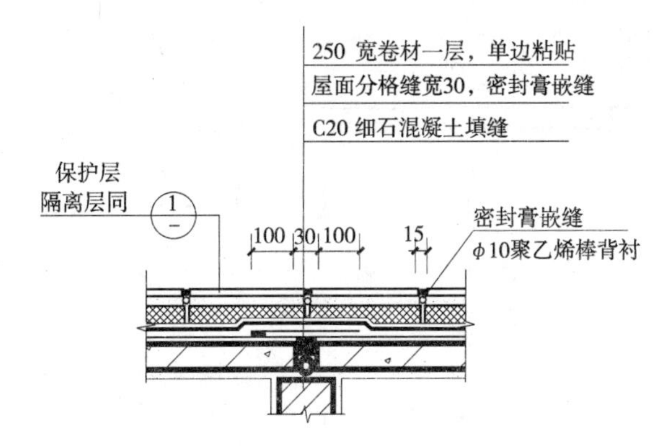

②板端变形缝

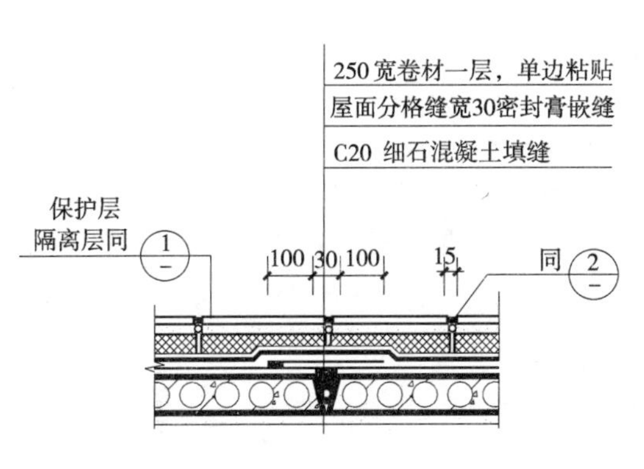

③预制板边缝

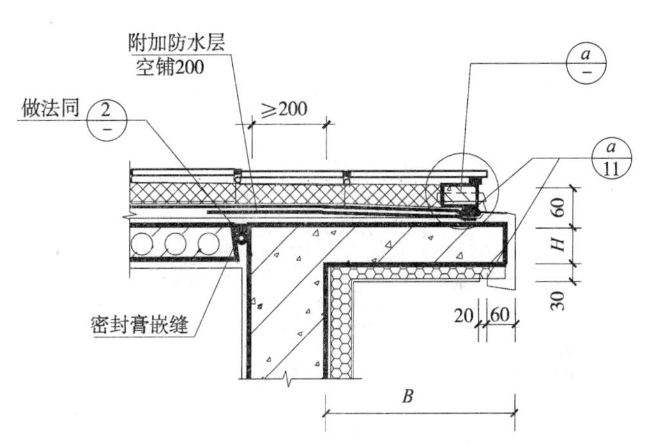

④ 现浇挑板檐口

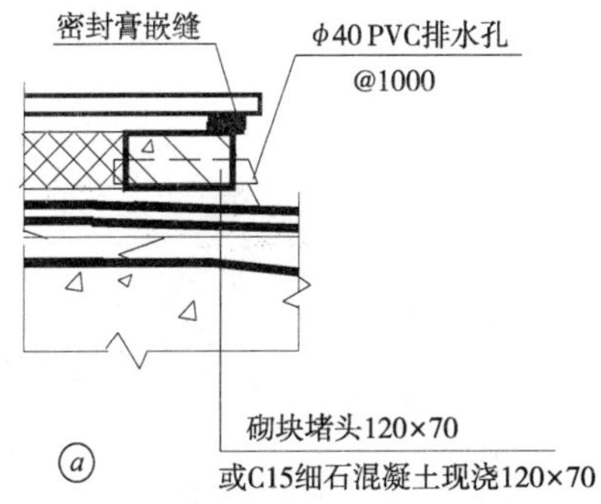

ⓐ

说明：1. 本图倒置屋面用于Ⅰ、Ⅱ级防水屋面。

2. 分仓缝间距≤6m，应尽量设在板的支承端。

3. 预制板设边缝和开间墙上缝，板缝嵌油膏深20mm，分仓缝应与板缝对齐。

4. 保温板应按规定计算选用。各层用料详见第10页④、⑦、⑧节点。

倒置屋面檐口（河南 05YJ5-1）(8 页)

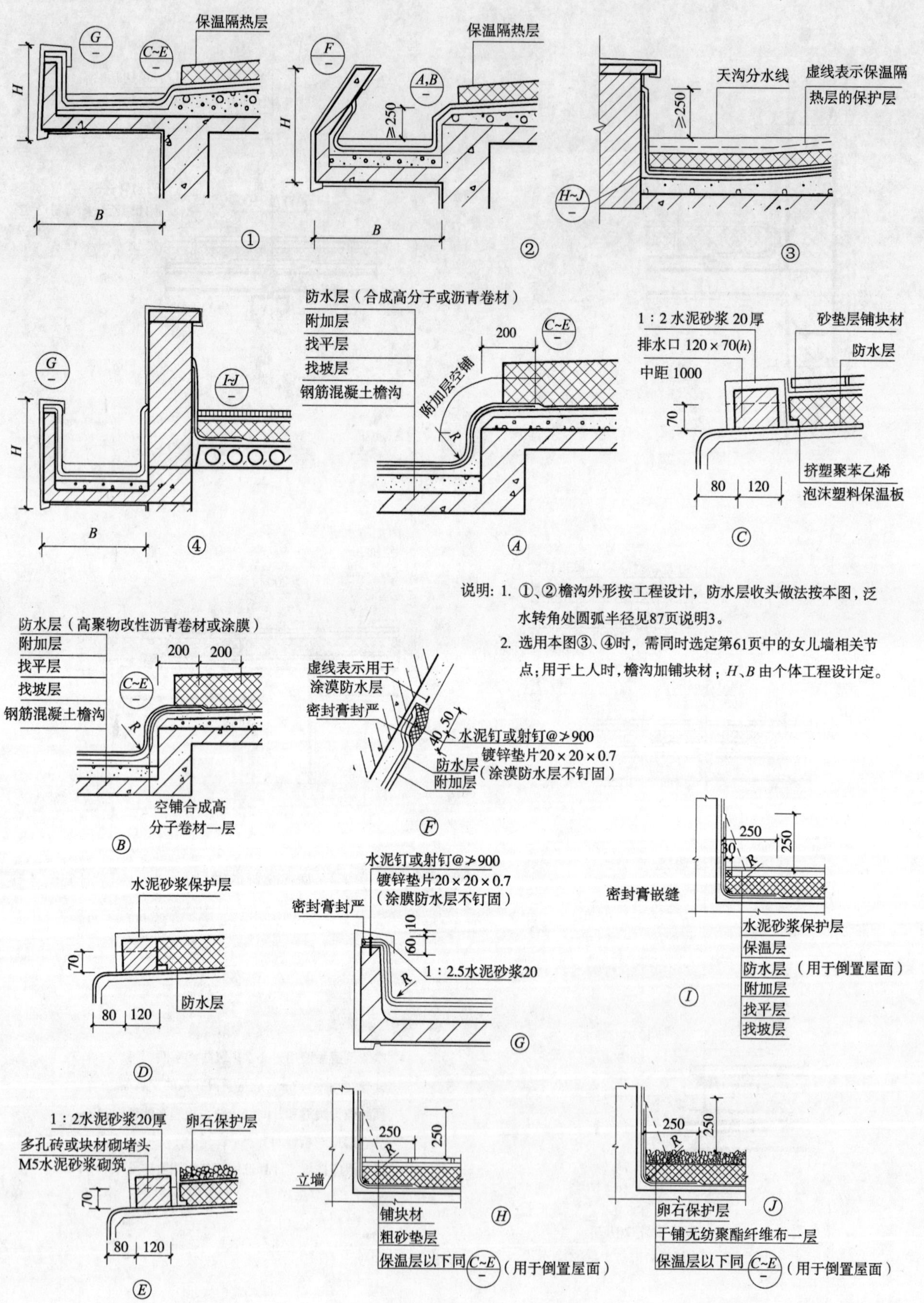

说明：1. ①、②檐沟外形按工程设计，防水层收头做法按本图，泛水转角处圆弧半径见87页说明3。

2. 选用本图③、④时，需同时选定第61页中的女儿墙相关节点；用于上人时，檐沟加铺块材；*H*、*B* 由个体工程设计定。

倒置式屋面（有组织排水）（河北 05J5-1）（17 页）

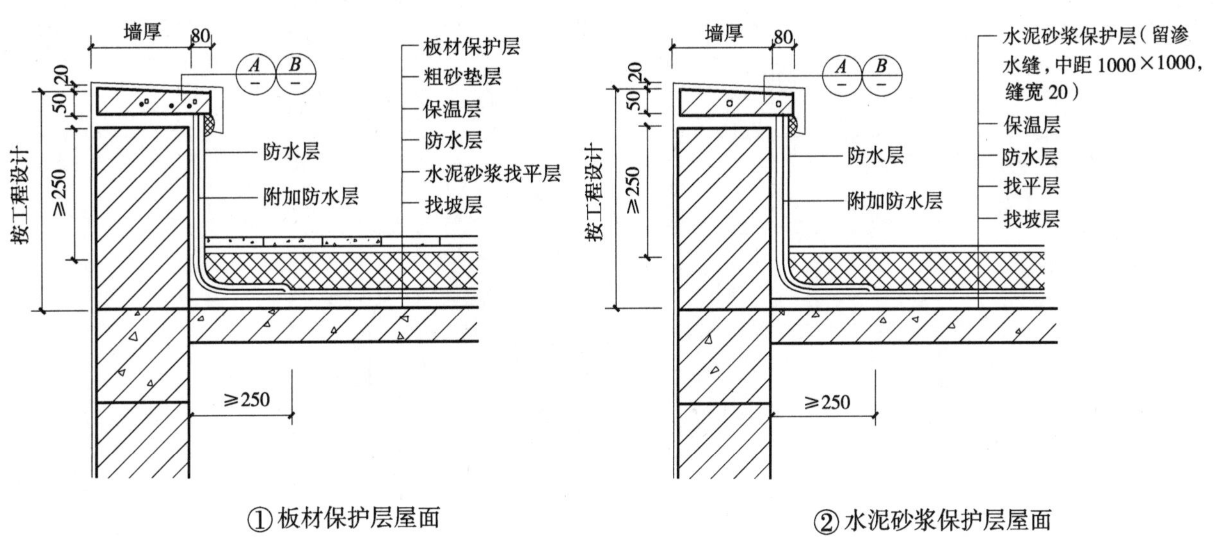

墙厚
80
A
B
20
50
≥250
按工程设计
板材保护层
粗砂垫层
保温层
防水层
水泥砂浆找平层
找坡层
防水层
附加防水层
≥250

①板材保护层屋面

墙厚
80
A
B
20
50
≥250
按工程设计
水泥砂浆保护层（留渗水缝，中距 1000×1000，缝宽 20）
保温层
防水层
找平层
找坡层
防水层
附加防水层
≥250

②水泥砂浆保护层屋面

墙厚
80
A
B
20
50
≥250
按工程设计
卵石保护层（厚度≥50）
聚酯无纺布
保温层
防水层
水泥砂浆找平层
找坡层
防水层
附加防水层
≥250

③卵石保护层屋面

墙厚
80
A
B
20
50
≥250
按工程设计
保护层
保温层
防水层
找平层
找坡层
防水层
附加防水层
卵石填充渗水沟
C 290
D 290
雨水口
雨水口内侧加铜板网防护罩
附加防水层
≥250

④屋面外排水口

3 ϕ4
ϕ4 @ 200
20
70
30
20
50
30
40
ϕ4×60 水泥钉中距 500
固定 2×20 宽钢压条
外涂密封材料
M5 水泥砂浆坐灰
防水层
20
60
240
60
20

Ⓐ

3 ϕ4
ϕ4 @ 200
20
70
20
50
30
40
M5 水泥砂浆坐灰
240
60
20

Ⓑ

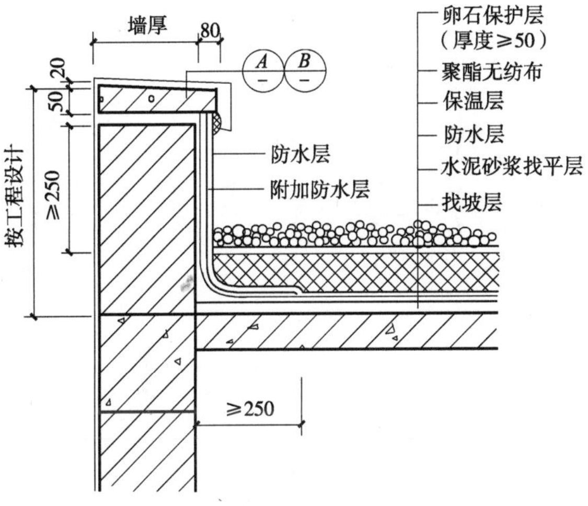

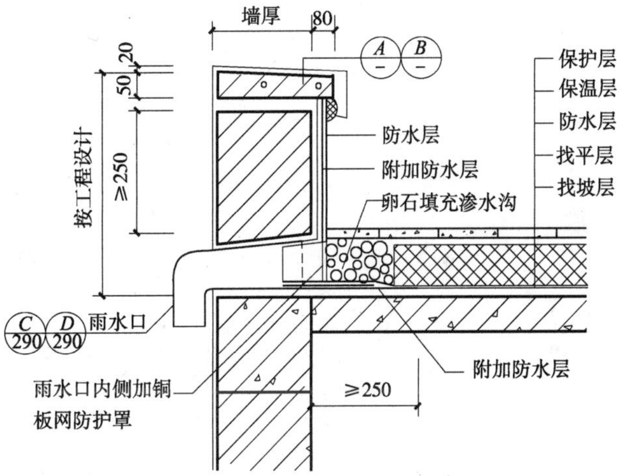

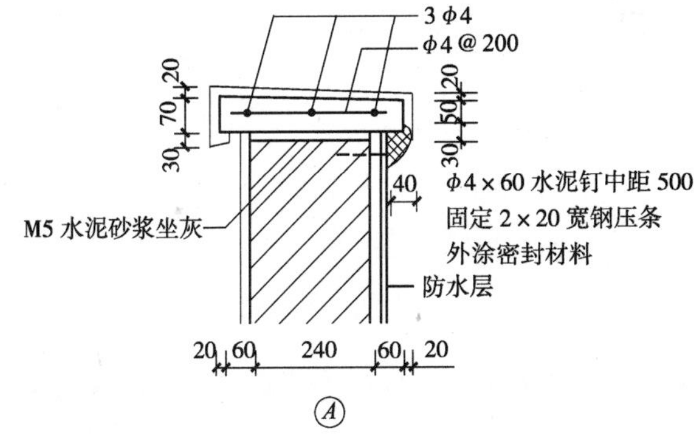

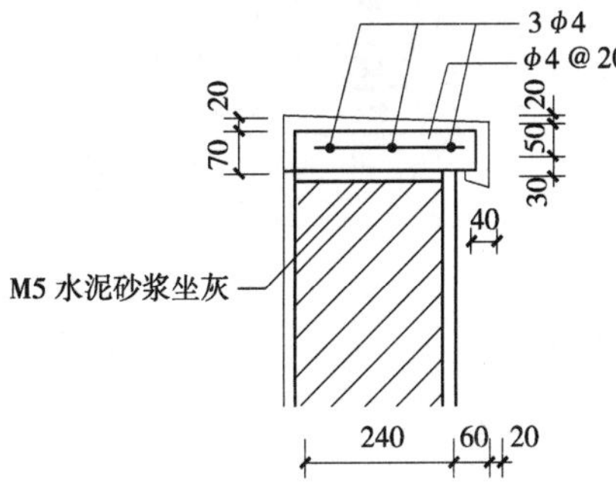

倒置式屋面（上人或停车屋面）（河北 05J5-1）（18 页）

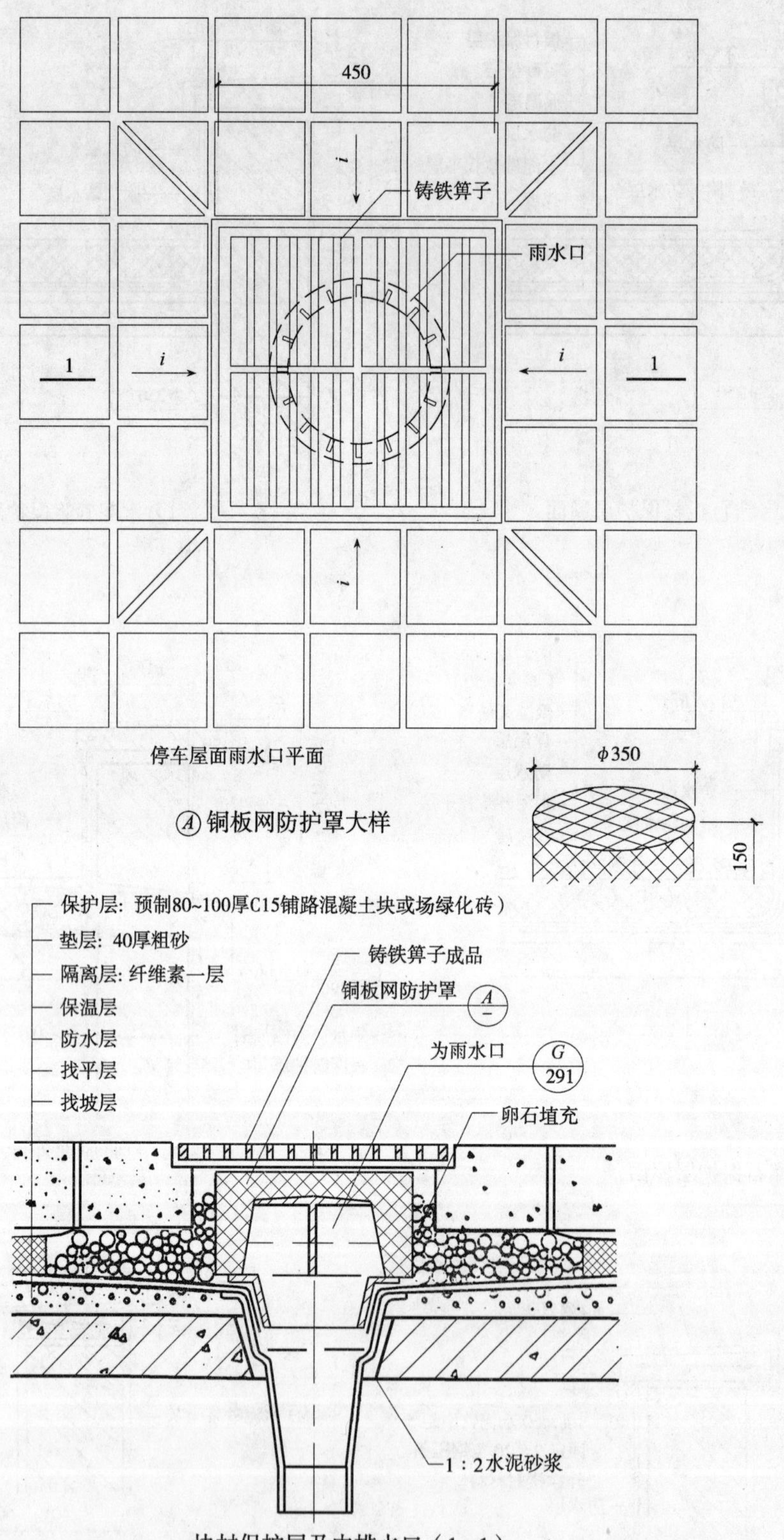

块材保护层及内排水口（1—1）

说明：1. 倒置式屋面经常用于上人屋面及停车屋面中。保温层应用吸水率低及浸水不腐的挤塑型聚苯乙烯板材或其他保温材料。

2. 倒置式屋面需停车时，其聚苯乙烯保温板材的压缩强度为300~350kPa。

3. 倒置式屋面上部保护层可作成水平面，防水层及找坡层作排水坡度，其坡度≤3%。

倒置式屋面（自由排水）(河北 05J5-1)(16 页)

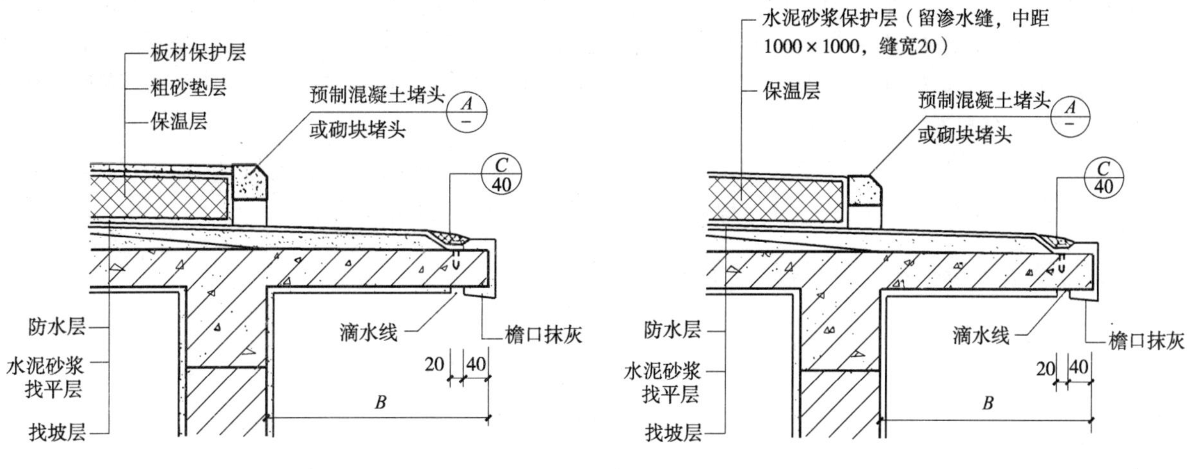

①板材保护层屋面

②水泥砂浆保护层屋面

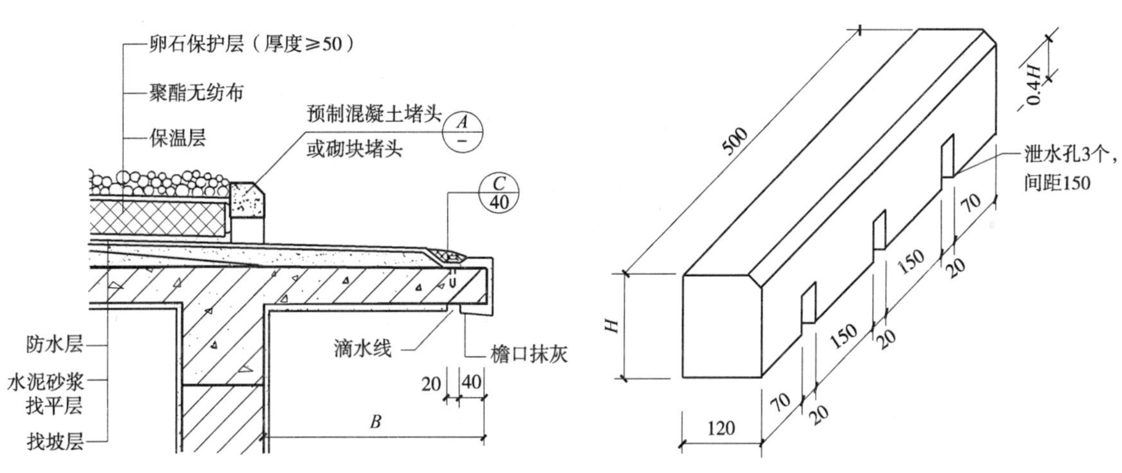

③卵石保护层屋面

Ⓐ预制混凝土堵头

说明：1. 预制混凝土堵头用C20细石混凝土浇制。

2. 砌块堵头为120mm厚立缝不灌砂浆，以便渗水。

3. 堵头高度*H*根据保温层及保护层高度定。

4. 预制混凝土堵头及砌块堵头均坐M5水泥砂浆。

5. “*B*”按工程设计。

4 排气屋面

说明

施工屋面防水层时，如保温层与找平层未干透，为赶进度而在潮湿的基层上作防水层，会使屋面工程内残留在保温层及找平层中的水逐渐蒸发，成为气体升至防水层下聚成气泡，造成防水层与找平层间空鼓。为防止上述的质量弊病，通常采用空铺法及排气屋面的做法来弥补。设计和施工排气屋面时，在屋脊或屋面上设置排气槽及出气口，使互相连通构成与大气连通的“排气屋面”，随时排出水汽，以避免防水层起泡空鼓。

排气槽应纵横贯通，不得堵塞。铺贴防水卷材时，应避免卷材胶粘剂流入排气槽。排气口应埋排气管，排气管应设置在结构层上，穿过保温层及排气槽时管壁应打排气孔。

排气屋面排气槽平面布置（河北 05J5-1）(32、33 页)

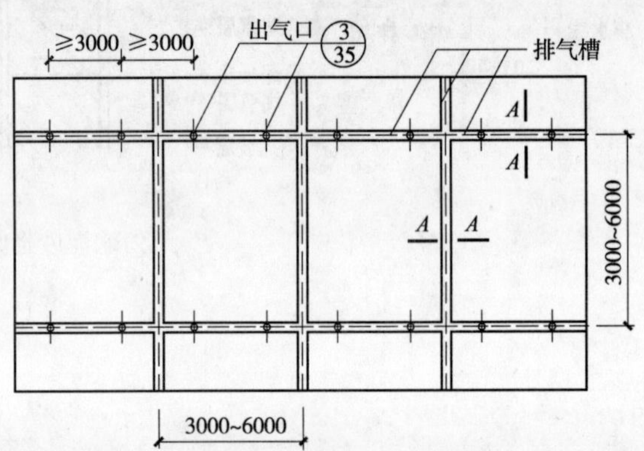

无保温屋面排气槽及出气口平面

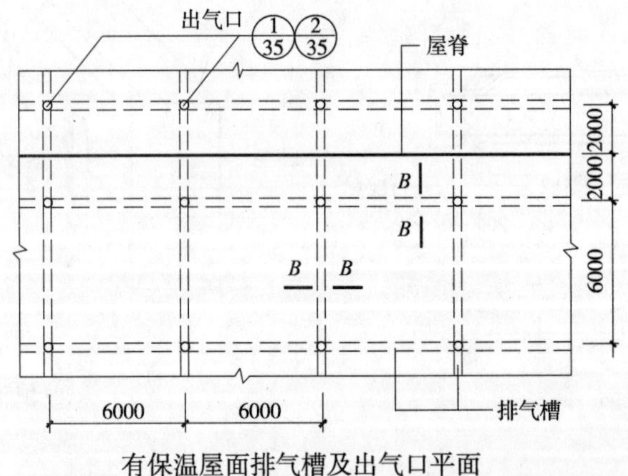

有保温屋面排气槽及出气口平面

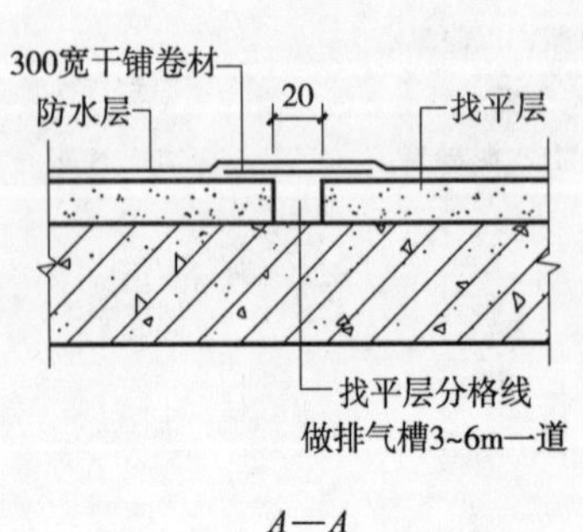

A—A

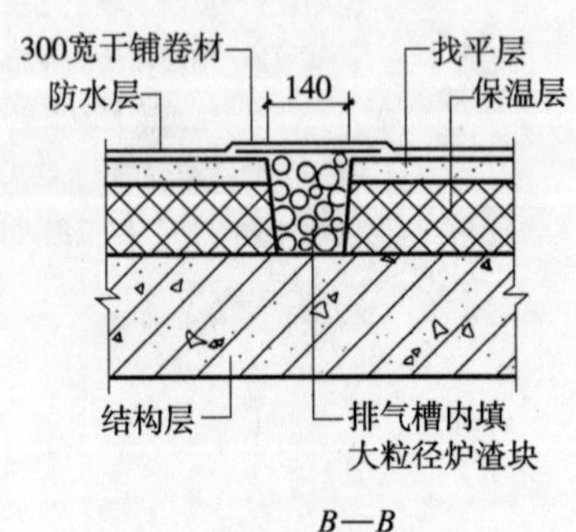

B—B

排气屋面节点构造（一）(河北 05J5-1)(33 页)

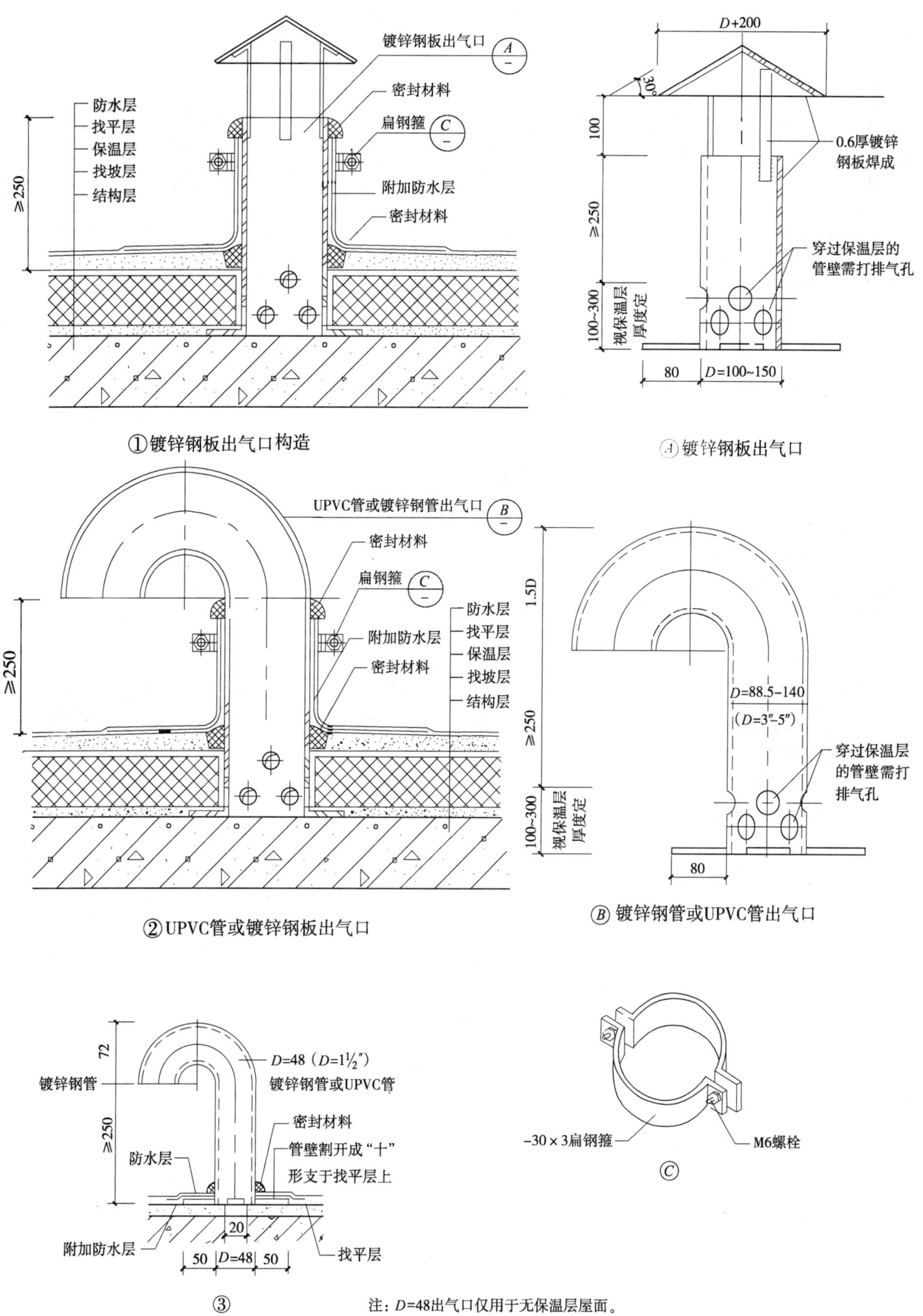

注：D=48出气口仅用于无保温层屋面。

排气屋面节点构造（二）（河南 05YJ5-1）（30 页）

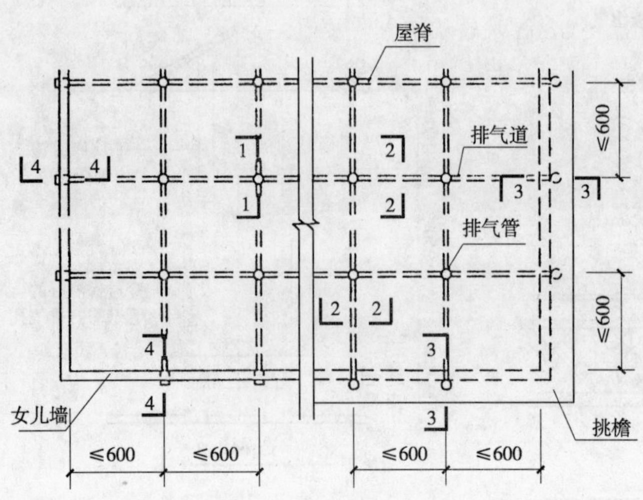

排气道、排气管平面布置

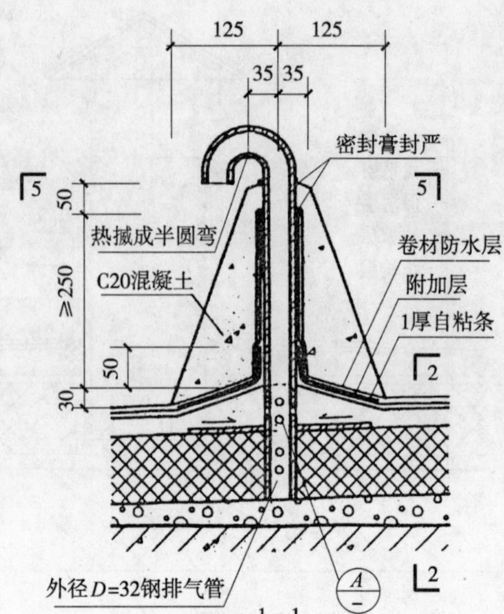

1—1

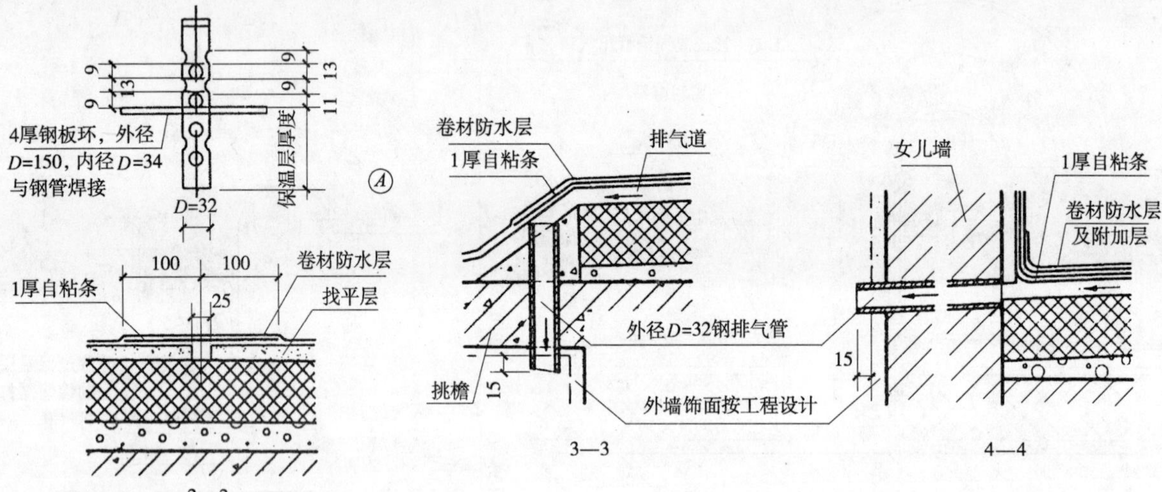

2—2 3—3 4—4

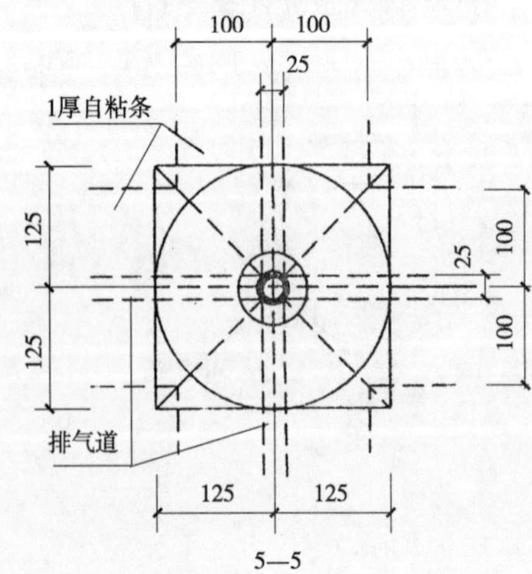

5—5

说明：1. 施工时，应确保排气道和排气管以及排气管壁上的孔不被堵塞，也可选用成品排气孔。
2. 当找平层分格缝兼做排气道时，铺贴卷材时宜采用条粘法或点粘法。
3. 可与细部详图中保温层排气详图对照参考应用。

5 蓄水屋面

蓄水屋顶平面及节点（中南 05ZJ201）(30 页)

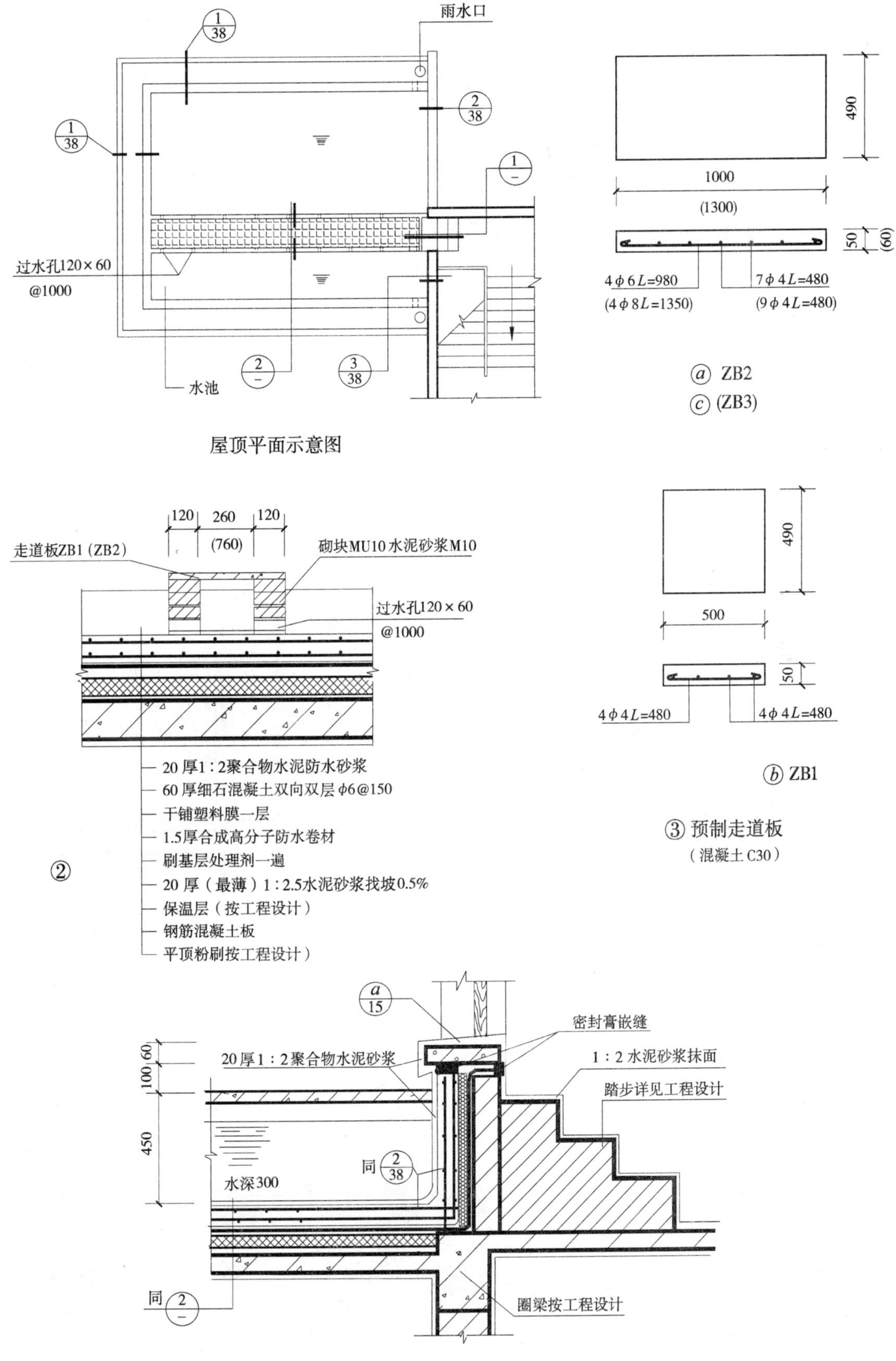

蓄水屋面节点构造（一）(中南05ZJ201)(31页)

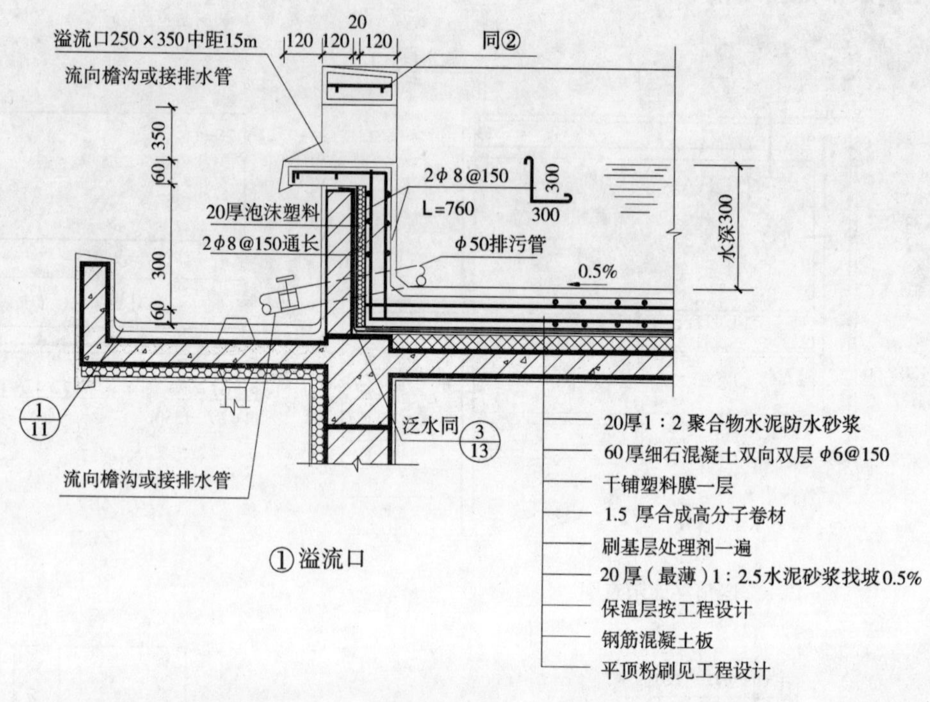

①溢流口

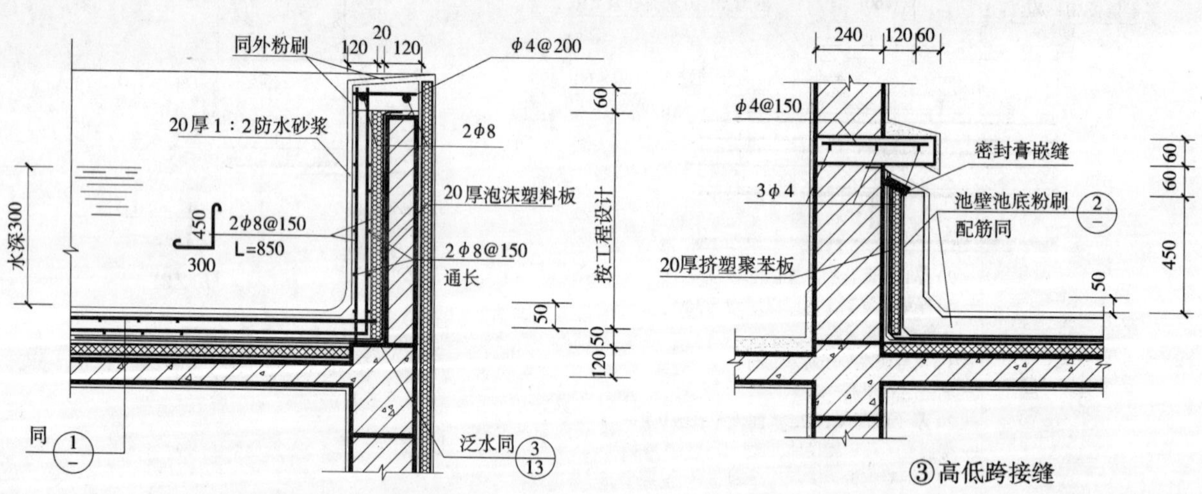

②外池壁

③高低跨接缝

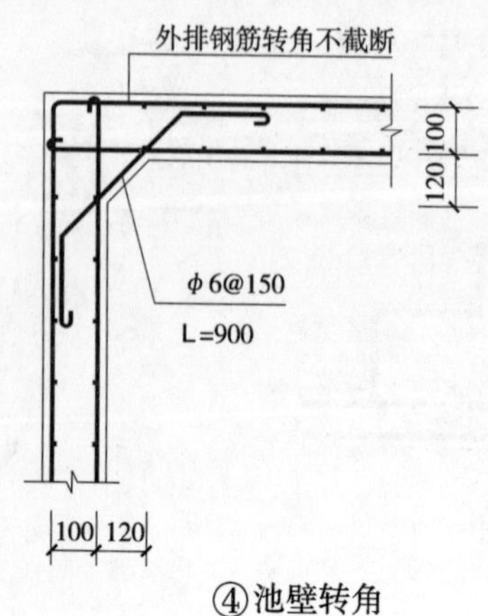

④池壁转角

说明：1. 本图不宜用于Ⅰ、Ⅱ级防水屋面。

2. 细石混凝土水池，混凝土C25，钢筋 HPB 235，池底钢筋双层双向φ6@150，池壁钢筋双层双向φ8@150。池底池壁应一次连续浇成机械振捣密实，随打随抹平，一天后即开始放水养护。检查出渗漏点用素水泥浆搓填砂眼。

3. 防水砂浆为1∶2聚合物水泥防水砂浆，池壁拆模后即可进行粉面，待初凝后即放水养护，逐步加水至设计深度。砂浆内聚合物参量按厂家产品要求。

4. 池外砌体壁：砌块MU7.5，M5水泥砂浆砌，外粉刷按工程设计。

5. 刚性防水蓄水屋面伸缩缝间距不大于25m。

蓄水屋面节点构造（二）(河北 05J5-1)(19、20 页)

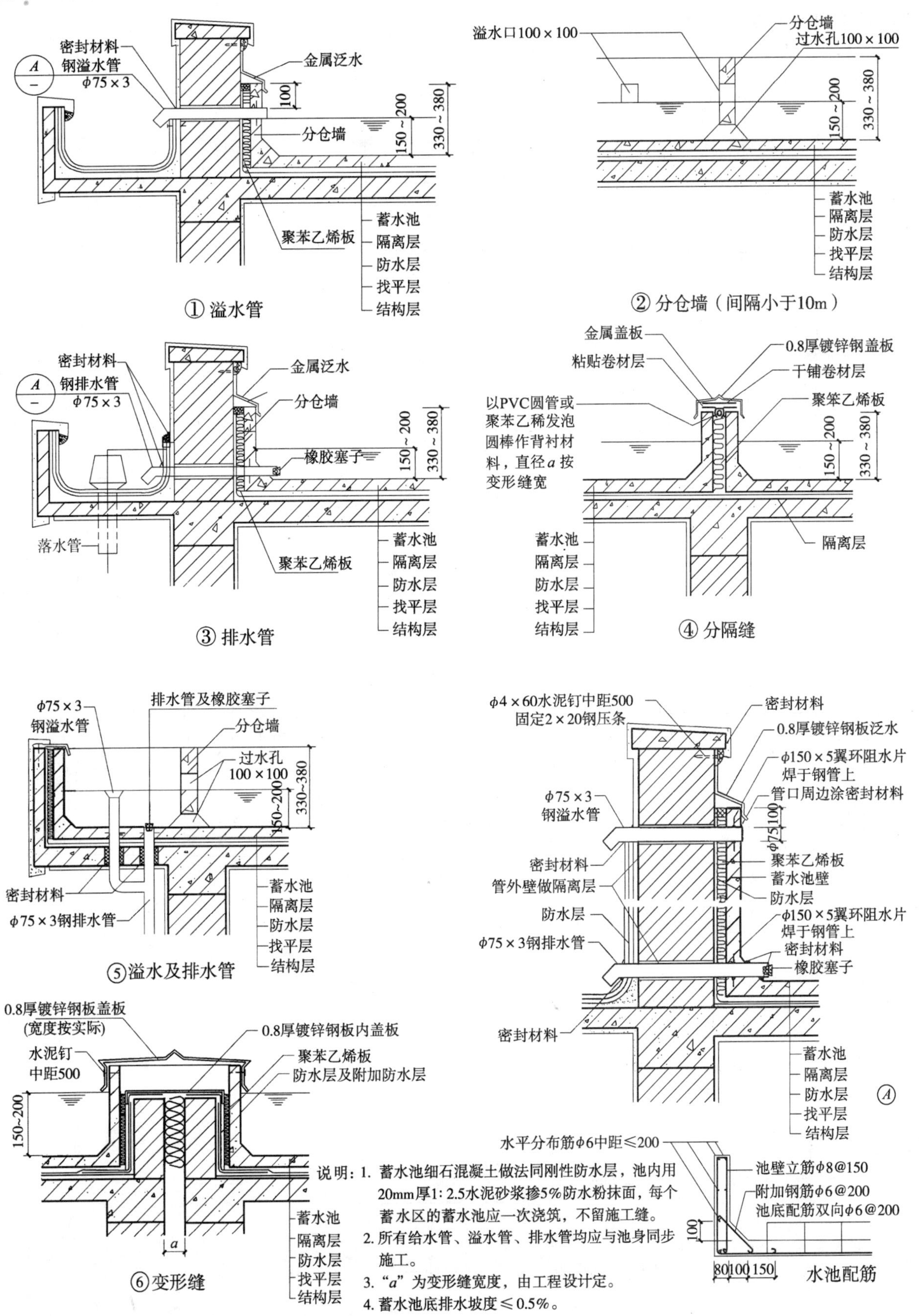

说明：1. 蓄水池细石混凝土做法同刚性防水层，池内用20mm厚1:2.5水泥砂浆掺5%防水粉抹面，每个蓄水区的蓄水池应一次浇筑，不留施工缝。

2. 所有给水管、溢水管、排水管均应与池身同步施工。

3. "a" 为变形缝宽度，由工程设计定。

4. 蓄水池底排水坡度≤0.5%。

6 架空隔热屋面

架空隔热屋面构造（河北 05J5-1）(15 页)

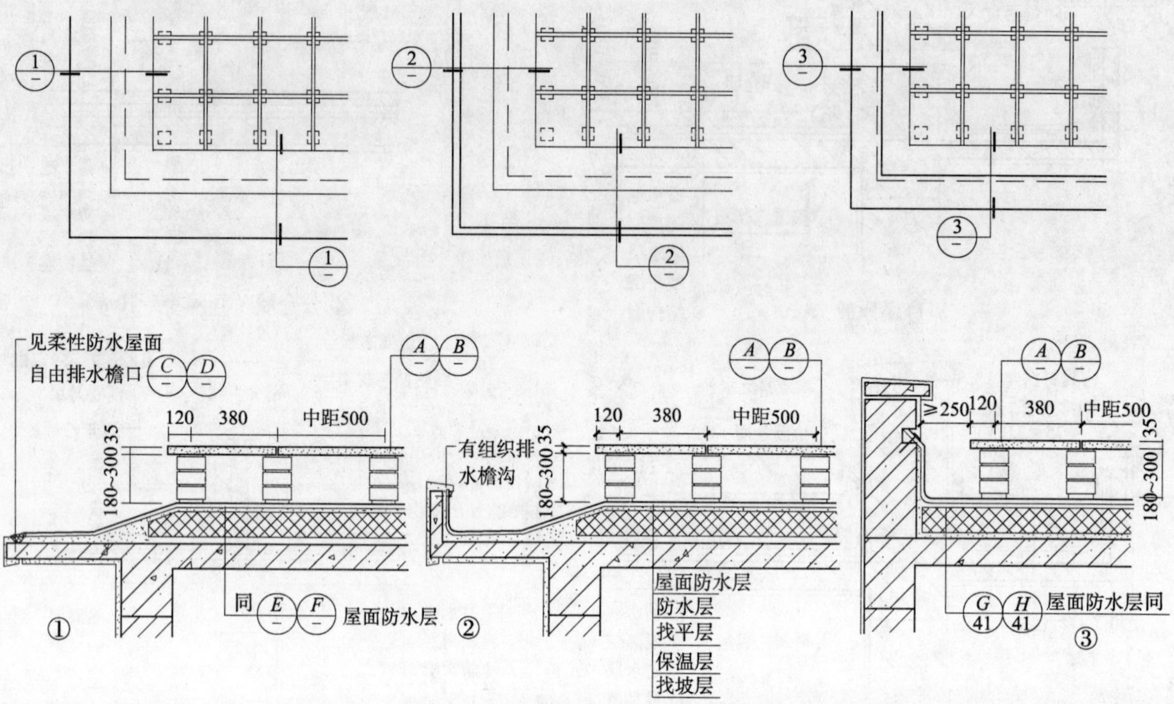

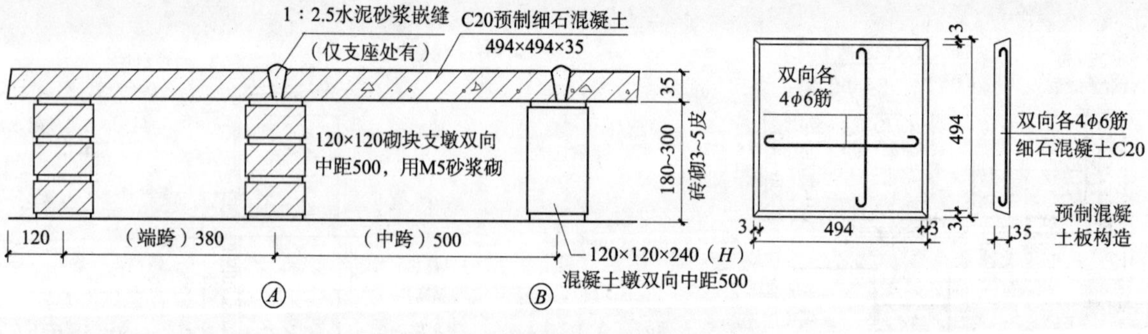

见柔性防水屋面
自由排水檐口 C D
120 380 中距500
35
180~300
同 E F 屋面防水层
①

A B
有组织排水檐沟
120 380 中距500
35
180~300
屋面防水层
防水层
找平层
保温层
找坡层
②

A B
≥250 120 380 中距500
35
180~300
G/41 H/41 屋面防水层同
③

1：2.5水泥砂浆嵌缝
（仅支座处有）
C20预制细石混凝土
494×494×35
35
180~300
砖砌3~5皮
120×120砌块支墩双向
中距500，用M5砂浆砌
120 （端跨）380 （中跨）500
120×120×240（H）
混凝土墩双向中距500
Ⓐ Ⓑ

双向各
4φ6筋
3 494 3
494
双向各4φ6筋
细石混凝土C20
35
预制混凝土板构造

说明：1. 架空屋面不宜在寒冷地区采用。 2. Ⓐ为砌块支墩，Ⓑ为混凝土支墩。 3. 架空屋面的坡度不宜大于50%

细部

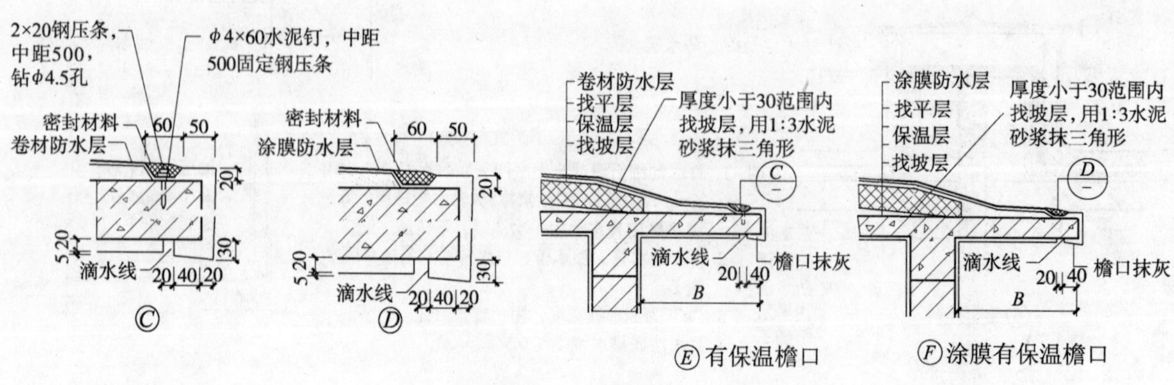

架空屋面平面示例（华北88J5-1）(26页)

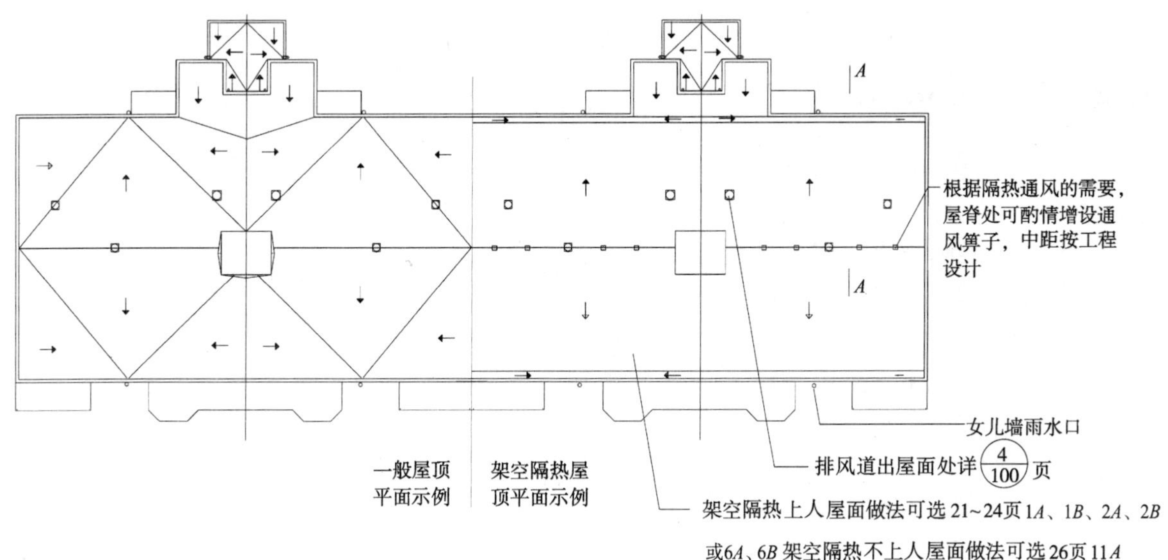

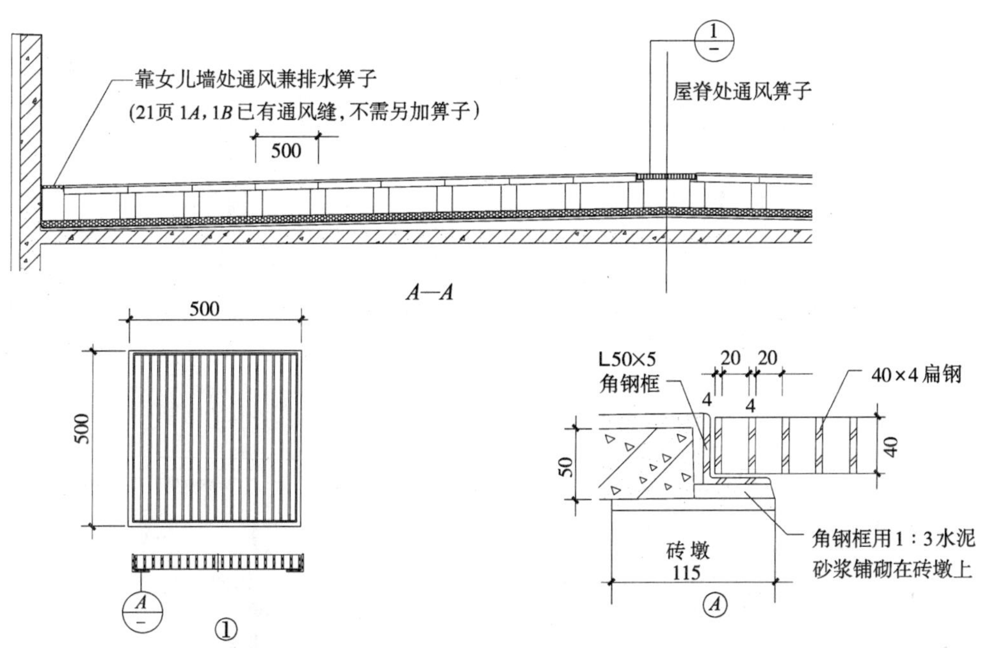

说明：1. 架空屋面有利于通风、隔热，上人架空屋面可选21~24页1A、1B、2A、2B、6A、6B不上人架空屋面可选26页11A。

2. 详图①通风箅子用于22~24页2A、2B及6A、6B，2A、2B已有通风缝，不需另加通风箅子，26页11A不上人屋面架空板留出通风缺口即可。

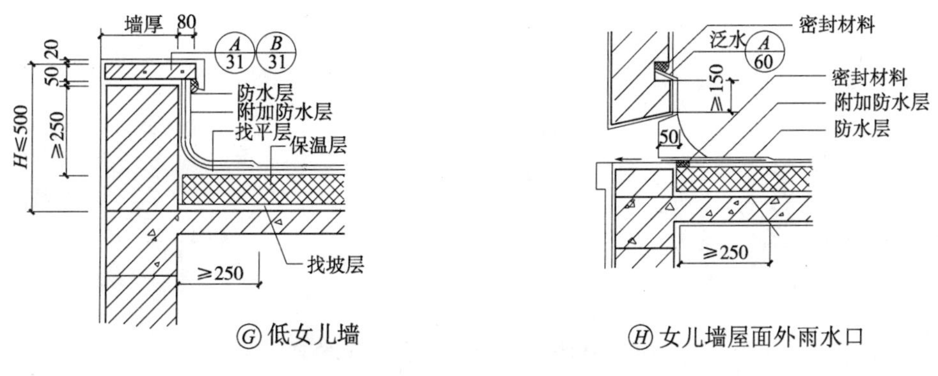

Ⓖ 低女儿墙　　Ⓗ 女儿墙屋面外雨水口

7　细部节点构造详图

（1）檐口

混凝土板挑檐（华北 88J5-1）（47 页）

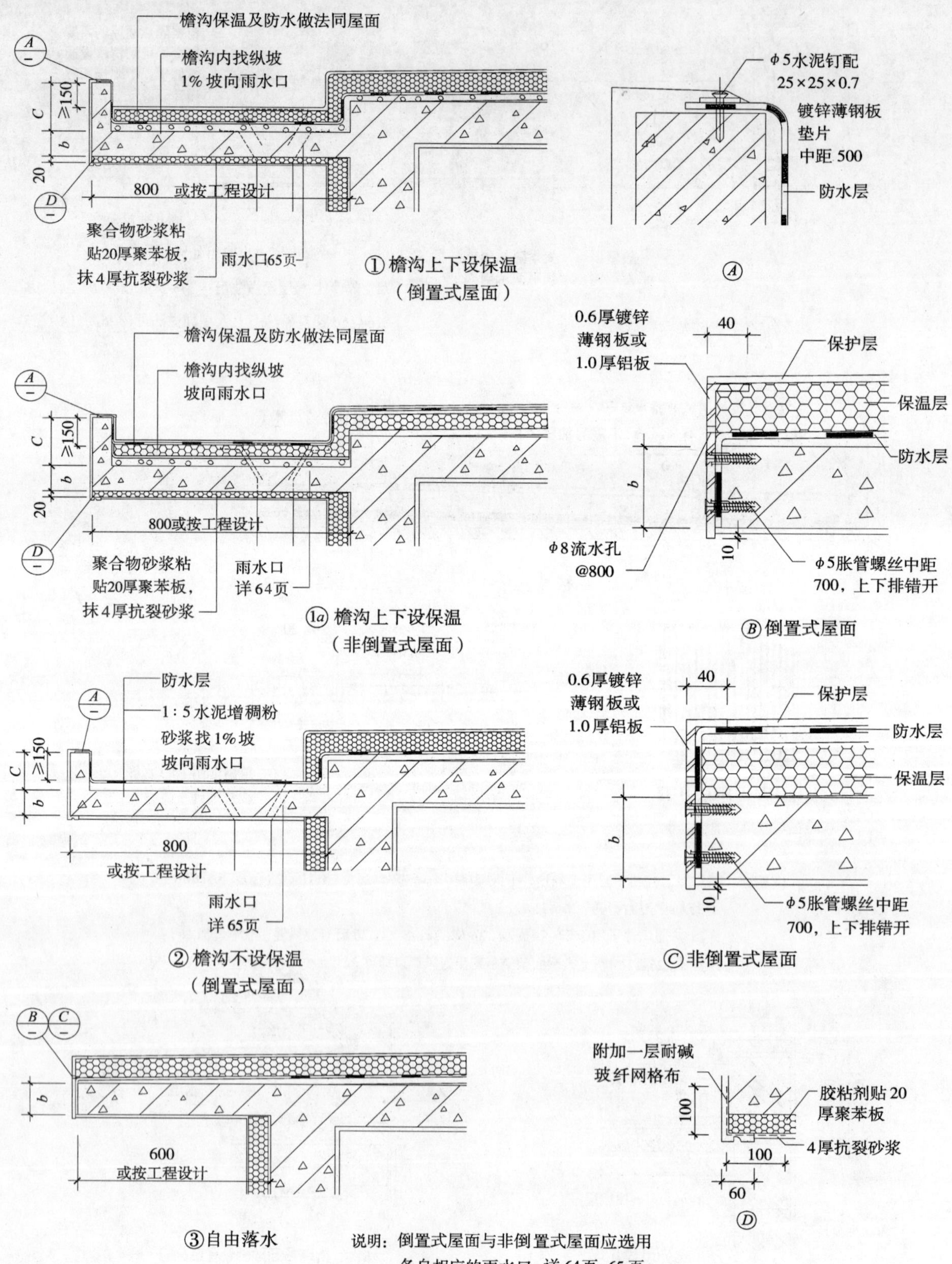

说明：倒置式屋面与非倒置式屋面应选用各自相应的雨水口，详 64页、65页。

玻璃挑檐（华北 88J5-1）(45 页)

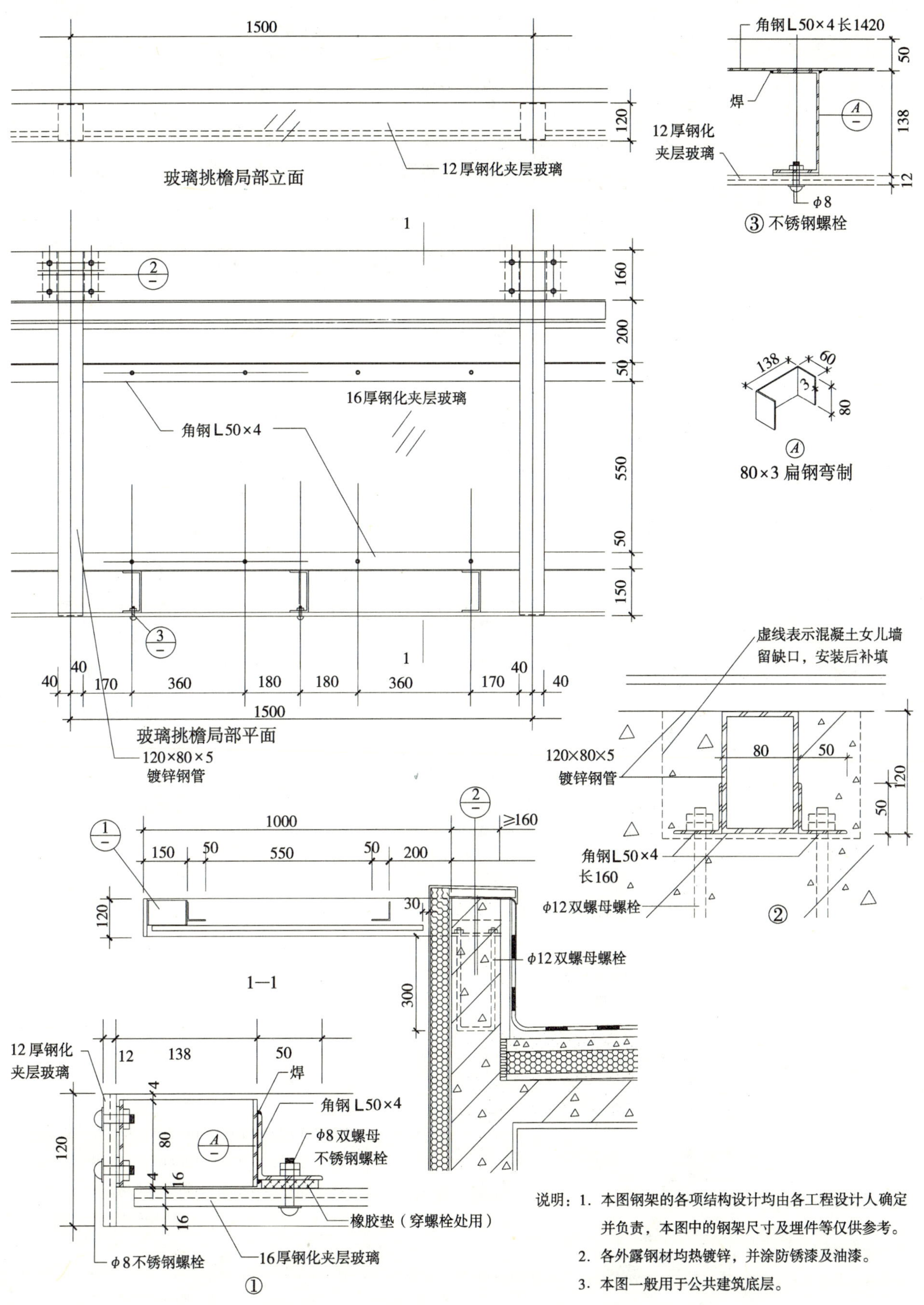

说明：1. 本图钢架的各项结构设计均由各工程设计人确定并负责，本图中的钢架尺寸及埋件等仅供参考。

2. 各外露钢材均热镀锌，并涂防锈漆及油漆。

3. 本图一般用于公共建筑底层。

遮阳铝板挑檐（华北 88J5-1）(46 页)

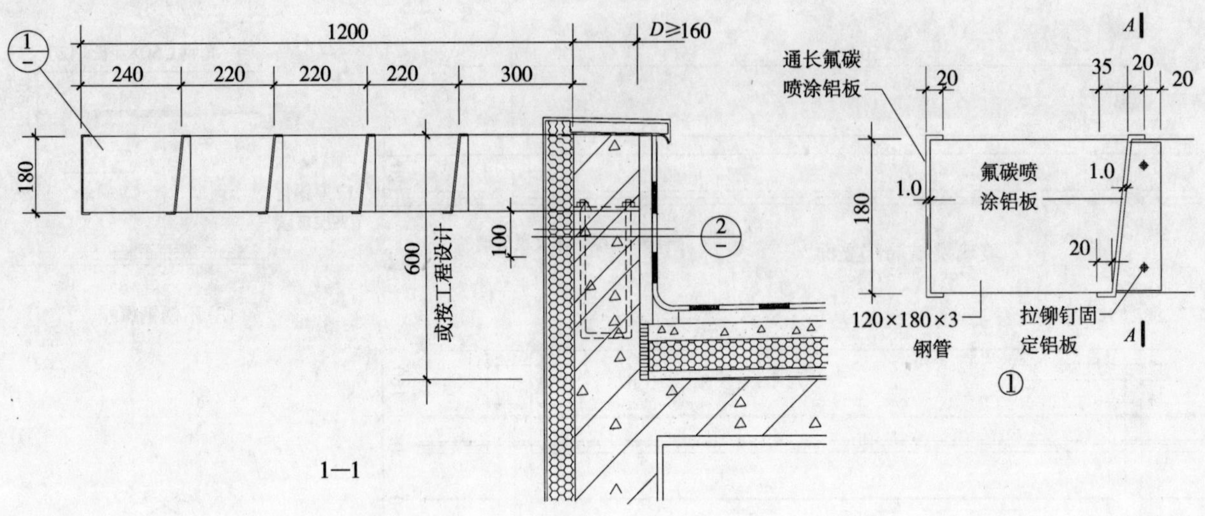

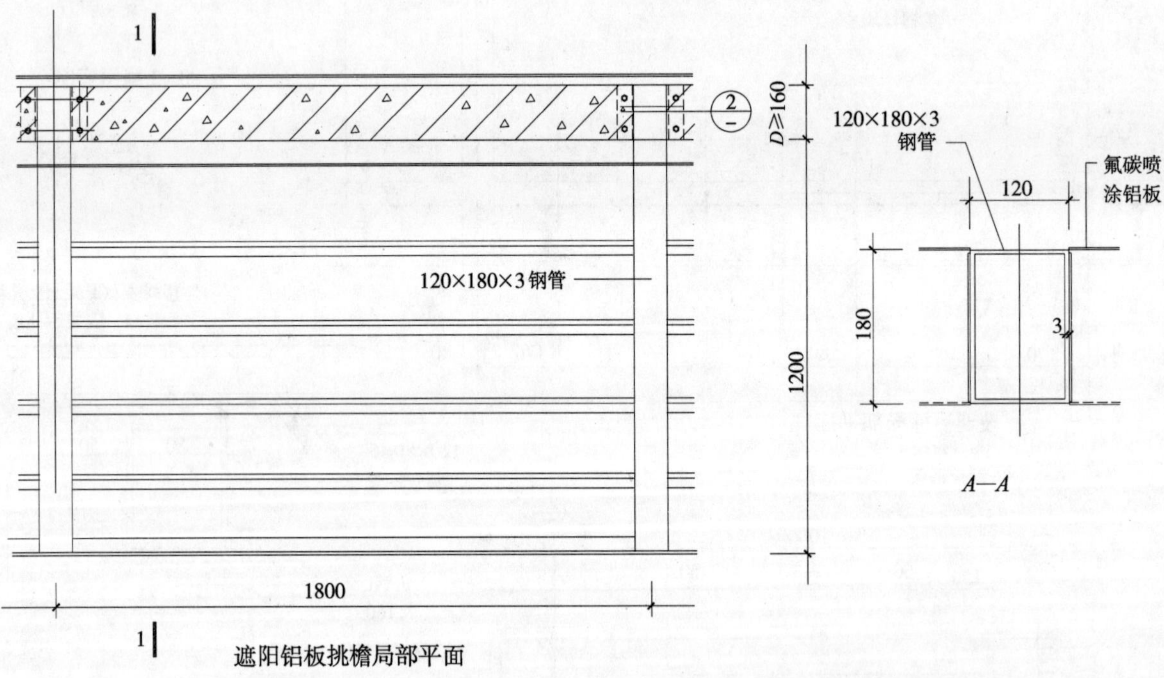

遮阳铝板挑檐局部平面

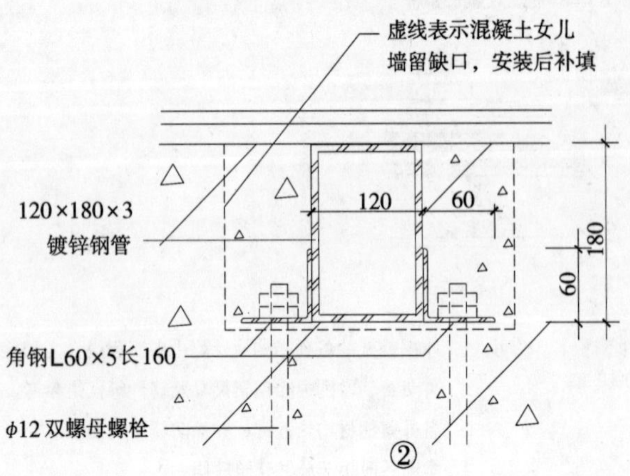

说明：1. 本图钢架的各项结构设计均由各工程设计人确定并负责，本图中的钢架尺寸及埋件等仅供参考。

2. 各外露钢材均热镀锌，并涂防锈漆及油漆。

玻璃栏板檐口（华北 88J5-1）(38 页)

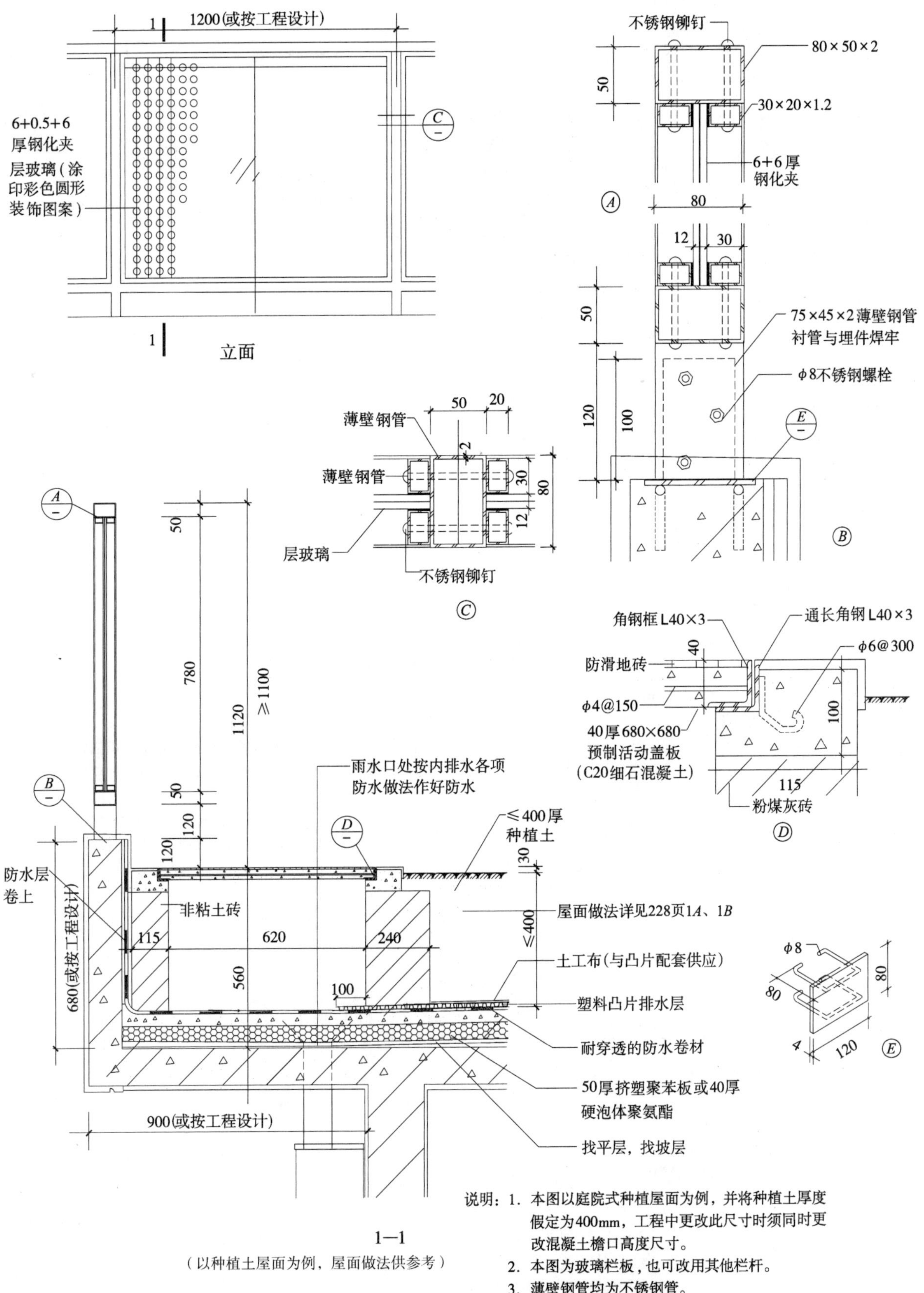

1—1

（以种植土屋面为例，屋面做法供参考）

说明：1. 本图以庭院式种植屋面为例，并将种植土厚度假定为400mm，工程中更改此尺寸时须同时更改混凝土檐口高度尺寸。

2. 本图为玻璃栏板，也可改用其他栏杆。

3. 薄壁钢管均为不锈钢管。

斜檐口（水泥瓦、装饰瓦、玻纤瓦）（华北 88J5-1）（39 页）

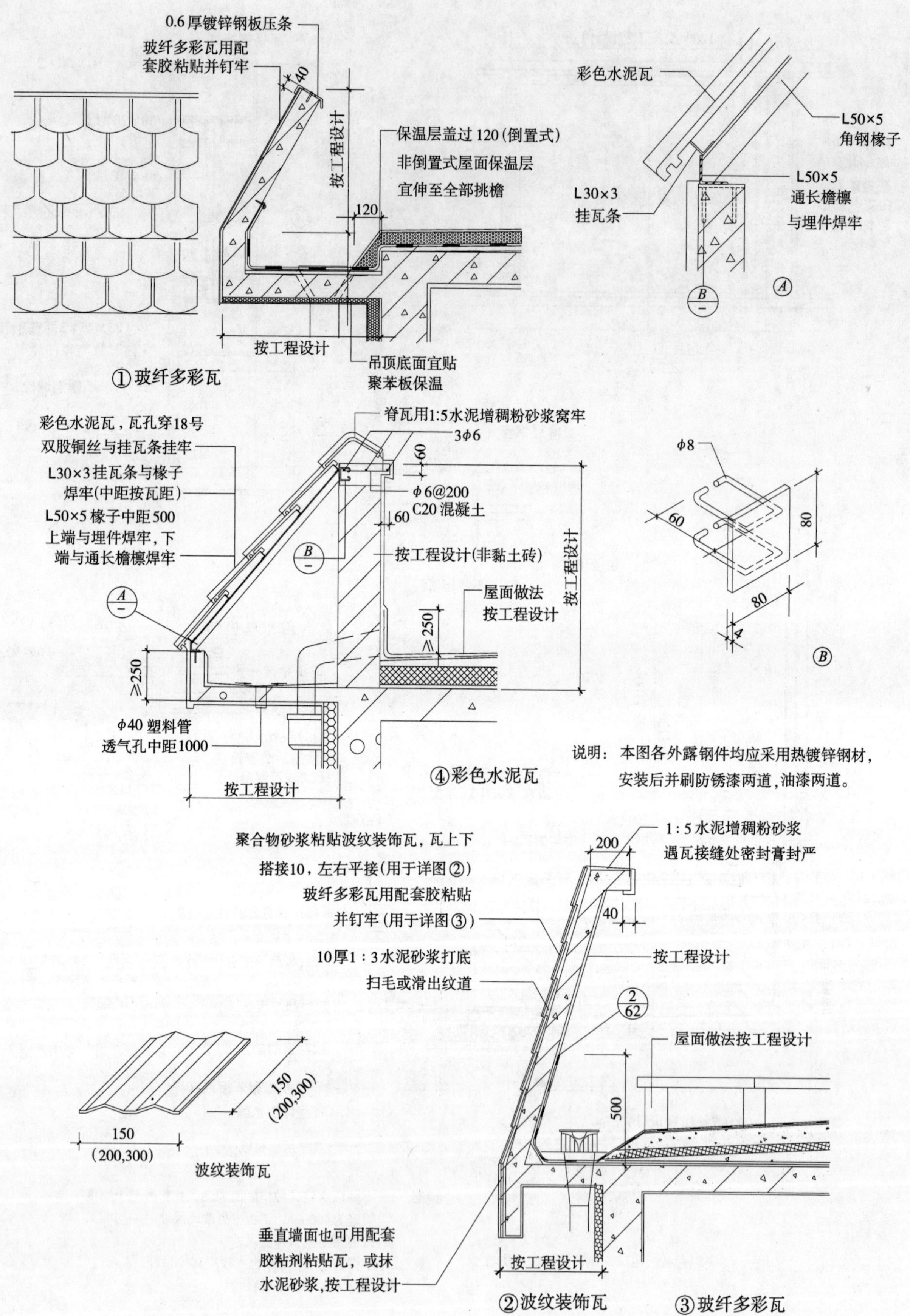

斜檐口（玻纤瓦、装饰瓦）（华北 88J5-1）（40 页）

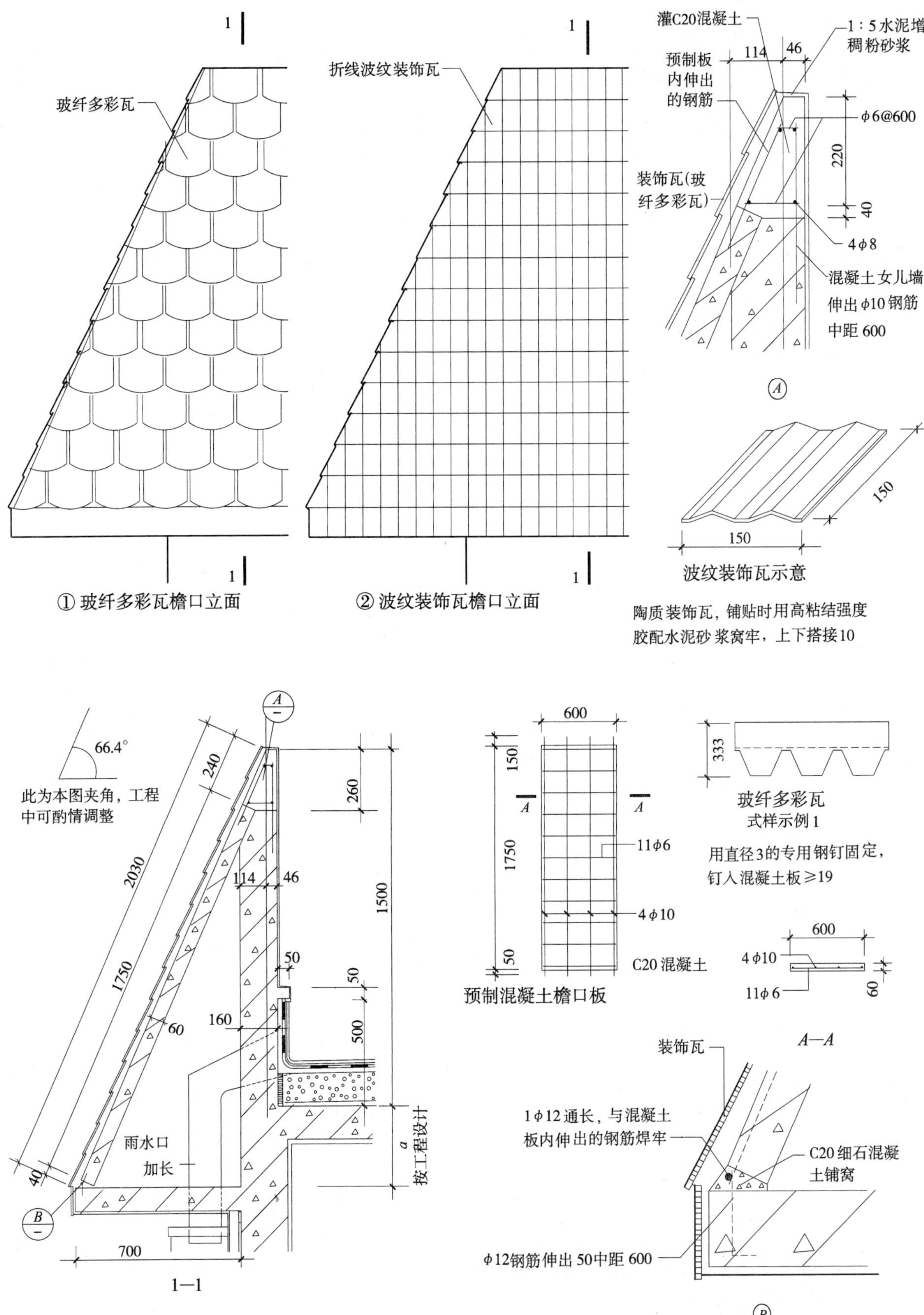

斜檐口（彩色压型钢板波形瓦）(华北 88J5-1)(41 页)

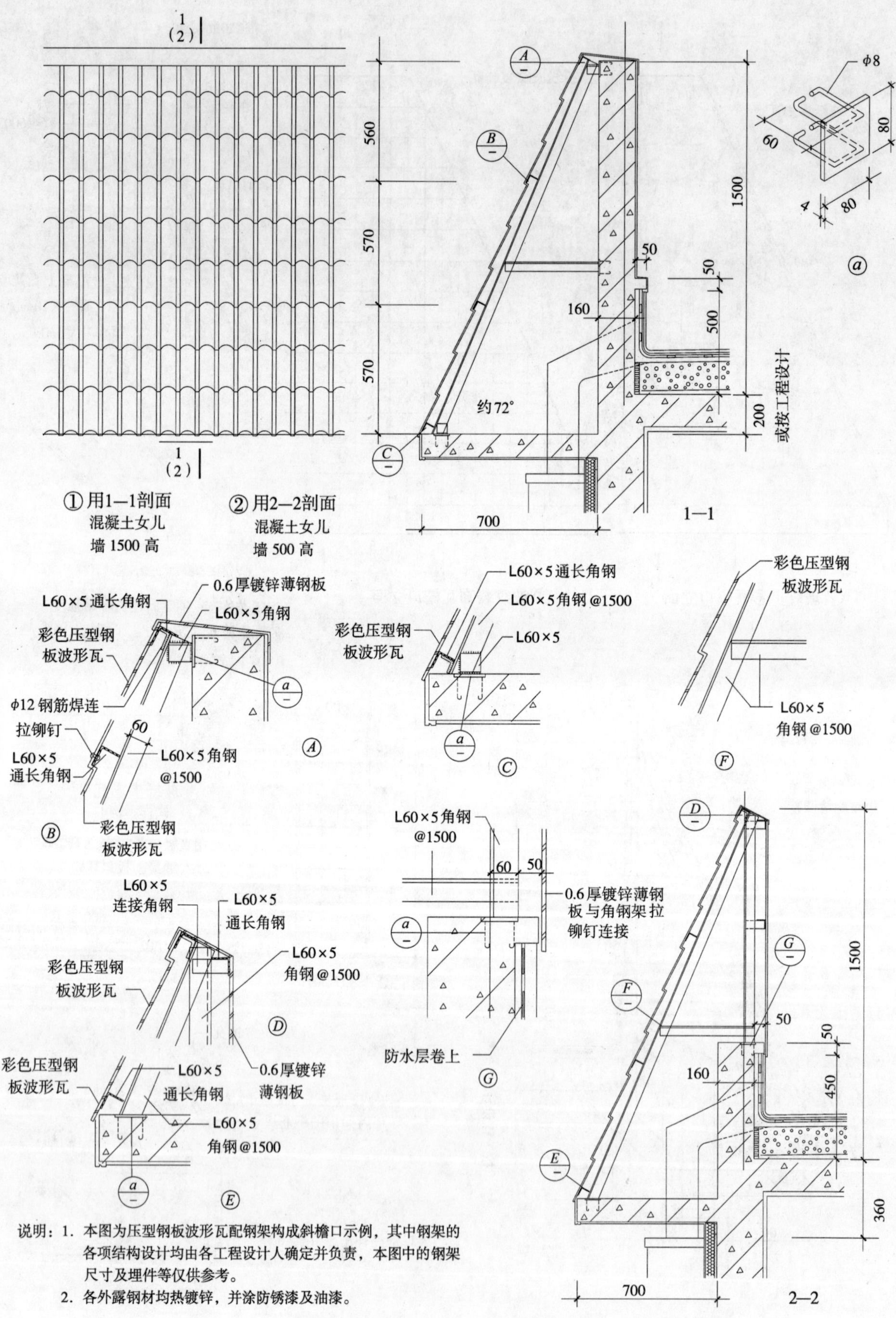

说明：1. 本图为压型钢板波形瓦配钢架构成斜檐口示例，其中钢架的各项结构设计均由各工程设计人确定并负责，本图中的钢架尺寸及埋件等仅供参考。

2. 各外露钢材均热镀锌，并涂防锈漆及油漆。

斜檐口（彩色波形沥青瓦）(华北 88J5-1)(42 页)

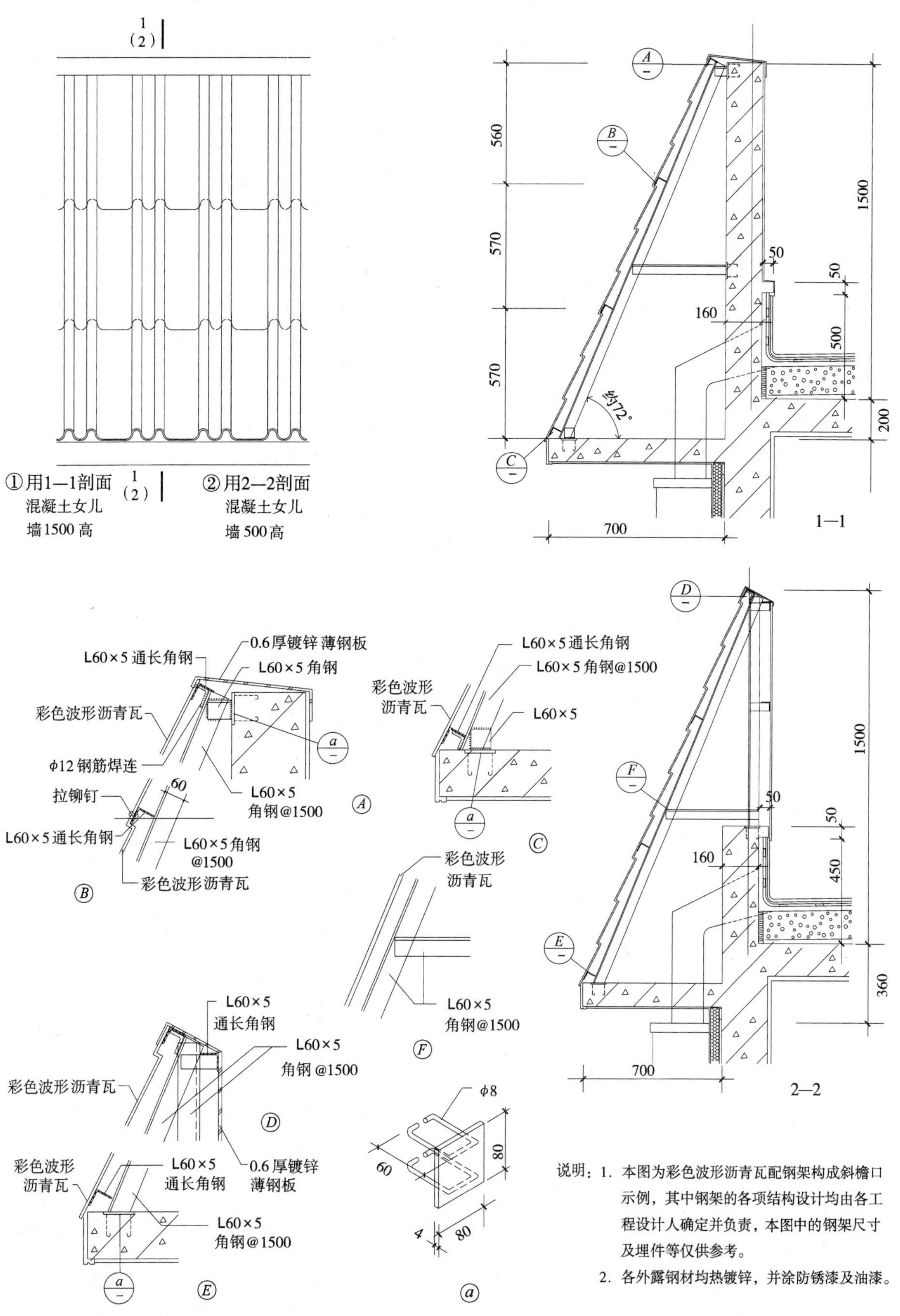

说明：1. 本图为彩色波形沥青瓦配钢架构成斜檐口示例，其中钢架的各项结构设计均由各工程设计人确定并负责，本图中的钢架尺寸及埋件等仅供参考。

2. 各外露钢材均热镀锌，并涂防锈漆及油漆。

斜檐口（彩铝板）1（华北 88J5-1)(43 页)

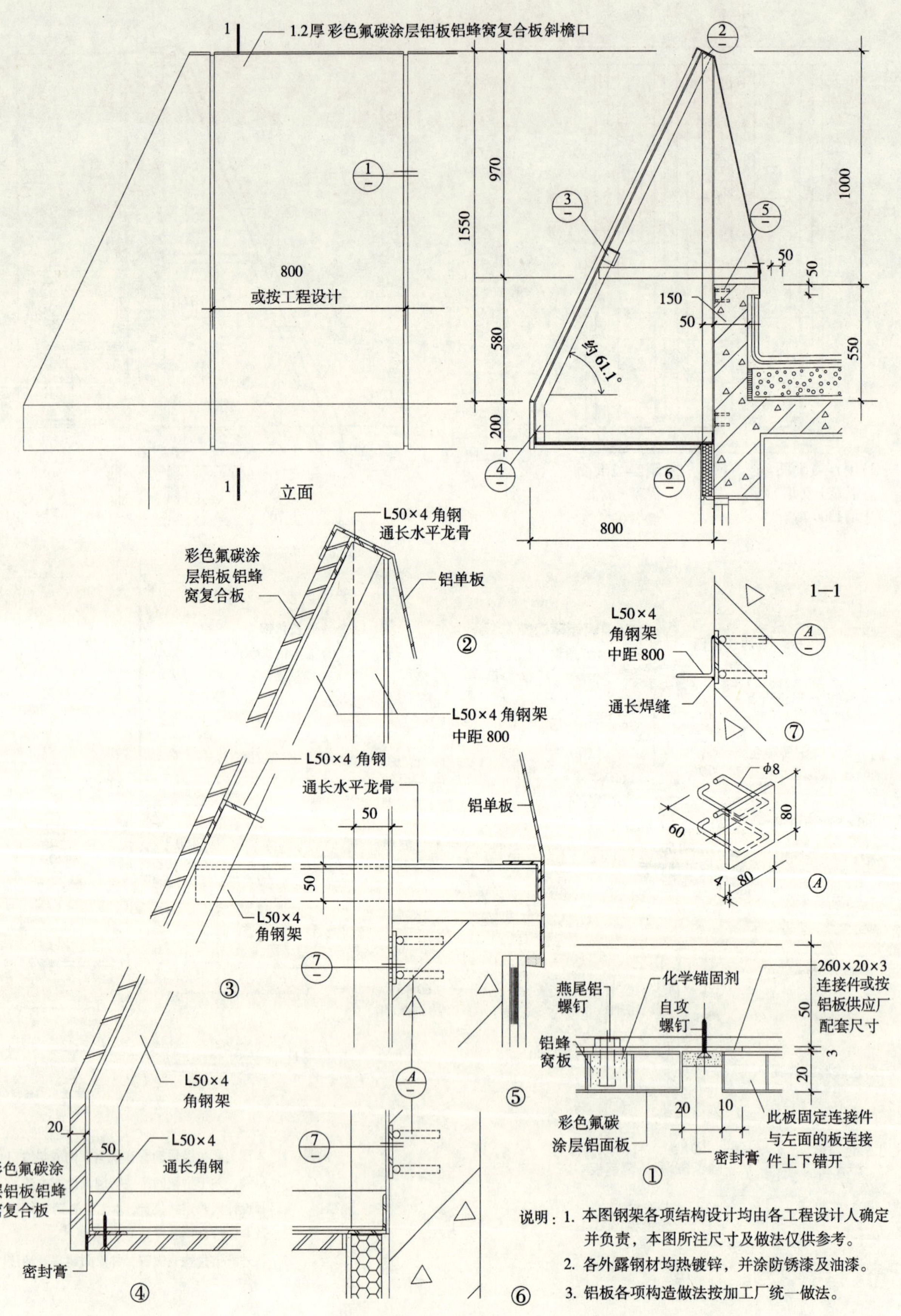

说明：1. 本图钢架各项结构设计均由各工程设计人确定并负责，本图所注尺寸及做法仅供参考。

2. 各外露钢材均热镀锌，并涂防锈漆及油漆。

3. 铝板各项构造做法按加工厂统一做法。

斜檐口（彩铝板）2（华北 88J5-1）(44 页)

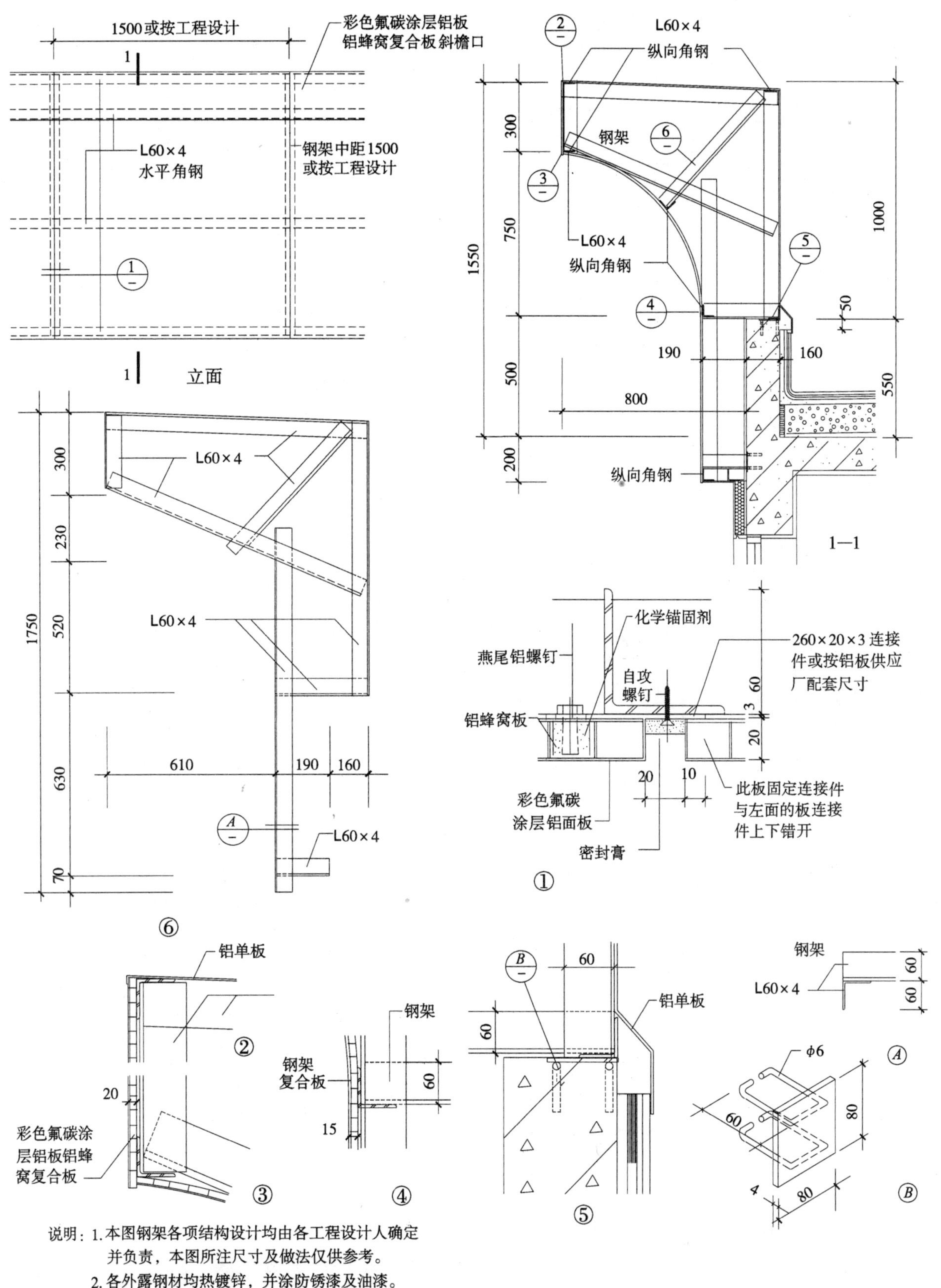

说明：1. 本图钢架各项结构设计均由各工程设计人确定并负责，本图所注尺寸及做法仅供参考。

2. 各外露钢材均热镀锌，并涂防锈漆及油漆。

3. 铝板各项构造做法按加工厂统一做法。

（2）女儿墙

不上人屋面女儿墙（一）（华北88J5-1）（29页）

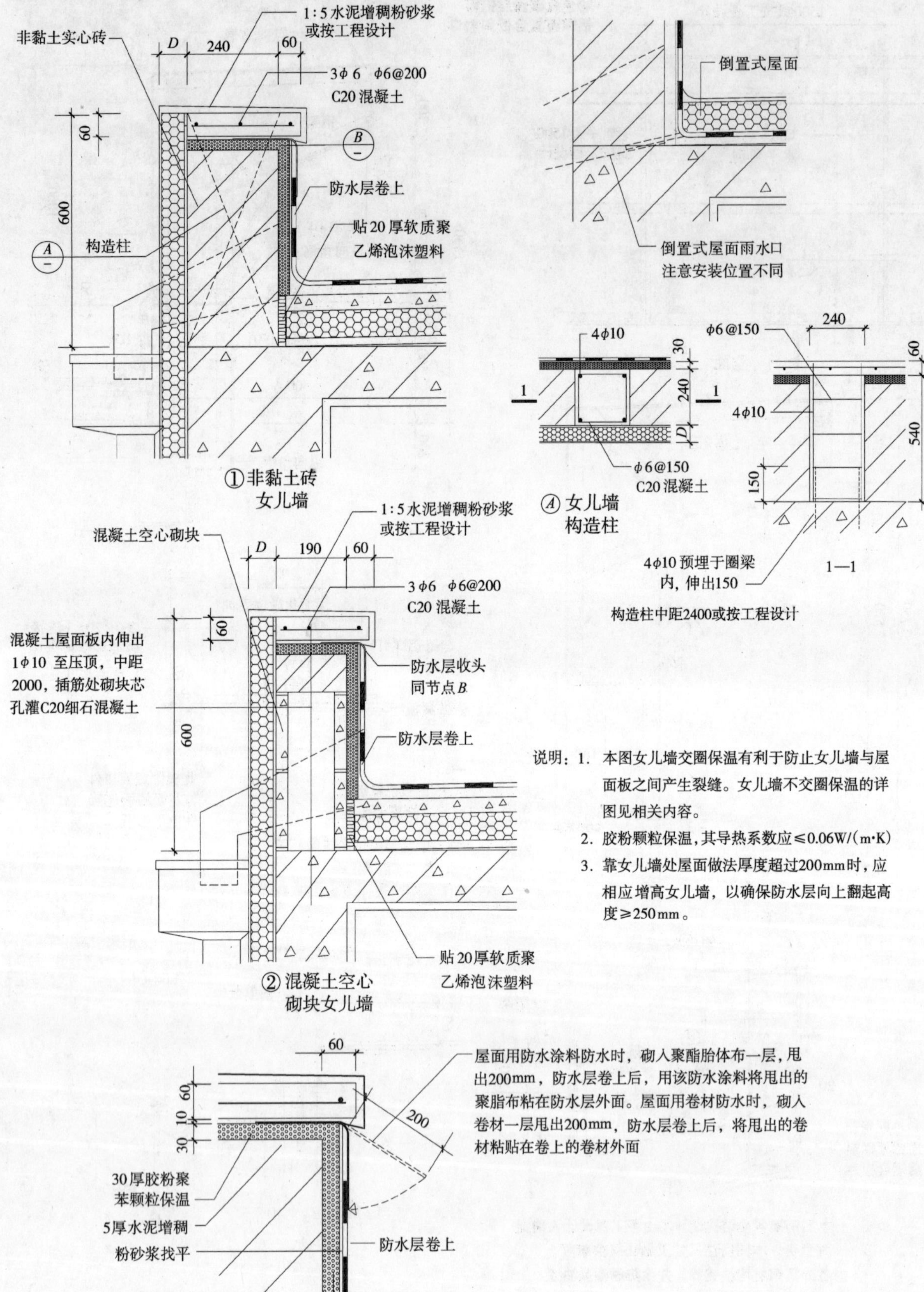

说明：1. 本图女儿墙交圈保温有利于防止女儿墙与屋面板之间产生裂缝。女儿墙不交圈保温的详图见相关内容。

2. 胶粉颗粒保温，其导热系数应≤0.06W/（m·K）

3. 靠女儿墙处屋面做法厚度超过200mm时，应相应增高女儿墙，以确保防水层向上翻起高度≥250mm。

不上人屋面女儿墙（二）（华北 88J5-1）（30 页）

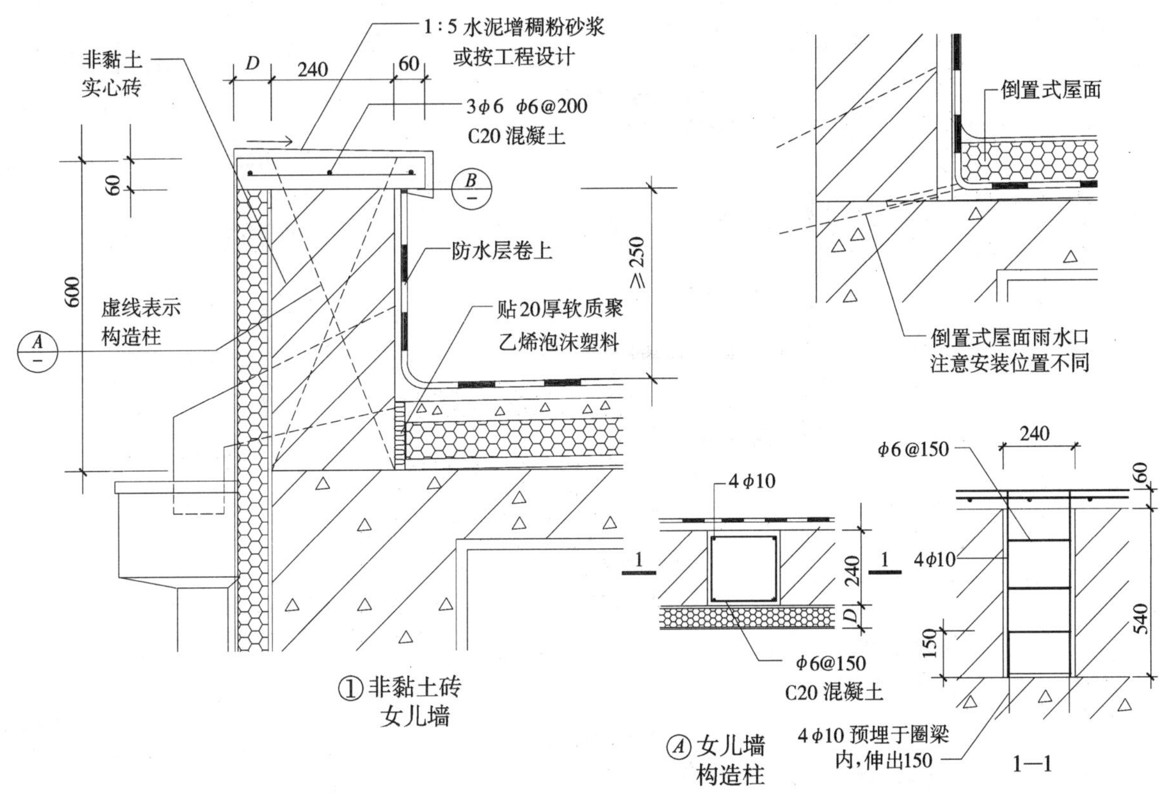

① 非黏土砖女儿墙

Ⓐ 女儿墙构造柱

构造柱中距2400mm或按工程设计

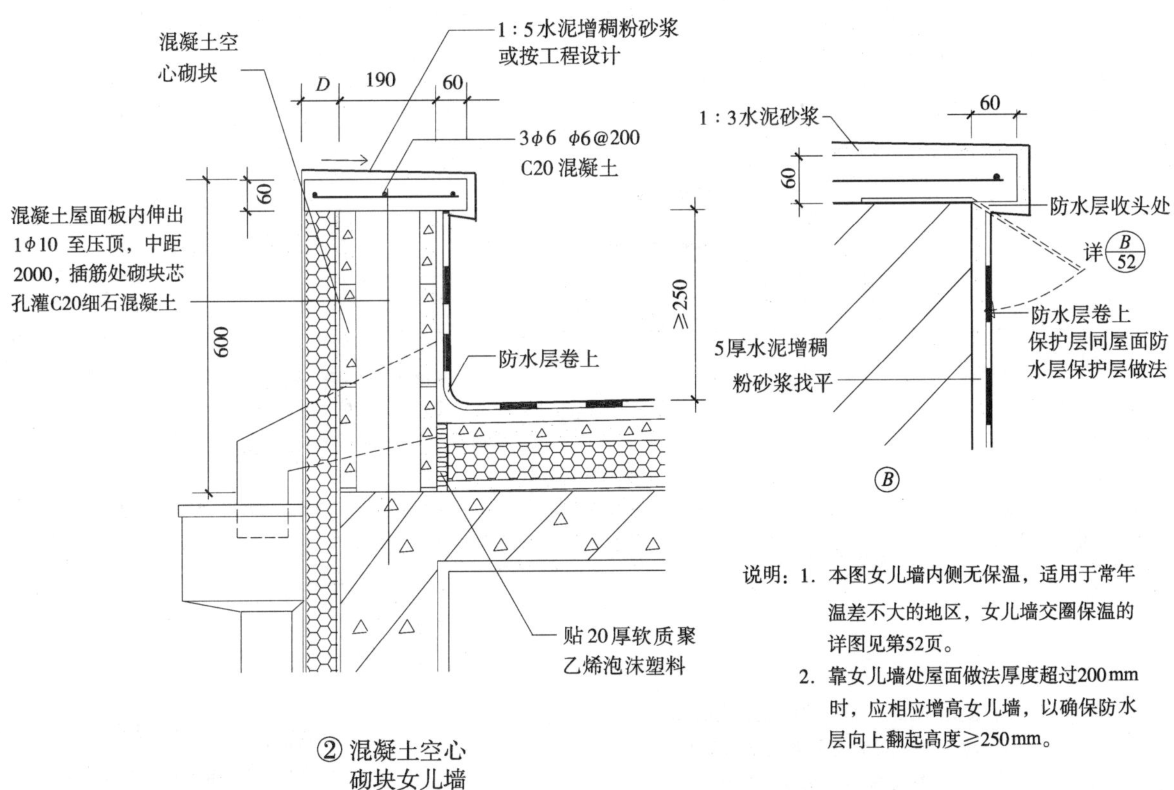

② 混凝土空心砌块女儿墙

Ⓑ

说明：1. 本图女儿墙内侧无保温，适用于常年温差不大的地区，女儿墙交圈保温的详图见第52页。

2. 靠女儿墙处屋面做法厚度超过200mm时，应相应增高女儿墙，以确保防水层向上翻起高度≥250mm。

不上人屋面女儿墙（三）（华北 88J5-1）（31 页）

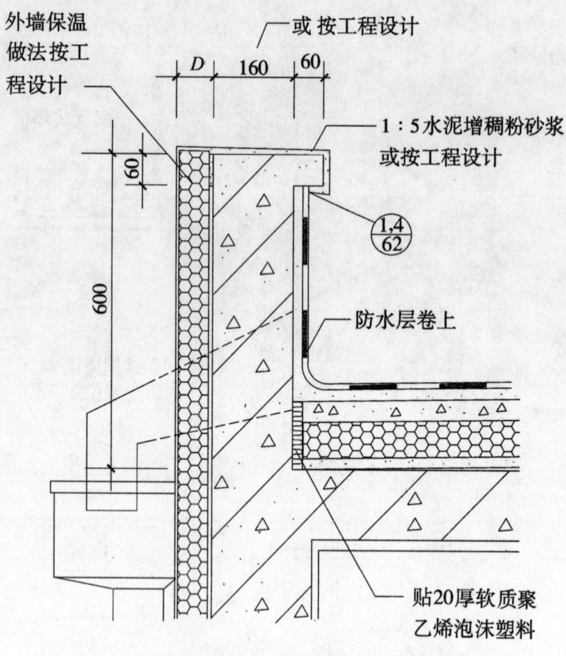

① 钢筋混凝土女儿墙

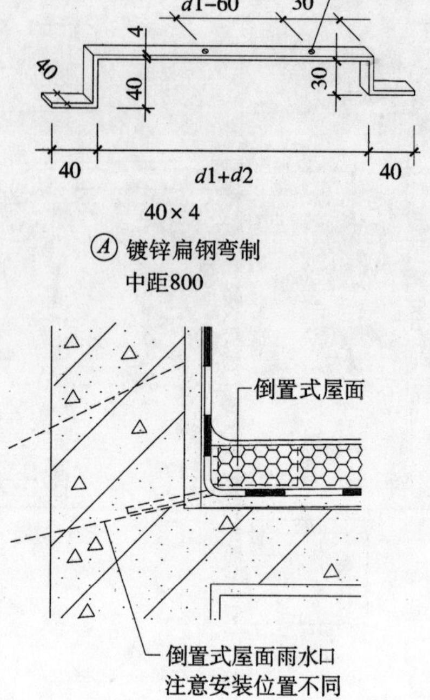

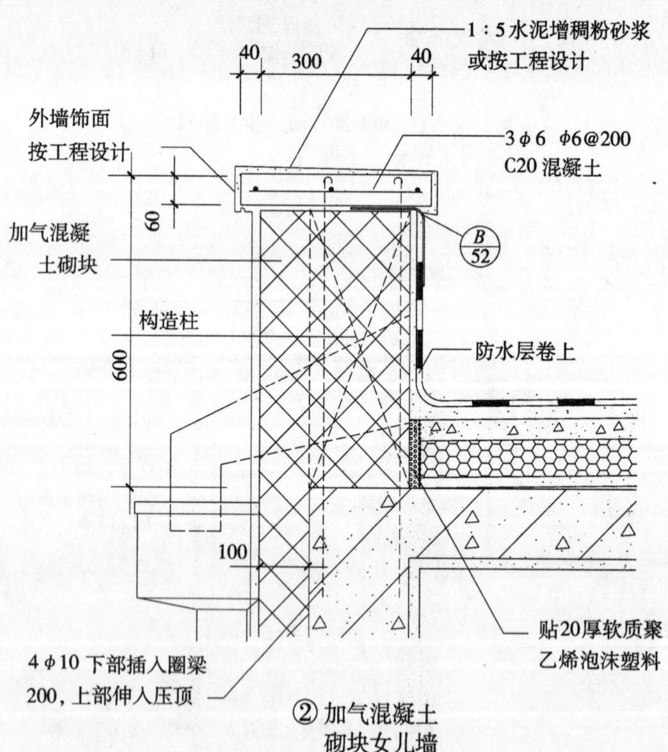

② 加气混凝土砌块女儿墙

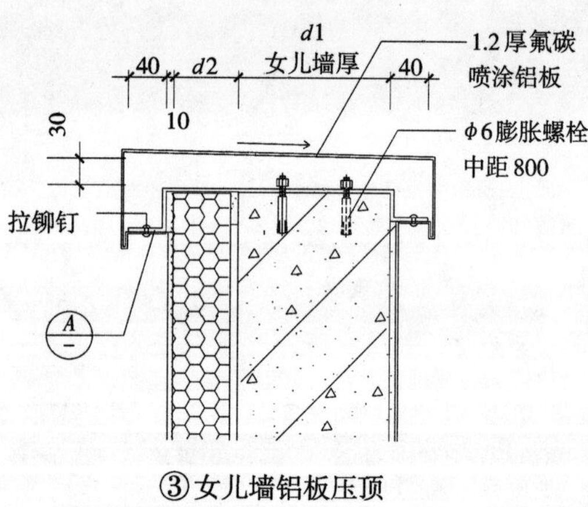

③ 女儿墙铝板压顶

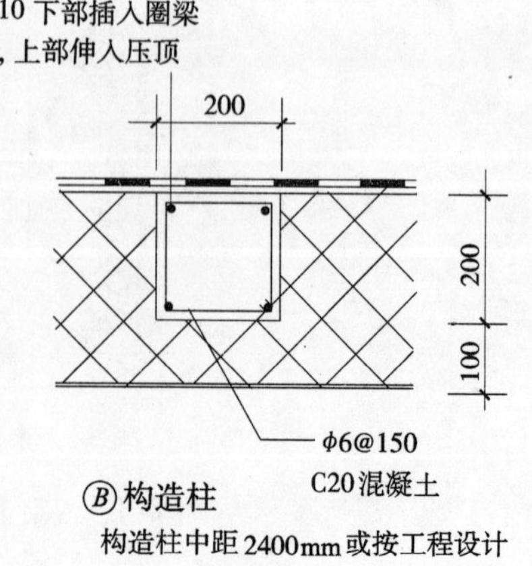

B 构造柱

构造柱中距 2400mm 或按工程设计

说明：靠女儿墙处屋面做法厚度超过 200mm 时，应相应增高女儿墙，以确保防水层向上翻起高度≥250mm。

上人屋面女儿墙（一）(华北 88J5-1)(32 页)

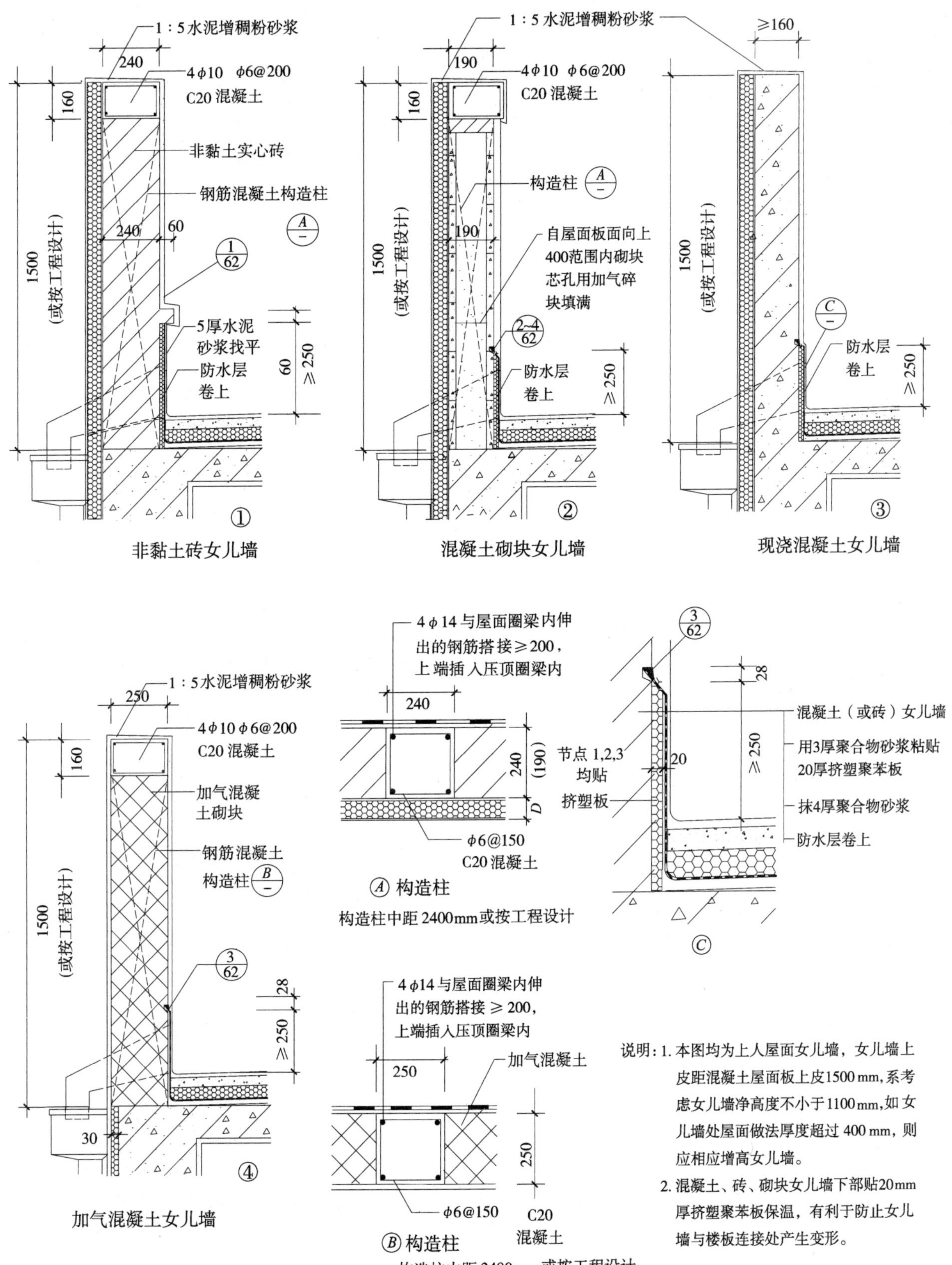

说明：1. 本图均为上人屋面女儿墙，女儿墙上皮距混凝土屋面板上皮1500mm，系考虑女儿墙净高度不小于1100mm，如女儿墙处屋面做法厚度超过400mm，则应相应增高女儿墙。

2. 混凝土、砖、砌块女儿墙下部贴20mm厚挤塑聚苯板保温，有利于防止女儿墙与楼板连接处产生变形。

上人屋面女儿墙（二）(华北 88J5-1) (33 页)

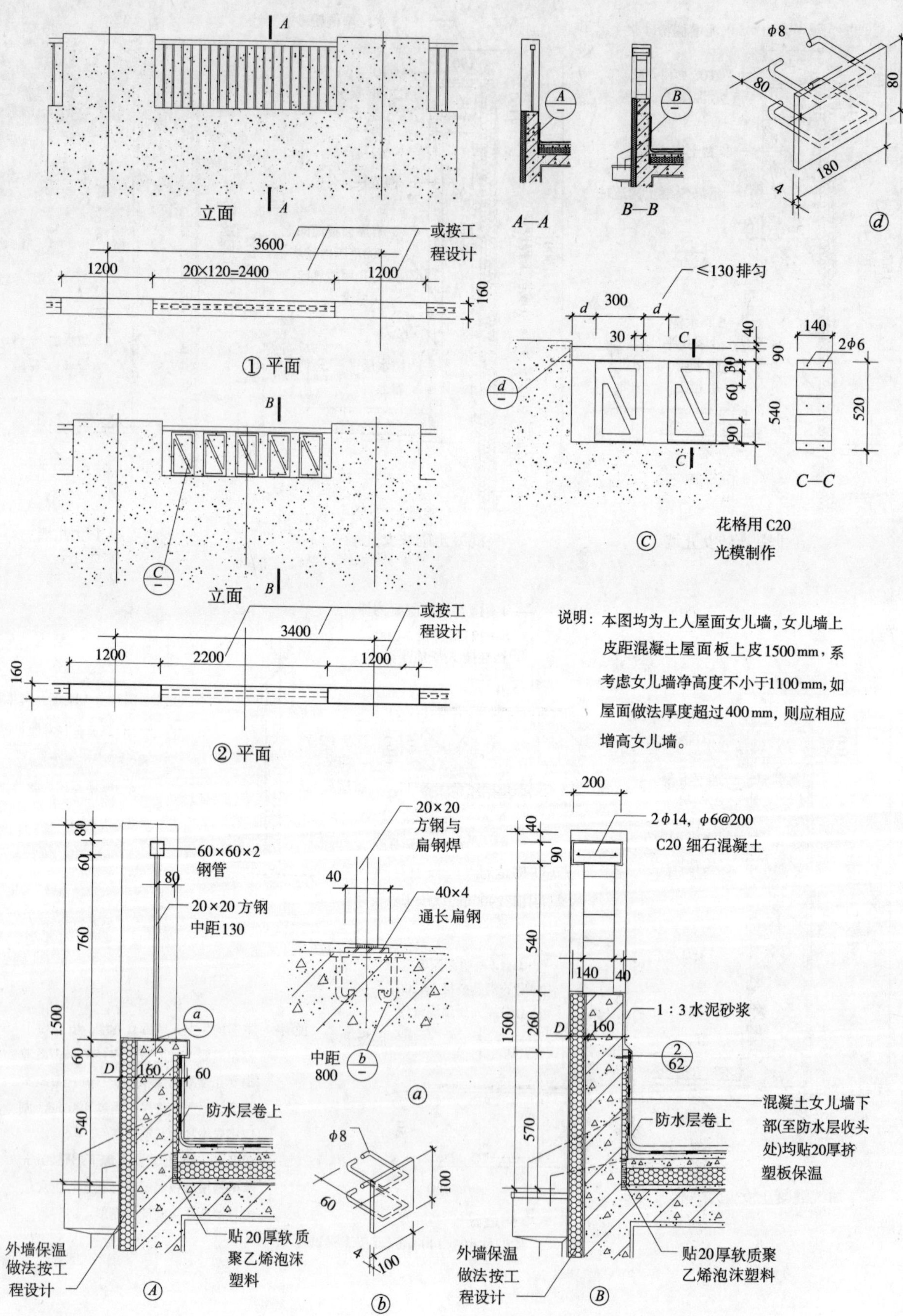

说明：本图均为上人屋面女儿墙，女儿墙上皮距混凝土屋面板上皮1500mm，系考虑女儿墙净高度不小于1100mm，如屋面做法厚度超过400mm，则应相应增高女儿墙。

上人屋面女儿墙（三）(华北 88J5-1)(34 页)

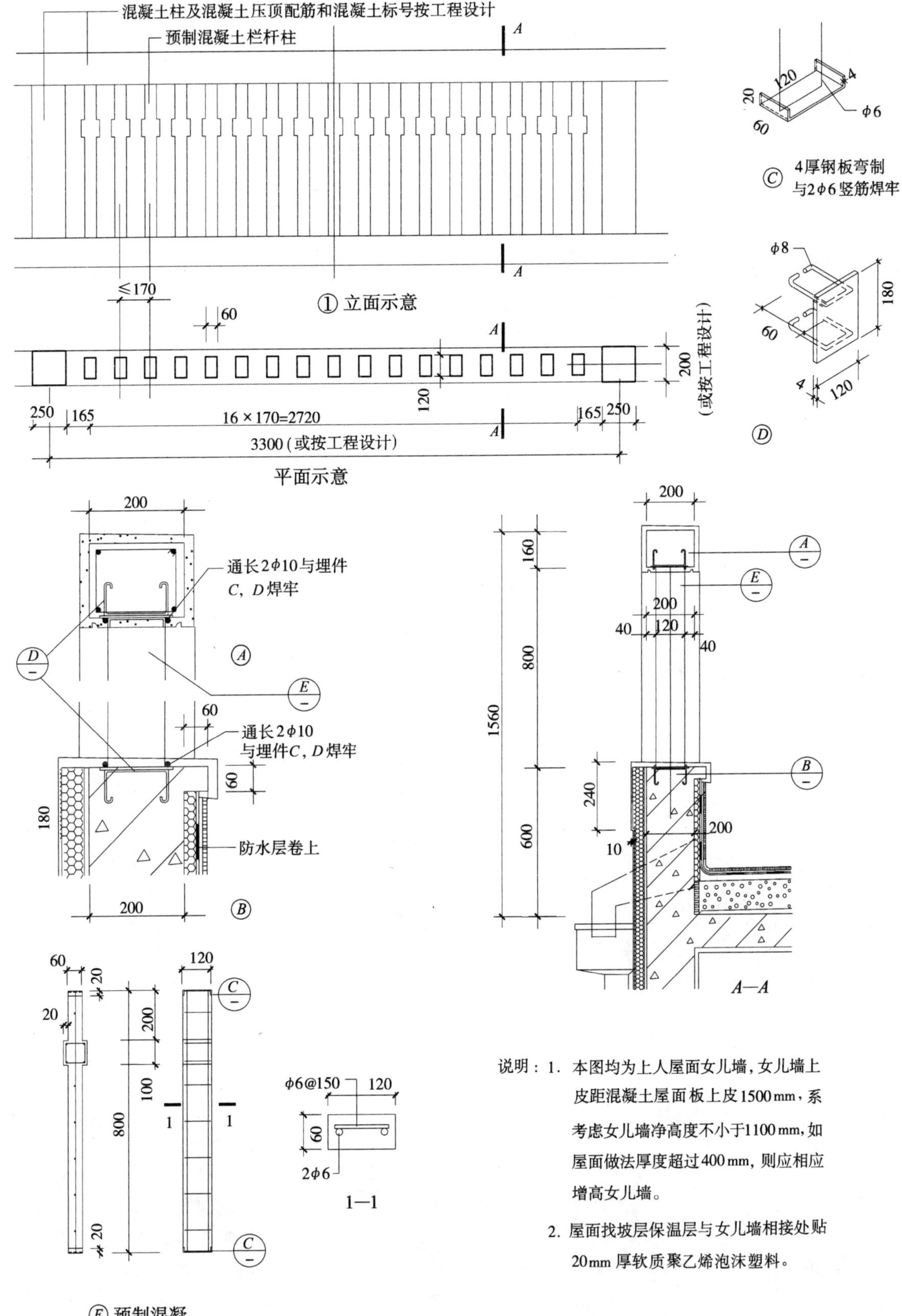

说明：1．本图均为上人屋面女儿墙，女儿墙上皮距混凝土屋面板上皮1500mm，系考虑女儿墙净高度不小于1100mm，如屋面做法厚度超过400mm，则应相应增高女儿墙。

2．屋面找坡层保温层与女儿墙相接处贴20mm 厚软质聚乙烯泡沫塑料。

上人屋面女儿墙（四）（华北 88J5-1）（35 页）

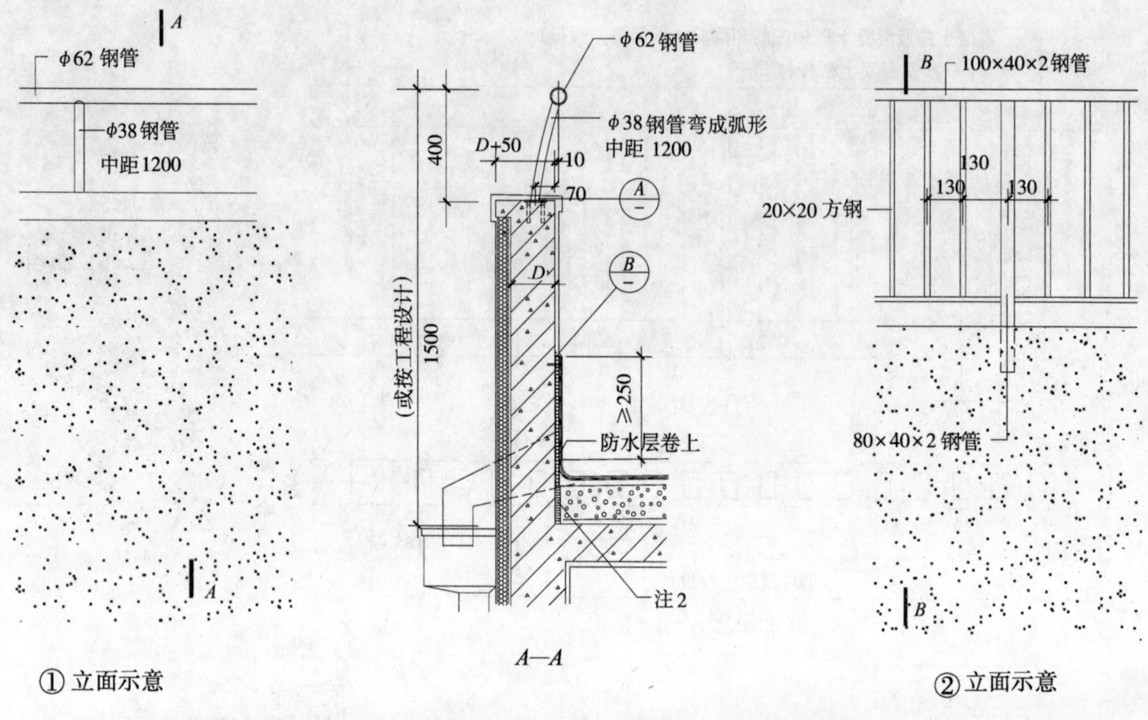

① 立面示意　　A—A　　② 立面示意

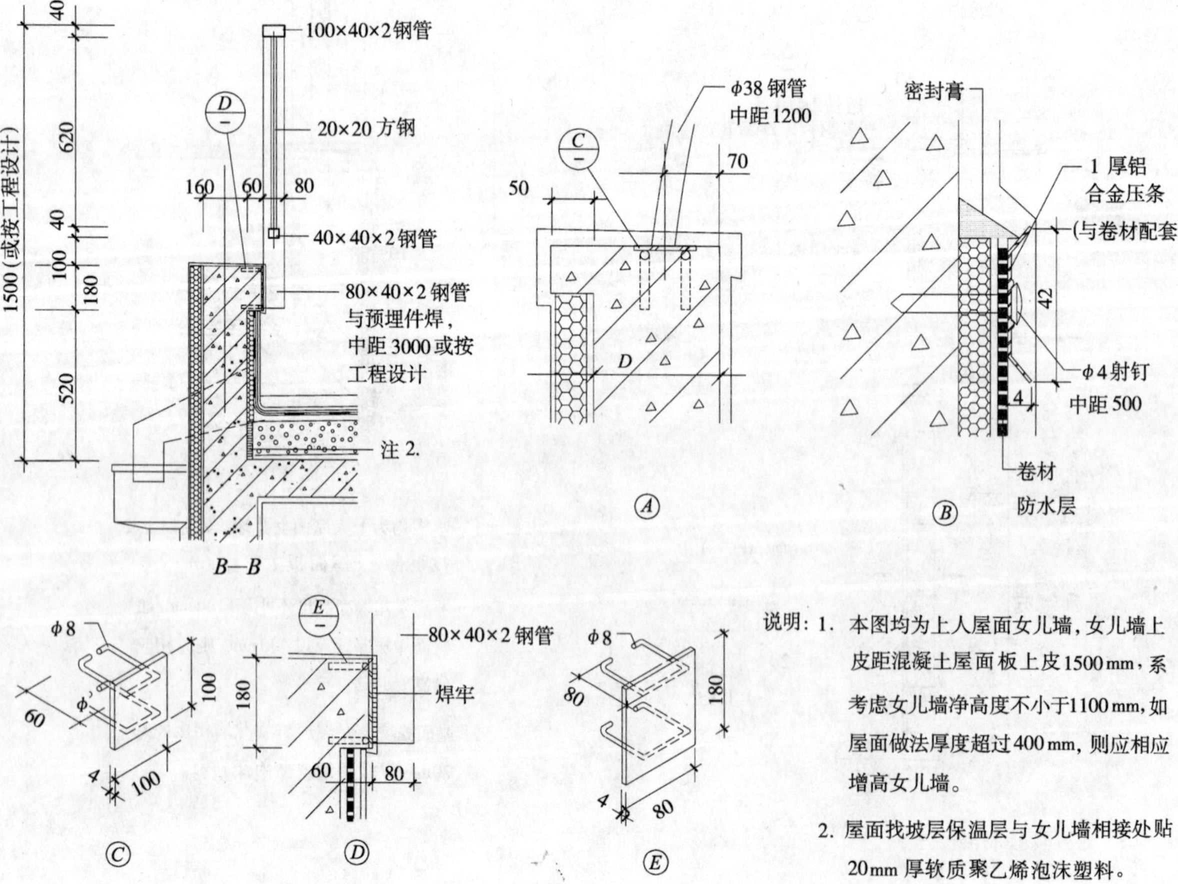

说明：1. 本图均为上人屋面女儿墙，女儿墙上皮距混凝土屋面板上皮1500mm，系考虑女儿墙净高度不小于1100mm，如屋面做法厚度超过400mm，则应相应增高女儿墙。

2. 屋面找坡层保温层与女儿墙相接处贴20mm 厚软质聚乙烯泡沫塑料。

玻璃幕墙女儿墙（华北 88J5-1）（36 页）

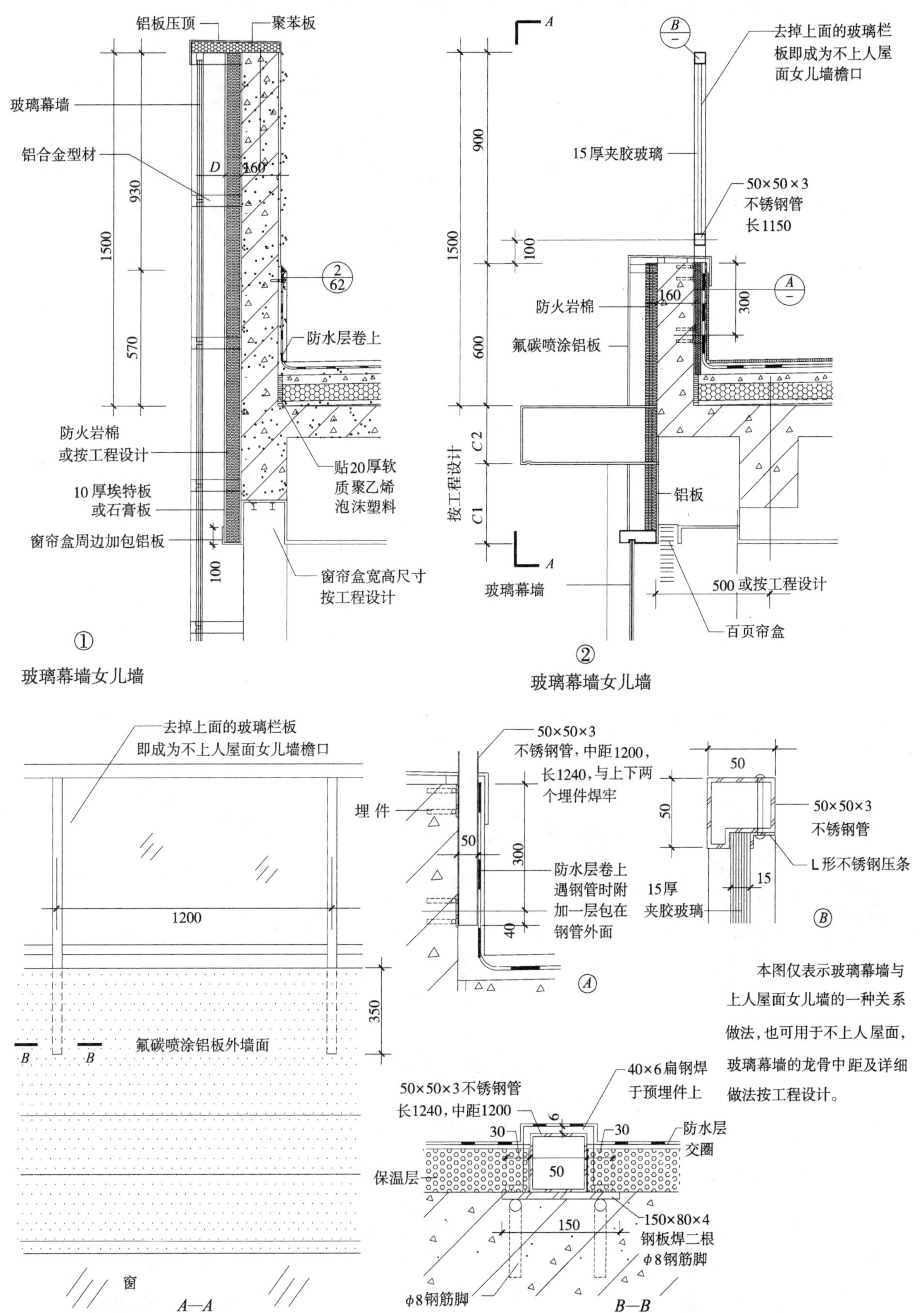

本图仅表示玻璃幕墙与上人屋面女儿墙的一种关系做法，也可用于不上人屋面，玻璃幕墙的龙骨中距及详细做法按工程设计。

(3) 泛水　防水层收头

柔性防水屋面　泛水（河北 05J5-1）(5 页)，（河南 05YJ5-1）(10 页)

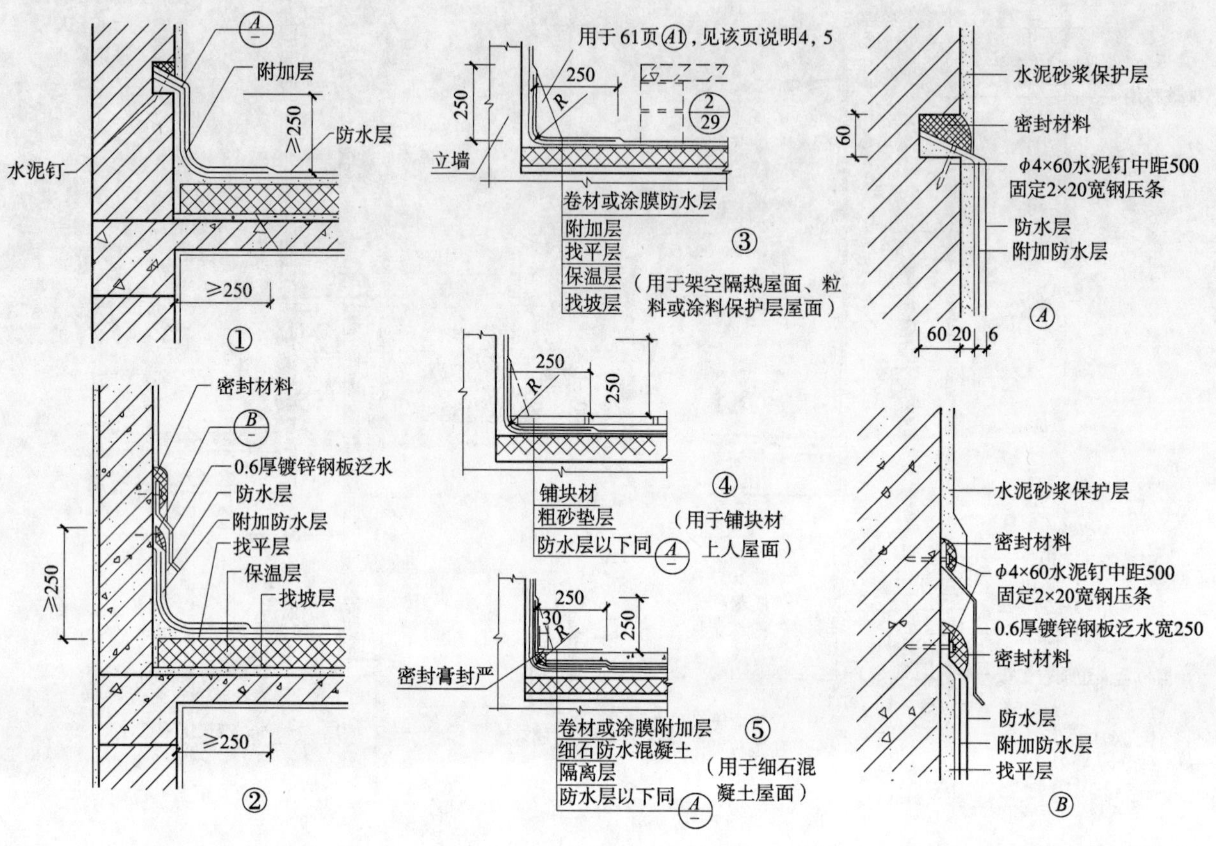

玻璃幕墙屋面防水（河北 05J5-1）(72 页)

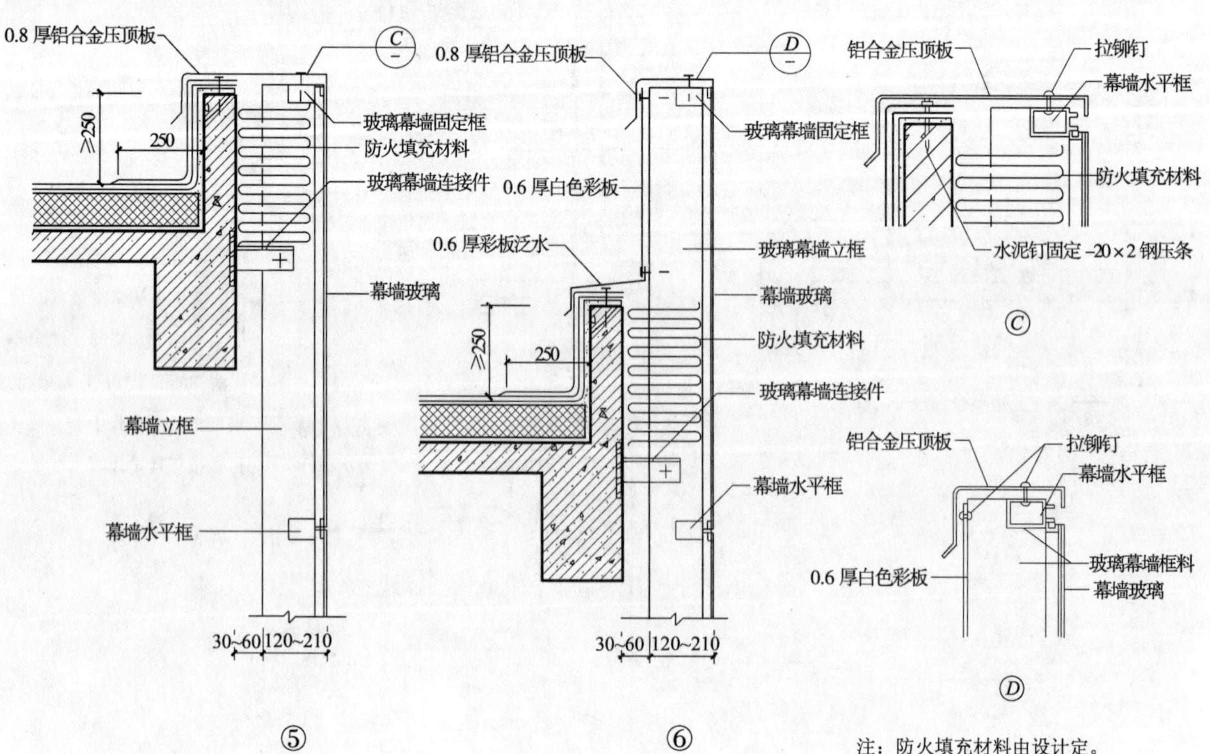

注：防火填充材料由设计定。

女儿墙压顶及防水层收头详图（河南 05YJ5-1）（9 页）

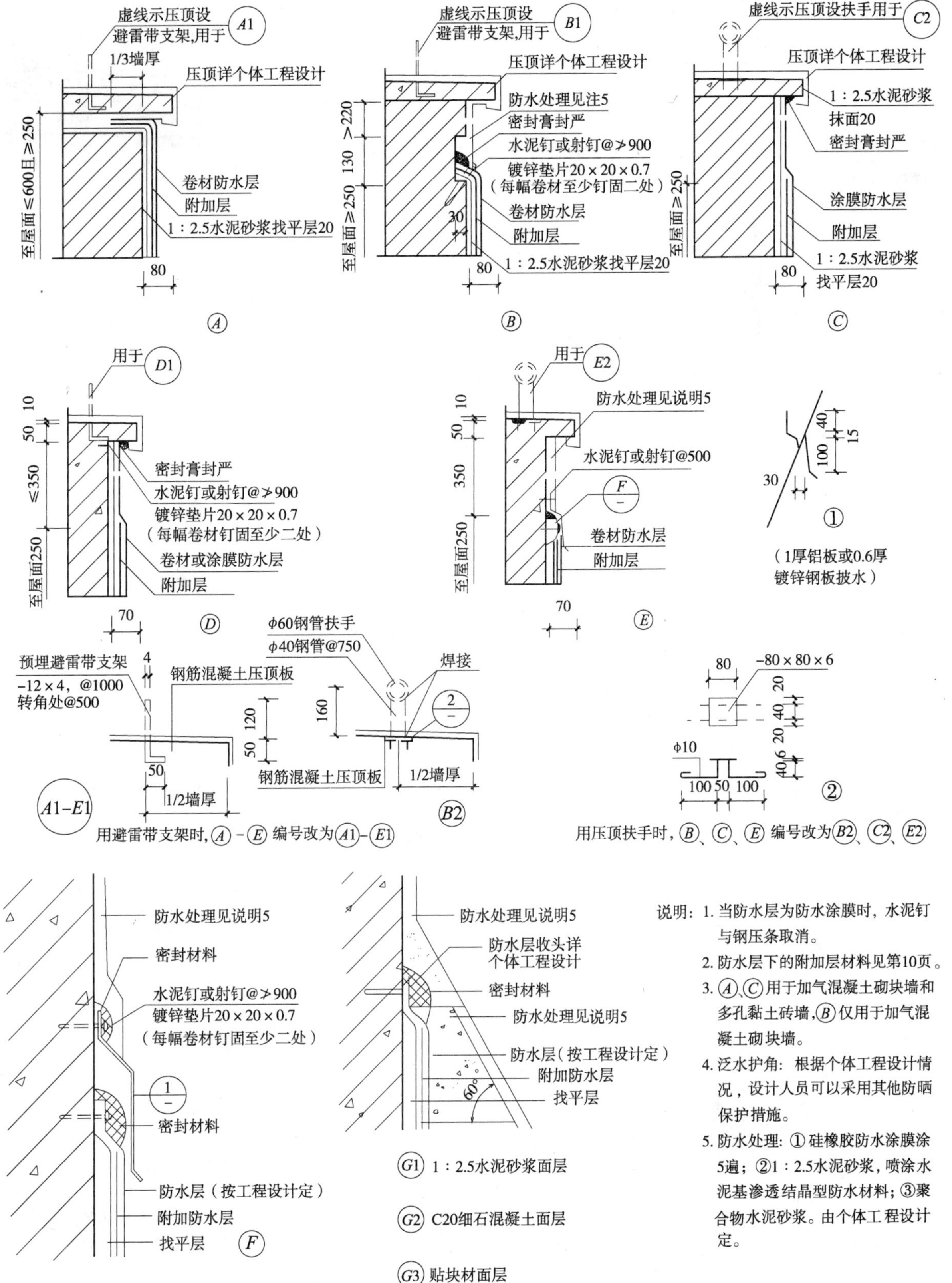

说明：1. 当防水层为防水涂膜时，水泥钉与钢压条取消。
2. 防水层下的附加层材料见第10页。
3. Ⓐ、Ⓒ用于加气混凝土砌块墙和多孔黏土砖墙，Ⓑ仅用于加气混凝土砌块墙。
4. 泛水护角：根据个体工程设计情况，设计人员可以采用其他防晒保护措施。
5. 防水处理：①硅橡胶防水涂膜涂5遍；②1：2.5水泥砂浆，喷涂水泥基渗透结晶型防水材料；③聚合物水泥砂浆。由个体工程设计定。

防水层收头详图（华北 88J5-1）（28 页）

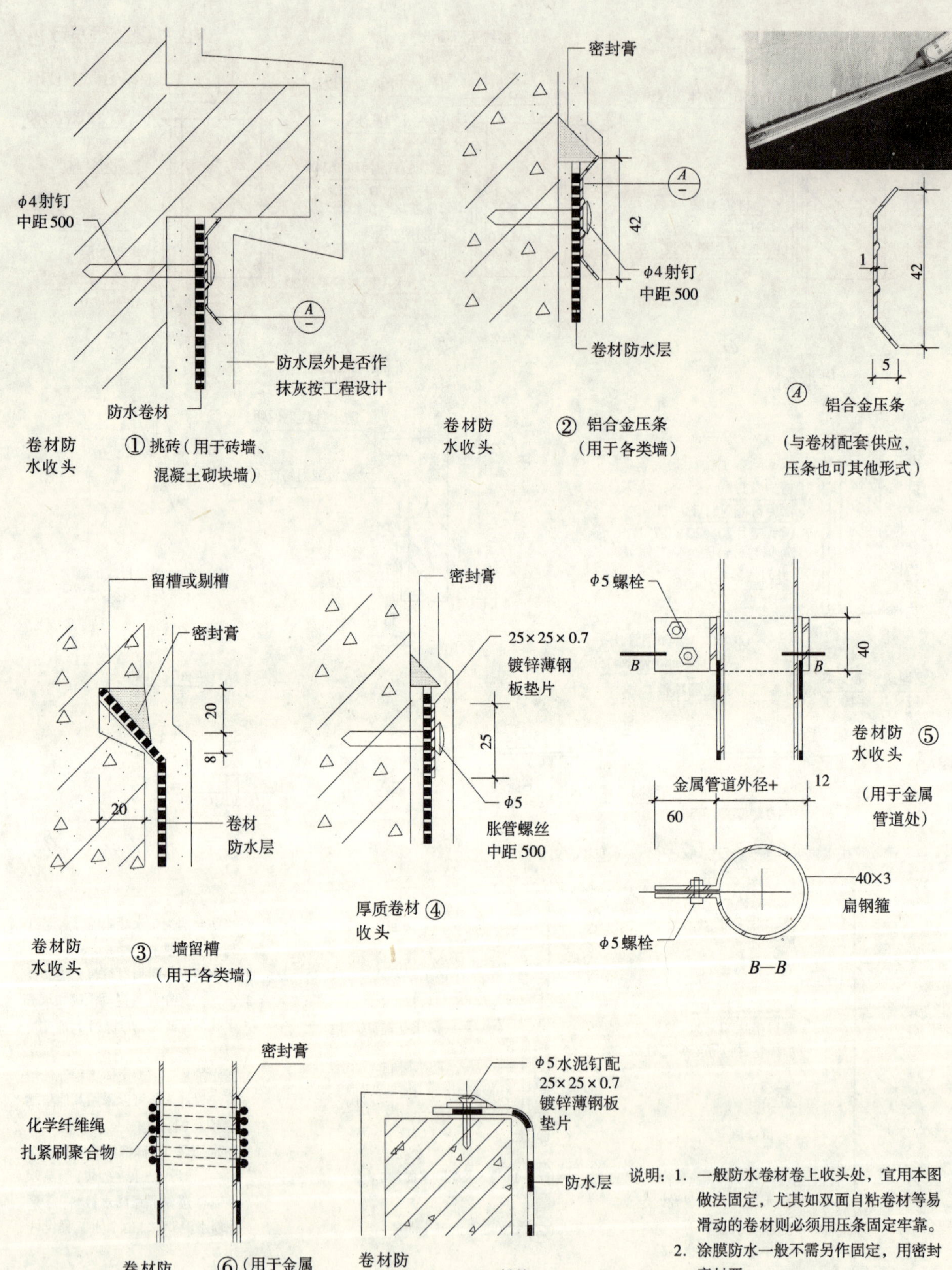

说明：1. 一般防水卷材卷上收头处，宜用本图做法固定，尤其如双面自粘卷材等易滑动的卷材则必须用压条固定牢靠。

2. 涂膜防水一般不需另作固定，用密封膏封严。

女儿墙铝板压顶、泛水（华北 88J5-1）(37 页)

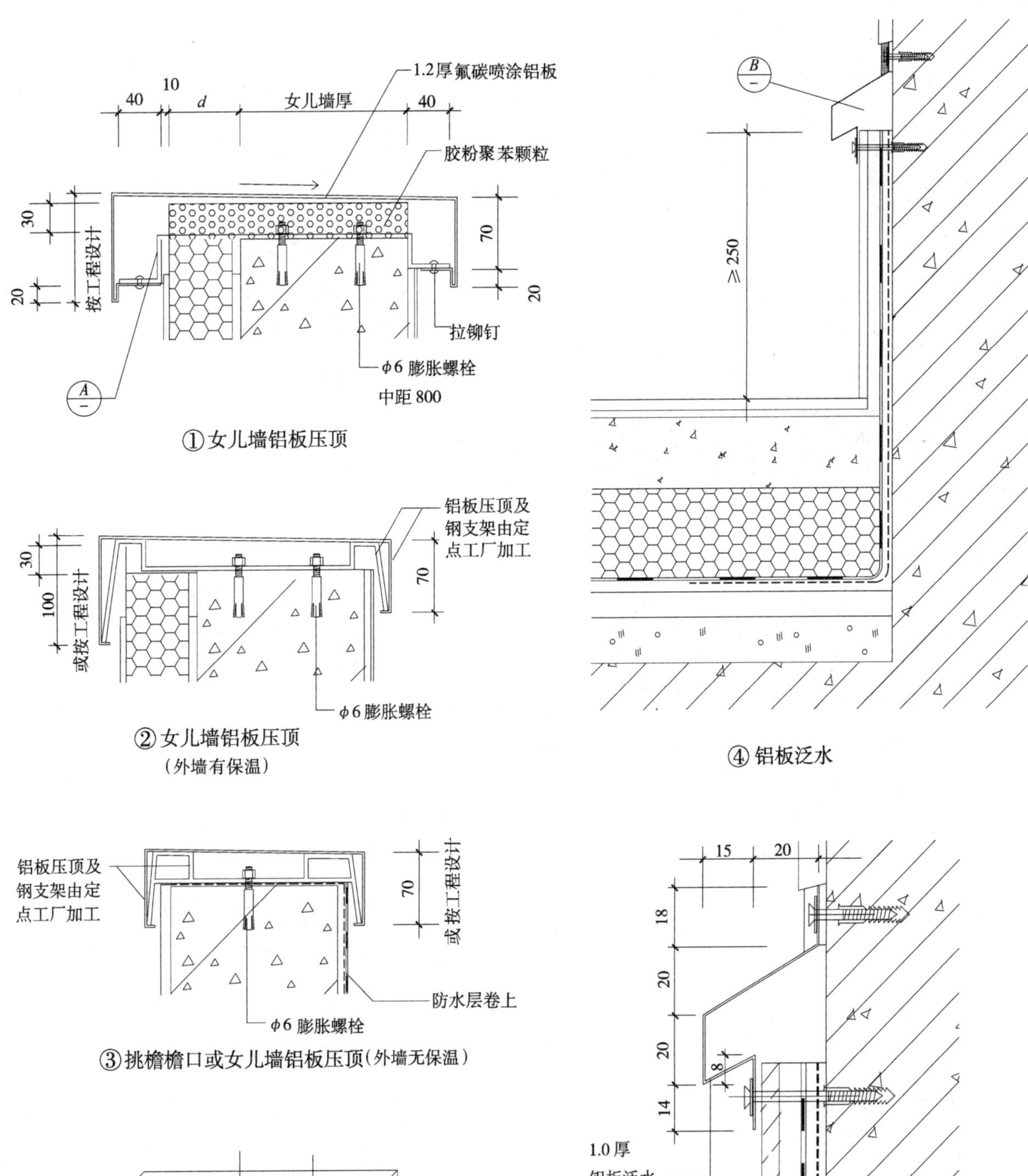

说明：本图各压顶支架、锚固螺栓的中距均由定点工厂确定。

（4）雨水口

直式雨水口 （一）(华北 88J5-1)(52 页)

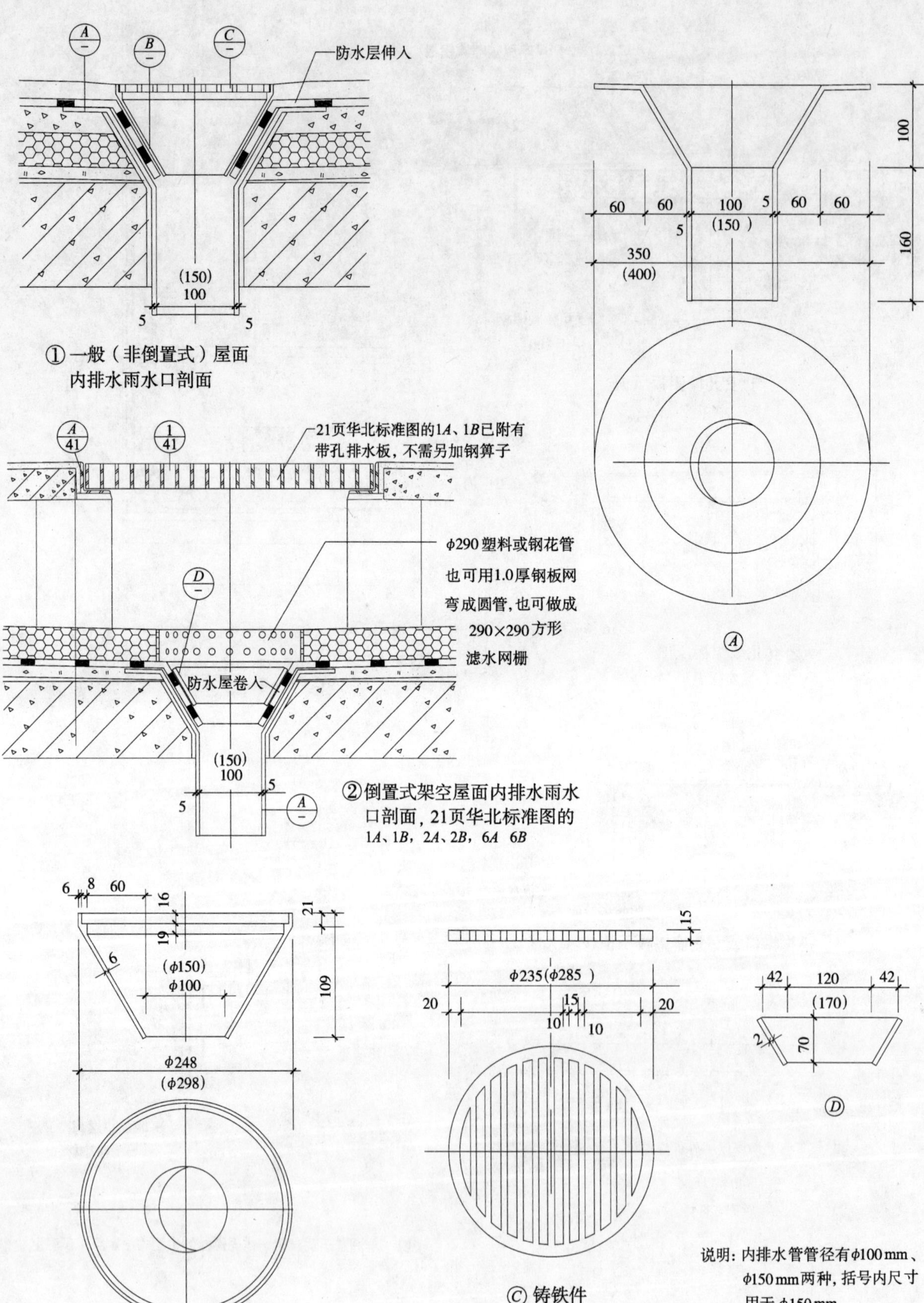

说明：内排水管管径有ϕ100mm、ϕ150mm两种，括号内尺寸用于ϕ150mm。

直式雨水口（二）（华北 88J5-1）（53 页）

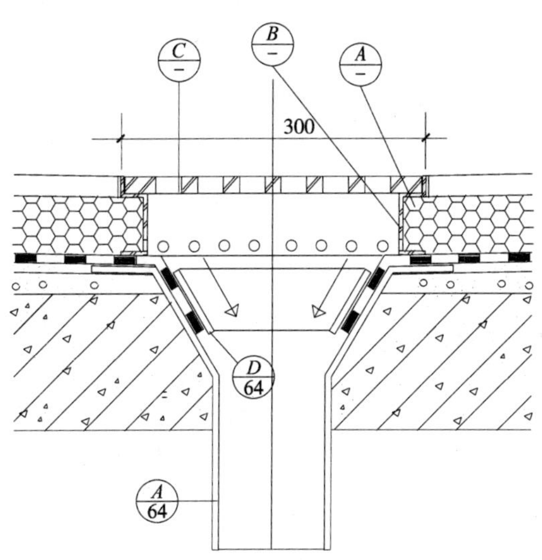

①倒置式屋面内排水雨水口剖面

用于3

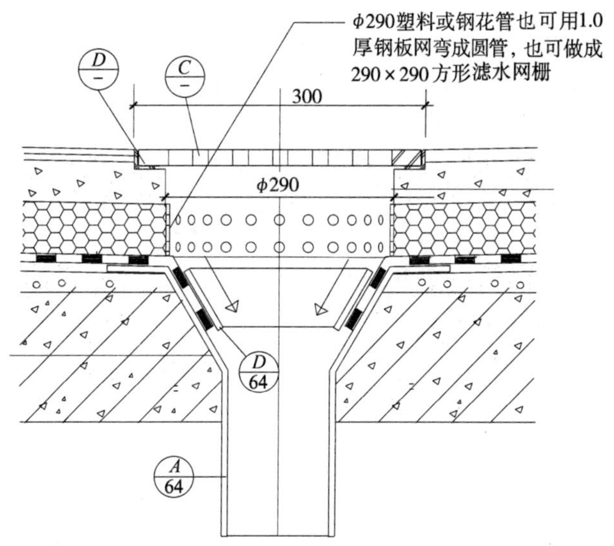

② 倒置式屋面内排水雨水口剖面

用于5，7

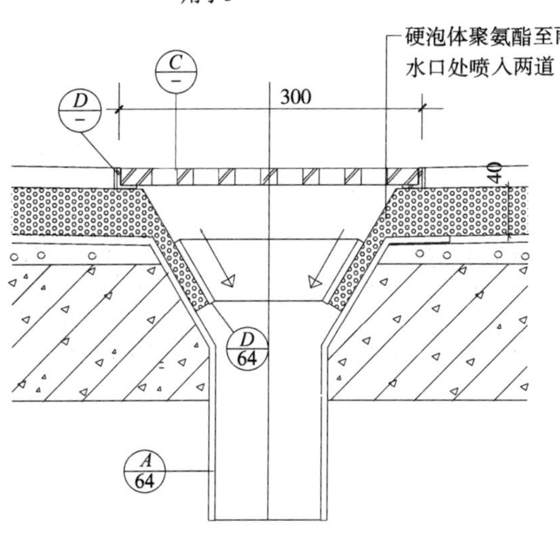

③倒置式屋面内排水雨水口剖面

用于4

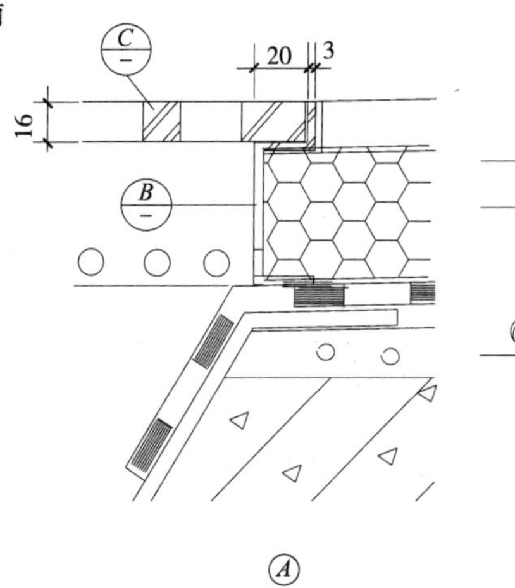

Ⓐ

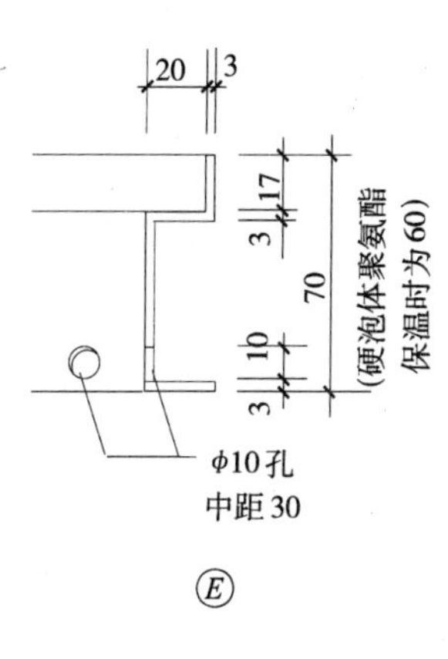

Ⓔ

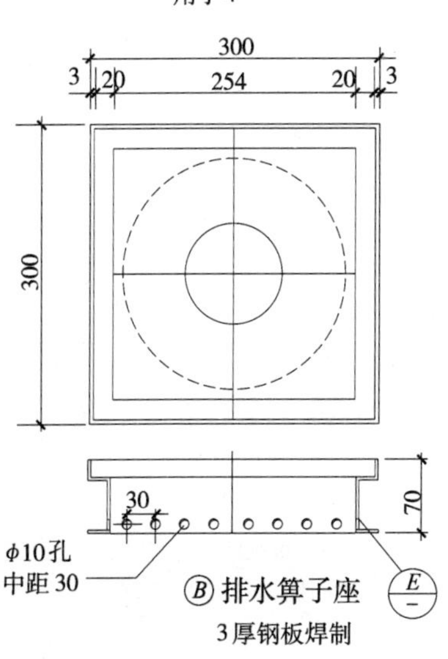

Ⓑ 排水箅子座

3厚钢板焊制

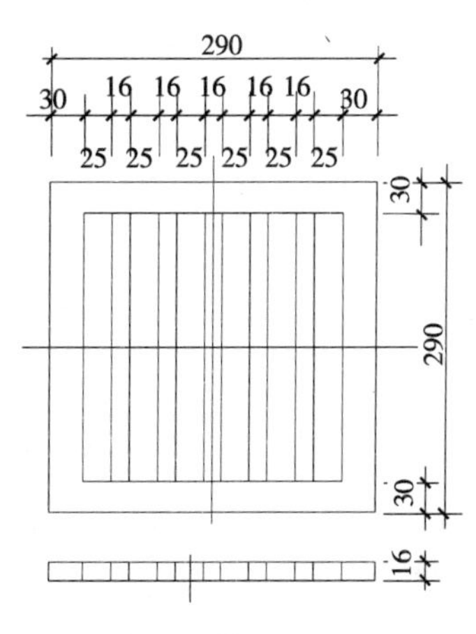

Ⓒ 排水箅子

300×300
L20×3
角钢框
16
C
φ6
每边二根

Ⓓ

说明：钢制件均刷防锈漆两道油漆两道。
本图钢箅子也可用成品。

直式雨水口（三）（华北 88J5-1）（54 页）

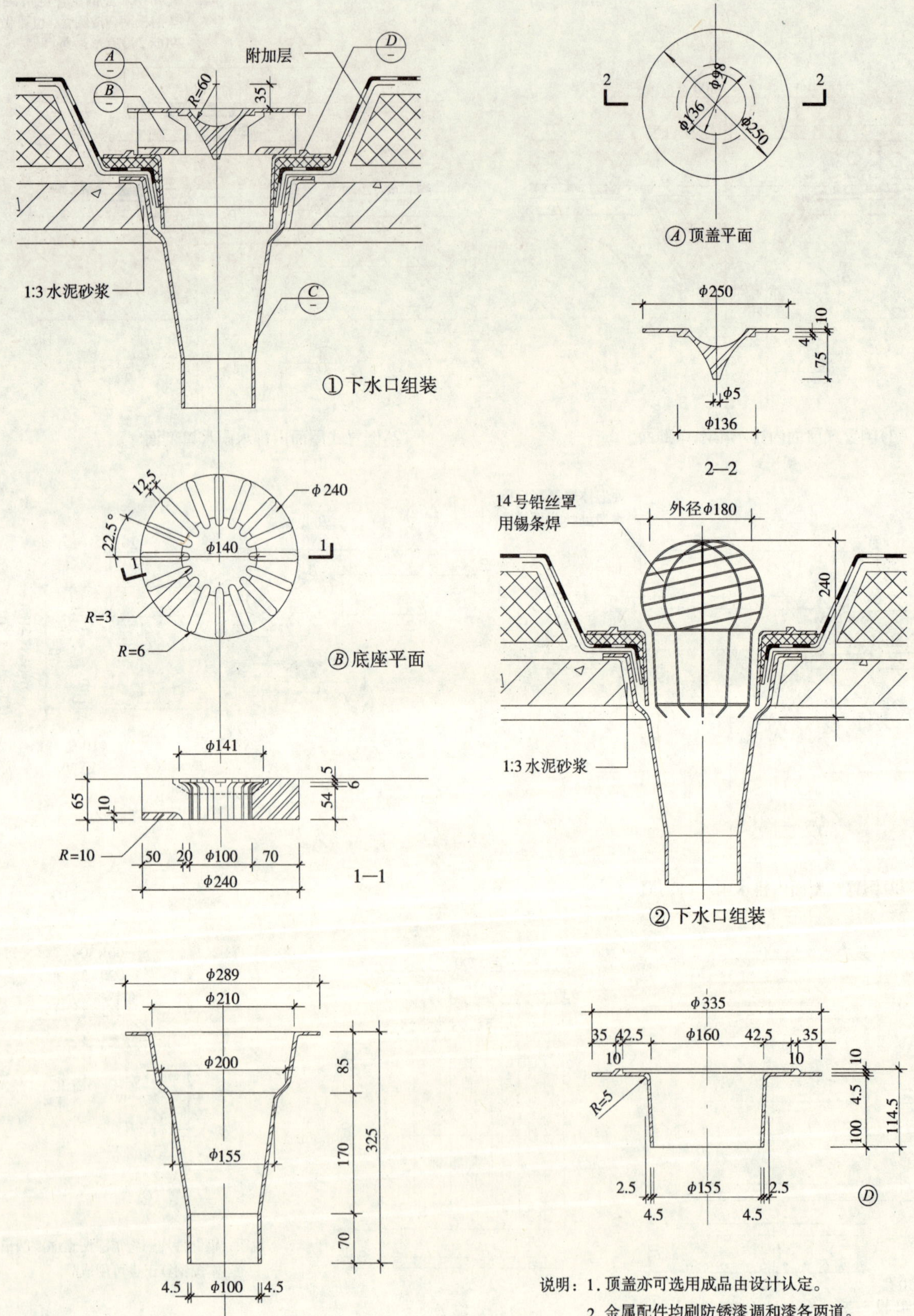

说明：1. 顶盖亦可选用成品由设计认定。

2. 金属配件均刷防锈漆调和漆各两道。

直式雨水口（四）(华北 88J5-1)(55 页)

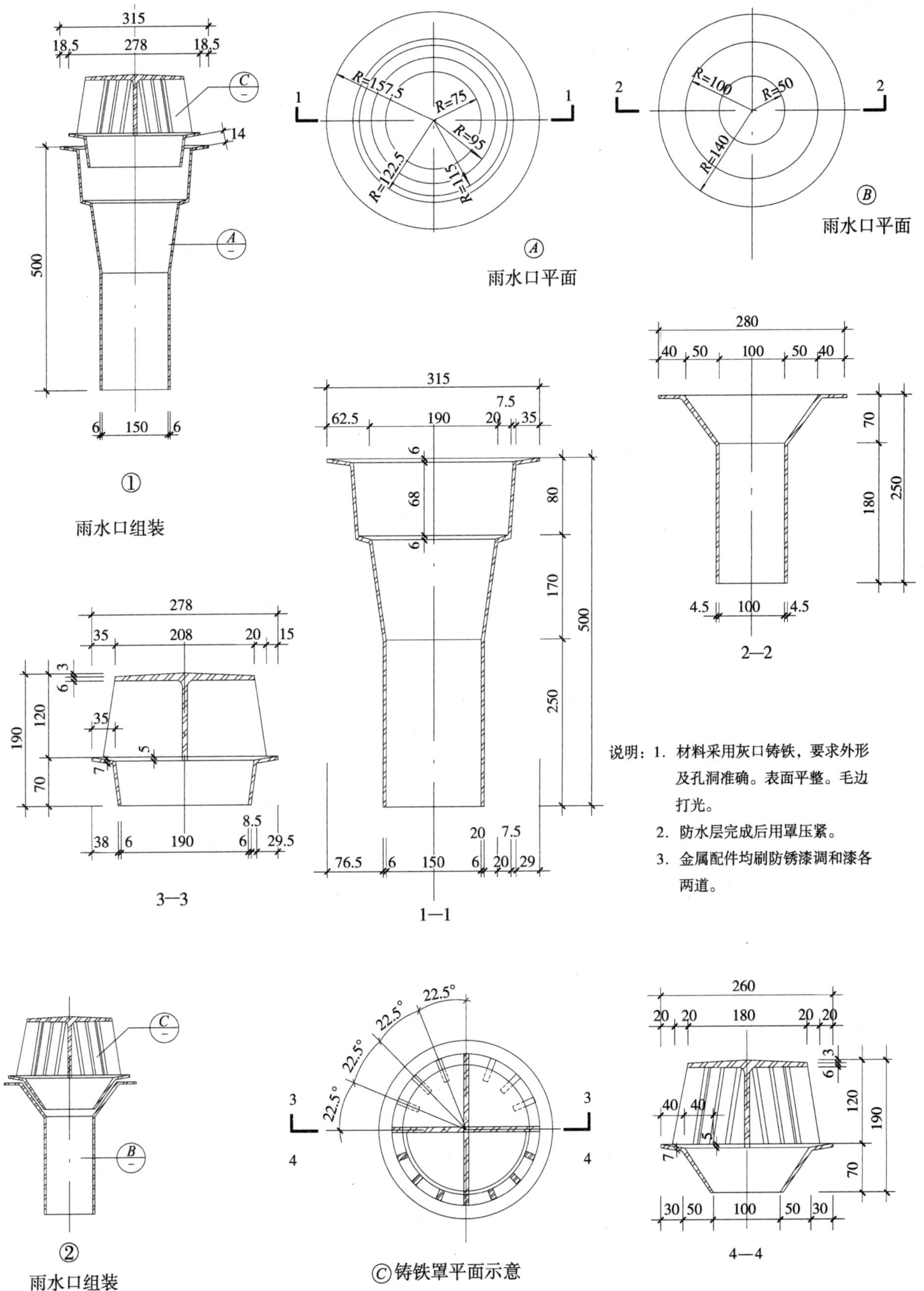

说明：1. 材料采用灰口铸铁，要求外形及孔洞准确。表面平整。毛边打光。

2. 防水层完成后用罩压紧。

3. 金属配件均刷防锈漆调和漆各两道。

铸铁内雨水口（一）（河北 05J5-1）（71 页）

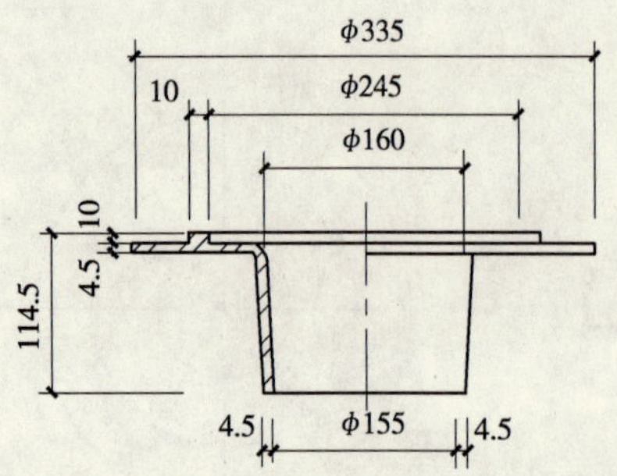

Ⓐ 铸铁压口板

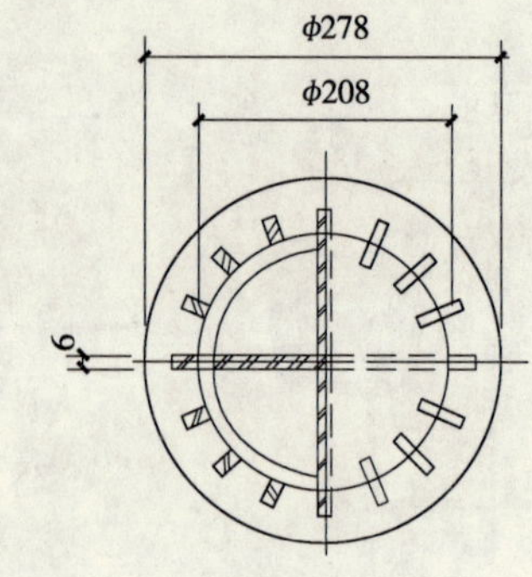

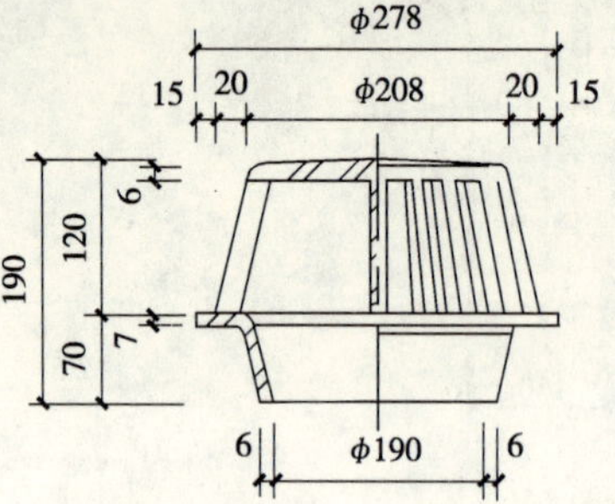

Ⓓ 铸铁雨水口上口

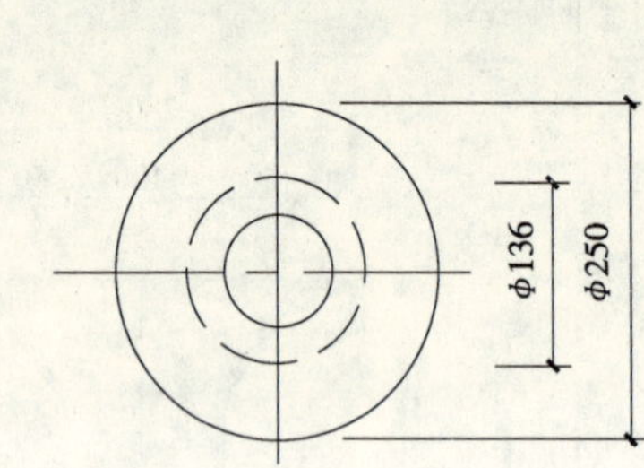

Ⓑ 铸铁上盖

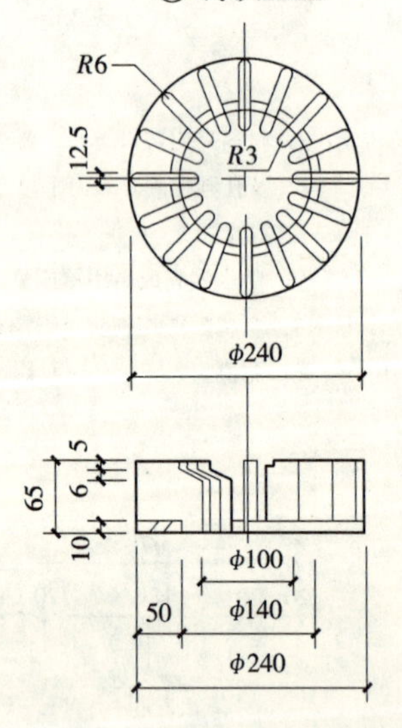

Ⓒ 铸铁箅子

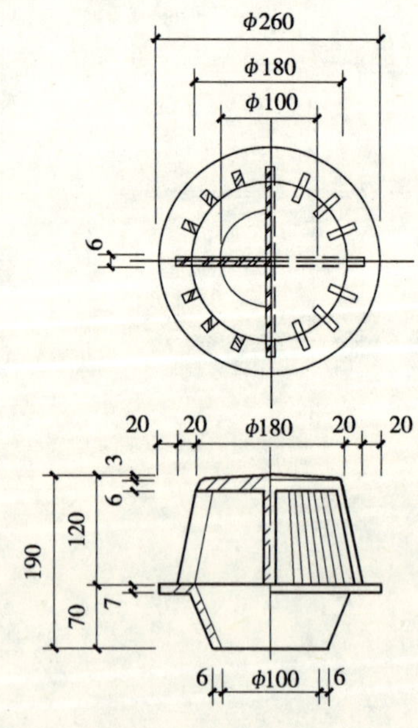

Ⓔ 铸铁雨水口上口

说明：1. 铸铁雨水口均为灰口铁铸件（牌号HT15—33）在安装前内外沥青浸渍防锈。

2. 铸铁雨水口与雨水管接口用密封材料堵接口。

铸铁内雨水口（二）(河北 05J5-1)(70 页)

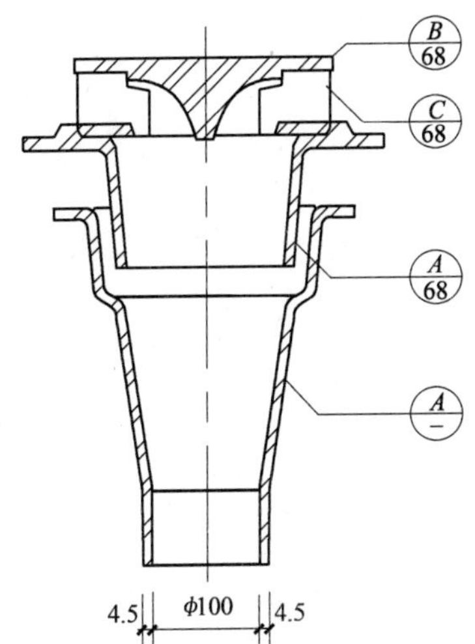

①铸铁内雨水口组装

②铸铁内雨水口组装

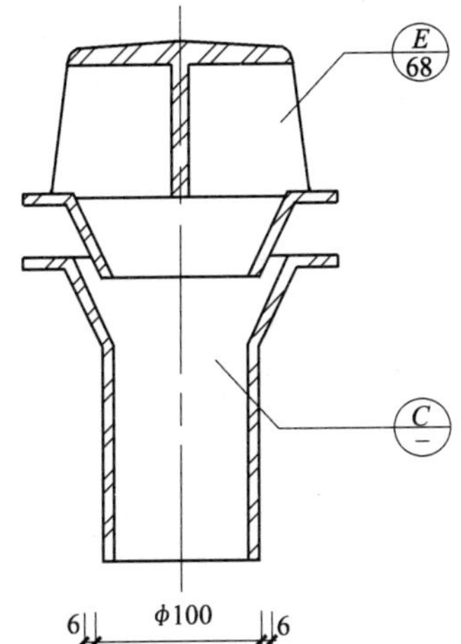

③铸铁内雨水口组装

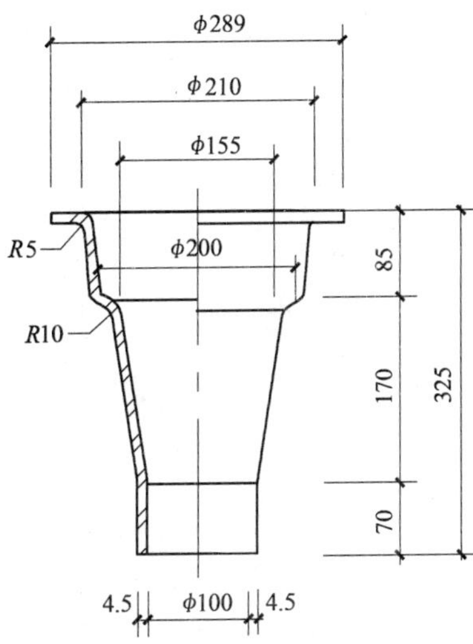

Ⓐ铸铁雨水口底座

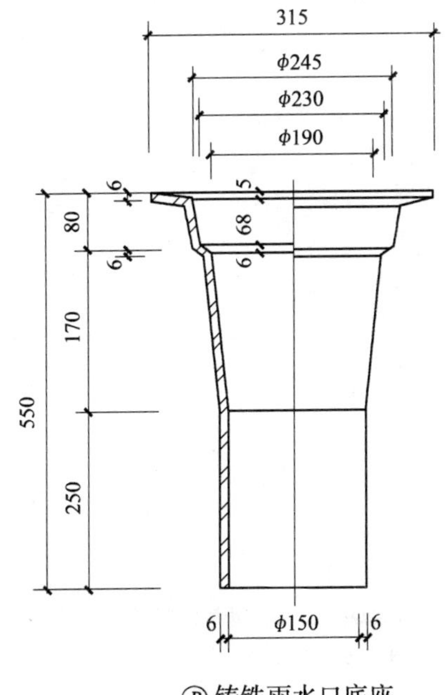

Ⓑ铸铁雨水口底座

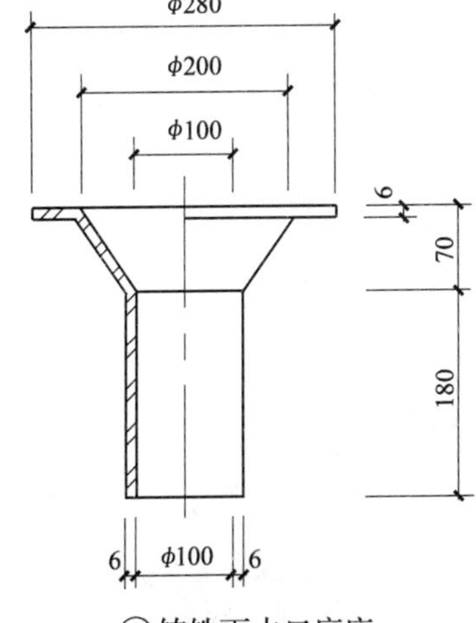

Ⓒ铸铁雨水口底座

女儿墙雨水口（正置式屋面）（华北 88J5-1）（50 页）

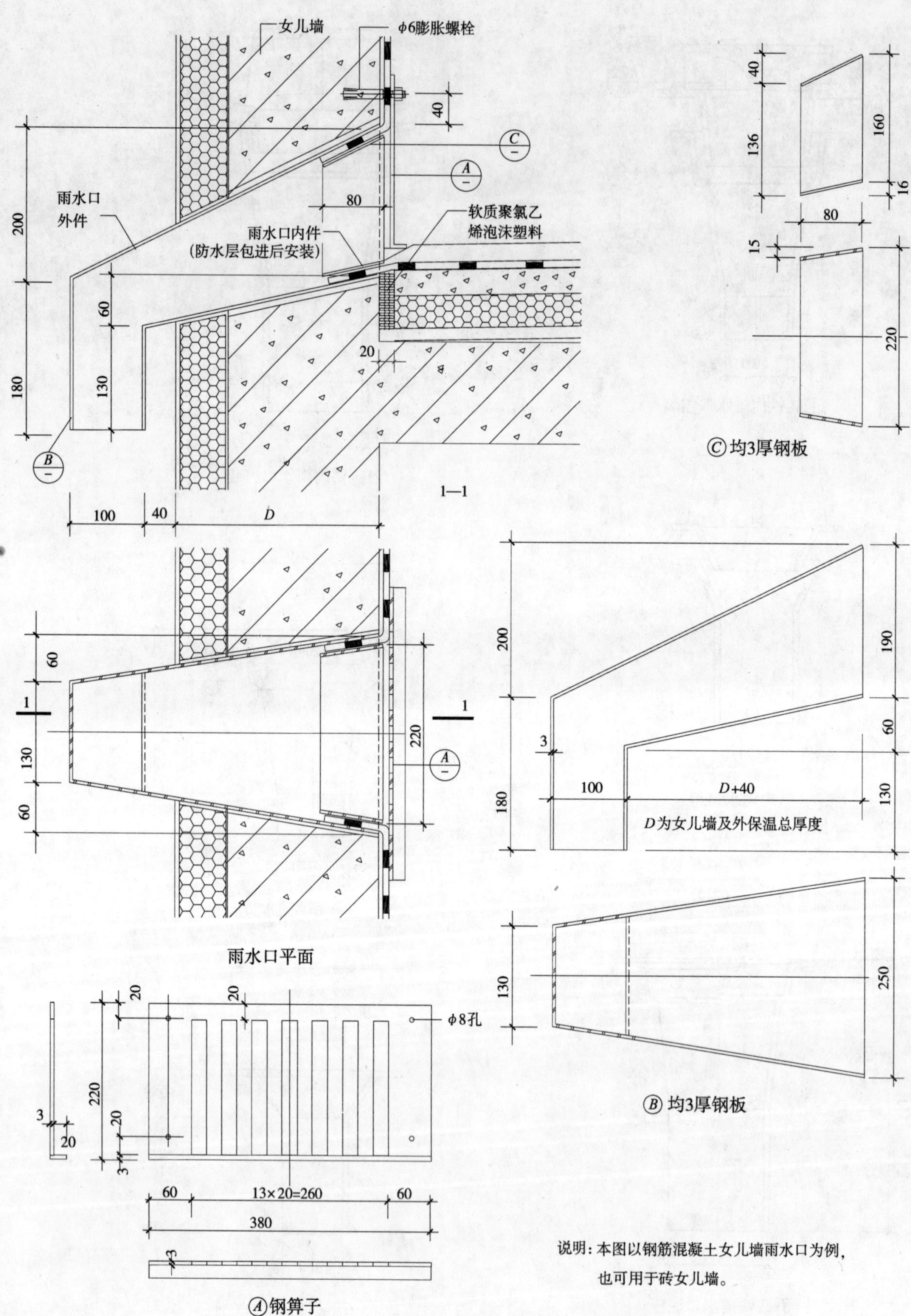

说明：本图以钢筋混凝土女儿墙雨水口为例，也可用于砖女儿墙。

女儿墙雨水口（倒置式屋面）（华北 88J5-1）（51 页）

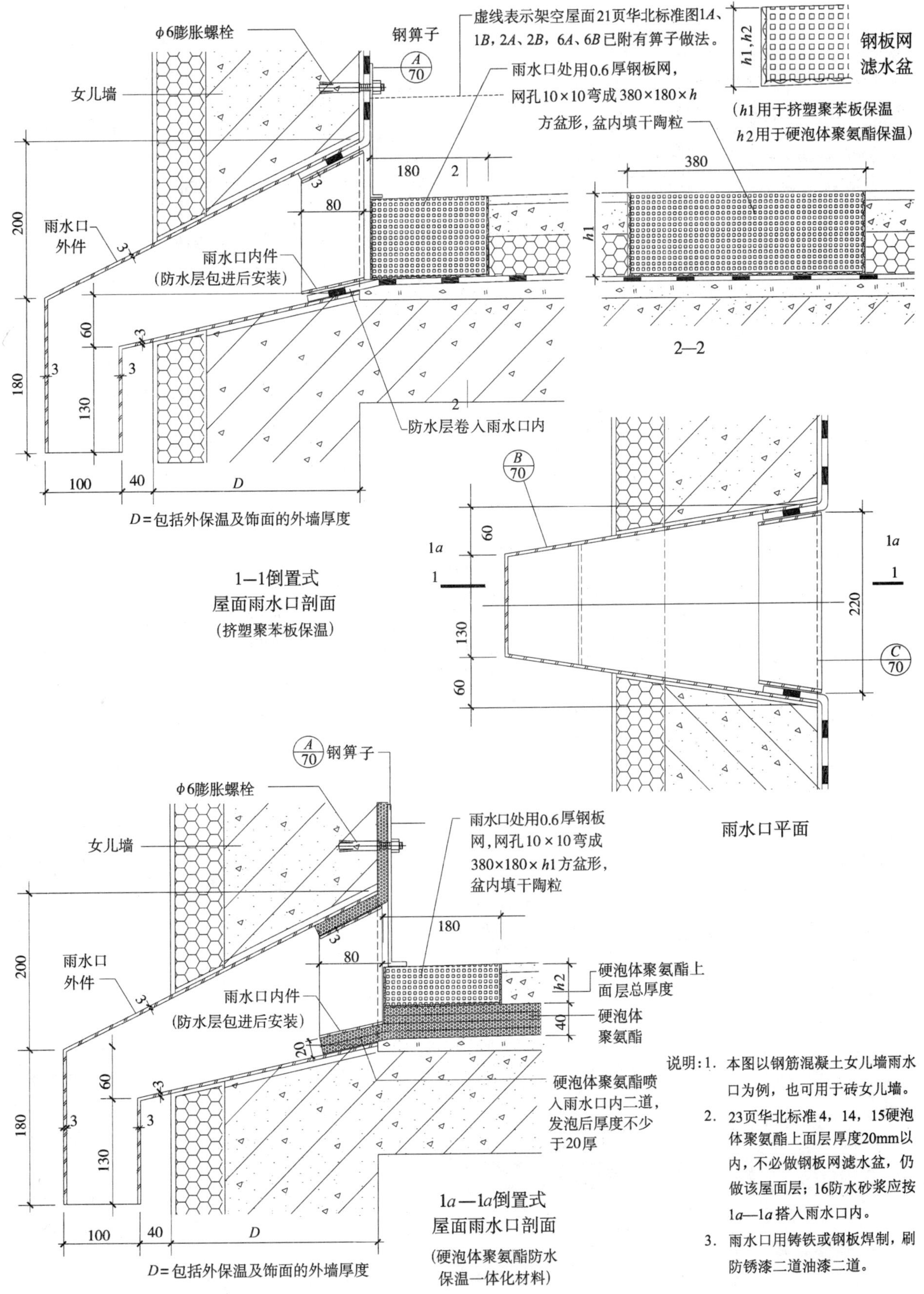

说明：1. 本图以钢筋混凝土女儿墙雨水口为例，也可用于砖女儿墙。

2. 23页华北标准4，14，15硬泡体聚氨酯上面层厚度20mm以内，不必做钢板网滤水盆，仍做该屋面层；16防水砂浆应按1a—1a搭入雨水口内。

3. 雨水口用铸铁或钢板焊制，刷防锈漆二道油漆二道。

（5） 变形缝

屋面变形缝 （一）（华北 88J5-1）（62 页）

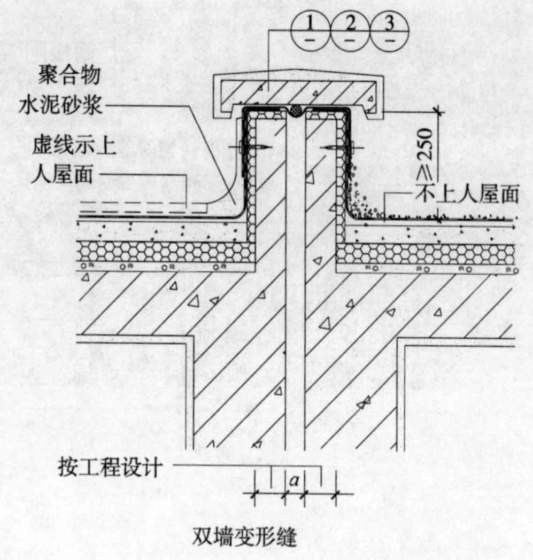

双墙变形缝

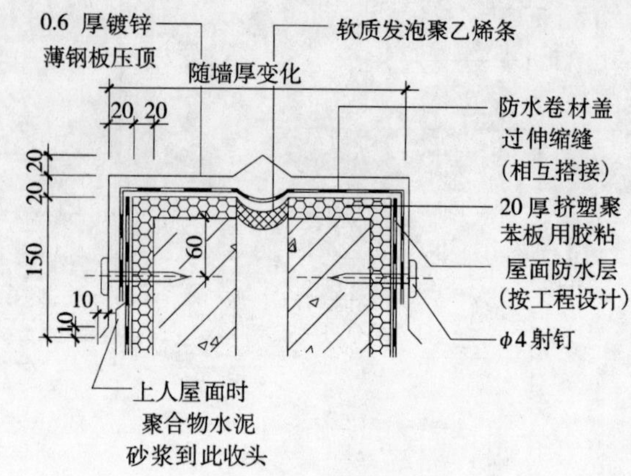

①镀锌薄钢板压顶

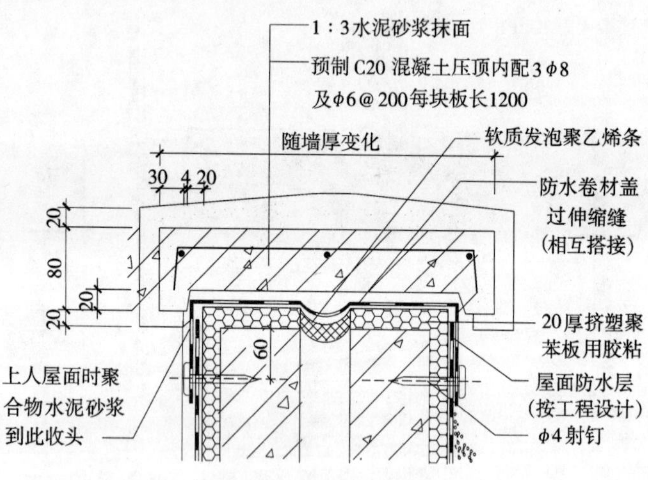

②混凝土压顶

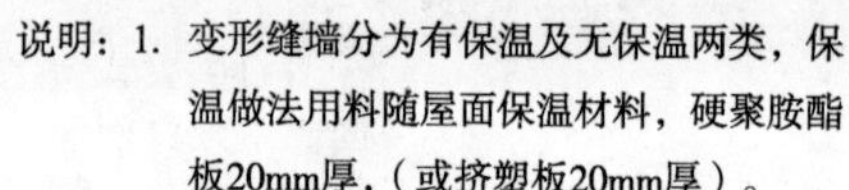

说明：1. 变形缝墙分为有保温及无保温两类，保温做法用料随屋面保温材料，硬聚胺酯板20mm厚，（或挤塑板20mm厚）。

2. 变形缝宽 a 按工程设计。

3. 铝板压顶仅为参考，具体工程根据厂方提供资料进行加工。

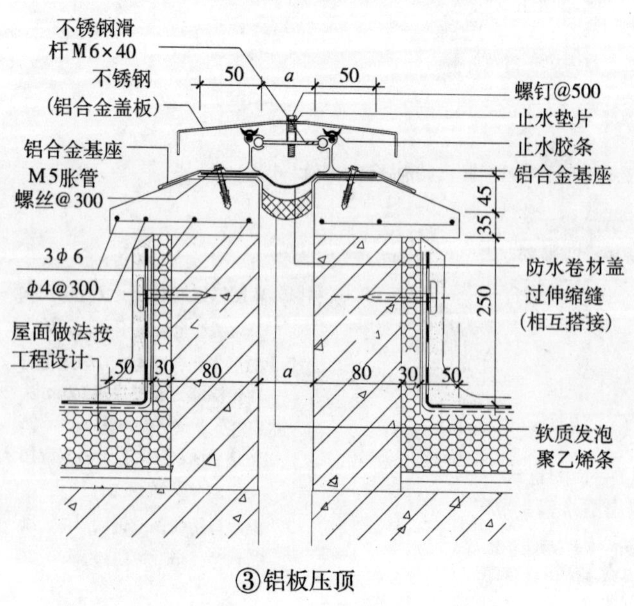

③铝板压顶

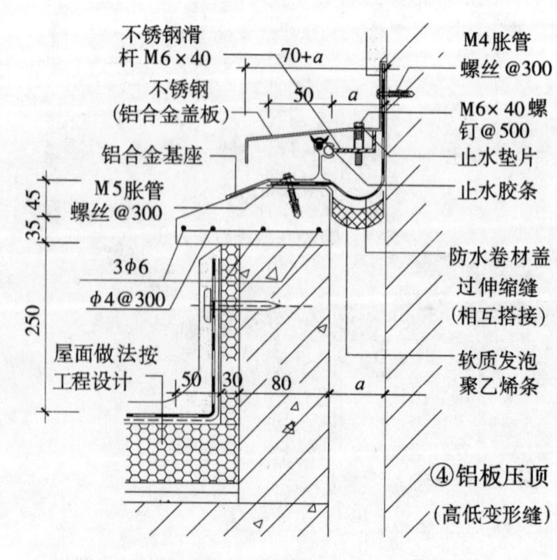

④铝板压顶

（高低变形缝）

屋面变形缝　（二）（华北 88J5-1）（63 页）

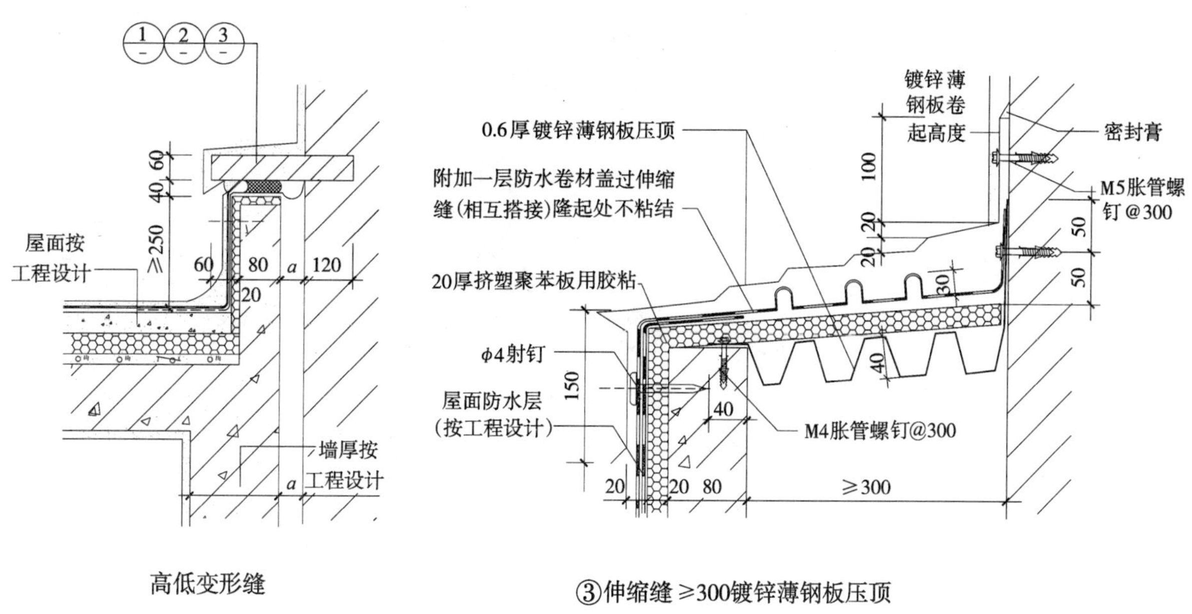

高低变形缝

③伸缩缝≥300镀锌薄钢板压顶

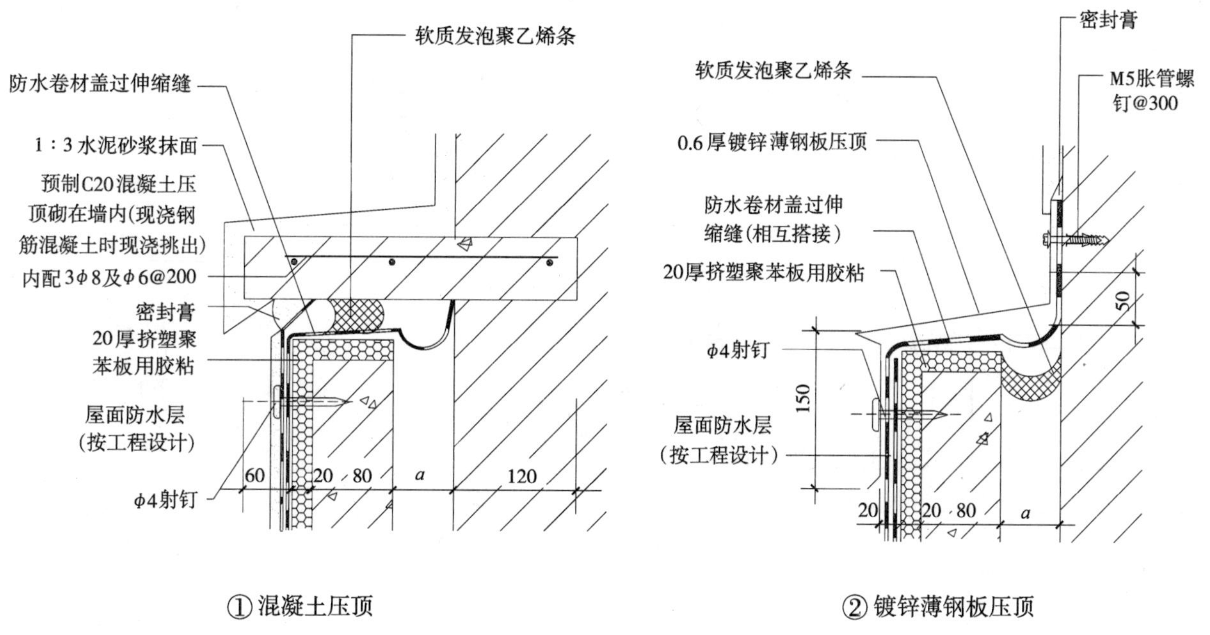

①混凝土压顶

②镀锌薄钢板压顶

说明：1. 变形缝宽 a 按工程设计。

2. 金属配件均刷防锈漆调合漆各两道。

屋面变形缝　（三）（华北 88J5-1）（64 页）

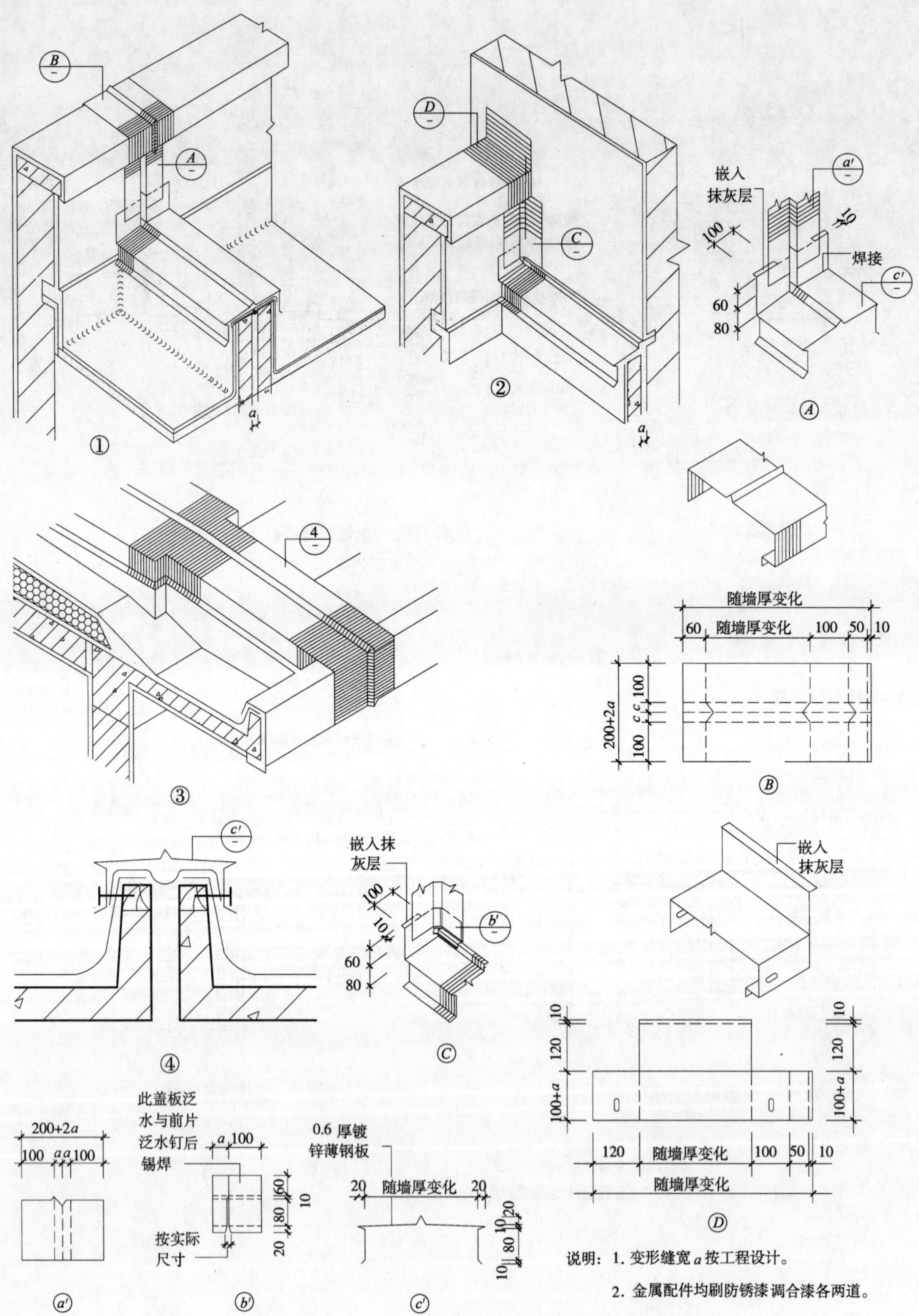

说明：1. 变形缝宽 a 按工程设计。

2. 金属配件均刷防锈漆调合漆各两道。

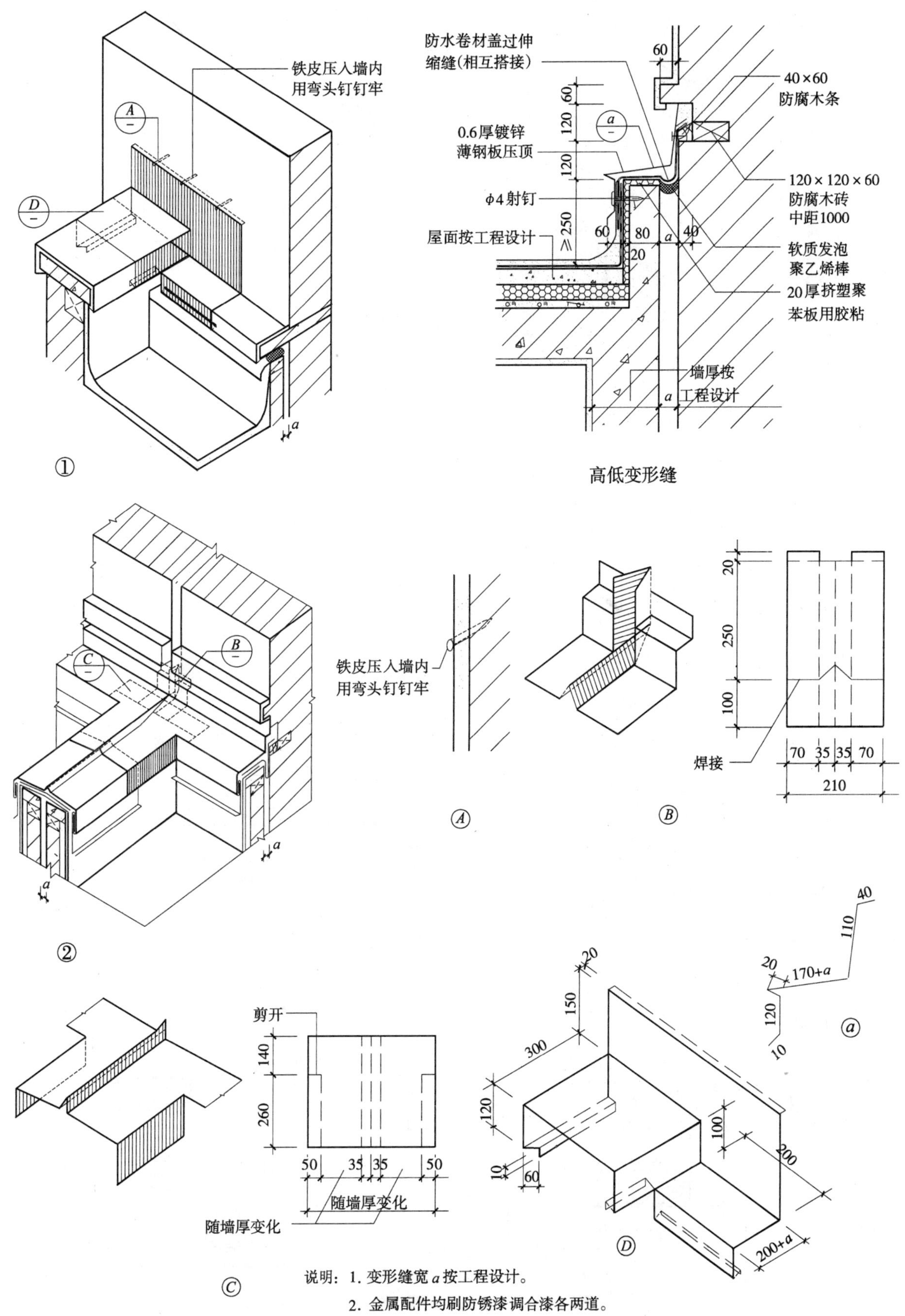

说明：1. 变形缝宽 a 按工程设计。

2. 金属配件均刷防锈漆调合漆各两道。

柔性防水屋面变形缝　（一）（河南 05YJ5-1）（32、33 页）

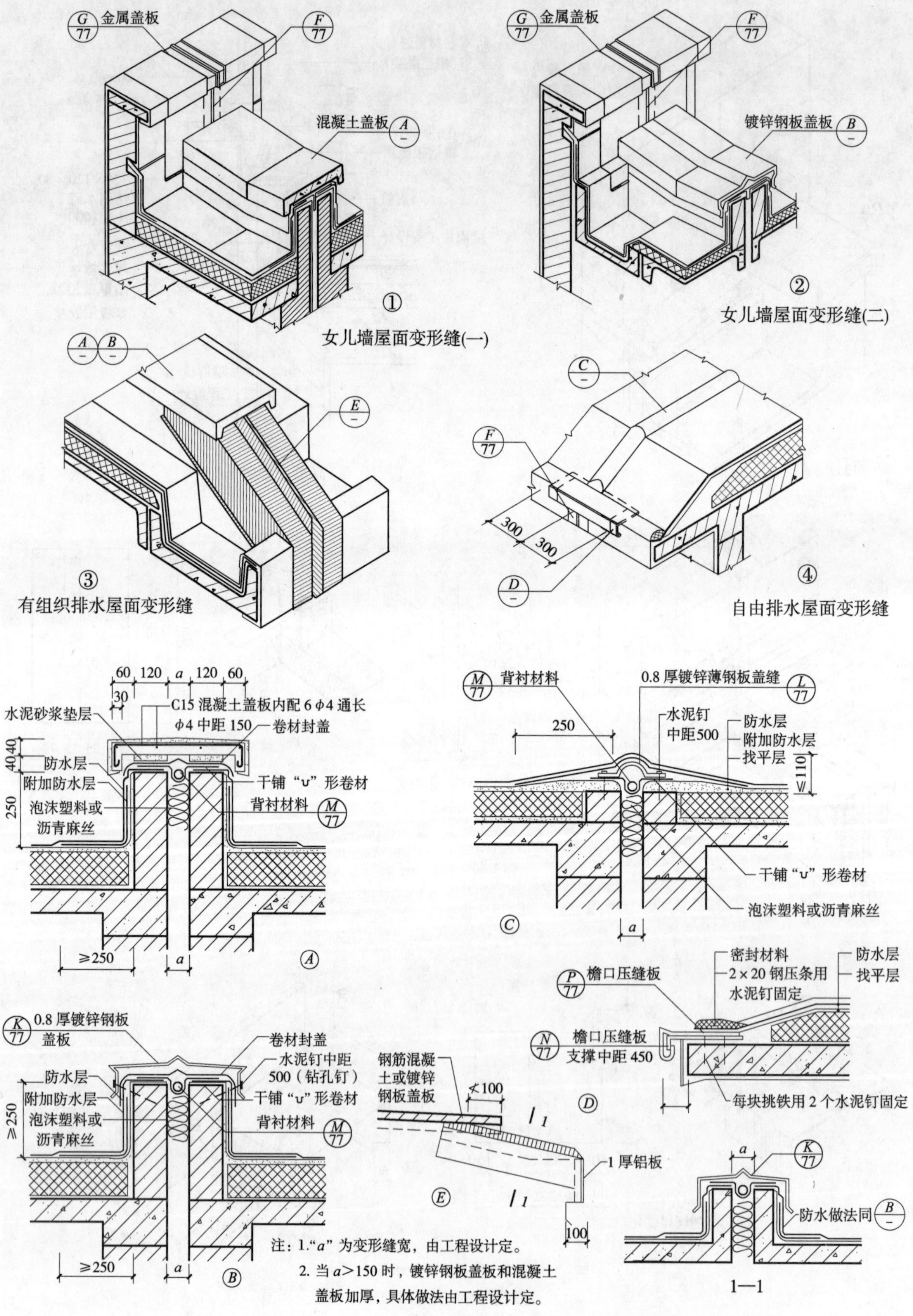

注：1.“a”为变形缝宽，由工程设计定。

2. 当 a>150 时，镀锌钢板盖板和混凝土盖板加厚，具体做法由工程设计定。

柔性防水屋面变形缝 （二）（河南 05YJ5-1）（34、35 页）

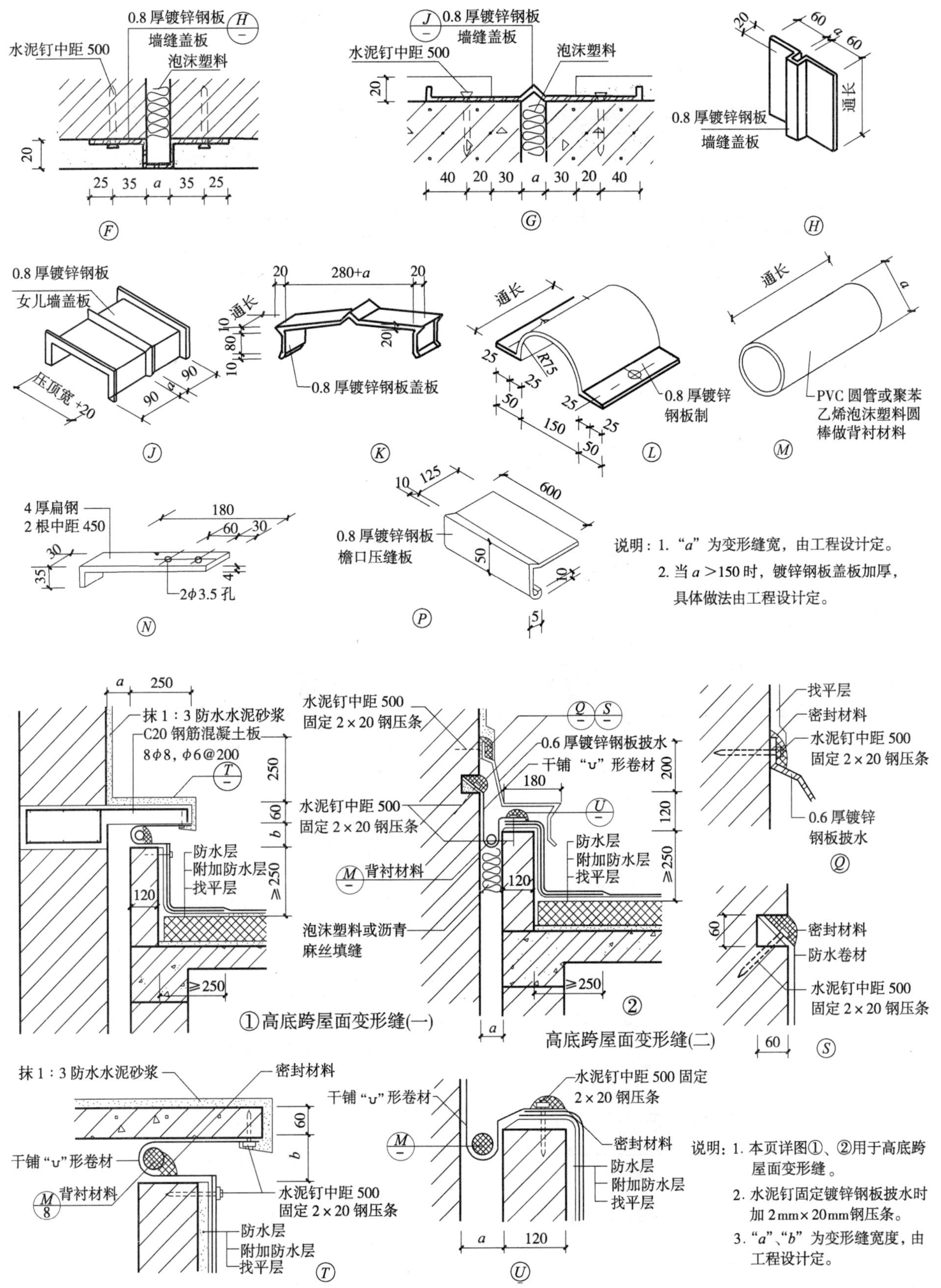

说明：1. “a” 为变形缝宽，由工程设计定。
2. 当 a >150 时，镀锌钢板盖板加厚，具体做法由工程设计定。

说明：1. 本页详图①、②用于高底跨屋面变形缝。
2. 水泥钉固定镀锌钢板披水时加 2mm×20mm钢压条。
3. “a”、“b” 为变形缝宽度，由工程设计定。

刚性防水屋面变形缝及节点详图 （河南 05YJ5-1）（36 页）

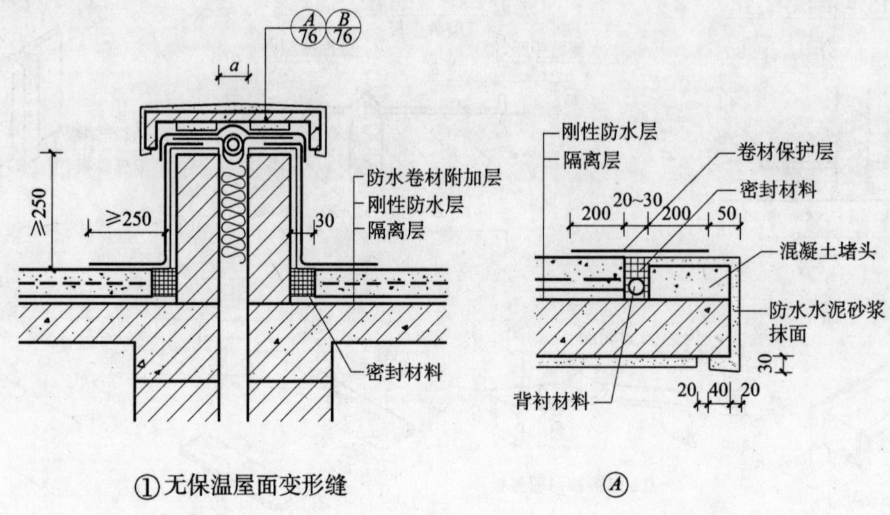

①无保温屋面变形缝　　Ⓐ

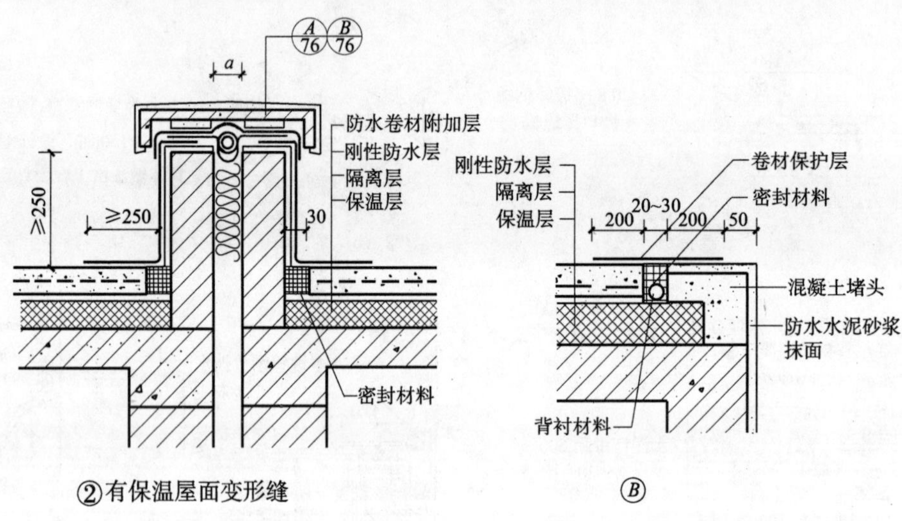

②有保温屋面变形缝　　Ⓑ

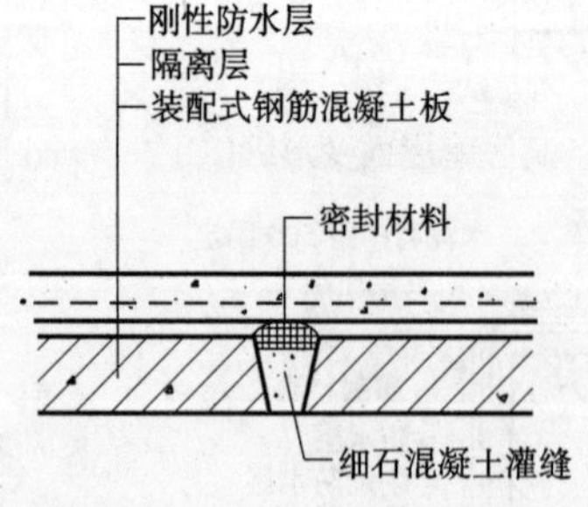

Ⓒ预制钢筋混凝土屋面板板缝构造

说明：1. 当结构层为装配式钢筋混凝土板，且无保温层时，屋面板缝宜进行密封处理，详见 C/–。

2. 刚性防水层做法按工程设计，分格缝纵横间距不大于 6m。

3. 隔离层可采用纸筋灰、麻刀灰、低强度等级砂浆及干铺卷材等材料。

4. “a” 为变形缝宽，由工程设计定。当 $a>150$ 时，混凝土盖板加厚，具体做法由工程设计定。

5. 刚性防水屋面应采用结构找坡，坡度宜为2%~3%。

屋面及天沟变形缝（中南 05ZJ201）(22 页)

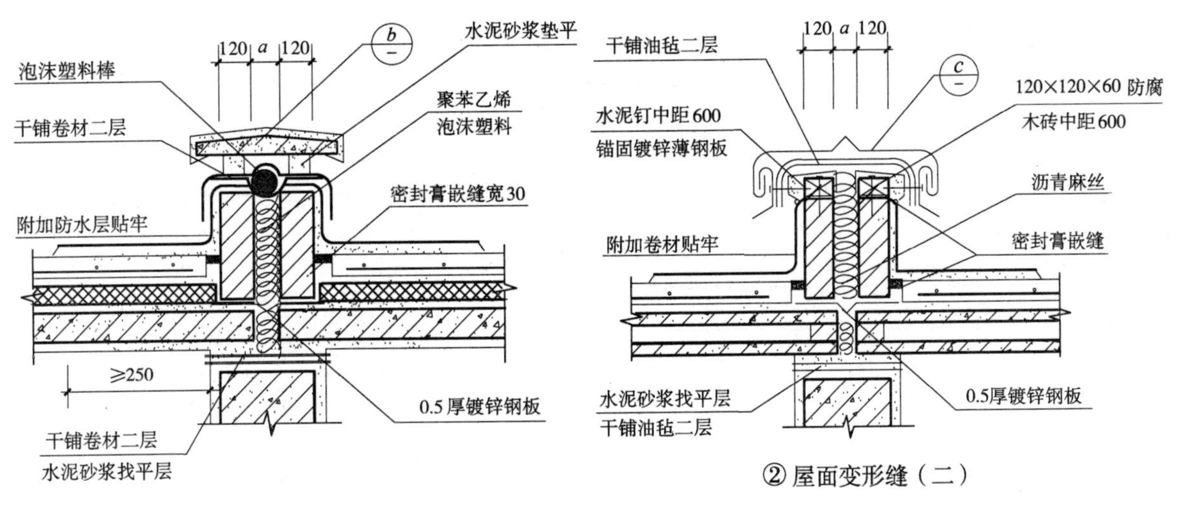

120
a
120
b
泡沫塑料棒
水泥砂浆垫平
干铺卷材二层
聚苯乙烯
泡沫塑料
密封膏嵌缝宽30
附加防水层贴牢
≥250
0.5厚镀锌钢板
干铺卷材二层
水泥砂浆找平层

① 屋面变形缝（一）

120
a
120
干铺油毡二层
c
120×120×60 防腐
木砖中距600
水泥钉中距600
锚固镀锌薄钢板
沥青麻丝
附加卷材贴牢
密封膏嵌缝
水泥砂浆找平层
干铺油毡二层
0.5厚镀锌钢板

② 屋面变形缝（二）

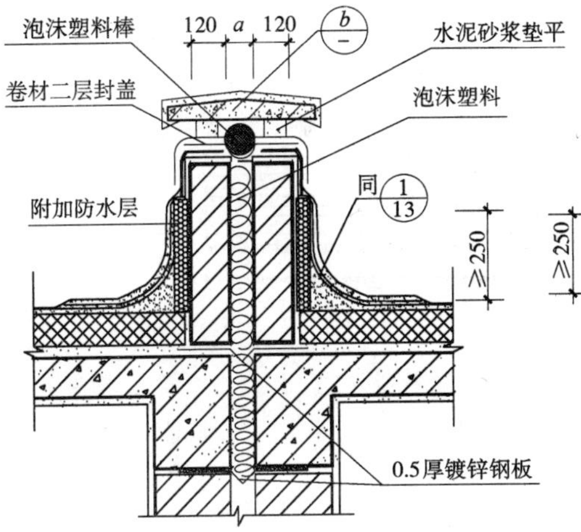

泡沫塑料棒
120
a
120
b
水泥砂浆垫平
卷材二层封盖
泡沫塑料
附加防水层
同
1
13
≥250
0.5厚镀锌钢板

③屋面变形缝（三）

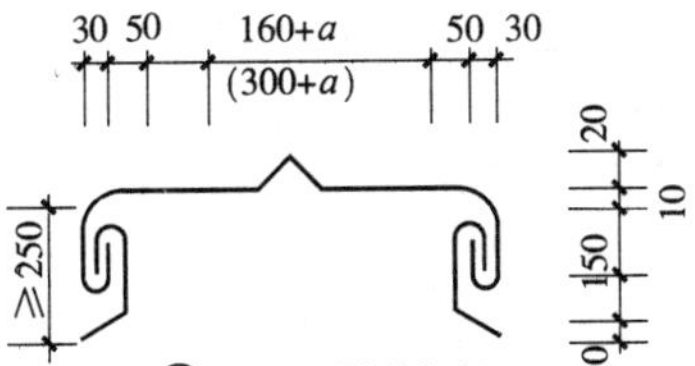

30
50
160+a
(300+a)
50
30
≥250
20
10
150
10

ⓐ 0.5厚镀锌钢板
ⓒ（或1厚铝合金板）

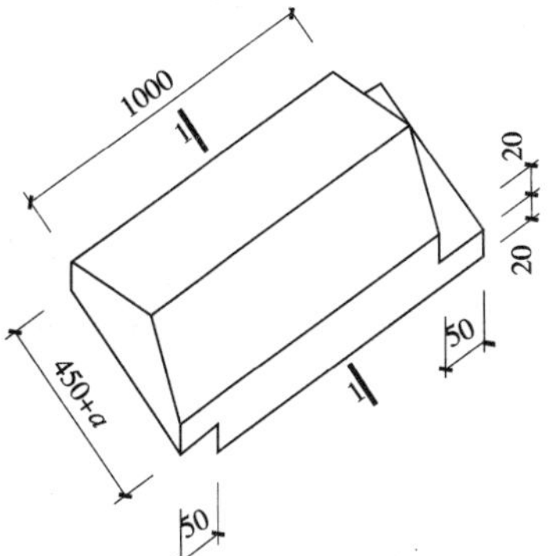

1000
1
20
20
50
450+a
1
50

ⓑ 压顶板

ϕ4@150
4ϕ4
C25 细石混凝土
10
40
450+a

1—1

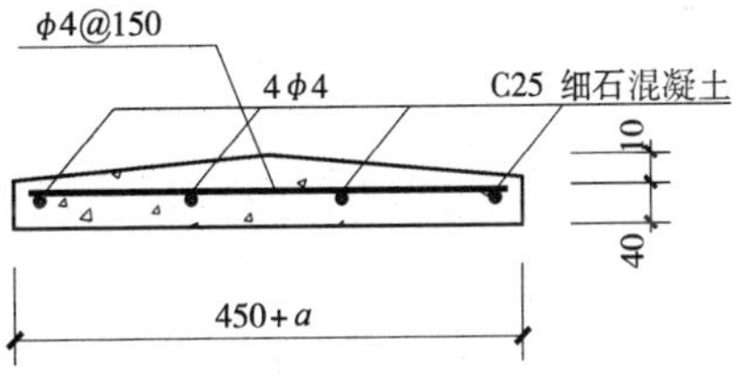

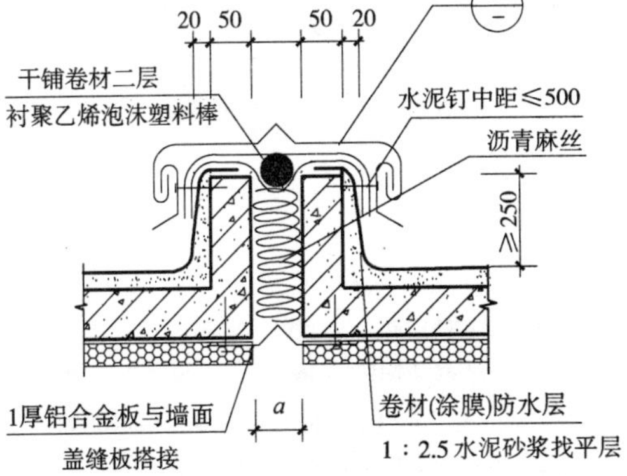

20
50
50
20
a
干铺卷材二层
衬聚乙烯泡沫塑料棒
水泥钉中距≤500
沥青麻丝
≥250
1厚铝合金板与墙面
盖缝板搭接
a
卷材(涂膜)防水层
1：2.5 水泥砂浆找平层

④ 天沟变形缝（一）

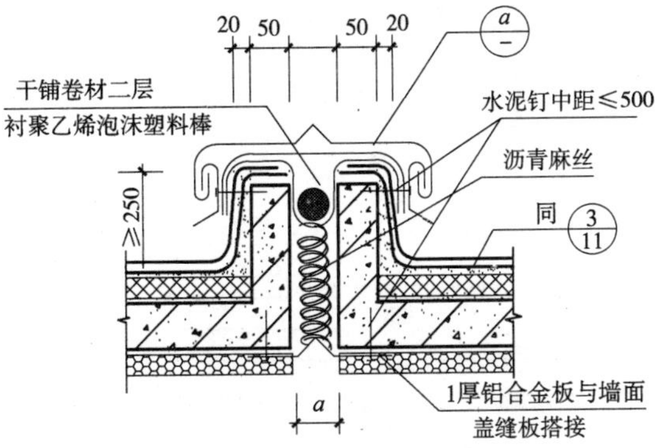

20
50
50
20
a
干铺卷材二层
衬聚乙烯泡沫塑料棒
水泥钉中距≤500
沥青麻丝
≥250
同
3
11
1厚铝合金板与墙面
盖缝板搭接
a

⑤ 天沟变形缝（二）

（6）分格缝

屋面分格缝　（中南 05ZJ201）(27 页)

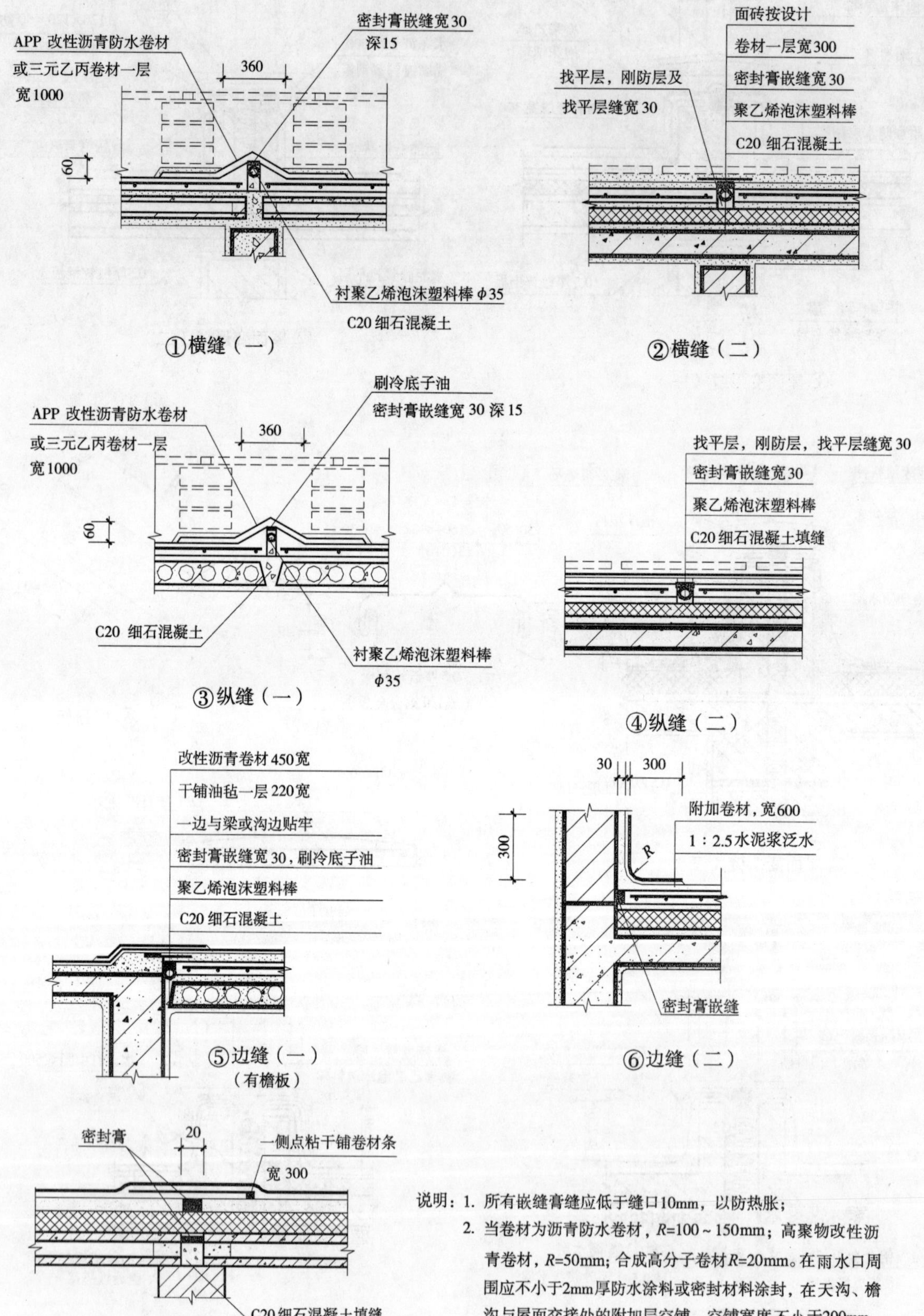

说明：1. 所有嵌缝膏缝应低于缝口10mm，以防热胀；

2. 当卷材为沥青防水卷材，R=100～150mm；高聚物改性沥青卷材，R=50mm；合成高分子卷材R=20mm。在雨水口周围应不小于2mm厚防水涂料或密封材料涂封，在天沟、檐沟与屋面交接处的附加层空铺，空铺宽度不小于200mm。

刚性防水屋面分格缝及泛水（河北 05J5-1）(11 页)

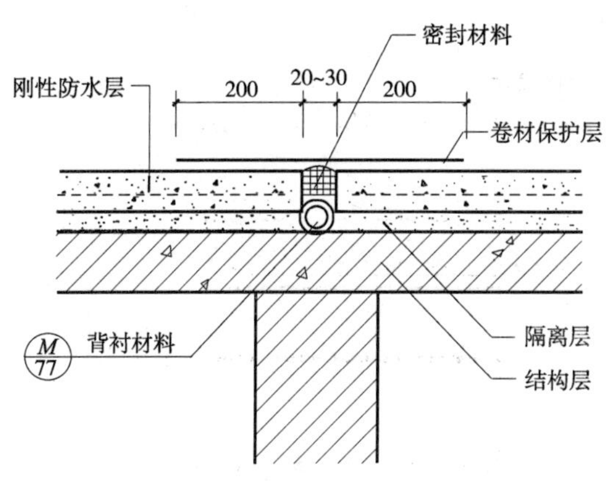

①无保温屋面分格缝构造（一）

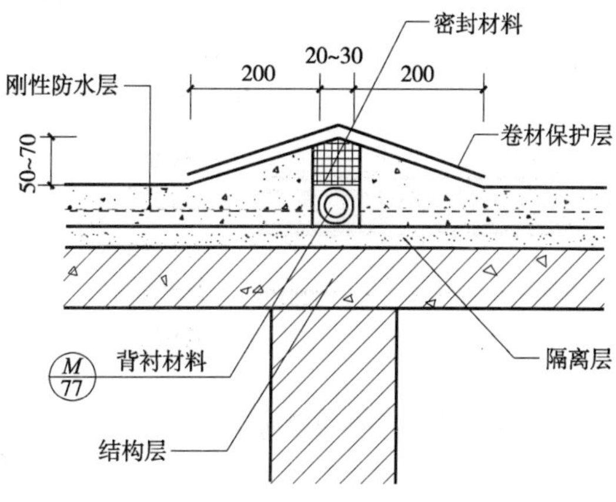

②无保温屋面分格缝构造（二）

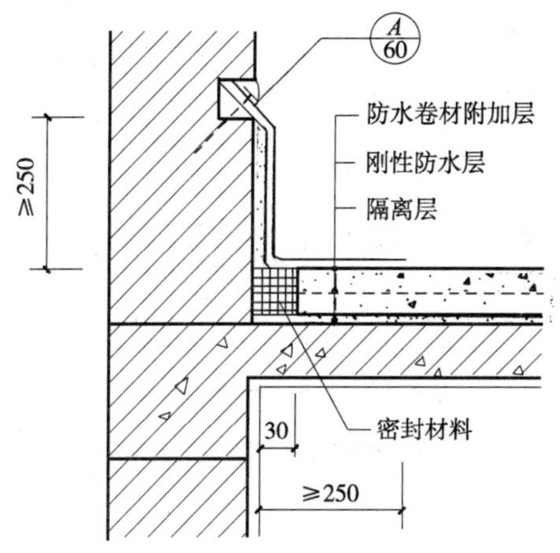

③无保温屋面泛水

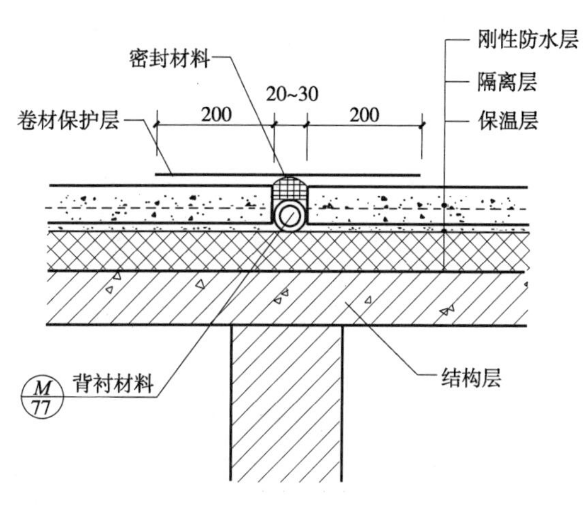

④有保温屋面分格缝构造（一）

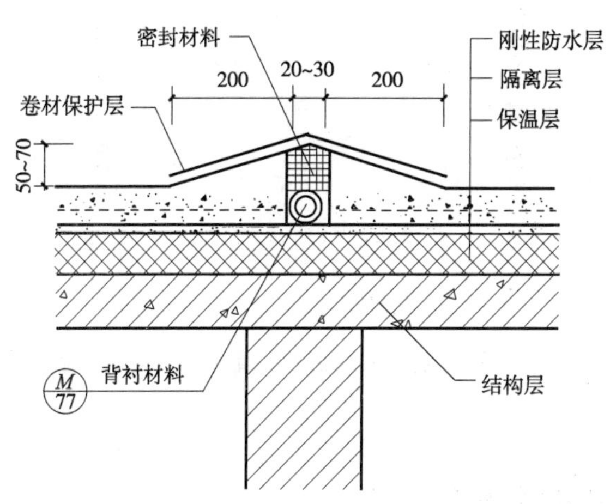

⑤有保温屋面分格缝构造（二）

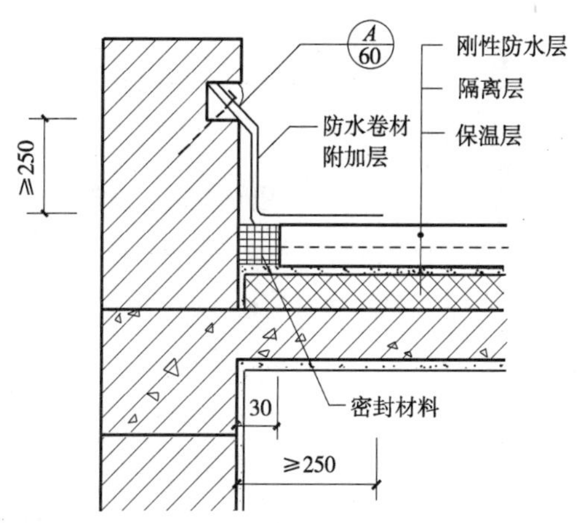

⑥有保温屋面泛水

保护层找平层分格缝布置（中南 05-ZJ201）(26 页)

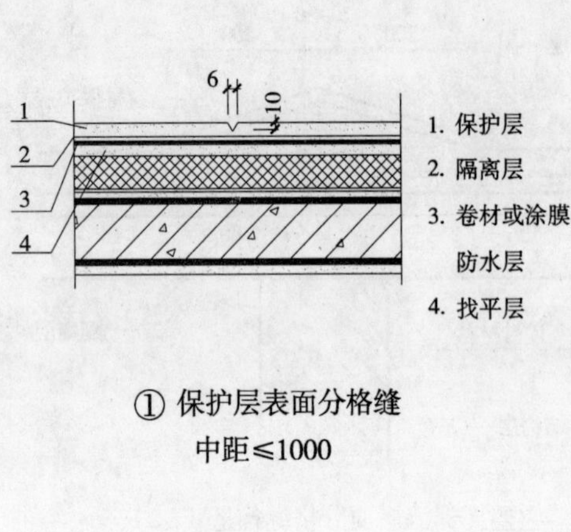

① 保护层表面分格缝
中距≤1000

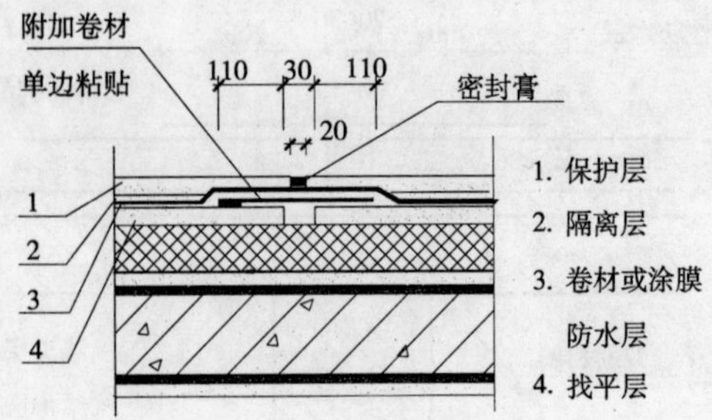

② 找平层、保护层分格缝

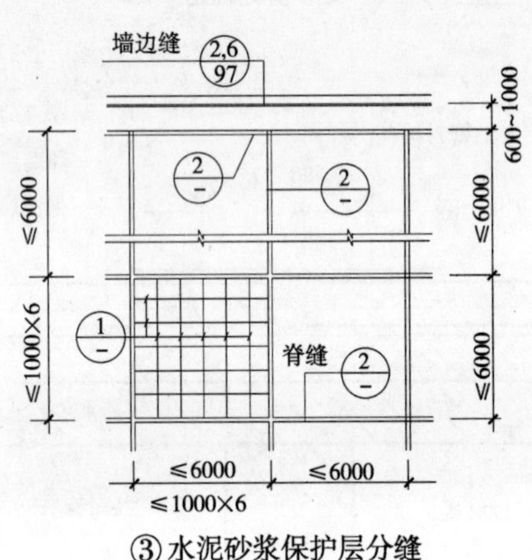

③ 水泥砂浆保护层分缝

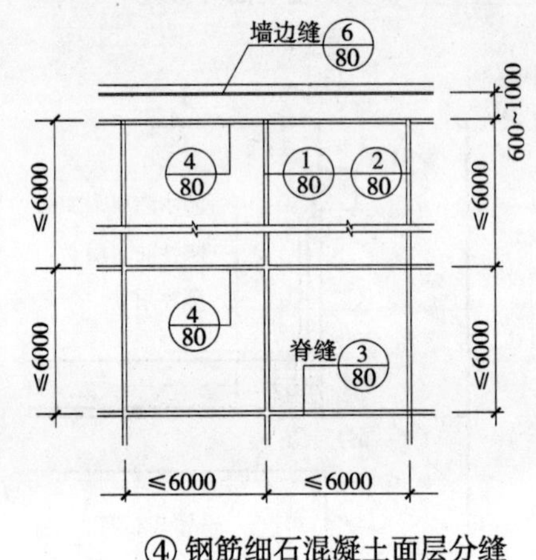

④ 钢筋细石混凝土面层分缝

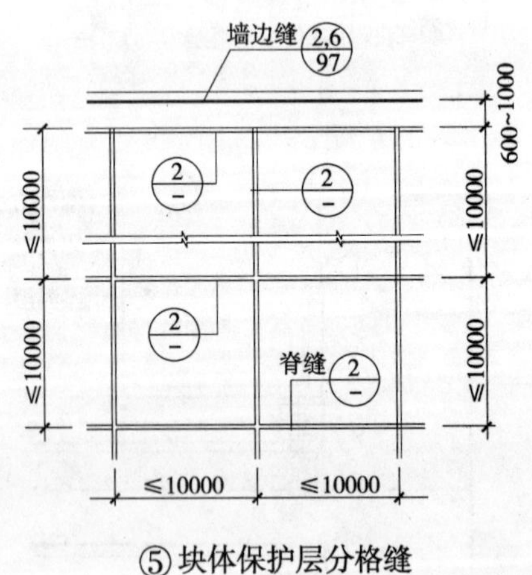

⑤ 块体保护层分格缝

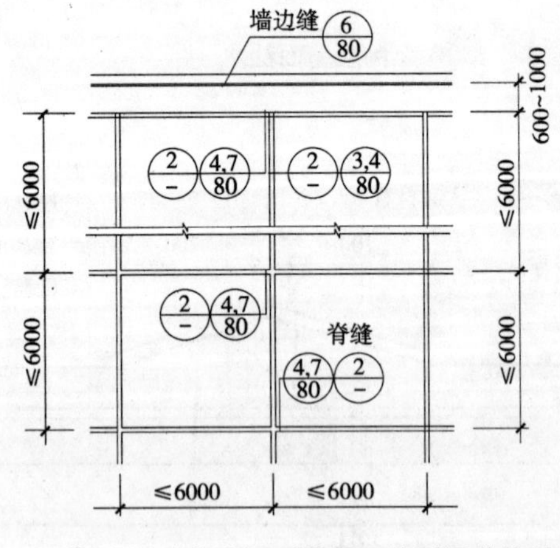

⑥ 水泥砂浆或细石混凝土找平层分格缝

说明：1. 屋面保护层为水泥砂浆或细石混凝土时，与卷材或涂膜防水层之间的隔离层，可用 10mm 厚纸筋灰或干铺石油沥青油粘一层。

2. 对于块体屋面保护层（预制钢筋混凝土板，陶瓷板），与卷材或涂膜防水隔离层可用 25mm 厚黄砂。

（7）屋面出入口

屋面出入口一般做法（河南 05YJ5-1）（12 页）

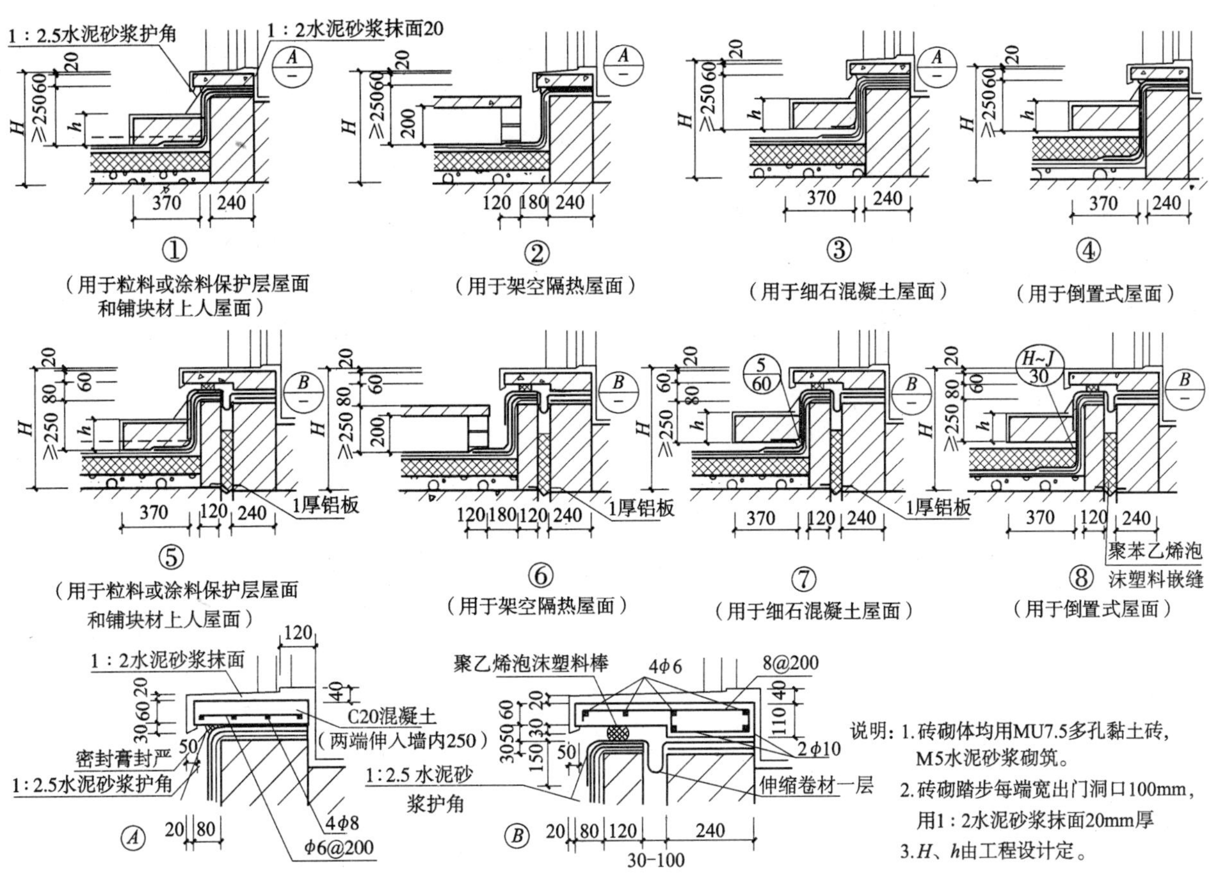

说明：1. 砖砌体均用MU7.5多孔黏土砖，M5水泥砂浆砌筑。
2. 砖砌踏步每端宽出门洞口100mm，用1：2水泥砂浆抹面20mm厚
3. H、h由工程设计定。

屋面上人孔（河南 05YJ5-1）（13 页）

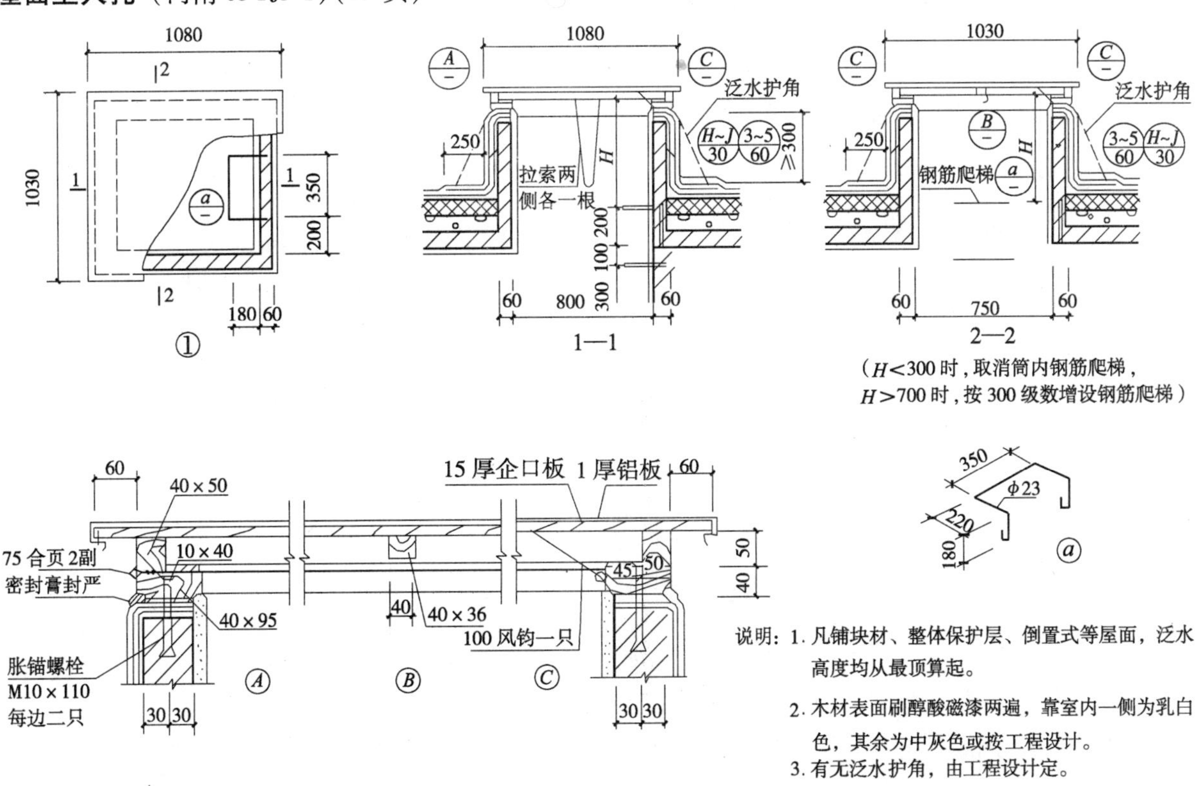

说明：1. 凡铺块材、整体保护层、倒置式等屋面，泛水高度均从最顶算起。
2. 木材表面刷醇酸磁漆两遍，靠室内一侧为乳白色，其余为中灰色或按工程设计。
3. 有无泛水护角，由工程设计定。

出人孔（华北 88J5-1）(60 页)

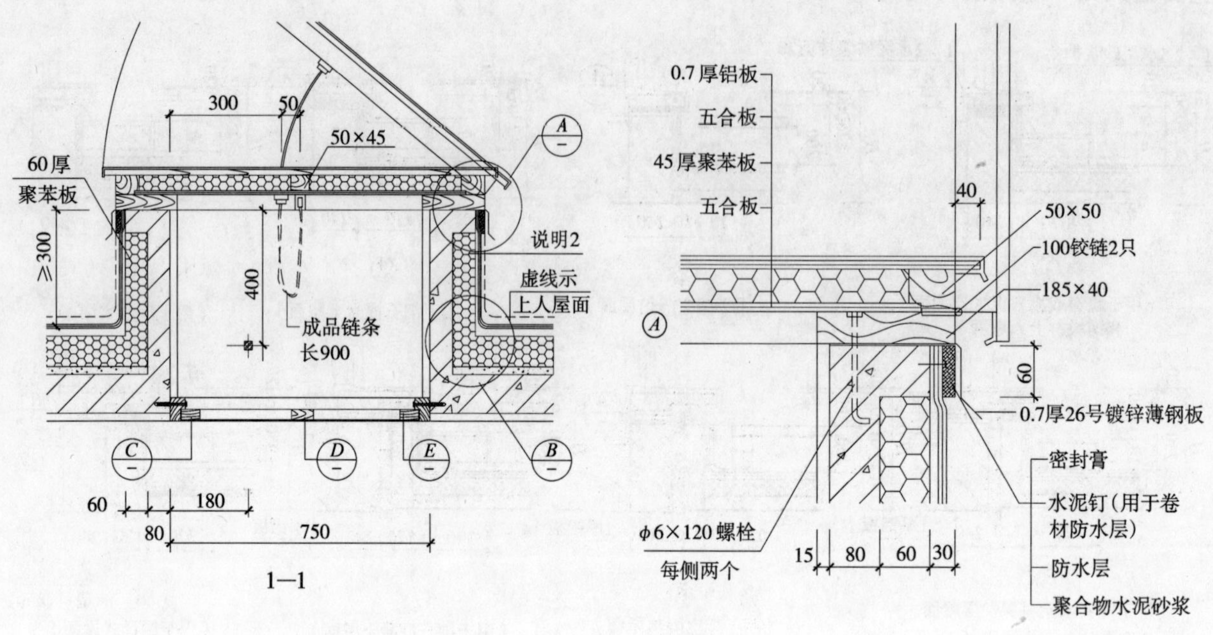

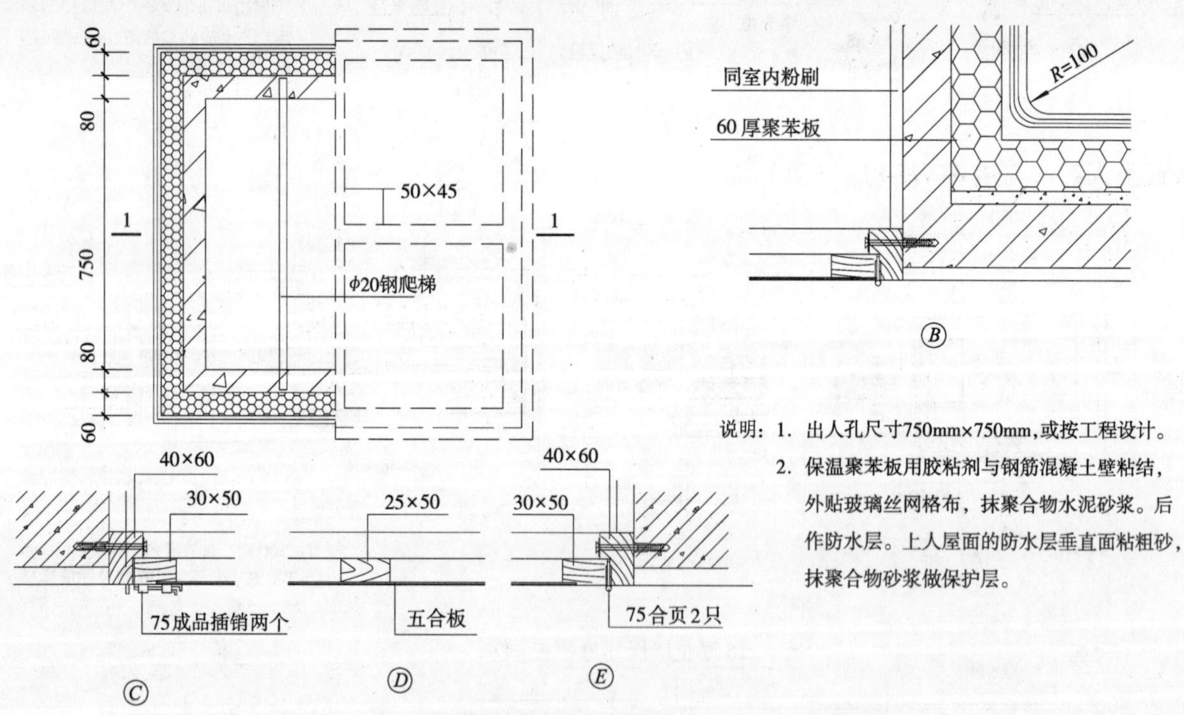

说明：1. 出人孔尺寸750mm×750mm,或按工程设计。

2. 保温聚苯板用胶粘剂与钢筋混凝土壁粘结，外贴玻璃丝网格布，抹聚合物水泥砂浆。后作防水层。上人屋面的防水层垂直面粘粗砂，抹聚合物砂浆做保护层。

出人孔（折叠式）(华北 88J5-1)(61 页)

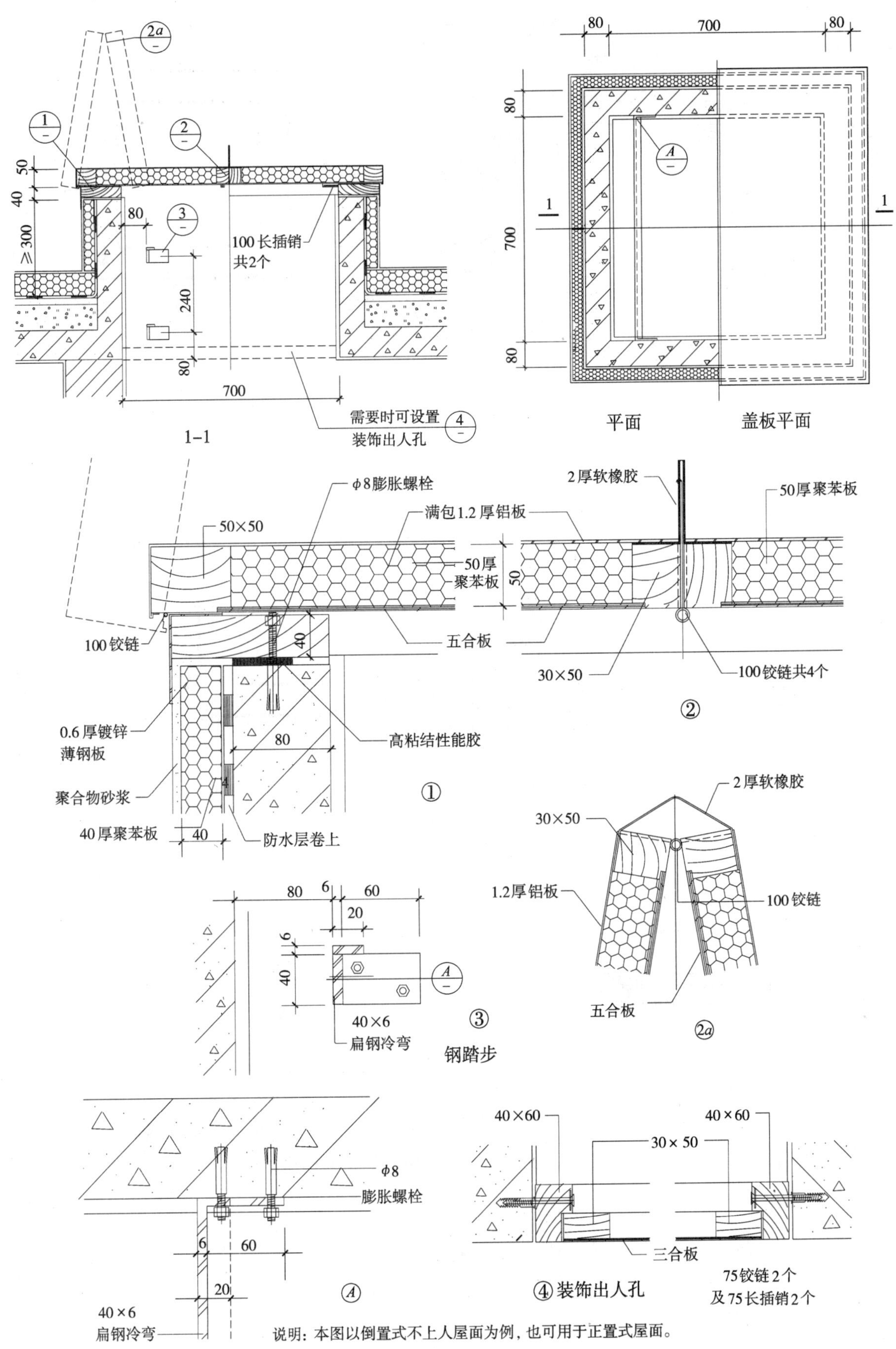

说明：本图以倒置式不上人屋面为例，也可用于正置式屋面。

屋面检修孔（中南 05ZJ201）(23 页)

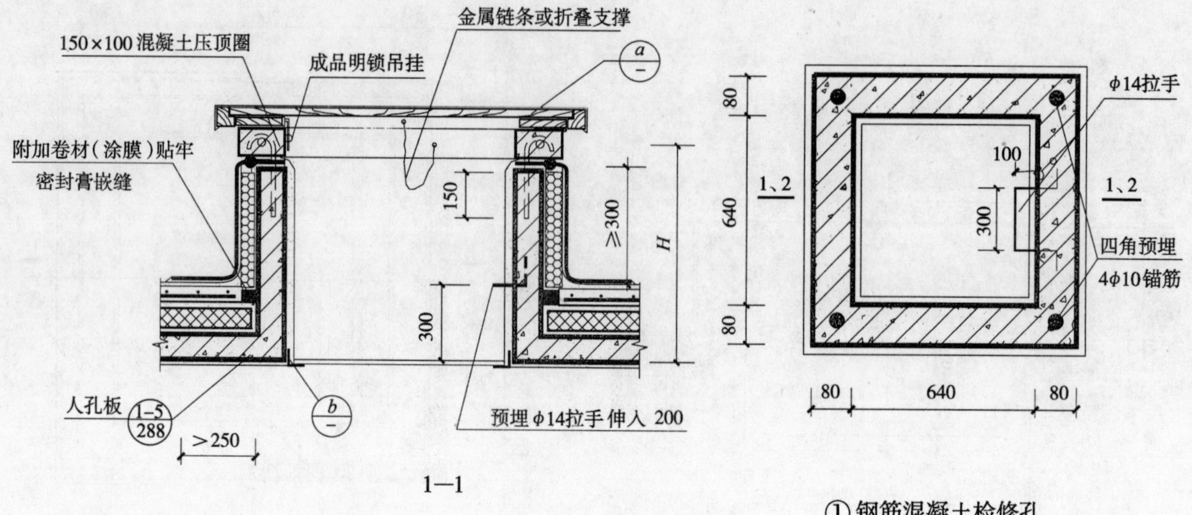

① 钢筋混凝土检修孔

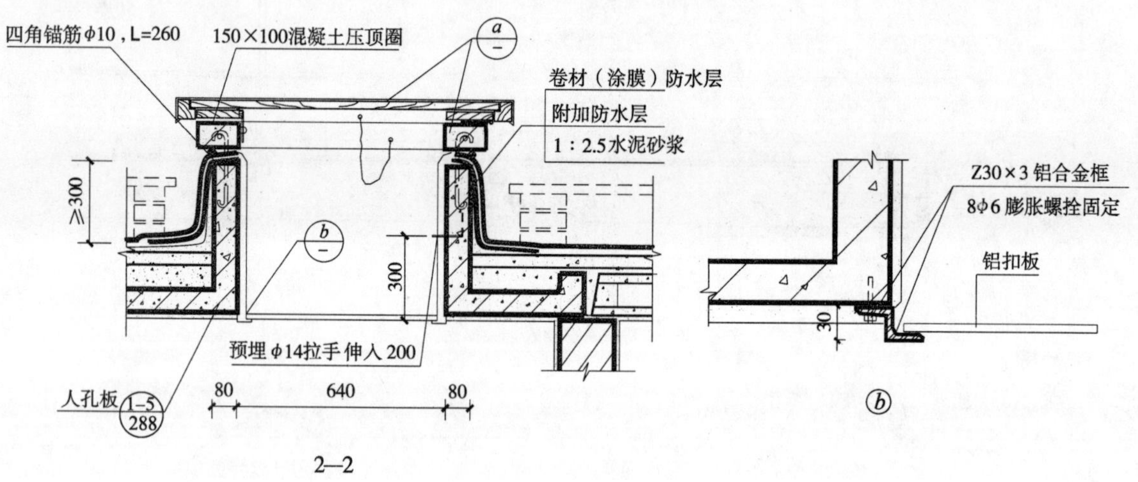

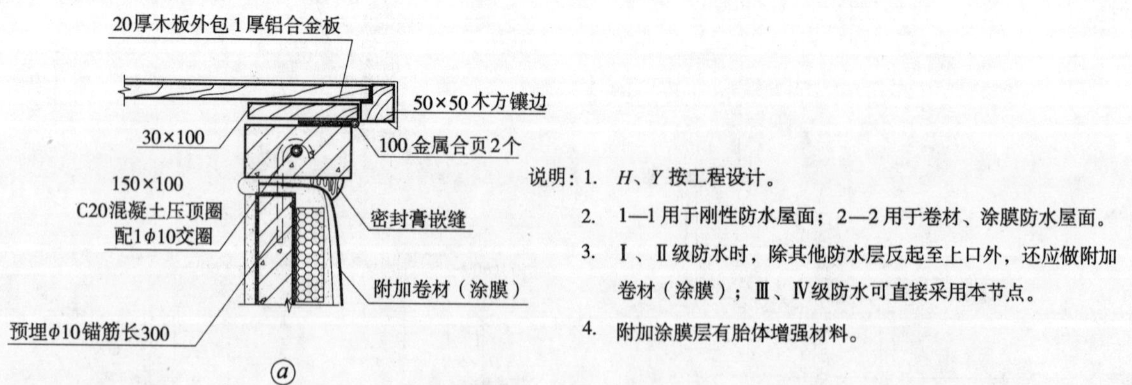

说明：1. H、Y 按工程设计。

2. 1—1 用于刚性防水屋面；2—2 用于卷材、涂膜防水屋面。

3. Ⅰ、Ⅱ级防水时，除其他防水层反起至上口外，还应做附加卷材（涂膜）；Ⅲ、Ⅳ级防水可直接采用本节点。

4. 附加涂膜层有胎体增强材料。

(8) 管道出屋面

管道出屋面一般做法（河南05YJ5-1）(14页)

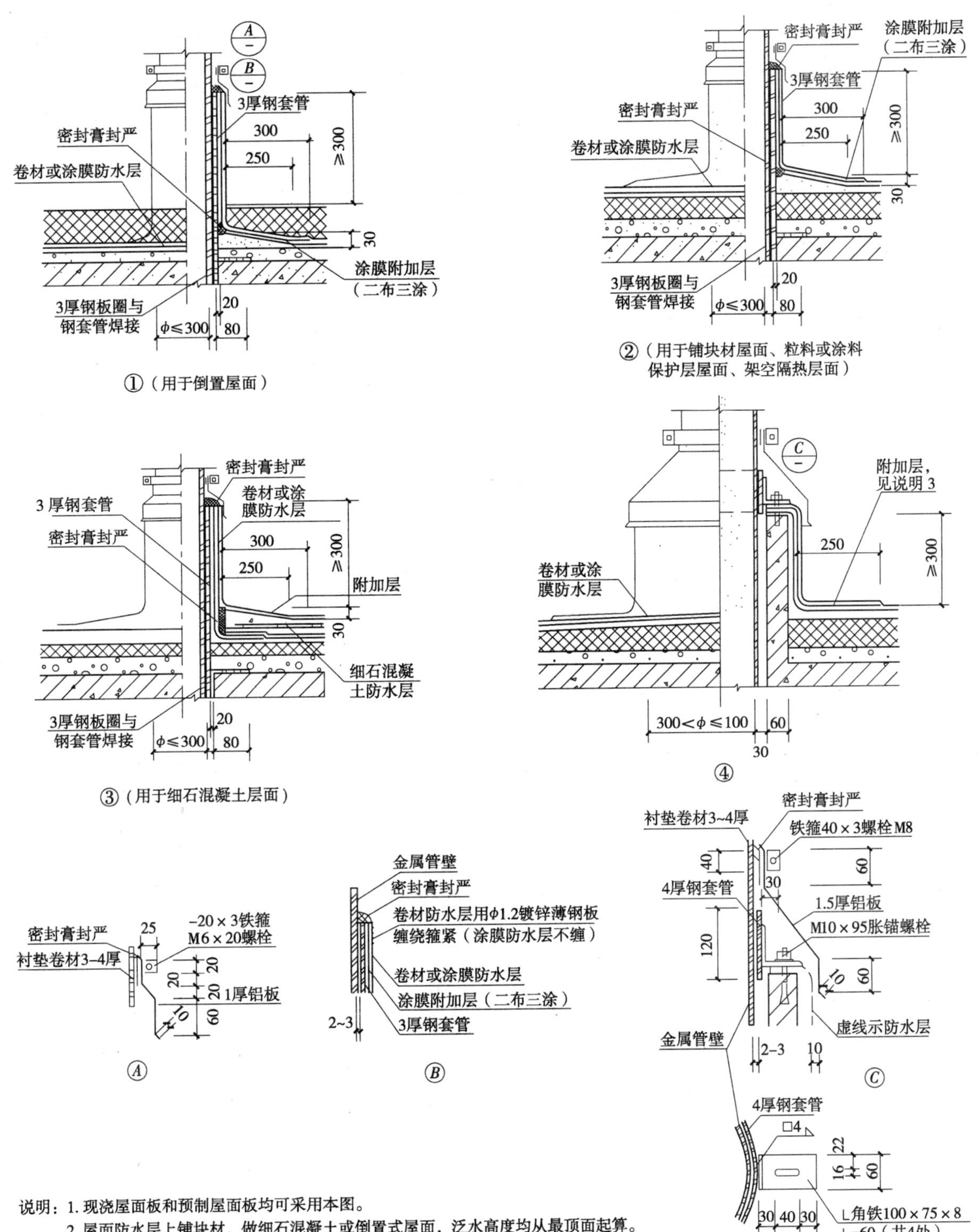

说明：1. 现浇屋面板和预制屋面板均可采用本图。

2. 屋面防水层上铺块材，做细石混凝土或倒置式屋面，泛水高度均从最顶面起算。

3. 泛水转角圆弧半径 R 和附加层用料表

防水层材料	R（mm）	附加层材料
高聚物改性沥青防水卷材	50	能与防水层卷材配套使用的涂料（作一布二涂）
合成高分子卷材	20	同防水层卷材一层
沥青防水卷材	100	同防水层卷材一层
防水涂料	50	同防水层涂料（作一布二涂）

烟囱　通风道处详图（华北 88J5-1）（66 页）

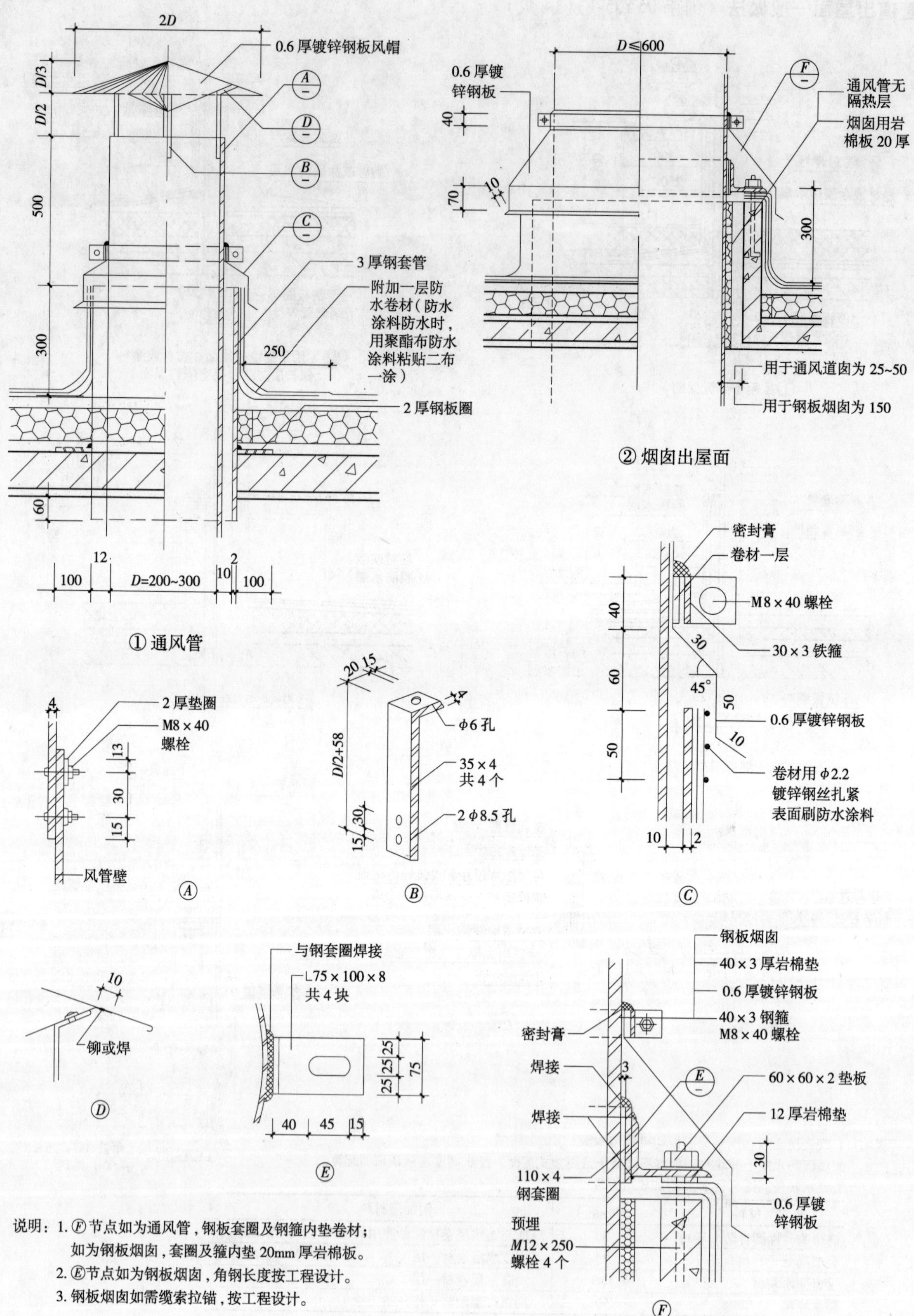

说明：1. Ⓕ节点如为通风管，钢板套圈及钢箍内垫卷材；如为钢板烟囱，套圈及箍内垫 20mm 厚岩棉板。
2. Ⓔ节点如为钢板烟囱，角钢长度按工程设计。
3. 钢板烟囱如需缆索拉锚，按工程设计。

保温层通风口（华北 88J5-1）(27 页)

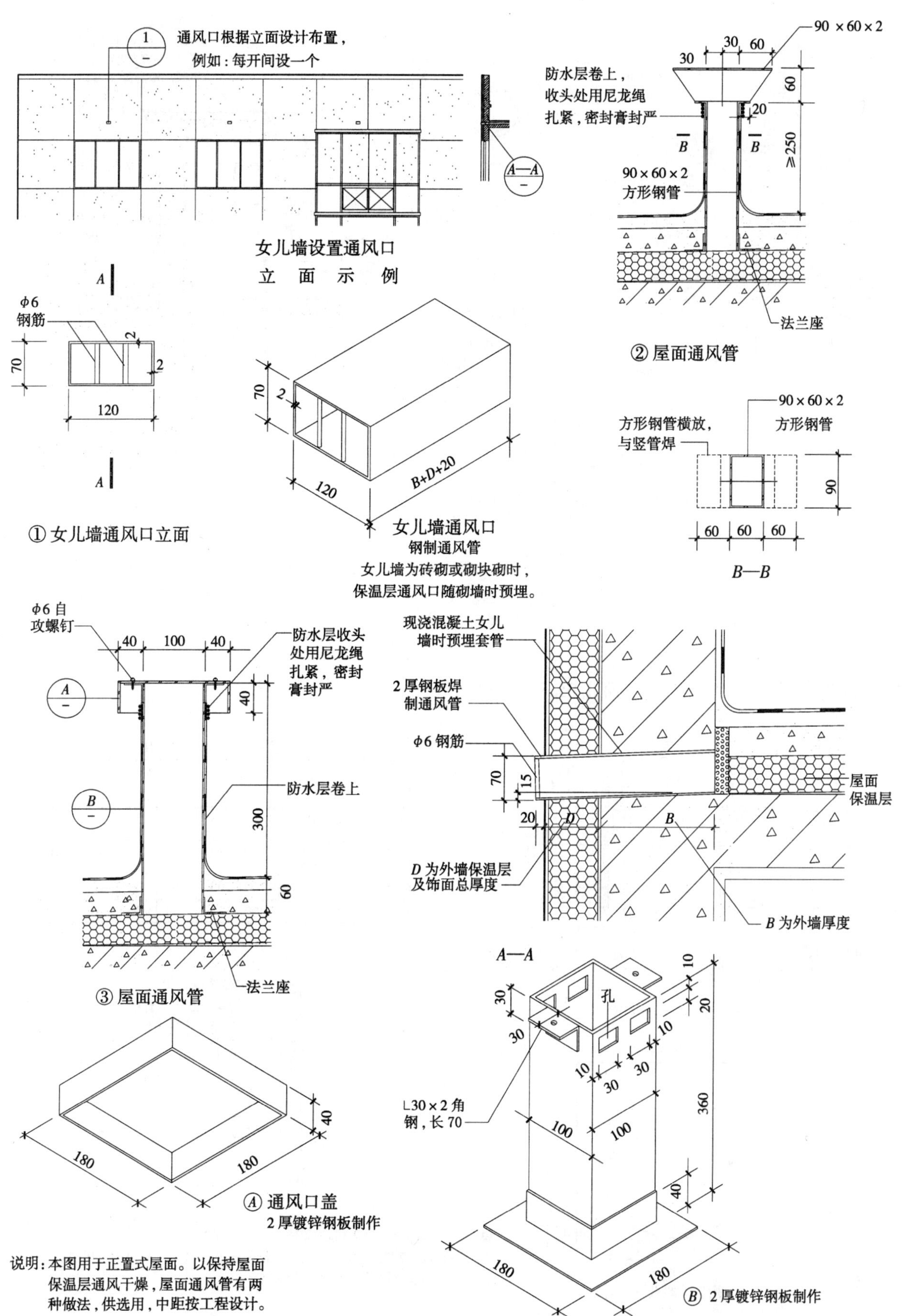

说明：本图用于正置式屋面。以保持屋面保温层通风干燥，屋面通风管有两种做法，供选用，中距按工程设计。

透气管　排气道（中南 05ZJ201）（15 页）

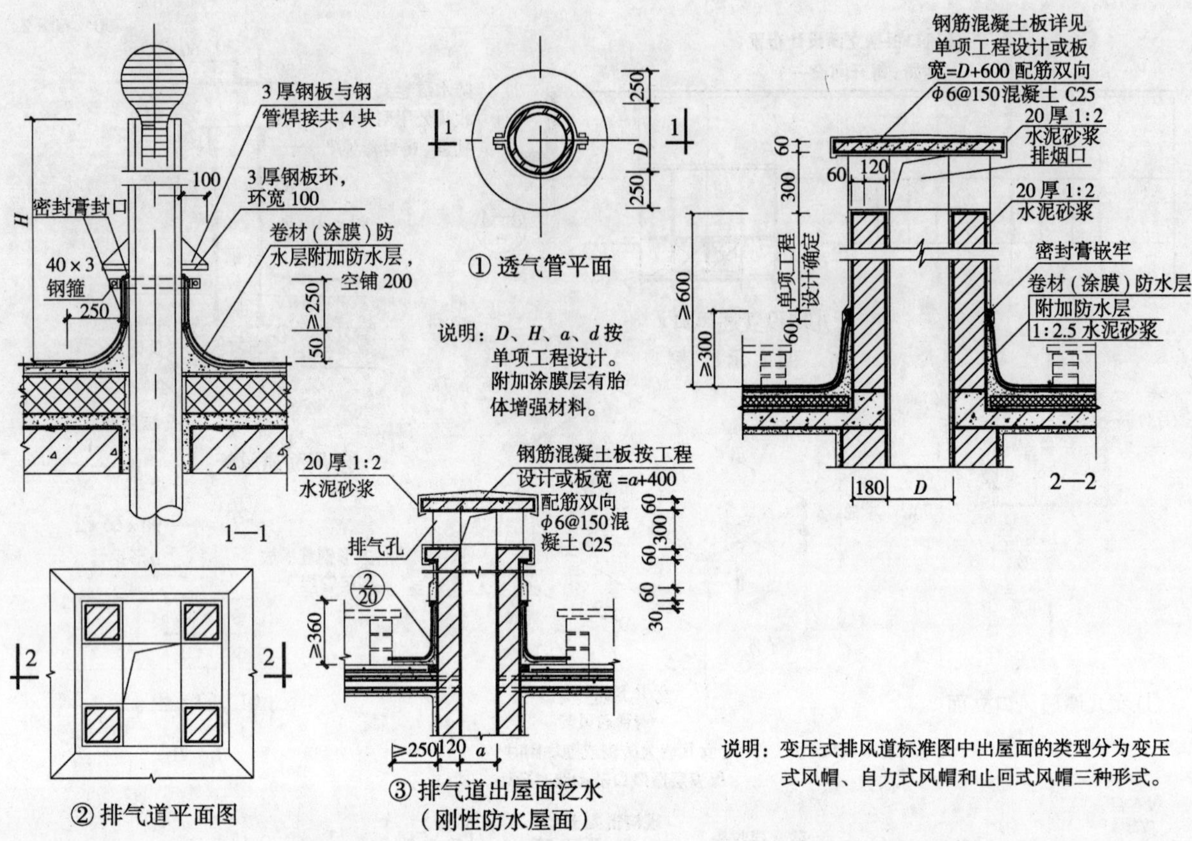

说明：变压式排风道标准图中出屋面的类型分为变压式风帽、自力式风帽和止回式风帽三种形式。

变压式排风道出屋面　（一）（河北 05J5-1）（27 页）

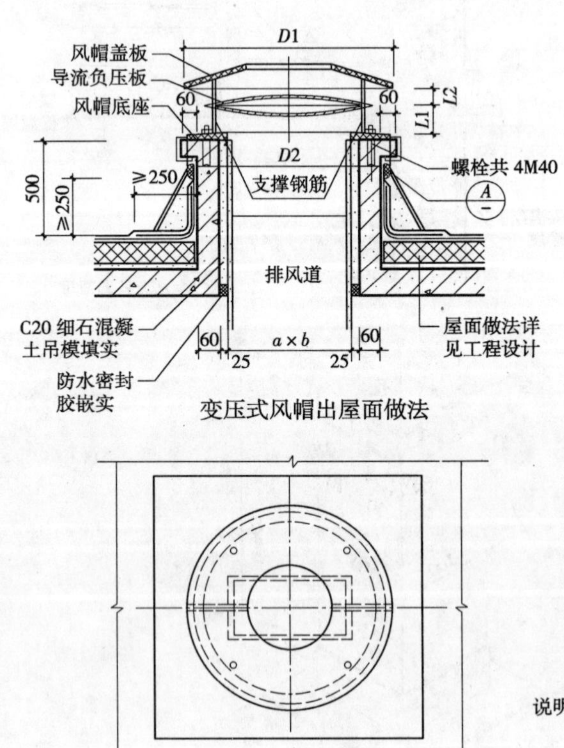

变压式风帽选用表

风帽型号	适用管道	尺寸					
		D1	D2	1.1	1.2	a	b
YDⅡ-A	PCA、PWA	1000	800	250	50	330	250
YDⅡ-B	PCB、PWG PCE、PWK	1100	900	300	70	350	310
YDⅡ-G	PCG	1200	1000	350	70	440	410
YDⅡ-H	PCH、PCK	1300	1100	350	70	610	410

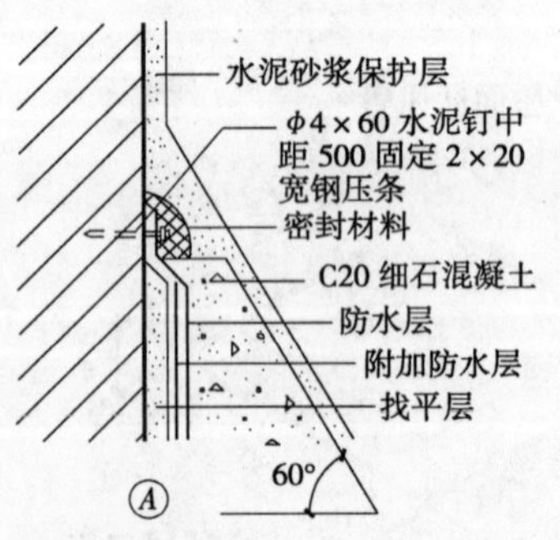

说明：1. 风帽材质为无机玻璃钢。
2. 该风帽的技术特点：（1）排风通畅；（2）外界风向、风速有变化时，均会对管道系统内部产生负压。

变压式排风道出屋面 （二）(河北 05J5-1)(28、29 页)

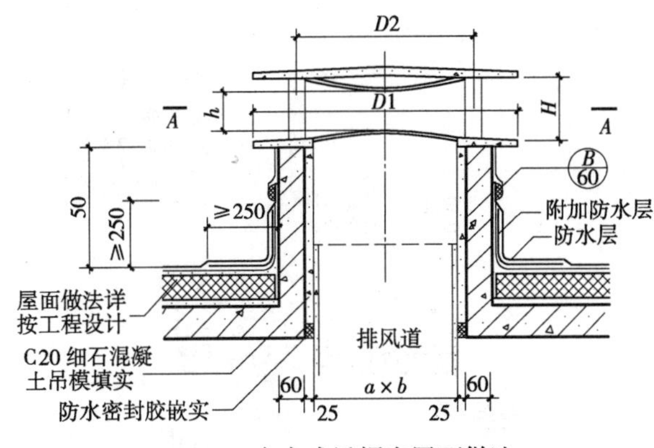

自力式风帽出屋面做法

自力式风帽选用表

用途	编号	排风道外形尺寸 a（长）×b（宽）	适用建筑总层数	D1	D2	H	h
				自力式风帽外形尺寸			
厨房	①	320×240	1~6	800×800	φ600	300	100
	②	340×300	7~12	860×860	φ680	340	140
	③	430×300	13~18	960×960	φ760	380	180
	④	460×400	19~24	1060×1060	φ860	420	220
	⑤	600×400	25~30	1200×1200	φ960	460	260
	⑥	600×500	31~40	1300×1300	φ1100	500	300
卫生间	⑦	320×240	1~12	800×800	φ640	300	80
	⑧	340×300	13~24	860×860	φ700	340	100
	⑨	430×300	25~40	960×960	φ760	380	120

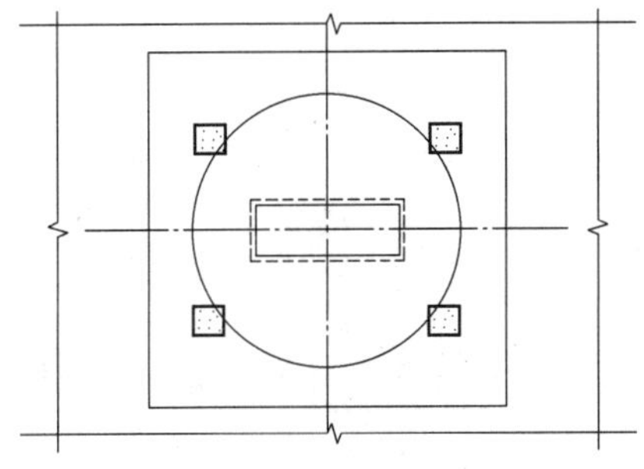
自力式风帽平面图

说明：自力式风帽在外界风力作用下可产生负压，对排风道形成抽力效应，有利于排风道排烟。（在外界风力达到 2 级风时，即呈现比较显著的负压现象）

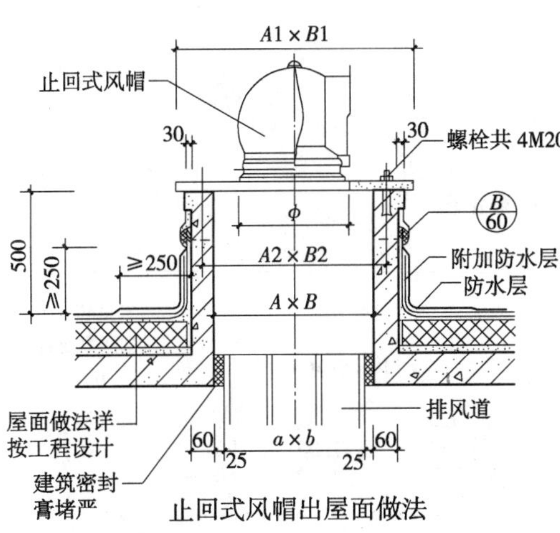

止回式风帽出屋面做法

止回式风帽选用表

编号	风帽规格	座板圆孔 φ	座板外廓 A1×B1（长×宽）	管道尺寸 a×b	座孔尺寸 A×B	地脚螺钉孔中心距 A2×B2	适用排风道型号
1	350	350	720×640	320×240	430×300	550×420	PWBⅡ12
2	400	400	840×740	340×300 340×300	550×400	670×520	PCBⅡ12 PWGⅡ24
3	456	450	940×790	430×300 460×400 430×300	650×450	750×570	PCEⅡ18 PCGⅡ24 PWKⅡ40
4	550	550	1040×840	600×400	750×500	870×620	PCHⅡ30 PCKⅡ40

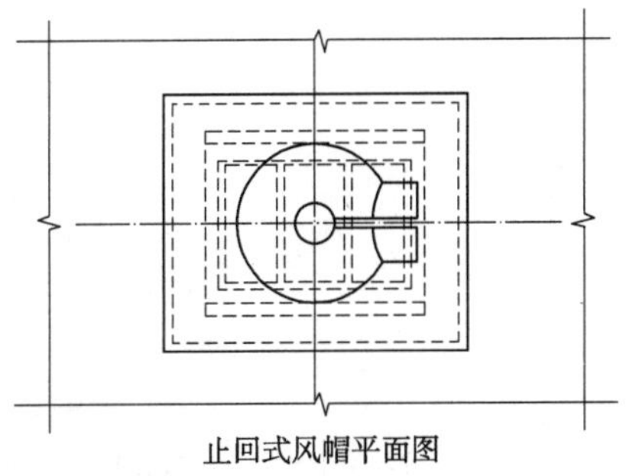
止回式风帽平面图

说明：止回式风帽可绕垂直轴360° 旋转，在外界风力作用下或管道内往外排风时，出风口旋转至背风方向形成负压产生抽力，故可防止回风，同时起到助排风作用。

管道出屋面泛水（中南 05ZJ2011）(14 页)

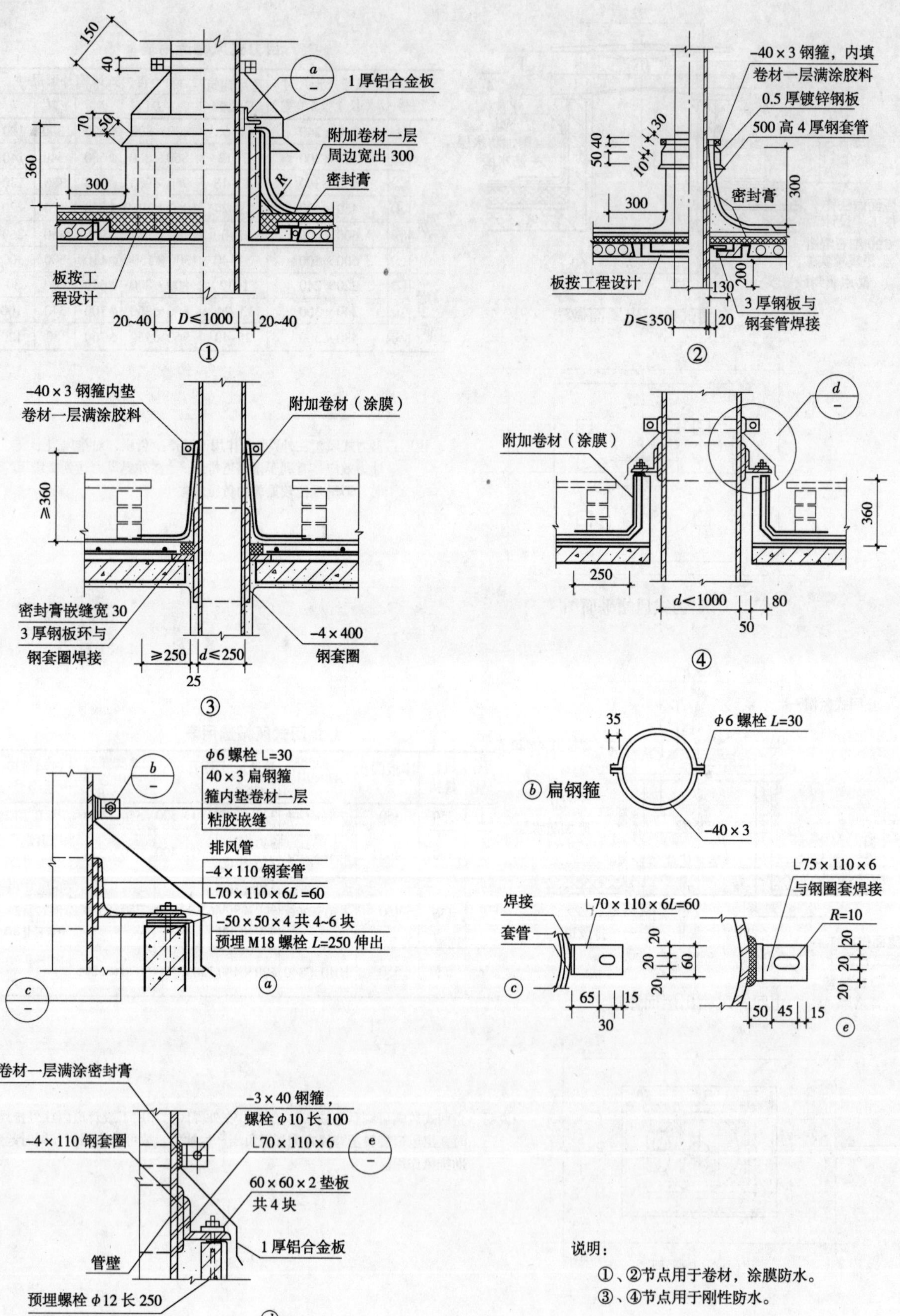

说明：

①、②节点用于卷材，涂膜防水。

③、④节点用于刚性防水。

(9) 设施基座

一般做法（河南 05YJ5-1）(16 页)

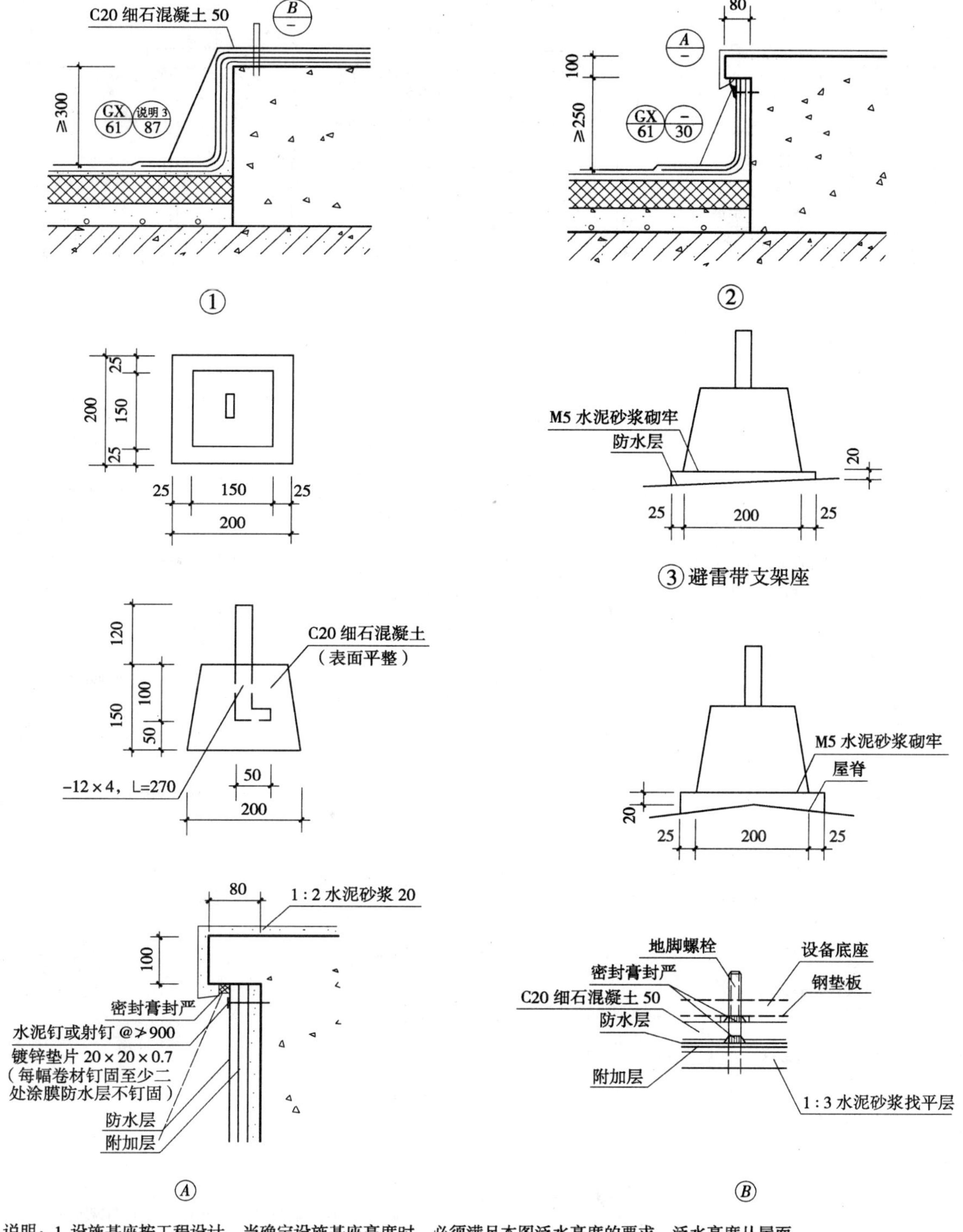

说明：1. 设施基座按工程设计。当确定设施基座高度时，必须满足本图泛水高度的要求。泛水高度从屋面最顶面算起。

2. ①、②适用于倒置屋面、铺块材上人屋面、架空隔热屋面、涂料和粒料保护层屋面、细石混凝土防水屋面。图中按涂料和粒料保护层屋面绘制。选用时，需按屋面形式，同时选用第 30 页、60 页相应的泛水详图。

3. ②适用于设备能覆盖基座，基座顶面不需防水的情况。

4. Ⓑ中，地脚螺栓的预埋方式和直径、长度等按工程设计。

5. ③中，支架的间距为 1000mm，转角部位为 500mm。

6. 在不上人屋面上，需经常维护的设施周围和屋面出入口至设施之间的人行道应铺设刚性保护层。

女儿墙压顶及防水层收头详图（河南 05YJ5-1）(9 页)

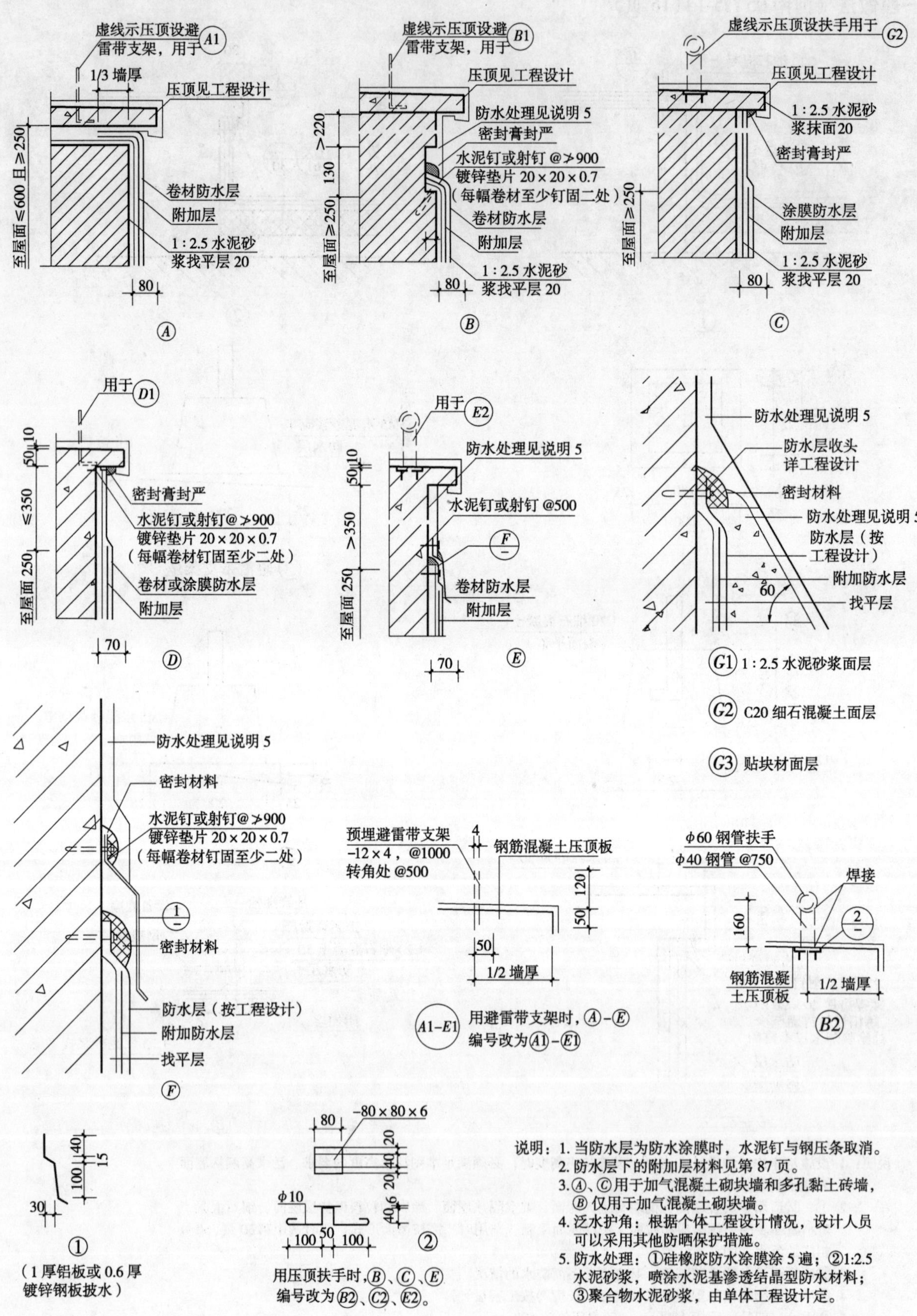

说明：1. 当防水层为防水涂膜时，水泥钉与钢压条取消。
2. 防水层下的附加层材料见第 87 页。
3. Ⓐ、Ⓒ用于加气混凝土砌块墙和多孔黏土砖墙，Ⓑ 仅用于加气混凝土砌块墙。
4. 泛水护角：根据个体工程设计情况，设计人员可以采用其他防晒保护措施。
5. 防水处理：①硅橡胶防水涂膜涂 5 遍；②1:2.5 水泥砂浆，喷涂水泥基渗透结晶型防水材料；③聚合物水泥砂浆，由单体工程设计定。

出屋面管道拉索座（河南 05YJ5-1）（15 页）

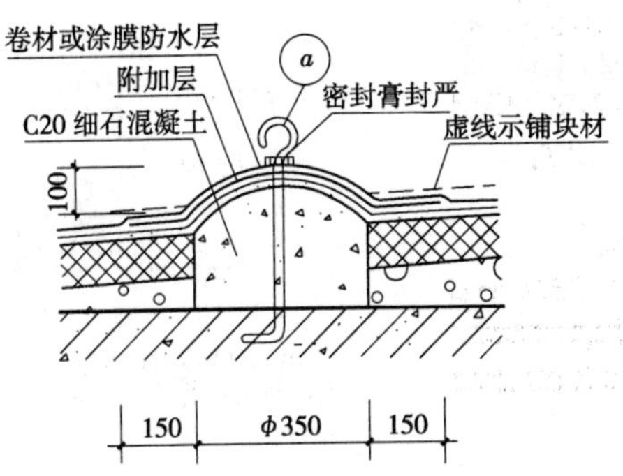

① （用于铺块材屋面、粒料或涂料保护层屋面、架空隔热屋面）

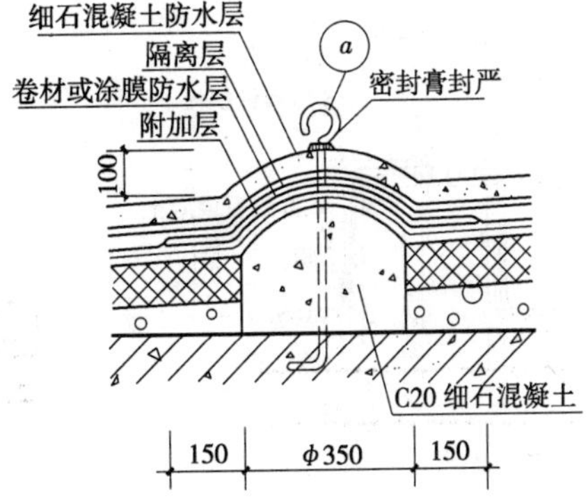

② （用于细石混凝土防水屋面）

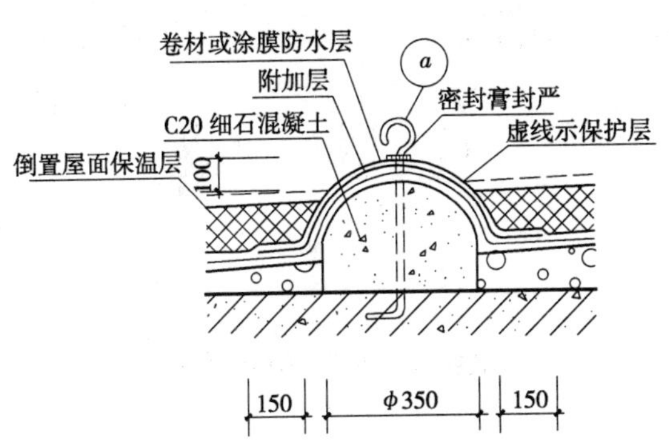

③ （用于倒置屋面）

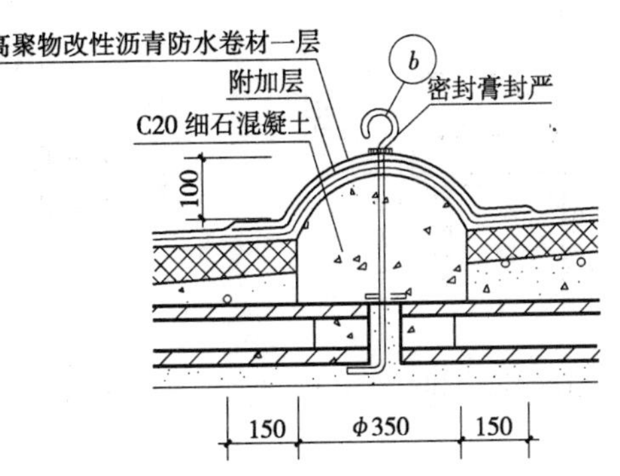

④ （用于铺块材屋面、粒料或涂料保护层屋面、架空隔热屋面）

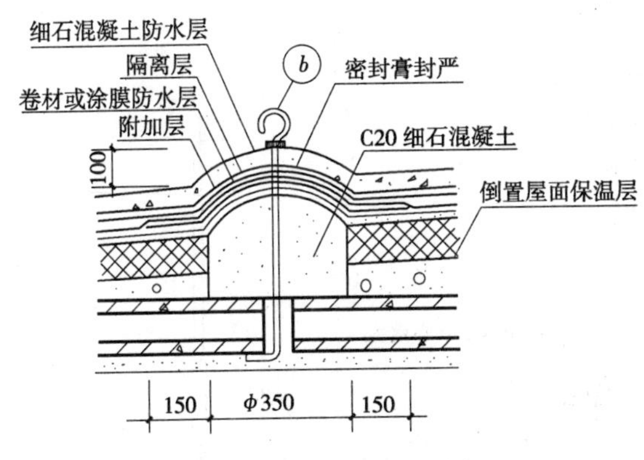

⑤ （用于细石混凝土防水屋面）

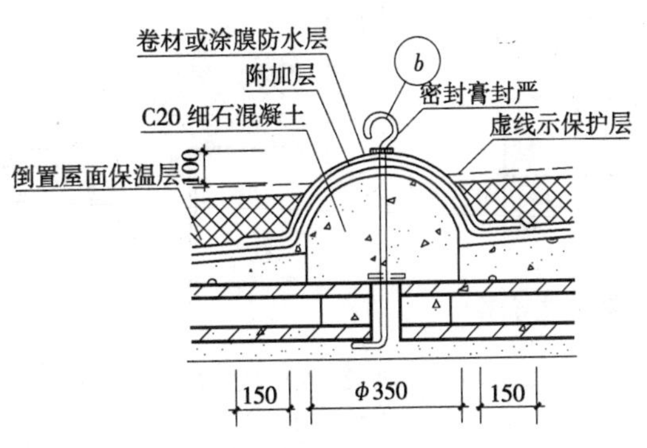

⑥ （用于倒置屋面）

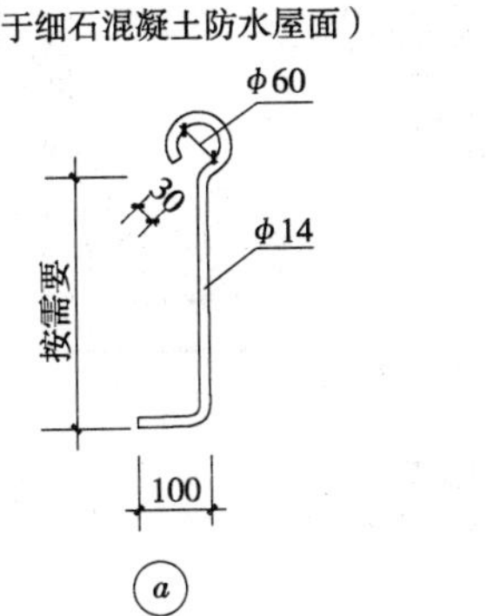

ⓐ

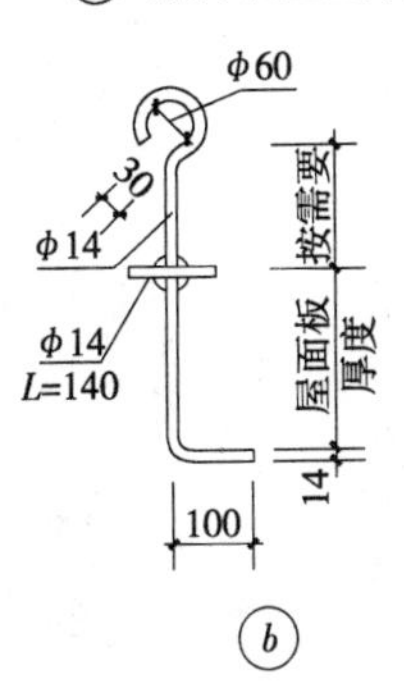

ⓑ

拉索座　固定烟囱拉钩　避雷支架（中南 05ZJ201）(24 页)

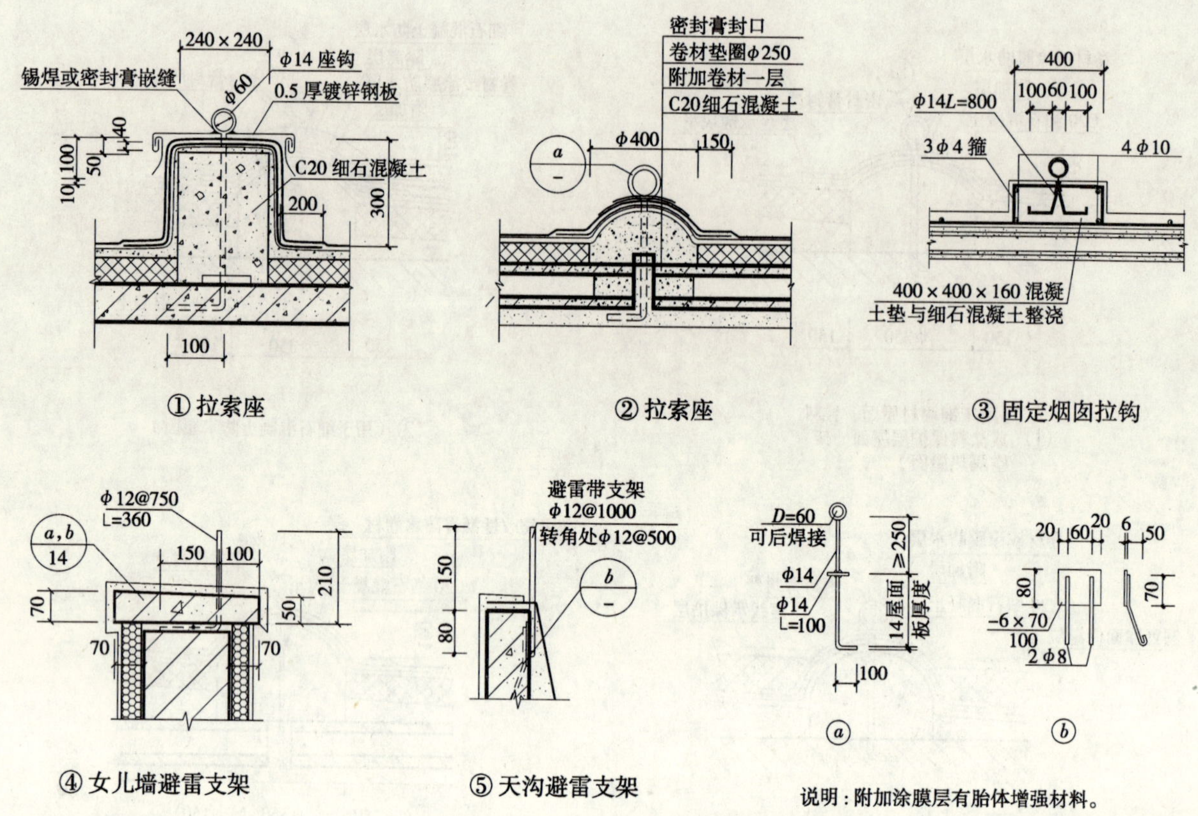

说明：附加涂膜层有胎体增强材料。

屋面避雷装置固定　（河北 05J5-1）(74 页)

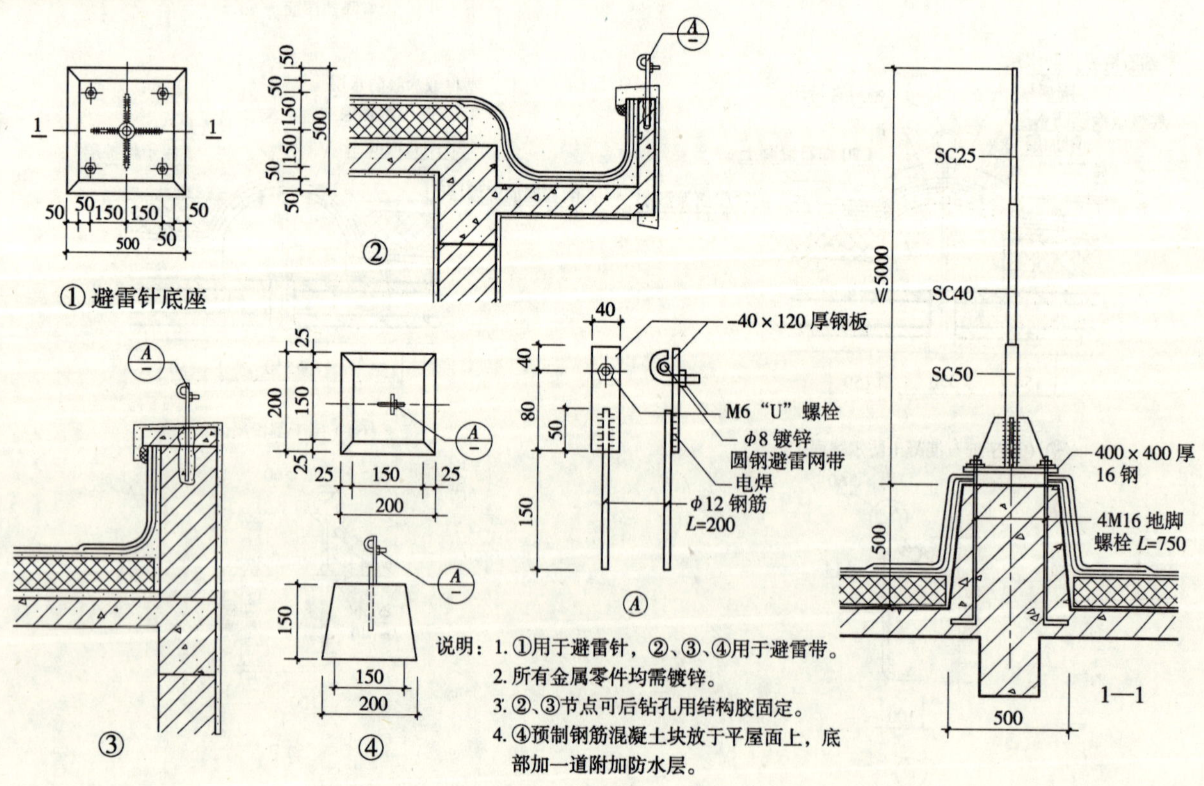

说明：1. ①用于避雷针，②、③、④用于避雷带。
2. 所有金属零件均需镀锌。
3. ②、③节点可后钻孔用结构胶固定。
4. ④预制钢筋混凝土块放于平屋面上，底部加一道附加防水层。

旗杆（华北 88J5-1）(68 页）

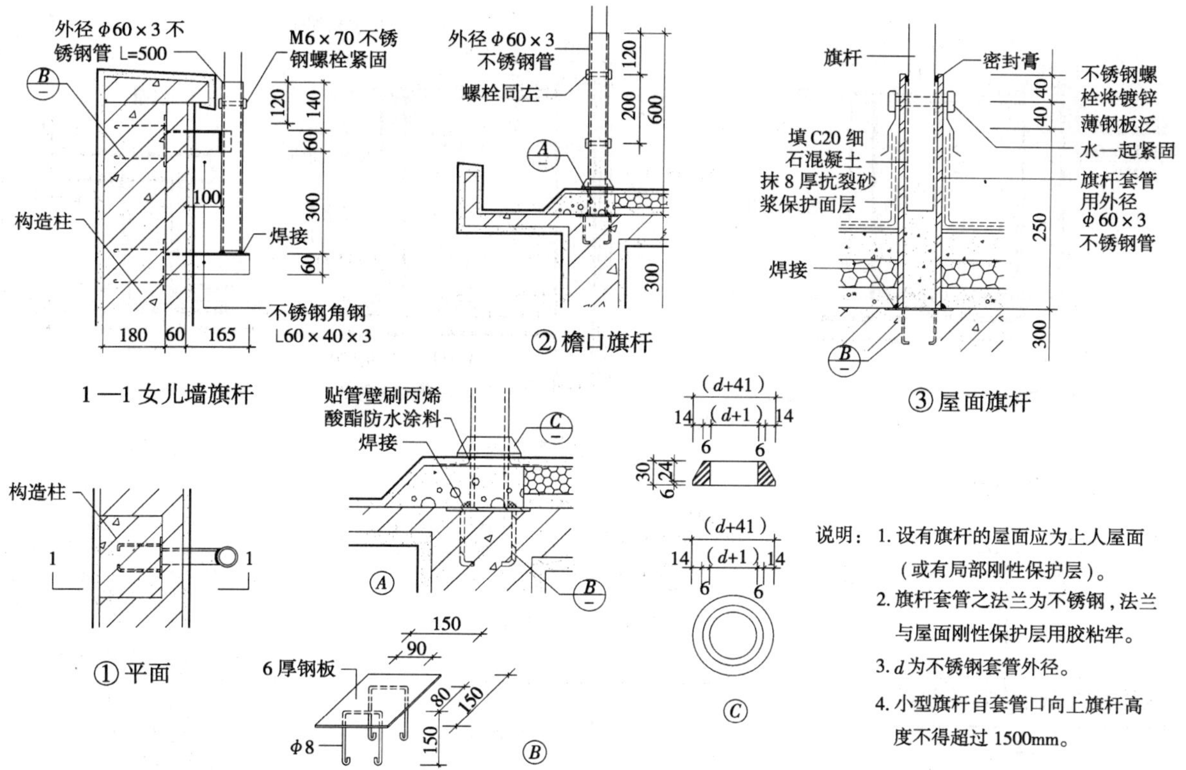

屋面保温层排汽详图（中南 05ZJ201）(25 页）

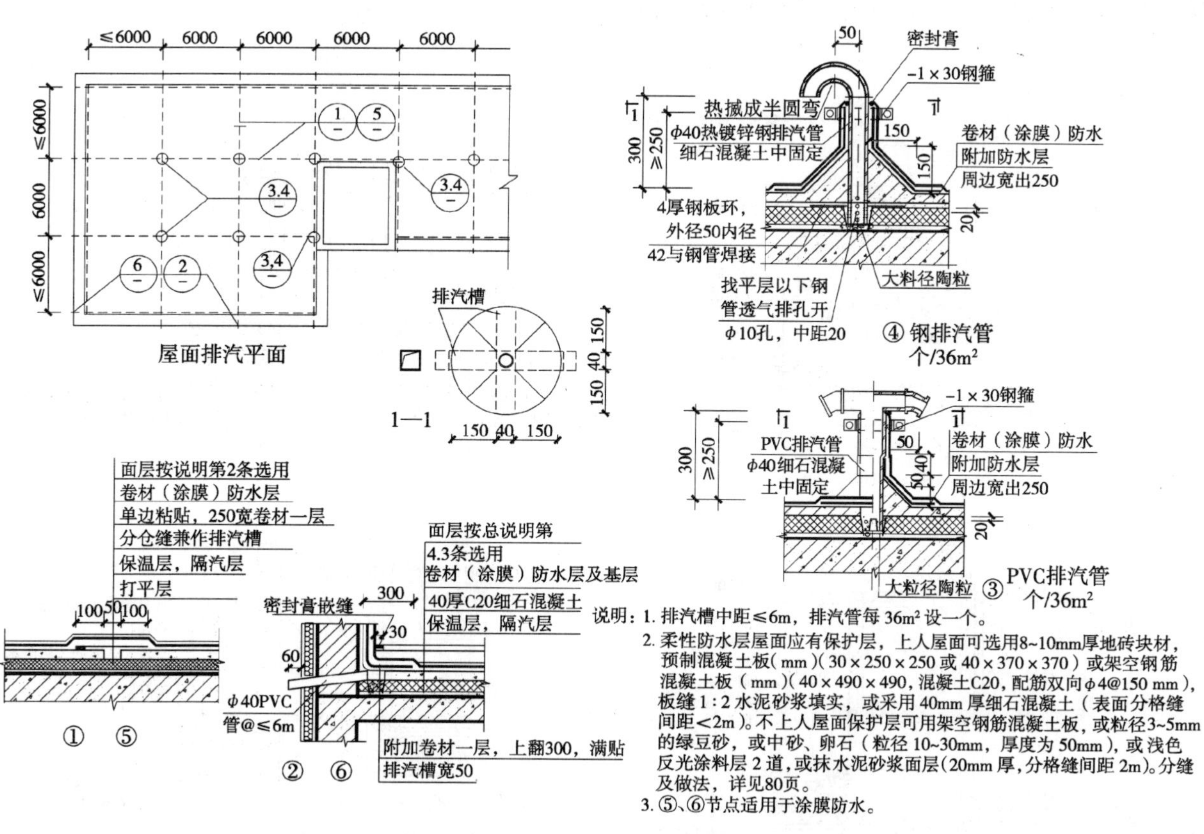

水箱　管沟　防火墙泛水　通风屋脊（中南 05ZJ201）（13 页）

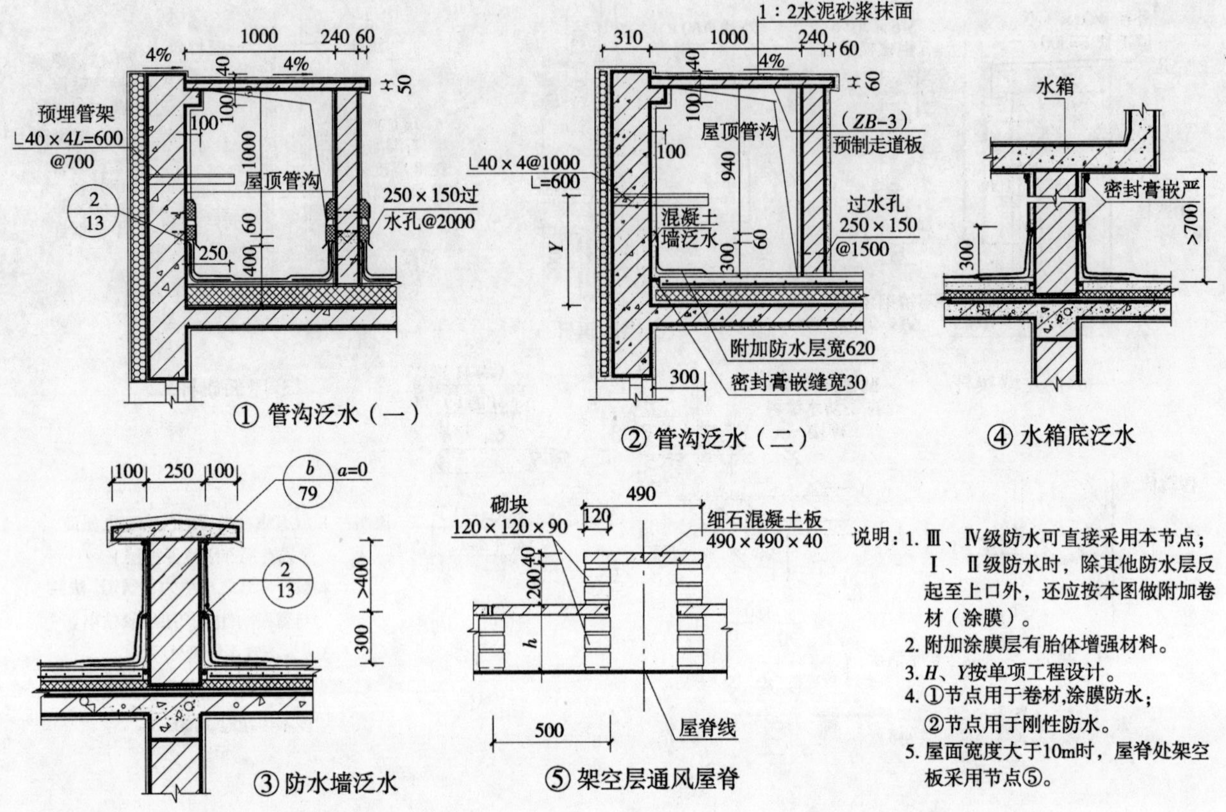

说明：1. Ⅲ、Ⅳ级防水可直接采用本节点；Ⅰ、Ⅱ级防水时，除其他防水层反起至上口外，还应按本图做附加卷材（涂膜）。
2. 附加涂膜层有胎体增强材料。
3. H、Y按单项工程设计。
4. ①节点用于卷材,涂膜防水；②节点用于刚性防水。
5. 屋面宽度大于10m时，屋脊处架空板采用节点⑤。

屋面过水孔（洞）（一）（河南 05YJ5-1）（27 页）

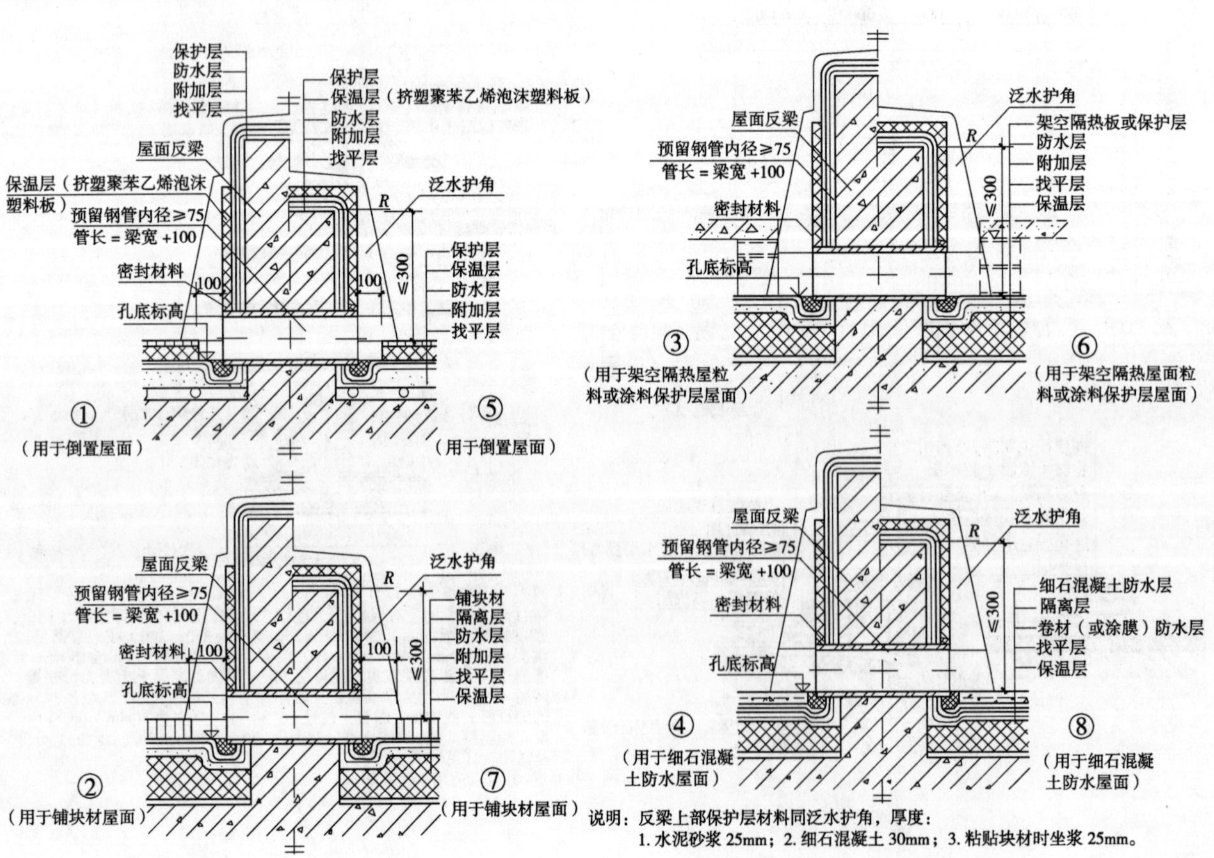

说明：反梁上部保护层材料同泛水护角，厚度：
1. 水泥砂浆 25mm；2. 细石混凝土 30mm；3. 粘贴块材时坐浆 25mm。

屋面过水孔（洞）（二）(河南 05YJ5-1)(28 页)

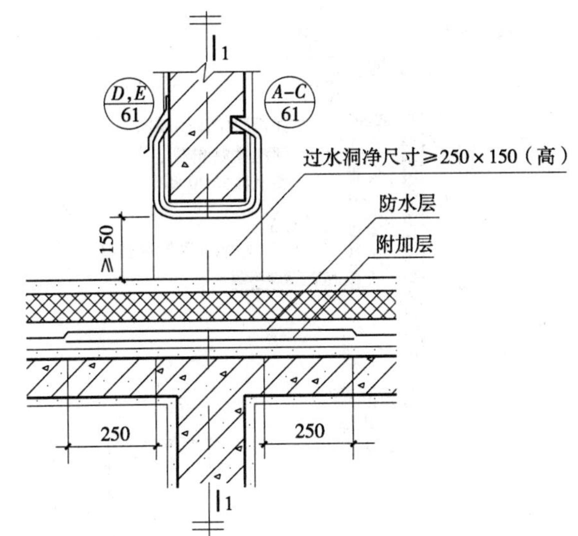

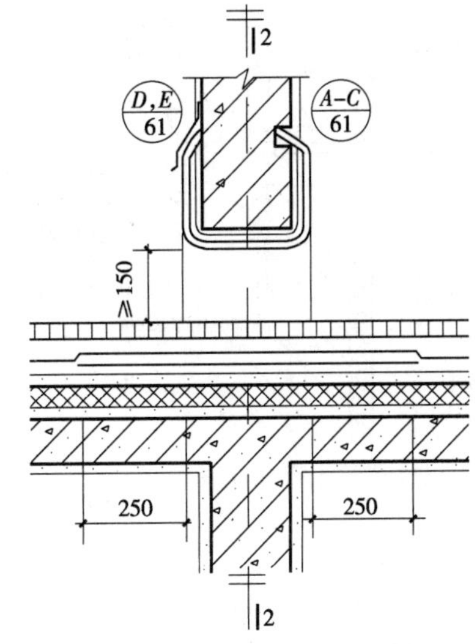

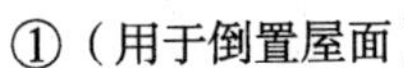

①（用于倒置屋面） ⑤（用于倒置屋面）

②（用于铺块材屋面） ⑥（用于铺块材屋面）

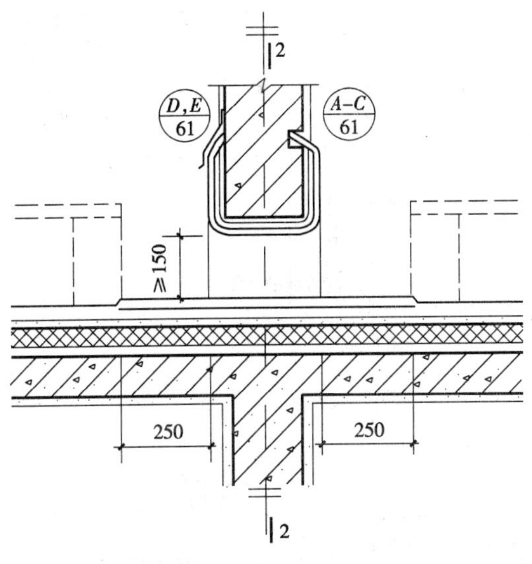

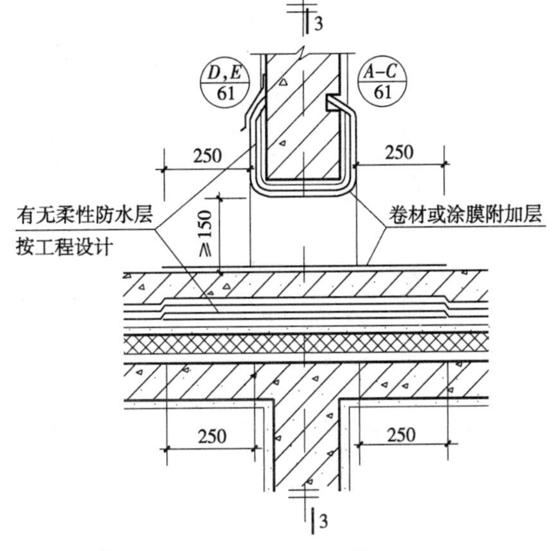

③（用于架空隔热板屋面、粒料或涂料保护层屋面） ⑦（用于架空隔热板屋面、粒料或涂料保护层屋面）

④（用于细石混凝土防水屋面） ⑧（用于细石混凝土防水屋面）

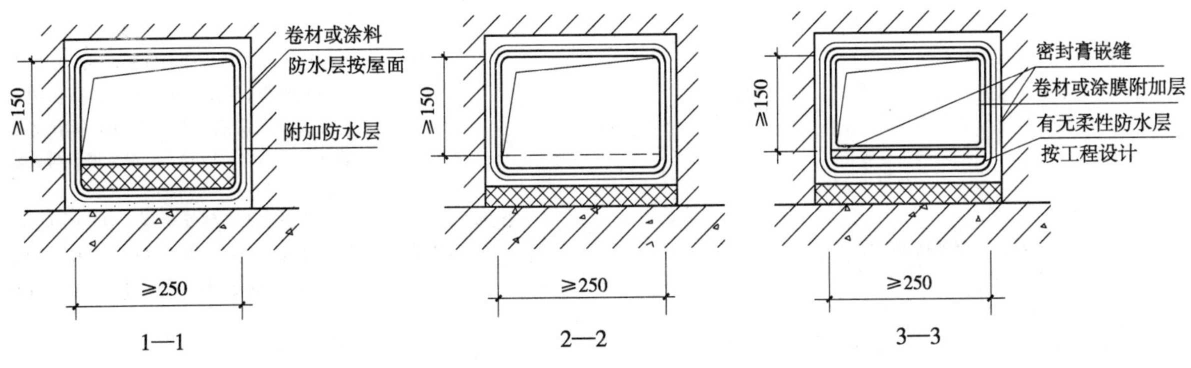

硬泡聚氨酯保温详图（华北 88J5-1）（67 页）

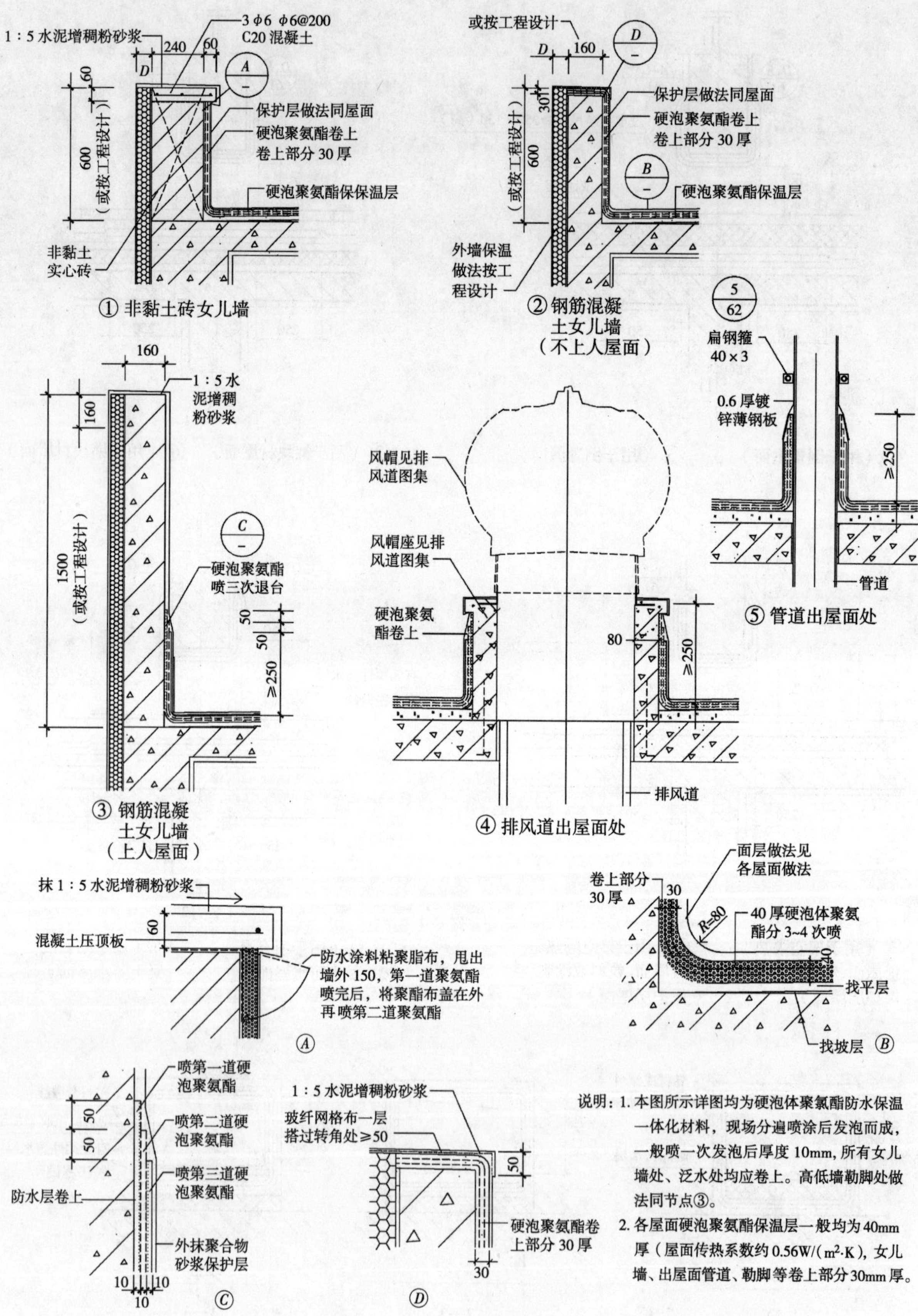

说明：1. 本图所示详图均为硬泡体聚氯酯防水保温一体化材料，现场分遍喷涂后发泡而成，一般喷一次发泡后厚度 10mm，所有女儿墙处、泛水处均应卷上。高低墙勒脚处做法同节点③。

2. 各屋面硬泡聚氨酯保温层一般均为 40mm 厚（屋面传热系数约 0.56W/(m²·K)，女儿墙、出屋面管道、勒脚等卷上部分 30mm 厚。

坡 屋 面

坡屋面（瓦屋面）设计说明

1. 瓦屋面一般用于坡屋顶，故也常称坡屋面。采用的屋面瓦包括有各种混凝土瓦（水泥瓦）、油毡瓦（玻纤瓦）、小青瓦、硫璃瓦、装饰瓦、压型钢板（瓦）等。

2. 目前瓦屋面已较多地采用钢筋混凝土屋面结构基层，但仍有部分采用木屋架、木梁檩木基层的。压型钢板一般直接铺设在钢檩上。

3. 屋面防水等级应根据《屋面工程技术规范》(GB 50345—2004）要求，按建筑物的性质、重要程度及使用功能，确定其相应的设防等级。

4. 屋面瓦、防水卷材或防水涂膜分别作为一道防水设防，现浇钢筋混凝土屋面结构层不计为一道防水设防。

5. 当屋面瓦单独使用时，可用于防水等级为Ⅲ级、Ⅳ级的屋面防水；屋面瓦与防水卷材或防水涂膜复合使用时，可用于防水等级为Ⅱ级、Ⅲ级的屋面防水。当屋面瓦作装饰使用，且不具备必要的搭接长度时，不计为一道防水设防。(关于防水等级见屋面工程技术规范表 3.0.1，或本书总说明表 1）

6. 瓦屋面中的第二道防水设防可采用卷材防水层或涂膜防水层，用作防水等级为Ⅱ级的屋面防水。推荐采用合成高分子防水卷材和合成高分子防水涂膜（油毡瓦屋面除外）；当设计采用高聚物改性沥青防水卷材或高聚物改性沥青防水涂料时，应采取相应的防滑措施，以免因其温感性大和延伸性大，造成屋面滑移。

7. 当防水层为聚合物水泥防水涂膜时，厚度应大于 2.0mm，分层刮涂，内敷化纤无纺布一层，最上面的涂层厚度应大于 1.0mm。

8. 防水卷材和防水涂膜技术性能和厚度均应满足《屋面工程技术规范》(GB 50345—2004）等有关标准的要求。

9. 采用防水涂膜做防水层时，应在屋面檐沟、檐口等转角处增设防水卷材附加层。

10. 瓦屋面的排水坡度，屋面工程技术规范规定为：平瓦≥20%；油毡瓦≥20%；金属板材≥10%。江浙地区规定的适用坡度如表 1：

江浙地区屋面适用坡度 **表 1**

种　类	最小坡度	适用坡度		
		百分比	高与水平长比	夹角度数
混凝土瓦	20%	32% ~125%	1 : 3.7 ~1 : 0.8	17.5° ~51°
油毡瓦	20%	25% ~150%	1 : 4 ~1 : 0.67	14° ~56°
小青瓦	—	47% ~71%	1 : 2.1 ~1 : 1.4	25° ~35°
琉璃瓦	—	47% ~71%	1 : 2.1 ~1 : 1.4	25° ~35°

华北、西北地区规定的适用坡度如表 2：

华北、西北地区屋面适用坡度 **表 2**

水泥瓦（混凝土瓦）：31.5% ~66.7%	1/3.2 ~1/1.5	17.5° ~33.7°❶
水泥瓦（玻纤多彩瓦 彩色波形沥青瓦）：≥20°	≥1/5	≥11.3°
波纹装饰瓦：10% ~50%	1/10 ~1/2	5.7° ~26.6°
压型钢板瓦：10% ~35%	1/10 ~1/2.9	5.7° ~19.3°

❶ 屋面坡度换算表

屋面坡度		17.5°	18.4°	21.8°	22.5°	26.6°	35°	40°	55°	80°
高跨比	H/D	1 : /1 : 32	1 : 3	1 : 2.5	1 : 2.4	1 : 2	1 : 1.4	1 : 1.2	1 : 0.7	1 : 0.18
	%	31.5	33.3	40.0	41.4	50.0	70.0	83.9	142.8	567.1

11. 保温隔热层的选用应根据建筑热工分区、建筑物类型及有关规范的规定，主要应满足屋顶的传热系数（K）和热惰性指标（D）的要求。保温层厚度及材料由热工计算确定。

保温隔热层材料各地多采用板状材料或整体现喷保温层，一般宜选用导热系数和干密度小的保温隔热材料，以减轻屋面体重。

《屋面工程技术规范》(GB 50345—2004）列有板状保温材料质量要求（规范表9.2.1），这里摘录中南地区推荐选用的保温隔热材料性能（表3），作为补充参考。

中南地区保温材料性能摘录

表3

材料名称	干密度（kg/m^3）	抗压强度（N/mm^2）	导热系数［W/(m·K)］	蓄热系数［W/(m^2·K)］
挤塑聚苯乙烯泡沫塑料板	25～35	≥0.15	0.030	0.32
聚苯乙烯泡沫塑料板	30	≥0.1	0.041	0.36
发泡聚氨酯	35～40	>0.15	<0.03	
硬质聚酯泡沫塑料板	≥30	≥0.4	0.027	0.40
胶粉聚苯颗料浆料	180～250	≥0.20	≤0.06	≥0.95
岩棉（毡）或玻璃棉板（毡）	80～200	—	0.045	0.75

注：岩棉（毡）或玻璃棉板（毡）只作块瓦形钢板彩瓦的保温隔热材料。

江浙、中南等地均采用了一种新型的隔热保温材料——阻隔膜卷材。它是由高分子材料和金属（铝箔）层叠复合加工而成的产品，具有双面高反射率，以隔断热辐射为主，能在屋面与构造间形成带铝箔的空气间层，达到较好的隔热保温效果，而且强度高、能阻燃。在夏热冬暖地区可单独使用；夏热冬冷地区需与其他保温材料组合使用，组合使用时可减薄保温材料的厚度。主要用于木排瓦条钉挂型坡屋面。铺设时应注意空气间层的密封，不宜拉得过紧或过松。

屋面保温层应铺设在防水层上面，采用吸水率低的材料，施工和正常使用中应保证保温隔热材料的干燥。

12. 屋面的防滑构造措施。屋面坡度增加，屋面滑移的可能性越大。为防止屋面顺滑的做法：

（1）凡外保温屋面的现浇钢筋混凝土结构层在檐口处钢筋混凝土均应上翻，上翻高度为保温层与保护层厚度之和（上翻的混凝土是阻止保温层及细石混凝土或水泥砂浆保护层下滑的主要措施）。

（2）细石混凝土整浇保护层（找平层）中敷设的ϕ4mm 钢筋网应骑跨屋脊，绷直与屋脊和檐口处预留（或植筋）的ϕ10mm 锚筋（长度 L 为 200mm + 保温层厚度，@1200mm）扎牢整浇。

（3）屋面坡度大于30°时，除上述措施外，现浇钢筋混凝土屋面应平行于屋脊每间隔3600mm 预留（或植筋）ϕ10mm 锚筋（长度 L 为 B + 60mm，@1200mm）与细石混凝土内的钢筋网扎牢整浇。

（4）细石混凝土整浇保护层适用于屋面坡度≤45°的外保温屋面；1∶3 水泥砂浆保护层适用于各种屋面坡度，但当屋面坡度大于30° 时，20mm 厚1∶3 水泥砂浆内应配置耐碱浸塑玻纤网格布（聚丙烯网格布），孔径为20mm×20mm，或钢丝网片，孔径为25mm×25mm。玻纤网格布或钢丝网片应与保温层中的格条钉牢。

（5）在油毡瓦屋面中的25mm 厚1∶3 水泥砂浆找平层内配置16 号镀锌钢丝网一层。钢丝网片应与保温层内的通长木格钉牢。

（6）保温层内的通长木格条应与钢筋混凝土屋面固定牢靠。宜采用（mm）ϕ6×（95～140）膨胀螺栓牢固固定，螺栓深入混凝土层不应小于60mm，螺钉间距应不大于500mm。

13. 对屋面木基层构造要求：

（1）屋面木基层系指挂瓦条、顺水条、木屋面板（木望板）、木椽条等构件。

（2）挂瓦条、木屋面板的用料长度至少应跨越三根椽条或檩条。

（3）构件接长时，接头应设置在下层支承构件—屋面板或椽条上，且接头应错开。

（4）双坡屋面的椽条应在屋脊处相互牢固连接。

（5）檩条间距小于800mm 时，可不设椽条。

（6）木屋面板及木椽条均应作防腐处理。

（7）木屋面防水层应采用防水卷材，并应在木基层上干铺垫毡一层。防水卷材铺设应采用钉粘结合方式，上一皮卷材应覆盖着下一层的钉帽，钉帽不得外露于卷材表面。

14. 其他

（1）檐沟的最小纵向坡度为1.0%，雨水口和雨水管间距由设计确定。

（2）采用木材一般为杉木，等级大于Ⅱ级，含水率≤18%。

（3）瓦木构件或入墙的木砖均应涂刷沥青作防腐处理。露明木构件表面油漆做法按单体设计。

（4）屋面采光天窗应采用安全玻璃，并应满足节能设计要求。

（5）山墙或女儿墙的混凝土压顶采用C20混凝土、钢筋用HPB 235级。

（6）所有金属构件均应先涂刷防锈漆二道，再涂底漆、面漆。

（7）顺水条直接用水泥钉钉于钢筋混凝土基层上，钉孔应刷沥青防锈。

混凝土瓦❶屋面做法

1. 本书混凝土瓦屋面做法适用于：平板瓦、波形瓦、水泥彩瓦、西式陶瓦等。

2. 混凝土瓦质量应符合行业标准《混凝土瓦》(JC 746—1999）的规定。

3. 混凝土瓦按外形分：平板瓦和波形瓦，如S形、小拱波形、大拱波形等；颜色有素色（水泥本色）、彩色如玛瑙红、万寿红、叠翠绿、金橙黄等，还有素面着色和通体着色之分。按铺设部位还分屋面瓦和配件瓦，配件即指各种形式的脊瓦、檐头瓦等。

屋面瓦的规格，一般为420mm×(330~335)mm，但各地规格可能不同，设计挂瓦条的间距等应根据实际尺寸决定。

4. 混凝土瓦的固定和挂瓦条等配件的设置，主要根据屋面不同坡度和不同要求采取不同措施加以固定，其方法各地大致相似，但仍有一些差别，举出两个例子，供参考。

（1）浙江地方的做法：

1）瓦的固定：根据屋面坡度 α。

17.5°<α≤22.5°时，所有沿屋脊、屋檐、山墙檐口的周边瓦用钉子固定。

22.5°<α≤45°时，所有的周边瓦用钉子固定及每隔上下一排的瓦用钉子或抗风搭扣固定。

45°<α≤51°时，所有的瓦均用专用螺钉加抗风搭扣固定。

α>51°时，所有瓦片均用专用螺钉加抗风搭扣固定。

瓦片的固定材料有圆钢钉、搭扣、1∶3水泥砂浆、玻纤网格布或钢丝网水泥砂浆。平板瓦固定用钉长度为50mm，波形瓦固定用钉长度为75mm。

2）木挂瓦条截面20mm×30mm（当屋面坡度大于51°时，由单体设计规定），应作防腐处理；当屋面坡度>22.5°时，挂瓦条间距不应大于345mm，以保证瓦的搭接长度达75mm；当屋面坡度≤22.5°时，挂瓦条间距不应大于320 mm。挂瓦条用长度50~60mm、直径3.1~3.4mm圆钉固定在顺水条上。挂瓦条与每根顺水条相交处均应用钉子固定。挂瓦条的接头应在顺水条上，并应相互错开，屋檐处应设两根掛瓦条。

3）木顺水条截面：30mm×20mm，@450~600mm（当采用保温阻隔膜时，顺水条应为30mm×30mm)，应作防腐处理。采用长度大于50mm、直径大于4mm的水泥钉固定于钢筋混凝土屋面板上，钉子最大间距为450mm，排水沟两边及斜屋脊两边应各钉一根顺水条。

当保温层嵌入顺水条空格内设置时，顺水条尺寸应为30mm×(d+10mm)；当同时采用阻隔膜卷材时，顺水条应为30mm×(d+15mm)。d 为保温材料厚度，顺水条间距为450~600mm，挂瓦条尺寸仍为30mm×30mm（宽×高)。

在现浇屋面上，可采用成品挂瓦条支架（见图1）代替挂瓦条和顺水条。

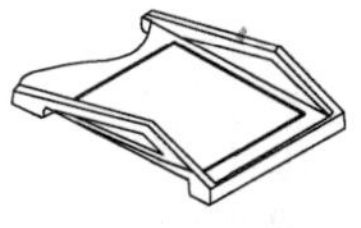

图1　挂瓦条支架（88J5—1）（A1页）

（2）华北、西北地区做法：

彩色水泥瓦（混凝土瓦）屋面坡度为22°~35°时，檐口瓦以上可以根据各地区风力大小不同确定用钉钉瓦的比率。屋面坡度在35°~45°时，每块瓦都要用钉子钉牢，

❶　混凝土瓦有称水泥瓦的，根据行业标准《混凝土瓦》JC 746，本书统一称混凝土瓦。

每块瓦下端都要用搭扣勾牢。瓦片和挂瓦条的固定除采用钉子外也可用18号双股铜丝绑牢。

屋面坡度>35°时不得采用挂瓦条支架，而应采用顺水条，并将顺水条牢固地固定于屋面板上。挂瓦条应与顺水条钉牢。

下面摘录华北、江浙、中南等地区的一些混凝土屋面分层做法，供参考

1 混凝土瓦屋面分层做法

浙江地区混凝土瓦屋面做法（浙J15）（8页）

编号	瓦类	构造简图	材料及做法	防水道数	导热系数 λ [W/(m·K)]	修正系数 α	R
①无保温	混凝土瓦		1. 混凝土瓦	一道防水设防	0.930	1.000	0.016
			2. 挂瓦条 30mm×30mm				
			3. 顺水条 30mm×20mm				0.170
			4. 20mm厚1:3水泥砂浆找平层		0.930	1.000	0.022
			5. 现浇钢筋混凝土屋面		1.740	1.000	0.069
			6. 板底抹灰		0.870	1.000	0.017
			R_e+R_i；				0.150
			主体部分热工指标	① *K*2.253 *D*1.799			
②③外保温+阻隔膜	混凝土瓦		1. 混凝土瓦	二道防水设防	0.930	1.000	0.016
			2. 挂瓦条 30mm×30mm				0.160
			3. 阻隔膜卷材				
			4. 顺水条 30mm×(*d*+15mm)				0.350
			5. ②25mm厚挤塑聚苯板，嵌入顺水条间		0.030	1.100	0.785
			③40mm厚膨胀聚苯板，嵌入顺水条间		0.042	1.300	0.733
			6. 防水卷材或防水涂膜		0.170	1.100	0.011
			7. 20mm厚1:3水泥砂浆找平层		0.930	1.000	0.022
			8. 现浇钢筋混凝土屋面		1.740	1.000	0.069
			9. 板底抹灰		0.870	1.000	0.017
			R_e+R_1；				0.150
			主体部分热工指标	②*K*0.684 *D*2.105			
				③*K*0.696 *D*2.181			
④⑤外保温	混凝土瓦		1. 混凝土瓦	二道防水设防	0.930	1.000	0.016
			2. 挂瓦条 30mm×30mm				
			3. 顺水条 30mm×20mm				0.170
			4. 20mm厚1:3水泥砂浆		0.930	1.000	0.022
			5. ④30mm厚挤塑聚苯板（30mm×30mm通长木条@1200mm）		0.030	1.100	0.909
			⑤35mm厚挤塑聚苯板（30mm×35mm通长木条@1200mm）		0.030	1.100	1.061
			6. 防水卷材或防水涂膜		0.170	1.100	0.011
			7. 20mm厚1:3水泥砂浆找平层		0.930	1.000	0.022
			8. 现浇钢筋混凝土屋面		1.740	1.000	0.069
			9. 板底抹灰		0.870	1.000	0.017
			R_e+R_i；				0.150
			主体部分热工指标	⑧*K*0.722 *D*2.403			
				⑨*K*0.651 *D*2.758			

续表

编号	瓦类	构造简图	材料及做法	防水道数	导热系数 λ [W/(m·K)]	修正系数 α	R
⑥⑦外保温+阻隔膜	混凝土瓦		1. 混凝土瓦	二道防水设防	0.930	1.000	0.016
			2. 挂瓦条 30mm×30mm				0.160
			3. 阻隔膜卷材				
			4. 顺水条 30mm×30mm				0.350
			5. ⑥40mm 厚 C15 细石混凝土				
			（双向配 ϕ4mm@200mm 钢筋）		1.740	1.000	0.023
			⑦20mm 厚 1:3 水泥砂浆		0.930	1.000	0.022
			6. 25mm 厚挤塑聚苯板		0.030	1.100	0.785
			7. 防水卷材或防水涂膜		0.170	1.100	0.011
			8. 20mm 厚 1:3 水泥砂浆找平层		0.930	1.000	0.022
			9. 现浇钢筋混凝土屋面		1.740	1.000	0.069
			10. 板底抹灰		0.870	1.000	0.017
			R_e+R_i;				0.150
			主体部分热工指标	⑩ K0.635 D2.501			
				⑪ K0.635 D2.350			
⑧⑨外保温+阻隔膜	混凝土瓦		1. 混凝土瓦	二道防水设防	0.930	1.000	0.016
			2. 挂瓦条 30mm×30mm				0.160
			3. 阻隔膜卷材				
			4. 顺水条 30mm×30mm				0.350
			5. 20mm 厚 1:3 水泥砂浆		0.930	1.000	0.022
			6. ⑧40mm 厚泡沫玻璃				
			(30mm×40mm 通长木条@1200mm)		0.066	1.100	0.551
			⑨45mm 厚泡沫玻璃				
			(30mm×45mm 通长木条@1200mm)		0.066	1.100	0.826
			7. 防水卷材或防水涂膜		0.170	1.100	0.011
			8. 20mm 厚 1:3 水泥砂浆找平层		0.930	1.000	0.022
			9. 现浇钢筋混凝土屋面		1.740	1.000	0.069
			10. 板底抹灰		0.870	1.000	0.017
			R_e+R_i;				0.150
			主体部分热工指标	⑬K0.732 D2.574			
				⑭K0.696 D2.635			
⑩外保温	混凝土瓦		1. 混凝土瓦	二道防水设防	0.930	1.000	0.016
			2. 挂瓦条 30mm×30mm				
			3. 顺水条 30mm×20mm，@500mm				0.170
			干铺油毡一道		0.170	1.100	0.008
			4. 7mm 厚保温抹面材膜		0.180	1.000	0.039
			5. 50mm 厚微孔硅酸钙板				
			(30mm×50mm 通长木条@1200mm)		0.065	1.200	0.641
			6. 防水卷材防水层		0.170	1.100	0.011
			7. 20mm 厚 1:3 水泥砂浆找平层		0.930	1.000	0.022
			8. 现浇钢筋混凝土屋面		1.740	1.000	0.069
			9. 板底抹灰		0.870	1.000	0.017
			R_e+R_i;				0.150
			主体部分热工指标	⑲ K0.875 D3.010			

续表

编号	瓦类	构造简图	材料及做法	防水道数	导热系数 λ [W/(m·K)]	修正系数 α	R
⑪外保温+阻隔膜	混凝土瓦		1. 混凝土瓦	二道防	0.930	1.000	0.016
			2. 挂瓦条 30mm×30mm	水设防			0.160
			3. 阻隔膜卷材				
			4. 顺水条 30mm×30mm，@500mm				0.350
			干铺油毡一道		0.170	1.100	0.008
			5. 7mm 厚保温抹面材膜		0.180	1.000	0.039
			6. 40mm 厚微孔硅酸钙板				
			(30mm×40mm 通长木条@1200mm)		0.065	1.200	0.641
			7. 防水卷材或防水涂膜		0.170	1.100	0.010
			8. 20mm 厚 1∶3 水泥砂浆找平层		0.930	1.000	0.022
			9. 现浇钢筋混凝土屋面		1.740	1.000	0.069
			10. 板底抹灰		0.870	1.000	0.017
			$R_e + R_i$；				0.150
			主体部分热工指标		⑳ K 0.775	D 2.719	
⑫外保温+阻隔膜	混凝土瓦		1. 混凝土瓦	二道防	0.930	1.000	0.016
			2. 挂瓦条 30mm×30mm	水设防			0.60
			3. 阻隔膜卷材				
			4. 顺水条 30mm×30mm				0.350
			5. 40mm 厚 C15 细石混凝土				
			(双向配 φ4mm@200mm 钢筋)		1.740	1.000	0.023
			6. 45mm 厚憎水性珍珠岩板保温层				
			7. 防水卷材或防水涂膜		0.120	1.200	0.313
			8. 20mm 厚 1∶3 水泥砂浆找平层		0.170	1.100	0.011
			9. 现浇钢筋混凝土屋面		0.930	1.000	0.022
			10. 板底抹灰		1.740	1.000	0.069
			$R_e + R_i$；		0.870	1.000	0.017
							0.150
			主体部分热工指标		㉓ K 0.885	D 2.99	

江苏地区混凝土瓦屋面做法（江苏 J10-2003）(7 页)

编号	瓦类	构造简图	材料及做法	备注
①	混凝土瓦		混凝土瓦 挂瓦条 30mm×30mm 顺水条 40mm×20mm，@450~600mm 20mm 厚 1∶2.5 水泥砂浆找平 现浇钢筋混凝土屋面板 板底抹灰	二道防水设防
② ③	混凝土瓦		混凝土瓦 挂瓦条 30mm×30mm 阻隔膜卷材满铺 顺水条 40mm×20mm，@450~600mm 涂膜防水层或防水卷材 20mm 厚 1∶2.5 水泥砂浆找平 现浇钢筋混凝土屋面板 ②聚苯乙烯保温板 ③纸面石膏板或木夹板 （面层材料详见单体设计）	三道防水设防 隔热层加双道通风系统，当设为单道通风系统时，则将阻隔膜卷材设置在顺水条之下

续表

编　号	瓦类	构　造　简　图	材　料　及　做　法	备　注
④ ⑤	混凝土瓦	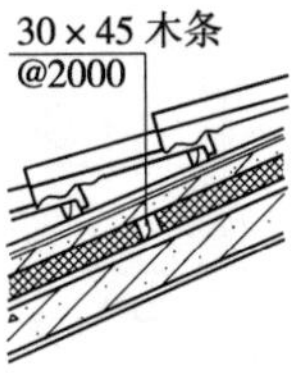 30×45 木条 @2000	混凝土瓦 挂瓦条 30mm×30mm 顺水条 40mm×20mm，@450~600mm 卷材防水层 35mm 厚 C20 细石混凝土表面加浆抹平， 配 ϕ4mm 双向@200mm 钢筋网 ④挤塑板保温层 ⑤发泡聚氨酯保温层 20mm 厚 1∶2.5 水泥砂浆找平 现浇钢筋混凝土屋面板 板底抹灰	三道防水设防
⑥	混凝土瓦	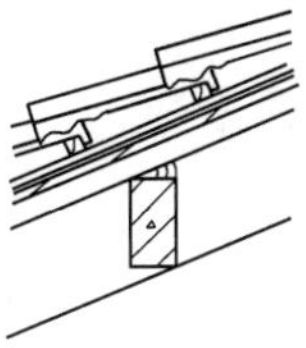	混凝土瓦 挂瓦条 30mm×30mm 阻隔膜卷材满铺 顺水条 40mm×20mm，@450~600mm 防水卷材 20mm 厚木屋面板 椽　条 檩　条 屋架或山墙	二道防水设防 隔热层加双道通风系统 注：当用挂瓦条支架替代顺水条层时，阻隔膜卷材应设在挂瓦条支架下，通风层则为单道
⑦ ⑧	混凝土瓦	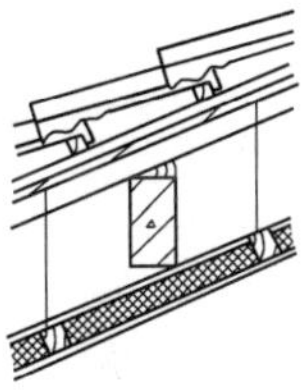	混凝土瓦 挂瓦条 30mm×30mm 阻隔膜卷材满铺 顺水条 40mm×20mm，@450~600mm 防水卷材 20mm 厚木屋面板 椽　条 檩　条 龙骨 40mm×50mm，@500mm（双向） （中间放保温层） ⑦聚苯乙烯保温板 ⑧纸面石膏板或木夹板 （面层材料详按单体设计）	二道防水设防 隔热层加双道通风系统 注：当挂瓦条支架替代顺水条层时，阻隔膜卷材应设在挂瓦条支架下，通风层则为单道
⑨	混凝土瓦	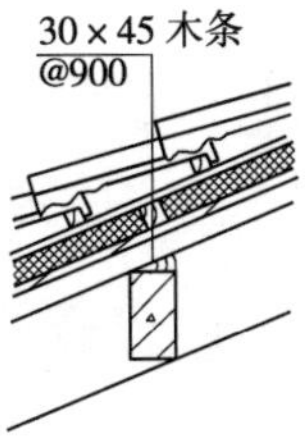 30×45 木条 @900	混凝土瓦 挂瓦条 30mm×30mm 顺水条 40mm×10mm，@450~600mm 防水卷材 木条间放聚苯乙烯保温板 20mm 厚木屋面板 椽　条 檩　条 屋架或山墙	二道防水设防

华北、西北地区混凝土（彩色水泥瓦）屋面做法（华北 88J5—1）(A2 页)

编号	名称	用料及分层做法	附　注
1	**彩色水泥瓦** （挤塑聚苯板保温） 屋面传热系数 0.58W/(m^2·K) 屋面重量标准值 0.9kN/m^2	1. 彩色水泥瓦 2. 30×25 木挂瓦条 3. 30×20 木顺水条，用预埋的 12 号镀锌低碳钢丝绑扎，中距 500 4. 50mm 厚挤塑聚苯板用聚合物砂浆粘贴 5. 0.7 厚 GFZ 聚乙烯丙纶复合防水卷材，专用粘结料粘贴或抹刷水泥基渗透结晶型浓缩剂（防水材料或按工程设计） 6. 钢筋混凝土屋面板，预埋 12 号镀锌低碳钢丝（绑扎顺水条用），中距 900×500	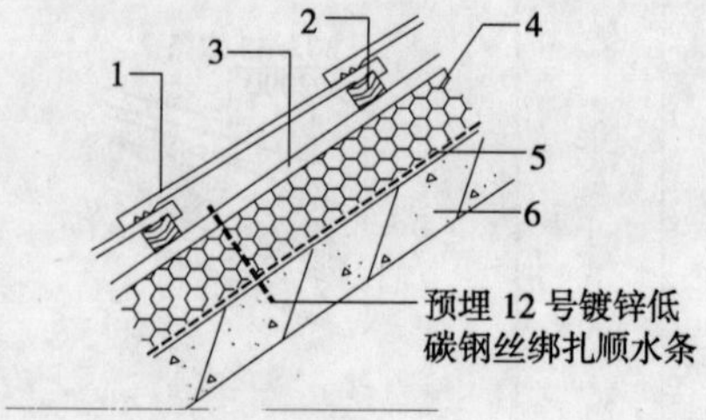
2	**彩色水泥瓦** （硬泡聚氨酯保温） 屋面传热系数 0.56W/(m^2·K) 屋面重量标准值 0.55kN/m^2	1. 彩色水泥瓦 2. 30×25 木挂瓦条 3. 30×20 木顺水条，用预埋的 12 号镀锌低碳钢丝绑扎，中距 500 4. 40 厚硬泡体聚氨酯防水保温一体化材料 5. 钢筋混凝土屋面板，预埋 12 号镀锌低碳钢丝（绑扎顺水条用），中距 900×500	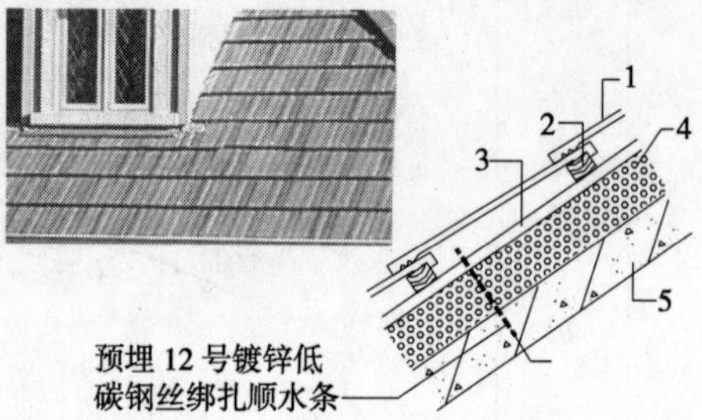
3	**彩色水泥瓦** （挤塑聚苯板保温） （保温层用防水层粘） 屋面传热系数 0.58W/(m^2·K) 屋面重量标准值 0.9kN/m^2	1. 彩色水泥瓦 2. 30×25 木挂瓦条 3. 30×20 木顺水条，用预埋的 12 号镀锌低碳钢丝绑扎，中距 500 4. 50 厚挤塑聚苯板同时铺在双面自粘防水卷材上 5. 1.2 厚双面自粘防水卷材 6. 钢筋混凝土屋面板，预埋 12 号镀锌低碳钢丝（绑扎顺水条用），中距 900×500	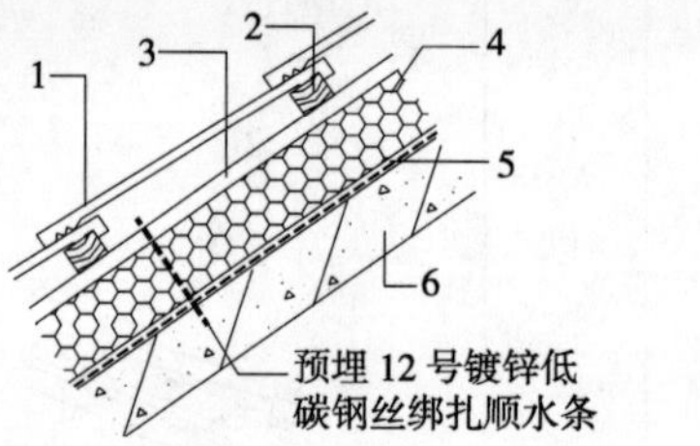
4	**彩色水泥瓦** （挤塑聚苯板保温） （砂浆窝瓦） 屋面传热系数 0.58W/(m^2·K) 屋面重量标准值 0.68kN/m^2 屋面坡度 17.5°~33.7°	1. 彩色水泥瓦用聚合物砂浆铺窝，最薄处≥10 2. 10 厚 1∶5 水泥增稠粉砂浆抹平 3. 18 号镀锌钢丝网，与混凝土屋面板内伸出的 $\phi8$ 钢筋绑扎 4. 50 厚挤塑聚苯板用聚合物砂浆粘贴 5. 0.7 厚 GFZ 聚乙烯丙纶复合防水卷材，专用胶粘剂粘贴或抹刷水泥基渗透结晶型浓缩剂（防水材料或按工程设计） 6. 钢筋混凝土屋面板，从板内伸出 $\phi8$ 钢筋，伸出板面 70，双向中距 900	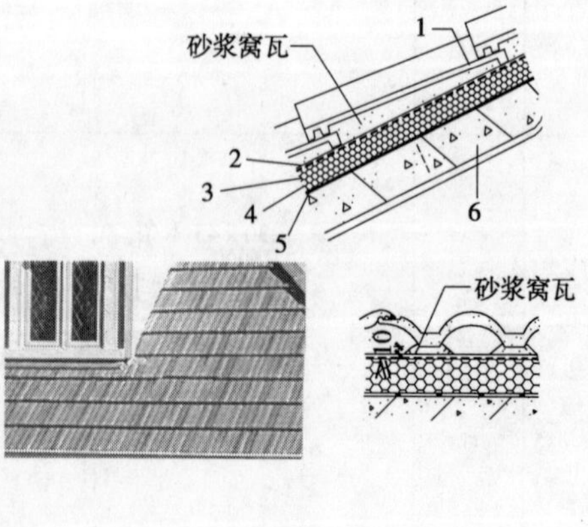

续表

编号	名称	用料及分层做法	附注
5	**彩色水泥瓦** (无保温层) (砂浆窝瓦) 屋面重量标准值 0.65kN/m²	1. 彩色水泥瓦用聚合物砂浆铺窝，最薄处≥10mm 2. 0.7mm 厚 GFZ 聚乙烯丙纶复合防水卷材，专用胶粘剂粘贴或抹刷水泥基渗透结晶型浓缩剂（防水材料或按工程设计） 3. 钢筋混凝土屋面板	砂浆窝瓦 ≥10 1 2 3

彩色水泥瓦屋面节点详图（木望板）(华北 88J5-1)(A8 页)

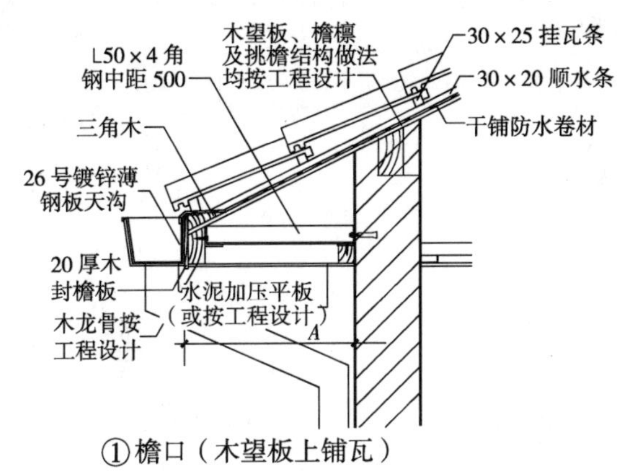

①檐口（木望板上铺瓦）

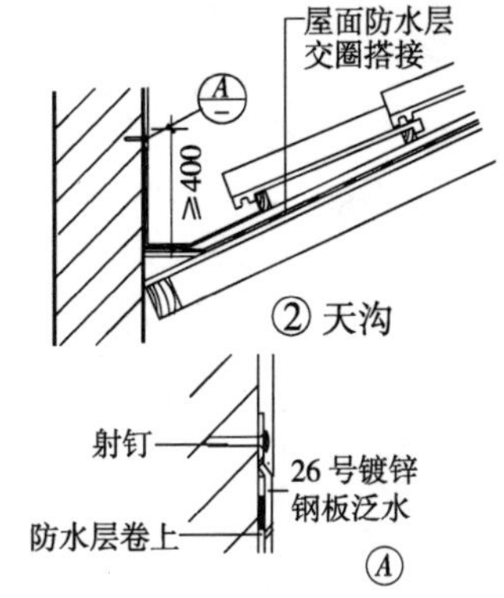

② 天沟

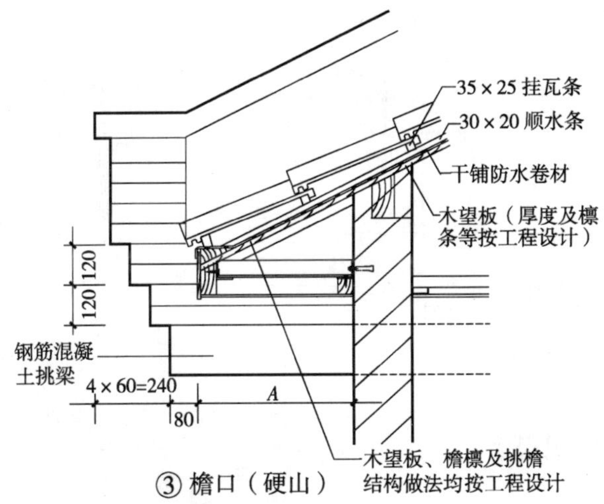

③ 檐口（硬山）

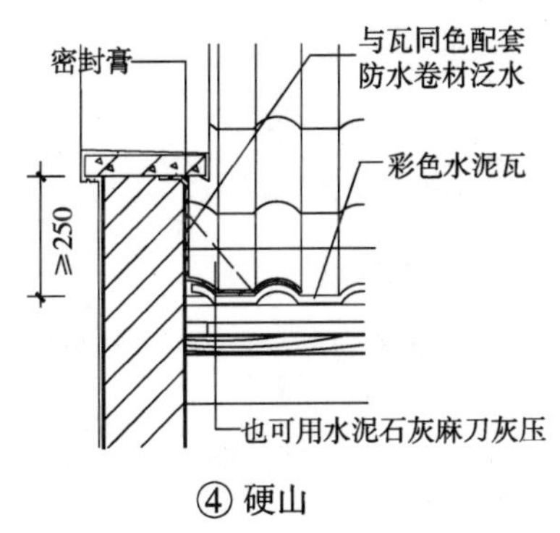

④ 硬山

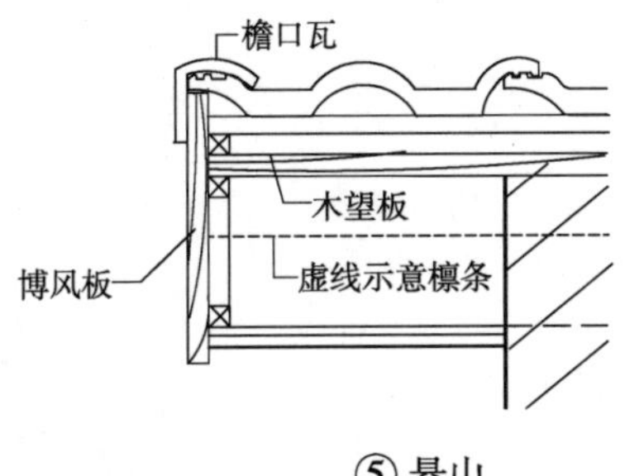

⑤ 悬山

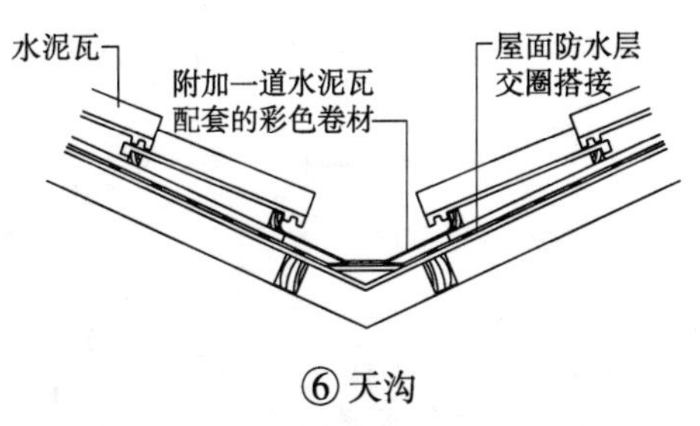

⑥ 天沟

说明：屋面如需加设保温，可在木望板上满喷 30mm 厚硬泡体聚氨酯防水保温一体化材料。

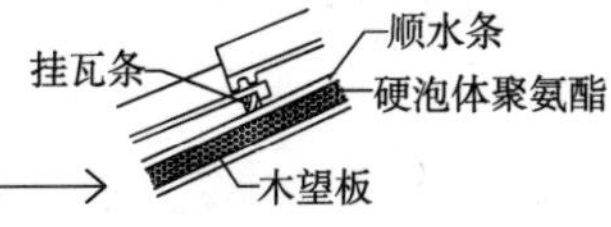

彩色水泥瓦屋面节点详图（混凝土屋面板）（华北 88J5-1）（A9、A10 页）

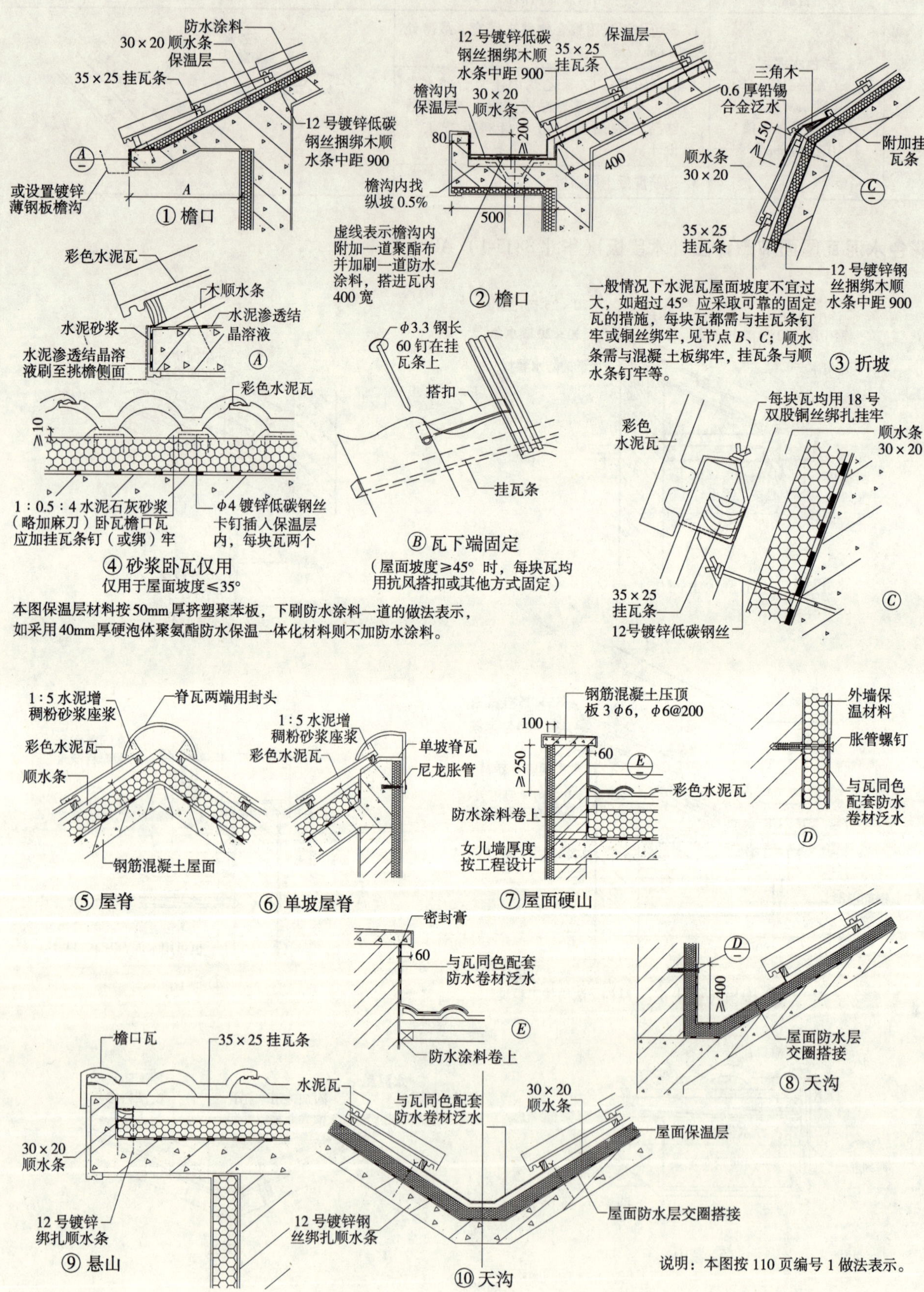

说明：本图按 110 页编号 1 做法表示。

2 彩色水泥瓦屋面

彩色水泥瓦配件 （华北 88J5-1）(A7 页)

彩色水泥瓦（混凝土瓦）配件

圆脊配件	锥形脊瓦配件	一般配件瓦及配件
圆脊瓦 代号D–D 长 330mm	锥形脊瓦 代号 46 长 420 mm	檐口顶瓦 代号 37 长 495mm
圆脊封头 代号 T–D 长 310 mm	小封头脊 代号 33 长 420	排水沟 瓦代号 51
圆脊斜封 代号 S–D	大封头脊 代号 32 长 420 mm	檐口瓦 代号 36 长 420 mm
双向圆脊 顶瓦代号 L–D	锥脊斜封 代号 34	檐口封 代号 39
三向圆脊 顶瓦代号 M–D	三向锥脊 顶瓦代号 35	代号 59 主瓦 搭扣
四向圆脊 顶瓦代号 Y–D	四向锥脊顶 瓦代号 40	通气管瓦 代号 73

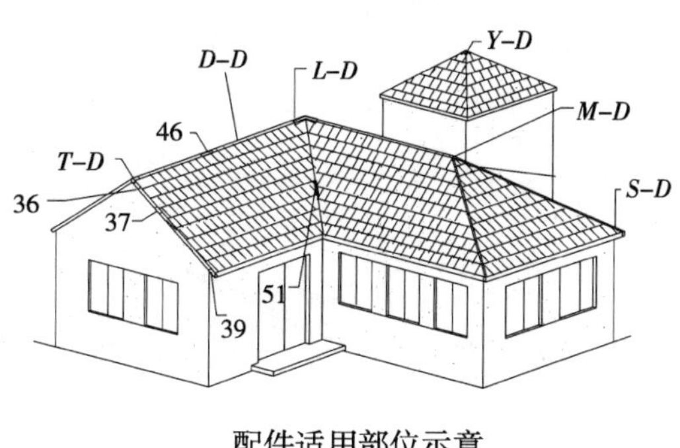

配件适用部位示意

330
58
大双罗马瓦（丽兰瓦）

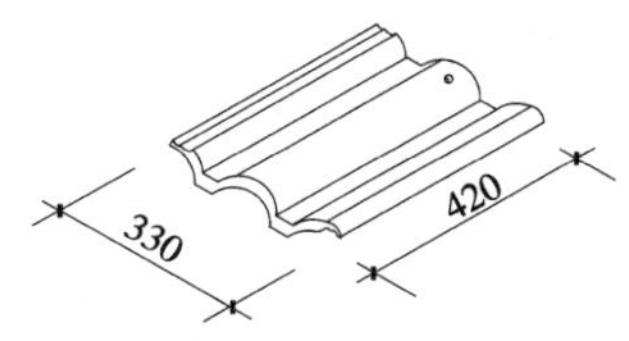

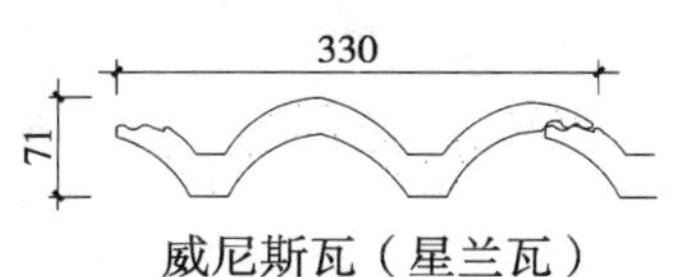

威尼斯瓦（星兰瓦）

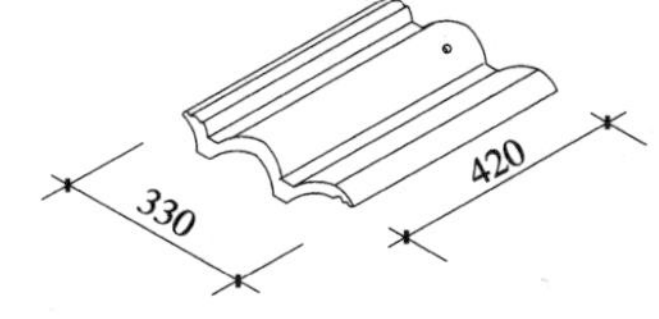

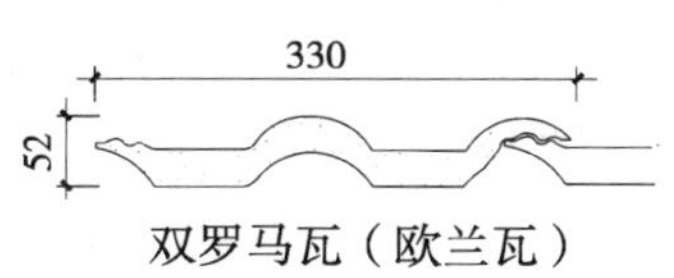

双罗马瓦（欧兰瓦）

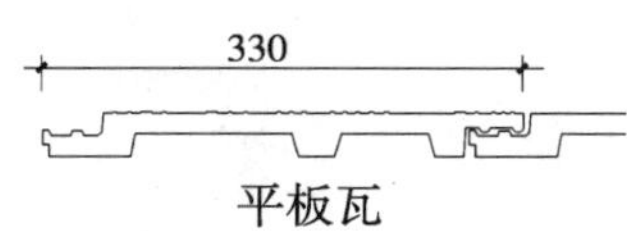

平板瓦

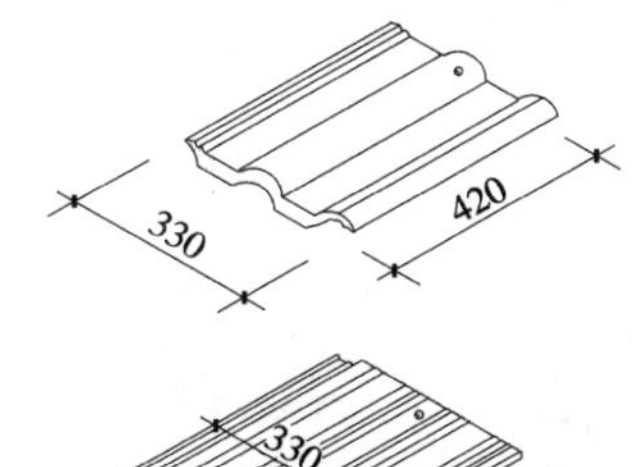

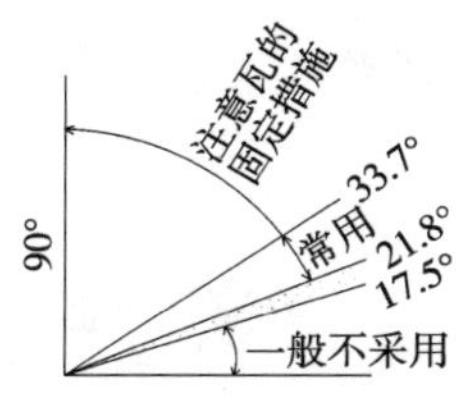

适用屋面坡度

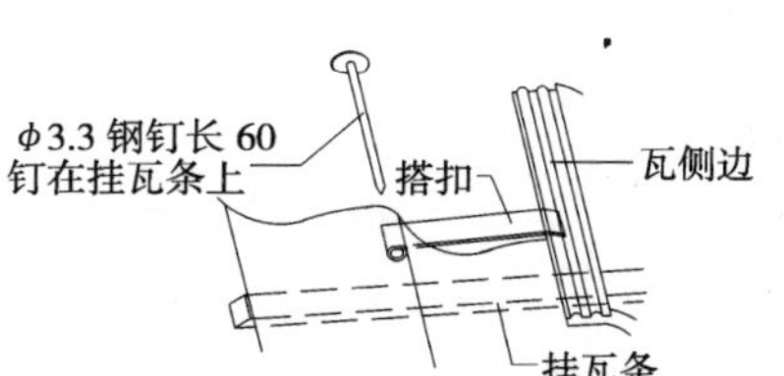

瓦下端（屋面坡度≥45° 时，每块瓦均用搭扣或其他方式固定）

混凝土瓦屋面檐口、檐沟　（一）（浙 J15）（18、19 页）

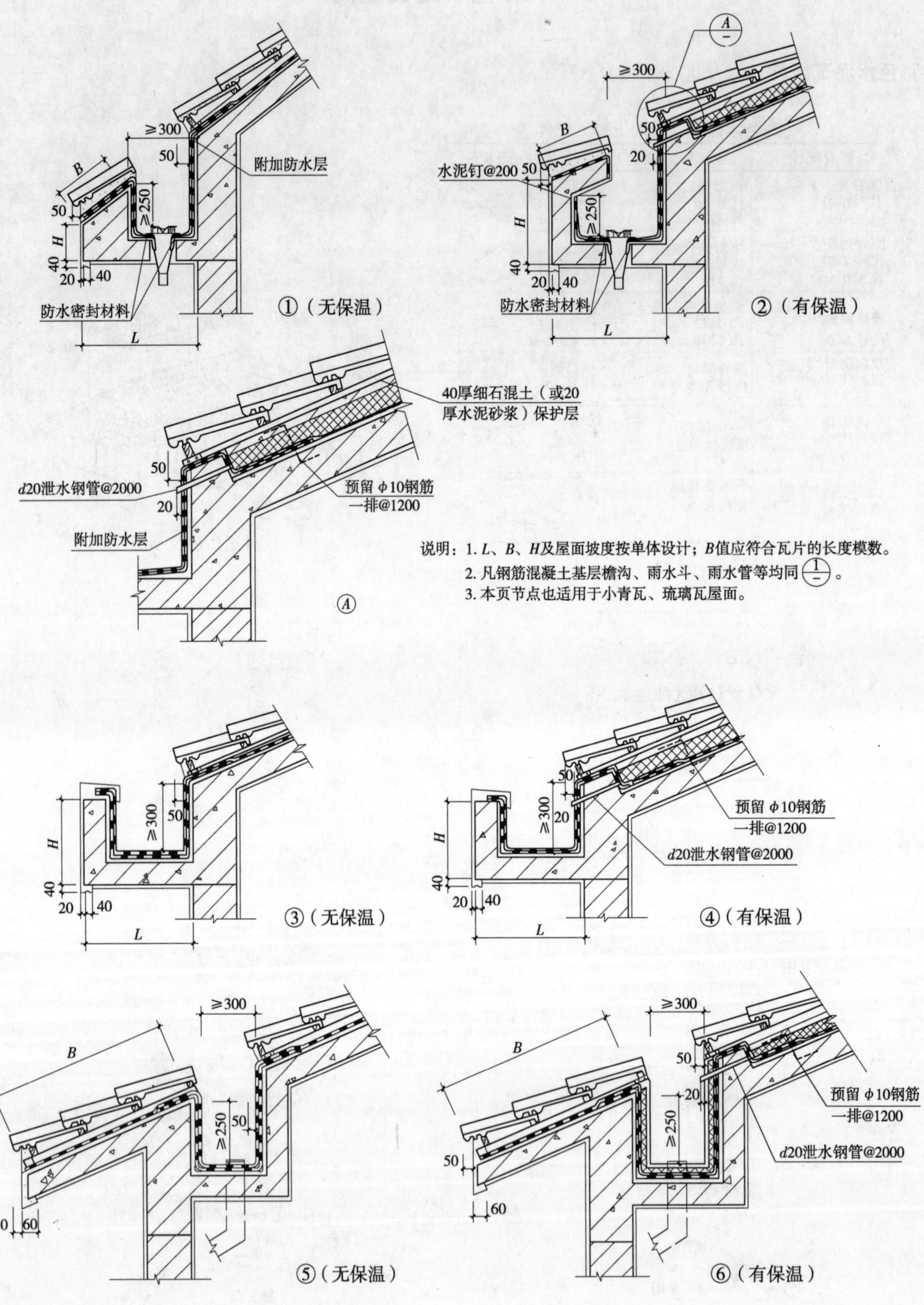

说明：1. L、B、H及屋面坡度按单体设计；B值应符合瓦片的长度模数。

2. 凡钢筋混凝土基层檐沟、雨水斗、雨水管等均同 (1/–)。

3. 本页节点也适用于小青瓦、琉璃瓦屋面。

混凝土瓦屋面檐口、檐沟（二）（浙J15）（20、21页）

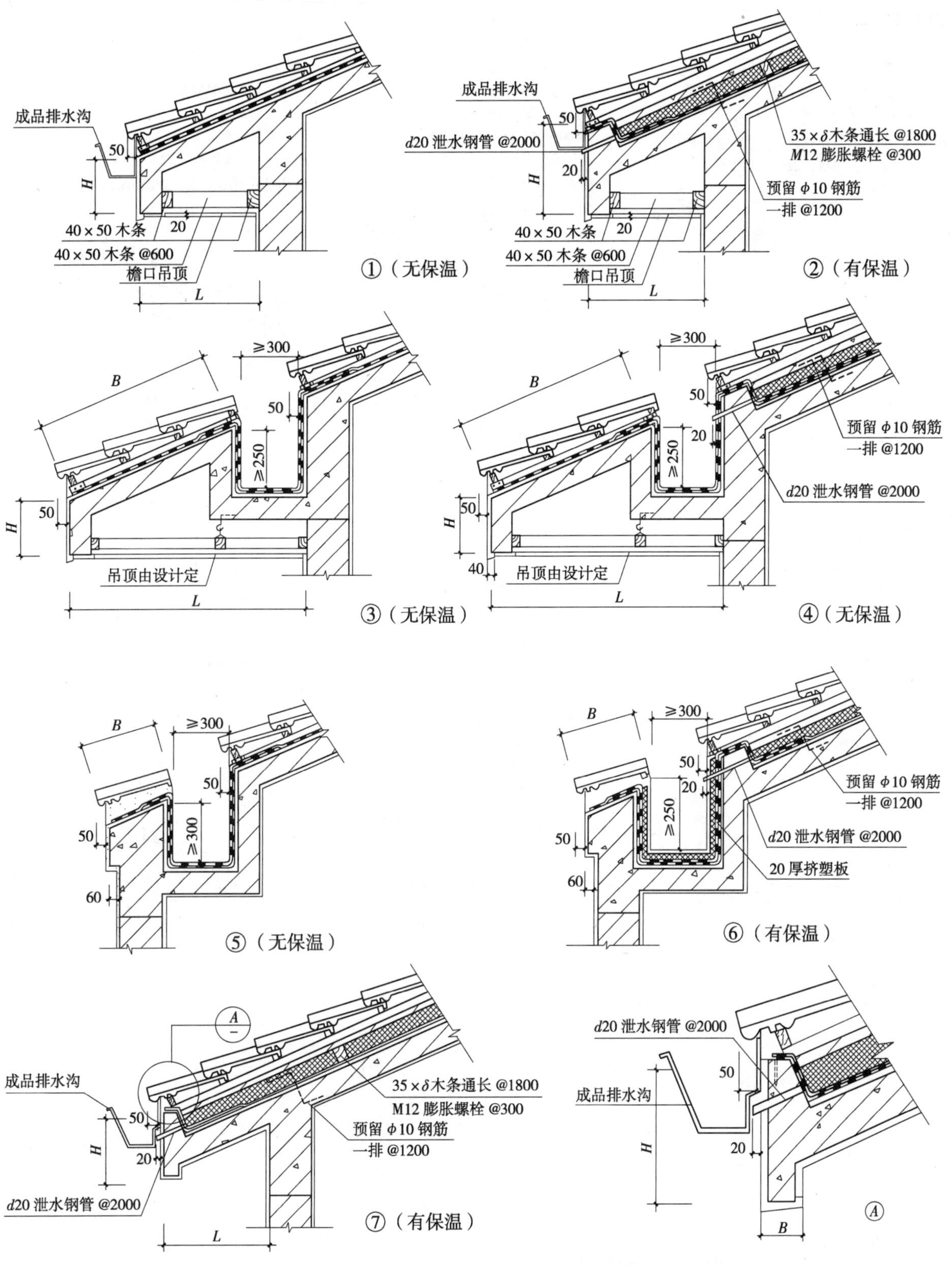

说明：1、2同上页说明1、3。

3. 内檐沟保温采用20mm厚挤塑板，此处保温较弱，设计者宜通过屋面其他部位适当提高保温性能。

中南地区平瓦、水泥彩瓦、西式陶瓦屋面做法（中南05ZJ211）（16、17、18页）

（砂浆卧瓦）

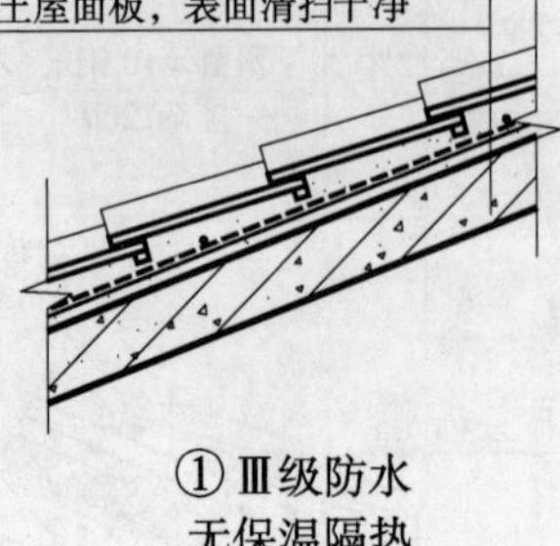

①Ⅲ级防水
无保温隔热

平瓦（或水泥彩瓦、西式陶瓦）
挂瓦条∟30×4，中距按瓦规格
顺水条—30×6，中距600
35厚20细石混凝土（配φ6@500×500钢筋网）找平层
满铺0.5厚聚乙烯薄膜一层
防水卷材（或防水涂膜）
20厚1：3水泥砂浆找平层
钢筋混凝土屋面板

②卷材防水 ②a涂膜防水
Ⅱ级防水
无保温隔热

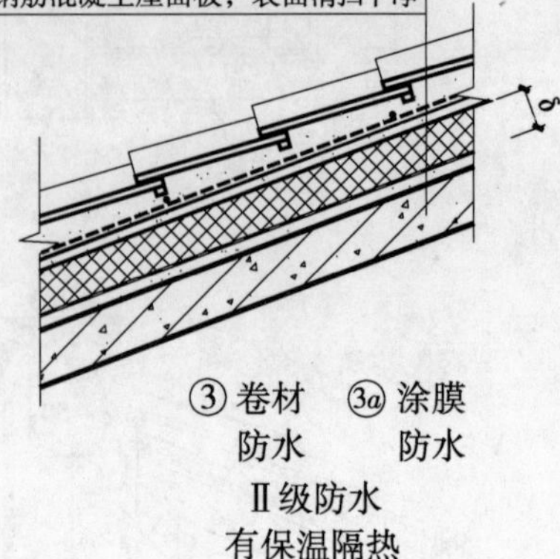

③卷材防水 ③a涂膜防水
Ⅱ级防水
有保温隔热

（木挂瓦条）

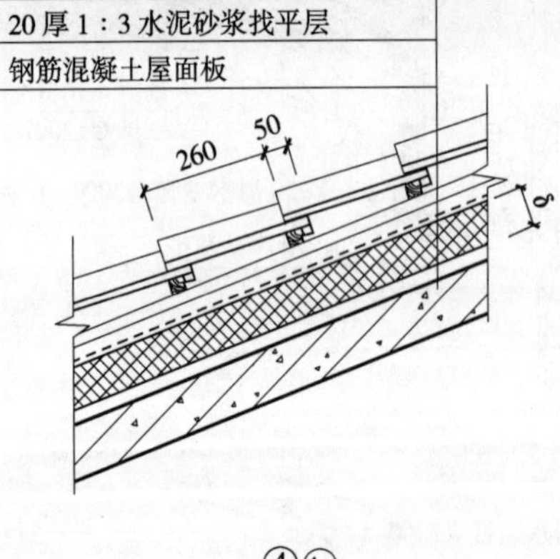

④④a
Ⅲ级防水
有保温隔热

（砂浆卧瓦）

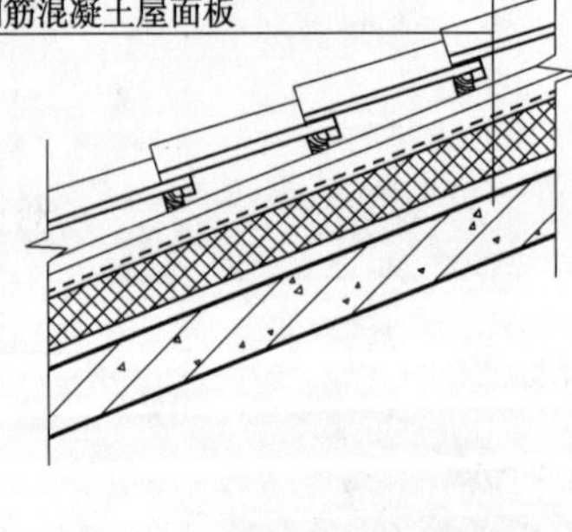

⑤⑤a卷材防水 ⑥⑥a涂膜防水
Ⅱ级防水
有保温隔热

（钢挂瓦条）

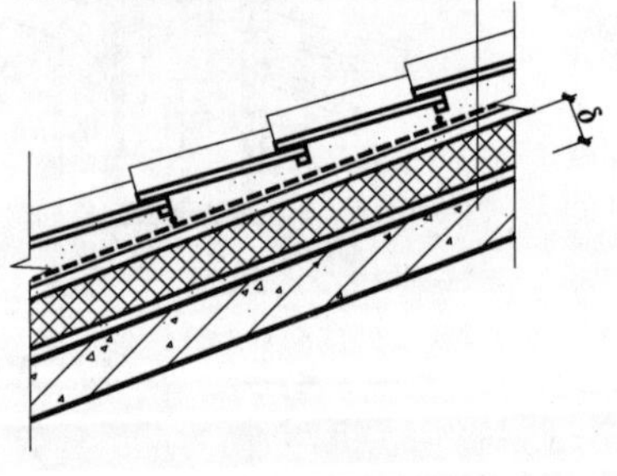

⑦Ⅲ级防水
有保温隔热

说明：1. 瓦材、品种颜色；防水卷材或防水涂膜的品种；保温或隔热材料的品种和厚度由单项工程设计定。
2. ①、②、③卧瓦砂浆中的φ6钢筋网，应骑跨屋脊并绷直与屋脊和檐口处预埋的φ10锚筋连牢。瓦材需绑扎固定时，钢筋网的纵向间距按瓦的规格定。
3. ⑦细石混凝土中φ6钢筋网应与屋脊和檐口处预留的φ10锚筋连牢。
4. 铺设防水卷材或防水涂膜之前，水泥砂浆找平层表面应涂刷基层处理剂。
5. ⑦顺水条，挂瓦条安装固定做法见218页③或③a。
6. ④a、⑤a用于有铝箔的屋面。

平瓦、水泥彩瓦、西式陶瓦 檐口（砂浆卧瓦）（中南 05ZJ211）(22 页)

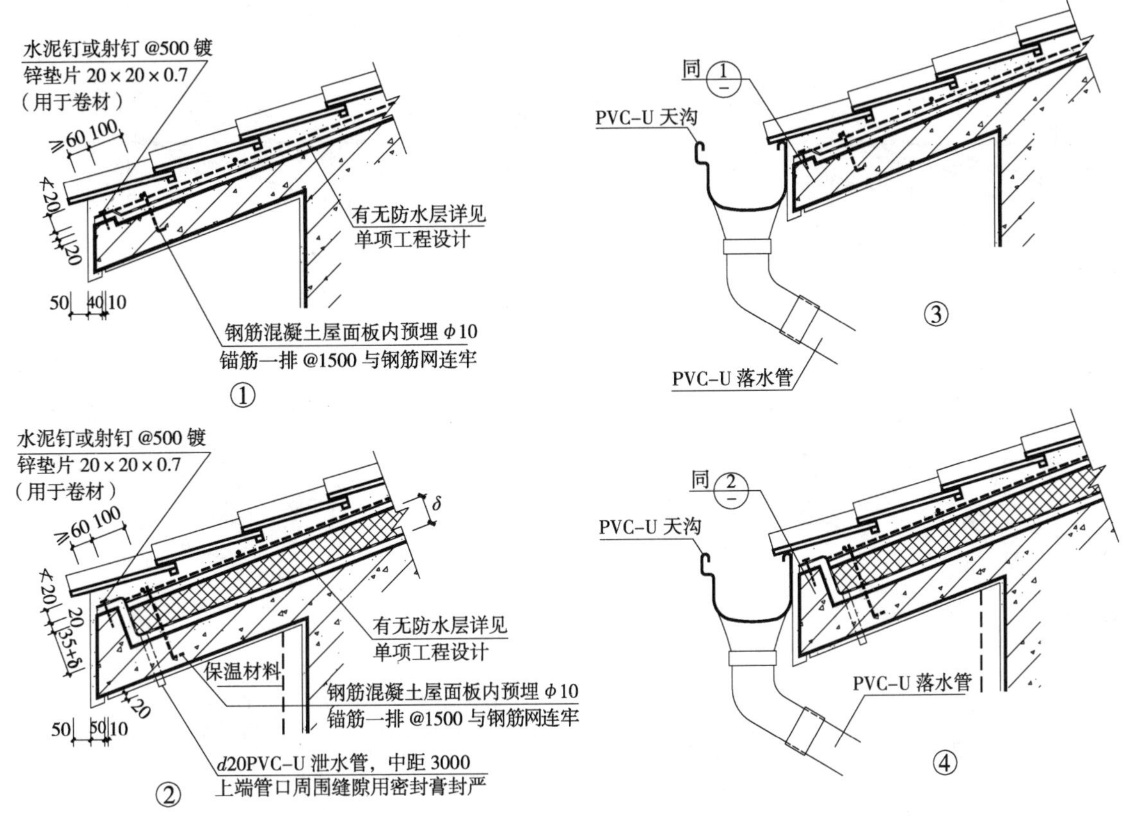

平瓦、水泥彩瓦、西式陶瓦 檐沟（钢挂瓦条）（中南 05ZJ211）(23 页)

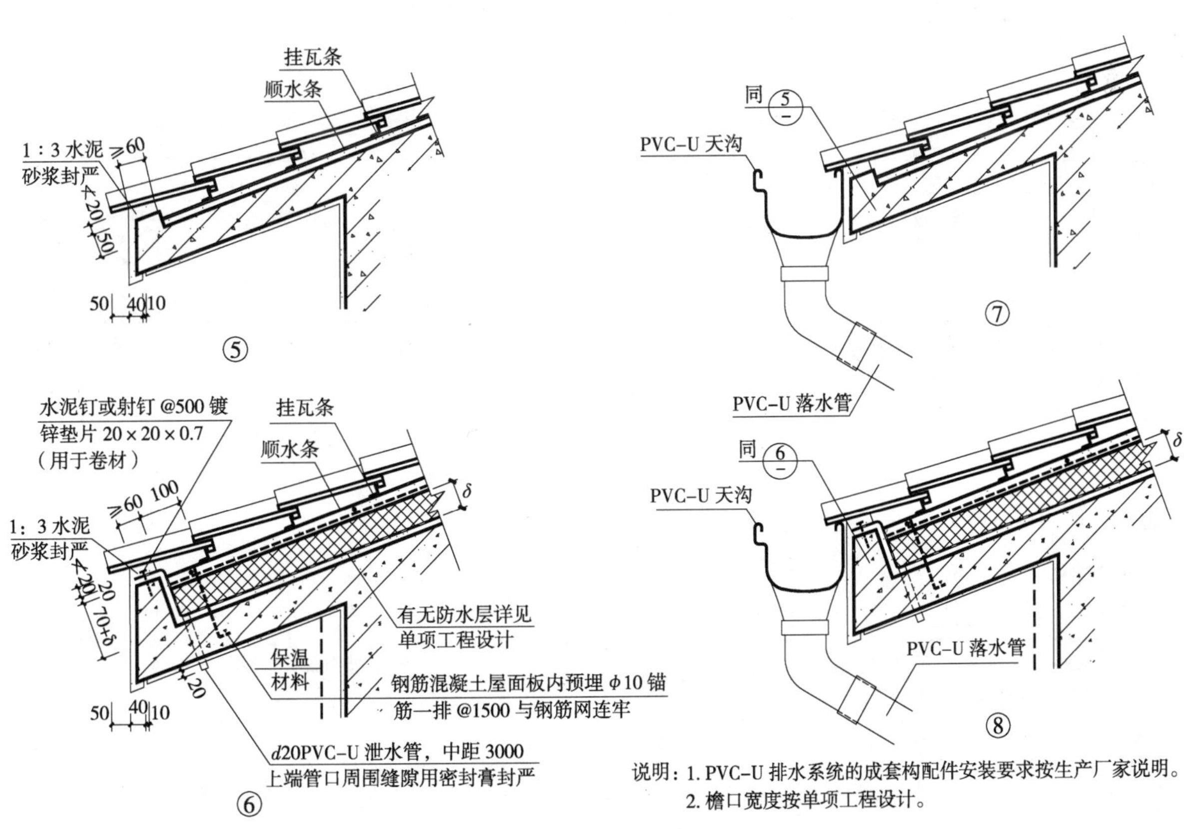

说明：1. PVC-U 排水系统的成套构配件安装要求按生产厂家说明。
2. 檐口宽度按单项工程设计。

平瓦、水泥彩瓦、西式陶瓦　檐沟（木挂瓦条）（中南 05ZJ211）（24 页）

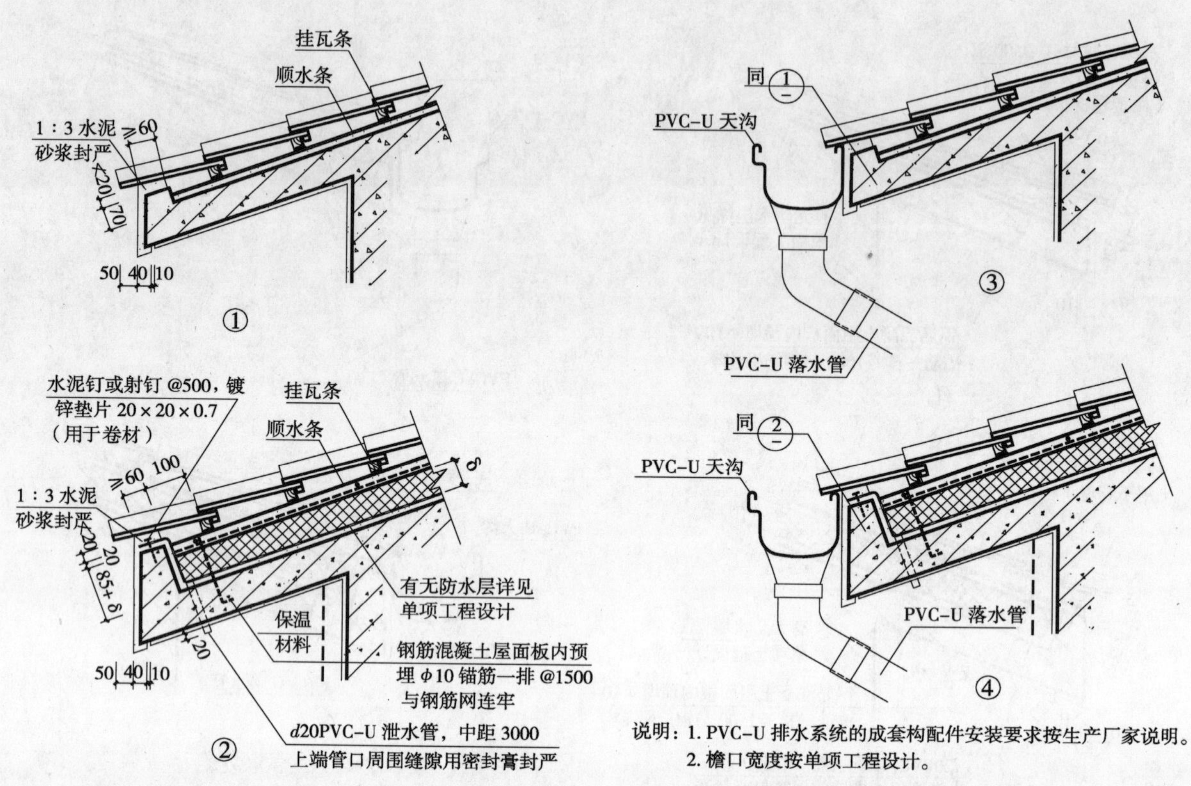

说明：1. PVC-U 排水系统的成套构配件安装要求按生产厂家说明。
2. 檐口宽度按单项工程设计。

平瓦、水泥彩瓦、西式陶瓦　檐沟（砂浆卧瓦）（中南 05ZJ211）（25 页）

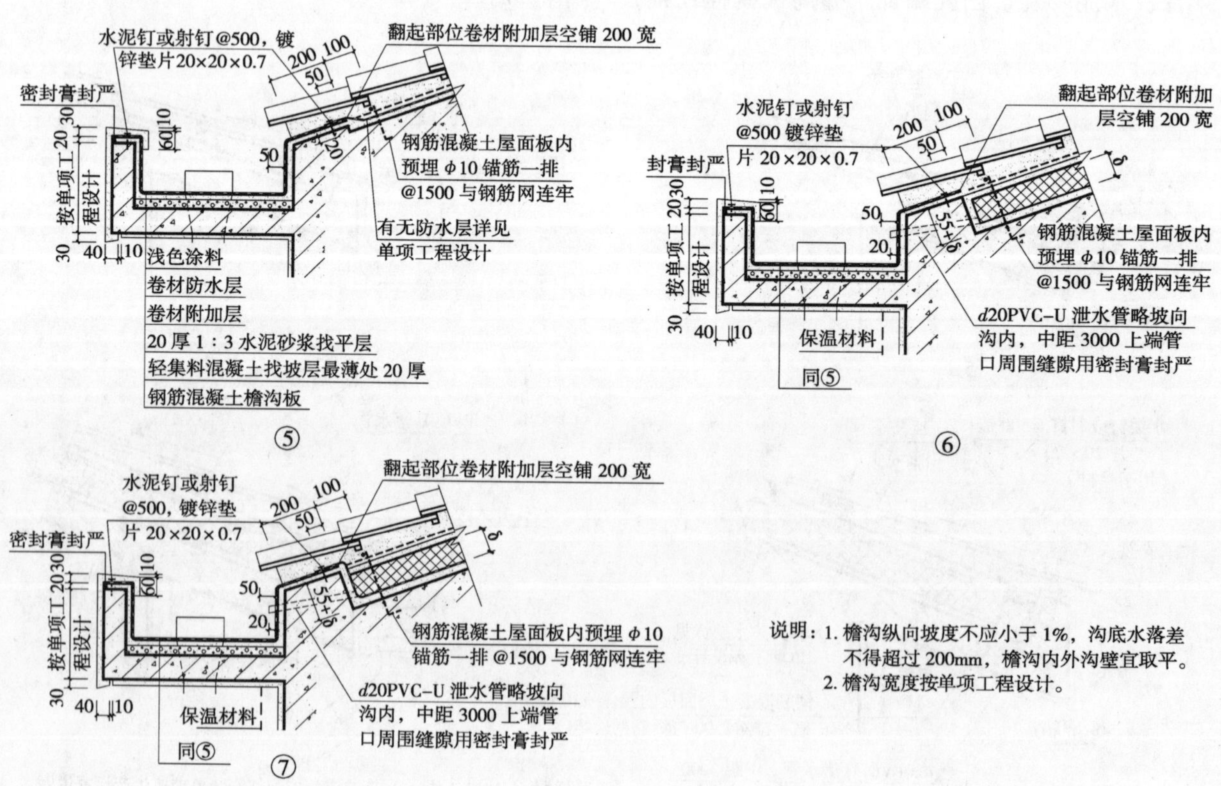

说明：1. 檐沟纵向坡度不应小于 1%，沟底水落差不得超过 200mm，檐沟内外沟壁宜取平。
2. 檐沟宽度按单项工程设计。

平瓦、水泥彩瓦、西式陶瓦　檐沟（钢挂瓦条）（中南 05ZJ211）(26 页)

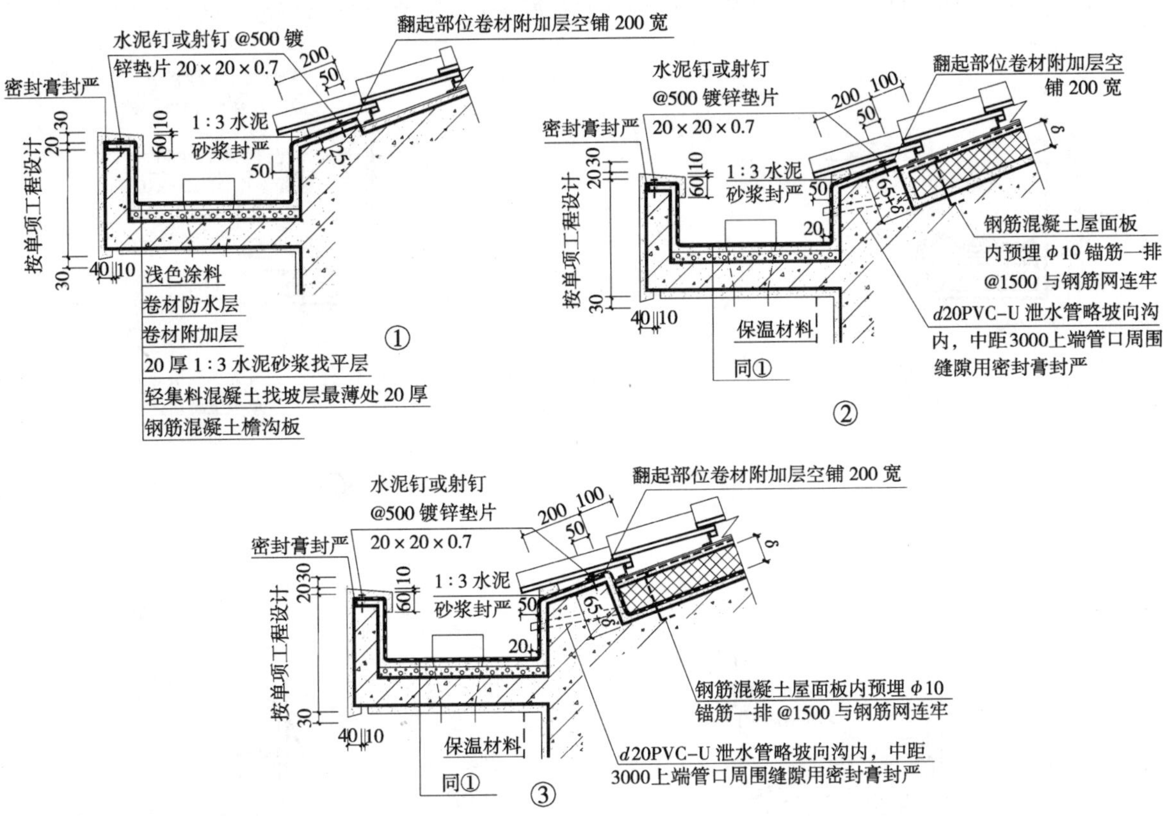

平瓦、水泥彩瓦、西式陶瓦　檐沟（木挂瓦条）（中南 05ZJ211）(27 页)

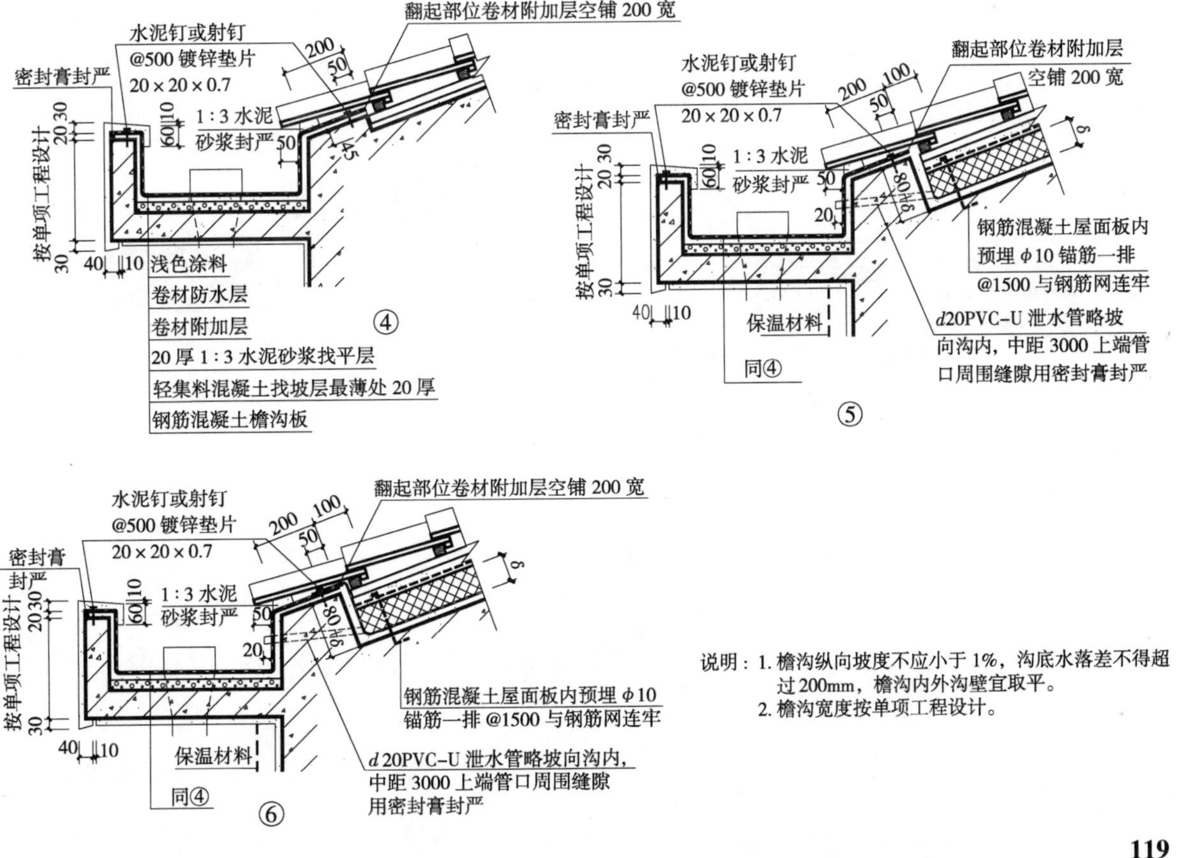

说明：1. 檐沟纵向坡度不应小于 1%，沟底水落差不得超过 200mm，檐沟内外沟壁宜取平。
2. 檐沟宽度按单项工程设计。

平瓦、水泥彩瓦、西式陶瓦　山墙挑檐、泛水（砂浆卧瓦）（中南 05ZJ211）（28 页）

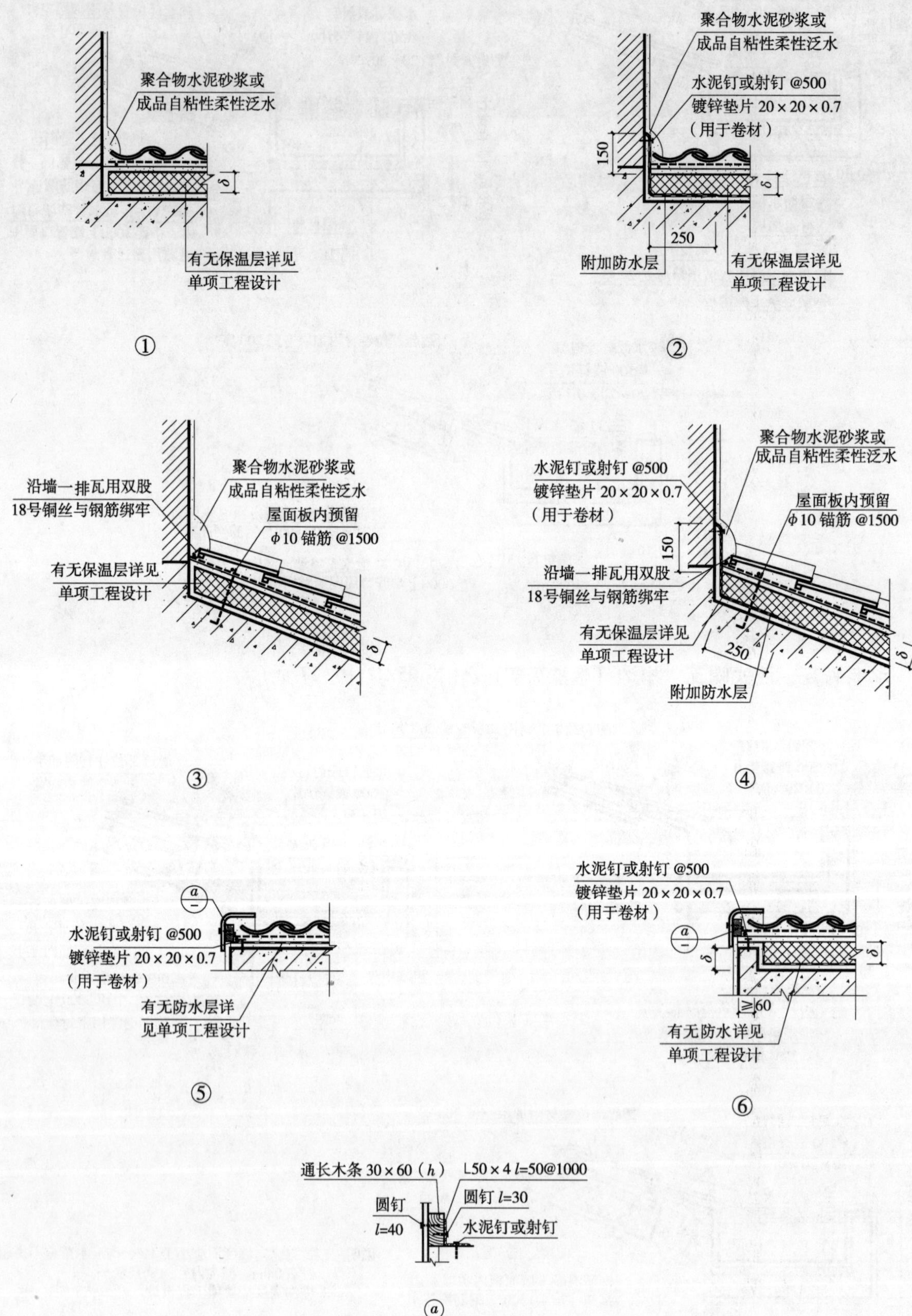

平瓦、水泥彩瓦、西式陶瓦　山墙挑檐、泛水（钢挂瓦条）（中南 05ZJ211）（29、30 页）

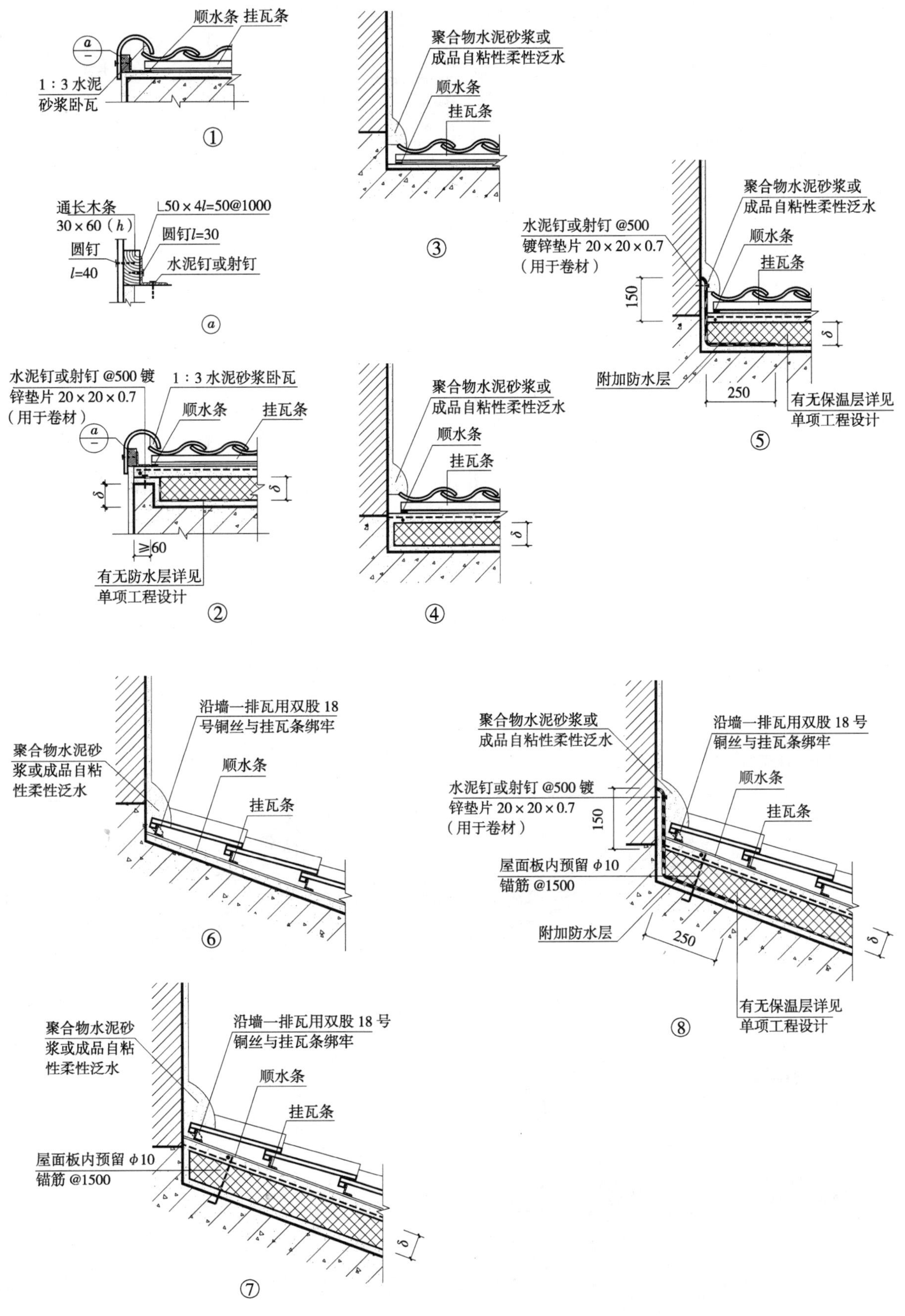

平瓦、水泥彩瓦、西式陶瓦　山墙挑檐、泛水（木挂瓦条）（中南 05ZJ211）（31、32 页）

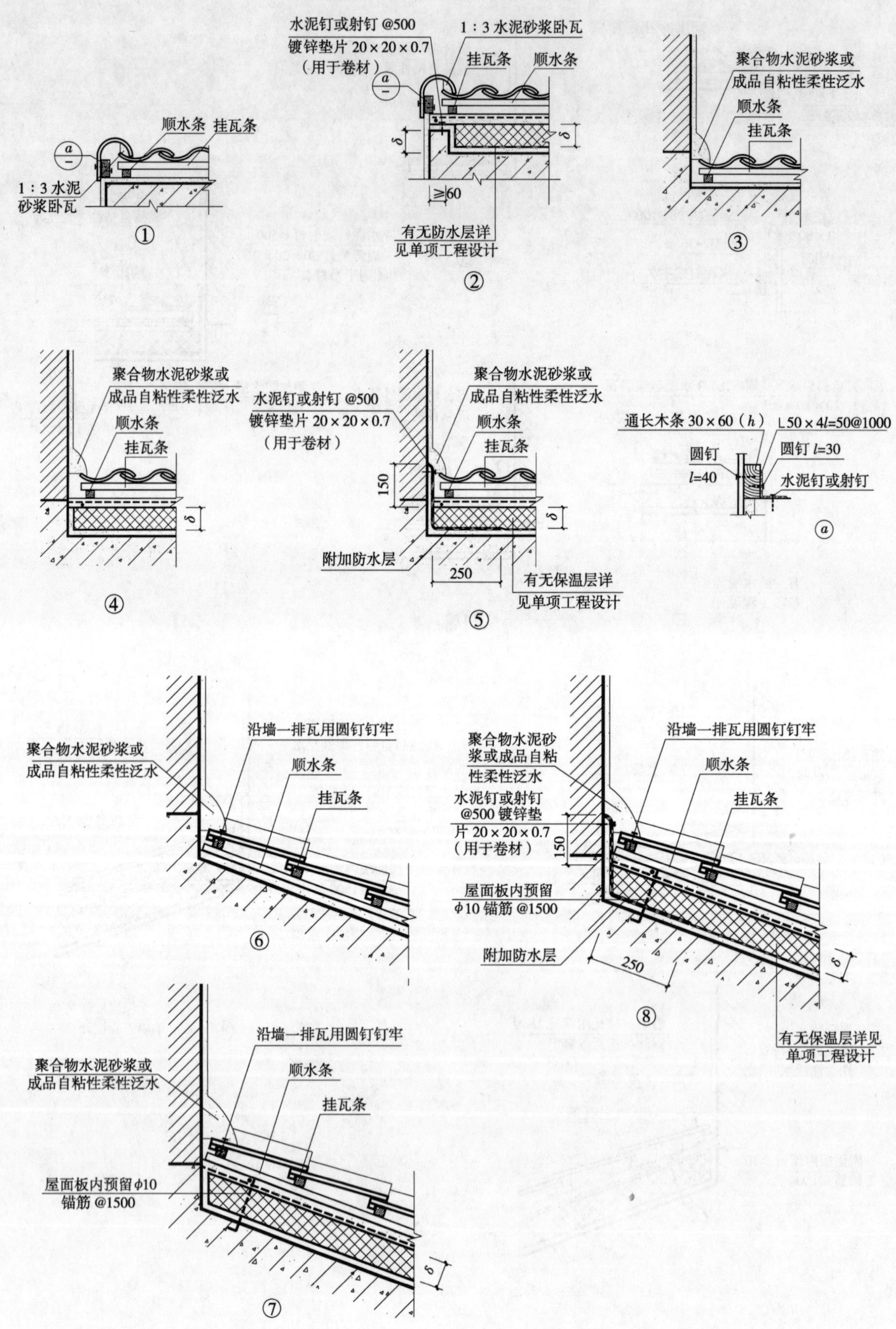

平瓦、水泥彩瓦、西式陶瓦　屋脊、合水沟（砂浆卧瓦）（钢挂瓦条）（中南05ZJ211）（19页）

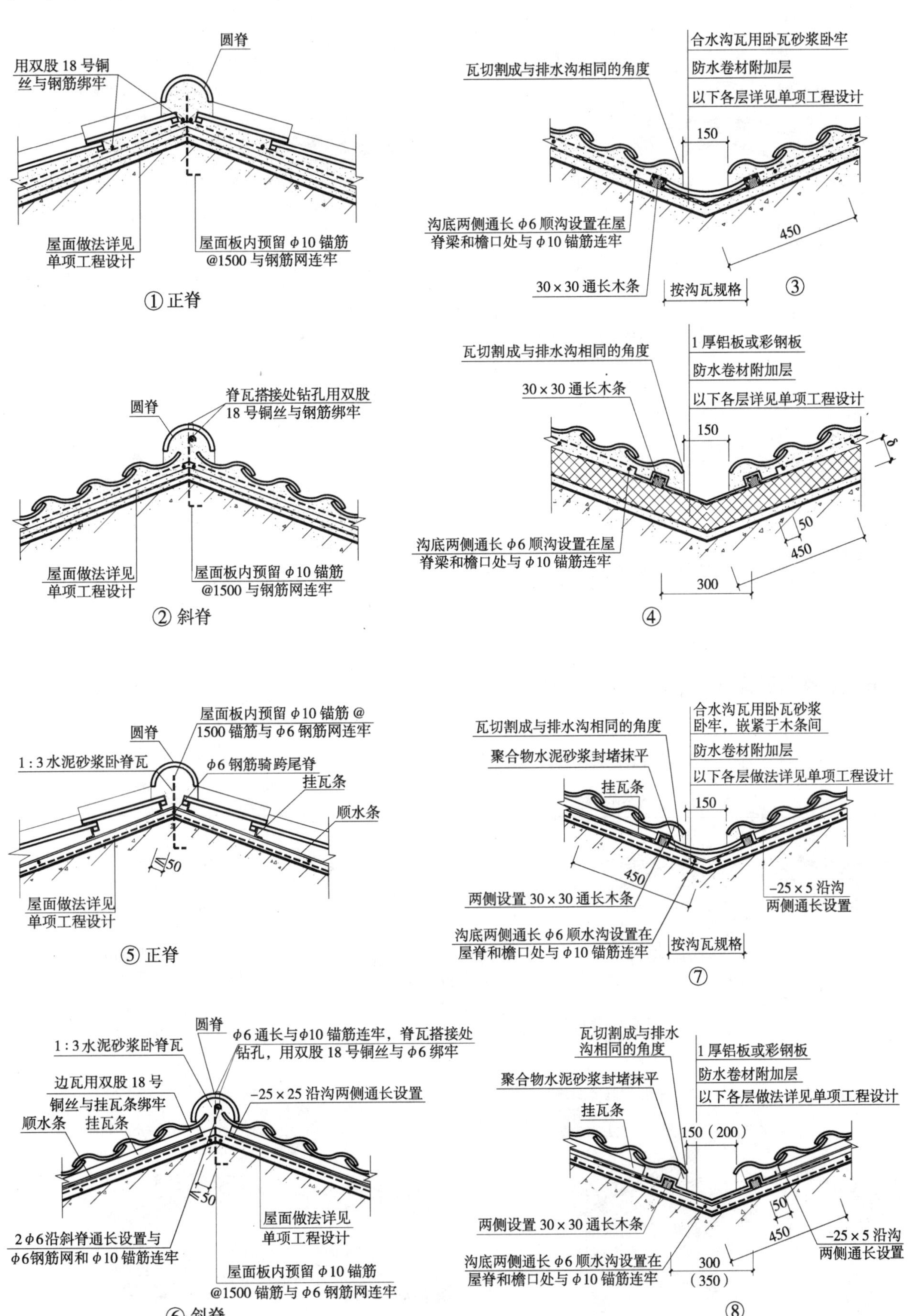

平瓦、水泥彩瓦、西式陶瓦　屋脊、合水沟（木挂瓦条）（中南 05ZJ211）（21 页）

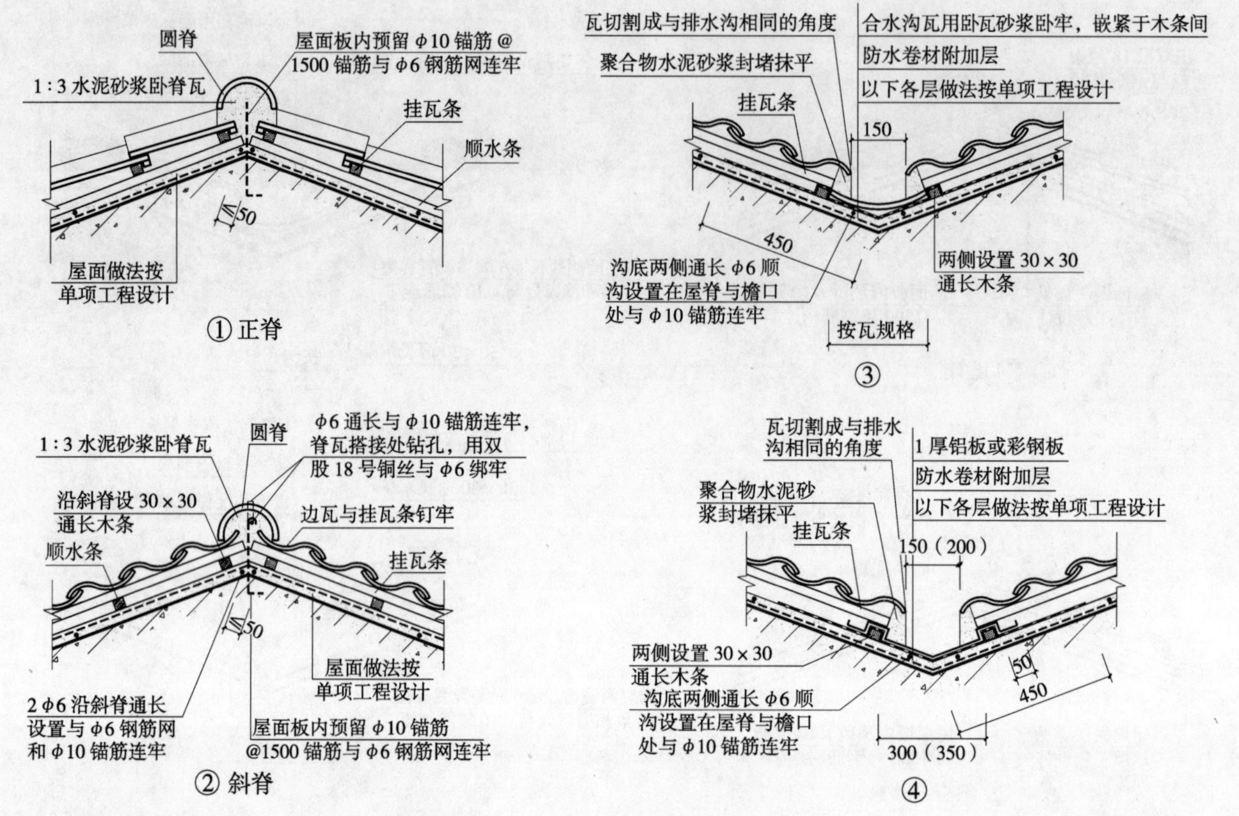

混凝土瓦屋面屋脊（一）（浙 J15）（25 页）

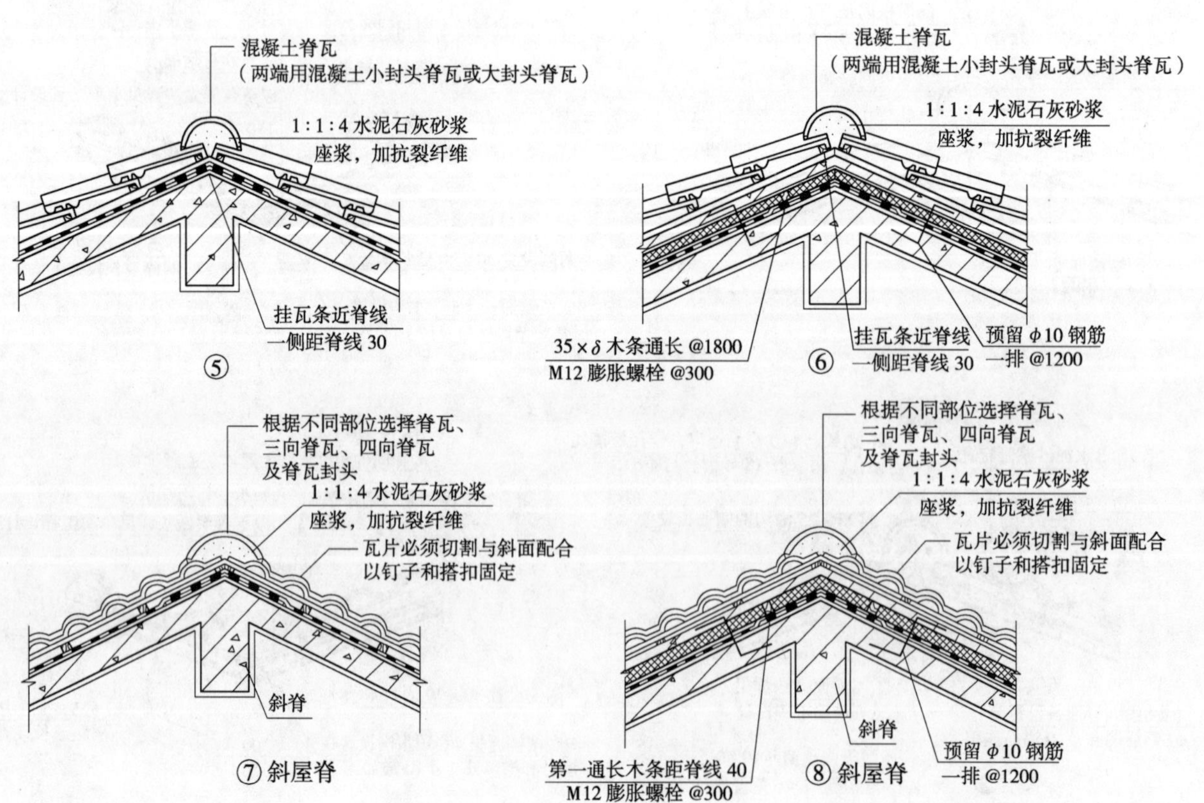

混凝土瓦屋面屋脊（二）（浙 J15）（26、27 页）

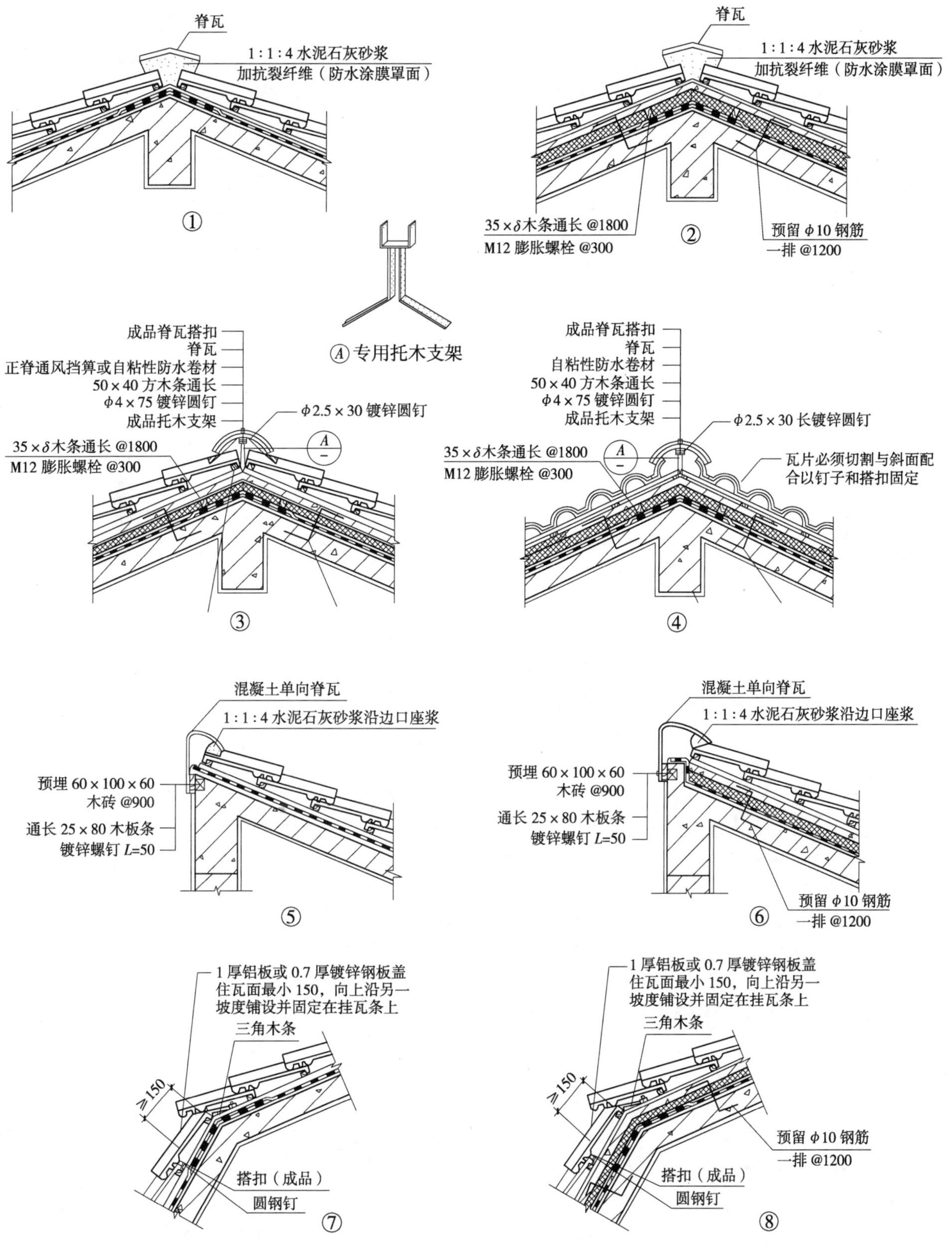

说明：1. 在屋脊、斜脊交接处可选用三向脊瓦或四向脊瓦、屋檐处可用脊斜封。

2. ③、④节点屋面坡度大于 51° 时，主瓦固定按单体设计。

混凝土瓦屋面屋脊（三）（浙 J15）（28 页）

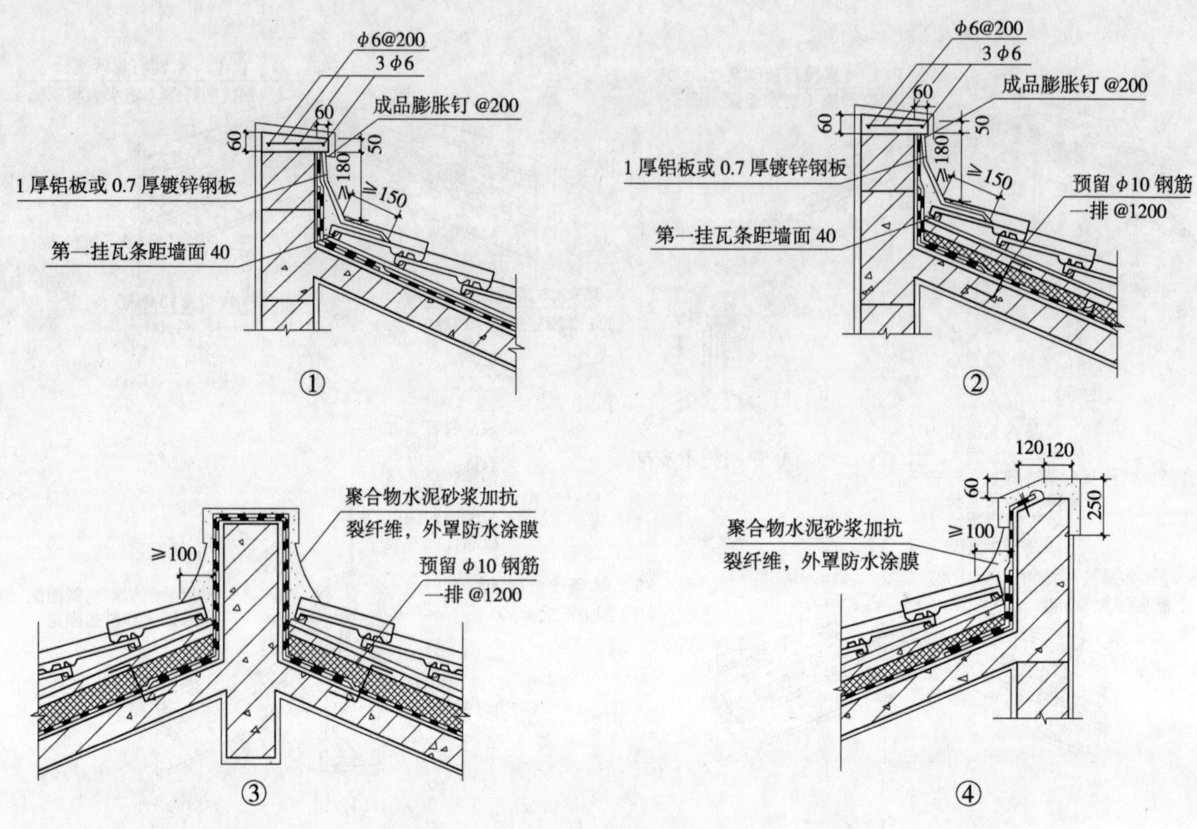

钢筋混凝土基层混凝土瓦屋面挑檐泛水（江苏 J10-2003）（16 页）

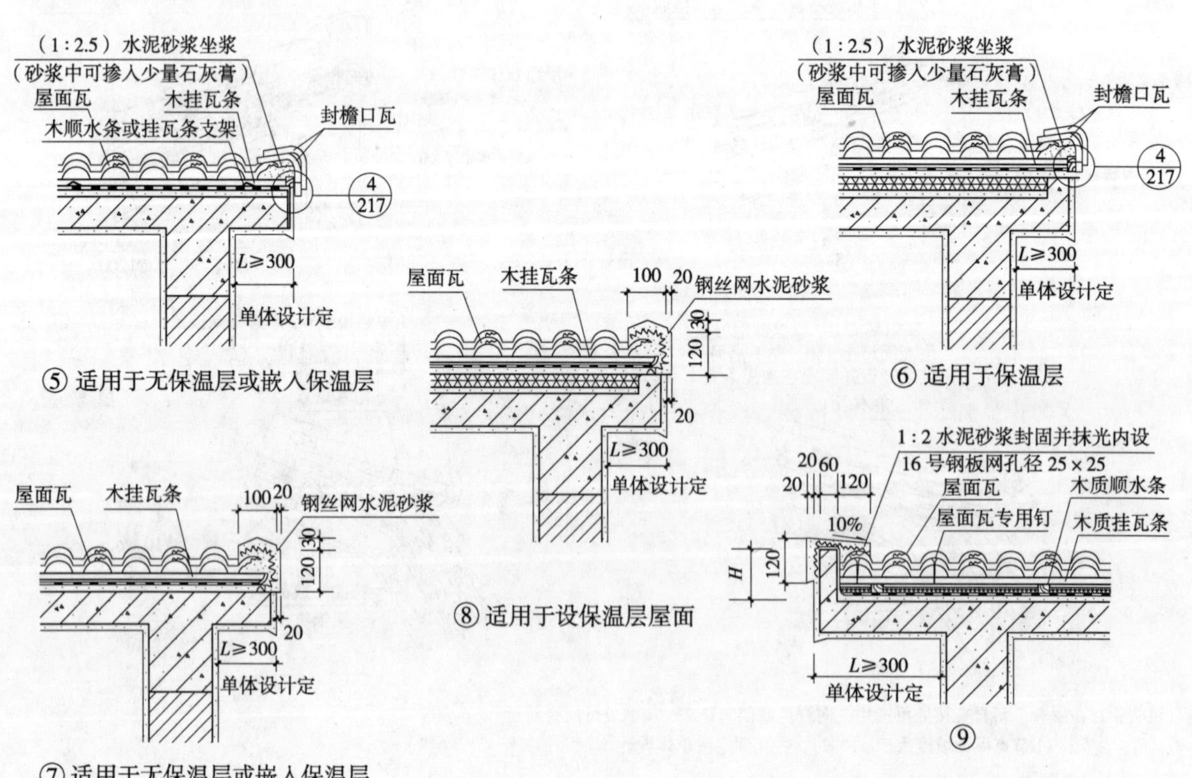

说明：H=180mm，当采用散状保温材料时，则另加 60mm。有无防水层、隔热卷材或保温板按单体设计定。

混凝土瓦屋面泛水（浙 J15）（30、31 页）

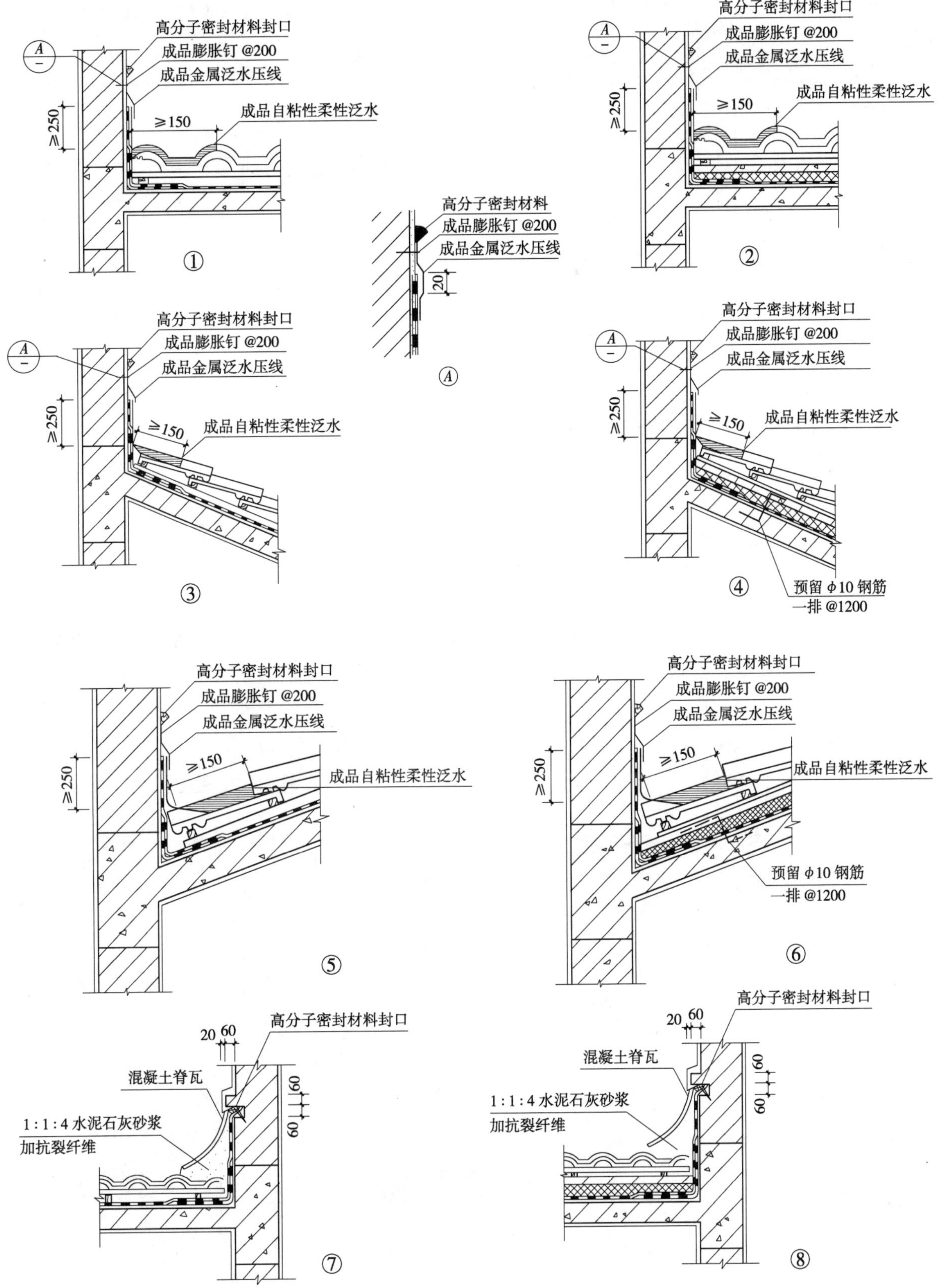

混凝土瓦屋面变形缝（一）（浙 J15）（34、35 页）

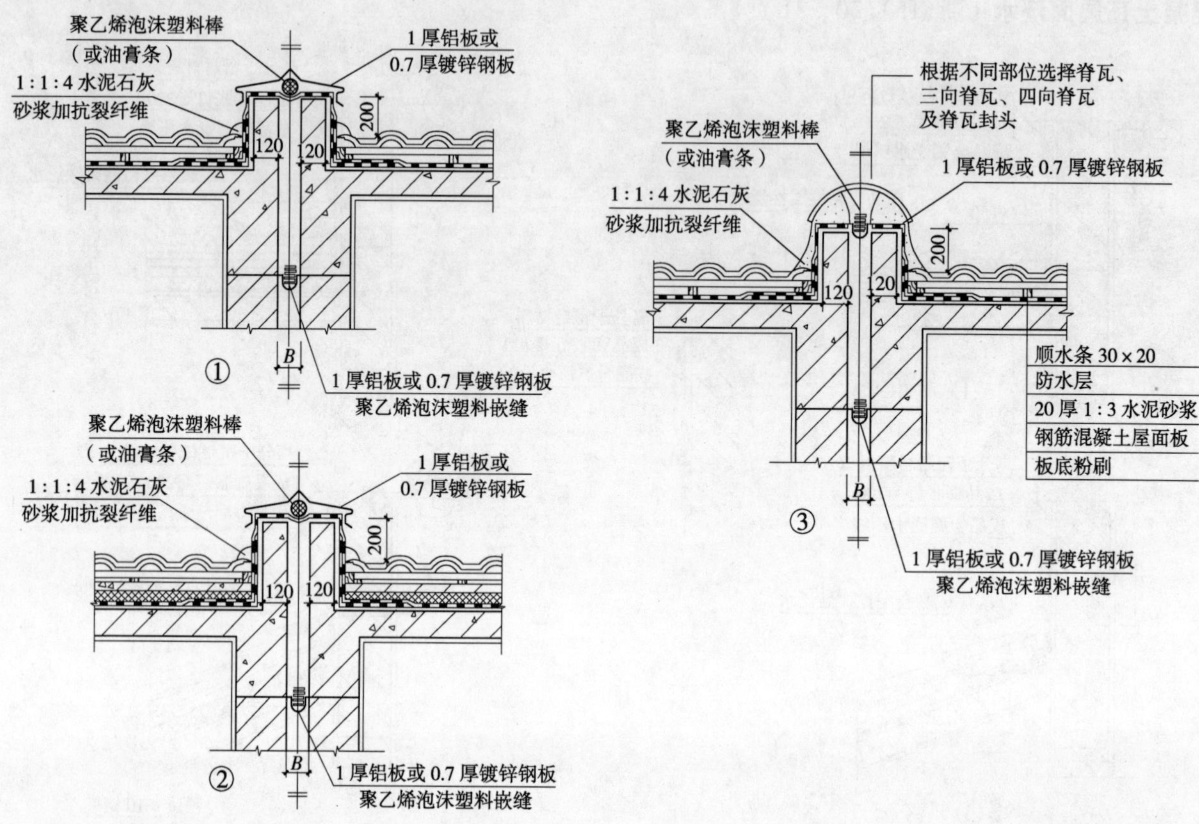

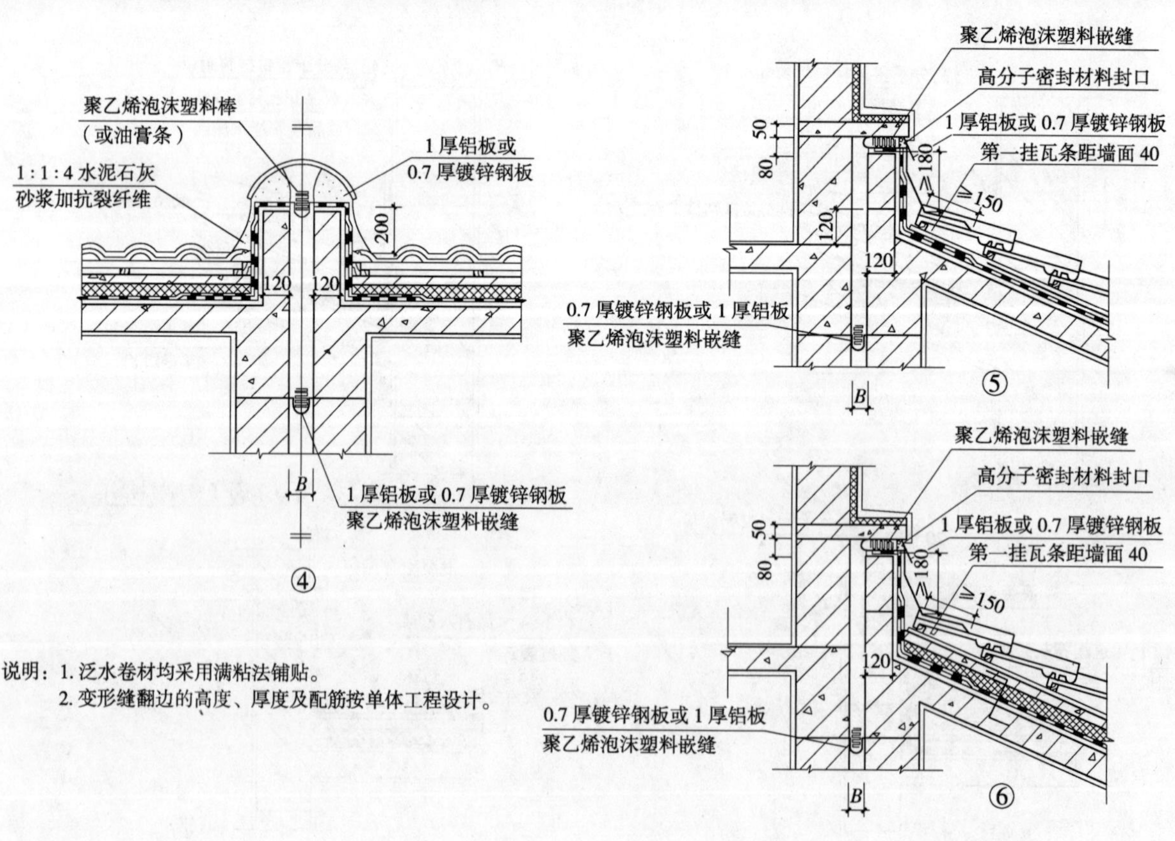

说明：1. 泛水卷材均采用满粘法铺贴。
2. 变形缝翻边的高度、厚度及配筋按单体工程设计。

混凝土瓦屋面变形缝（二）(河南　05YJ5-2)(18 页)

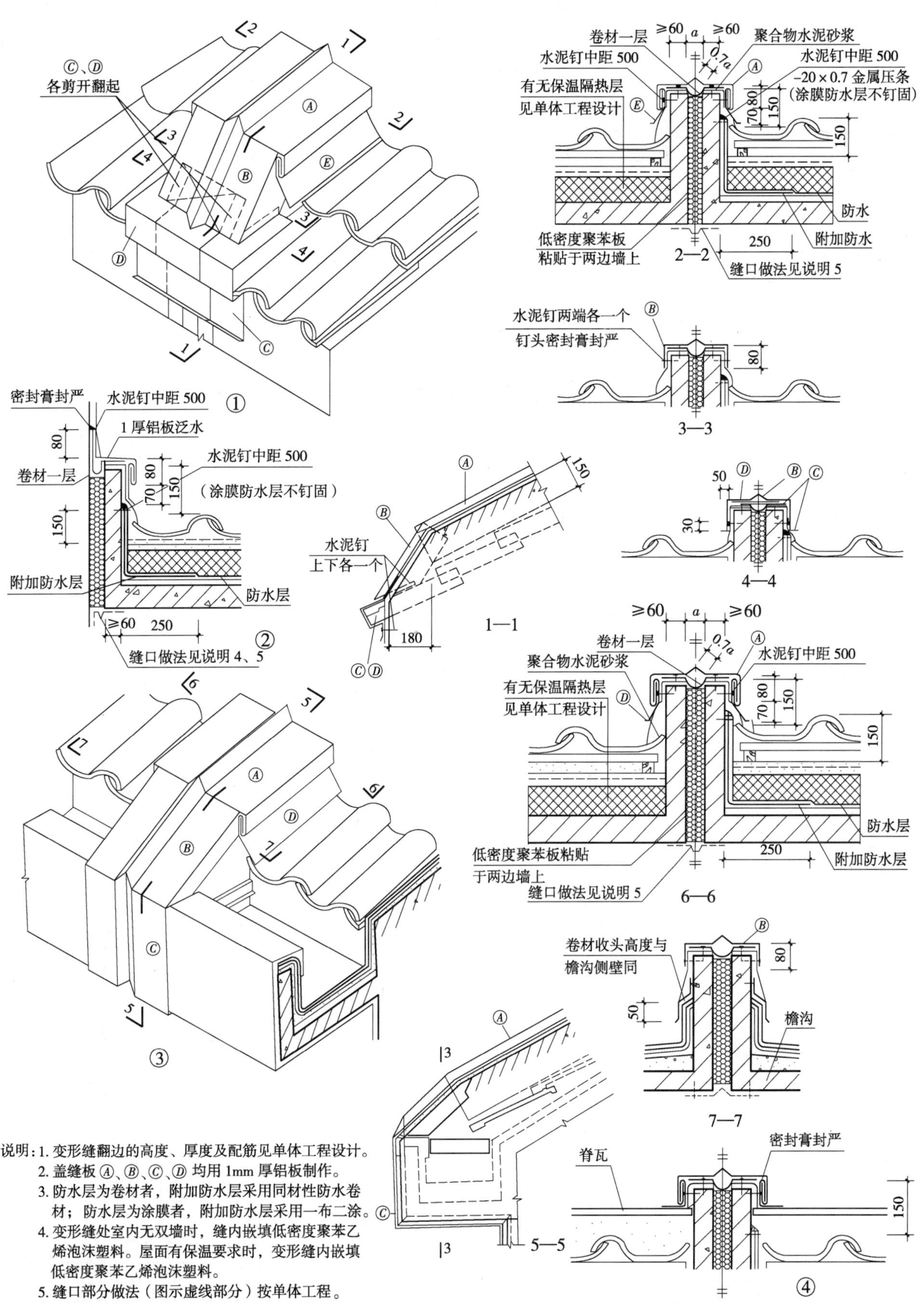

说明：1. 变形缝翻边的高度、厚度及配筋见单体工程设计。
2. 盖缝板Ⓐ、Ⓑ、Ⓒ、Ⓓ均用 1mm 厚铝板制作。
3. 防水层为卷材者，附加防水层采用同材性防水卷材；防水层为涂膜者，附加防水层采用一布二涂。
4. 变形缝处室内无双墙时，缝内嵌填低密度聚苯乙烯泡沫塑料。屋面有保温要求时，变形缝内嵌填低密度聚苯乙烯泡沫塑料。
5. 缝口部分做法（图示虚线部分）按单体工程。

3 油毡瓦屋面分层做法

说明

1. 油毡瓦是以玻璃纤维毡为胎基，经浸石油沥青后，一面覆盖彩色矿物粒料，另一面敷隔离材料制成的瓦状（防水）材料。油毡瓦又称波纤多彩瓦。

油毡瓦质量，一般应符合行业标准《油毡瓦》JC/T503—1992（1996）的要求。较高要求的应符合标准《有无机胎基和聚合物胎基的油毡瓦》DIN. EN 544. 1998，或《矿物粒料复面制成的沥青油毡瓦》ASTM D3018—2000，或《A级矿物粒料饰面的沥青油毡瓦》ASTM D3018—2000的要求[1]。

油毡瓦构造分单层、叠层和三层三种，常用的为叠层。主瓦规格一般为1000mm×333mm。厚度不应小于2.8mm。颜色有本色和彩色。

一些地区当屋面坡度大于45°的，都以采用油毡瓦为宜。因油毡瓦搭接严密，无需另加防水层。

2. 铺设与固定：

a）一般用沥青胶（胶粘剂）粘结在屋面基层上，并用专用水泥钢钉（或油毡钉）固定。

b）铺设时由下向上逐层铺设，上下两排瓦应采用错缝搭接，错缝距离宜为167mm，每层外露面宜为140mm，外露面的宽度允许误差为±3mm。

c）每片油毡瓦不应少于4个油毡钉，油毡钉应垂直钉入，钉帽不得外露油毡瓦表面。屋面坡度大于56°时，每片瓦均应增加钉子固定并增加沥青胶粘贴。

d）油毡脊瓦与两坡面油毡瓦的搭盖宽度每边不应小于100mm；脊瓦与脊瓦的压盖面不应小于脊瓦面积的1/2。当油毡瓦在屋面与突出屋面结构的交接处铺贴，上翻高度不应小于250mm。

e）油毡钉为防锈钢钉，直径≥2.6mm，钉帽直径≥9.5mm。防锈水泥钉或射钉直径≥4mm。

浙江地区油毡瓦屋面（外保温）分层做法 （浙江2005浙J15）（12页）

瓦类	构造简图	材料及做法	防水道数	导热系数 λ [W/(m·K)]	修正系数 α	R
①②油毡瓦（外保温）		1. 油毡瓦	二道防水设防	0.170	1.100	0.032
		2. 干铺卷材垫毡一层		0.170	1.100	0.008
		3. 40mm厚C15细石混凝土（双向配φ4mm、@200mm钢筋）		1.740	1.000	0.023
		4. ①35mm厚挤塑聚苯板		0.030	1.100	1.061
		②40mm厚挤塑聚苯板		0.030	1.100	1.212
		5. 防水卷材或防水涂膜		0.170	1.100	0.011
		6. 20mm厚1:3水泥砂浆找平层		0.930	1.000	0.022
		7. 现浇钢筋混凝土屋面		1.740	1.000	0.069
		8. 板底抹灰		0.870	1.000	0.017
		R_e+R_i				0.150
		主体部分热工指标	①K0.718 D2.571			
			②K0.648 D2.624			

[1] DIN为Deutsche Industrie Normen，德国工业标准。
ASTM为American Standard of Testing Materials. 美国材料试验标准。

续表

瓦类	构造简图	材料及做法	防水道数	导热系数 λ [W/(m·K)]	修正系数 α	R
③④油毡瓦（外保温）		1. 油毡瓦	二道防水设防	0.170	1.100	0.032
		2. 干铺卷材垫毡一层		0.170	1.100	0.008
		3. ③25mm 厚 1:3 水泥砂浆（内配 16 号镀锌钢丝网一层 网孔 25mm × 25mm）		0.930	1.100	0.024
		④40mm 厚 C15 细石混凝土（双向配 ϕ4mm@200mm 钢筋）		1.740	1.000	0.023
		4. 65mm 厚泡沫玻璃（30mm×65mm 通长木条@1200mm）		0.066	1.100	0.895
		5. 防水卷材或防水涂膜		0.170	1.100	0.011
		6. 20mm 厚 1:3 水泥砂浆找平层		0.930	1.000	0.022
		7. 现浇钢筋混凝土屋面		1.740	1.000	0.069
		8. 板底抹灰		0.870	1.000	0.017
		$R_e + R_i$;				0.150
		主体部分热工指标	③ K0.814 D2.906			
			④ K0.815 D2.985			
⑤油毡瓦（外保温）		1. 油毡瓦	二道防水设防	0.170	1.100	0.032
		2. 干铺卷材垫毡一层		0.170	1.100	0.008
		3. 7mm 厚保温抹面材膜		0.180	1.000	0.039
		4. 60mm 厚微孔硅酸钙板（30mm×60mm 能长木条@1200mm）		0.065	1.200	0.769
		5. 防水卷材或防水涂膜		0.170	1.100	0.011
		6. 20mm 厚 1:3 水泥砂浆找平层		0.930	1.000	0.022
		7. 现浇钢筋混凝土屋面		1.740	1.000	0.069
		8. 板底抹灰		0.870	1.000	0.017
		$R_e + R_i$;				0.150
		主体部分热工指标	⑤ K0.896 D3.138			
⑥⑦油毡瓦（外保温）		1. 油毡瓦	二道防水设防	0.170	1.100	0.032
		2. 干铺卷材垫毡一层		0.170	1.100	0.008
		3. ⑥25 厚 1:3 水泥砂浆（内配 16 号镀锌钢丝网一层，网孔 25mm × 25mm）		0.930	1.100	0.024
		⑦40mm 厚 C15 细石混凝土（双向配 ϕ4mm@200mm 钢筋）		1.740	1.000	0.023
		4. 55mm 厚膨胀聚苯板（30mm×55mm 通长木条@1200mm）		0.042	1.300	1.007
		5. 防水卷材或防水涂膜		0.170	1.100	0.011
		6. 20mm 厚 1:3 水泥砂浆找平层		0.930	1.000	0.022
		7. 现浇钢筋混凝土屋面		1.740	1.000	0.069
		8. 板底抹灰		0.870	1.000	0.017
		$R_e + R_i$;				0.150
		主体部分热工指标	⑥ K0.745 D2.589			
			⑦ K0.747 D2.669			

续表

瓦类	构造简图	材料及做法	防水道数	导热系数 λ [W/(m·K)]	修正系数 α	R
⑧⑨油毡瓦（外保温）		1. 油毡瓦	二道防水设防	0.170	1.100	0.032
		2. 干铺卷材垫毡一层		0.170	1.100	0.008
		3. 25mm 厚 1:3 水泥砂浆（内配 16 号镀锌钢丝网一层，网孔 25mm × 25mm）		0.930	1.100	0.024
		4. ⑧30mm 厚硬泡聚氨酯保温层（30mm×30mm 通长木条@1200mm）		0.027	1.200	0.929
		⑨35mm 厚硬泡聚氨酯保温层（30mm×35mm 通长木条@1200mm）		0.027	1.200	1.080
		5. 防水卷材或防水涂膜		0.170	1.100	0.011
		6. 20mm 厚 1:3 水泥砂浆找平层		0.930	1.000	0.022
		7. 现浇钢筋混凝土屋面		1.740	1.000	0.069
		9. 板底抹灰		0.870	1.000	0.017
		$R_e + R_i$;				0.150
		主体部分热工指标	⑧ K 0.767 D 2.586			
			⑨ K 0.686 D 2.666			
⑩油毡瓦（外保温）		1. 油毡瓦	二道防水设防	0.170	1.100	0.032
		2. 干铺卷材垫毡一层		0.170	1.100	0.008
		3. 25mm 厚 1:3 水泥砂浆（内配 16 号镀锌钢丝网一层，网孔 25mm × 25mm）		0.930	1.100	0.024
		4. 100mm 厚憎水性珍珠岩板（30mm×100mm 通长木条@1200mm）		0.120	1.200	0.694
		5. 防水卷材或防水涂膜		0.170	1.100	0.011
		6. 20mm 厚 1:3 水泥砂浆找平层		0.930	1.000	0.022
		7. 现浇钢筋混凝土屋面		1.740	1.000	0.069
		8. 板底抹灰		0.870	1.000	0.017
		$R_e + R_i$;				0.150
		主体部分热工指标	⑩ K 0.971 D 3.799			

中南地区油毡瓦屋面分层做法（中南 05ZJ211）(34 页)

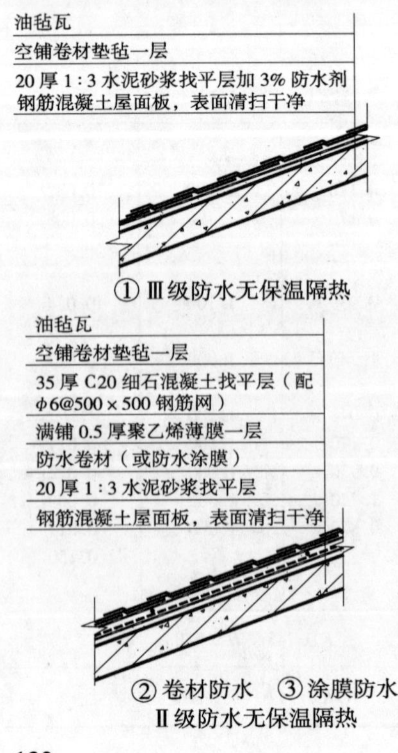

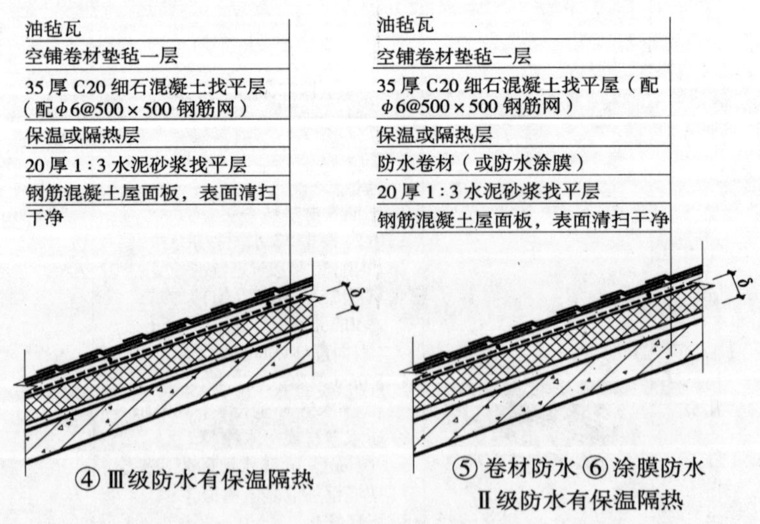

说明：1. 瓦面颜色；防水卷材或防水涂膜的品种；保温或隔热材料的品种和厚度由单项工程设计定。
2. 卧瓦砂浆中的 φ6 钢筋网，应骑跨屋脊并绷直与屋脊和檐口处预埋的 φ10mm 锚筋连牢。
3. 卷材垫毡只作基层垫平用，可采用 350 号石油沥青油毡，点粘固定。
4. 铺设防水卷材或防水涂膜之前，水泥砂浆找平层表面应涂刷基层处理剂。

油毡瓦屋面檐口、檐沟（一）（浙 J15）(39、40 页)

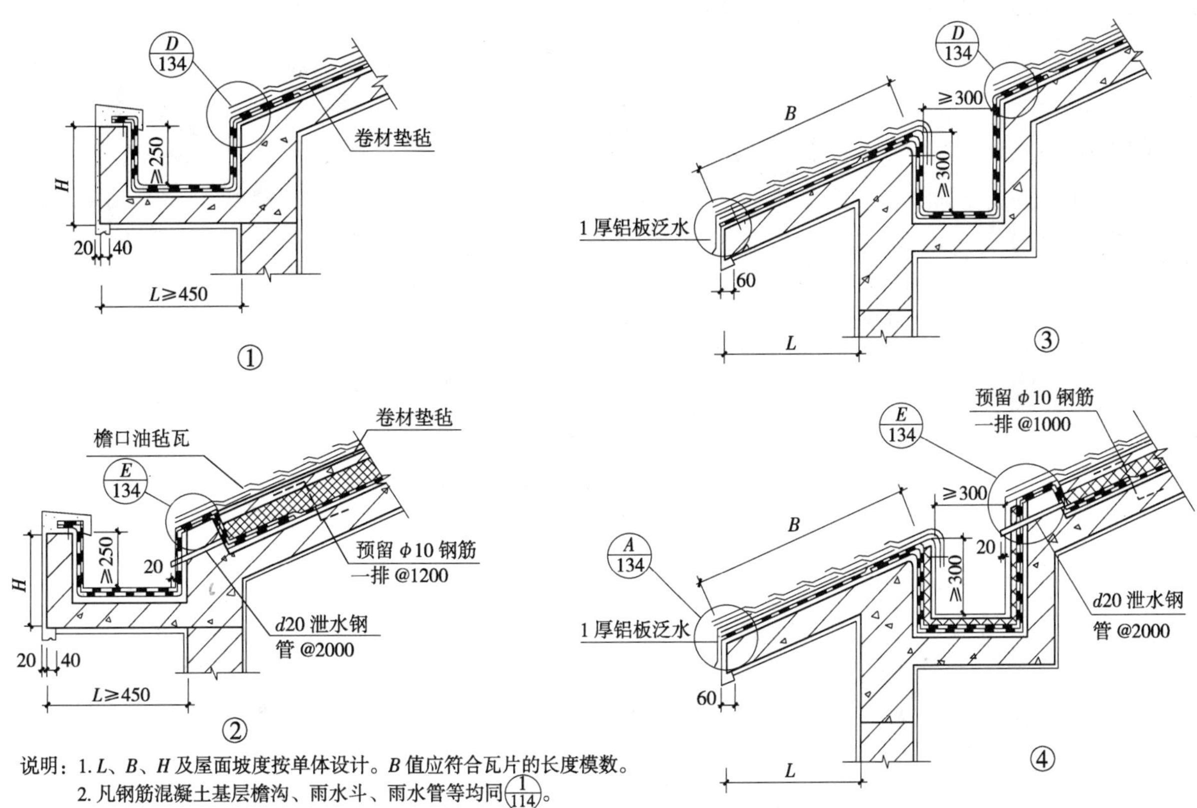

说明：1. L、B、H 及屋面坡度按单体设计。B 值应符合瓦片的长度模数。
2. 凡钢筋混凝土基层檐沟、雨水斗、雨水管等均同 (1/114)。

⑤、⑥、⑦摘自（河南 05YJ5-2）(32 页)

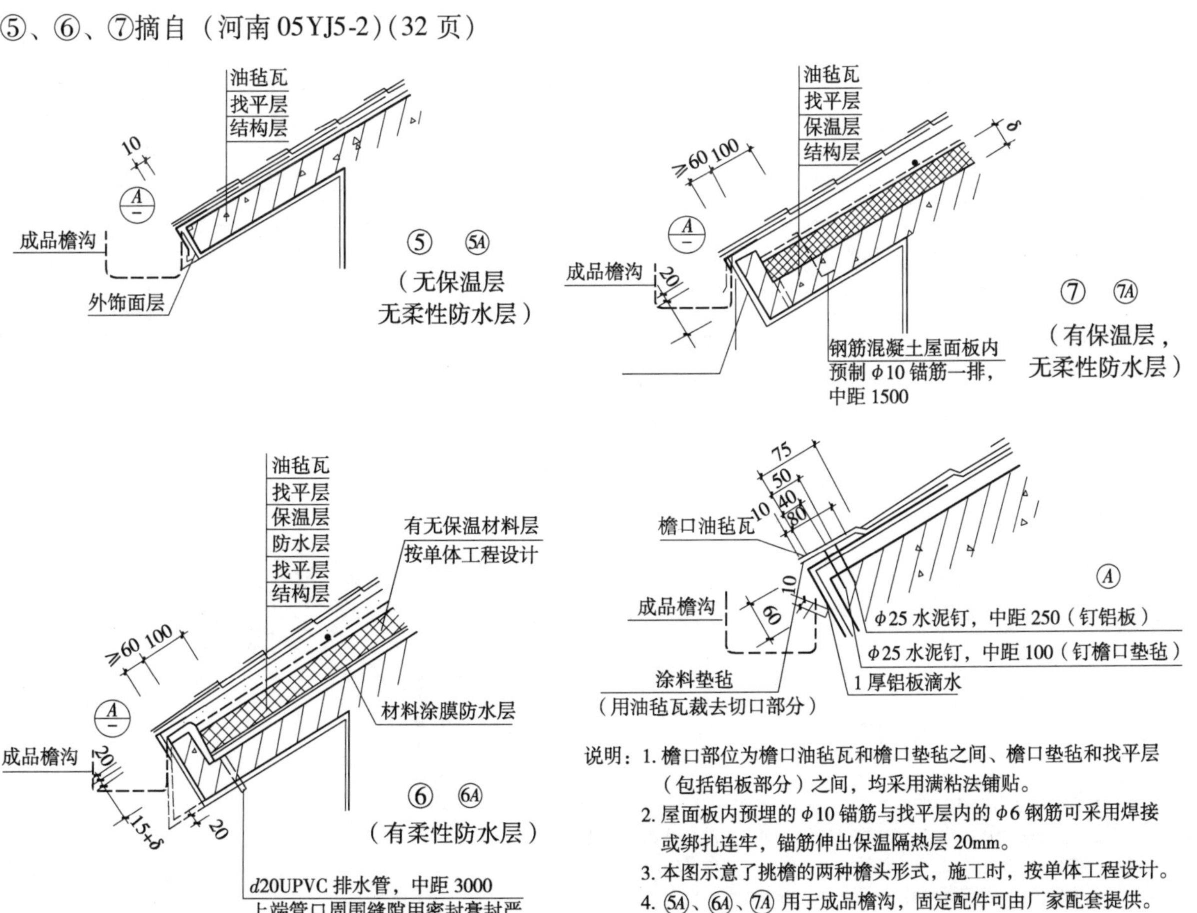

说明：1. 檐口部位为檐口油毡瓦和檐口垫毡之间、檐口垫毡和找平层（包括铝板部分）之间，均采用满粘法铺贴。
2. 屋面板内预埋的 ϕ10 锚筋与找平层内的 ϕ6 钢筋可采用焊接或绑扎连牢，锚筋伸出保温隔热层 20mm。
3. 本图示意了挑檐的两种檐头形式，施工时，按单体工程设计。
4. ⑤A、⑥A、⑦A 用于成品檐沟，固定配件可由厂家配套提供。

油毡瓦屋面檐口、檐沟（二）（浙J15）（40、41页）

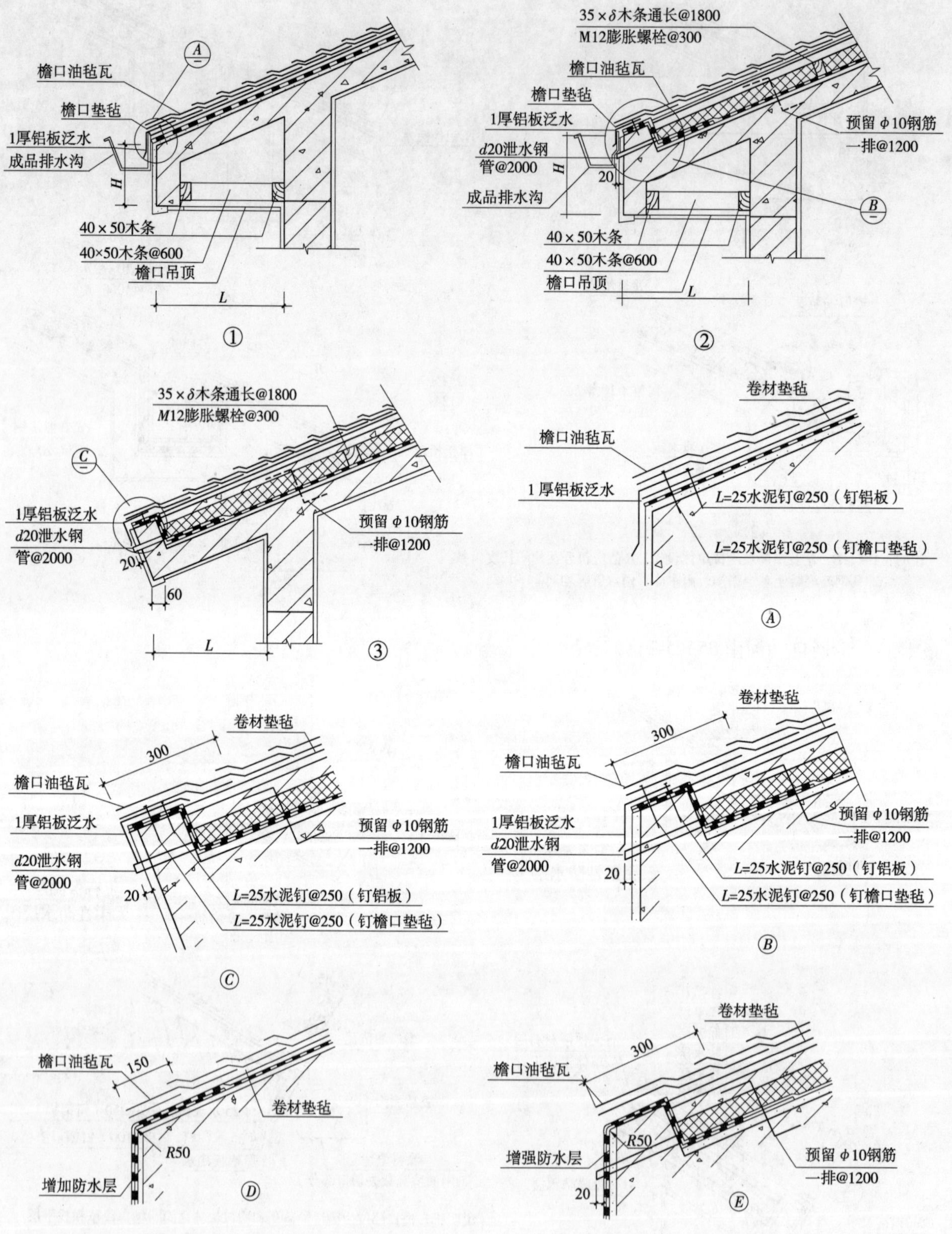

说明：1. L、B、H及屋面坡度按单体设计。B值应符合瓦片的长度模数。
2. 檐口部位的檐口油毡瓦与檐口垫毡之间采用满粘法铺贴，檐口垫毡和屋面垫毡之间（包括铝板部分）之间也采用满粘法铺贴。
3. 瓦钢筋混凝土基层檐沟、两水斗、两水管等均同 1/114。

油毡瓦屋面檐沟（河南 05YJ5-2）（34 页）

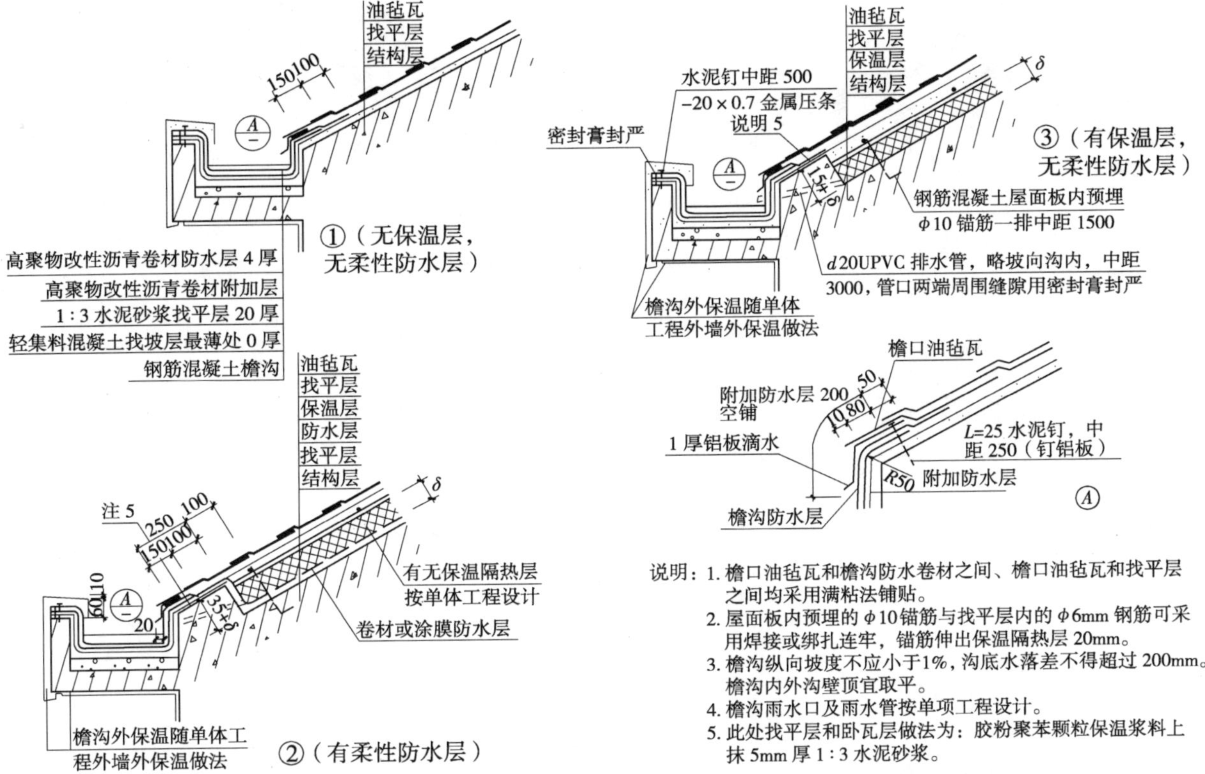

说明：1. 檐口油毡瓦和檐沟防水卷材之间、檐口油毡瓦和找平层之间均采用满粘法铺贴。
2. 屋面板内预埋的 φ10 锚筋与找平层内的 φ6mm 钢筋可采用焊接或绑扎连牢，锚筋伸出保温隔热层 20mm。
3. 檐沟纵向坡度不应小于1%，沟底水落差不得超过 200mm。檐沟内外沟壁顶宜取平。
4. 檐沟雨水口及雨水管按单项工程设计。
5. 此处找平层和卧瓦层做法为：胶粉聚苯颗粒保温浆料上抹 5mm 厚 1:3 水泥砂浆。

油毡瓦屋面檐口（中南 05ZJ211）（36 页）

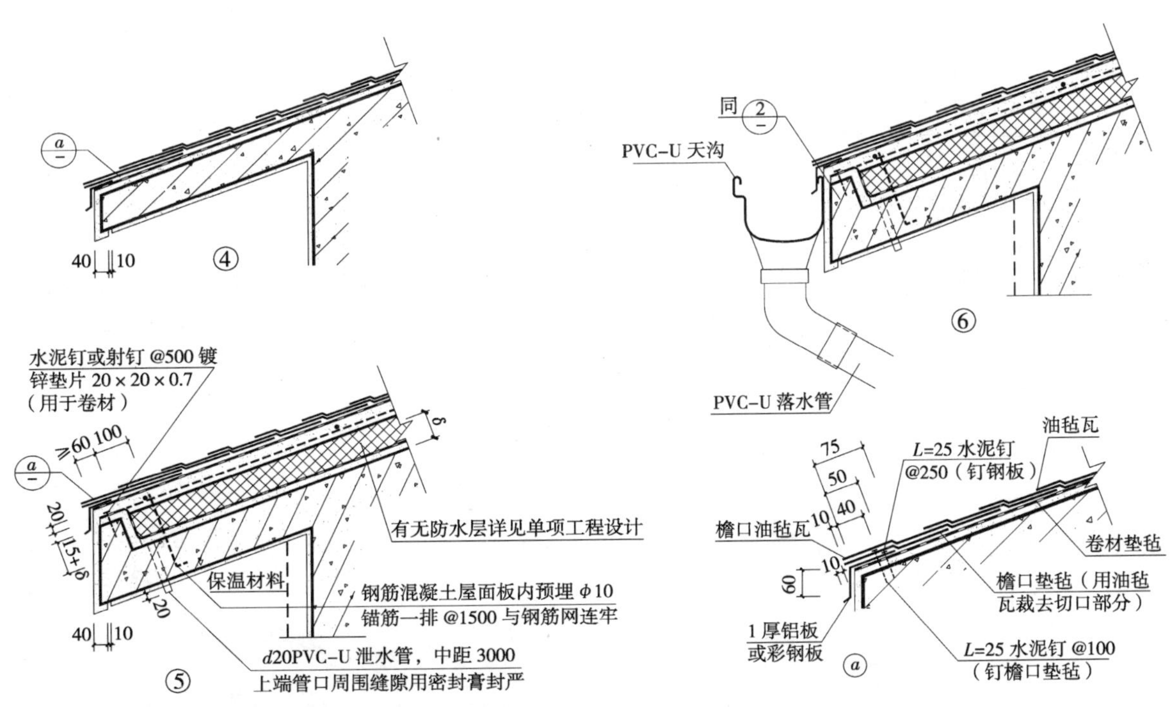

说明：1. 檐口部位的檐口油毡瓦和檐口垫毡之间，檐口垫毡和屋面垫毡（包括钢板）之间，均采用满粘法铺贴。
2. 檐口出檐宽由单项工程设计确定。
3. PVC-U 排水系统的成套构配件安装要求按生产厂家说明。

油毡瓦屋面屋脊（浙 J15）(43 页)

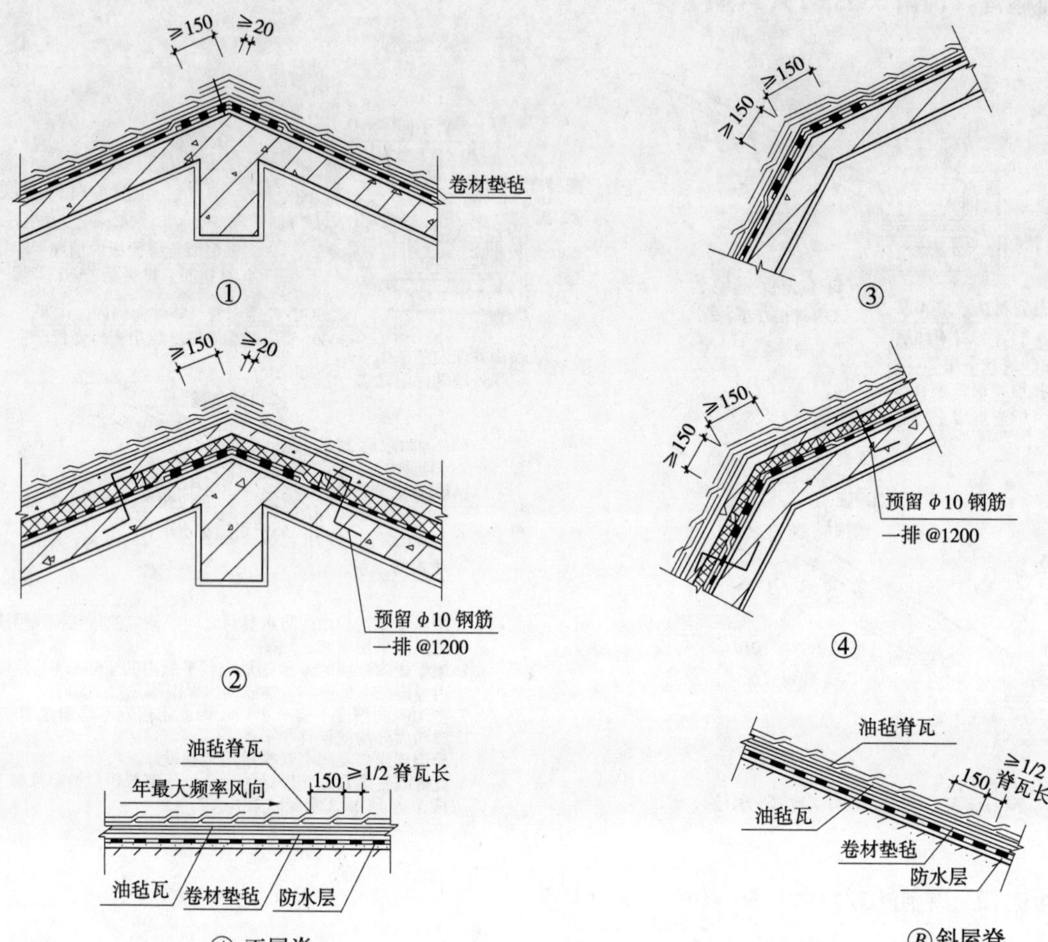

Ⓐ 正屋脊

Ⓑ 斜屋脊

说明：1. 屋面坡度按单体设计。

2. 油毡脊瓦部位的卷材、瓦材均采用满粘加钉的铺设方法，按瓦材生产厂家的产品要求施工。

3. 油毡脊瓦一般可以采用油毡瓦裁成，也可用专用脊瓦。

4. 屋脊油毡瓦铺贴应顺年最大频率风向。

油毡屋脊（河南 05YJ5-2）(35 页)

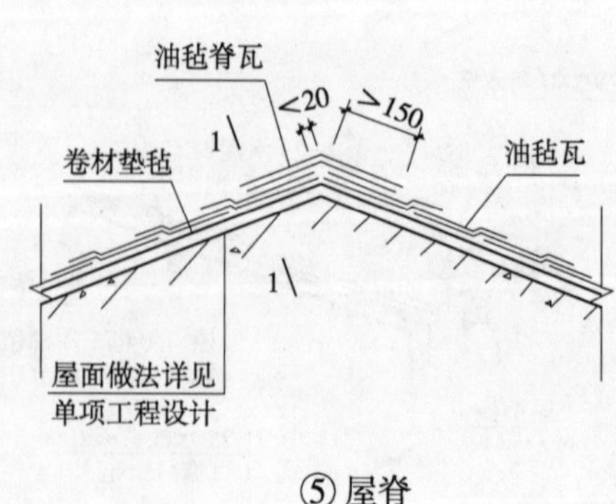

⑤ 屋脊

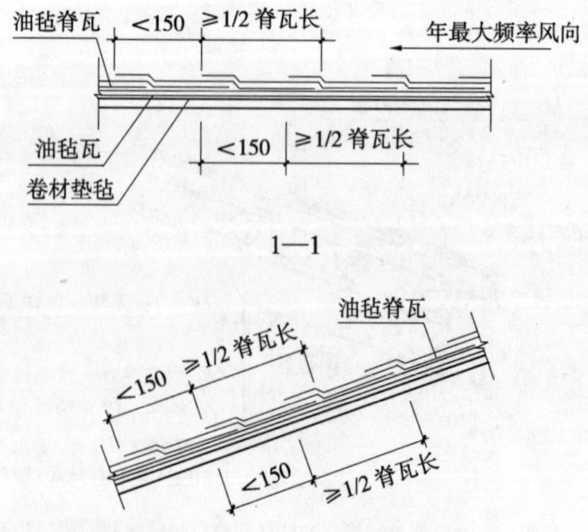

1—1（斜屋脊）

说明：1. 油毡脊瓦部位的卷材、瓦材均采用满粘加钉的铺设方法，按瓦材厂家的产品要求施工。

2. 油毡脊瓦一般可用油毡瓦裁成，也可采用专用脊瓦。

油毡瓦屋面天沟（浙 J15）（43 页）

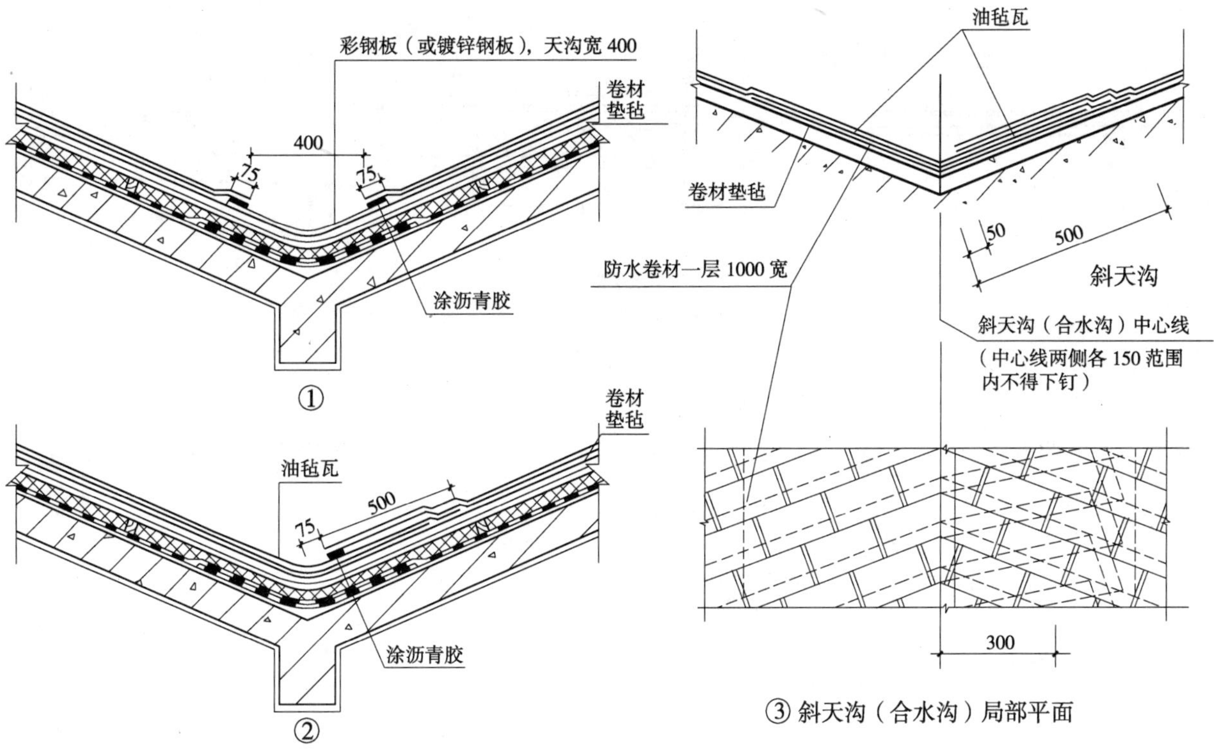

说明：1. 斜天沟部位的卷材、瓦材均采用满粘加钉的铺设方法，按瓦材生产厂家的产品要求施工。

2. 斜天沟有切割式（亦称搭接式）、敞开式、编织式等几种做法，本图推荐切割式做法。切割式斜天沟瓦的搭接是将屋面排水坡度长的、过水量大的一侧油毡瓦搭盖另一侧油毡瓦，并按图示要求切割整齐，粘牢。

油毡瓦屋面女儿墙（河南 05YJ5-2）（36 页）

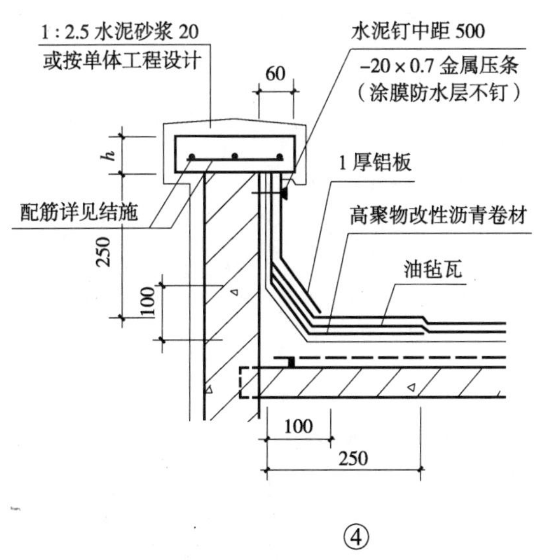

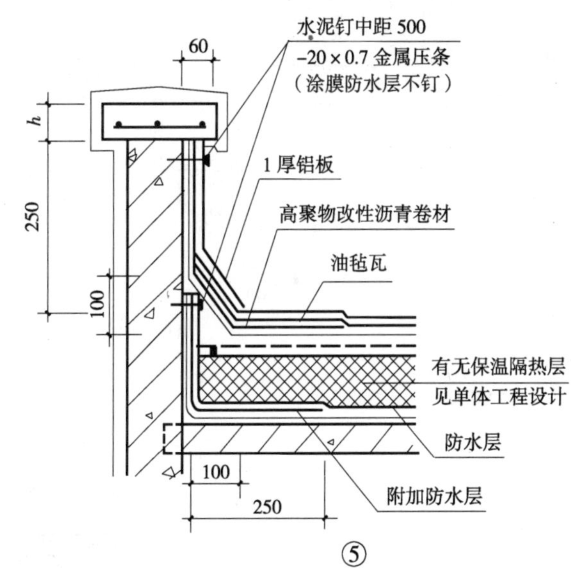

说明：女儿墙压顶厚度 h 按单体工程设计。

油毡瓦屋面　山墙封檐（中南 05ZJ211）（38 页）

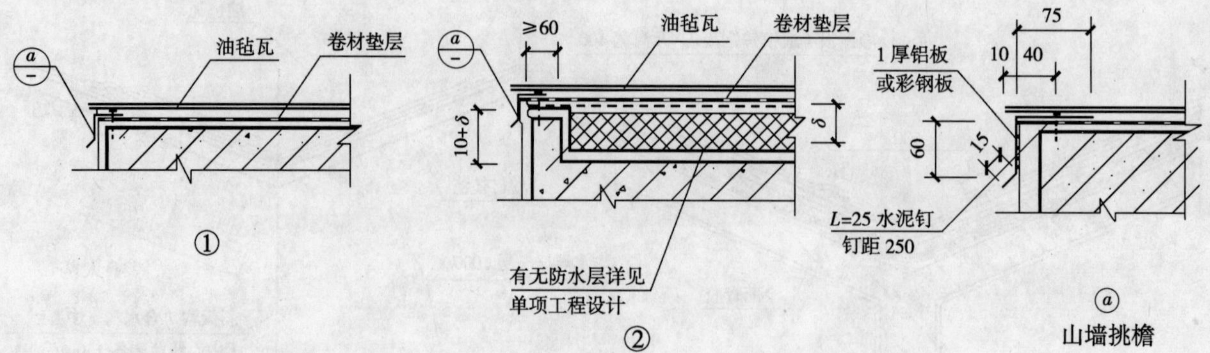

（浙 J15）（42 页）

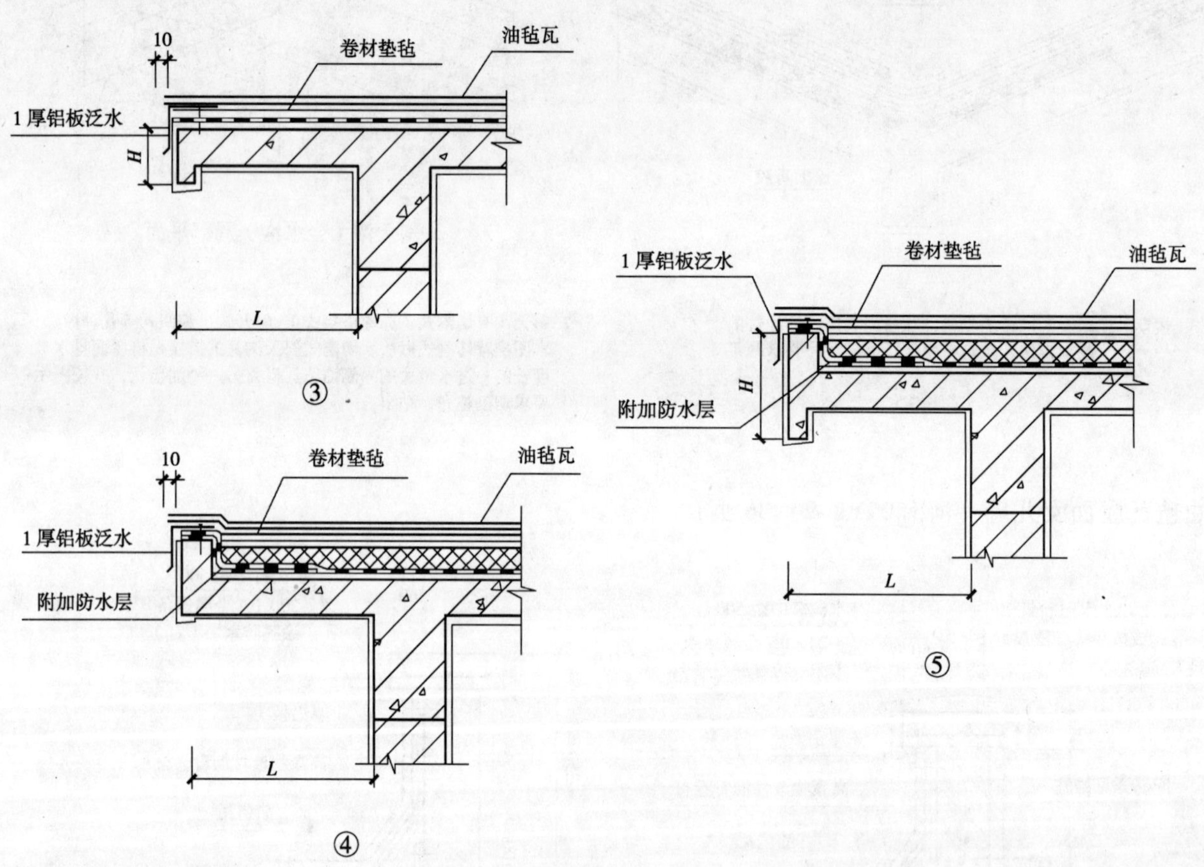

（河南 05YJ5-2）（37 页）

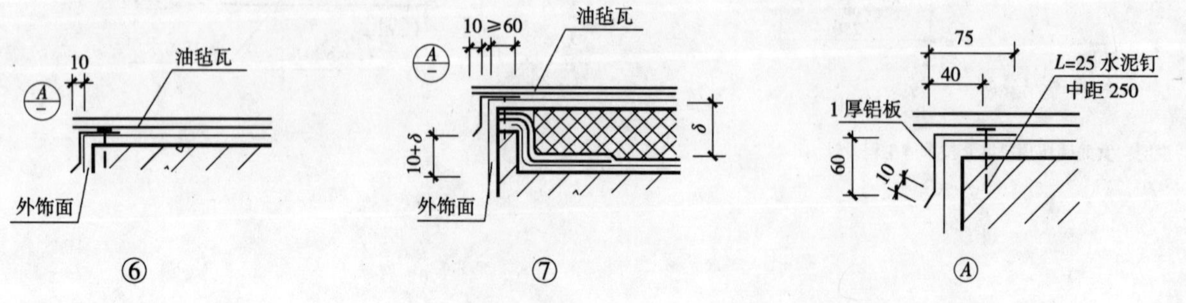

油毡瓦屋面泛水（一）（浙 J15）(44、45 页)

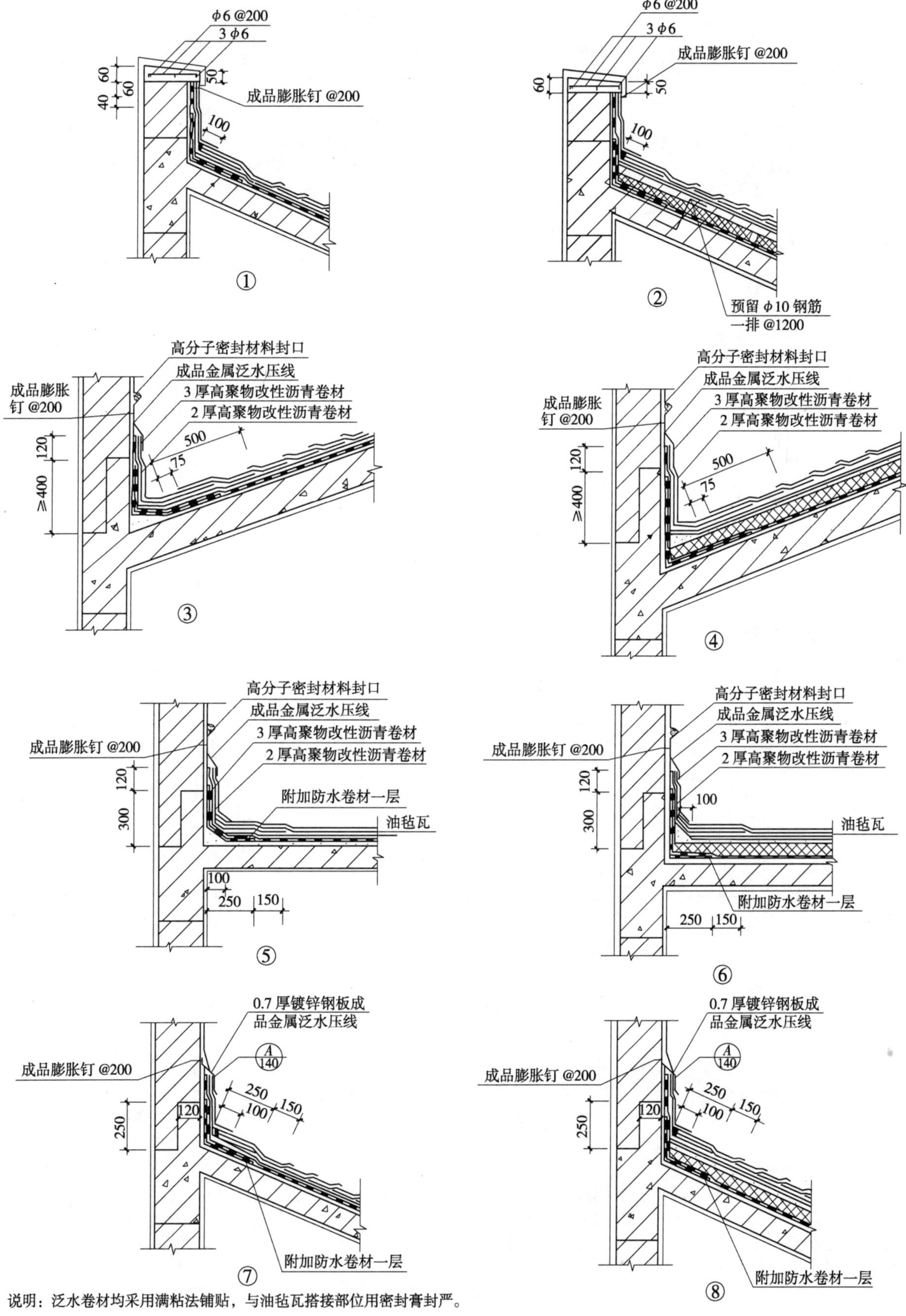

说明：泛水卷材均采用满粘法铺贴，与油毡瓦搭接部位用密封膏封严。

油毡瓦屋面泛水（二）（中南 05ZJ211）（38 页）

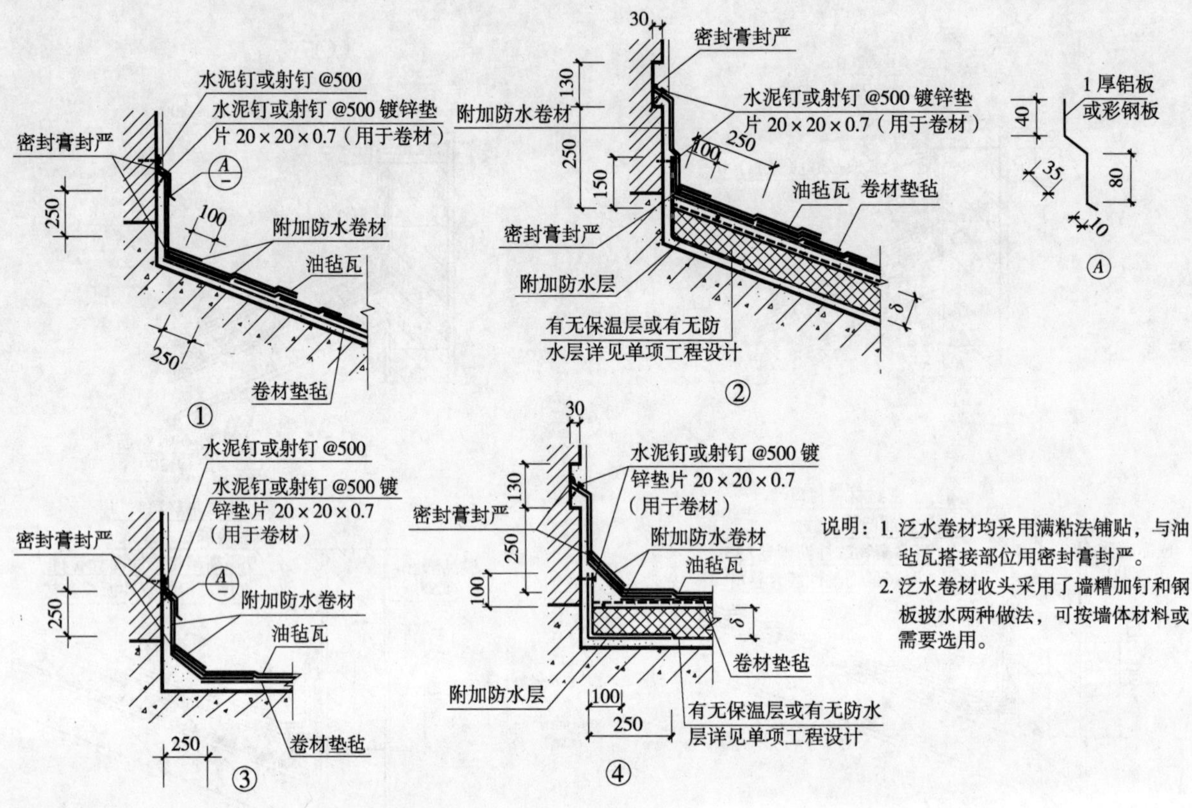

说明：1. 泛水卷材均采用满粘法铺贴，与油毡瓦搭接部位用密封膏封严。
2. 泛水卷材收头采用了墙槽加钉和钢板披水两种做法，可按墙体材料或需要选用。

油毡瓦屋面变形缝（一）（浙 J15）（46 页）

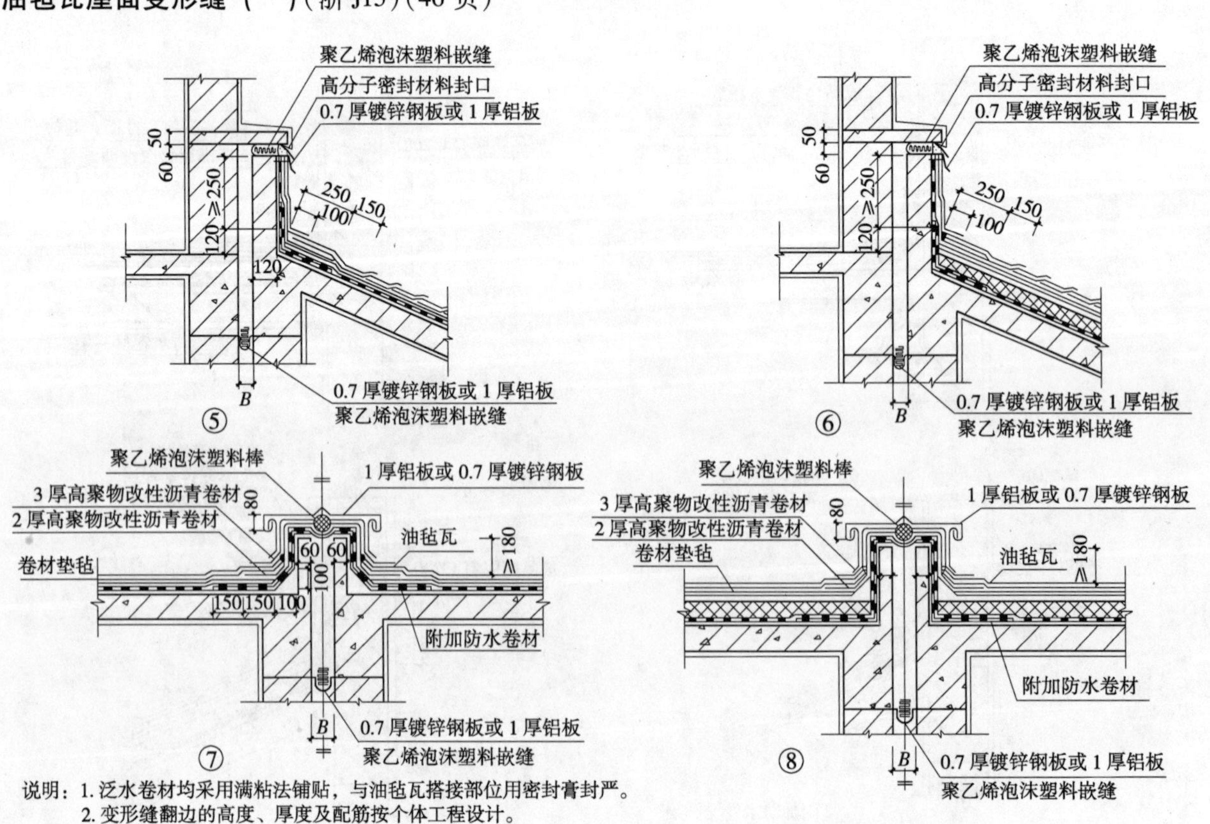

说明：1. 泛水卷材均采用满粘法铺贴，与油毡瓦搭接部位用密封膏封严。
2. 变形缝翻边的高度、厚度及配筋按个体工程设计。

油毡瓦屋面变形缝（二）（河南 05YJ5-2）（37、38 页）

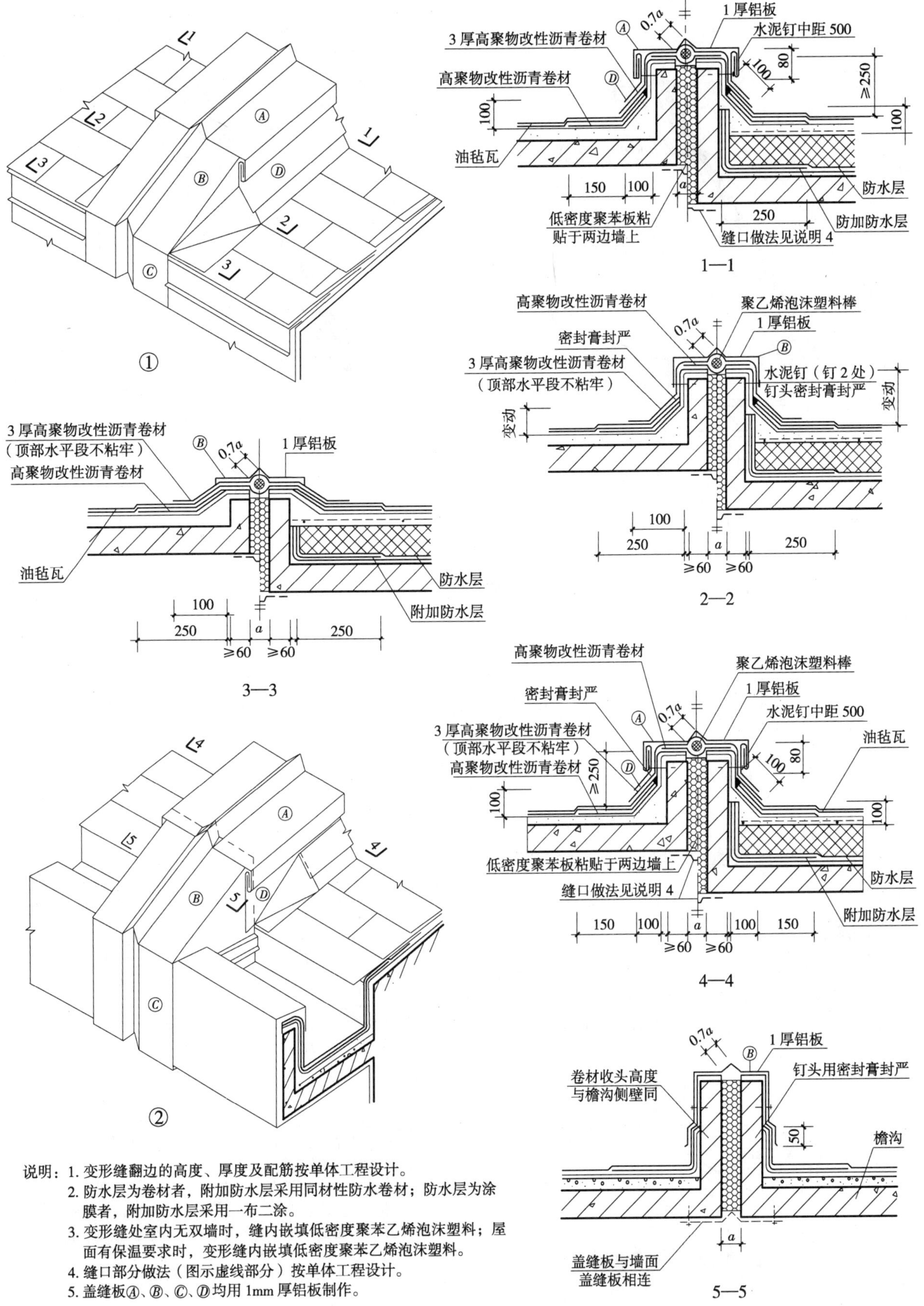

说明：1. 变形缝翻边的高度、厚度及配筋按单体工程设计。
2. 防水层为卷材者，附加防水层采用同材性防水卷材；防水层为涂膜者，附加防水层采用一布二涂。
3. 变形缝处室内无双墙时，缝内嵌填低密度聚苯乙烯泡沫塑料；屋面有保温要求时，变形缝内嵌填低密度聚苯乙烯泡沫塑料。
4. 缝口部分做法（图示虚线部分）按单体工程设计。
5. 盖缝板Ⓐ、Ⓑ、Ⓒ、Ⓓ均用1mm厚铝板制作。

油毡瓦装饰斜檐（中南 05ZJ211）(45 页)

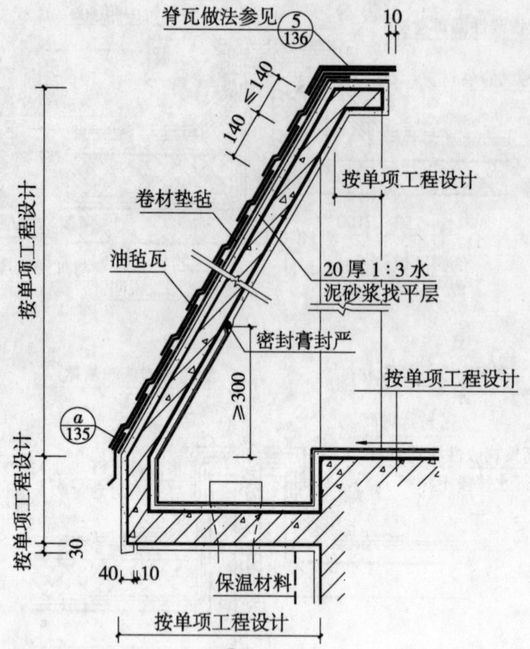

脊瓦做法参见 5/136
10
140 ≤140
按单项工程设计
卷材垫毡
油毡瓦
20 厚 1∶3 水泥砂浆找平层
密封膏封严
≥300
按单项工程设计
a/135
按单项工程设计
按单项工程设计
30
40 10
保温材料
按单项工程设计
①

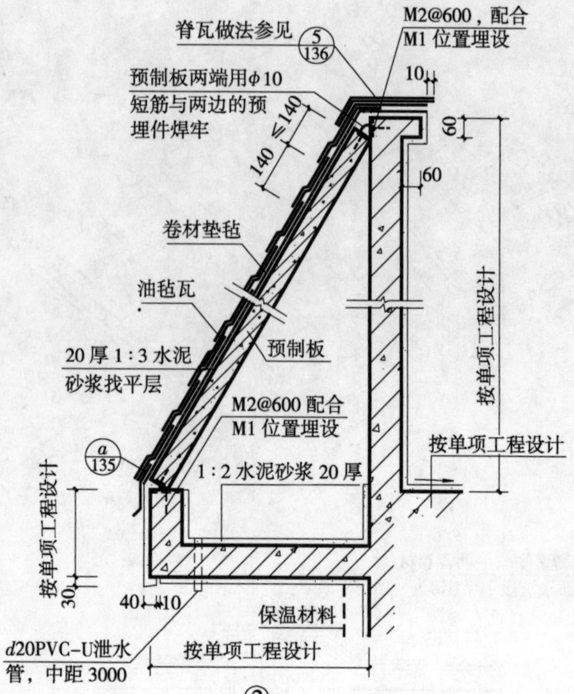

脊瓦做法参见 5/136
M2@600，配合 M1 位置埋设
预制板两端用 φ10 短筋与两边的预埋件焊牢
10
60
140 ≤140
60
卷材垫毡
油毡瓦
预制板
20 厚 1∶3 水泥砂浆找平层
M2@600 配合 M1 位置埋设
按单项工程设计
a/135
1∶2 水泥砂浆 20 厚
按单项工程设计
按单项工程设计
30
40 10
保温材料
d20PVC-U泄水管，中距 3000
按单项工程设计
②

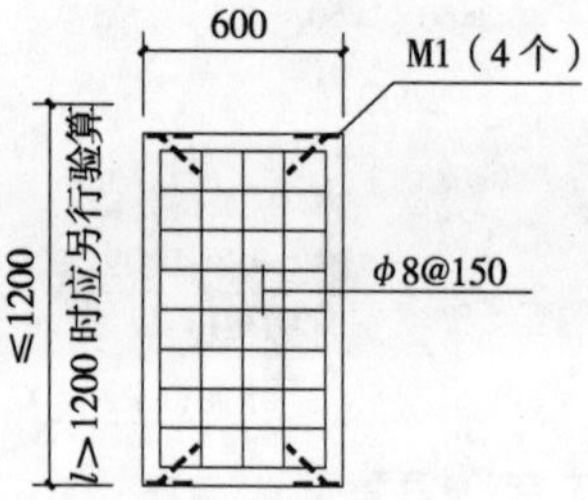

600
M1（4 个）
≤1200
l>1200 时应另行验算
φ8@150
C20 混凝土预制板 60 厚
（钢筋保护层 10）

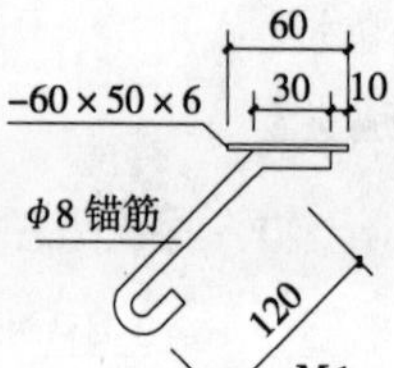

60
−60×50×6
30 10
φ8 锚筋
120
M1

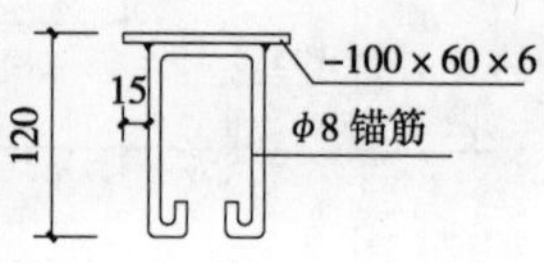

−100×60×6
120
15
φ8 锚筋
M2

说明：本图仅表示斜檐的铺瓦及有关构造，平屋面的构造及檐沟的相关做法按单项工程设计确定。

块瓦形钢板彩瓦屋面檐沟、斜天沟，山墙挑檐（河南 05YJ5-2）(47、48、49 页)

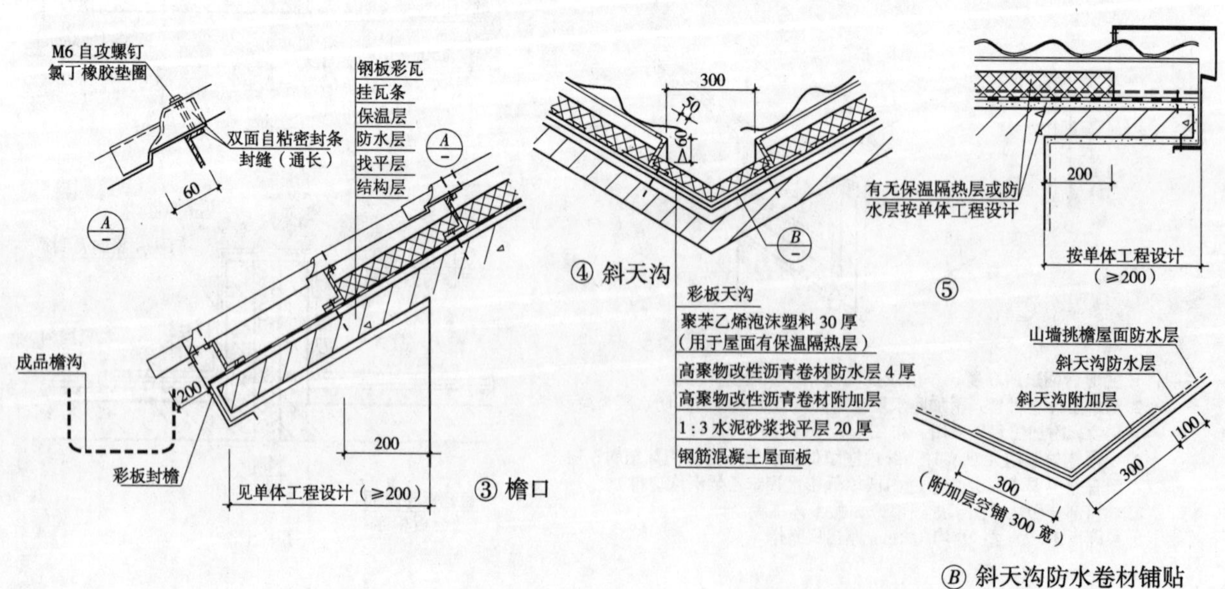

③ 檐口

Ⓑ 斜天沟防水卷材铺贴

4 玻 璃 屋 面

说明

1. 玻璃屋面主要为适应采光及形成装饰与艺术效果而设置。

2. 玻璃屋面常采用钢结构骨架，既要考虑承重又要考虑玻璃的固定连接与防水；钢骨架与整体玻璃屋面的设计需特别注意保温、隔热、防渗、防结露、密封、防雹的要求；要准确地确定骨架与玻璃屋面的大小尺寸、剖面形式及开启位置、开启方式。

采用的玻璃多为夹层玻璃、钢化破璃等安全玻璃，如图 1 所示。面层玻璃应能抗冰雹。倾斜的玻璃屋面在下面的玻璃墙面总厚度，可酌情减薄。

上层钢化玻璃
空气层
下层夹胶(PVB)
玻璃5+0.8+5
8
12
11
31

图1　玻璃示例

钢骨架钢材可采用热浸镀锌钢板压制，面层喷涂氟碳涂层，并应考虑防腐措施。

3. 玻璃屋面一般由专门厂家负责设计加工，工程设计人员应与厂家明确各自责任。

以下列举几个不同形式的玻璃屋面：(1) 八角锥形玻璃屋面；(2) 四边锥形玻璃屋面；(3) 双坡玻璃屋面；(4) 单坡玻璃屋面。

八角锥形玻璃屋面平面示例

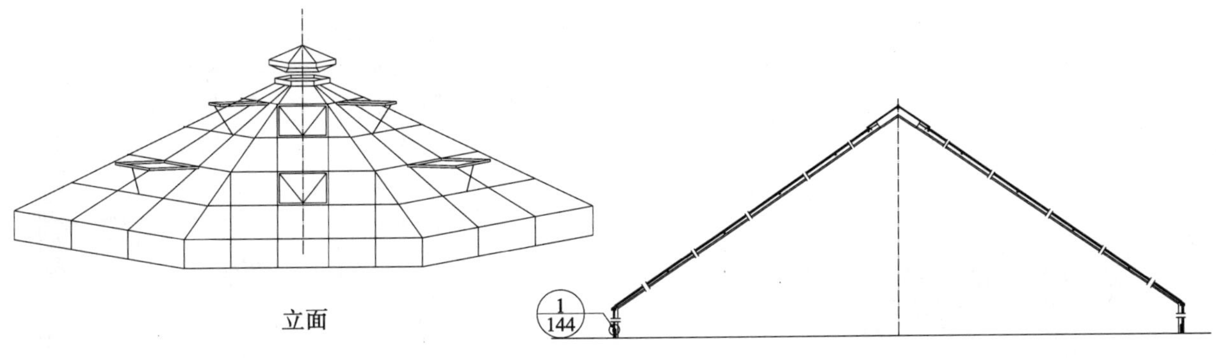

立面

1-1剖面

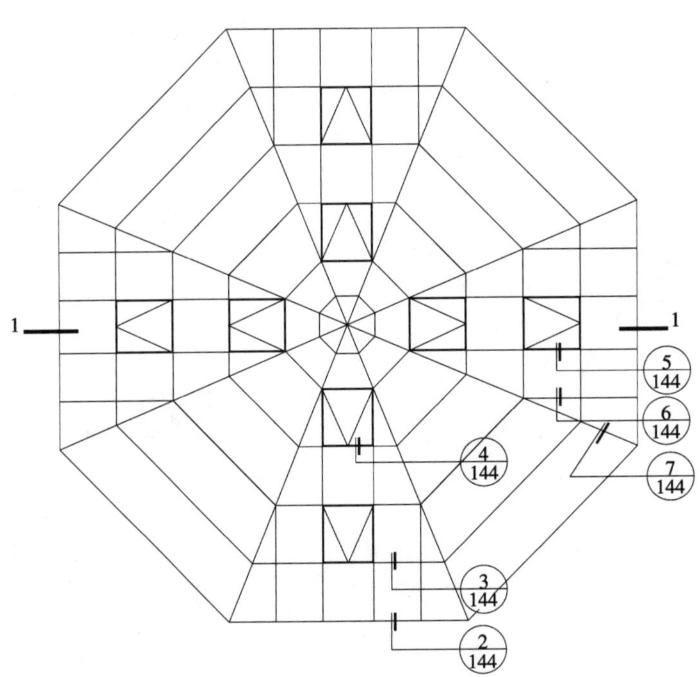

八角锥形玻璃屋面（华北 88J5-1）(70 页)

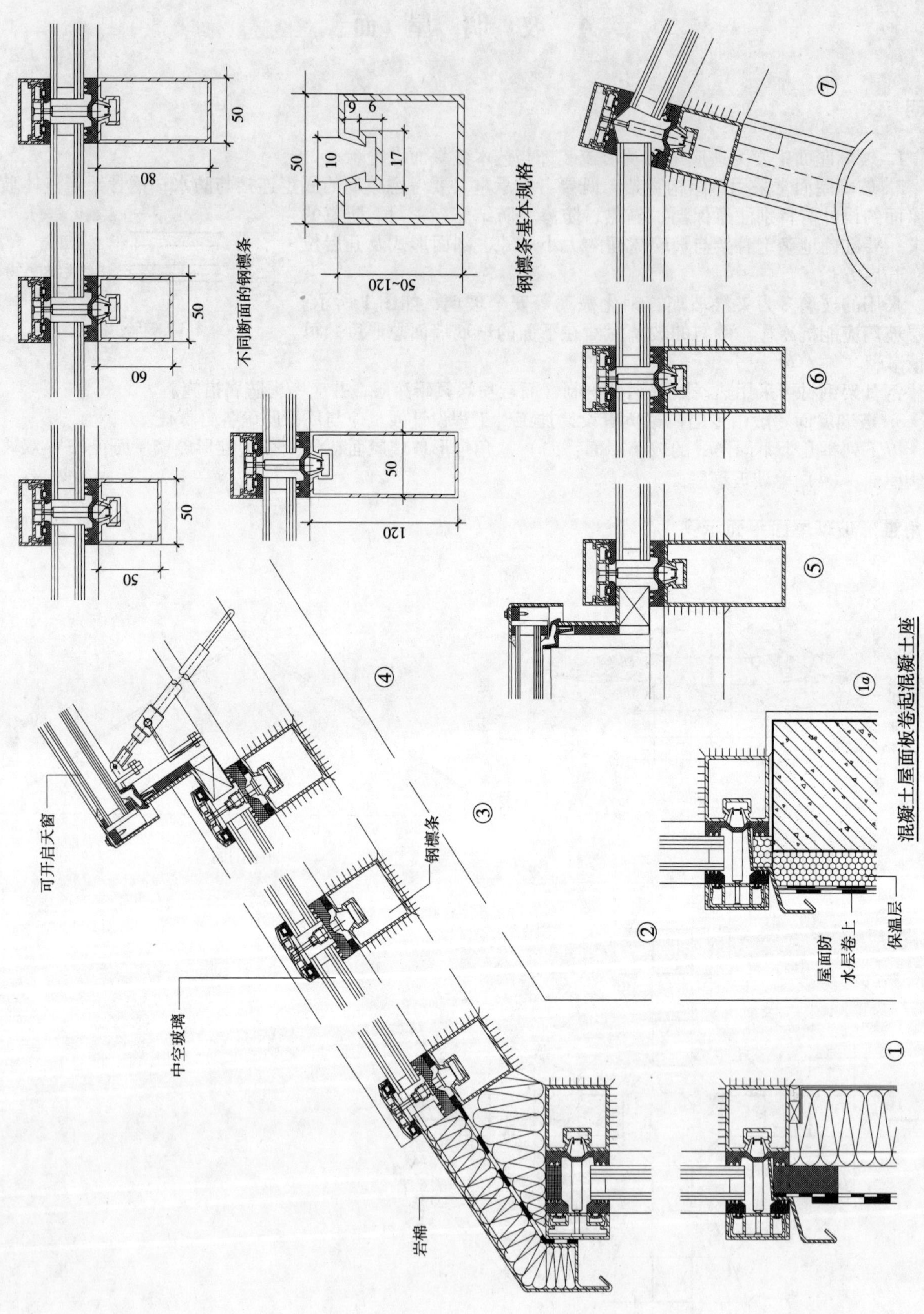

四边锥形玻璃屋面（一）(华北 88J5-1)(71 页)

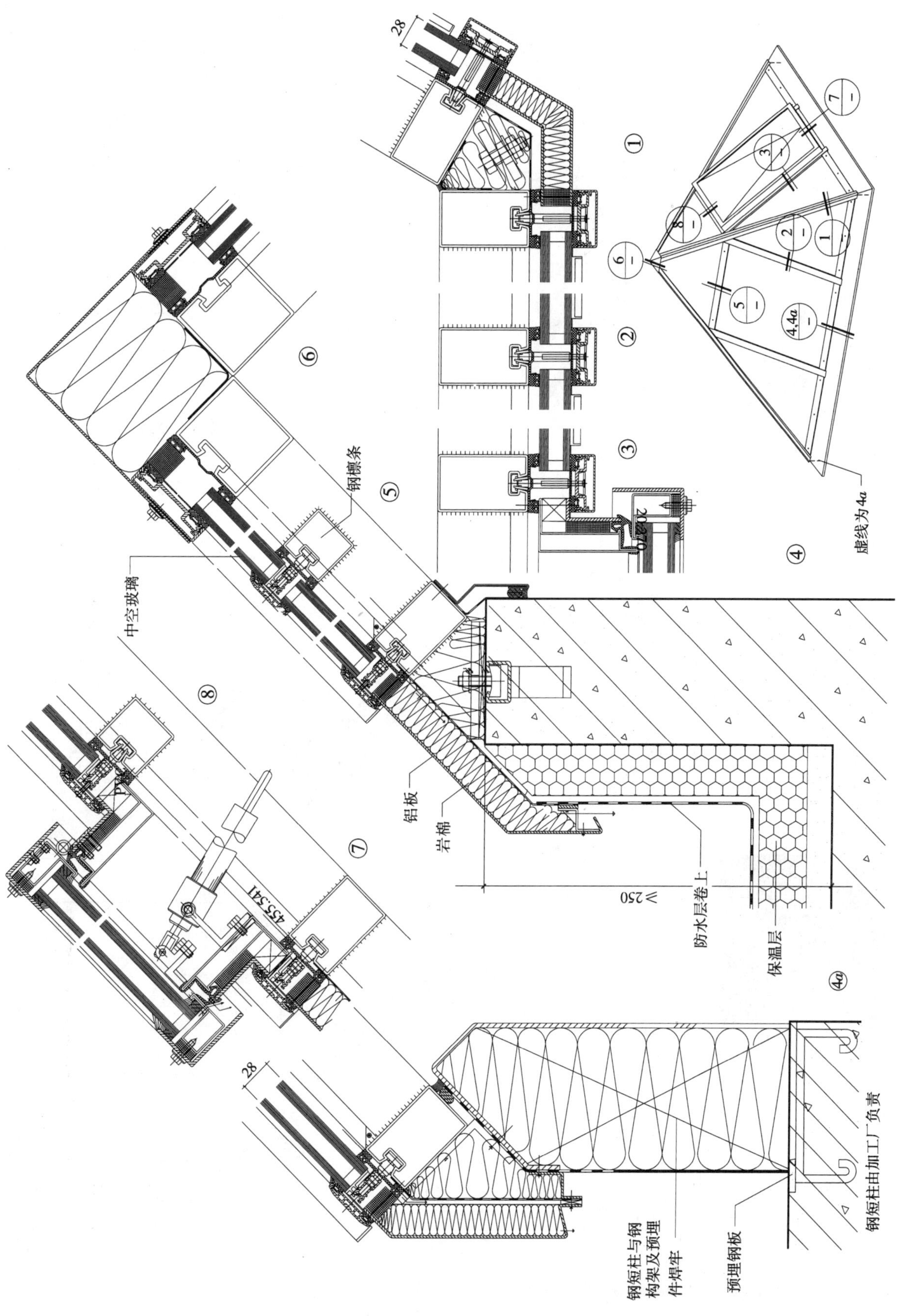

四边锥形玻璃屋面（二）(华北 88J5-1) (72 页)

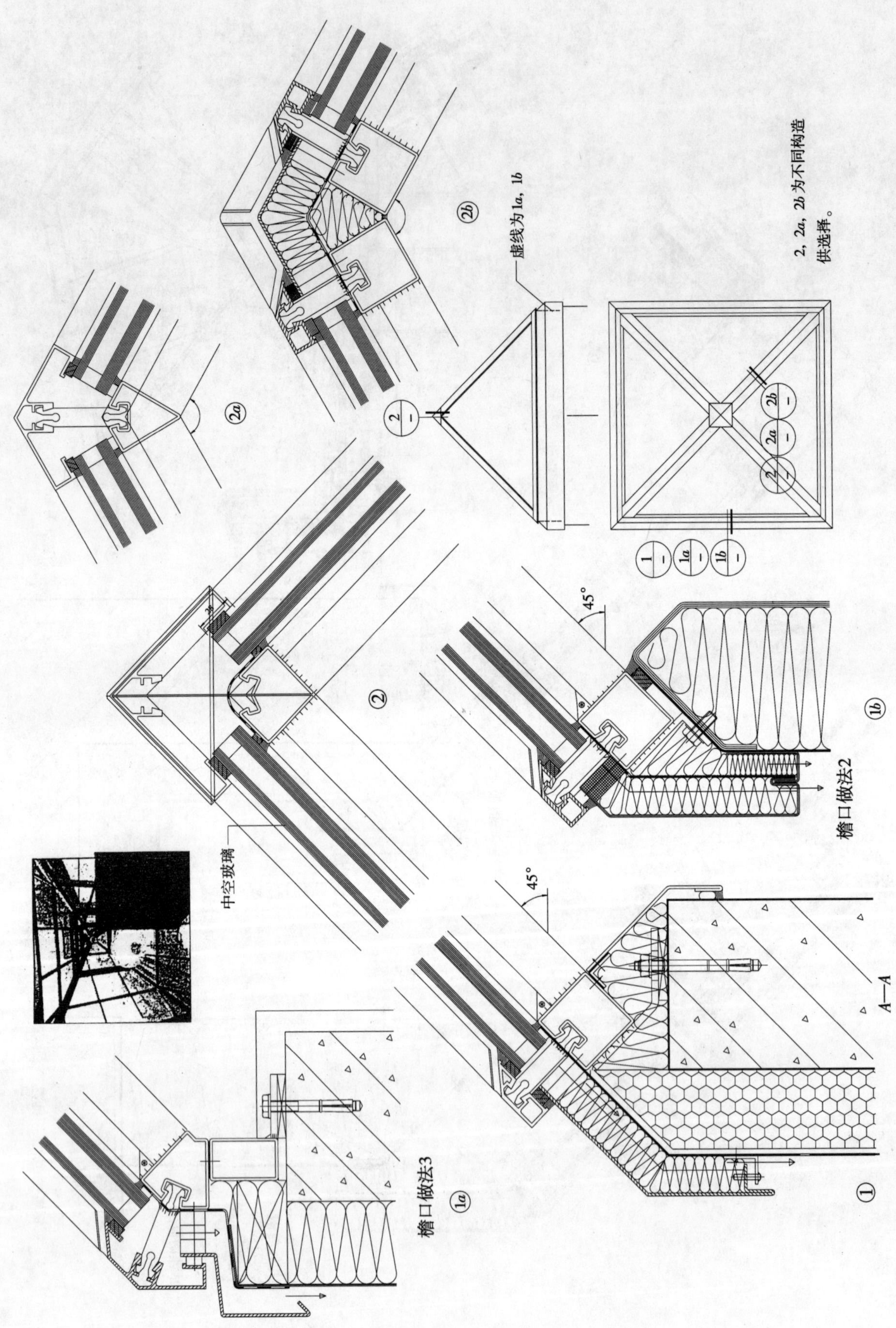

双坡玻璃屋面（一）（华北 88J5-1）（73 页）

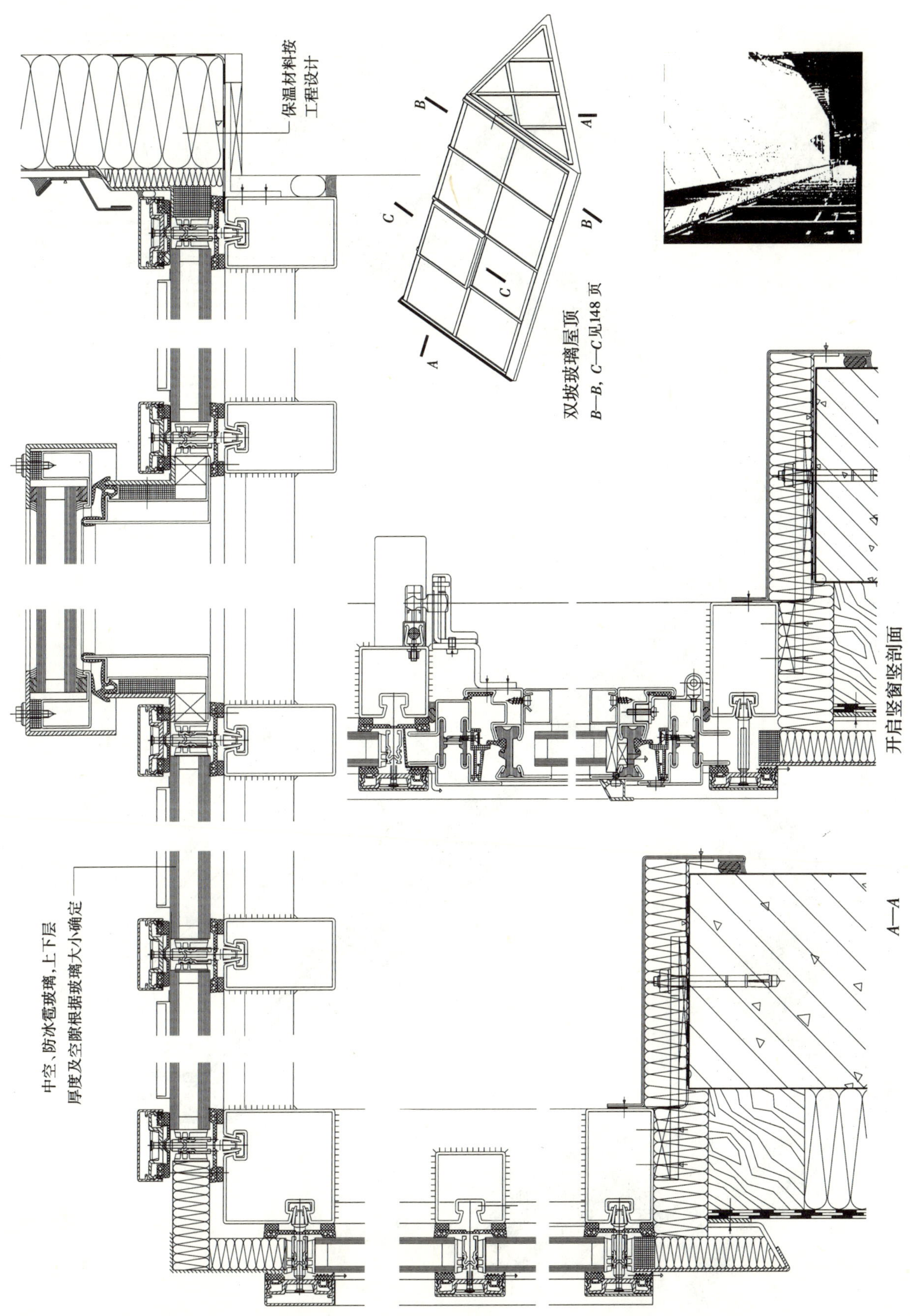

双坡玻璃屋面（二）（华北 88J5-1）（74 页）

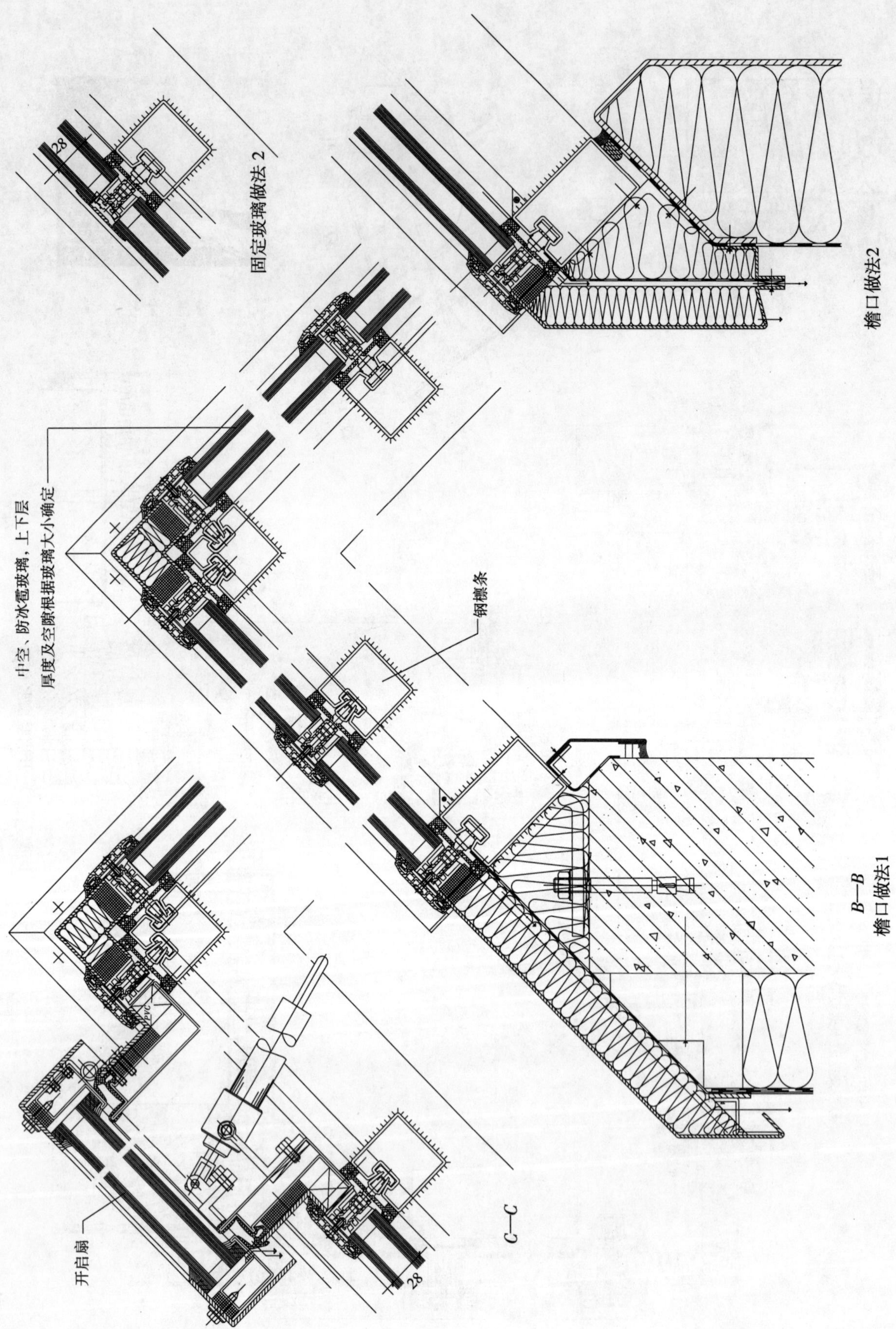

单坡玻璃屋面（一）(88J5-1)(77 页)

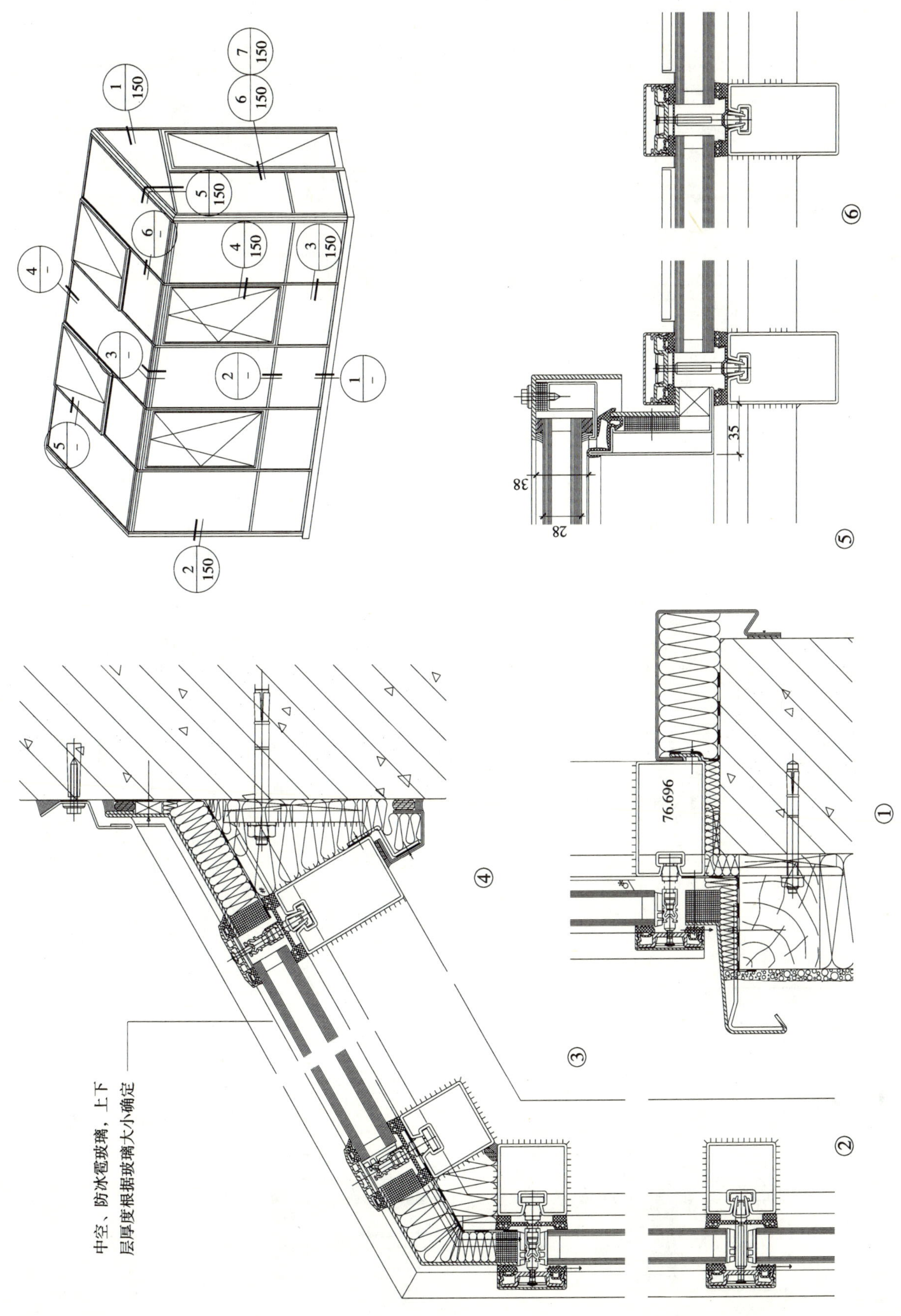

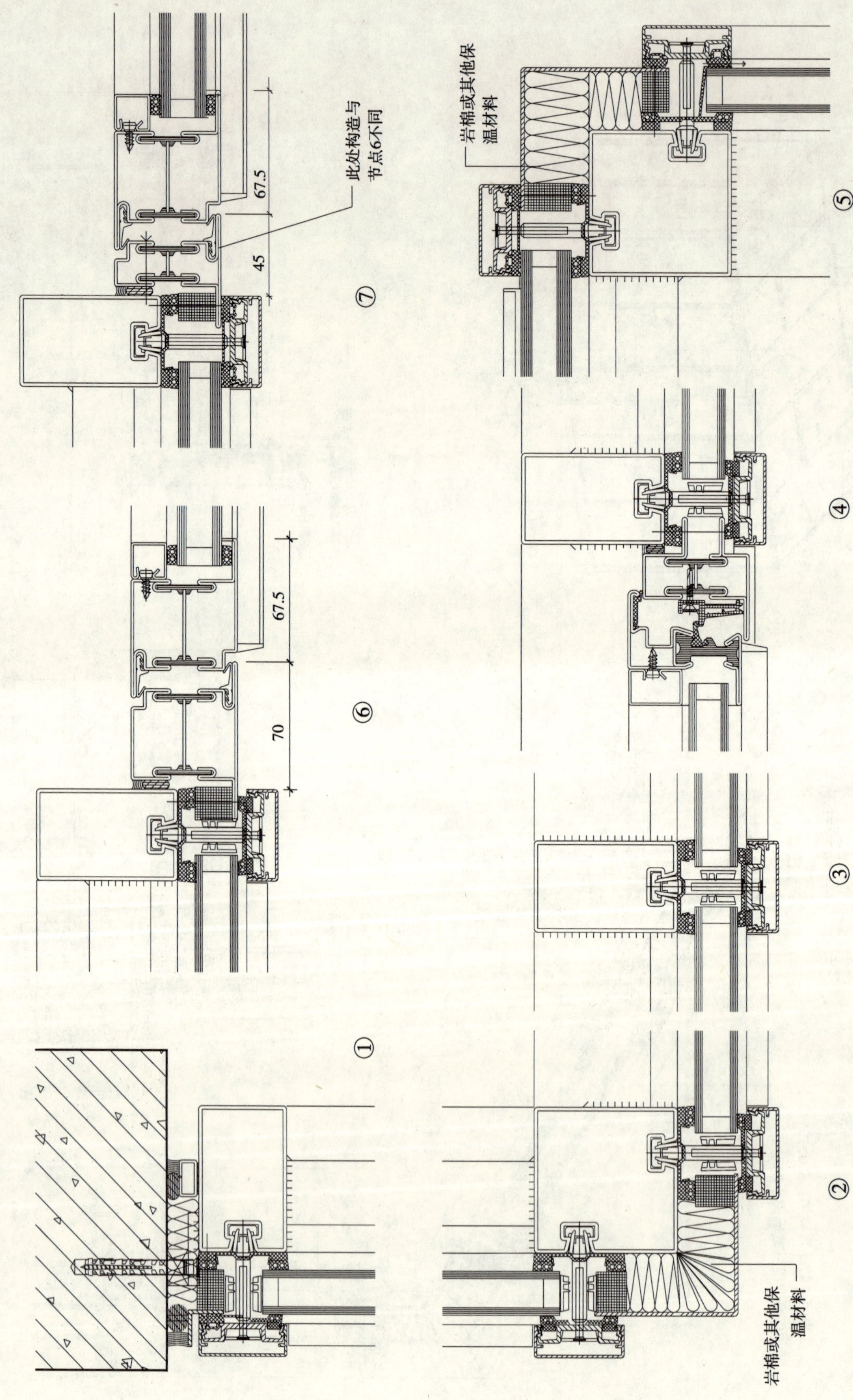
此处构造与
节点6不同
67.5
45
⑦
67.5
70
⑥
①
岩棉或其他保
温材料
⑤
④
③
②
岩棉或其他保
温材料

5 透光屋面

说明

1. 透光屋面是用隔热、防风雨又能透光的屋面材料同金属骨架组成的一种屋面形式，广泛应用于住宅、宾馆及其他公共建筑中。在金属板材屋面中，一般采用采光带来弥补大跨度（如网架及轻钢等结构）建筑中部的光线不足问题，在柔性及刚性防水屋面中采用采光天窗来增加建筑内部的亮度，在大厅及共享空间等四周封闭的建筑中可采用全部透光屋面来采光。

2. 透光屋面材料

1）透光屋面板材上节已有介绍，本节只着重介绍一般透光屋面的构造。其应用的玻璃板材如表1。

透光屋面应用的玻璃板材 **表1**

类　别	性能分类	
	不保温屋面	保温屋面
玻璃类	钢化玻璃板	中空钢化玻璃板
	多层夹胶玻璃板	
聚碳酸酯类	PC 实心板	PC 中空板

2）金属骨架材料

a）铝合金 LD31（6063）标准系列骨架材料；

b）方管、角钢等型材（Q235 钢）。

3）密封材料

a）铝合金透光屋面用硅酮密封材料；

b）型钢透光屋面用氯磺化聚乙烯或丙烯酸密封材料。

3. 聚碳酸酯类透光屋面板材特性

1）聚碳酸酯类板（PC 板）系最新节能透光材料，具有高强、隔热、透光率高等特点。PC 板重量轻（比重 1.2），有良好阻燃性（燃点 630℃），离火后自熄，燃烧时不产生有毒气体，按国标 GB 50222—95,为难燃一级（B_1），抗老化 15 年以上，可作Ⅱ级防水屋面。

PC 板在 -100℃时不发生冷脆，在 150℃时不软化。

PC 板冲击韧性及强度高，易于加工，在施工时可用工具切割、钻孔及粘结。

PC 板颜色有透明、茶色、黄色、蓝色、湖蓝色及半透明的白色、乳白色，可根据设计需要任意选择。

PC 板有实心板及中空板等，其中实心板又有光面及单面压花之分。

PC 板应用专用密封条［乙烯、丙烯和双环戊二烯的三元共聚物（EPDM），或氯丁橡胶等材料制成］，并用硅酮胶做二次防水。

PC 板的力学性能如表 2：

PC 板力学性能 **表2**

抗拉强度（MPa）	纵向：>63.1　　横向 >61.7
抗压强度（MPa）	86.1
抗弯强度（MPa）	纵向：>61.29　　横向 >59.34
弹性模量（MPa）	纵向：>1392.22　　横向 >1365.93

2）PC 实心板

PC 实心板厚度选择如表 3：

PC 实心板厚度 (mm) 表 3

荷载分级（N/m^2）		400	800	1200	1600	2000
短边跨距（mm）	2000	10	10	10	—	—
	1800	8	10	10	12	—
	1600	8	8	8	10	—
	1400	6	6	8	10	—
	1200	5	5	6	10	12
	1000	4	5	6	8	12
	800	3	5	6	8	12
	600	3	5	6	8	12

PC 实心板光线穿透率如表 4：

PC 实心板光线穿透率 (%) 表 4

PC 板厚度（mm）		3.0	4.5	6.0	8.0	10.0
板色种类	透明 PC	87	85	83	82	80
	有色	50	50	50	50	80

PC 实心板易于弯成弧形，适用于各种曲面体型的要求。最小弯曲半径 $R=100h$（h 为板厚），标准板材尺寸为 1200mm×2400mm。

3）PC 中空板

规格及重量如表 5：

PC 中空板规格及质量 表 5

规　格		宽×长（mm×mm）	重量（N/m^2）
PC 中空板厚（mm）	4	2100×5800	10
	6		13
	8		15
	10		17

PC 中空板厚度选择如表 6：

PC 中空板厚度 (mm) 表 6

荷载分级（N/m^2）		500	600	750	900	1100	1250	1600	2000
短边跨距（mm）	500	4	4	6	6	8	8	8	10
	600	4	6	8	8	8	8	10	—
	700	6	6	8	8	10	17	10	—
	800	6	8	10	10	10	10	—	—
	900	8	10	10	10	—	—	—	—
	1000	10	10	10	—	—	—	—	—
	1056	10	10	10	—	—	—	—	—
	1220	10	10	—	—	—	—	—	—

注：本表中空板长边跨距均按 2000mm 考虑。

PC 中空板光线穿透率如表 7：

PC 中空板光线穿透率 (%) 表 7

板　厚		6mm	8mm	10mm
板颜色	透明	82	82	81
	有色	35	35	35
	乳白	58	54	48

PC 中空板弯曲半径如表 8：

PC 中空板弯曲半径 表 8

厚　度（mm）	建议最小曲率半径（mm）	极限曲率（mm）
4	700	600

续表

厚　　度（mm）	建议最小曲率半径（mm）	极限曲率（mm）
6	1050	900
8	1400	1200
10	1750	1500

透光屋面构造（河北 05J5-1）（56 页）

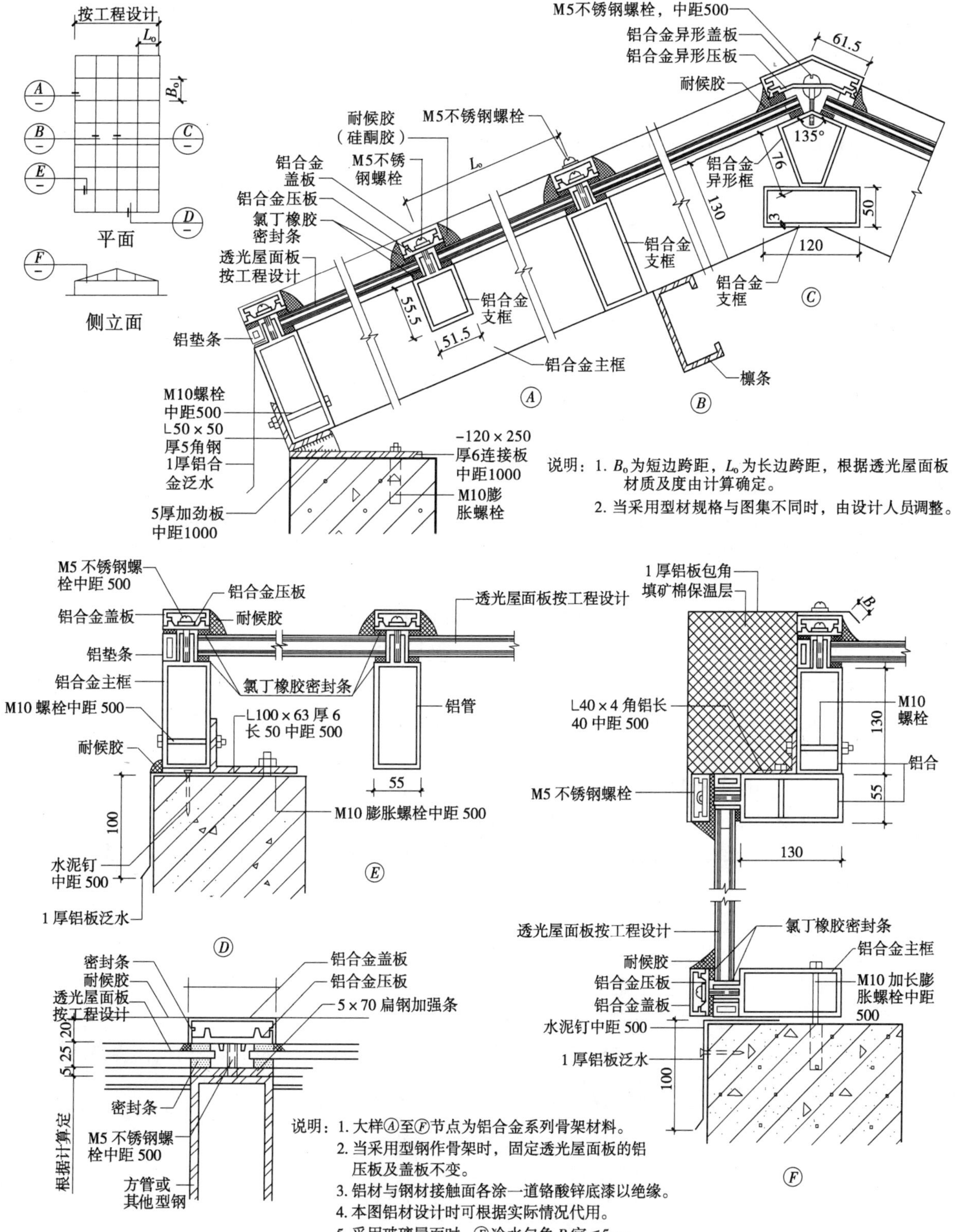

6　压型钢板屋面

说明

1. 本节介绍的压型钢板屋面适用于采用彩色涂层热镀锌（也可为铅锌）钢板为基材，经辊压冷弯成型的建筑用屋面板材；屋面彩涂层钢板常用厚度为0.5~1.0mm。彩色涂层钢板厚度包括基本和涂层两部分，基板厚0.38~1.2mm；镀锌层一般为两涂两烘环氧树脂，镀锌层双面质量不小于180g/m^2，涂层厚度不小于25μm。

2. 本节介绍的压型钢板屋面包括两种压型钢板的屋面。

（1）单层压型钢板屋面，适用于无保温要求的屋面工程；耐火时间：15min。

（2）现场拼装式屋面夹芯板屋面，在屋面檩条上部固定防水型单层压型钢板；在屋面檩条下部固定装饰型单层压型钢板，并在两层板之间预先铺设玻璃棉或岩棉保温夹芯层；适用有保温要求屋面工程。离心超细玻璃棉，质量≤20kg/m^{3}时，导热系数≤0.033W/(m·k)。

3. 压型钢板屋面构造

（1）屋面坡度：1/20~1/6；腐蚀环境中，屋面坡度≥1/12。

（2）板长，尽量采用尺寸较长的板，并尽可能将设备运至施工现场加工。

（3）压型钢板与檩条连接都必须穿透屋面与檩条连接；板与板连接处与每根檩条应有三个自攻螺钉与檩条固定，板中间应有两个自攻螺钉与檩条连接。

（4）压型钢板的长向搭接，两块板均应伸至支承构件上。单层板的搭接长度：当屋面坡度≤1/10时，搭接长度为250mm；当屋面坡度>1/10时，搭接长度为200mm。W600压型板的搭接长度为380mm。搭接钢板部分用拉铆钉连接，搭接缝用防水材料密封，外露拉铆钉头均涂密封胶。

（5）压型钢板侧向搭接应与主导风向一致，搭接宽度75mm，檩条间用拉铆钉连接，拉铆钉中距一般为≤400mm。搭接部位均设防水压缝条。

（6）自攻螺钉及拉铆钉一般要求设在波峰上，自攻螺钉所配密封橡胶盖垫等必须齐全、防水可靠，拉铆钉外露钉头涂密封胶。

（7）屋脊板、封檐板、仓角板及冷水板等配件之间的连接宜背向主导风向搭接，长度≥150mm，中间拉铆钉连接，拉铆钉中距≤250mm，外露钉头涂密封胶，拉铆钉应尽可能避开屋面波谷。

（8）屋面应尽量避免开洞，必须开洞时宜接近屋脊部位。

（9）天沟纵坡1%，内天沟宜按节点设计找纵波。

（10）钢板天沟沿长度方向连接时，可在天沟连接缝外侧周边加3mm×100mm钢衬板，围焊或顺坡度方向焊接。

（11）采用内天沟时，为避免北方寒冷地区天沟因积雪冻结造成排水不畅产生渗漏，雪后须及时进行人工清扫或沿天沟底板内侧设通长暖气管道。

（12）雨水管间距由具体设计确定，且不宜大于12m，管径$D=100\sim150$mm，雨水口位置除注明者外均位于檐沟宽度中心线上，并避开天沟支托。

（13）避雷针（带）应与主体结构连接，其做法应按工程设计，不得用压型钢板作为接地。

W600 型板安装详图（一）（华北 88J5-1）（A31 页）

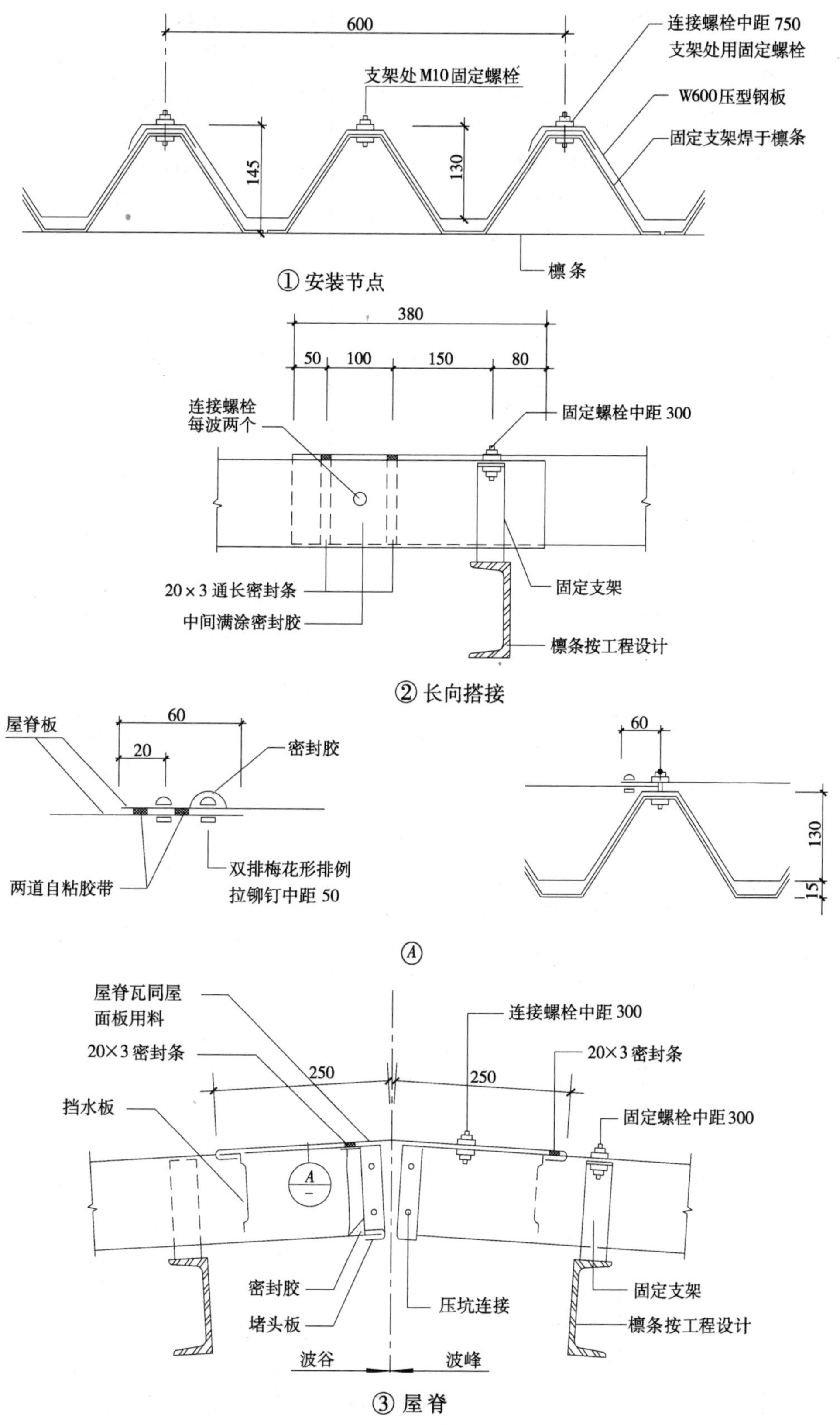

W600 型板安装详图（二）(88J5-1)(A32 页)

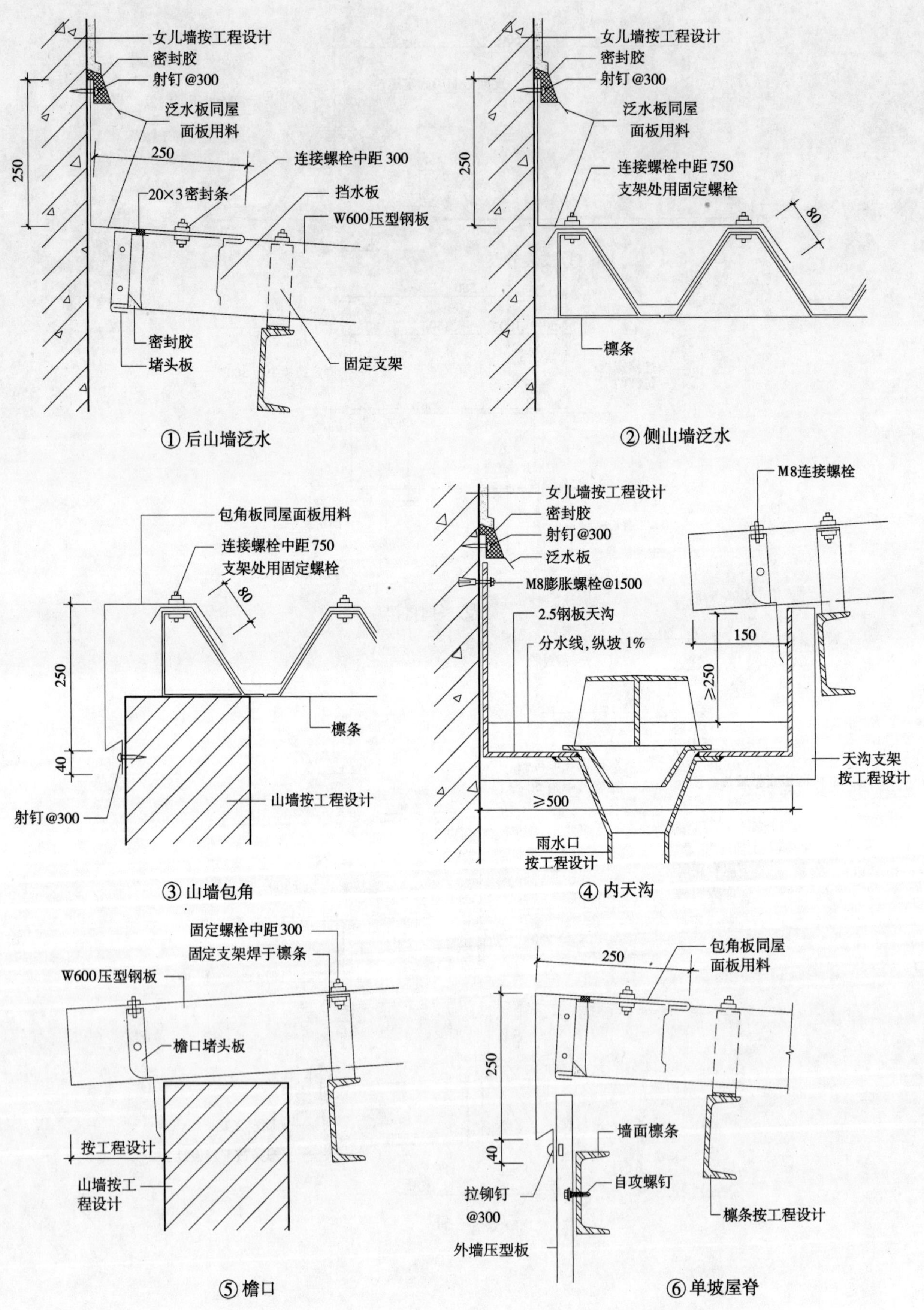

W—600 型压型钢板配件（华北 88J5-1）（A30 页）

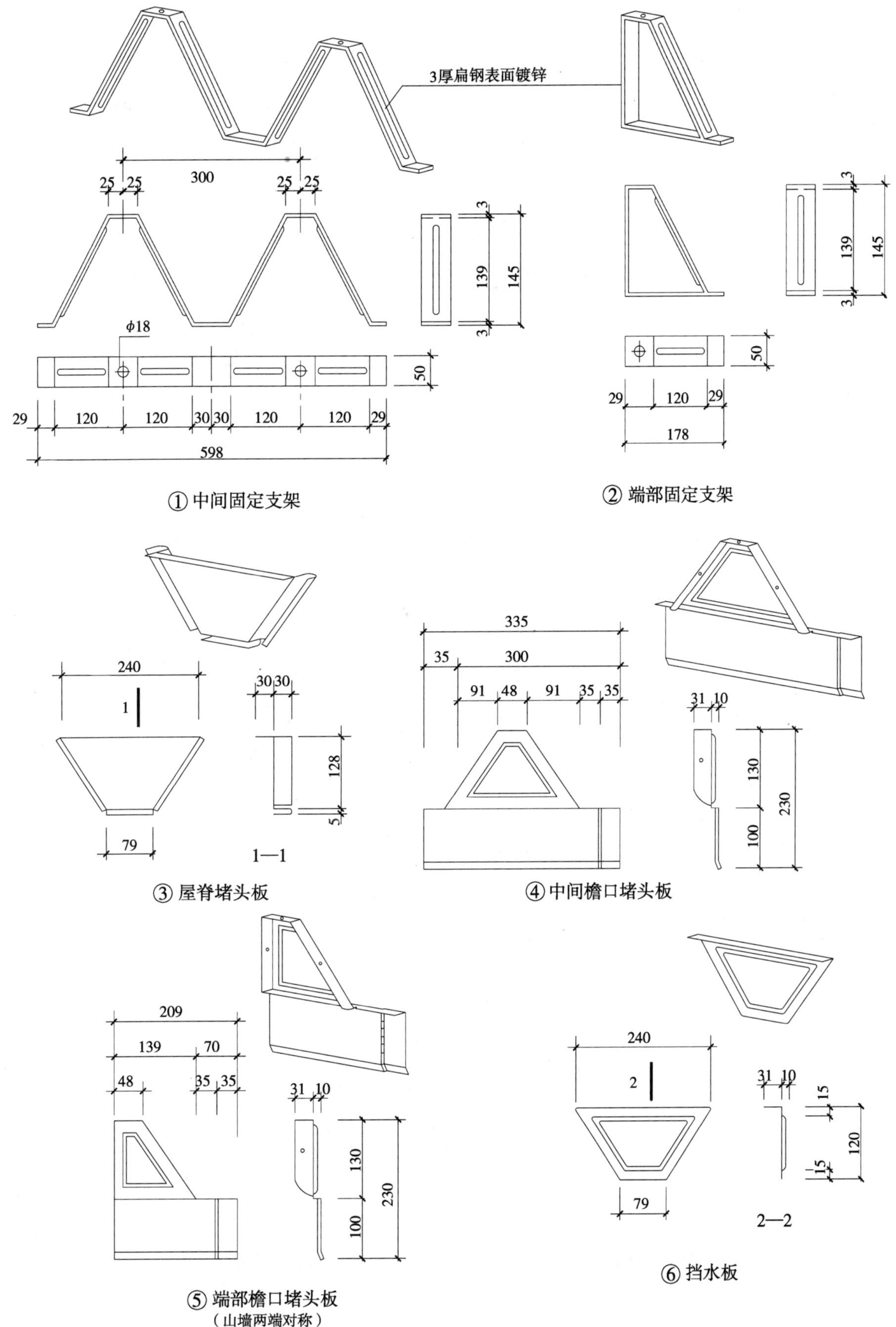

① 中间固定支架

② 端部固定支架

③ 屋脊堵头板

④ 中间檐口堵头板

⑤ 端部檐口堵头板
（山墙两端对称）

⑥ 挡水板

角弛Ⅲ型板安装详图（华北 88J5-1）（A34 页）

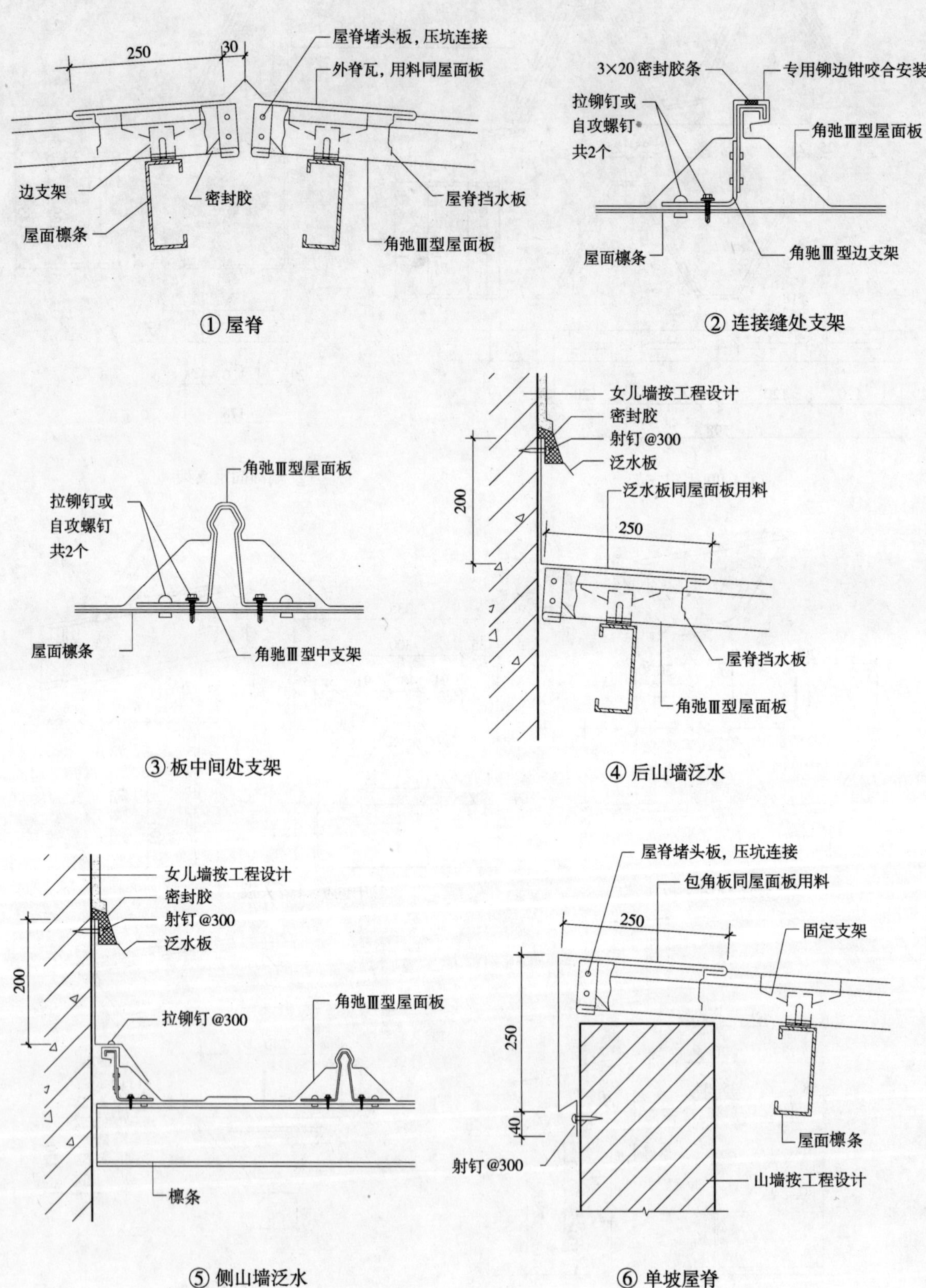

角弛Ⅲ型压型钢板配件（华北 88J5-1）(A33 页）

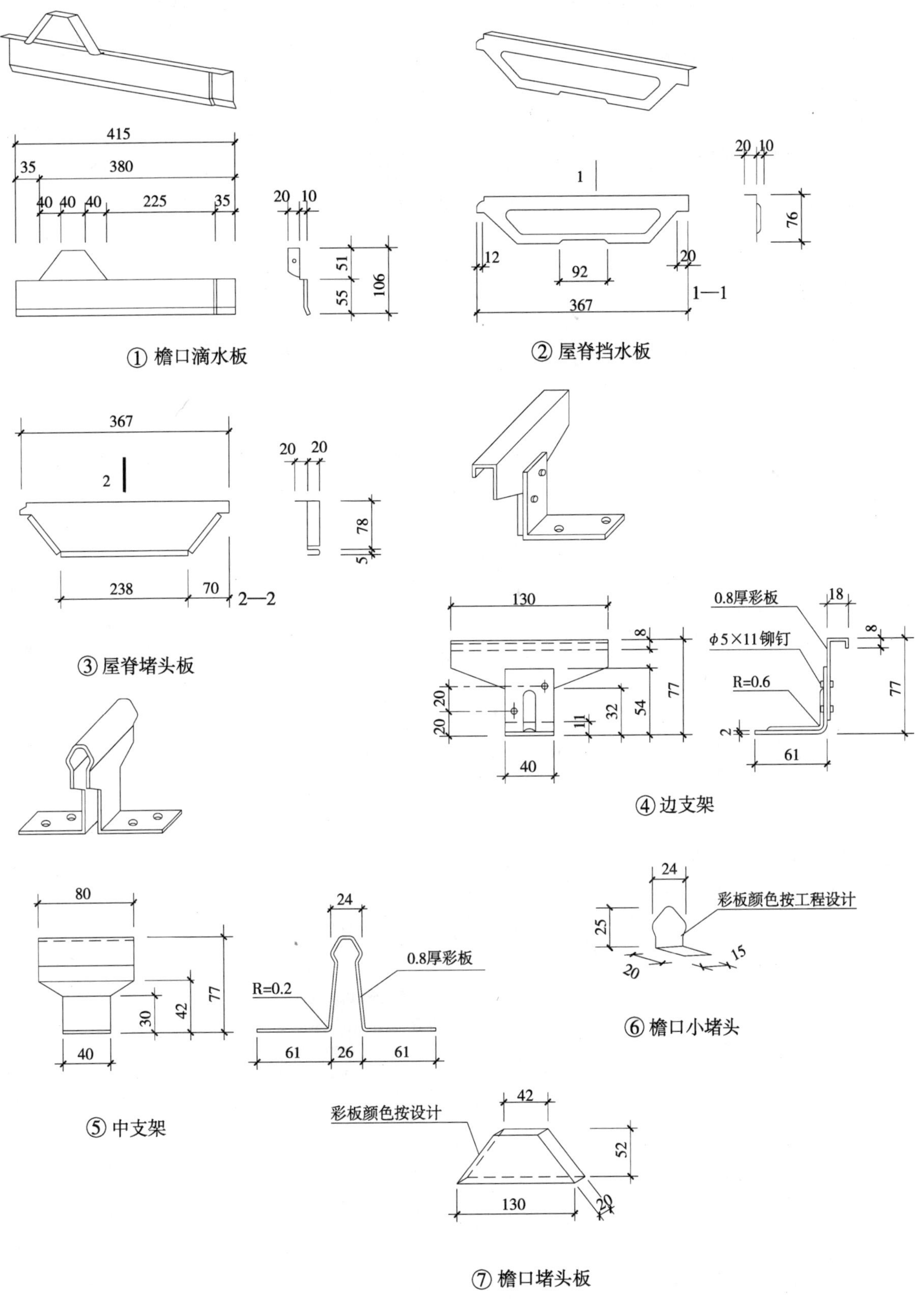

角弛Ⅲ型夹芯板现场拼装详图（一）(华北 88J5-1)(A35 页)

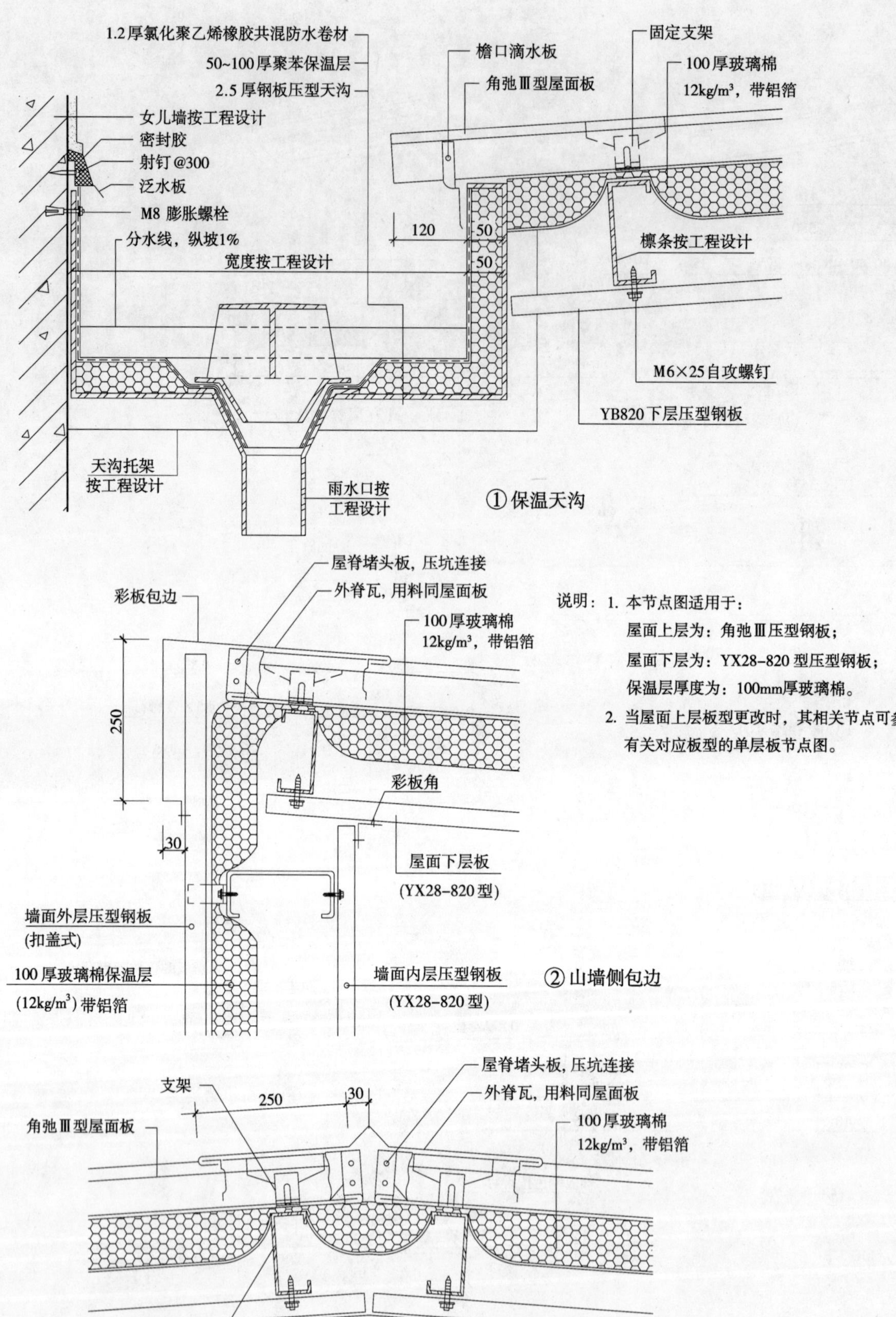

①保温天沟

②山墙侧包边

③屋脊

说明：1. 本节点图适用于：
屋面上层为：角弛Ⅲ压型钢板；
屋面下层为：YX28-820型压型钢板；
保温层厚度为：100mm厚玻璃棉。
2. 当屋面上层板型更改时，其相关节点可参照有关对应板型的单层板节点图。

角弛Ⅲ型夹芯板现场拼装详图（二）(华北 88J5-1)(A36 页)

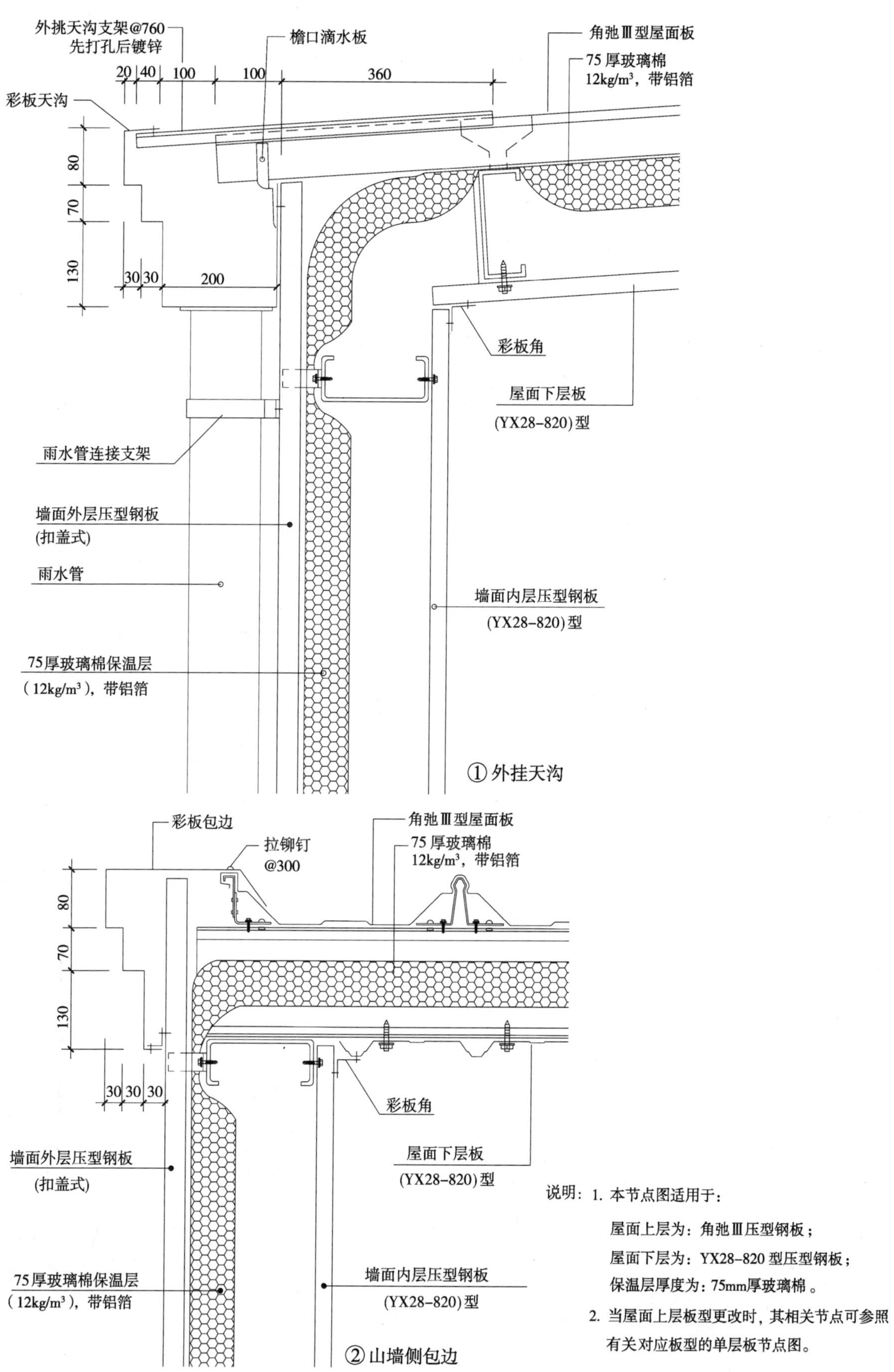

① 外挂天沟

② 山墙侧包边

说明：1. 本节点图适用于：

屋面上层为：角弛Ⅲ压型钢板；

屋面下层为：YX28-820 型压型钢板；

保温层厚度为：75mm厚玻璃棉。

2. 当屋面上层板型更改时，其相关节点可参照有关对应板型的单层板节点图。

HV—475 型板安装详图（一）(华北 88J5-1)(A38 页)

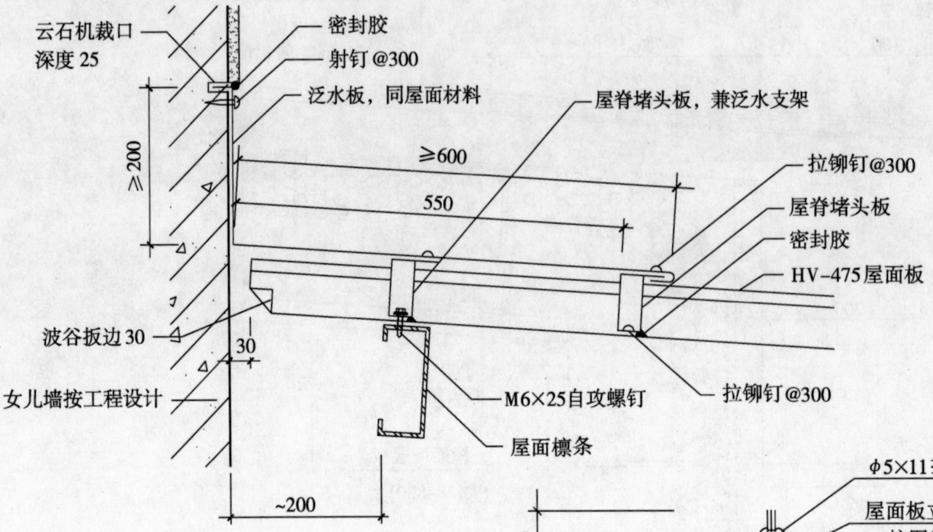

云石机裁口
深度 25
密封胶
射钉@300
泛水板，同屋面材料
≥200
屋脊堵头板，兼泛水支架
≥600
拉铆钉@300
550
屋脊堵头板
密封胶
HV-475屋面板
波谷扳边30
30
女儿墙按工程设计
M6×25自攻螺钉
拉铆钉@300
屋面檩条
~200

①山墙泛水

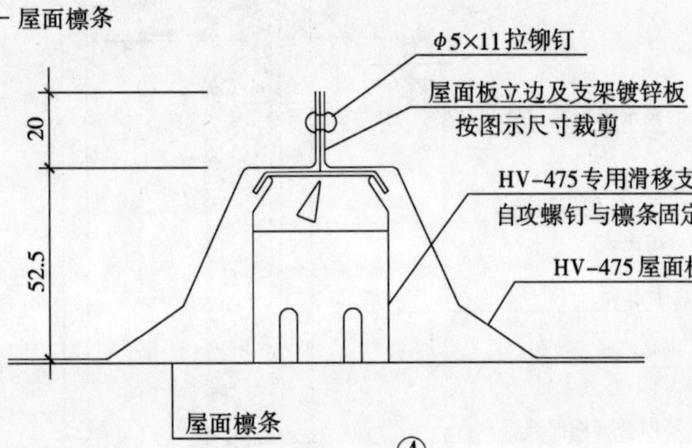

ϕ5×11拉铆钉
屋面板立边及支架镀锌板
按图示尺寸裁剪
20
HV-475专用滑移支架
自攻螺钉与檩条固定
52.5
HV-475屋面板
屋面檩条

Ⓐ

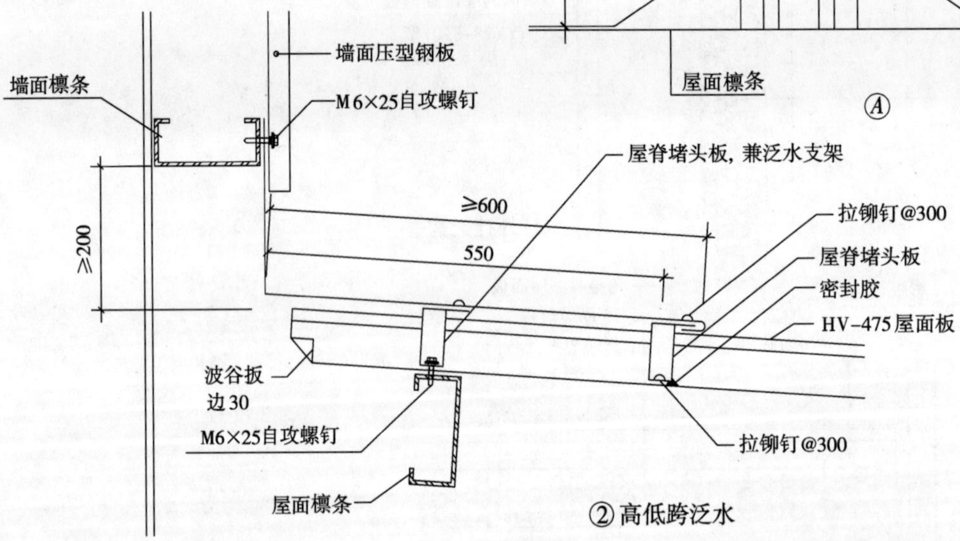

墙面压型钢板
墙面檩条
M6×25自攻螺钉
屋脊堵头板，兼泛水支架
≥600
≥200
拉铆钉@300
550
屋脊堵头板
密封胶
HV-475屋面板
波谷扳
边30
M6×25自攻螺钉
拉铆钉@300
屋面檩条

②高低跨泛水

咬合固定
20
HV-475专用滑移支架
自攻螺钉与檩条固定
52.5
HV-475屋面板
屋面檩条

Ⓑ

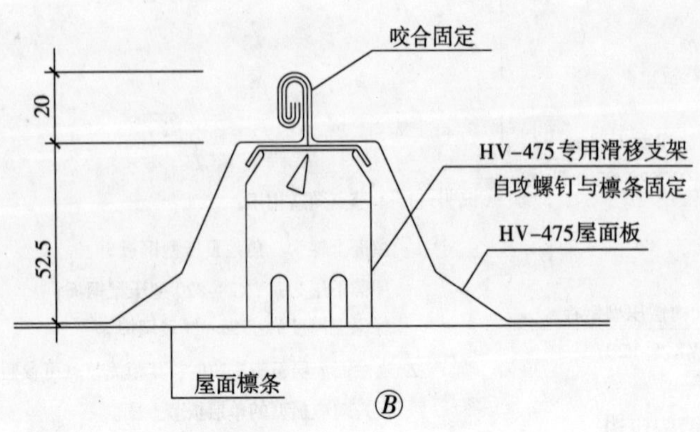

说明：1. 根据电动咬合机的工艺要求，节点图中所注尺寸550mm范围内的屋面板立边裁剪及连接方式按Ⓐ节点大样；550 以下的屋面板连接方式按Ⓑ节点大样，即（标准连接方式）。

2. 工程中其他类似节点须考虑电动咬合机，由檐口低处运行至屋脊高处后，应预留 550mm 的距离，供咬合机与屋面板脱离或参照本页节点处理。

HV—475 型板安装详图（二）（华北 88J5-1）（A39 页）

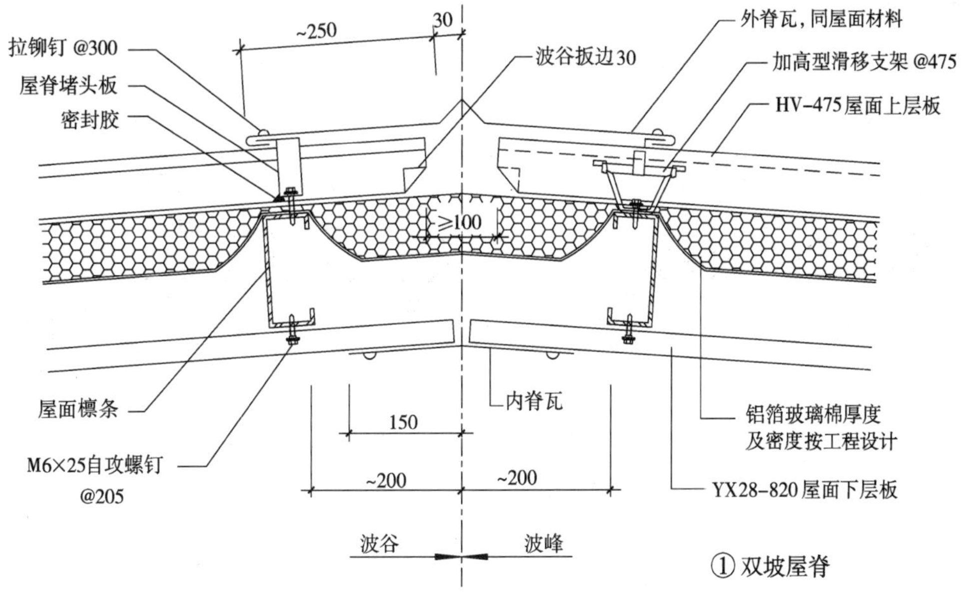

拉铆钉 @300
屋脊堵头板
密封胶
~250
30
波谷扳边30
外脊瓦，同屋面材料
加高型滑移支架@475
HV-475屋面上层板
≥100
屋面檩条
M6×25自攻螺钉
@205
内脊瓦
150
~200
~200
铝箔玻璃棉厚度
及密度按工程设计
YX28-820屋面下层板
波谷
波峰

① 双坡屋脊

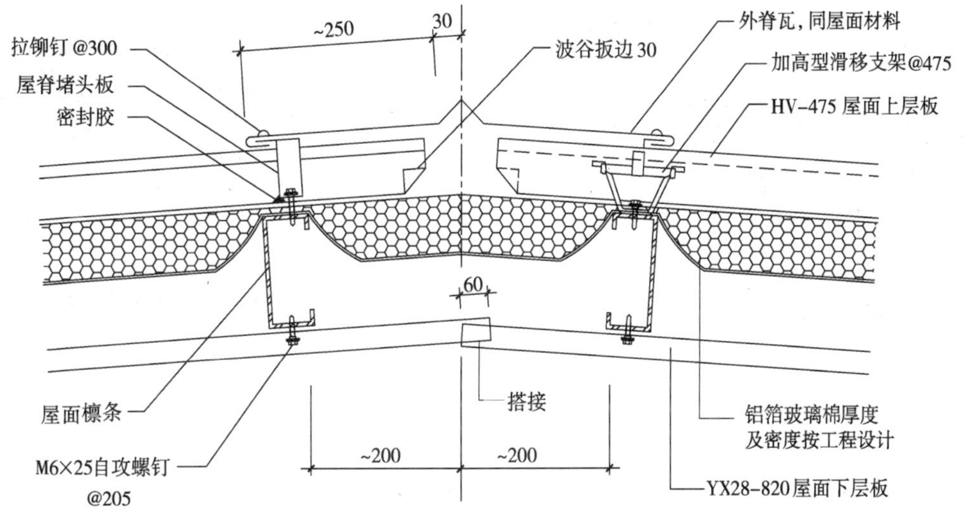

拉铆钉 @300
屋脊堵头板
密封胶
~250
30
波谷扳边 30
外脊瓦，同屋面材料
加高型滑移支架@475
HV-475 屋面上层板
60
屋面檩条
搭接
M6×25自攻螺钉
@205
~200
~200
铝箔玻璃棉厚度
及密度按工程设计
YX28-820屋面下层板

③ 双坡屋脊

屋脊堵头板
密封胶
屋面上层板
HV-475
按工程设计
外包边
按设计
40
屋面檩条
射钉@300
M6×25 自攻螺钉
山墙按工
程设计
彩板角

② 单坡屋脊

屋脊堵头板
密封胶
屋面上层板
HV-475
按工程设计
外包边
按工程设计
30
屋面檩条
铆钉@300
彩板角
YX28-820
屋面下层板
山墙按工
程设计

④ 单坡屋脊

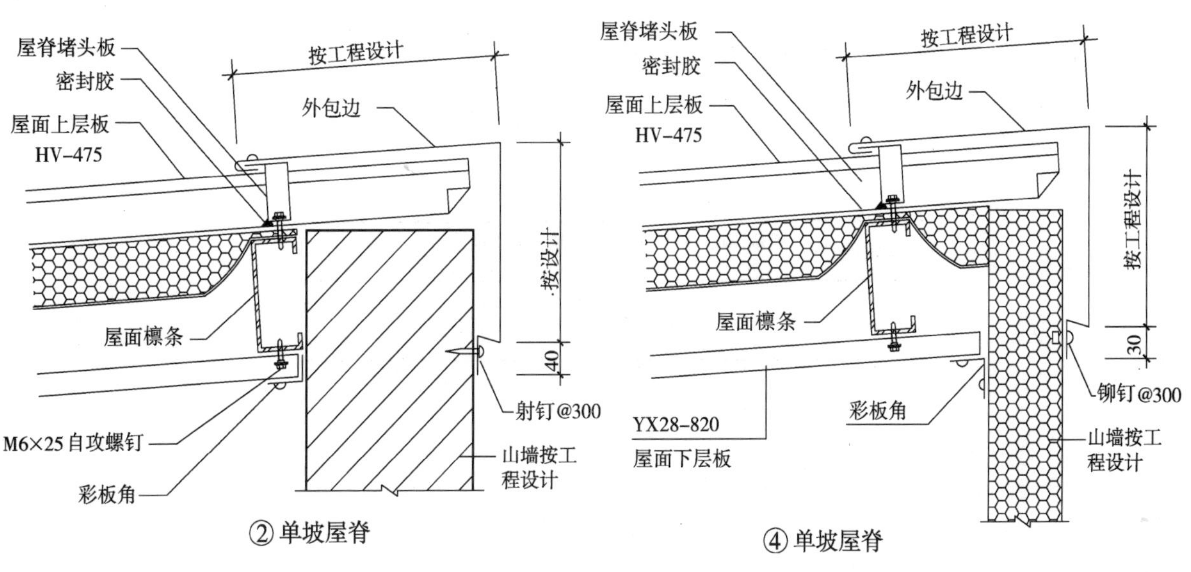

HV—475 型压型钢板参数、配件（88J5-1）（A37 页）

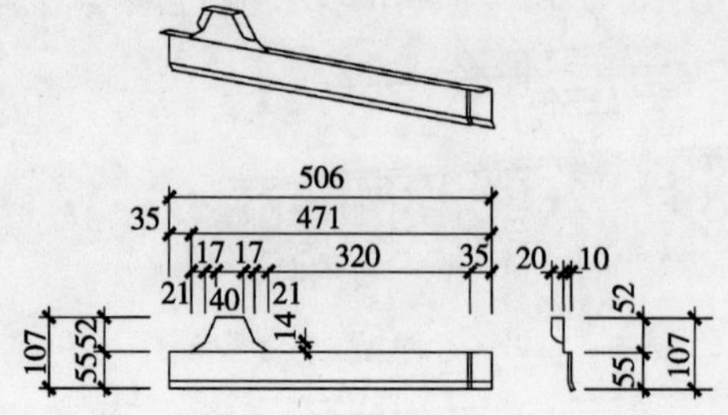

① 檐口滴水板

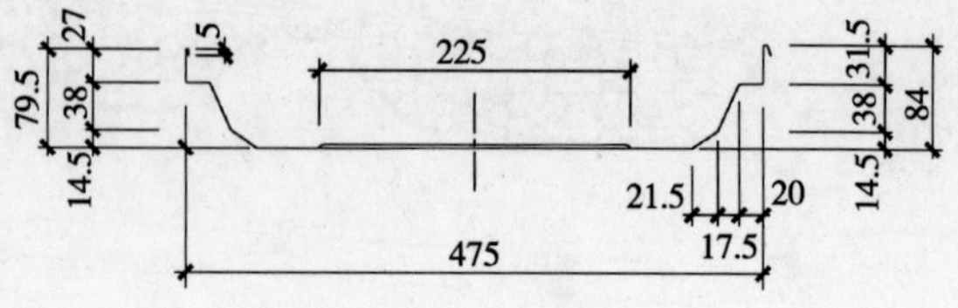

HV—475 咬合式屋面板

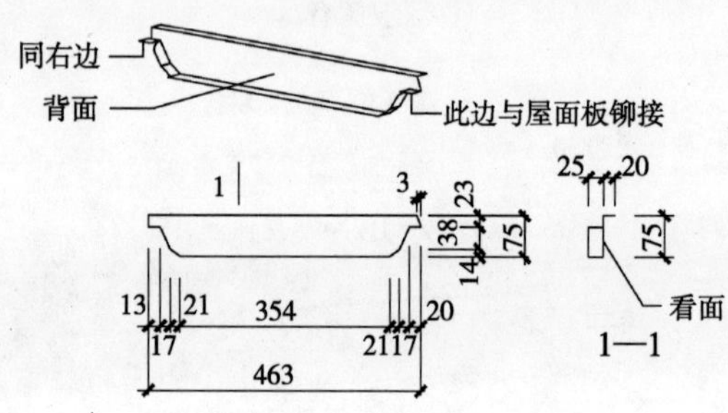

② 屋脊堵头板

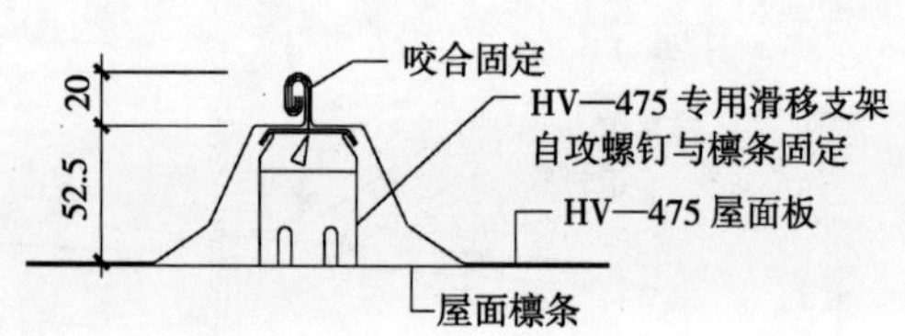

HV—475 屋面板接缝连接

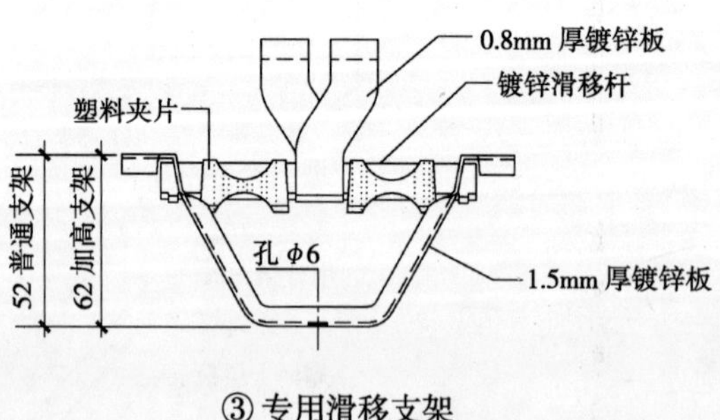

③ 专用滑移支架

压型钢板型号	有效宽度（mm）	展开宽度（mm）	板厚（mm）	截面惯性矩（cm^4/m）	截面模量（cm^3/m）
HV—475	475	600	0.6	14.31	12.45
			0.8	18.62	16.72

V—125 型板安装详图（华北 88J5-1）（A41、A42 页）

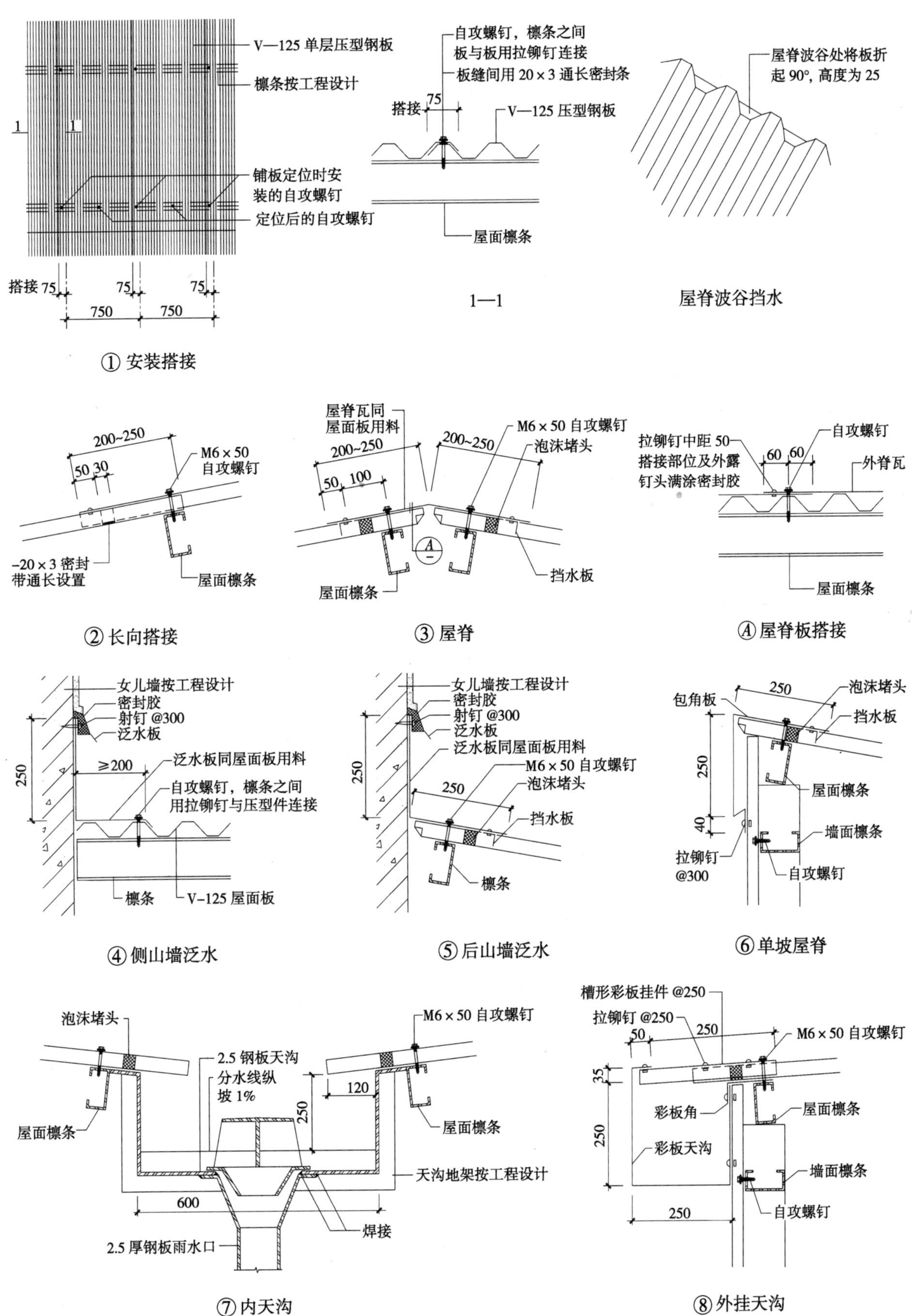

HV—475 型板安装详图（三）（华北 88J5-1）（A40 页）

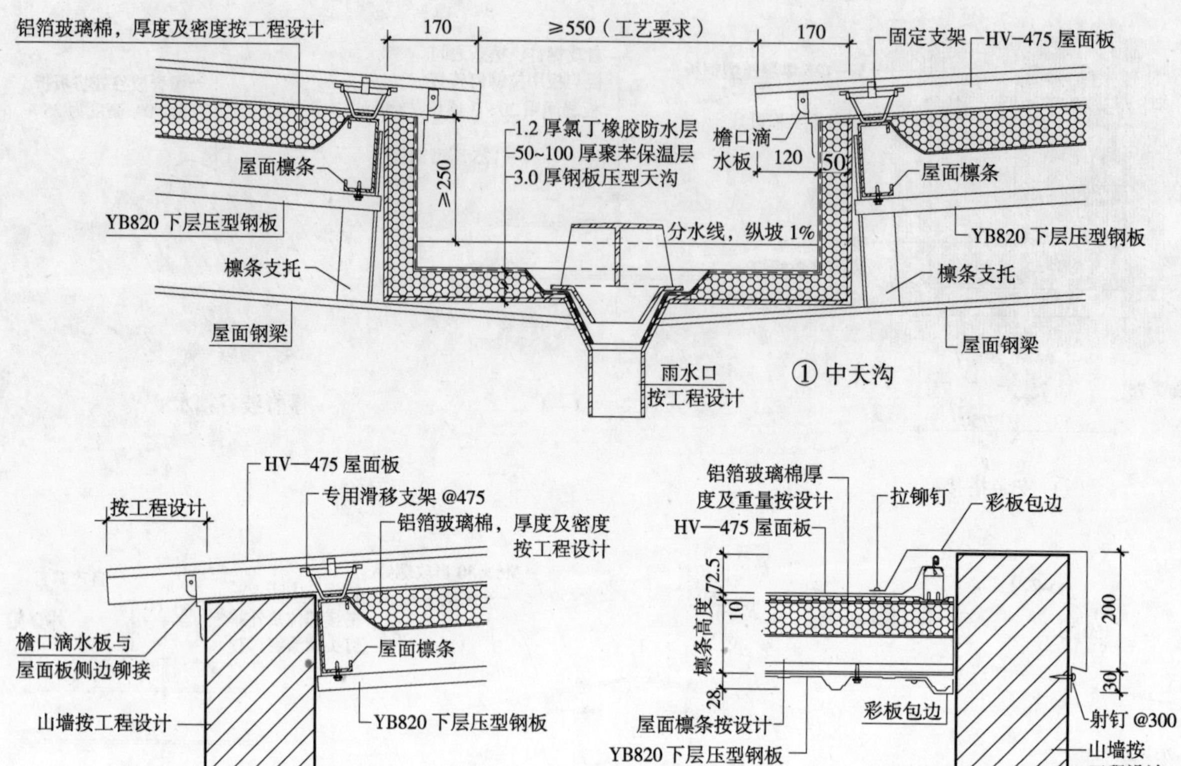

① 中天沟

② 檐口

③ 侧包边

屋面采光带及洞口平面（华北 88J5-1）（A43 页）

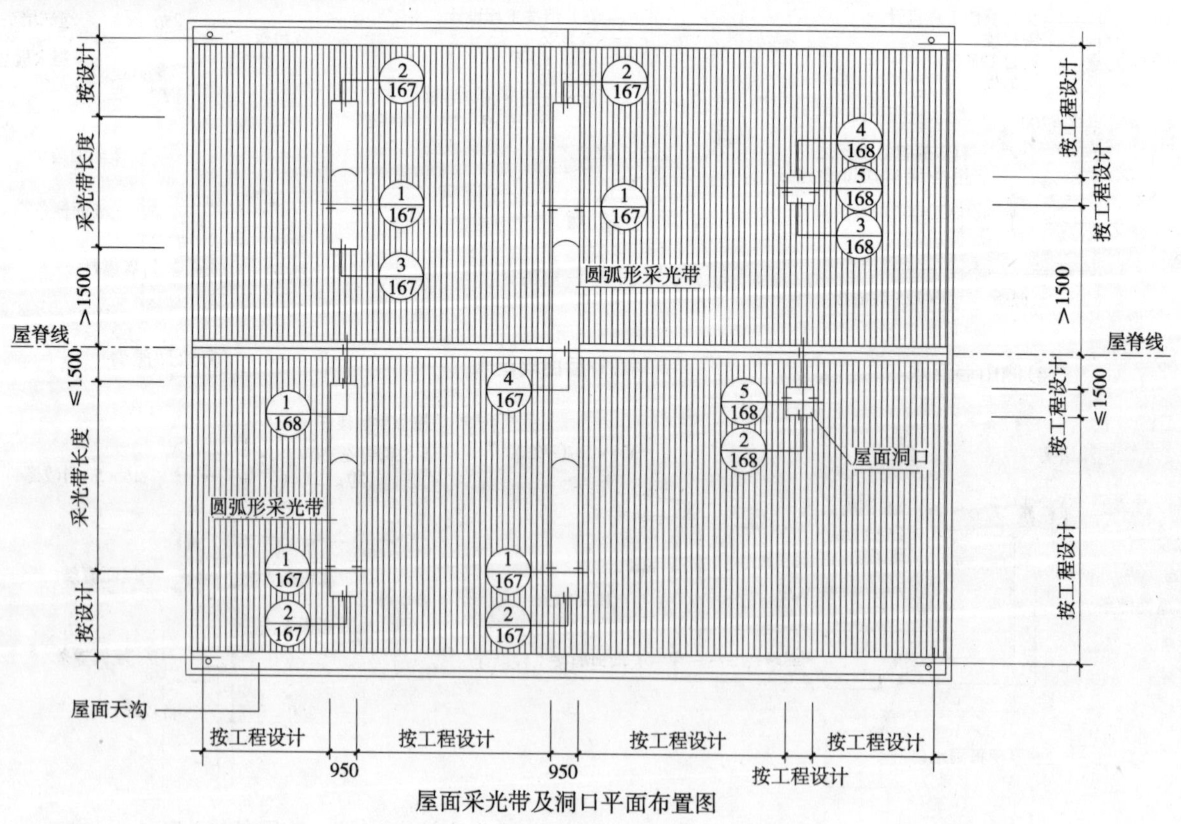

屋面采光带及洞口平面布置图

HV—475 型板采光板（一）(华北 88J5-1)(A44 页)

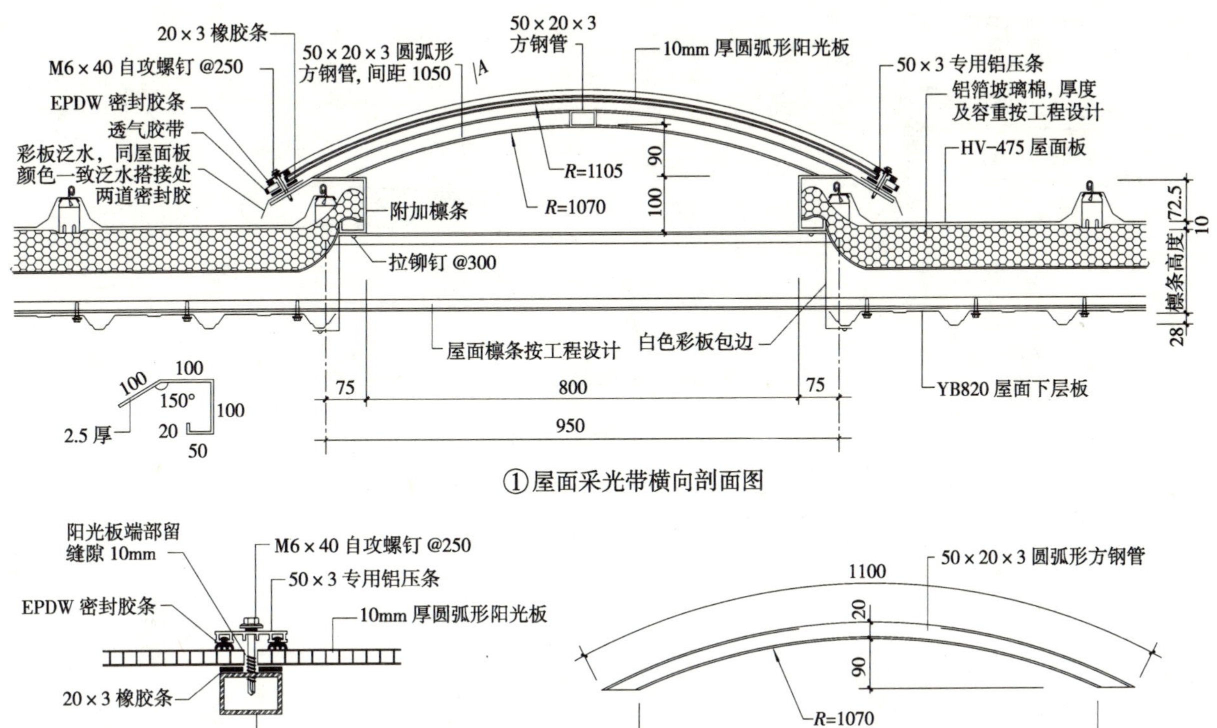

①屋面采光带横向剖面图

A—A

HV—475 型板采光板（二）(华北 88J5-1)(A45 页)

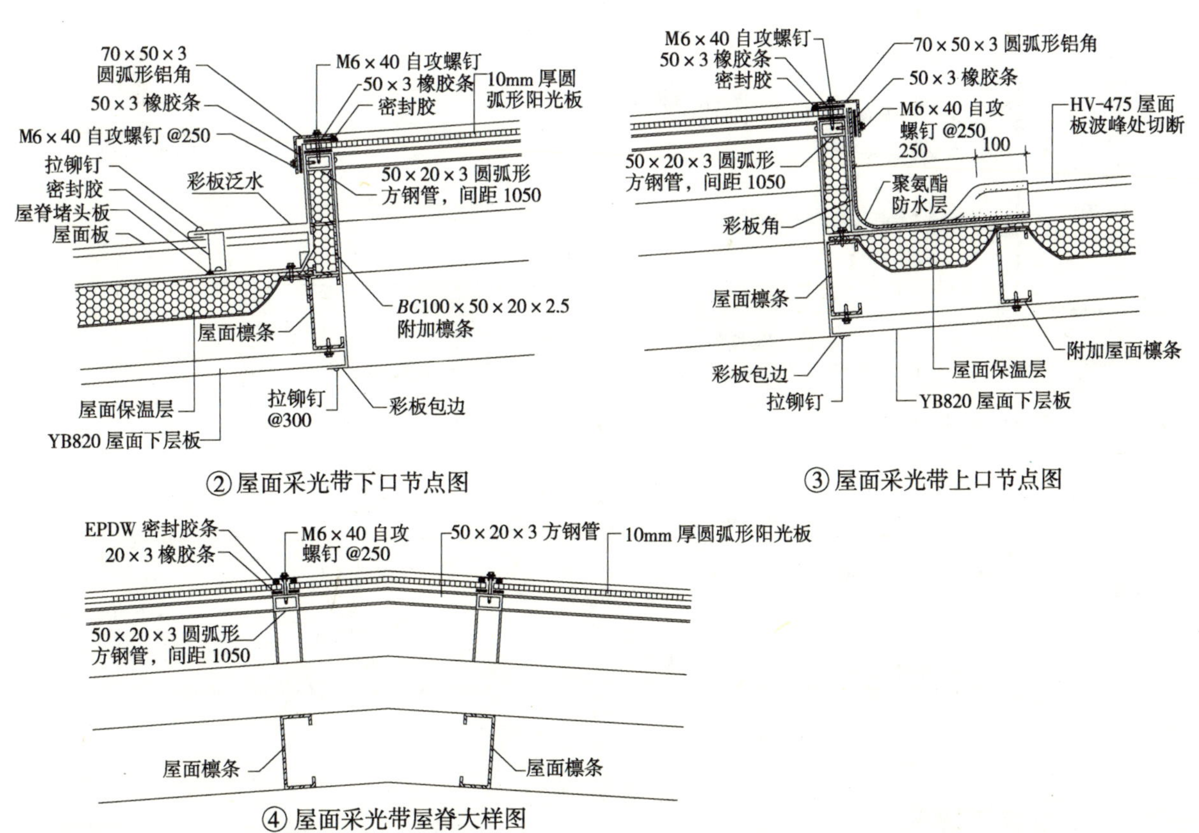

②屋面采光带下口节点图

③屋面采光带上口节点图

④屋面采光带屋脊大样图

保温屋面板采光板及洞口（华北 88J5-1）(A46 页)

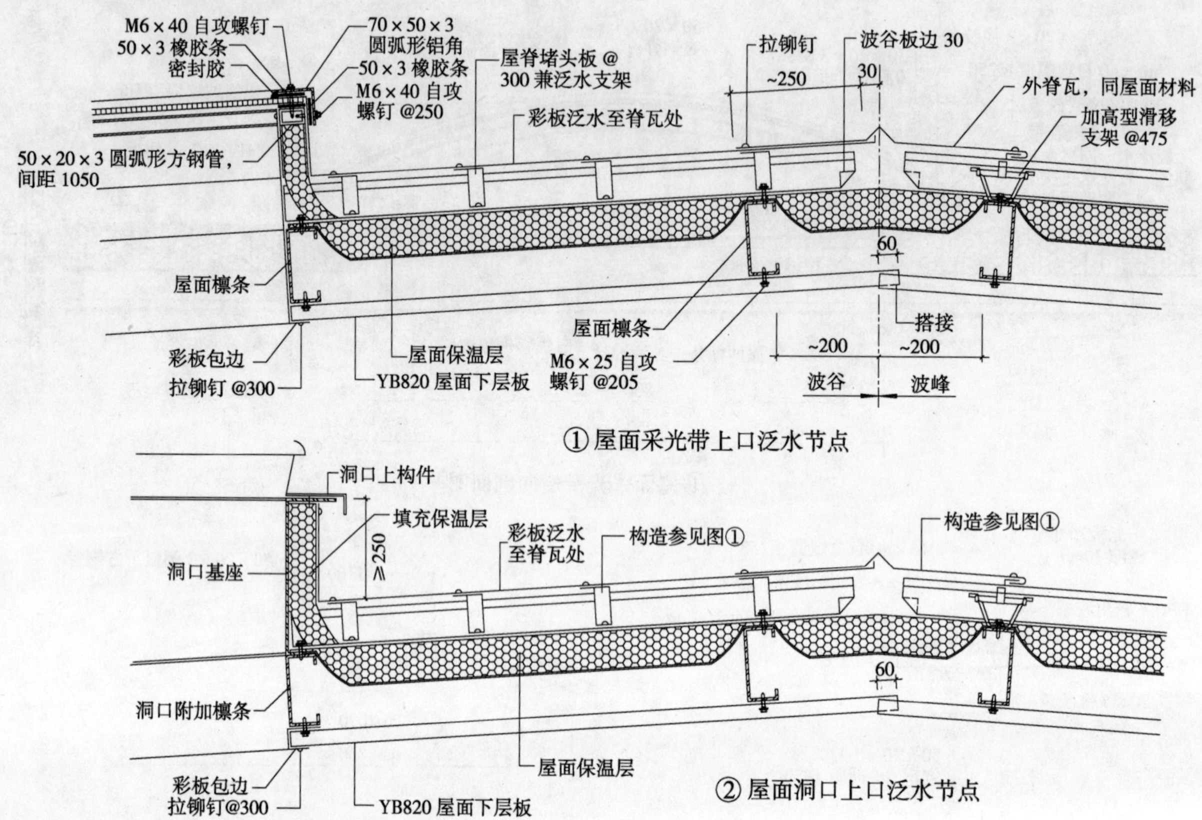

①屋面采光带上口泛水节点

②屋面洞口上口泛水节点

风机洞口（华北 88J5-1）(A47 页)

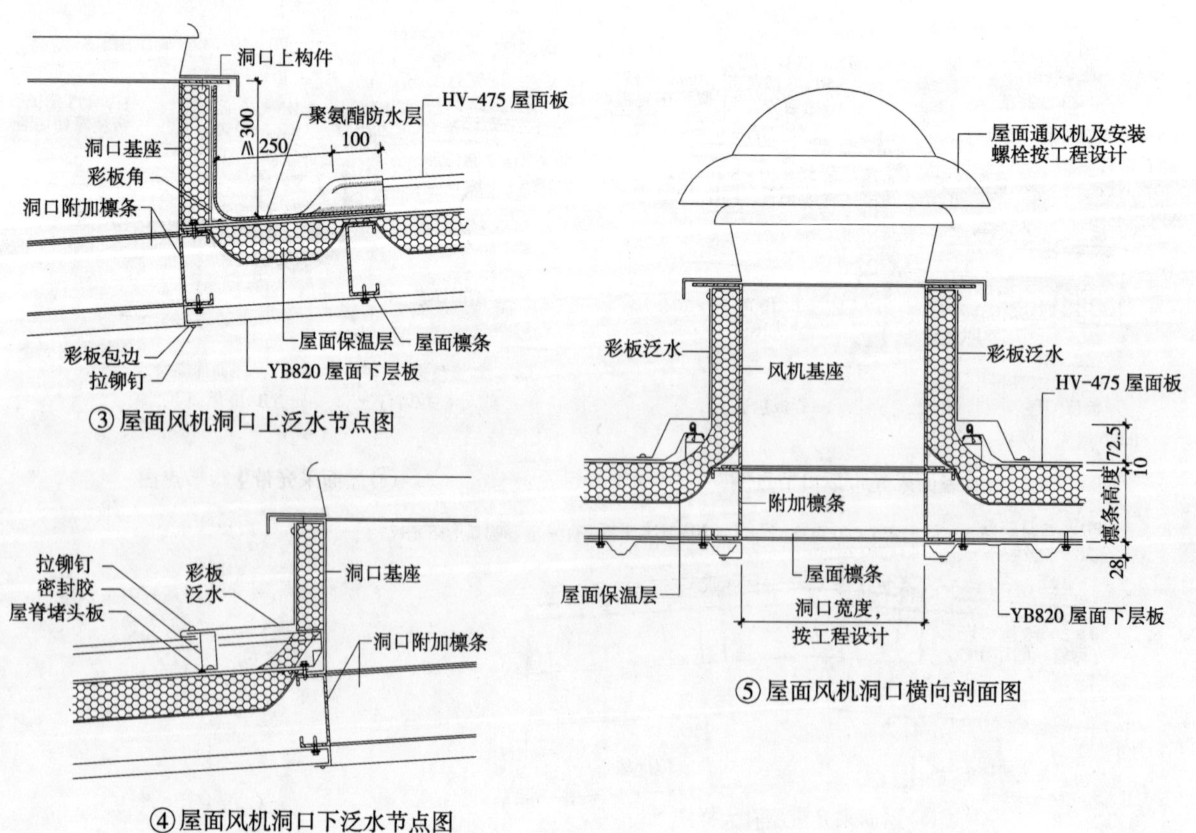

③屋面风机洞口上泛水节点图

⑤屋面风机洞口横向剖面图

④屋面风机洞口下泛水节点图

压型钢板通用配件（华北 88J5-1）（A29 页）

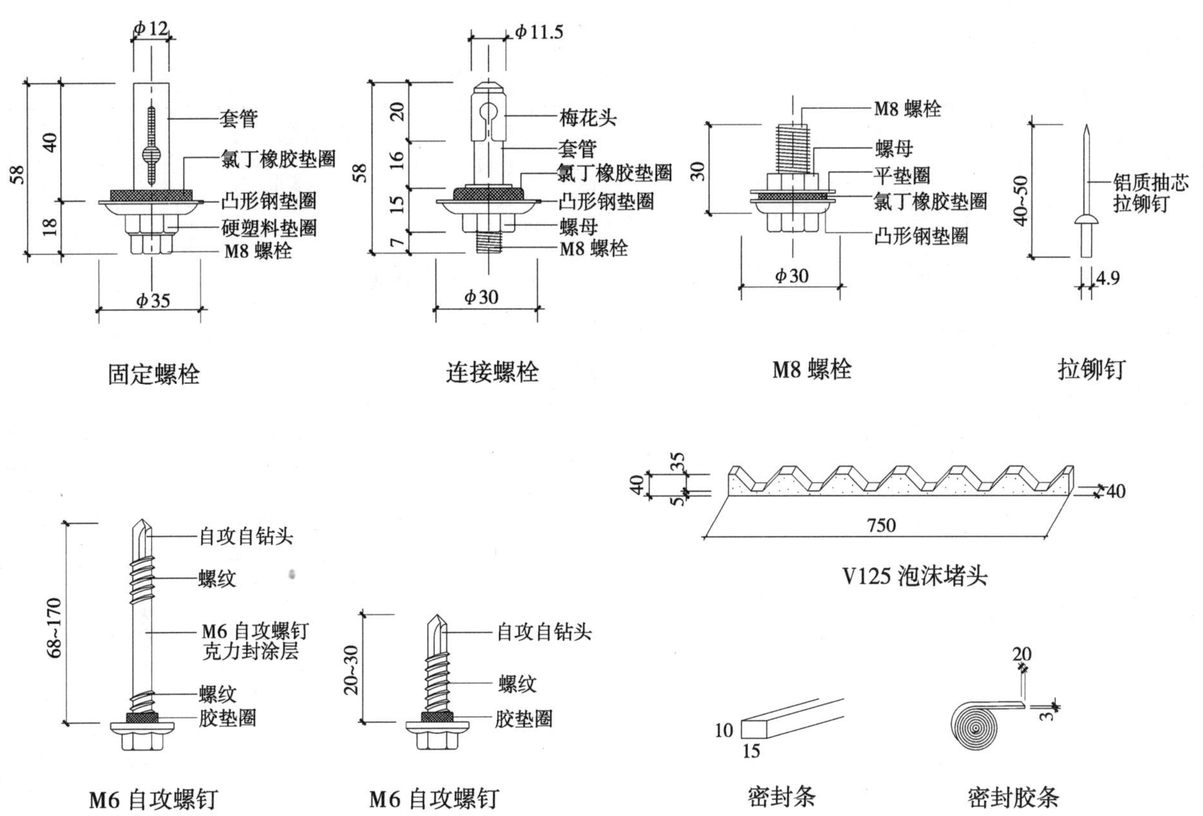

固定螺栓　连接螺栓　M8 螺栓　拉铆钉

V125 泡沫堵头

M6 自攻螺钉　M6 自攻螺钉　密封条　密封胶条

常用压型钢板参数（华北 88J5-1）（A48、A49 页）

常用压型钢板板型及檩距　（m）

序号	板型	截面形状（mm）	有效宽度（mm）	展开宽度（mm）	板厚（mm）	截面惯性矩（cm^4/m）	截面模量（cm^3/m）	支承条件	荷载（kN/m^2） 0.5	1.0	1.5	2.0
									檩距（m）			
1	YX130-300-600（W600）	600 130 适用于：屋面上层	600	1000	0.6	214.24	31.35	简支	6.0	4.7	4.1	3.7
								连续	7.1	5.6	4.9	4.4
					08	275.99	41.5	简支	6.7	5.3	4.6	4.2
								连续	7.9	6.3	6.0	5.5
					1.0	358.09	52.71	简支	7.3	5.8	5.0	4.6
								连续	8.6	6.8	6.0	5.4
2	YX35-125-750（V125）	750 35 适用于：屋面上层	750	1000	0.6	13.85	7.48	简支	2.4	1.9	1.7	1.5
								连续	2.9	2.3	2.0	1.8
					0.8	18.83	10.00	简支	2.7	2.1	1.8	1.7
								连续	3.2	2.5	2.2	2.0
					1.0	23.54	12.44	简支	2.9	2.3	2.0	1.8
								连续	3.4	2.7	2.3	2.1

续表

序号	板型	截面形状（mm）	有效宽度（mm）	展开宽度（mm）	板厚（mm）	截面惯性矩（cm^4/m）	截面模量（cm^3/m）	支承条件	荷载（kN/m^2） 0.5	1.0	1.5	2.0
									檩距（m）			
3	YX51-380-760（角弛Ⅲ）	760 25 51 适用于：屋面上层	760	1000	0.6	37.27	12.29	简支	3.3	2.6	2.4	2.1
								连续	4.0	3.2	2.8	2.5
					0.8	49.69	16.39	简支	3.6	2.8	2.4	2.2
								连续	4.2	3.3	2.9	2.6
					1.0	62.11	20.48	简支	3.7	2.9	2.6	2.3
								连续	4.4	3.5	2.9	2.7
4	YX28-150-750（YB2815）	750 150 25 适用于：屋面下层	750	1000	0.6	—	—	简支	1.9	1.5	1.3	1.2
								连续	2.2	1.8	1.5	1.4
					0.8	—	—	简支	2.1	1.7	1.5	1.3
								连续	2.6	2.0	1.8	1.6
					1.0	—	—	简支	2.4	1.9	1.6	1.5
								连续	2.8	2.2	1.9	1.8
5	YX28-205-820（YB820）	820 205 28 适用于：屋面下层	820	1000	0.6	—	—	简支	2.2	1.8	1.6	1.4
								连续	2.7	2.1	1.8	1.7
					0.8	—	—	简支	2.5	1.9	1.7	1.6
								连续	3.0	2.3	2.0	1.8
					1.0	—	—	简支	2.7	2.1	1.8	1.7
								连续	3.1	2.5	2.1	1.9
6	YX15-118-826（YB826）	826 118 15 适用于：屋面下层	826	1000	0.6	—	—	简支	1.3	1.2	1.0	0.9
								连续	1.6	1.5	1.3	1.2
					0.8	—	—	简支	1.5	1.4	1.1	1.0
								连续	1.9	1.6	1.4	1.3
					1.0	—	—	简支	1.6	1.5	1.3	1.2
								连续	2.0	1.7	1.6	1.4

注：1. 表中荷载为屋面荷载标准值，已含板自重。
2. 表中1~3项按挠跨比1/300确定檩距。按1/250确定檩距时，表中数值乘以系数1.06。按1/200确定檩距时，表中数值乘以系数1.15。
3. 表中4~6项表中按挠跨比1/200确定檩距。按1/300确定檩距时，表中数值乘以系数0.85。
4. 工程设计人可根据本表选定檩距。
5. 角弛Ⅲ型为新型咬接式连接。

7 小青瓦屋面

说明

1. 小青瓦属于黏土瓦一类，根据节约黏土的原则，应注意限制使用。

2. 小青瓦质量应符合行业标准《烧结瓦》JC 709—1998 的规定。

3. 小青瓦有底瓦、盖瓦、筒瓦、滴水瓦等几种构件配合使用。

南方常用底瓦与盖瓦组合成阴阳瓦屋面，以及底瓦与筒瓦组合成筒板瓦屋面。

小青瓦屋面屋脊的做法很多，各地有各地的特色。使用青瓦、屋脊饰或钢筋混凝土现浇时，其用料、强度及施工方法应符合相关规范的要求。

4. 当屋面坡度小于30°，小青瓦仅作为装饰用时，瓦片搭接长度可适当加长。

5. 固定与抗风防护措施，小青瓦均采用水泥石灰浆（或水泥石灰珍珠岩砂浆）坐浆固定。

在屋面悬山处均用钢丝网（或耐碱玻纤网格布）水泥砂浆压边。

6. 坐浆用的水泥石灰砂浆，配比为1∶1∶4，内掺0.8～1.0kg/m³ 的抗裂纤维。水泥石灰珍珠岩砂浆配比为1∶1∶6，内掺0.8～1.0kg/m³ 抗裂纤维。优先选用珍珠岩石灰砂浆。

无保温小青瓦屋面分层做法（浙江 2005 浙 J15）(14、15 页)

瓦 类	构造简图	材料及做法	防水道数	导热系数 λ [W/(m·K)]	修正系数 α	R
①小青瓦（外保温）		1. 小青瓦	二道防水设防	0.760	1.100	0.021
		2. 1∶1∶6 水泥石灰珍珠岩浆座浆（或1∶1∶4 水泥石灰砂浆）		0.870	1.100	0.042
		3. 顺水条 30mm×20mm				
		4. 防水卷材或防水涂膜		0.170	1.100	0.011
		5. 20mm 厚1∶3 水泥砂浆找平层		0.930	1.000	0.022
		6. 现浇钢筋混凝土屋面		1.740	1.000	0.069
		7. 板底抹灰		0.870	1.000	0.017
		R_e+R_i;				0.150
		主体部分热工指标	①K3.019 *D* 2.359			
②③小青瓦（外保温）		1. 小青瓦	二道防水设防	0.760	1.100	0.021
		2. 1∶1∶6 水泥石灰珍珠岩浆座浆（或1∶1∶4 水泥石灰砂浆）		0.870	1.100	0.042
		3. 20mm 厚1∶3 水泥砂浆（配玻纤网格布，孔径20mm×20mm）		0.930	1.000	0.022
		4. ㊵30mm 厚挤塑聚苯板（30×30 通长木条@1200mm）		0.030	1.100	0.909
		㊶40 厚挤塑聚苯板（30mm×40mm 通长木条@1200mm）		0.030	1.100	1.212
		5. 防水卷材或防水涂膜		0.170	1.100	0.011
		6. 20 厚1∶3 水泥砂浆找平层		0.930	1.000	0.022
		7. 现浇钢筋混凝土屋面		1.740	1.000	0.069
		8. 板底抹灰		0.870	1.000	0.017
		R_e+R_i;				0.150
		主体部分热工指标	②K0.792 *D* 2.924			
			③K0.639 *D* 3.030			

续表

瓦类	构造简图	材料及做法	防水道数	导热系数 λ [W/(m·K)]	修正系数 α	R
④小青瓦（木屋面外保温）		1. 小青瓦	二道防水设防	0.760	1.100	0.021
		2. 1:1:6 水泥石灰珍珠岩浆坐浆（或1:1:4 水泥石灰砂浆）		0.870	1.100	0.042
		3. 20mm 厚1:3 水泥砂浆找平层		0.930	1.000	0.022
		4. 35mm 厚挤塑聚苯板（30mm × 35mm 通长木条@1200mm）		0.030	1.100	1.061
		5. 防水卷材防水层		0.170	1.100	0.008
		6. 20mm 厚木屋面板		0.140	1.100	0.130
		7. 椽条				
		8. 檩条				
		R_e+R_i;				0.150
		主体部分热工指标	④*K*0.697 *D* 1.911			
⑤小青瓦（外保温）		1. 小青瓦	一道防水设防	0.760	1.100	0.021
		2. 1:1:6 水泥石灰珍珠岩浆座浆（或1:1:4 水泥石灰砂浆）		0.870	1.100	0.042
		3. 20mm 厚1:3 水泥砂浆（配玻纤网格布，孔径 20mm × 20mm）		0.930	1.000	0.022
		4. 30mm 厚硬泡聚氨酯保温层（30mm × 30mm 通长木条@1200mm）		0.027	1.200	0.926
		5. 防水卷材或防水涂膜		0.170	1.100	0.011
		6. 20 厚1:3 水泥砂浆找平层		0.930	1.000	0.022
		7. 现浇钢筋混凝土屋面		1.740	1.000	0.069
		8. 板底抹灰		0.870	1.000	0.017
		R_e+R_i;				0.150
		主体部分热工指标	⑤*K*0.782 *D* 3.081			
⑥小青瓦（木屋面外保温）		1. 小青瓦	二道防水设防	0.760	1.100	0.021
		2. 1:1:6 水泥石灰珍珠岩浆座浆（或1:1:4 水泥石灰砂浆）		0.870	1.100	0.042
		3. 顺水条 30mm×20mm@500mm				
		4. 防水卷材防水层		0.170	1.100	0.011
		5. 20mm 厚木屋面板		0.140	1.100	0.130
		6. 椽条				
		7. 檩条				
		8. 35mm 挤塑聚苯板，（龙骨30mm×35mm@800mm 双向）		0.030	1.100	1.061
		9. 纸面石膏板		0.330	1.000	0.036
		R_e+R_i;				0.150
		主体部分热工指标	⑥ *K*0.689 *D* 1.155			
⑦小青瓦（木屋面外保温）		1. 小青瓦	二道防水设防	0.760	1.100	0.021
		2. 1:1:6 水泥石灰珍珠岩浆座浆（或1:1:4 水泥石灰砂浆）		0.870	1.100	0.042
		3. 20mm 厚1:3 水泥砂浆找平层		0.930	1.000	0.022
		4. 60mm 厚膨胀聚苯板（30mm × 60mm 通长木条@1200mm）		0.042	1.300	1.099
		5. 防水卷材防水层		0.170	1.100	0.011
		6. 20mm 厚木屋面板		0.140	1.100	0.130
		7. 椽条				
		8. 檩条				
		R_e+R_i;				0.150
		主体部分热工指标	⑦*K* 0.679 *D* 2.052			

小青瓦屋面详图（华北 88J5-1）（A26 页）

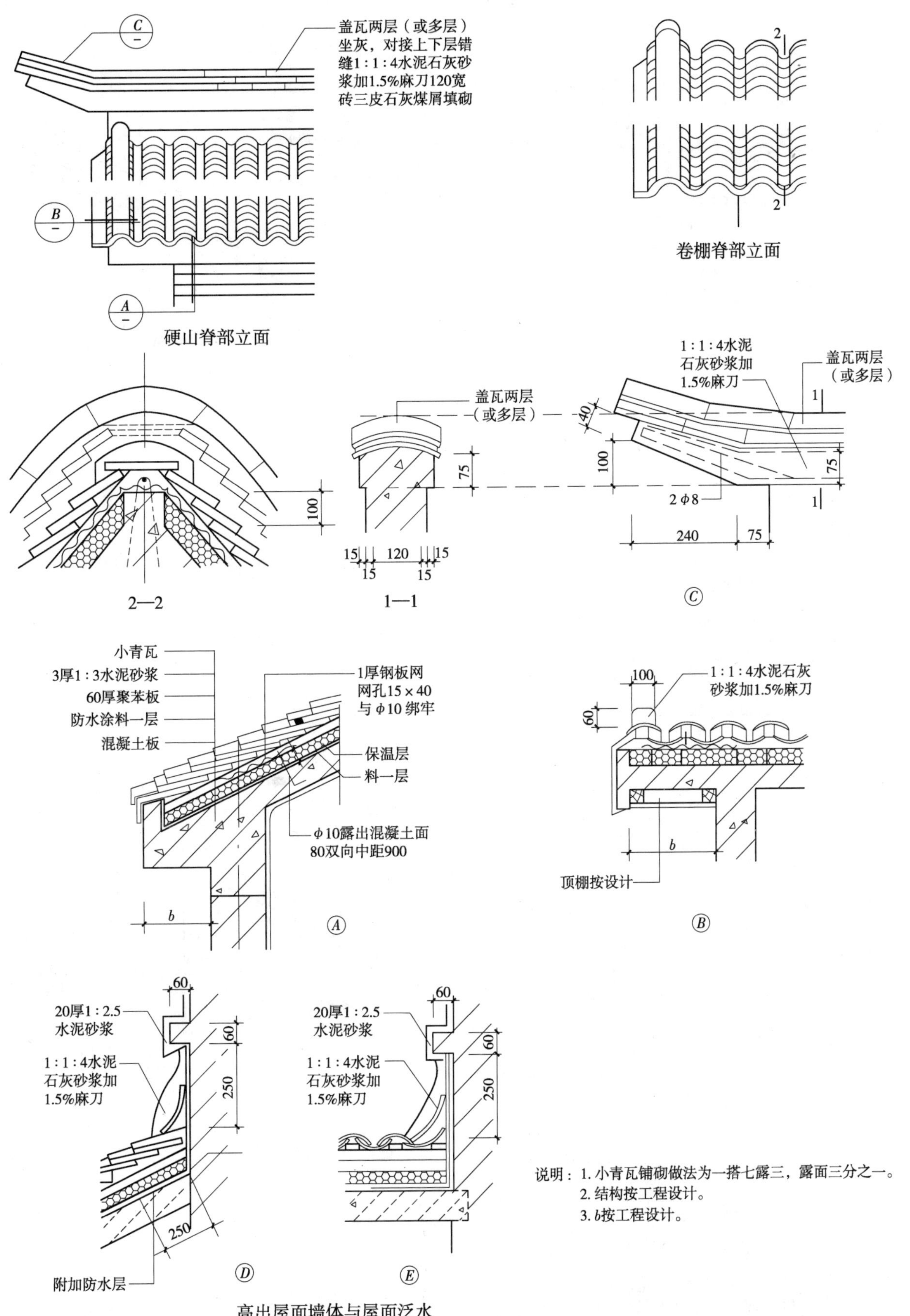

高出屋面墙体与屋面泛水

说明：1. 小青瓦铺砌做法为一搭七露三，露面三分之一。
2. 结构按工程设计。
3. b按工程设计。

钢筋混凝土基层小青瓦屋面檐口、天沟、泛水（浙 J15）(51、52 页)

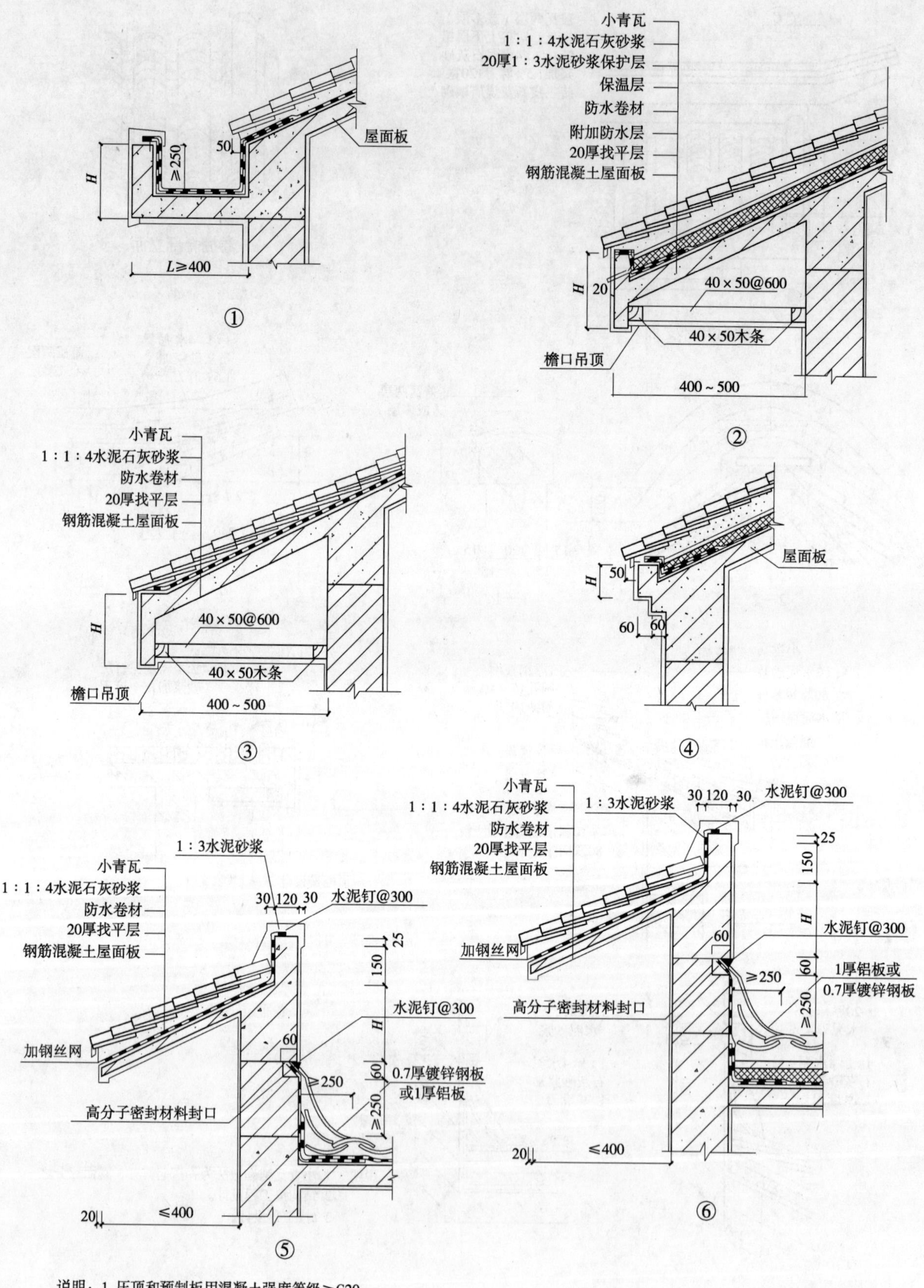

说明：1. 压顶和预制板用混凝土强度等级≥C20。
2. 屋面挑檐、坡度、出檐尺寸、H 按工程设计。

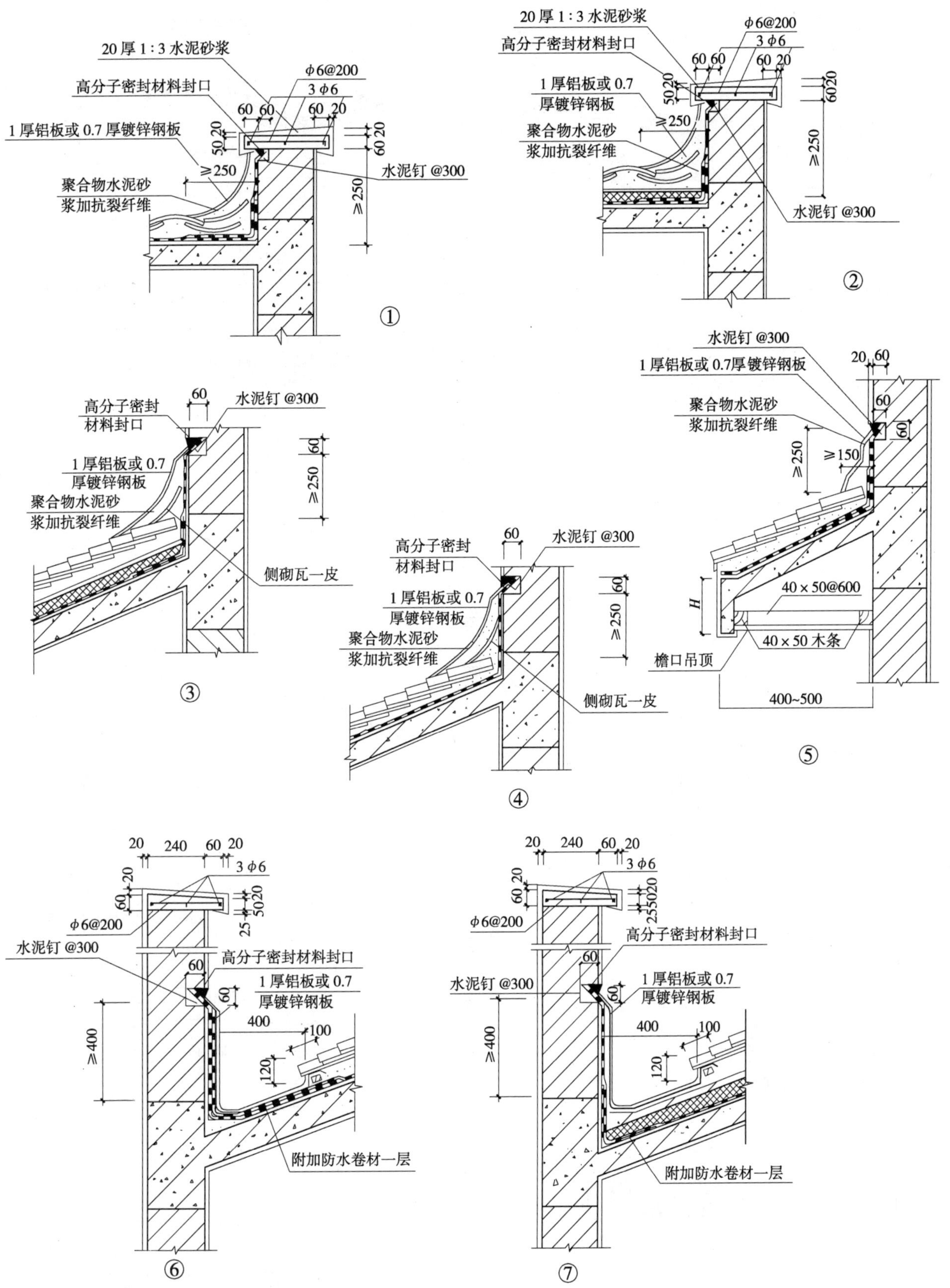

说明：1. 压顶和预制板用混凝土强度等级≥C20。
2. 屋面挑檐、坡度、出檐尺寸、H按工程设计。

小青瓦屋面天沟（浙江 2005 浙 T15）（55 页）

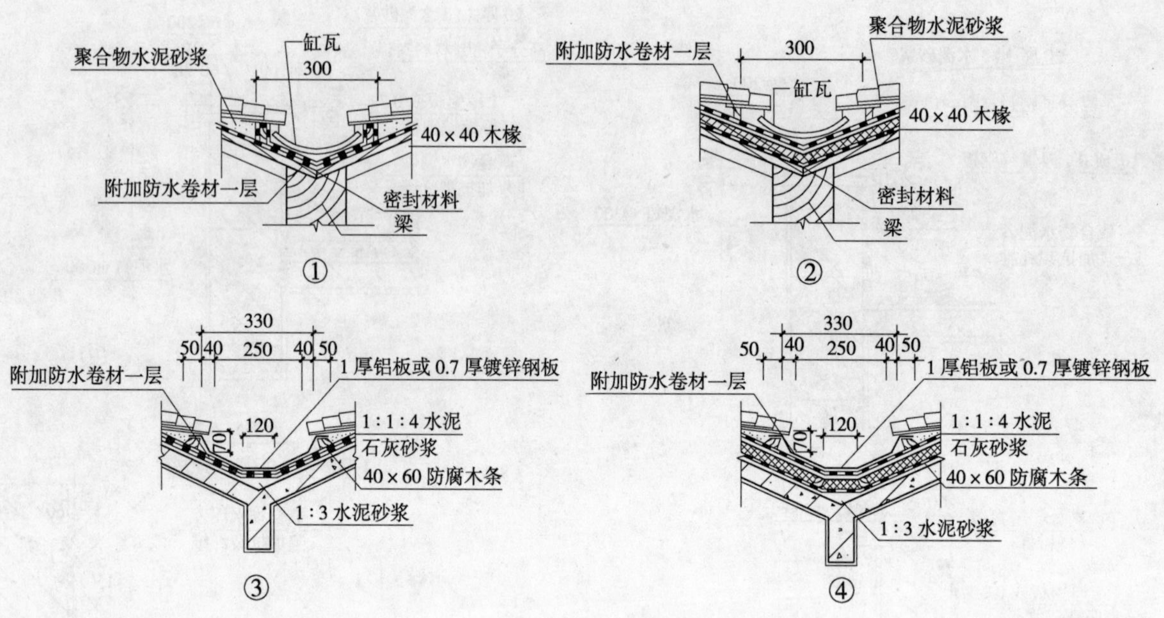

小青瓦悬挑檐廊（钢筋混凝土基层）（江苏 J10-2003）（34 页）

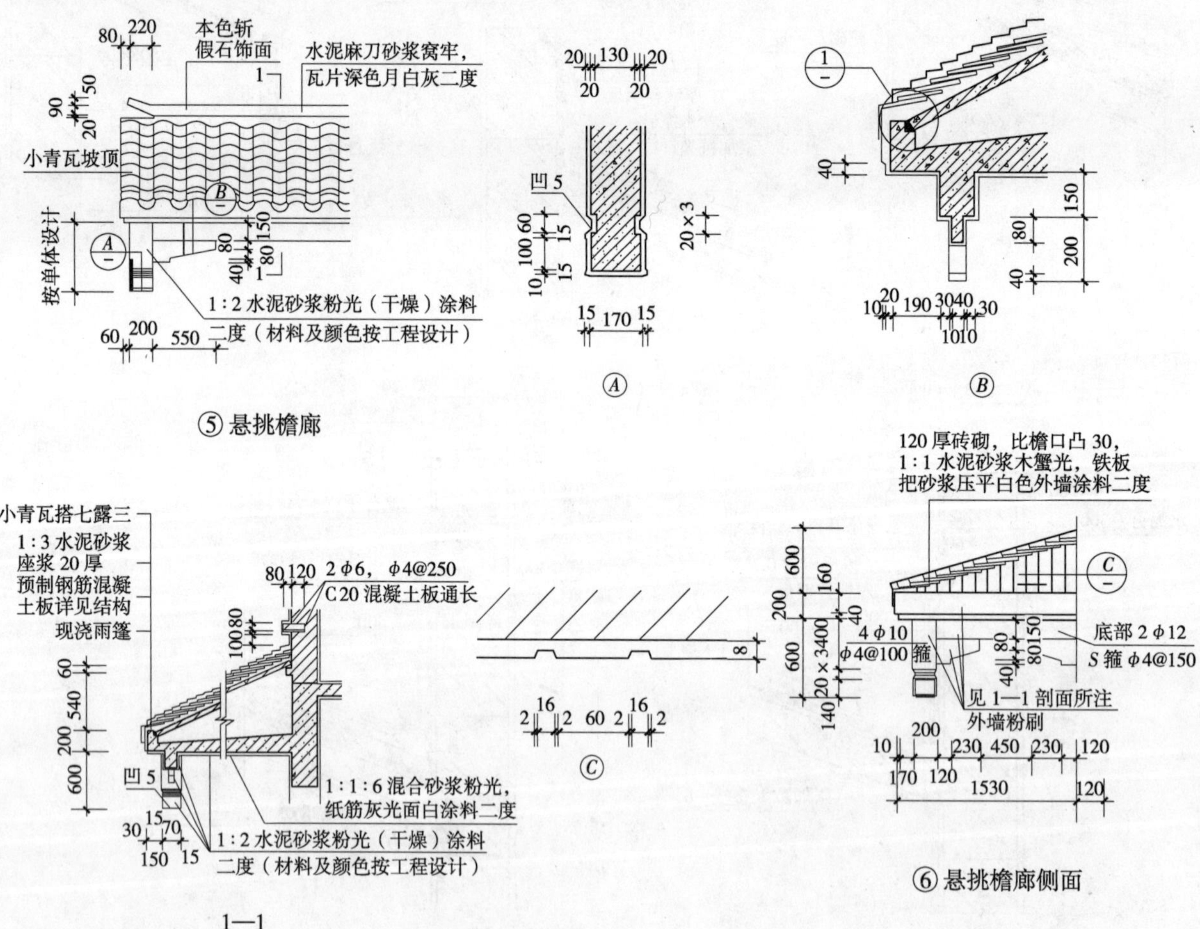

小青瓦屋面屋脊（一）（浙 J15）（62 ~ 64 页）

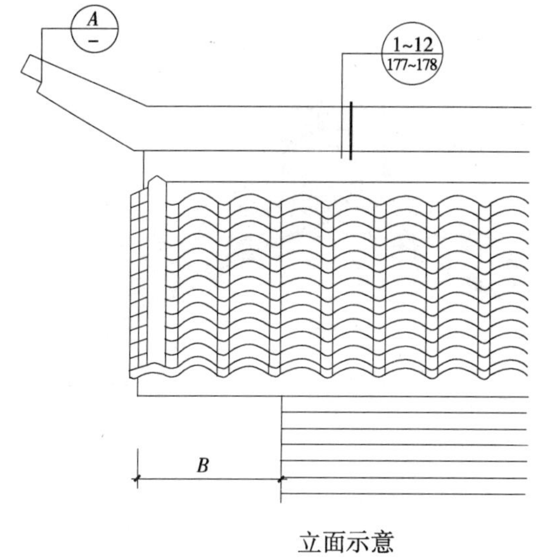

立面示意

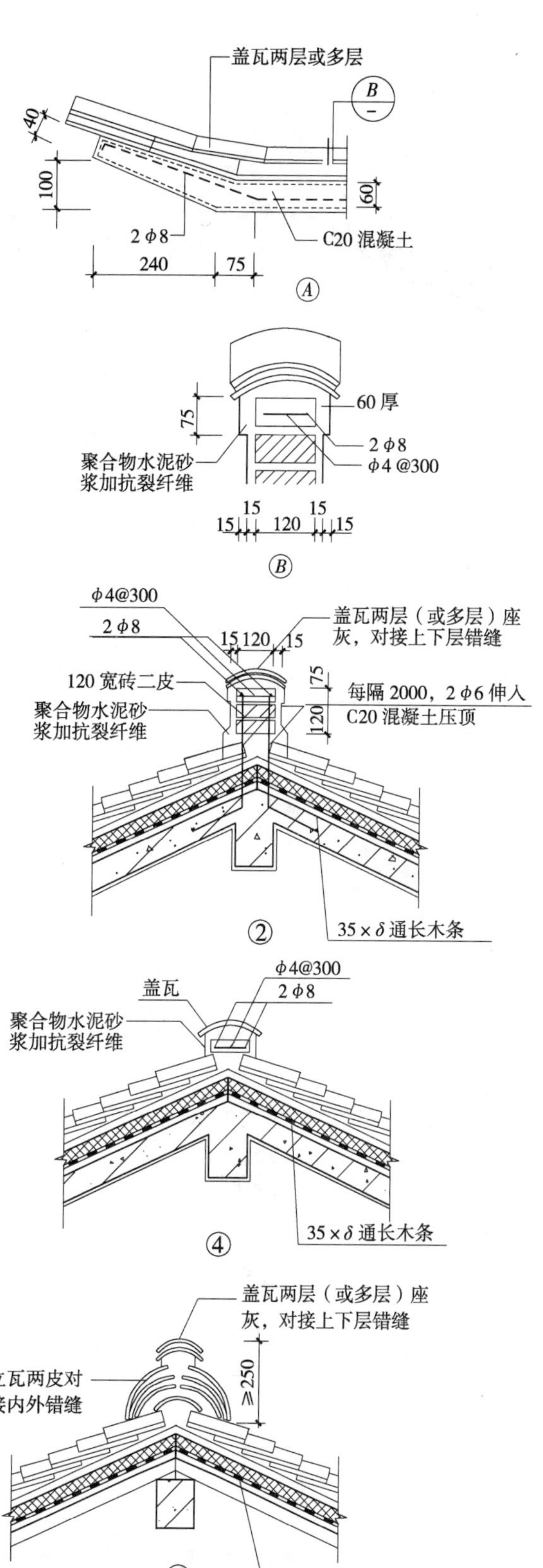

Ⓐ

Ⓑ

②

④

⑥

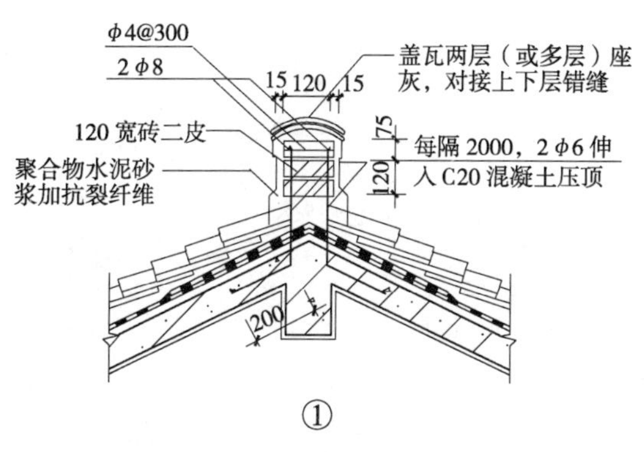

①

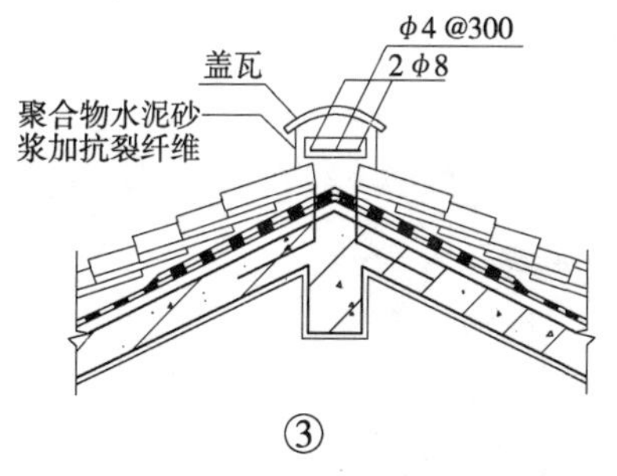

③

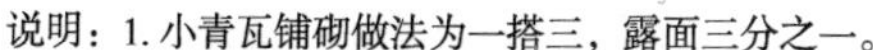

⑤

说明：1. 小青瓦铺砌做法为一搭三，露面三分之一。

2. 屋面坡度、B 详图按工程设计。

3. 本页图钢筋混凝土基层屋面详图与木基层屋面详图通用。

小青瓦屋面屋脊（二）（浙 J15）（64 页）

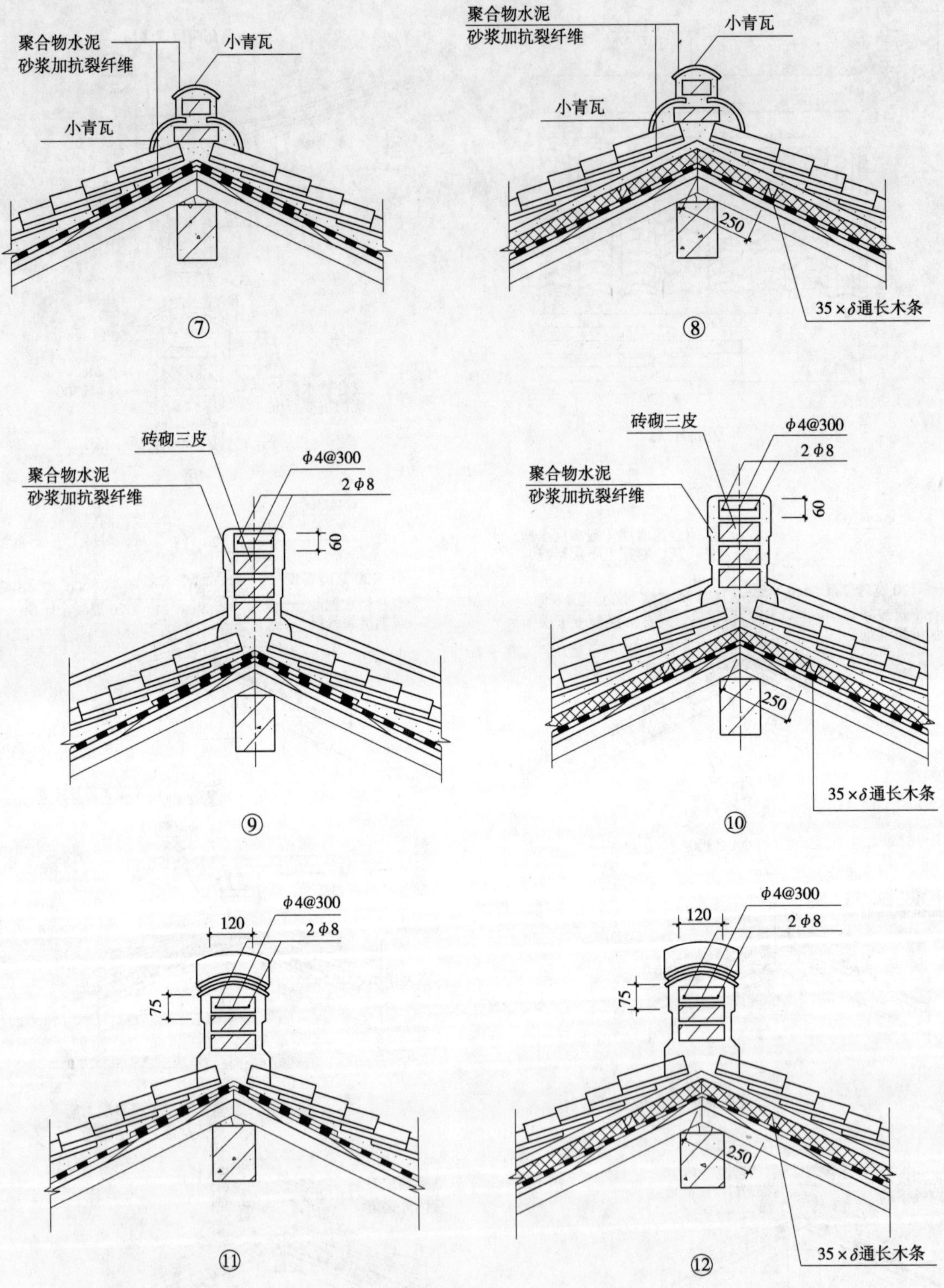

说明：1. 小青瓦铺砌做法为一搭三，露面三分之一。

2. 屋面坡度按工程设计。

3. 本页图钢筋混凝土基层屋面详图与木基层屋面详图通用。

小青瓦屋面檐口（钢筋混凝土基层）（江苏 J10-2003）（27 页）

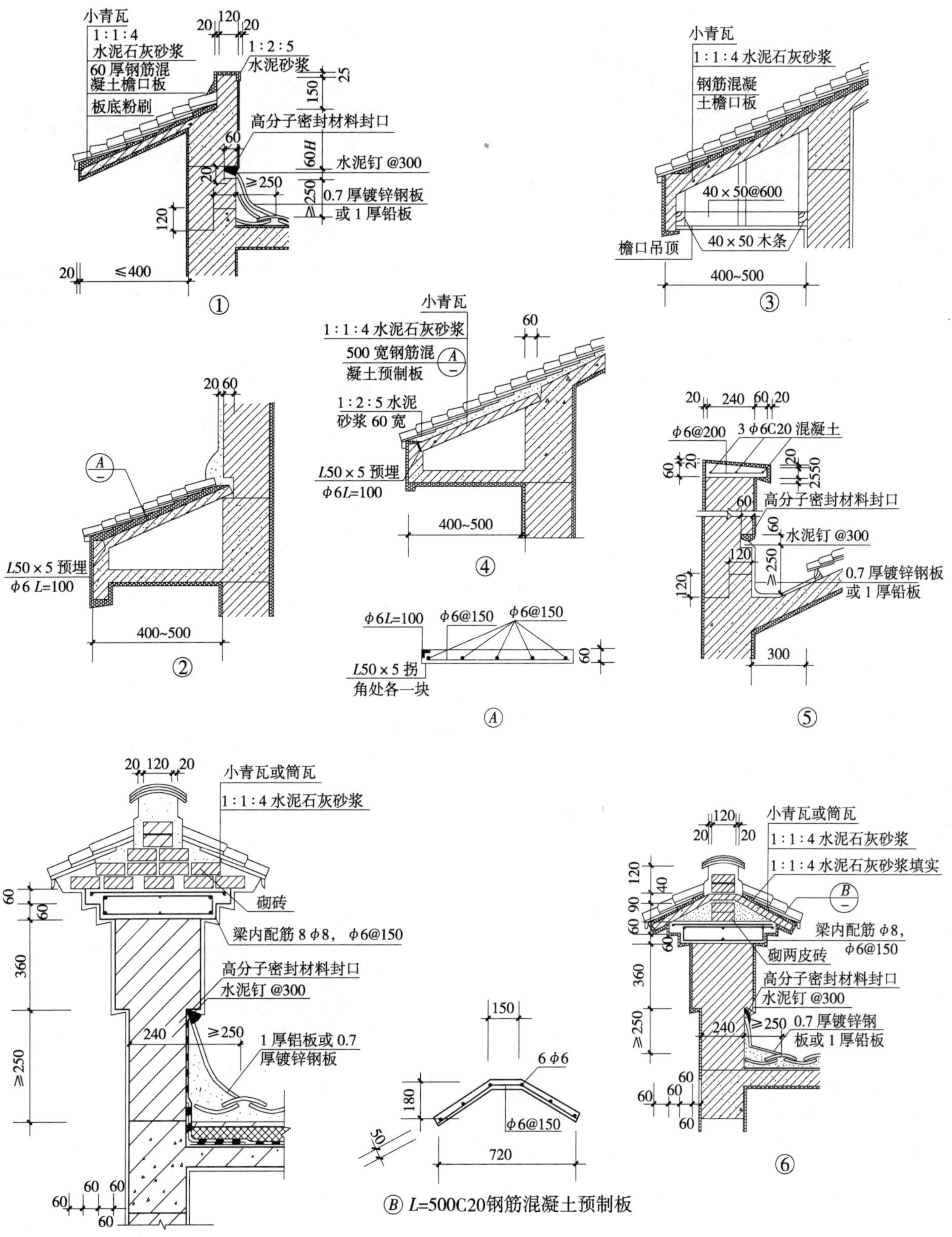

Ⓑ L=500C20钢筋混凝土预制板

说明：1. 压顶和预制板用Ⅰ级钢筋C20 混凝土。
2. 屋面挑檐、坡度、出挑尺寸、H 详见工程设计。
3. 凡钢筋混凝土基层檐沟、雨水斗、雨水管等均同 (1/180)

小青瓦屋面檐口（木基层）(一)(浙J75)(56、57页)

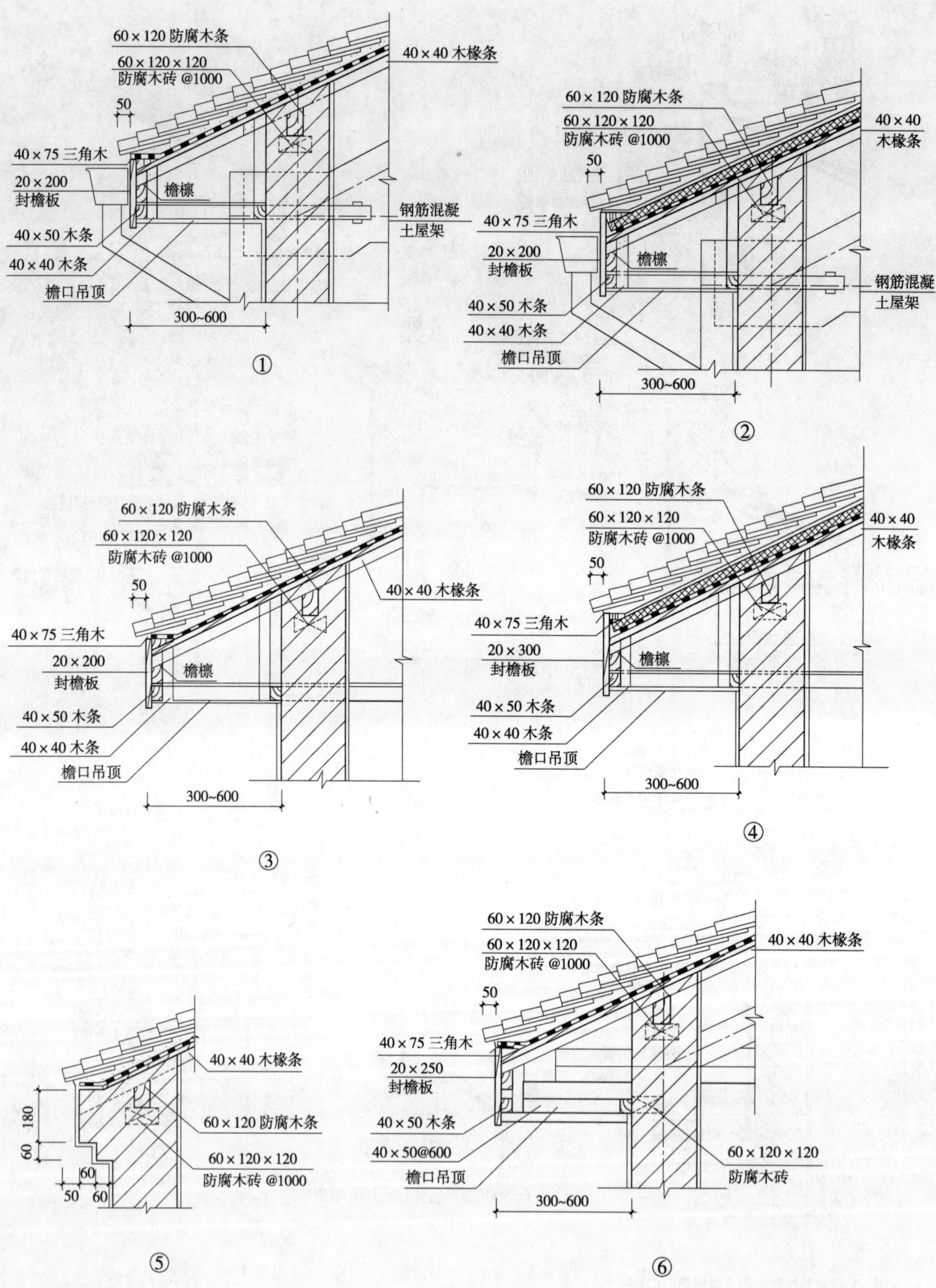

小青瓦屋面檐口（木基层）(二)（浙 J15）(57、58 页）

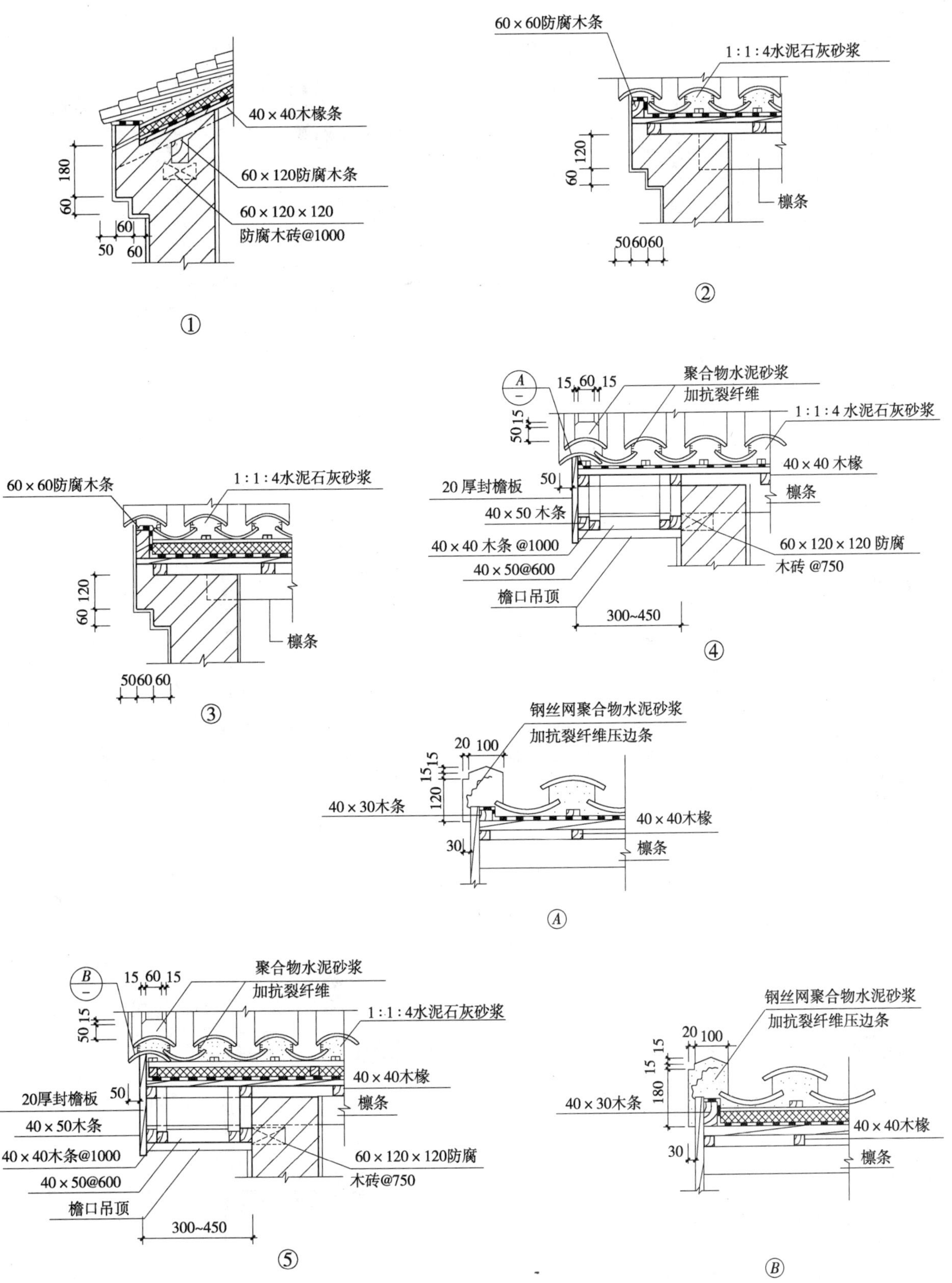

说明：1. 小青瓦铺砌方法为一搭三，露瓦三分之一。
2. 檐口吊顶面层材料按工程设计。
3. 凡木基层檐沟、雨水斗、雨水管等均同(1/180)。
4. Ⓑ节点为小青瓦屋面悬山处抗风构造。

小青瓦屋面泛水（木基层）（浙 J15）（61 页）

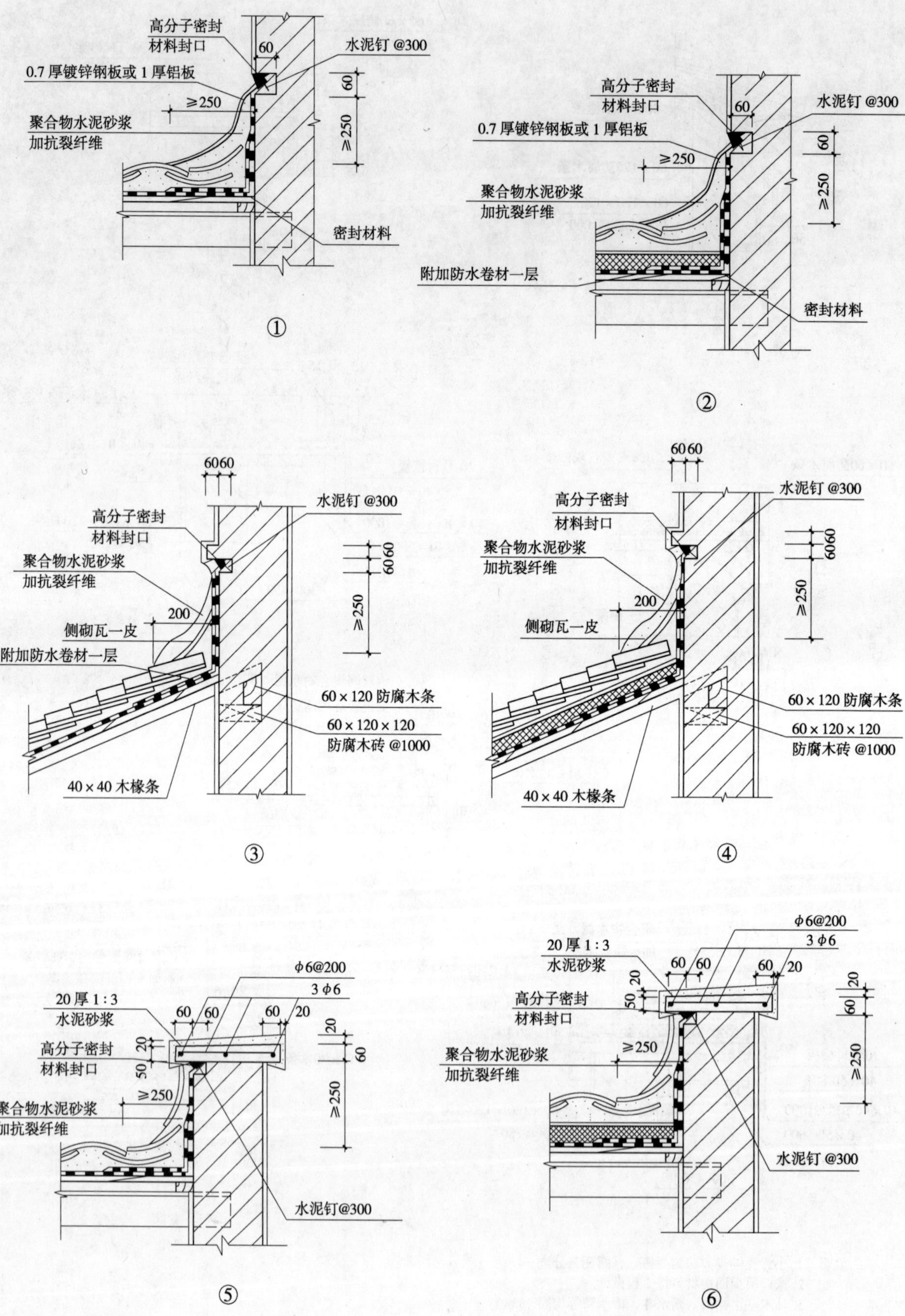

小青瓦屋面屋脊（木基层）（江苏 J10-2003）（33 页）

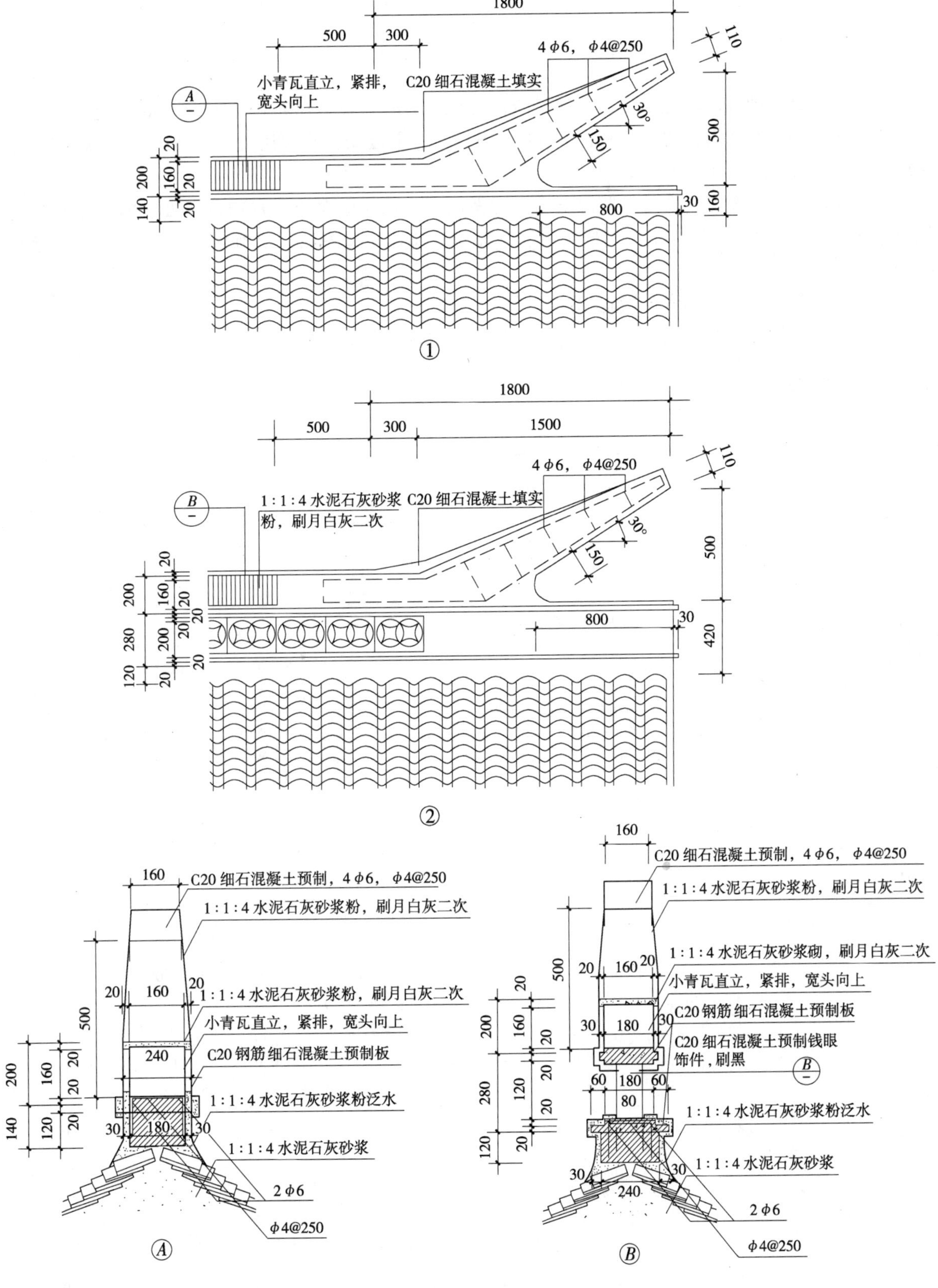

说明：1. 屋脊材料采用小青瓦，青砖用 1:1:4 水泥石灰砂浆砌，纸筋灰浆抹平，刷月白灰二次。
2. 屋脊中钱眼可预制也可用小青瓦砌筑。

8 琉璃瓦屋面

说明

1. 琉璃瓦是一种釉面的烧结瓦，其质量应符合行业标准《烧结瓦》JC 709—1998 的规定。

2. 琉璃瓦分平瓦和筒瓦两类，平瓦类包括“S”瓦、平板瓦、波形瓦及空心瓦，主要颜色有铬绿、桔黄、湖兰、孔雀兰、金黄等。

3. 琉璃瓦屋面的节点构造可参照混凝土瓦的做法；琉璃瓦屋面的屋脊构造，可根据设计要求选用不同造型，由厂家进行特殊加工。当选用钢筋混凝土现浇出挑屋檐时，必须经计算并按钢筋混凝土受力性能和造型要求进行施工。

4. 琉璃瓦固定措施与小青瓦措施相同。

5. 属于古建筑琉璃瓦屋面修葺、重建等工程应按古建工程要求处理。

琉璃瓦屋面构造（一）(2005 浙 J15)(17 页)

屋面外保温分层做法

瓦 类	构造简图	材料及做法	防水道数	导热系数 λ [W/(m·K)]	修正系数 α	R
①琉璃瓦（外保温）		1. 琉璃瓦	二道防水设防	0.930	1.000	0.016
		2. 1:1:6 水泥石灰珍珠岩浆坐浆（或 1:1:4 水泥石灰砂浆）		0.870	1.100	0.042
		3. 顺水条 30mm×20mm				
		4. 防水卷材或防水涂膜		0.170	1.100	0.008
		5. 20mm 厚 1:3 水泥砂浆找平层		0.930	1.000	0.022
		6. 现浇钢筋混凝土屋面		1.740	1.000	0.069
		7. 板底抹灰		0.870	1.000	0.017
		$R_e + R_i$				0.150
		主体部分热工指标	① *K* 3.090 *D* 2.323			
②③琉璃瓦（外保温）		1. 琉璃瓦	二道防水设防	0.930	1.000	0.016
		2. 1:1:6 水泥石灰珍珠岩浆坐浆（或 1:1:4 水泥石灰砂浆）		0.870	1.100	0.042
		3. 20mm 厚 1:3 水泥砂浆找平层		0.930	1.000	0.022
		4. ②30mm 厚挤塑聚苯板（30mm×30mm 通长木条@1200mm）		0.030	1.100	0.909
		③40mm 厚挤塑聚苯板（30mm×40mm 通长木条@1200mm）		0.030	1.100	1.212
		5. 防水卷材或防水涂膜		0.170	1.100	0.011
		6. 20mm 厚 1:3 水泥砂浆找平层		0.930	1.000	0.022
		7. 现浇钢筋混凝土屋面		1.740	1.000	0.069
		8. 板底抹灰		0.870	1.000	0.017
		$R_e + R_i$;				0.150
		主体部分热工指标	② *K* 0.796 *D* 2.897			
			③ *K* 0.641 *D* 3.004			

续表

瓦 类	构造简图	材料及做法	防水道数	导热系数 λ [W/(m·K)]	修正系数 α	R
④琉璃瓦（外保温）		1. 琉璃瓦	一道防水设防	0.930	1.000	0.016
		2. 1:1:6 水泥石灰珍珠岩浆坐浆（或1:1:4水泥石灰砂浆）		0.870	1.100	0.042
		3. 20mm 厚1:3 水泥砂浆找平层		0.930	1.000	0.022
		4. 50mm 厚泡沫玻璃（30mm × 50mm 通长木条@1200mm）		0.066	1.100	0.689
		5. 防水卷材或防水涂膜		0.170	1.100	0.011
		6. 20mm 厚1:3 水泥砂浆找平层		0.930	1.000	0.022
		7. 现浇钢筋混凝土屋面		1.740	1.000	0.069
		8. 板底抹灰		0.870	1.000	0.017
		$R_e + R_i$;				0.150
		主体部分热工指标	④K 0.965 D 3.191			
⑤⑥琉璃瓦		1. 琉璃瓦	二道防水设防	0.930	1.000	0.016
		2. 1:1:6 水泥石灰珍珠岩浆座浆（或1:1:4水泥石灰砂浆）		0.870	1.100	0.042
		3. 20mm 厚1:3 水泥砂浆找平层		0.930	1.000	0.022
		4. ⑤50mm 厚膨胀聚苯板（30mm×50mm 通长木条@1200mm）		0.042	1.300	0.916
		⑥60mm 厚膨胀聚苯板（30mm × 60mm 通长木条@1200mm）		0.042	1.300	1.099
		5. 防水卷材或防水涂膜		0.170	1.100	0.011
		6. 20mm 厚1:3 水泥砂浆找平层		0.930	1.000	0.022
		7. 现浇钢筋混凝土屋面		1.740	1.000	0.069
		8. 板底抹灰 $R_e + R_i$;		0.870	1.000	0.017
						0.150
		主体部分热工指标	⑤K 0.791 D 3.06			
			⑥K 0.691 D 3.092			

琉璃瓦屋面构造（二）(苏 J10-2003)(11 页)

瓦 类	构造简图	材 料 及 做 法	备 注
①②琉璃瓦		琉璃瓦 1:1:4 水泥石灰砂浆坐浆 现浇钢筋混凝土屋面板 龙骨 40mm×50mm@500mm（双向） （中间放保温层） ①聚苯乙烯保温板 ②纸面石膏板或木夹板 （面层材料按工程设计）	二道防水设防
③④琉璃瓦		琉璃瓦 1:1:4 水泥石灰砂浆坐浆防水卷材 20mm 厚1:2.5 水泥砂浆找平层 现浇钢筋混凝土屋面板 龙骨 40mm×50mm@500mm（双向） （中间放保温层） ③聚苯乙烯保温板 ④纸面石膏板或木夹板 （面层材料按工程设计）	三道防水设防

续表

瓦　类	构造简图	材料及做法	备　注
⑤ 琉 璃 瓦		琉璃瓦 1：1：4 水泥石灰砂浆坐浆 顺水条 36mm×8mm@500mm 油毡一层 20 厚屋面板 椽　条 檩　条 屋架或山墙	一道防水设防
⑥ ⑦ 琉 璃 瓦		琉璃瓦 石灰黄泥坐浆 防水卷材 20mm 厚 1：2.5 水泥砂浆找平 现浇钢筋混凝土屋面板 龙骨 40mm×50mm@500mm（双向） （中间放保温层） ⑥聚苯乙烯保温板 ⑦纸面石膏板或木夹板 （面层材料按工程设计）	三道防水设防

琉璃瓦屋面山墙檐口（一）(浙 J15)(65 页)

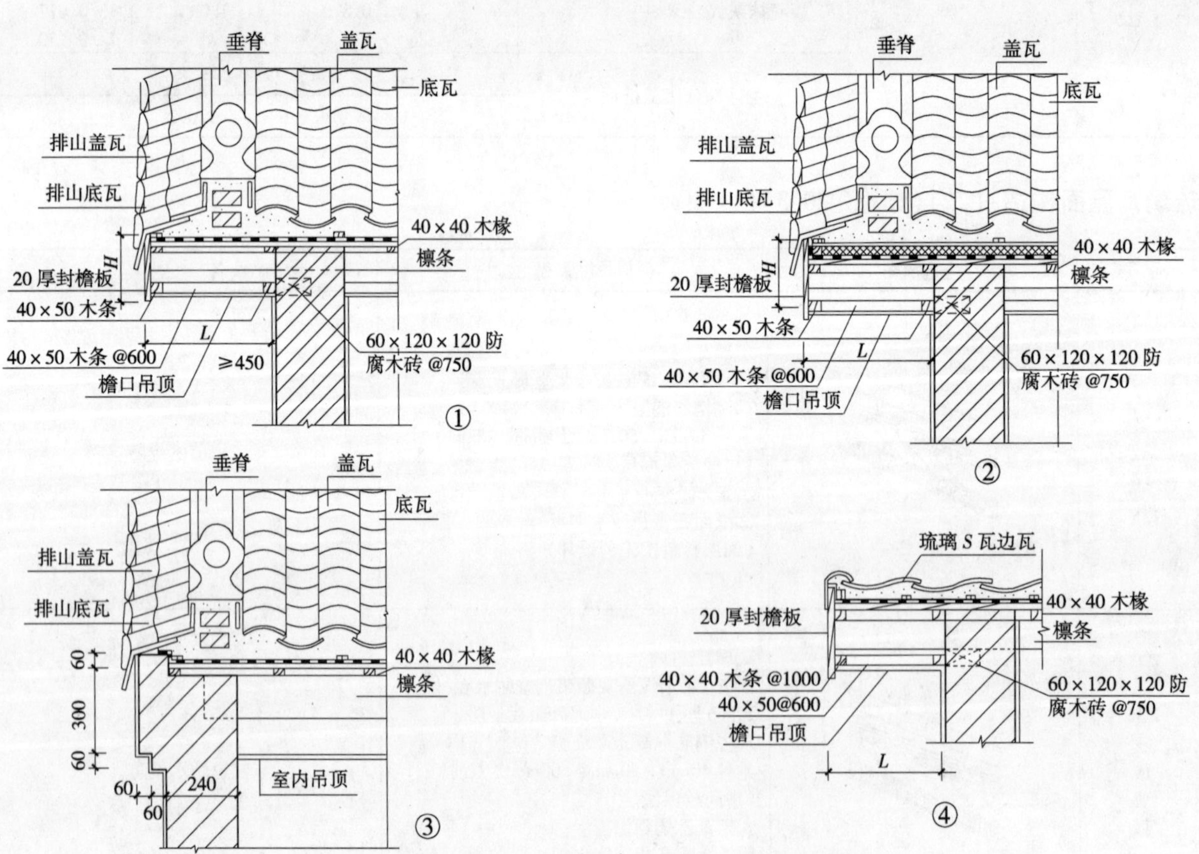

注：1. L、H 按单体设计。2. 檐口吊顶按单体设计。3. 凡木基层檐沟、雨水斗、雨水管等均同 (1/180)。
4. 钢筋混凝土基层屋面详图与木基层屋面详图通用。

琉璃瓦屋面山墙檐口（二）(浙 J15)(66、67 页)

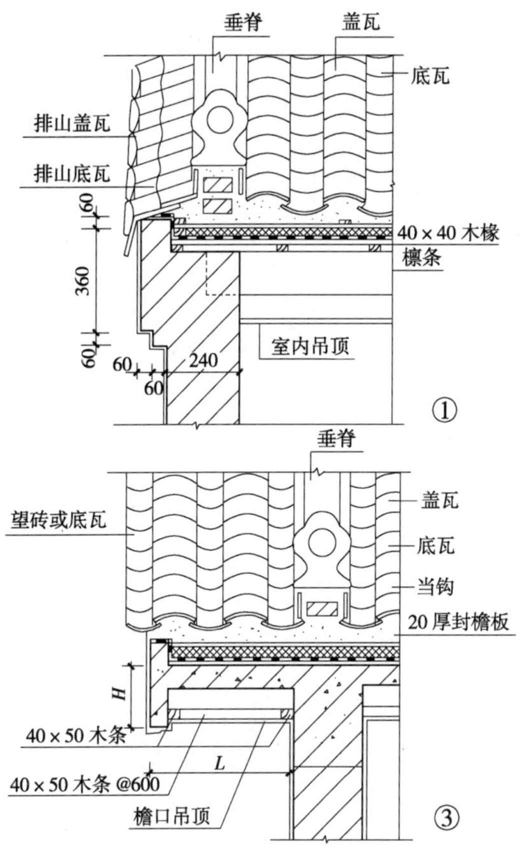

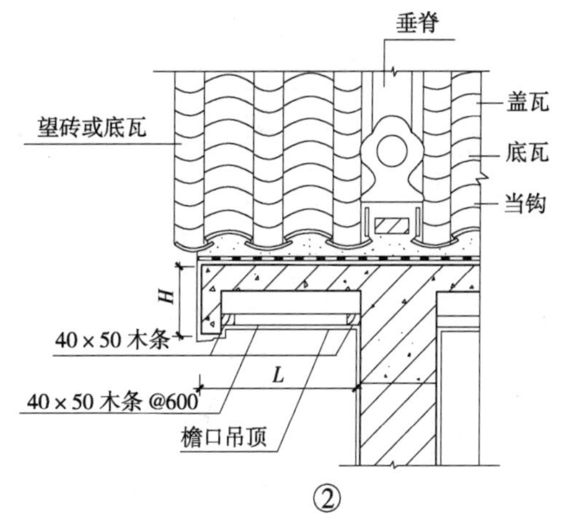

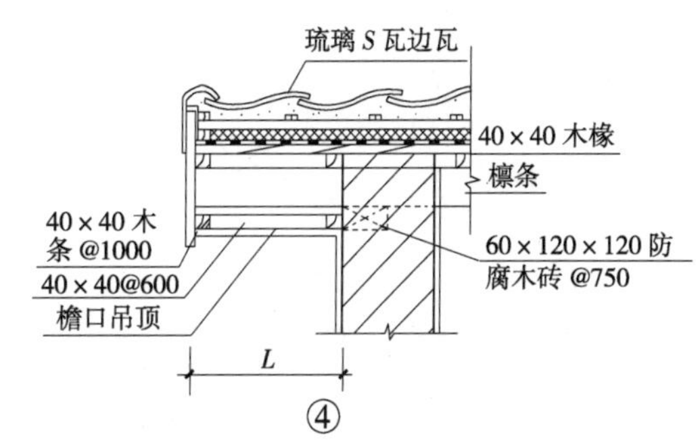

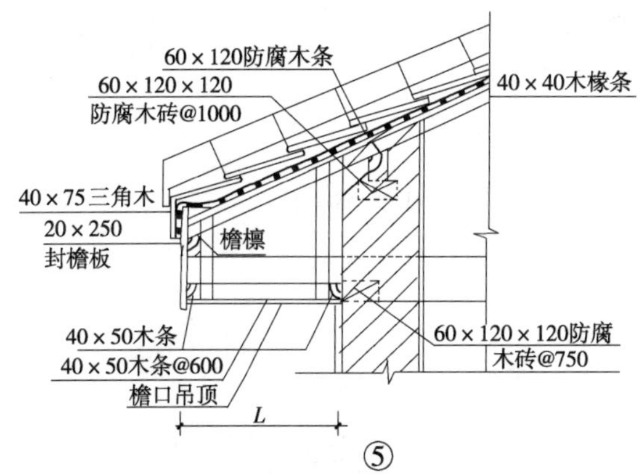

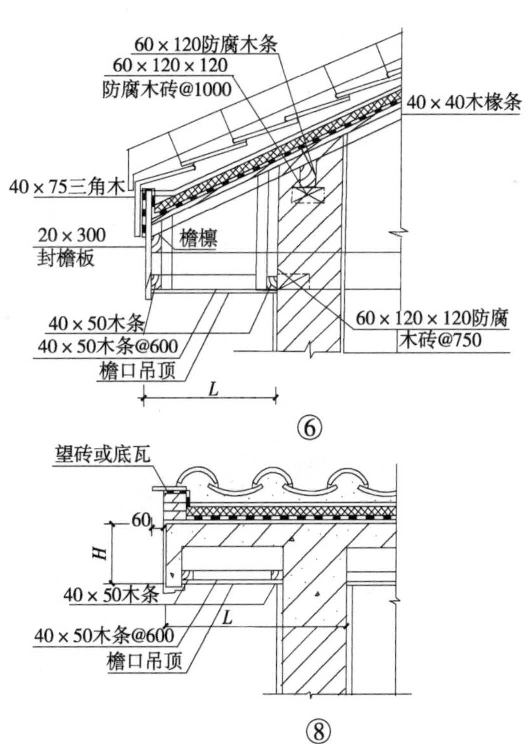

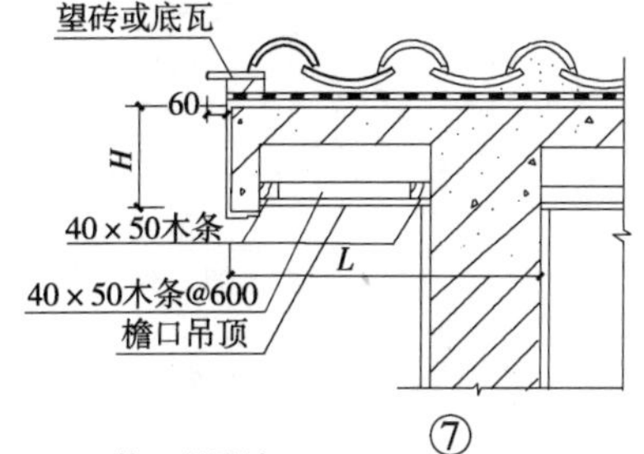

注：1. L、H按工程设计。

2. 檐口吊顶按工程设计。

3. 凡木基层檐沟、雨水斗、雨水管等均同 $\frac{1}{180}$。

4. 钢筋混凝土基层屋面详图与木基层屋面详图通用。

琉璃瓦屋面屋脊（一）（浙 J15）（68 页）

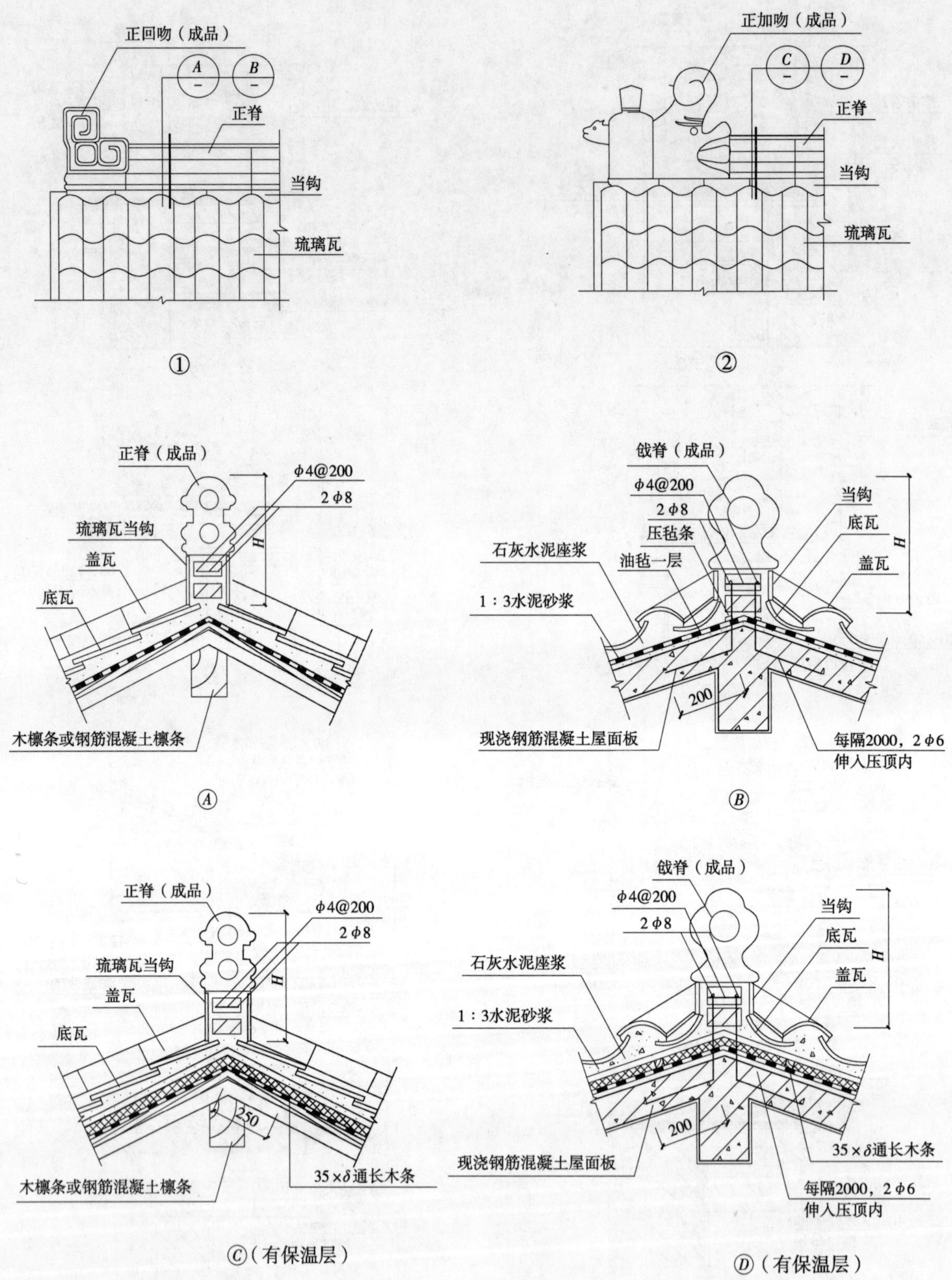

说明：1. 钢筋混凝土基层屋面与木基层屋面通用。
2. 屋面坡度、屋脊高度H按工程设计。

琉璃瓦屋面屋脊（二）(浙 J15)(69 页)

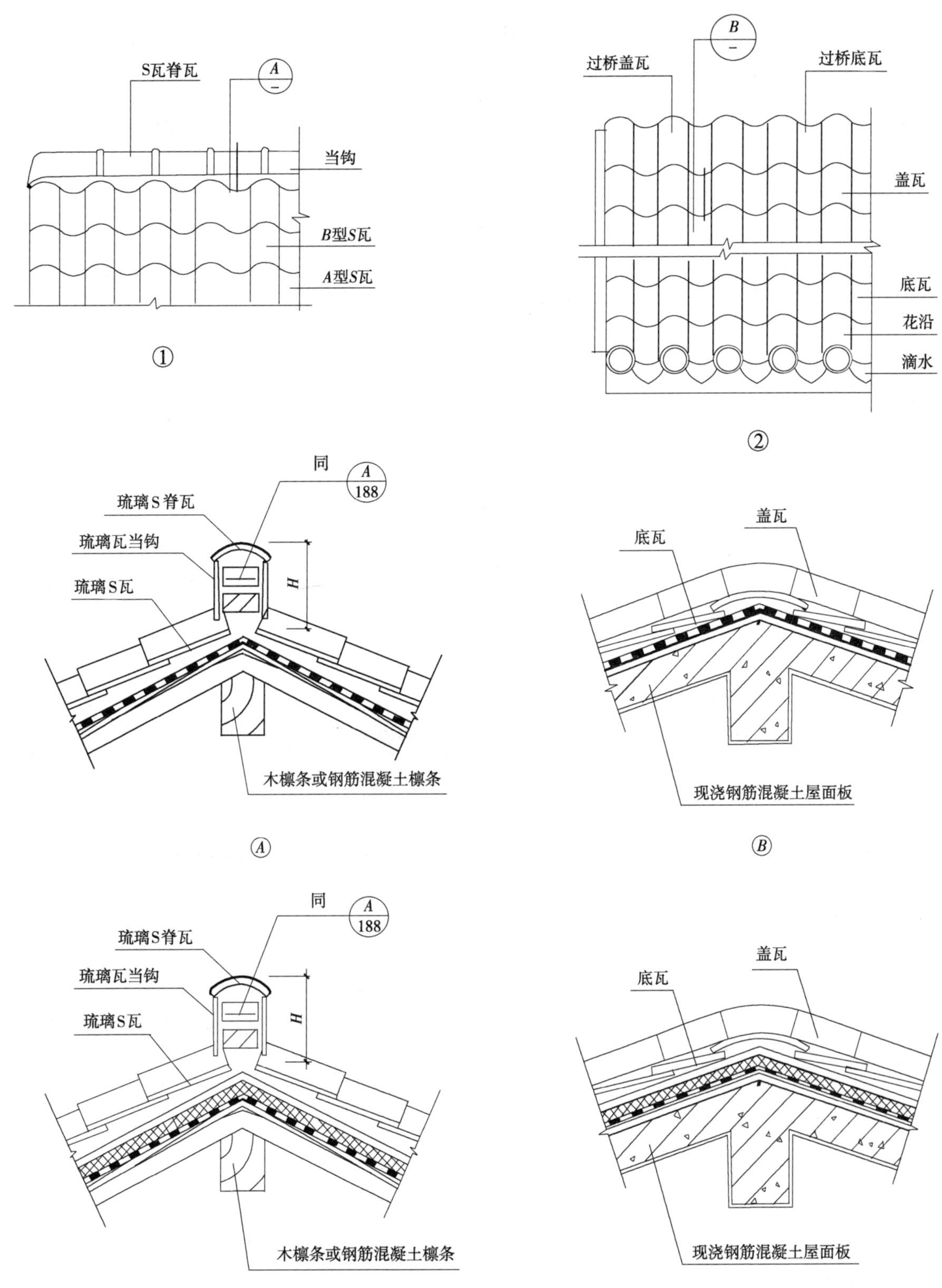

说明：1. 钢筋混凝土基层屋面与木基层屋面通用。

2. 屋面坡度、屋脊高度H按工程设计。

9　折坡屋面

折坡屋面做法（河南 05YJ5-2）(63、64 页)

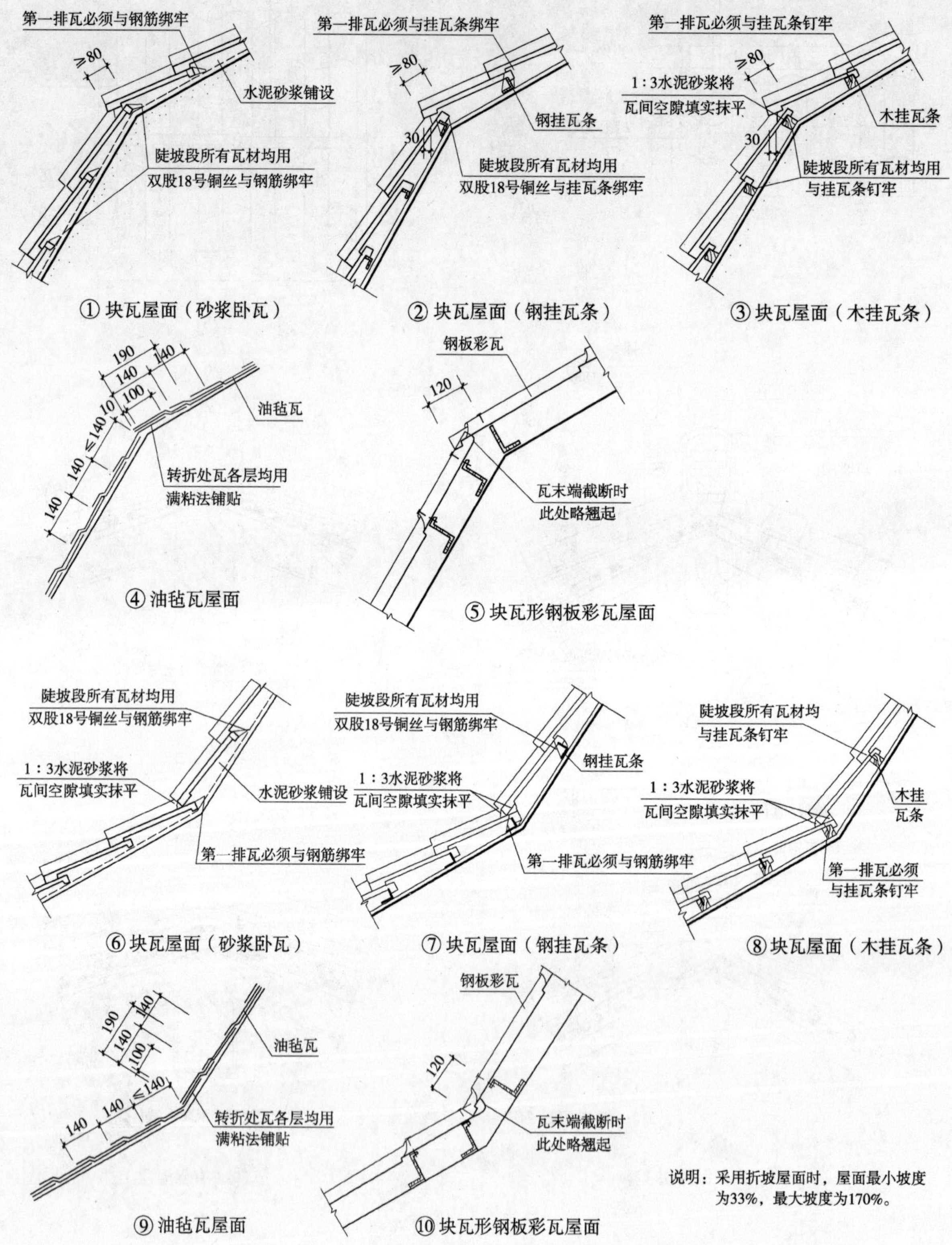

① 块瓦屋面（砂浆卧瓦）　② 块瓦屋面（钢挂瓦条）　③ 块瓦屋面（木挂瓦条）

④ 油毡瓦屋面　⑤ 块瓦形钢板彩瓦屋面

⑥ 块瓦屋面（砂浆卧瓦）　⑦ 块瓦屋面（钢挂瓦条）　⑧ 块瓦屋面（木挂瓦条）

⑨ 油毡瓦屋面　⑩ 块瓦形钢板彩瓦屋面

说明：采用折坡屋面时，屋面最小坡度为33%，最大坡度为170%。

10 屋面老虎窗

块瓦屋面老虎窗（一）（河南 05YJ5-2）（23、24 页）

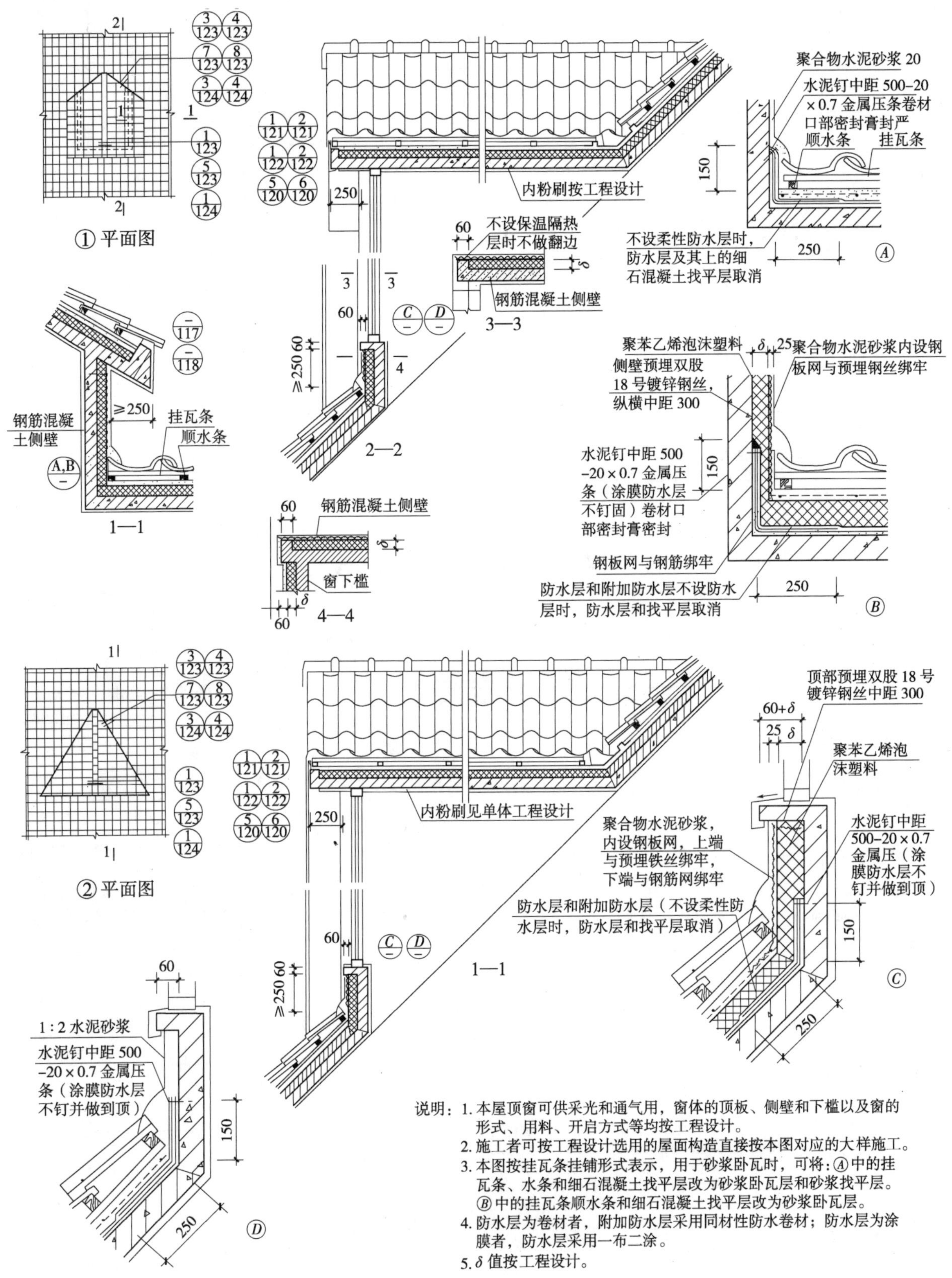

说明：1. 本屋顶窗可供采光和通气用，窗体的顶板、侧壁和下槛以及窗的形式、用料、开启方式等均按工程设计。
2. 施工者可按工程设计选用的屋面构造直接按本图对应的大样施工。
3. 本图按挂瓦条挂铺形式表示，用于砂浆卧瓦时，可将：Ⓐ中的挂瓦条、水条和细石混凝土找平层改为砂浆卧瓦层和砂浆找平层。Ⓑ中的挂瓦条顺水条和细石混凝土找平层改为砂浆卧瓦层。
4. 防水层为卷材者，附加防水层采用同材性防水卷材；防水层为涂膜者，防水层采用一布二涂。
5. δ 值按工程设计。

块瓦屋面老虎窗（二）（河南 05YJ5-2）（25 页）

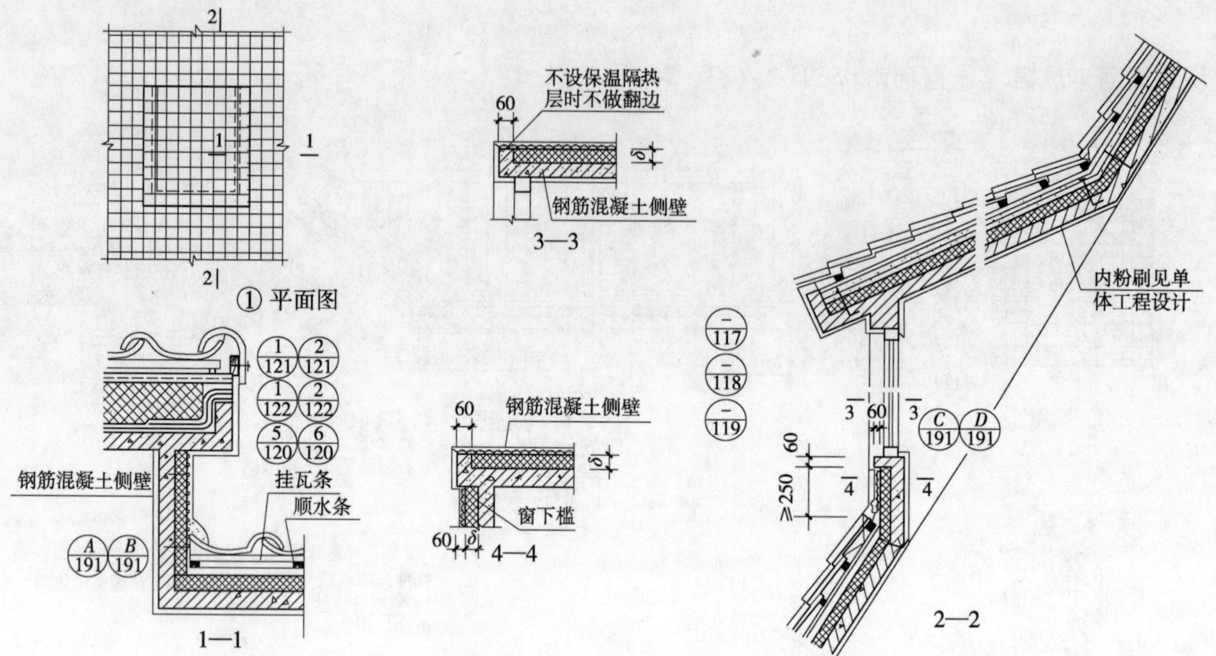

说明：1. 本屋顶窗可供采光和通气用，窗体的顶板、侧壁和下槛以及窗的形式、用料、开启方式等均按工程设计。
2. 施工者可按工程设计选用的屋面构造直接按本图对应的大样施工。
3. 防水层为卷材者，附加防水层采用同材性防水卷材；防水层为涂膜者，附加防水层采用一布二涂。
4. δ 值按工程设计。

油毡瓦屋面老虎窗（一）（河南 05YJ5-2）（40 页）

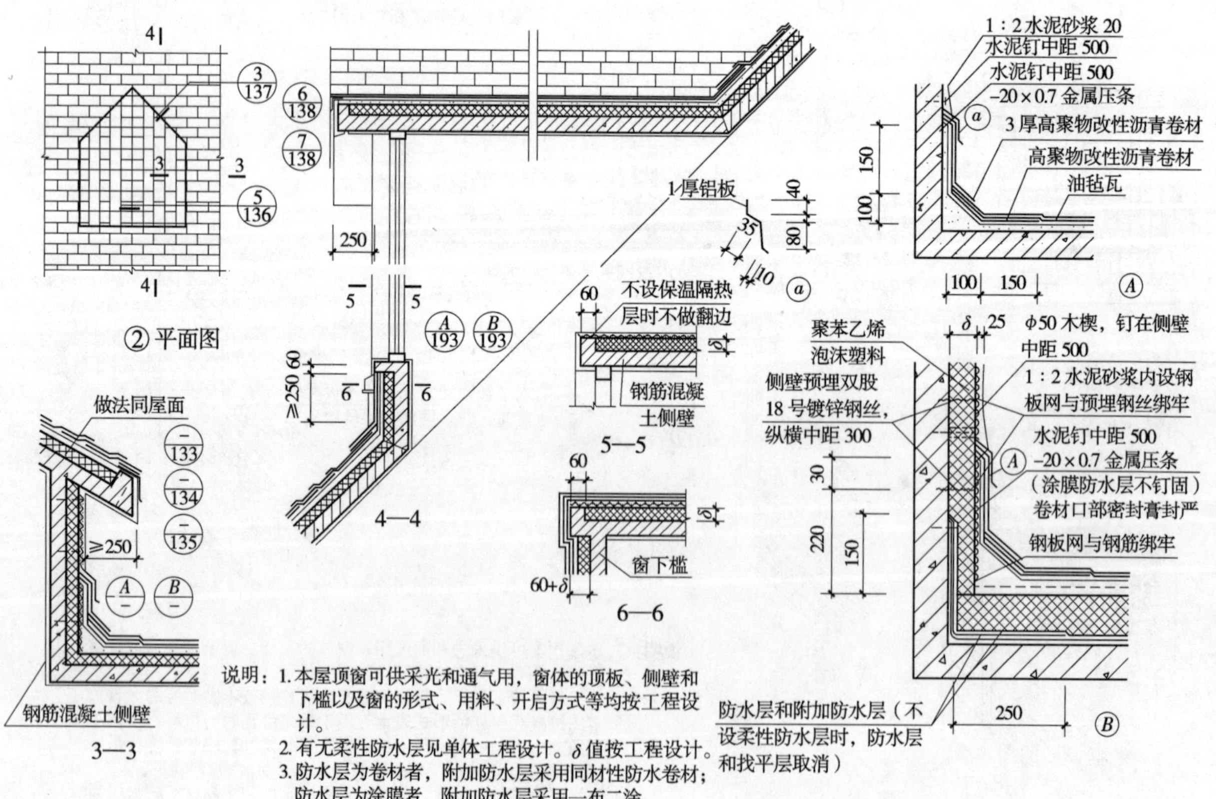

说明：1. 本屋顶窗可供采光和通气用，窗体的顶板、侧壁和下槛以及窗的形式、用料、开启方式等均按工程设计。
2. 有无柔性防水层见单体工程设计。δ 值按工程设计。
3. 防水层为卷材者，附加防水层采用同材性防水卷材；防水层为涂膜者，附加防水层采用一布二涂。

油毡瓦屋面老虎窗（二）(河南 05YJ5-2)(41、42 页)

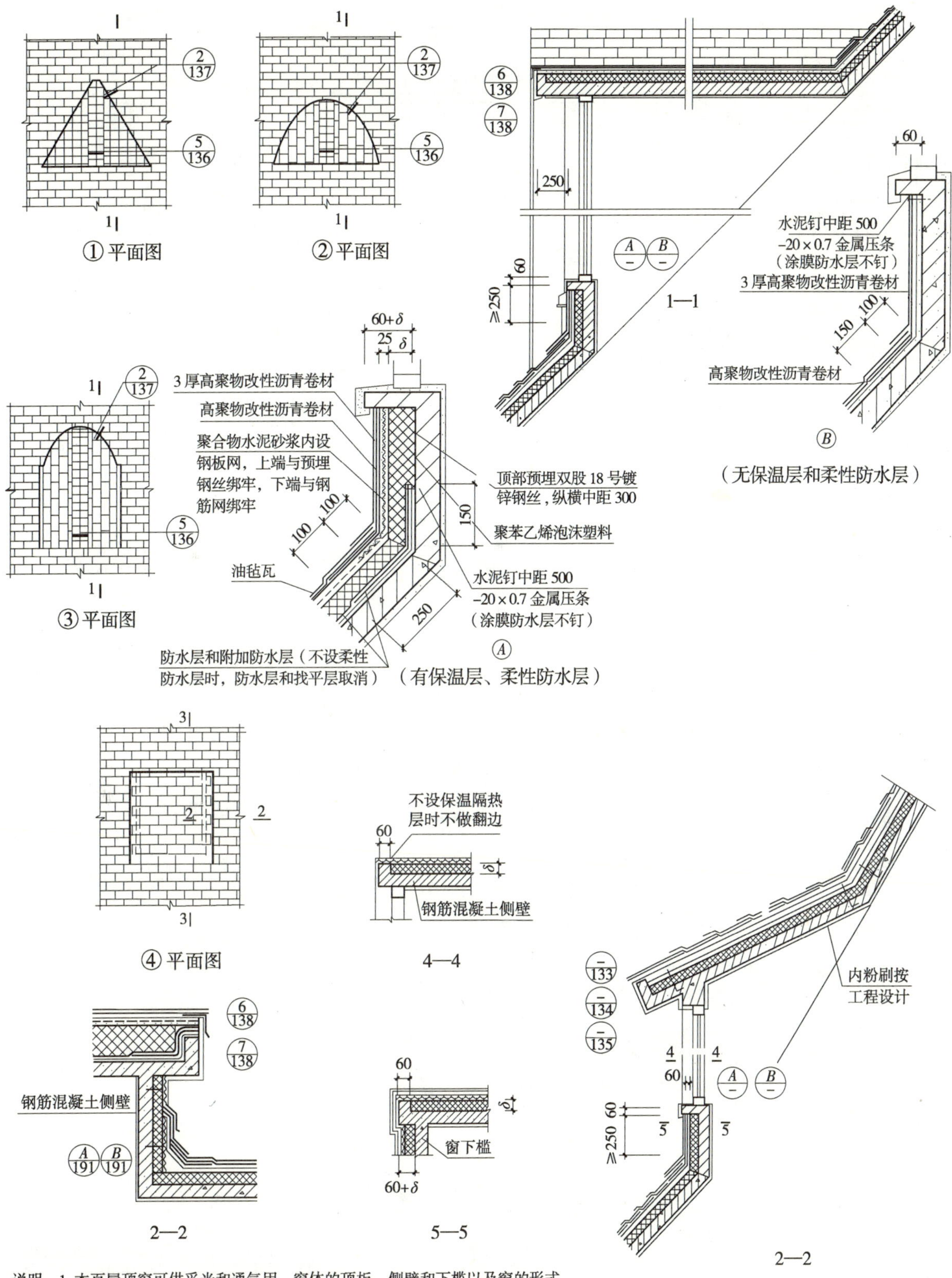

说明：1. 本页屋顶窗可供采光和通气用，窗体的顶板、侧壁和下槛以及窗的形式、用料、开启方式等均按工程设计。

2. 有无柔性防水层按工程设计，δ 值按工程设计。

3. 防水层为卷材者，附加防水层采用同材性防水卷材；防水层为涂膜者，附加防水层采用一布二涂。

块瓦形钢板彩瓦屋面老虎窗（河南 05YJ5-2）（54、55 页）

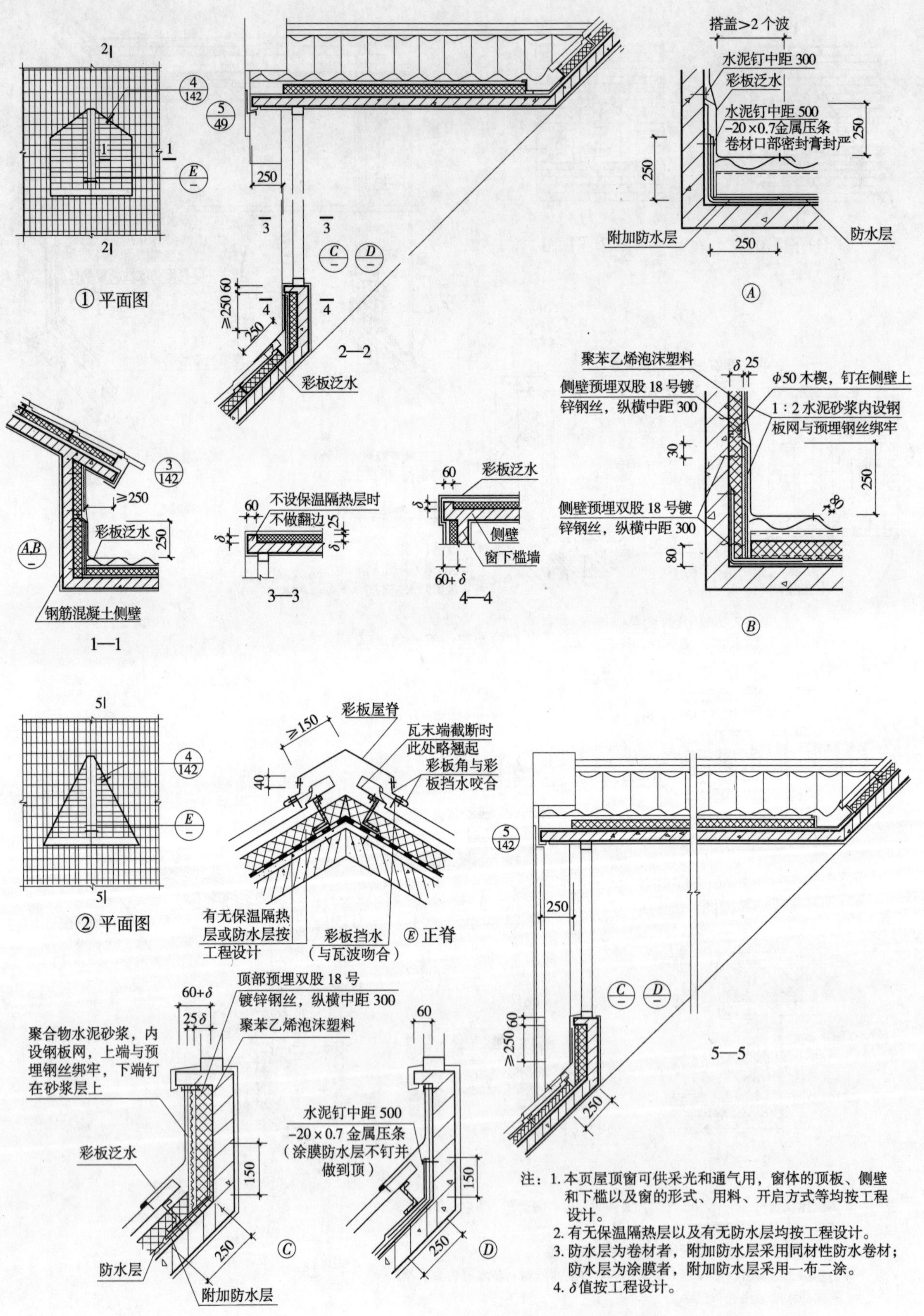

注：1. 本页屋顶窗可供采光和通气用，窗体的顶板、侧壁和下槛以及窗的形式、用料、开启方式等均按工程设计。
2. 有无保温隔热层以及有无防水层均按工程设计。
3. 防水层为卷材者，附加防水层采用同材性防水卷材；防水层为涂膜者，附加防水层采用一布二涂。
4. δ 值按工程设计。

混凝土保温层屋面老虎窗（浙-J15）(37、38 页）

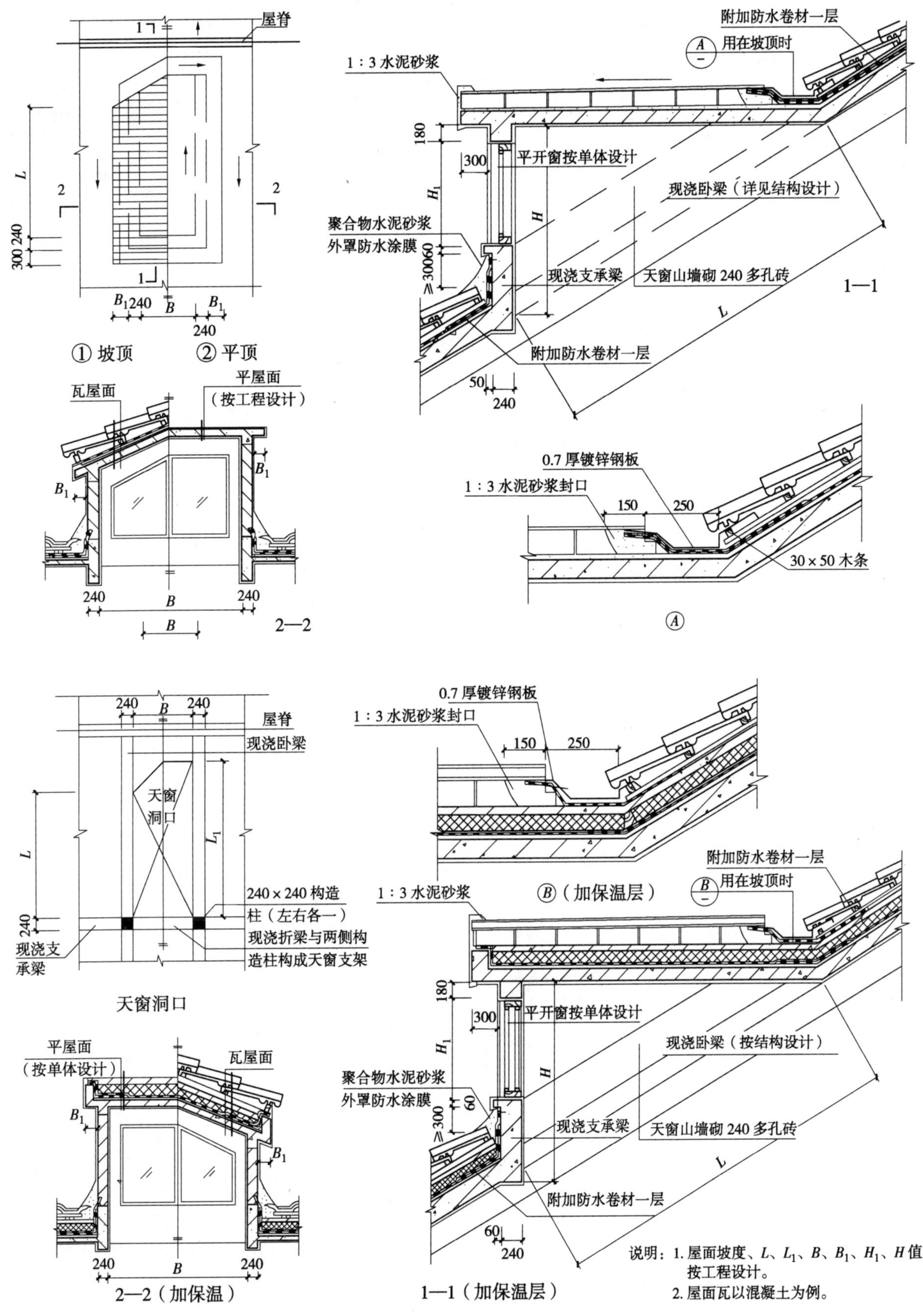

说明：1. 屋面坡度、L、L_1、B、B_1、H_1、H 值按工程设计。
2. 屋面瓦以混凝土为例。

钢筋混凝土基层混凝土瓦屋面老虎窗（江苏 J10-2003）(23、24 页)

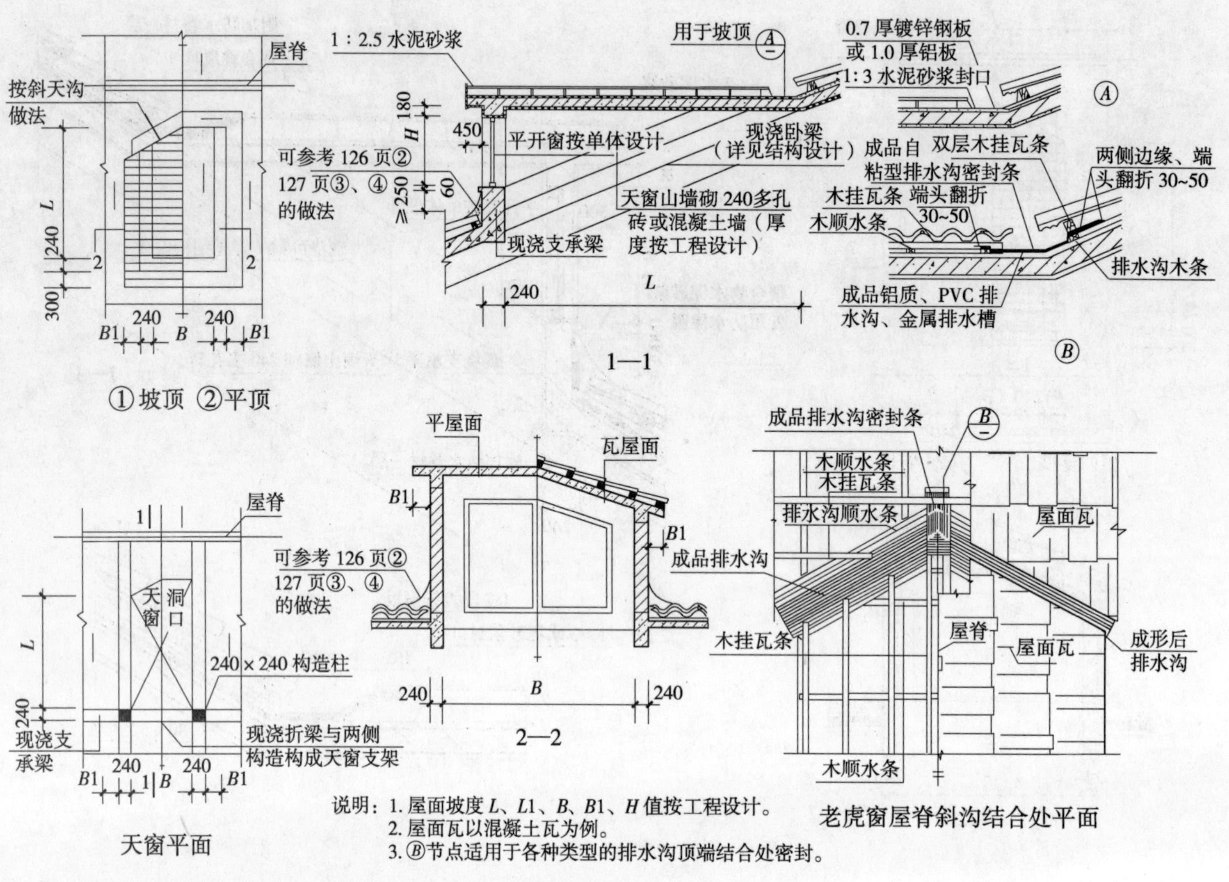

说明：1. 屋面坡度 L、L1、B、B1、H 值按工程设计。
2. 屋面瓦以混凝土瓦为例。
3. Ⓑ节点适用于各种类型的排水沟顶端结合处密封。

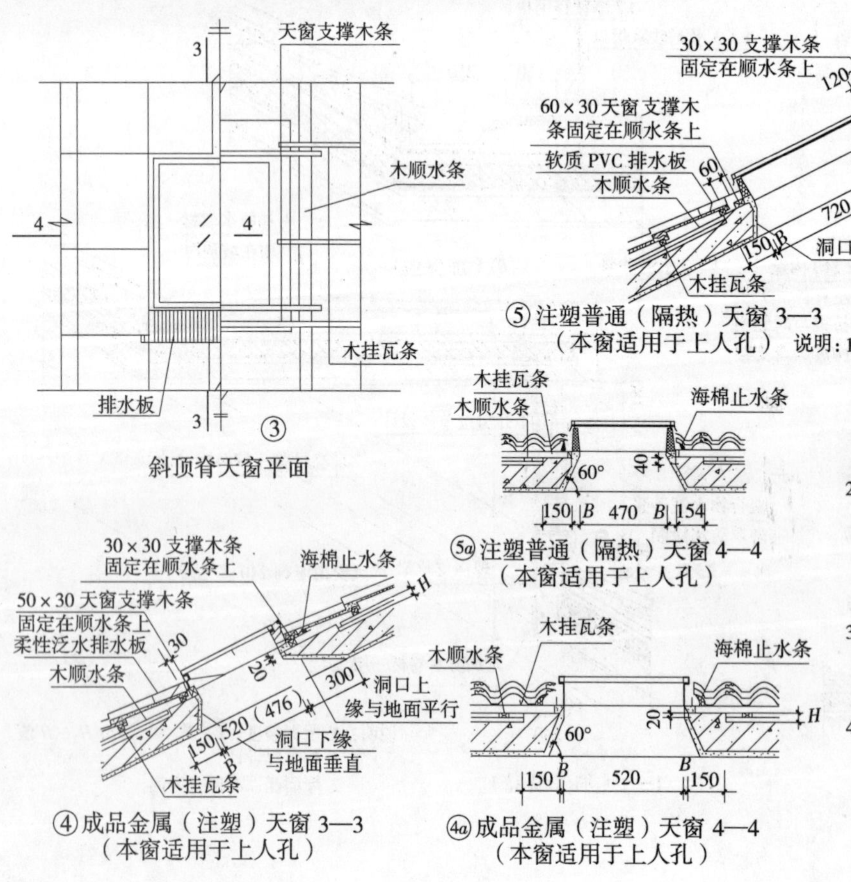

说明：1. 图中的成品斜屋顶天窗适用于各种波形或平板形混凝土屋面瓦（外形尺寸为：420 mm × 332mm）在混凝土屋面板的做法，木屋面板屋面上亦可采用此成品窗，做法可参见供应厂家的安装要求。本成品天窗亦可设为出屋面上人检修孔。
2. 图中的窗料及相关的零部件均是整体产品，可无需另外增加，但屋面中设有防水卷材时，其窗口的周边均需一并铺施。采用L=30mm镀锌螺钉将窗框固定在木支撑条上，窗框上锚固带采用L=40~50mm的水泥钢钉或射钉固定于屋面板上。
3. 本图系按LAFARGE屋面系统的天窗安装要求设计绘制，该窗的有关技术性能资料见供应厂家的产品介绍，不适用其它成品天窗的施工。
4. 图中的H为找平层+木顺水条的厚度=40mm，当单体工程设计中基层设有其他材料时，均需另增加相应的厚度。图中的B为装修面层的厚度，当采用水泥砂浆抹面时，为20~25mm；当采用其他材料时，需考虑其整个结构层的厚度。

老虎窗（水泥瓦屋面）（华北 88J5-1）（A20 页）

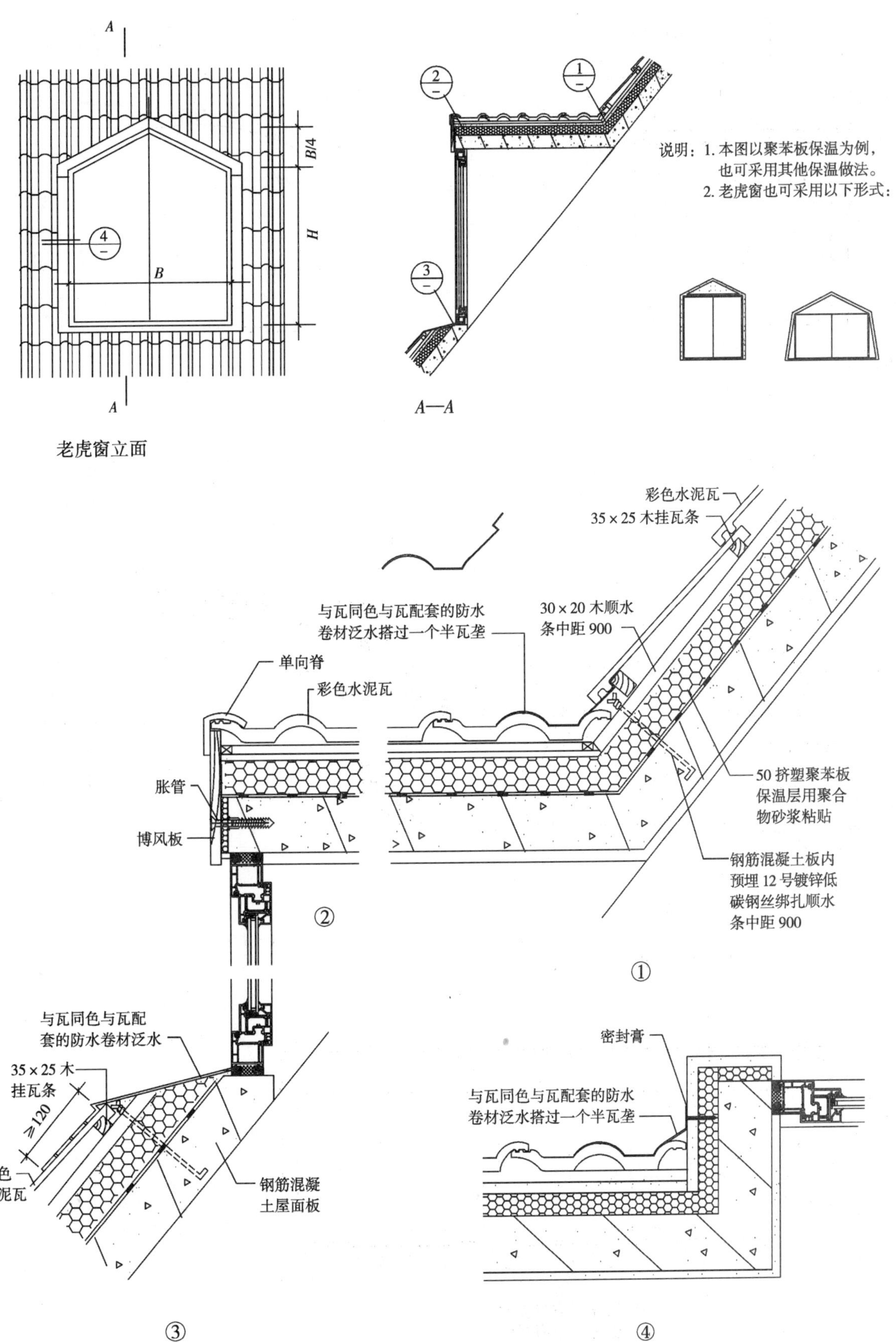

老虎窗（玻纤瓦屋面）(一)（华北 88J5-1）(A21 页）

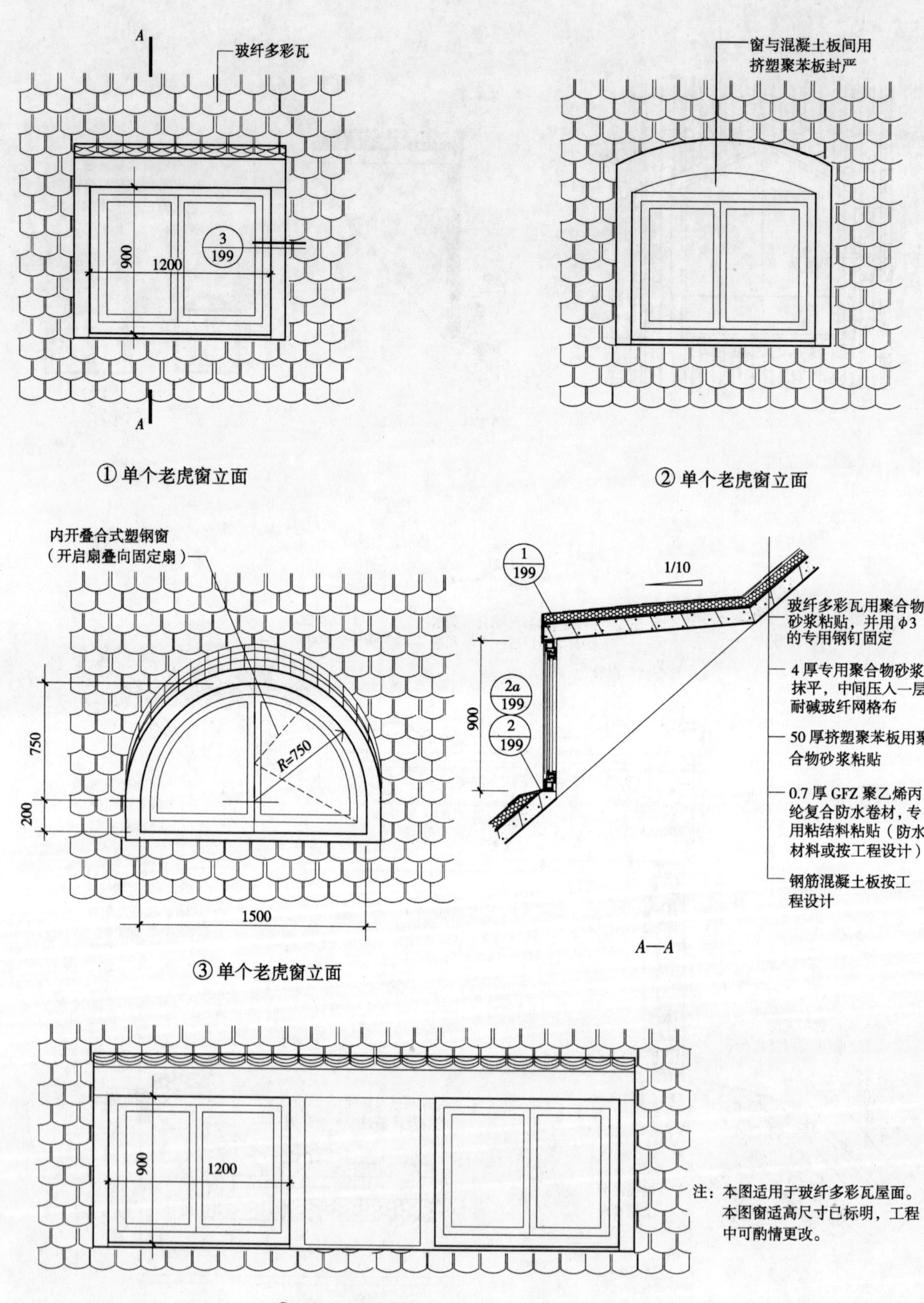

注：本图适用于玻纤多彩瓦屋面。
本图窗适高尺寸已标明，工程
中可酌情更改。

老虎窗（玻纤瓦屋面）(二)(华北 88J5-1)(A22 页)

1
屋脊处也可设置老虎窗
3
2 2a
卫生间透气管也设在下沉屋面内
相邻透气管可相对集中后接入下沉屋面内
排水管也置于屋面板下面

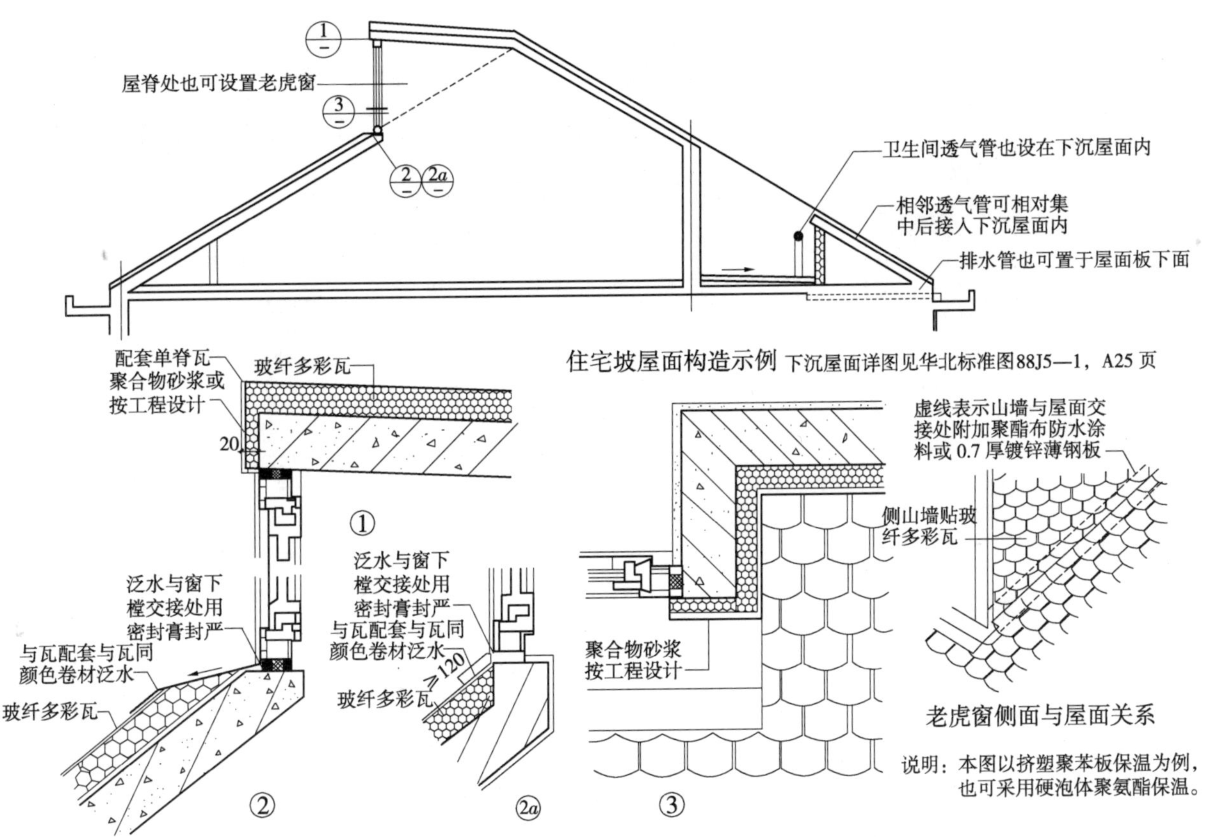

住宅坡屋面构造示例 下沉屋面详图见华北标准图88J5—1，A25 页

配套单脊瓦
聚合物砂浆或
按工程设计
玻纤多彩瓦
20
①
泛水与窗下
槛交接处用
密封膏封严
与瓦配套与瓦同
颜色卷材泛水
玻纤多彩瓦
②
泛水与窗下
槛交接处用
密封膏封严
与瓦配套与瓦同
颜色卷材泛水
≥120
玻纤多彩瓦
2a
聚合物砂浆
按工程设计
③

虚线表示山墙与屋面交
接处附加聚酯布防水涂
料或 0.7 厚镀锌薄钢板
侧山墙贴玻
纤多彩瓦

老虎窗侧面与屋面关系

说明：本图以挤塑聚苯板保温为例，也可采用硬泡体聚氨酯保温。

老虎窗（透光顶）(华北 88J5-1)(A23 页)

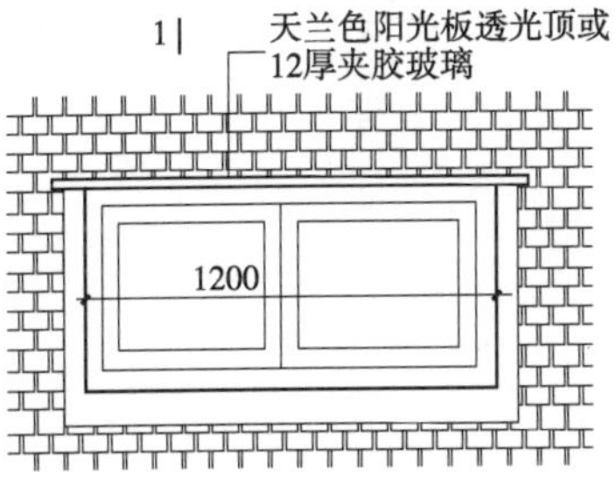

1
天兰色阳光板透光顶或
12厚夹胶玻璃
1200
1

透光顶老虎窗立面

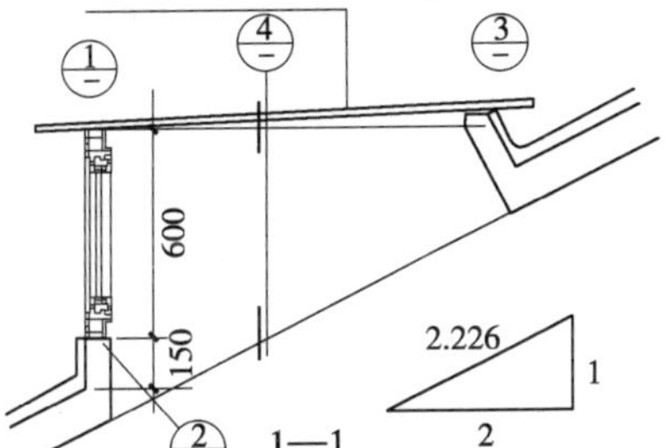

1
4
3
600
150
2
2.226
1
2

1—1

M1
200
60
80
180
750
600
630
150
80
1182

相关尺寸

本图屋面坡度按1/2计算，如更改屋面坡度，需调整有关尺寸。

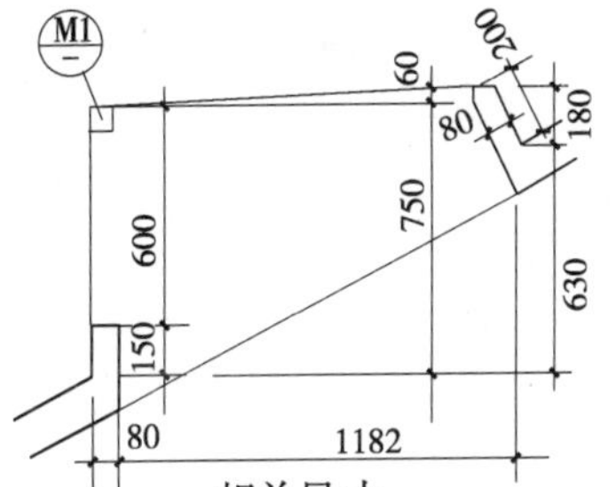

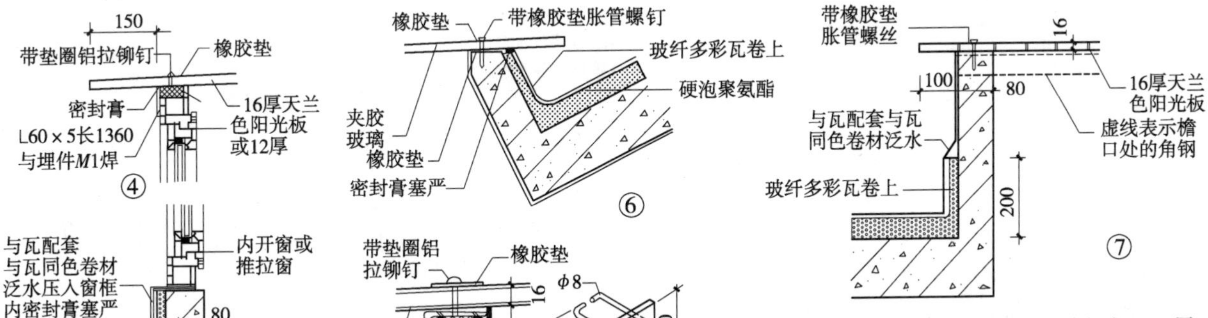

150
带垫圈铝拉铆钉
橡胶垫
密封膏
16厚天兰
色阳光板
或12厚
L60×5长1360
与埋件M1焊
④
橡胶垫
带橡胶垫胀管螺钉
玻纤多彩瓦卷上
硬泡聚氨酯
夹胶
玻璃
橡胶垫
密封膏塞严
⑥
带橡胶垫
胀管螺丝
16
100
80
16厚天兰
色阳光板
与瓦配套与瓦
同色卷材泛水
虚线表示檐
口处的角钢
玻纤多彩瓦卷上
200
⑦

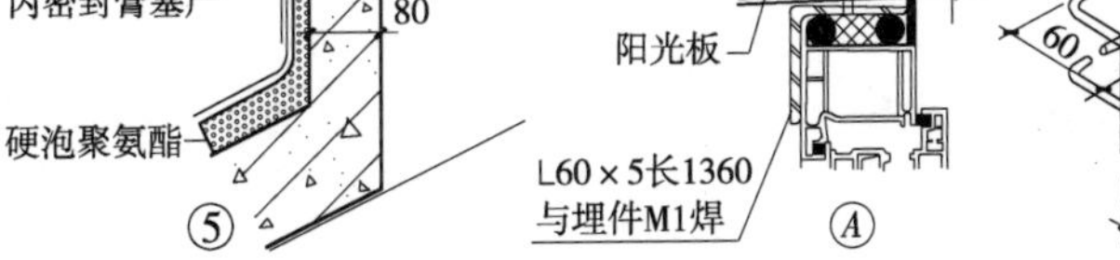

与瓦配套
与瓦同色卷材
泛水压入窗框
内密封膏塞严
内开窗或
推拉窗
80
硬泡聚氨酯
⑤
带垫圈铝
拉铆钉
橡胶垫
16
阳光板
L60×5长1360
与埋件M1焊
A

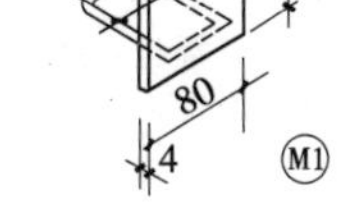

φ8
60
80
80
4
M1

说明：1. 本图老虎窗顶部为天兰色空心阳光板或12mm 厚夹胶玻璃采光已较好，故窗高只设定为600mm。本图窗宽高尺寸为1200mm×600mm，工程中宽度可略为加大，如 1500mm。
2. 空心阳光板宜用整块。

木基层小青瓦屋面老虎窗（浙J15）(59、60页）

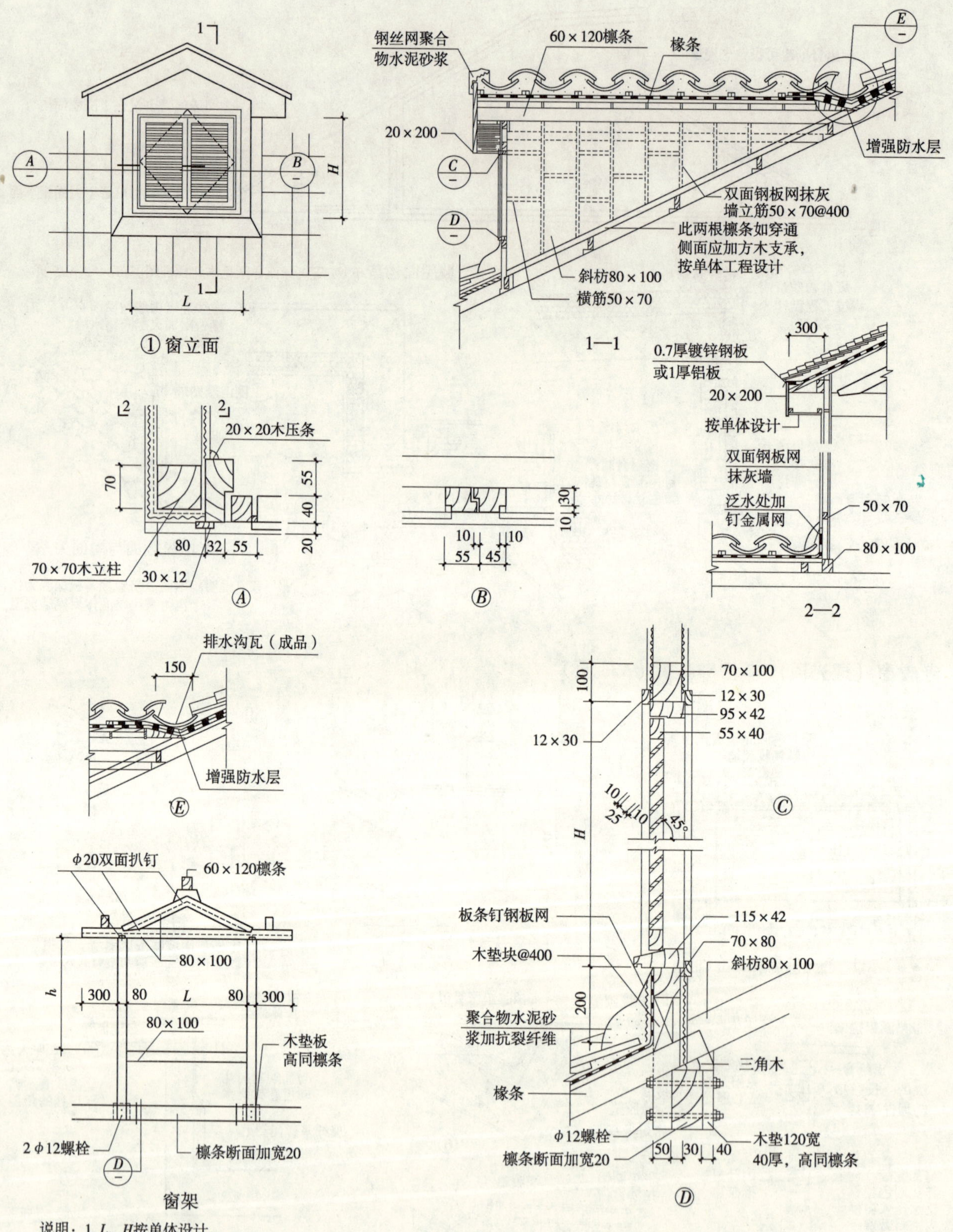

说明：1. L、H按单体设计。

2. 百页窗也可改为玻璃窗。

3. 屋顶窗窗扇装75mm 长铰链两付，上下各装 100mm 长插销一付。

4. 屋面坡度、天窗架高度、钢板网抹灰，做法按单体设计。

5. 混凝土瓦屋面也适用。

11　屋面天窗

混凝土瓦屋面平天窗（浙 J15）（36 页）

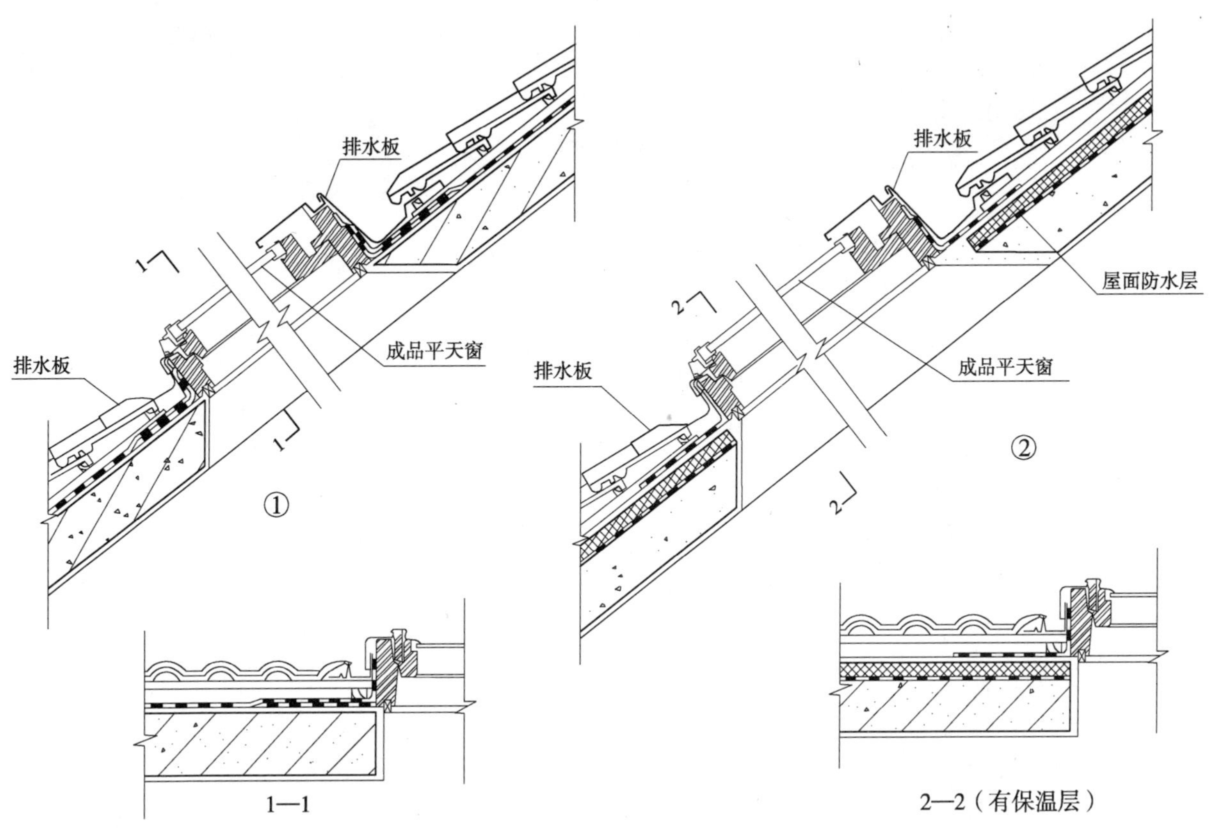

油毡瓦屋面平天窗（浙 J15）（49 页）

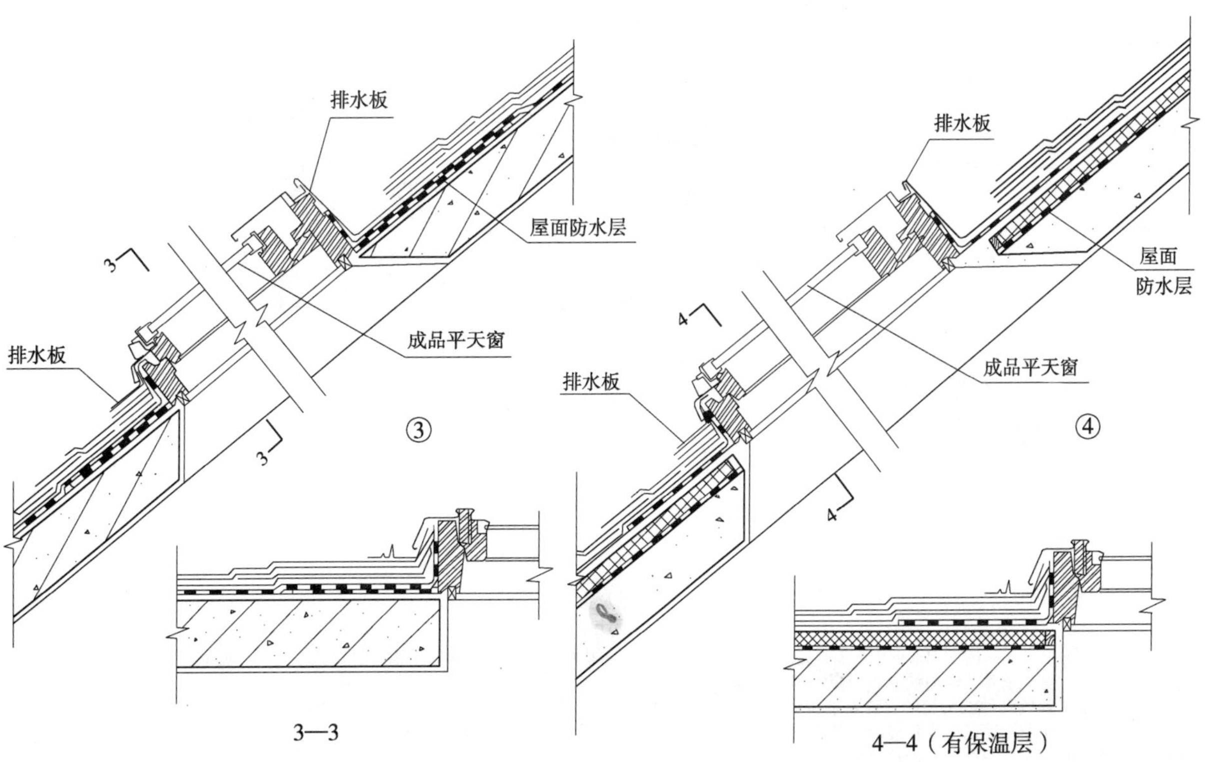

油毡瓦屋面斜天窗（河南 05YJ5-2）(39 页)

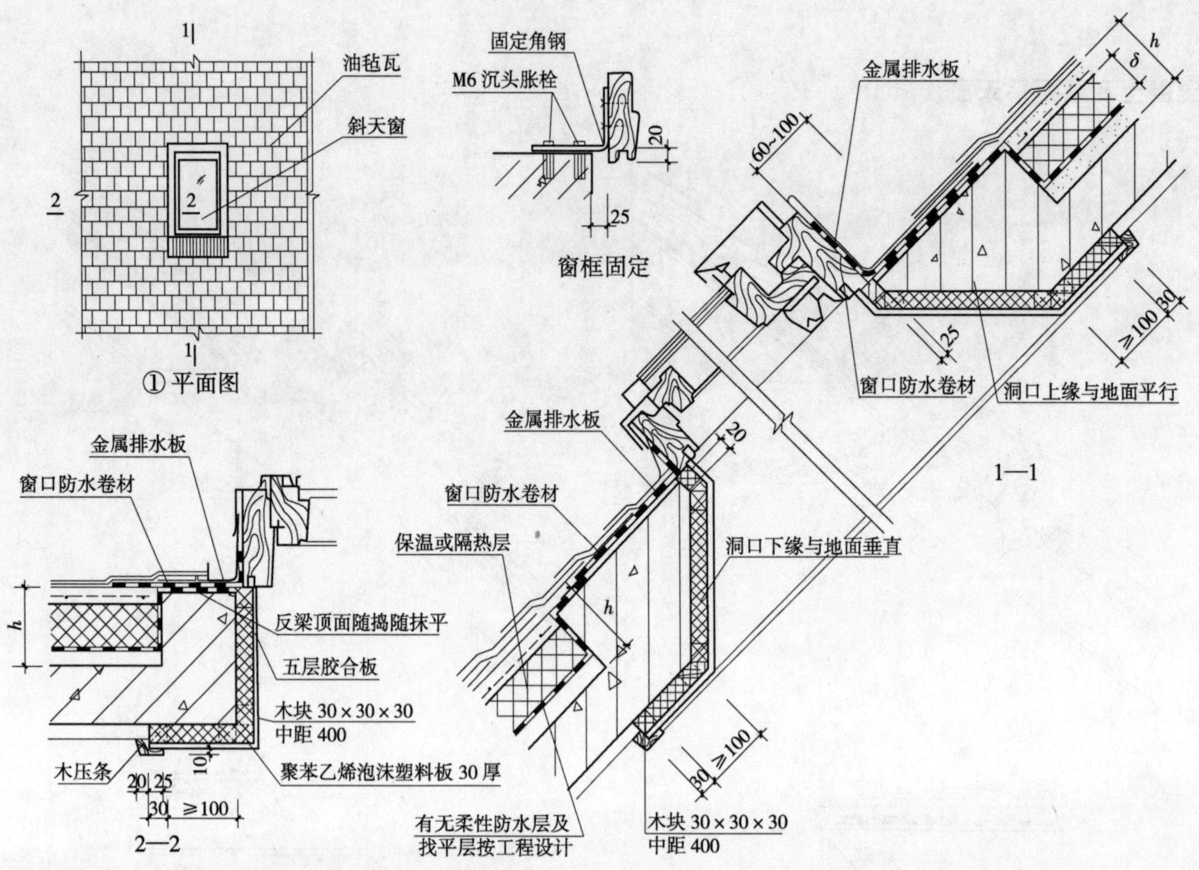

块瓦屋面斜天窗（木挂瓦条）(河南 05YJ5-2）(22 页)

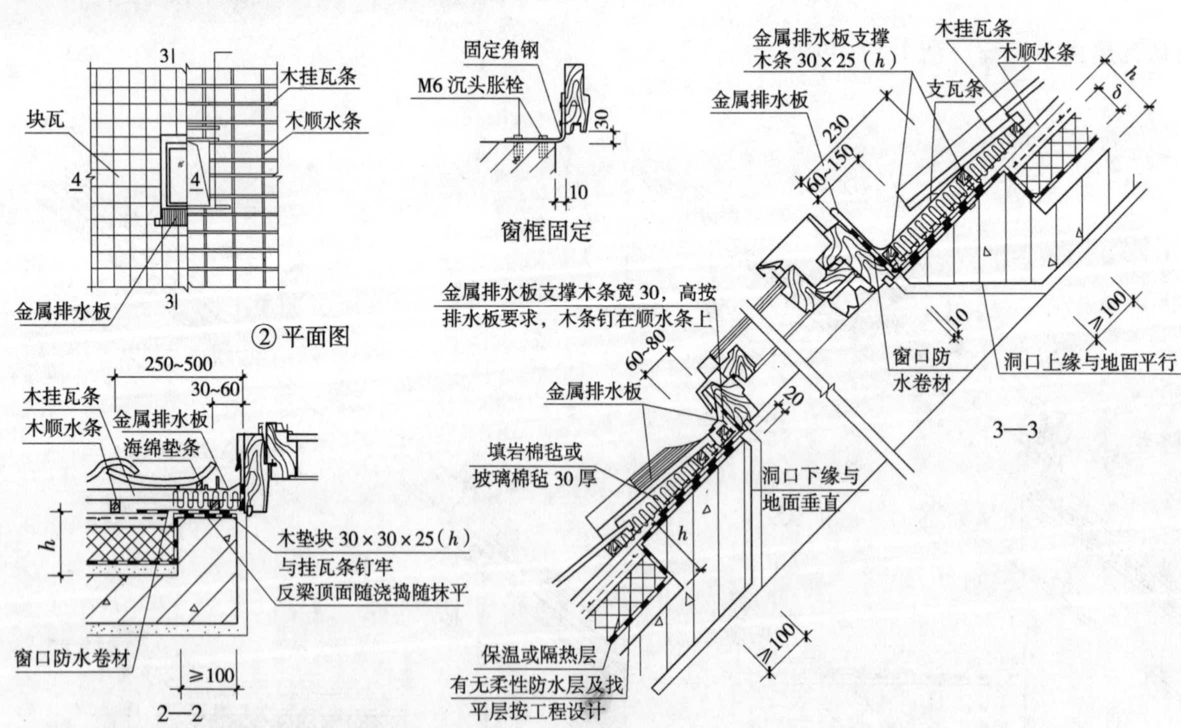

注：1. 本页图可供成品屋顶斜天窗土建安装施工用，窗料及相关各种零部件，如窗框固定角钢、窗口防水卷材、金属排水板、支瓦条等，应由屋面斜天窗的生产厂家配套供应。
2. 本页图系按某种斜天窗的安装要求设计绘制，采用其他成品料天窗时，应按相应屋面斜天窗技术要求施工。
3. 工程设计中屋面设有卷材或涂膜防水层和找平层时，图中 $h=\delta+55$mm，否则，$h=\delta+35$mm，δ为保温隔热层厚度。
4. 建议窗上下口距同层室内楼地面高度分别为 2.1m 和 1.2m。

块瓦屋面斜天窗（钢挂瓦条）（河南 05YJ5-2）（39 页）

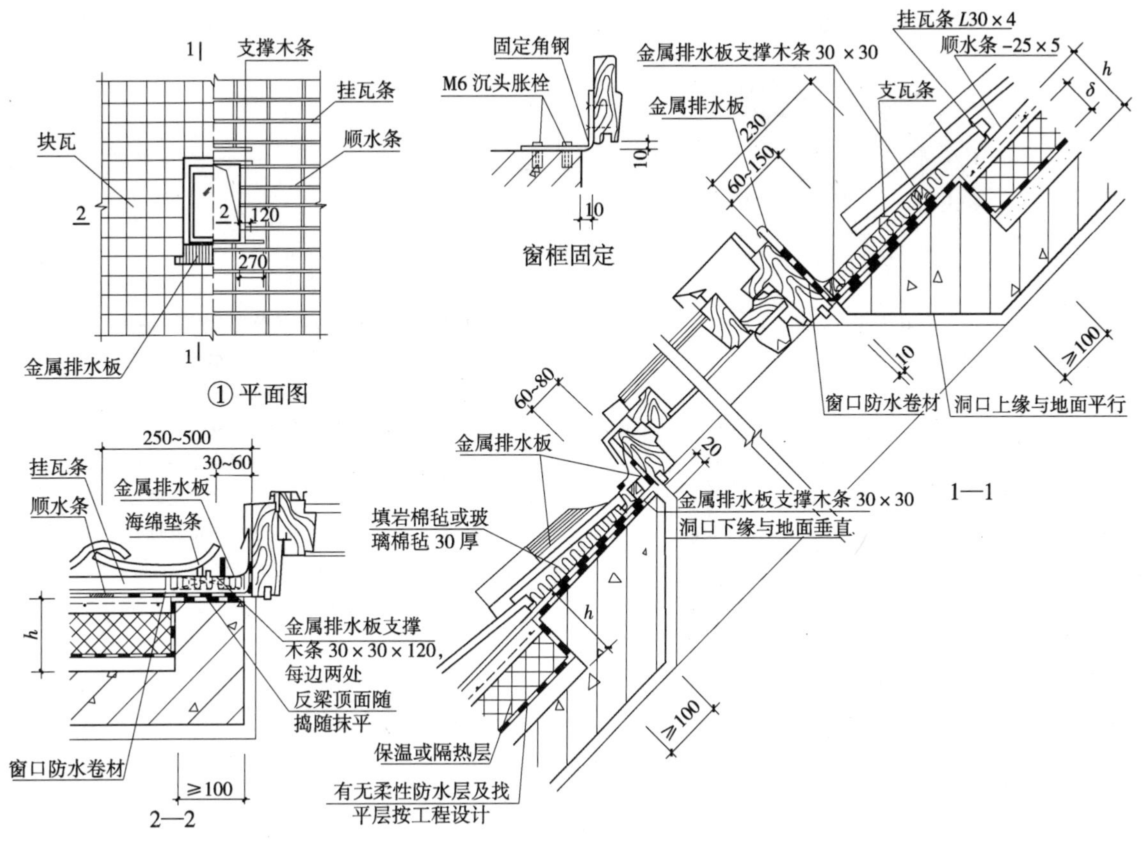

块瓦屋面斜天窗（砂浆卧瓦）（河南 05YJ5-2）（20 页）

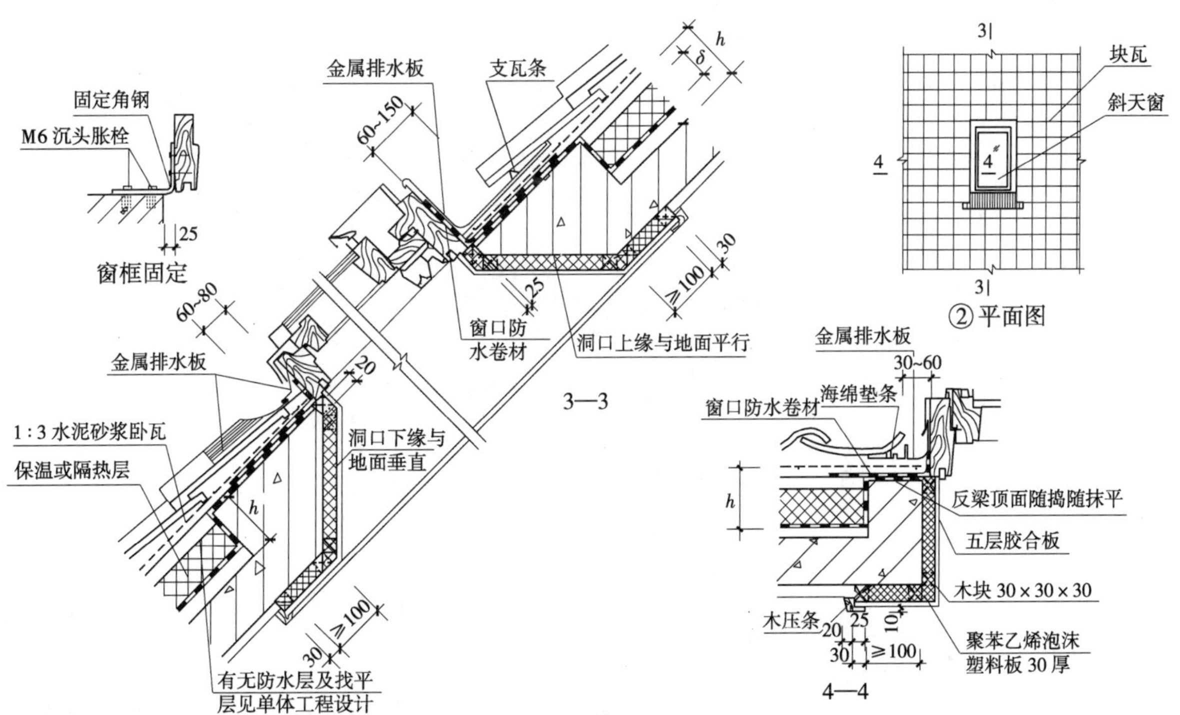

说明：1. 本页图供成品屋面斜天窗土建安装施工用，窗料及相关各种零部件，如窗框固定角钢、窗口防水卷材、金属排水板、支瓦条等，应由屋面斜天窗的生产厂家配套供应。

2. 本页图系按某种斜天窗的安装要求设计绘制，采用其他成品斜天窗时，应按相应屋面斜天窗技术要求施工。

3. 单体工程设计中屋面设有卷材或涂膜防水层和找平层时，图中 $h=\delta+55$mm，否则 $h=\delta+55$mm，δ 为保温隔热层厚度。

4. 建议窗上下口距同层室内楼地面高度分别为 2.1m 和 1.2m。

斜屋面窗（华北 88J5-1）(A18 页)

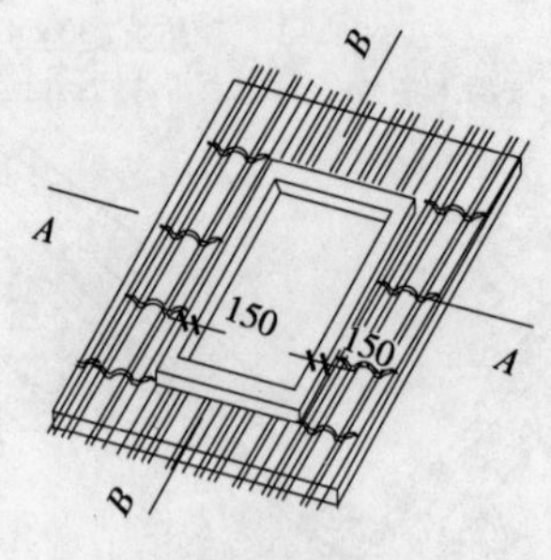

反梁透视示意

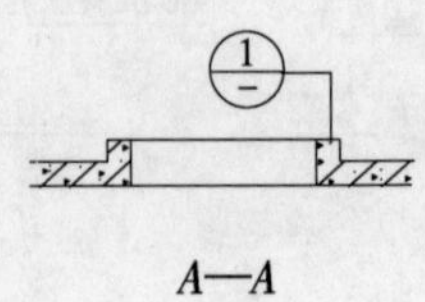

A—A

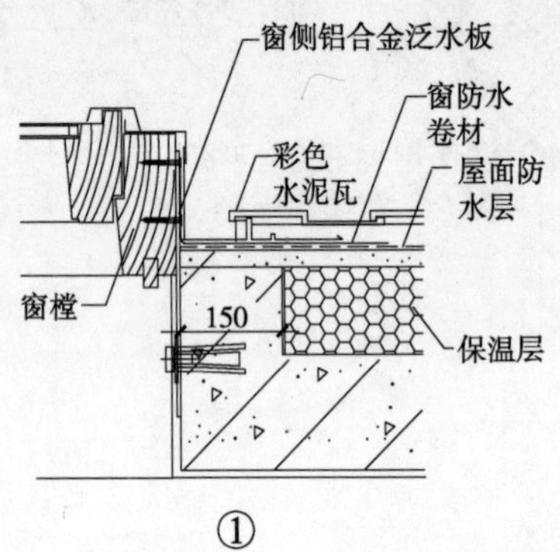

①

注：1. 本图以水泥瓦为例，也可用于玻纤多彩瓦屋面。窗本身已有定点厂生产，不再表示详细做法。

2. 当屋面为混凝土屋面，且保温层位于屋面板之上时，设计人可视情况在洞口四周设计反梁如本图，反梁高出屋面混凝土板的高度为屋面设计中瓦底面至混凝土上表面的距离。反梁既可提高洞口的强度，又有利于窗的固定及防水。请注意反梁的上、下口形状均为异形。如有更好方案解决窗两侧面支撑问题且便于施工时，也可取消反梁。

3. 此类窗一般有专门工厂生产，各项尺寸及安装固定做法由定点工厂确定。

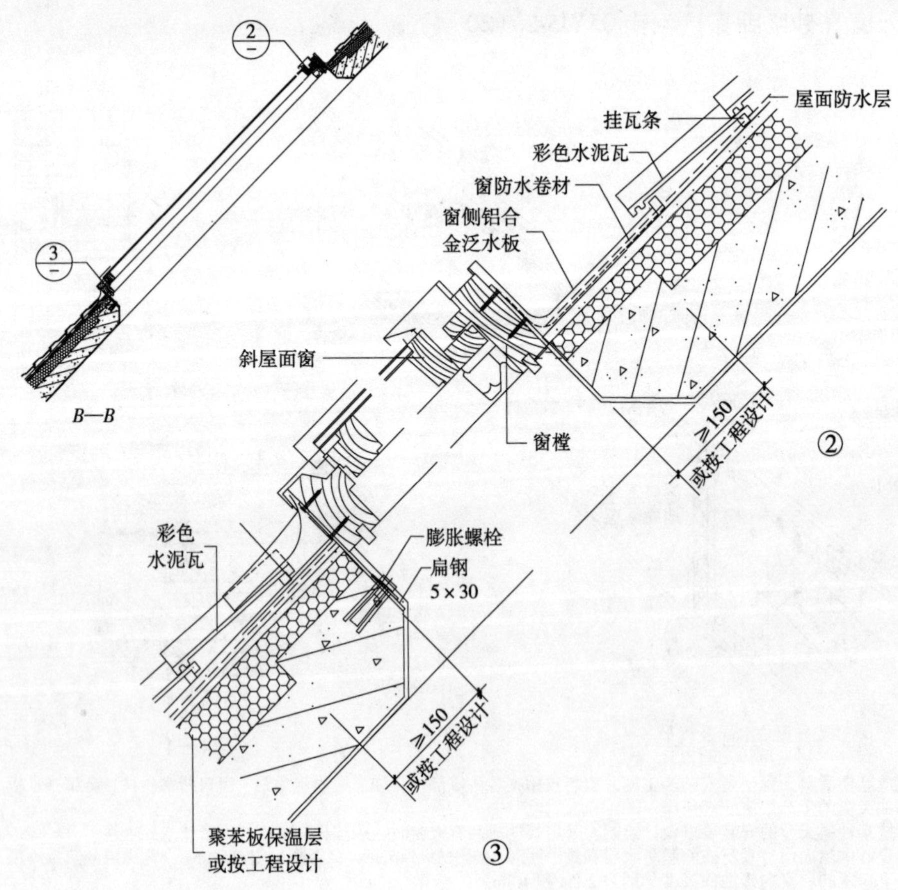

屋面顶窗（一）（中南 05ZJ211）（54、55 页）

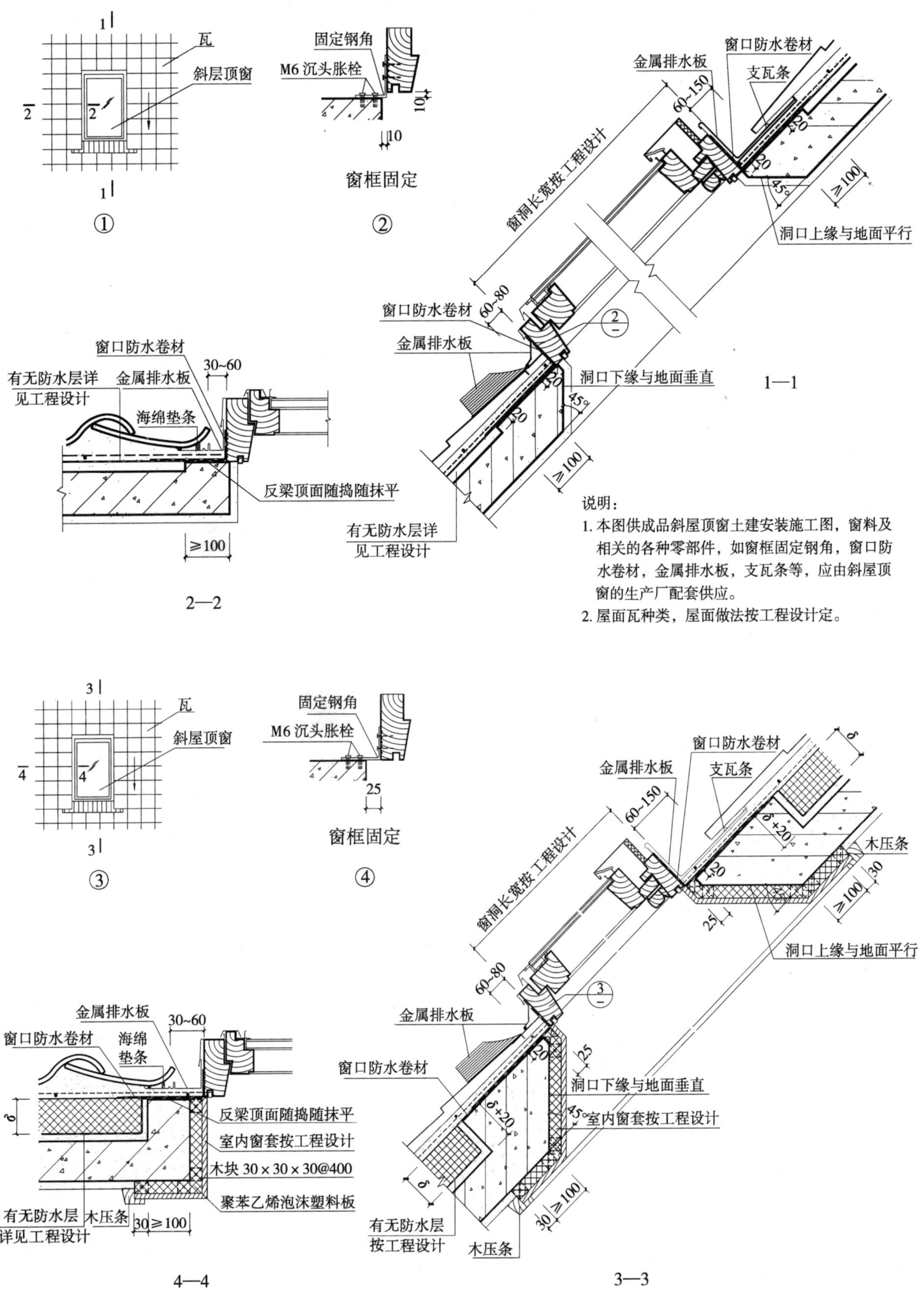

说明：

1. 本图供成品斜屋顶窗土建安装施工图，窗料及相关的各种零部件，如窗框固定钢角，窗口防水卷材，金属排水板，支瓦条等，应由斜屋顶窗的生产厂配套供应。
2. 屋面瓦种类，屋面做法按工程设计定。

屋面顶窗（二）(中南 05ZJ211)(56、57 页)

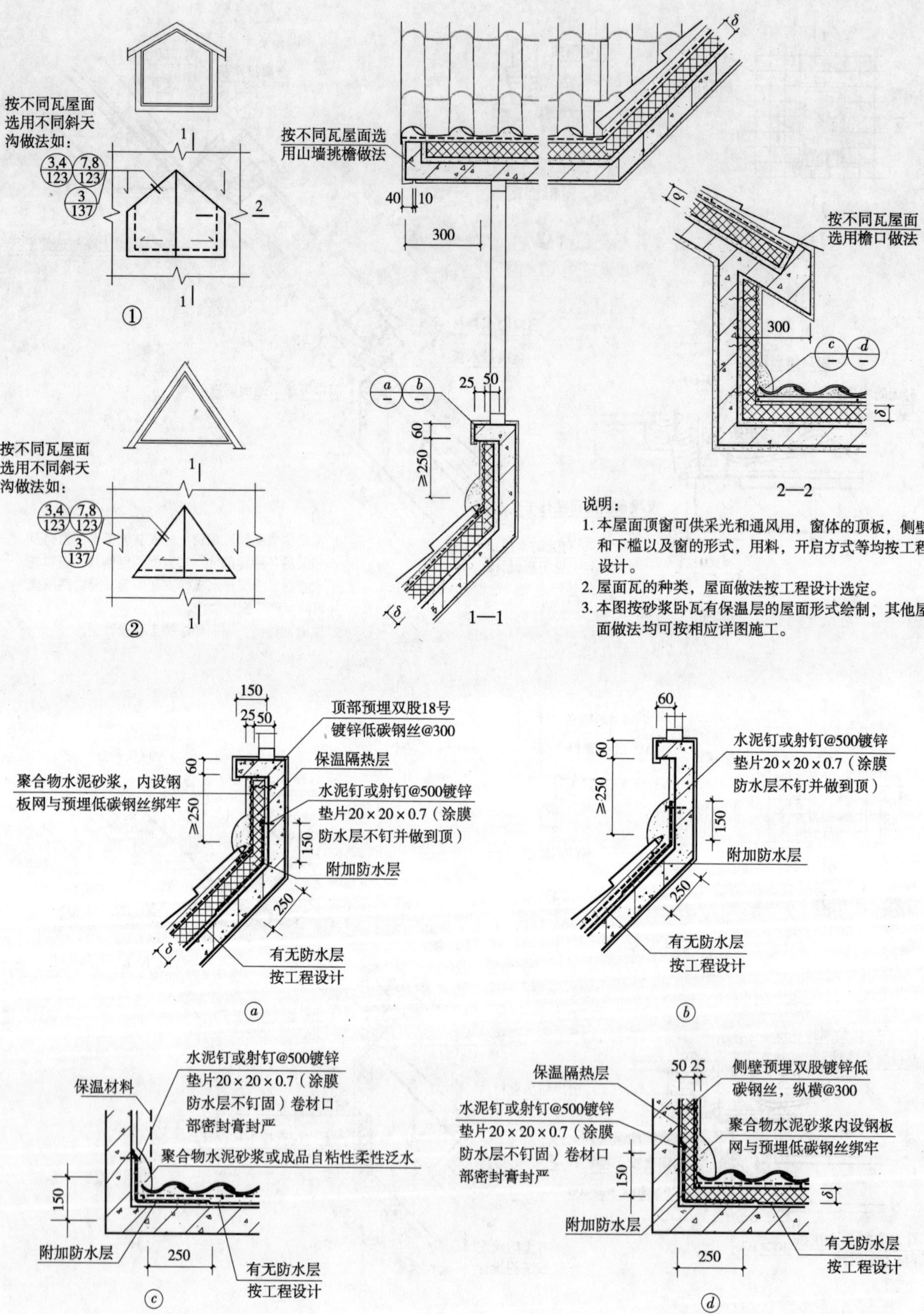

说明：

1. 本屋面顶窗可供采光和通风用，窗体的顶板，侧壁和下槛以及窗的形式，用料，开启方式等均按工程设计。
2. 屋面瓦的种类，屋面做法按工程设计选定。
3. 本图按砂浆卧瓦有保温层的屋面形式绘制，其他屋面做法均可按相应详图施工。

坡屋面固定采光窗（华北 88J5-1）（A24 页）

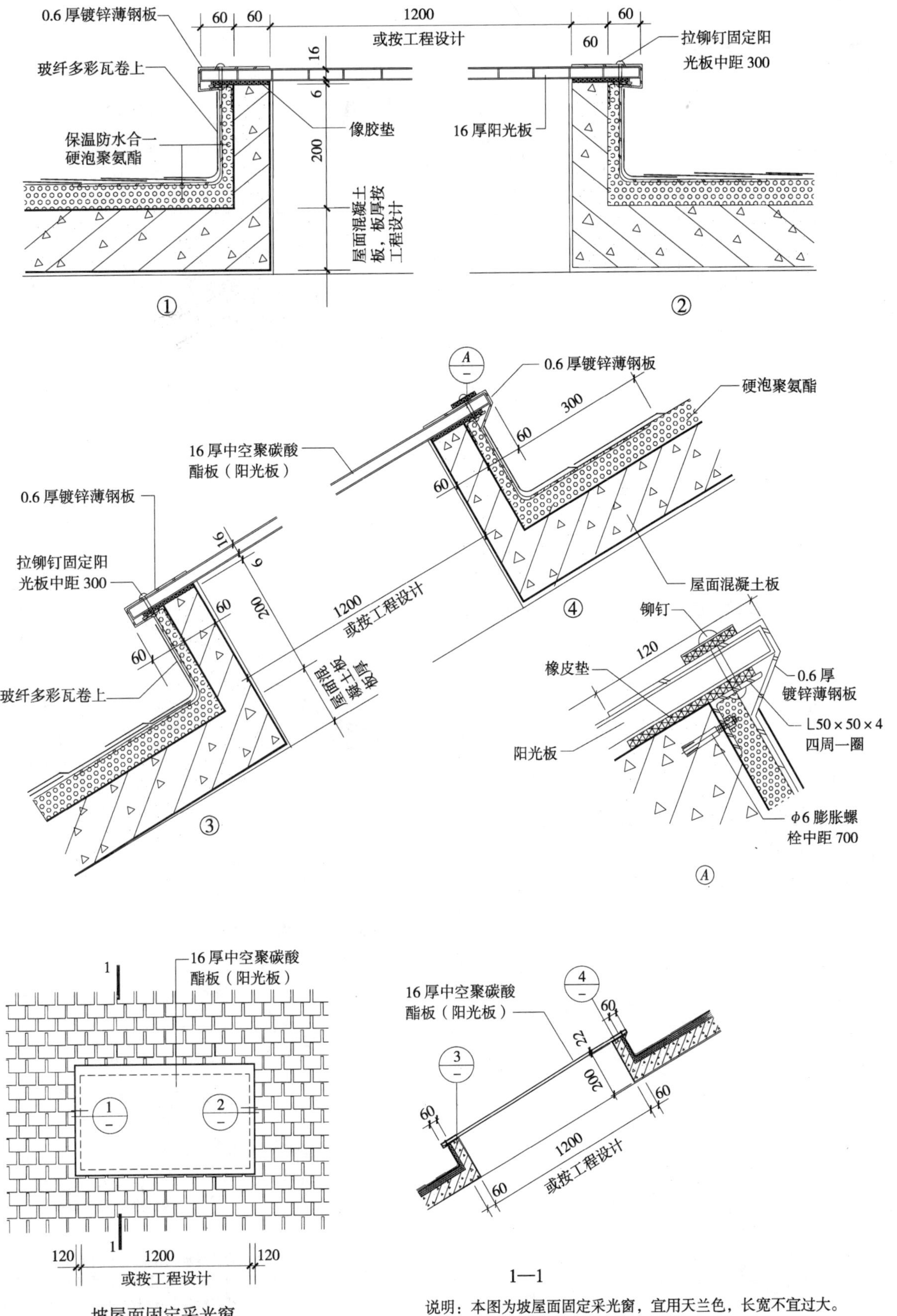

坡屋面固定采光窗

1—1

说明：本图为坡屋面固定采光窗，宜用天兰色，长宽不宜过大。

12　屋面其他构造

坡屋面护栏（华北 88J5-1）(A27 页)

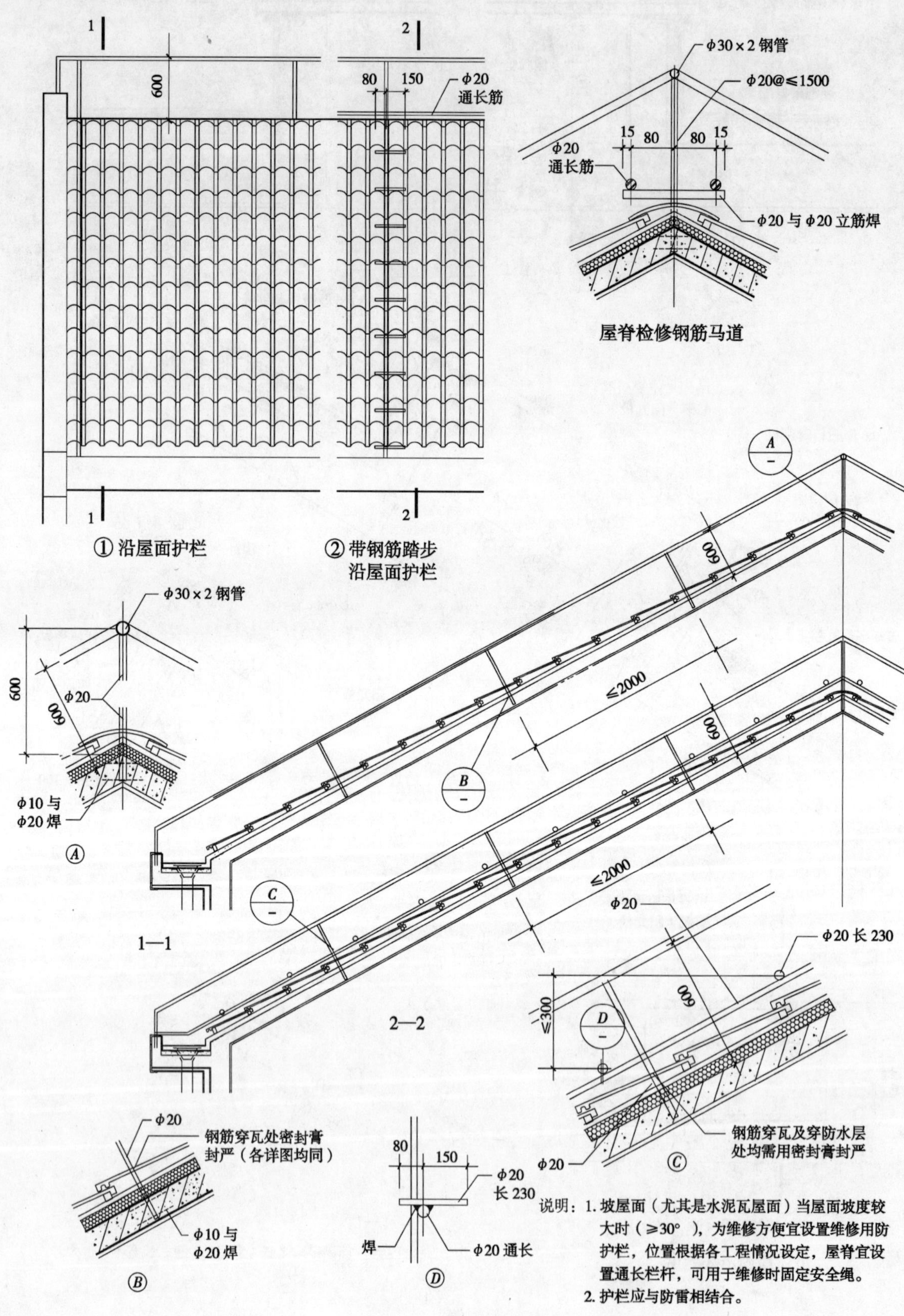

说明：1. 坡屋面（尤其是水泥瓦屋面）当屋面坡度较大时（≥30°），为维修方便宜设置维修用防护栏，位置根据各工程情况设定，屋脊宜设置通长栏杆，可用于维修时固定安全绳。

2. 护栏应与防雷相结合。

局部下沉坡屋面（华北 88J5-1）（A25 页）

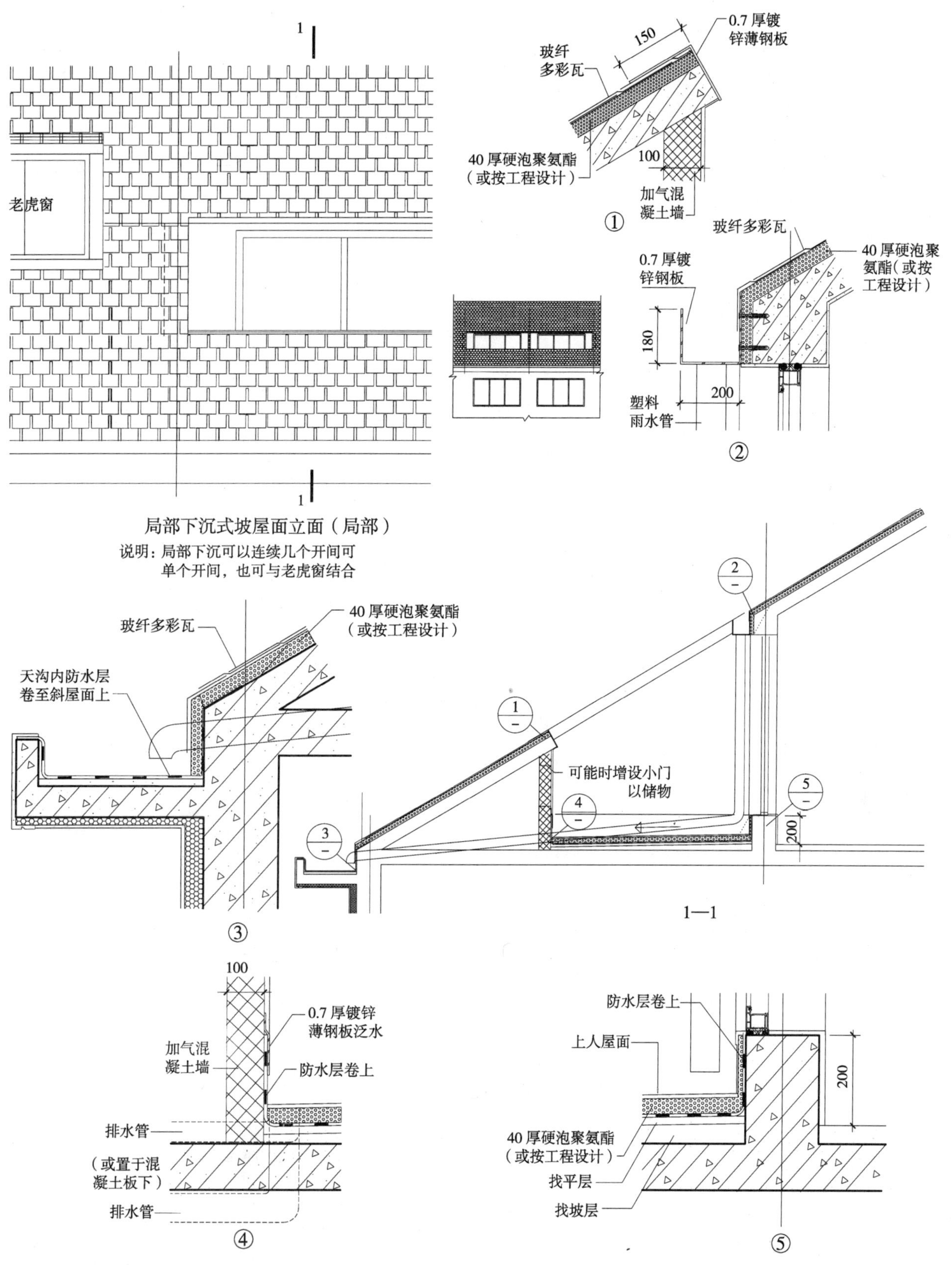

说明：本图为局部下沉式坡屋面示例，工程中根据平面灵活处理，如下沉部分屋面向檐沟排水有困难时，宜采用内排水管。

铺瓦斜外墙（华北 88J5-1）（A16、17 页）

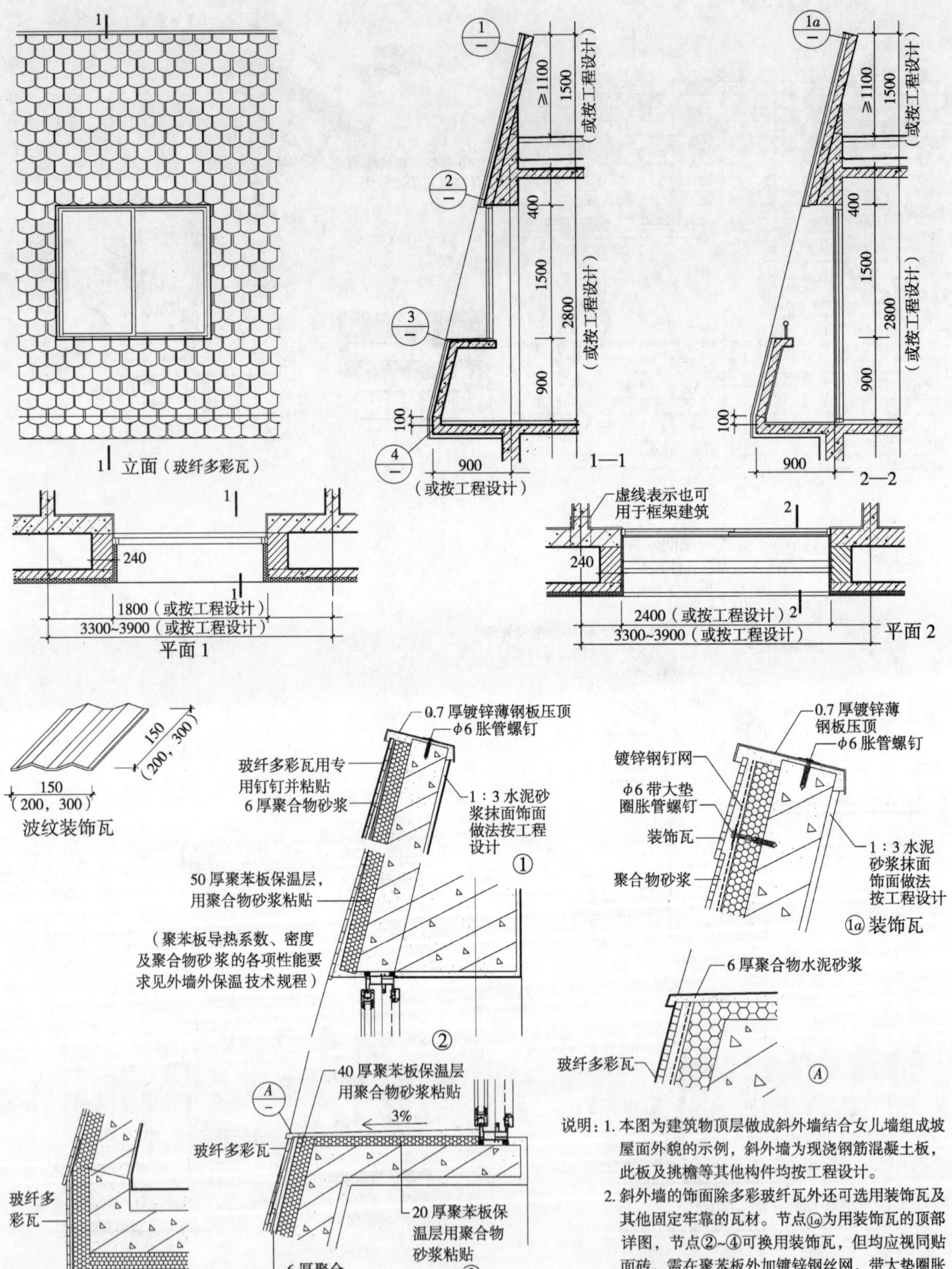

说明：1. 本图为建筑物顶层做成斜外墙结合女儿墙组成坡屋面外貌的示例，斜外墙为现浇钢筋混凝土板，此板及挑檐等其他构件均按工程设计。

2. 斜外墙的饰面除多彩玻纤瓦外还可选用装饰瓦及其他固定牢靠的瓦材。节点①a为用装饰瓦的顶部详图，节点②~④可换用装饰瓦，但均应视同贴面砖，需在聚苯板外加镀锌钢丝网，带大垫圈胀管螺钉锚固，用聚合物砂浆粘贴装饰瓦，其一整套构造措施详见华北 88J×2《挤塑聚苯板保温构造》标准图集第 10 页。

加气混凝土屋面板铺瓦（华北 88J5-1）(A19 页)

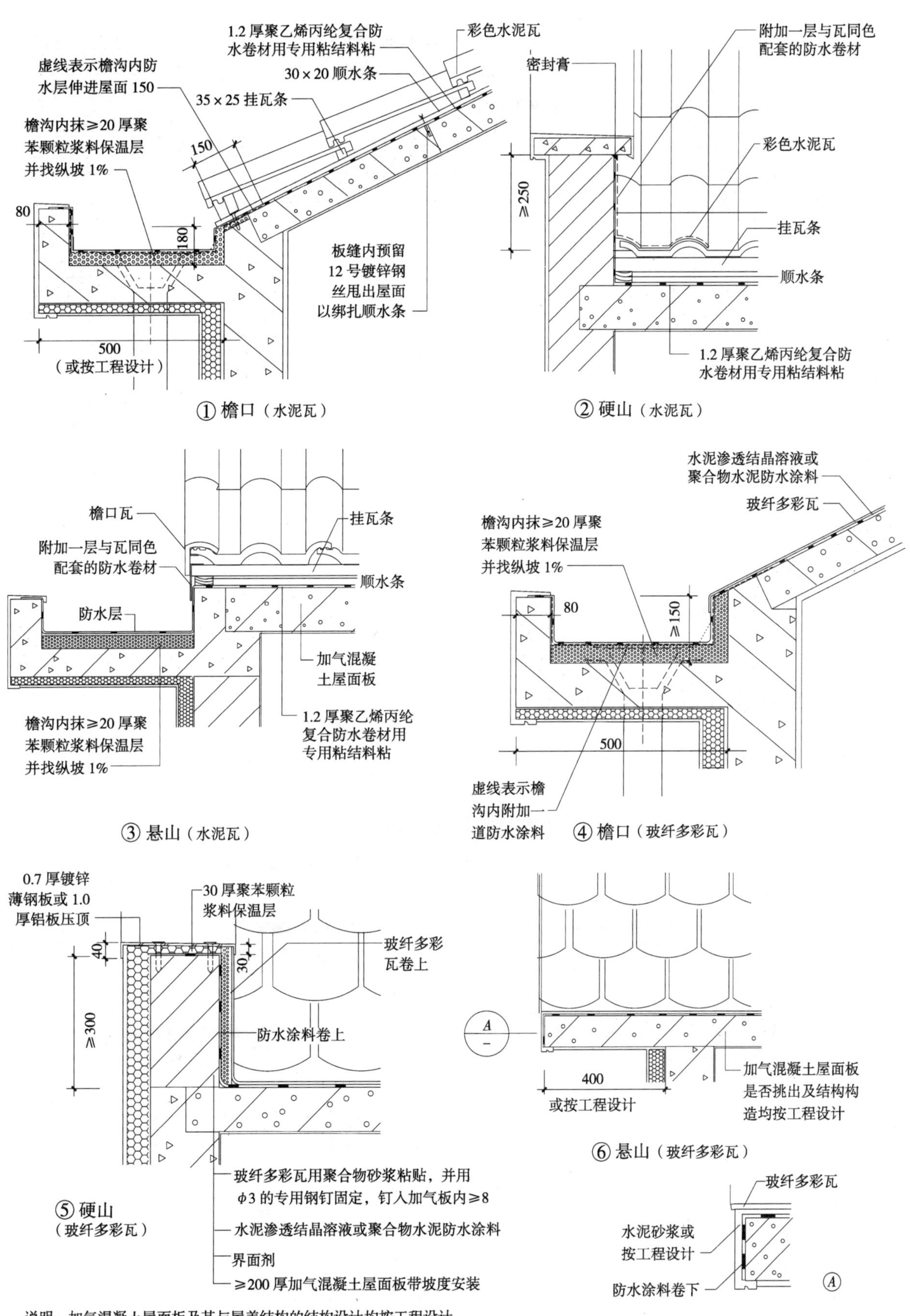

说明：加气混凝土屋面板及其与屋盖结构的结构设计均按工程设计。

马头山墙（华北 88J5-1）（A15 页）

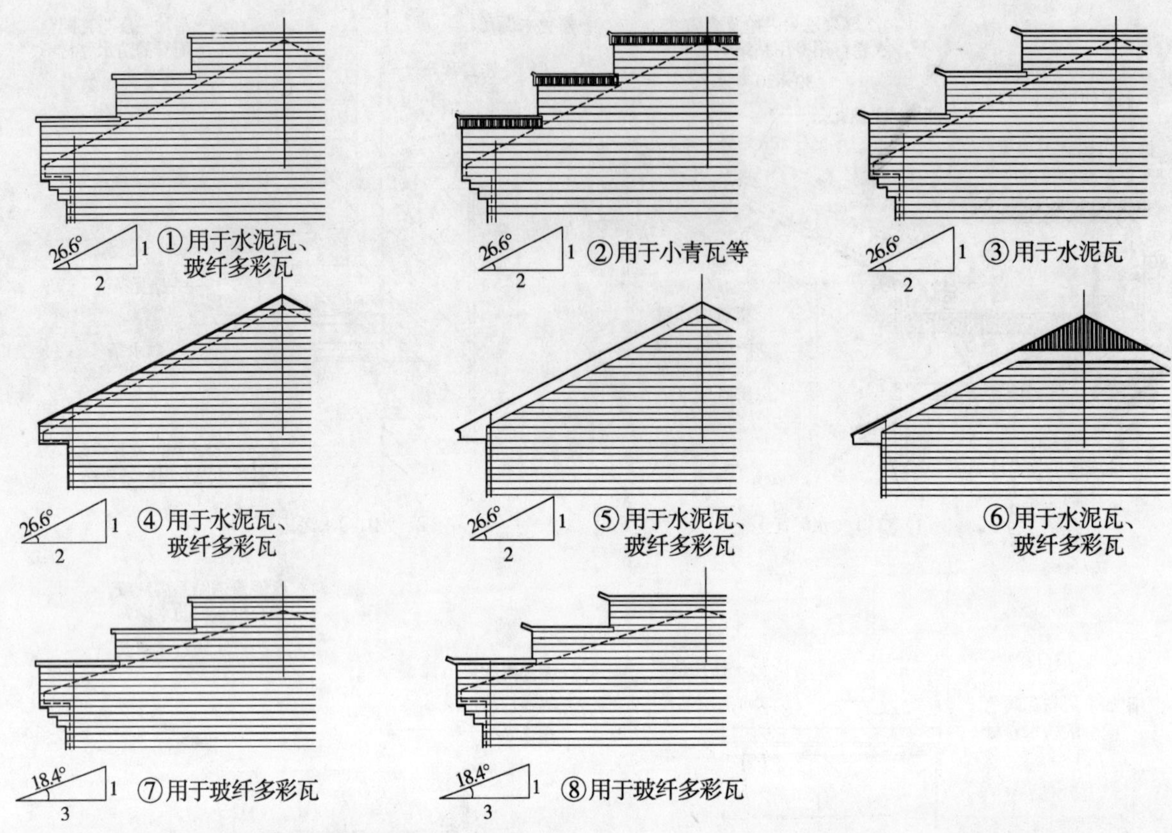

五马头墙立面（江苏 J10-2003）（35 页）

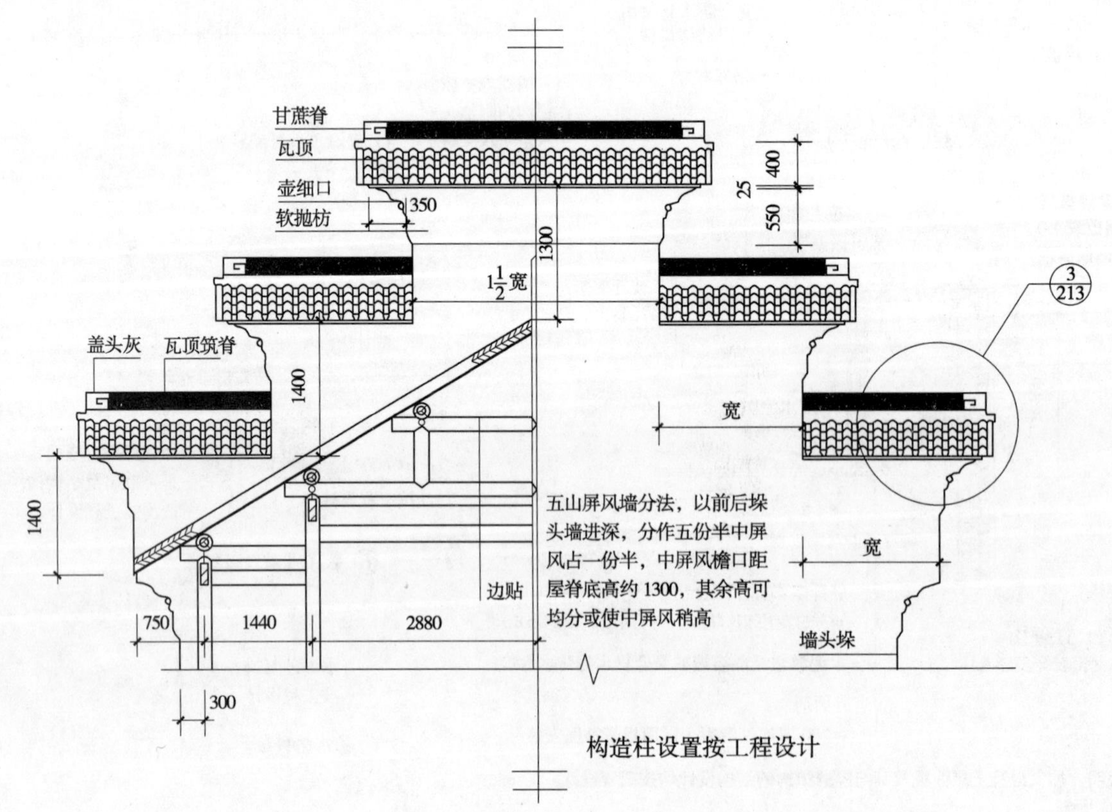

五马头墙详图（江苏 J10-20）(36 页）

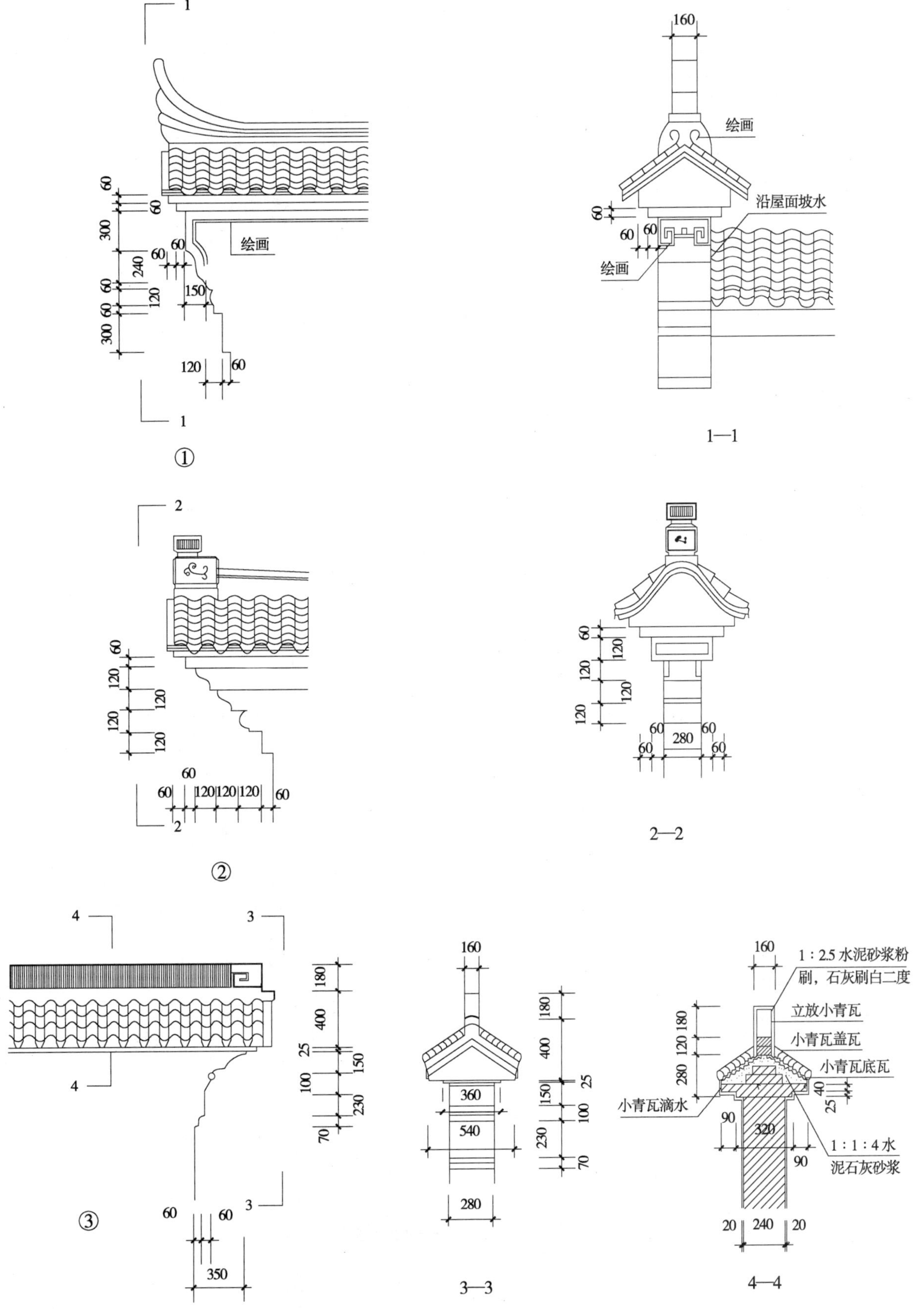

瓦屋面烟囱、透气管泛水（江苏 J10-2003）(25 页)

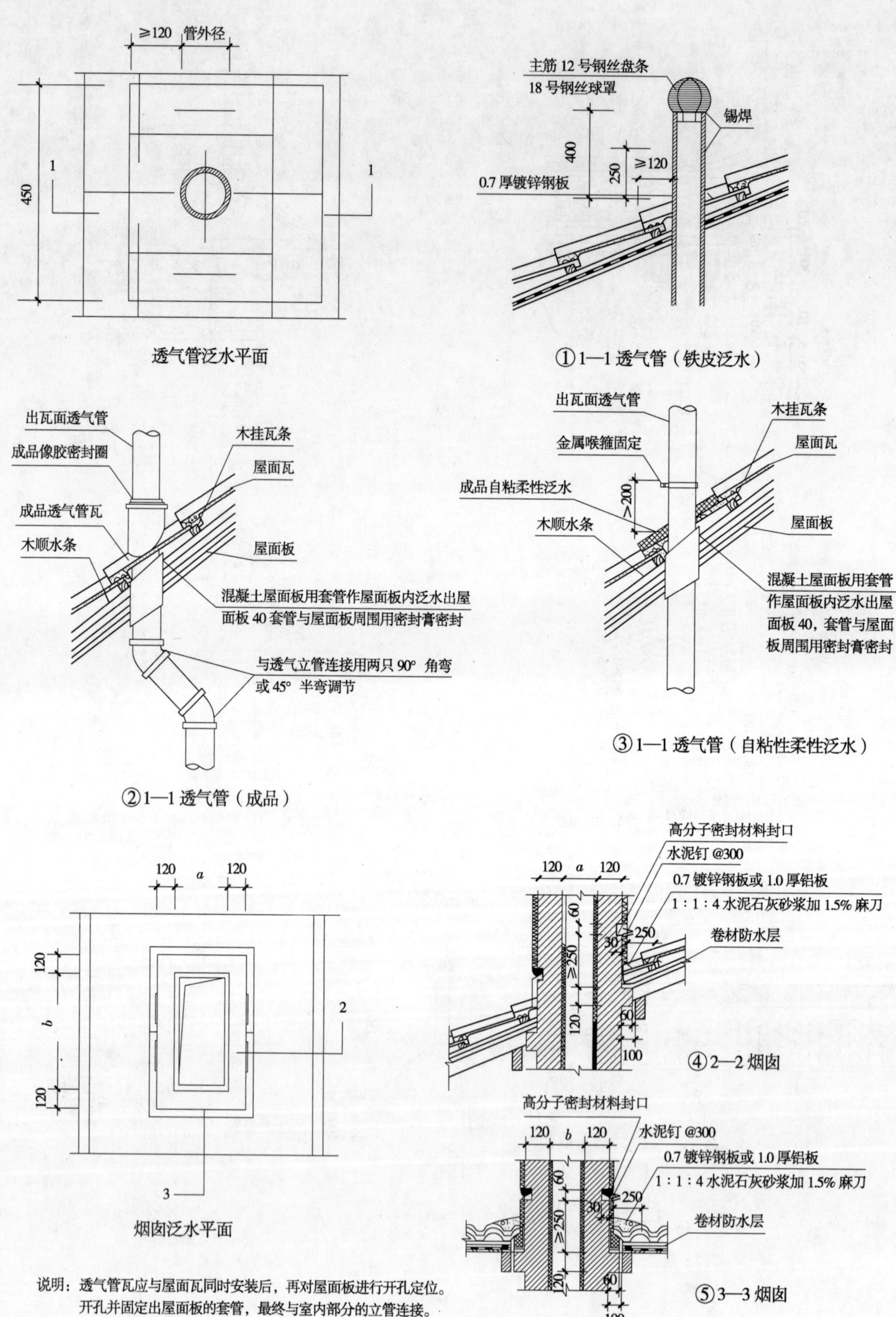

说明：透气管瓦应与屋面瓦同时安装后，再对屋面板进行开孔定位。开孔并固定出屋面板的套管，最终与室内部分的立管连接。

混凝土瓦屋面管道泛水（浙 J15）(32 页)

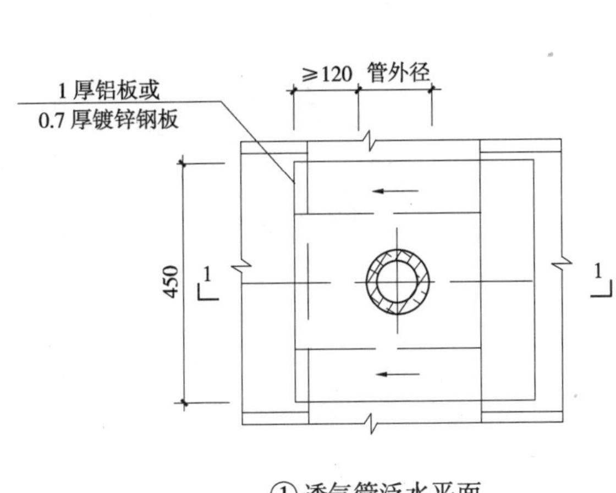

①透气管泛水平面

PVC 管材
粘胶剂
≥80
250
≥120
1 厚铝板或
0.7 厚镀锌钢板
金属抱箍固定
密封材料封口

1—1

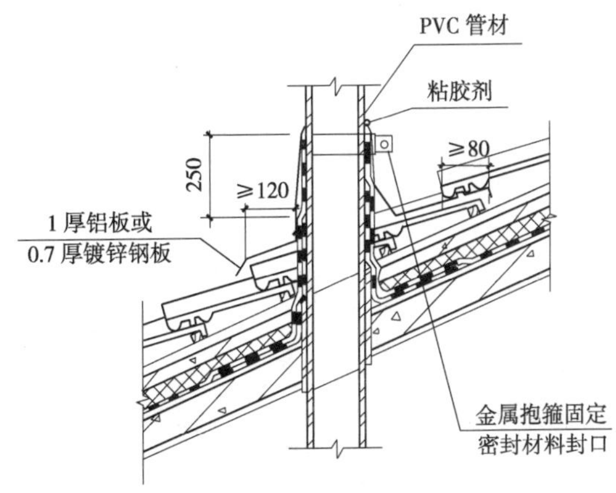

1—1（有保温层）

说明：1. 泛水卷材均采用满粘法铺贴。
2. 管道泛水部位的卷材，瓦片可按瓦材生产厂家的技术要求裁割、搭接和密封。

管道 泛水（浙 J15）(33 页)

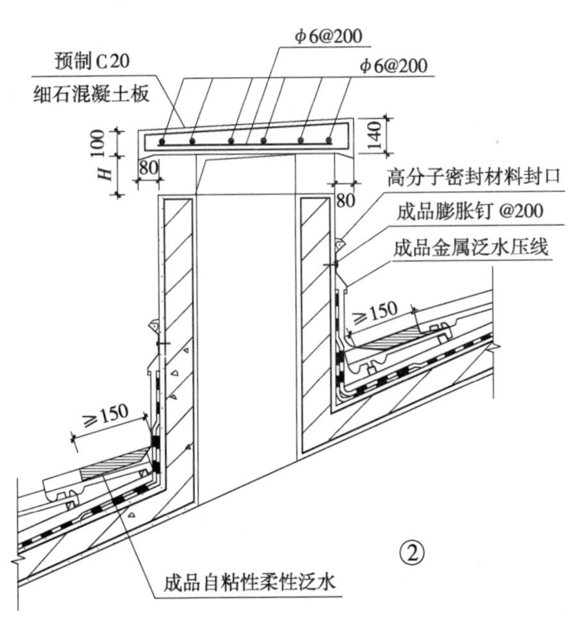

②

预制 C20
细石混凝土板
φ6@200
φ6@200
100
H
80
140
80
高分子密封材料封口
成品膨胀钉 @200
成品金属泛水压线
≥150
≥150
成品自粘性柔性泛水

③

说明：1. 烟囱平面尺寸按单体设计。
2. 泛水卷材均采用满粘法铺贴。
3. 管道泛水部位的卷材，瓦片可按瓦材生产厂家的技术要求进行裁割、搭接和密封。

隔热、通风檐口、折坡做法（江苏 J10-2003）（20 页）

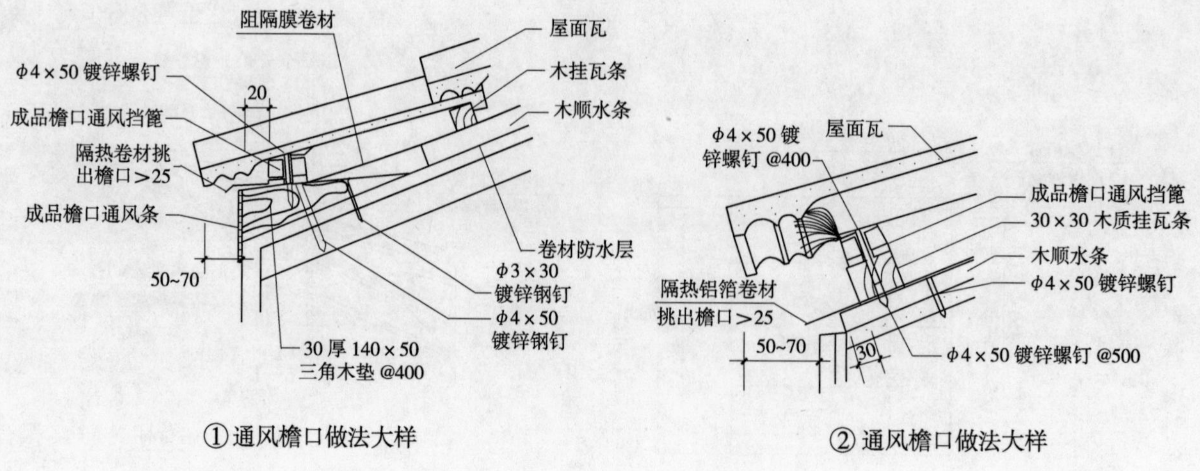

①通风檐口做法大样　　②通风檐口做法大样

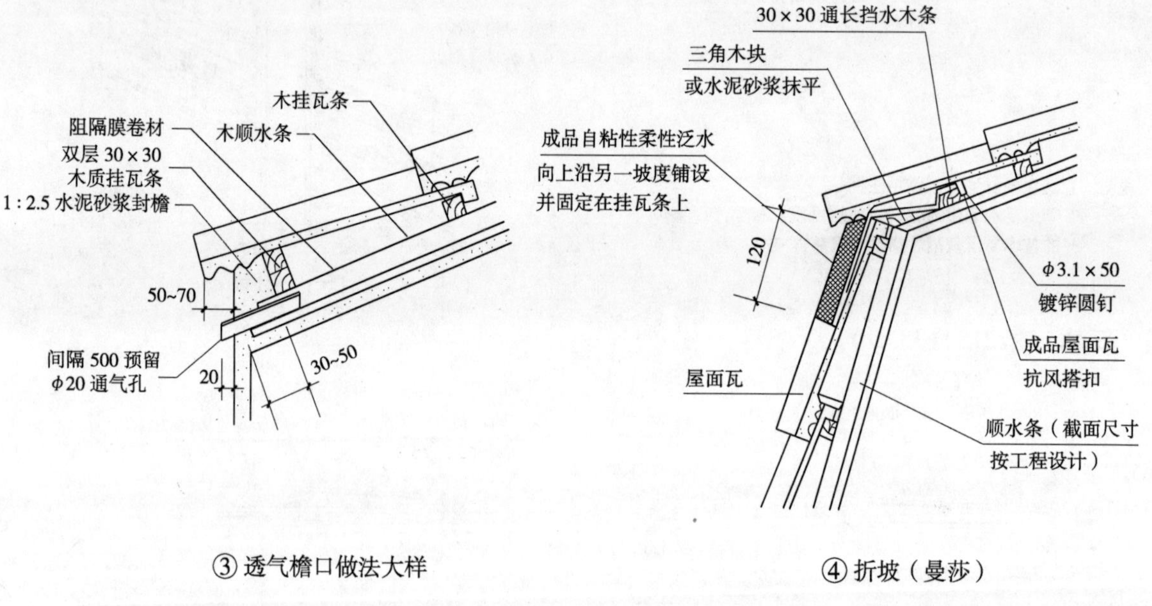

③透气檐口做法大样　　④折坡（曼莎）

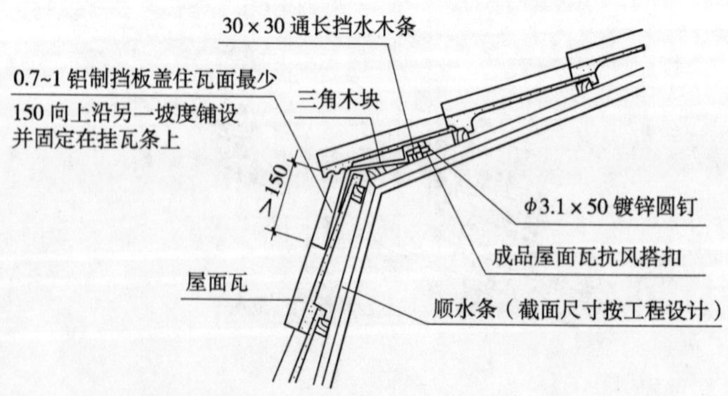

⑤折坡（曼莎）大样（铝质板材）

说明：当屋面坡度大于 51° 时，主瓦的固定详见 P217 图⑤的要求。折板设计按单体。

阻隔膜卷材做法（江苏 J10-2003）(21 页)

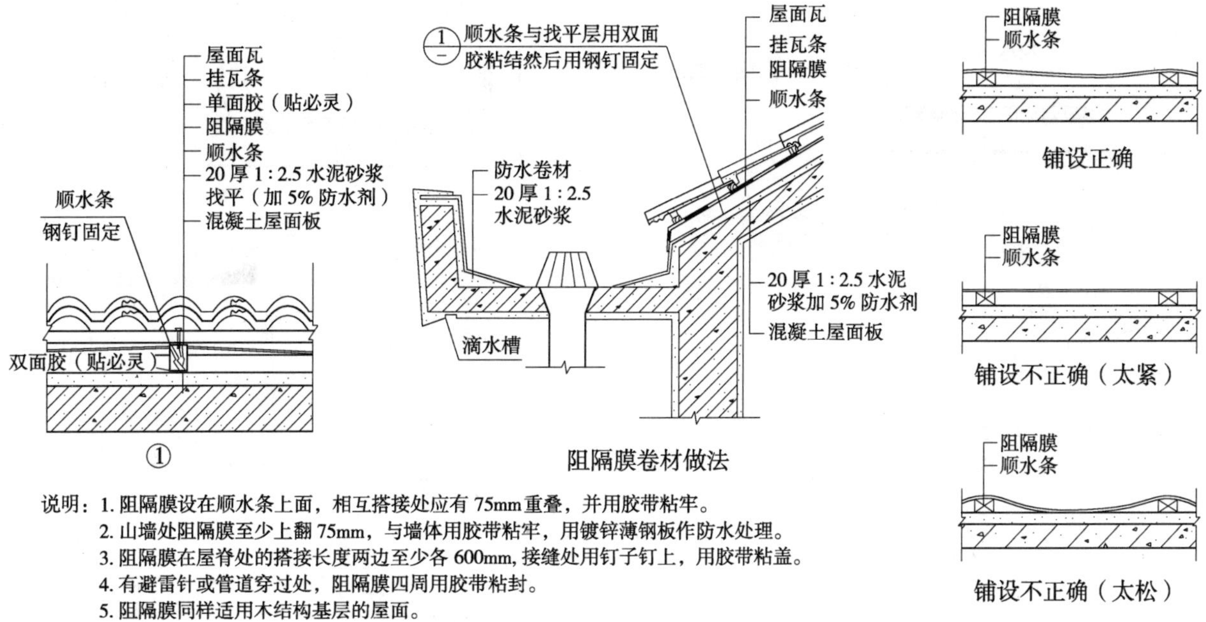

说明：1. 阻隔膜设在顺水条上面，相互搭接处应有 75mm 重叠，并用胶带粘牢。

2. 山墙处阻隔膜至少上翻 75mm，与墙体用胶带粘牢，用镀锌薄钢板作防水处理。

3. 阻隔膜在屋脊处的搭接长度两边至少各 600mm, 接缝处用钉子钉上，用胶带粘盖。

4. 有避雷针或管道穿过处，阻隔膜四周用胶带粘封。

5. 阻隔膜同样适用木结构基层的屋面。

6. 阻隔膜详细施工节点请参照厂家“阻隔膜施工简图”。

条、挂瓦条支架、屋面抗风搭扣固定及安装（江苏 J10-2003）(22 页)

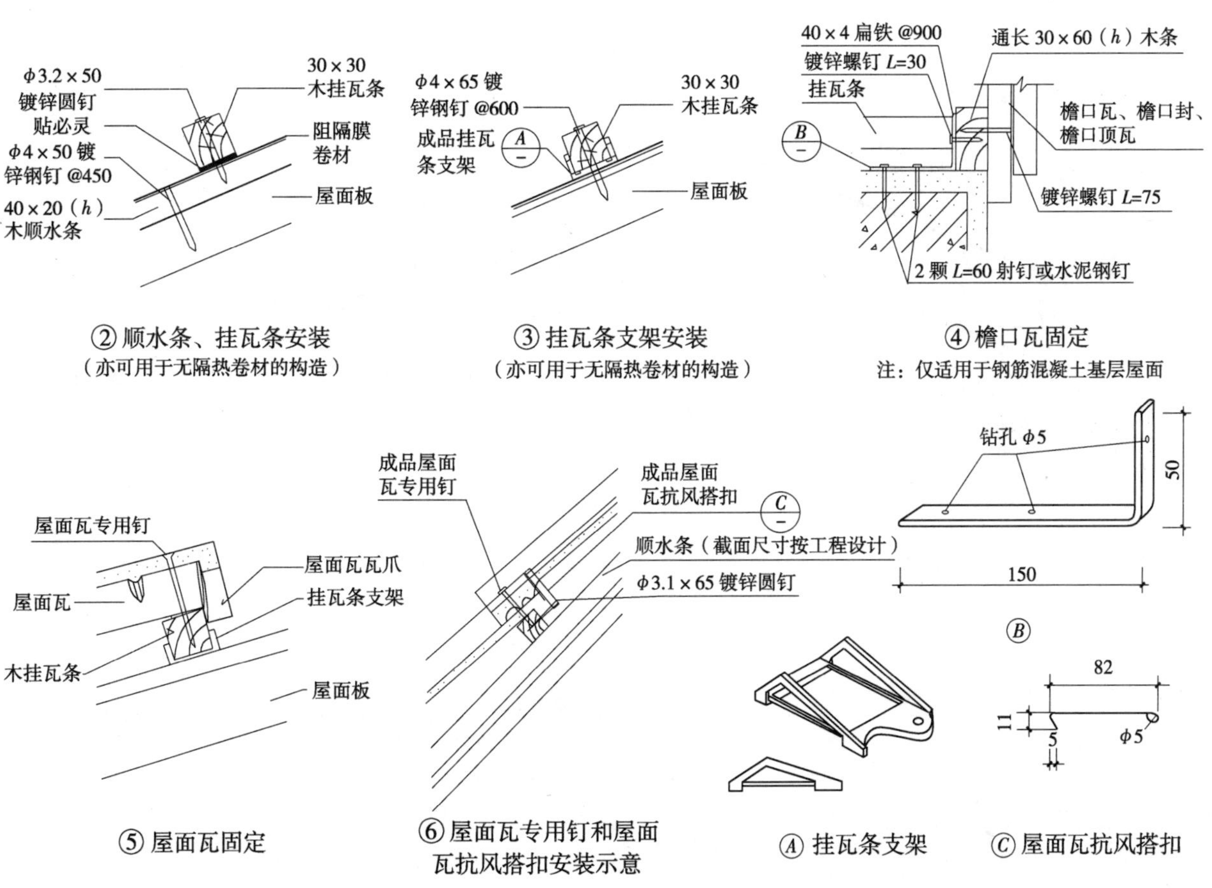

找平层分格缝　挂瓦条、顺水条安装、铝箔铺设（中南05ZJ211）(53页)

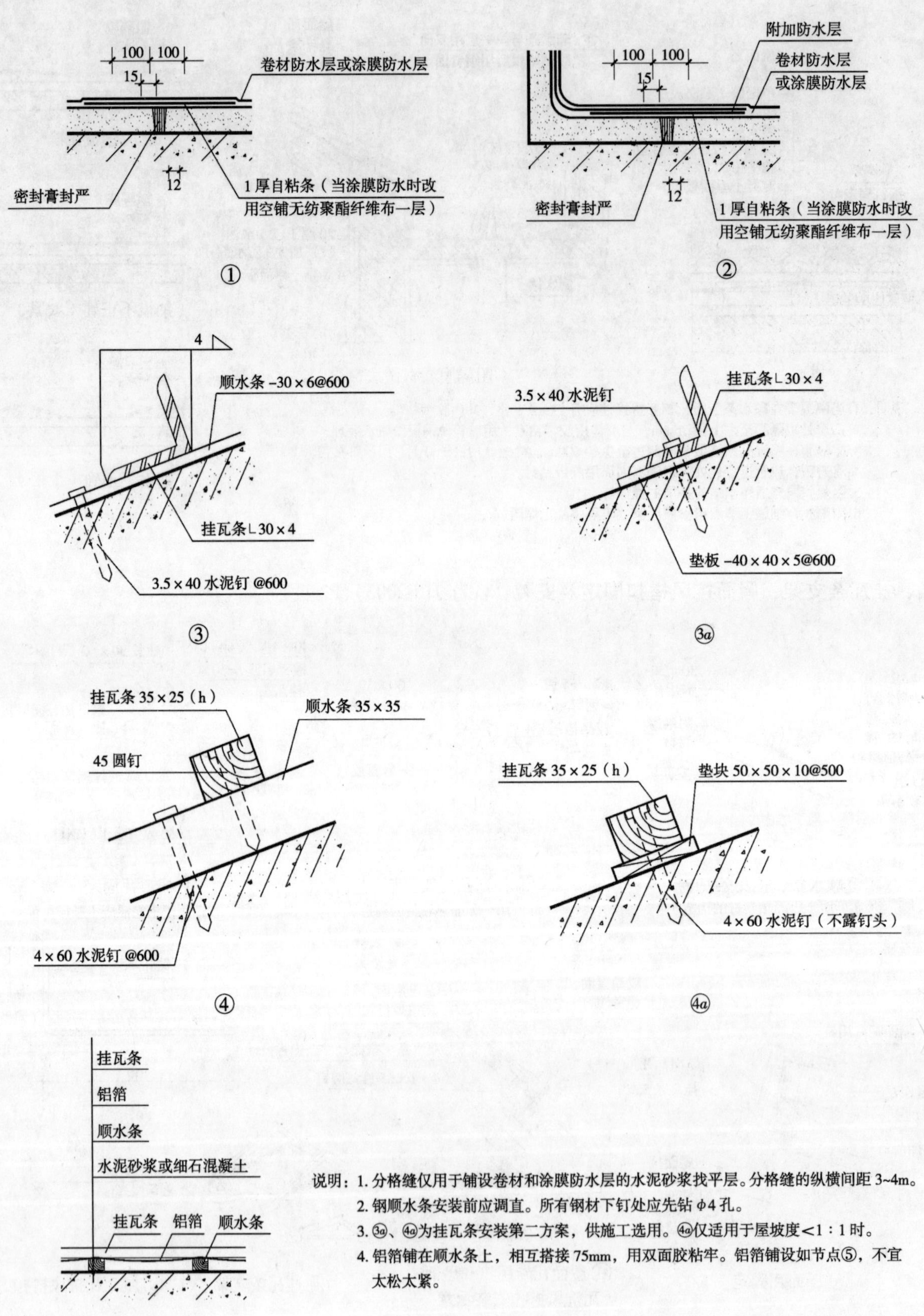

说明：1. 分格缝仅用于铺设卷材和涂膜防水层的水泥砂浆找平层。分格缝的纵横间距3~4m。

2. 钢顺水条安装前应调直。所有钢材下钉处应先钻 φ4 孔。

3. 3a、4a为挂瓦条安装第二方案，供施工选用。4a仅适用于屋坡度<1：1时。

4. 铝箔铺在顺水条上，相互搭接75mm，用双面胶粘牢。铝箔铺设如节点⑤，不宜太松太紧。

13　太阳能集热板安装

太阳能集热板嵌入式安装（砂浆卧瓦）(河南 05YJ5-2)(67 页)

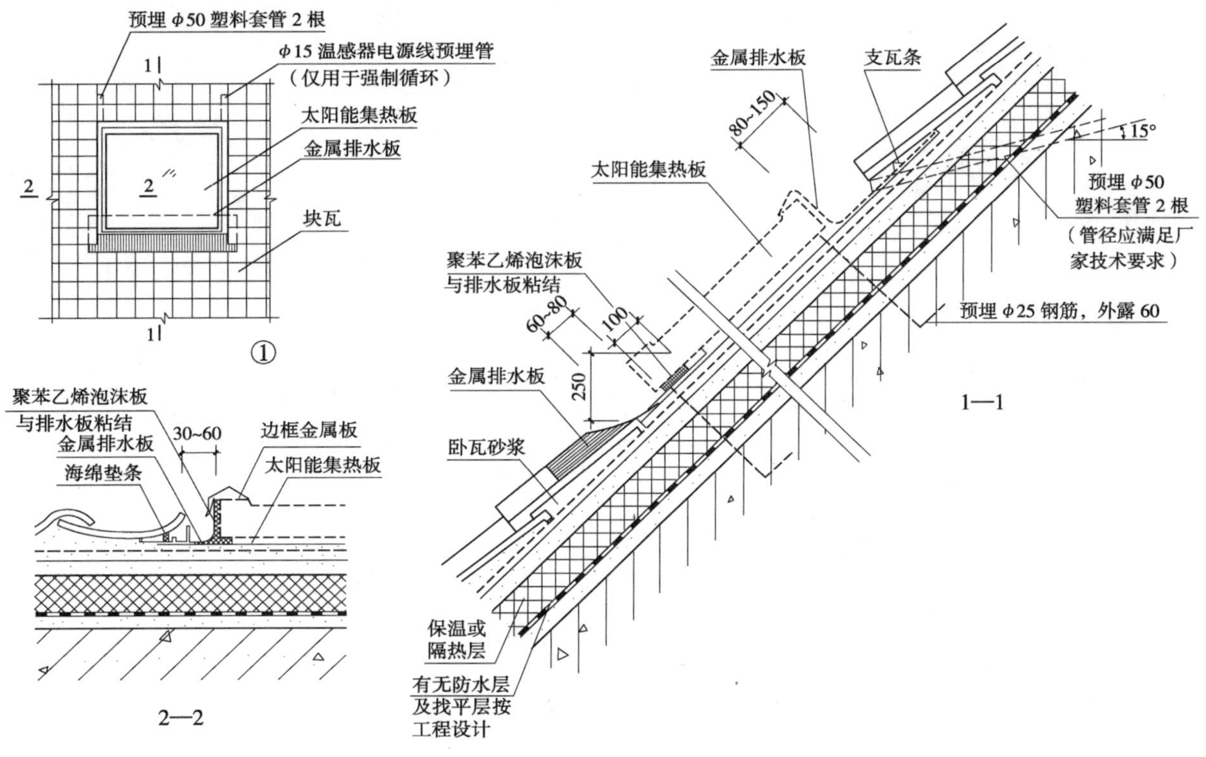

太阳能集热板嵌入式安装（钢挂瓦条）(河南 05YJ5-2)(68 页)

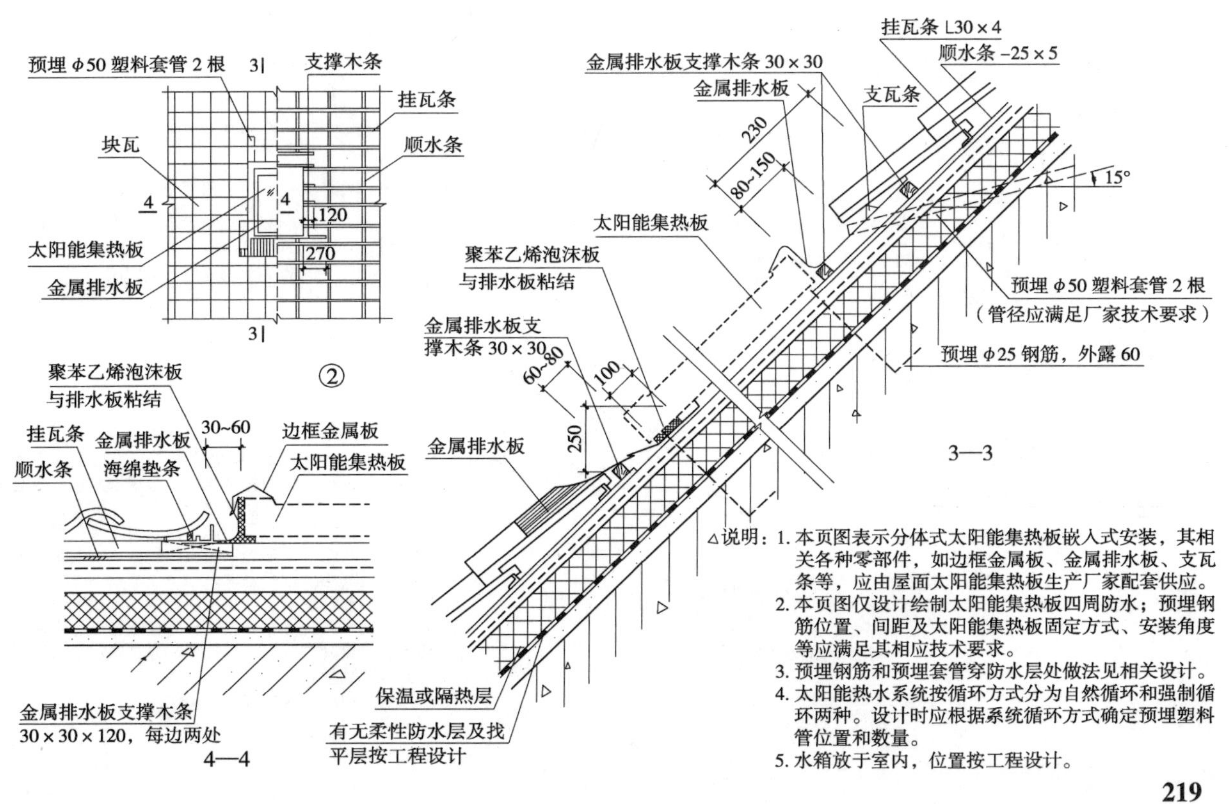

△说明：
1. 本页图表示分体式太阳能集热板嵌入式安装，其相关各种零部件，如边框金属板、金属排水板、支瓦条等，应由屋面太阳能集热板生产厂家配套供应。
2. 本页图仅设计绘制太阳能集热板四周防水；预埋钢筋位置、间距及太阳能集热板固定方式、安装角度等应满足其相应技术要求。
3. 预埋钢筋和预埋套管穿防水层处做法见相关设计。
4. 太阳能热水系统按循环方式分为自然循环和强制循环两种。设计时应根据系统循环方式确定预埋塑料管位置和数量。
5. 水箱放于室内，位置按工程设计。

太阳能集热板嵌入式安装（木挂瓦条）（河南 05YJ5-2）（69 页）

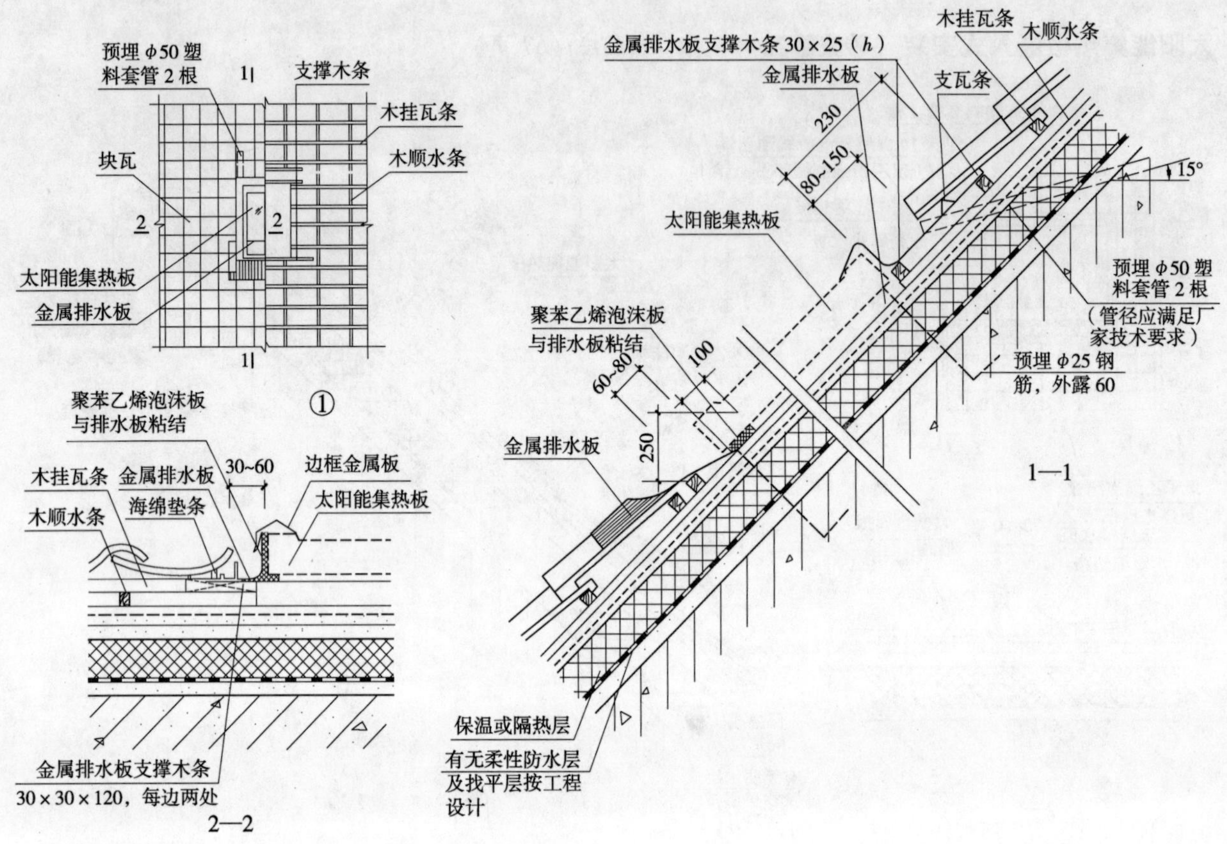

太阳能集热板嵌入式安装（油毡瓦）（河南 05YJ5-2）（70 页）

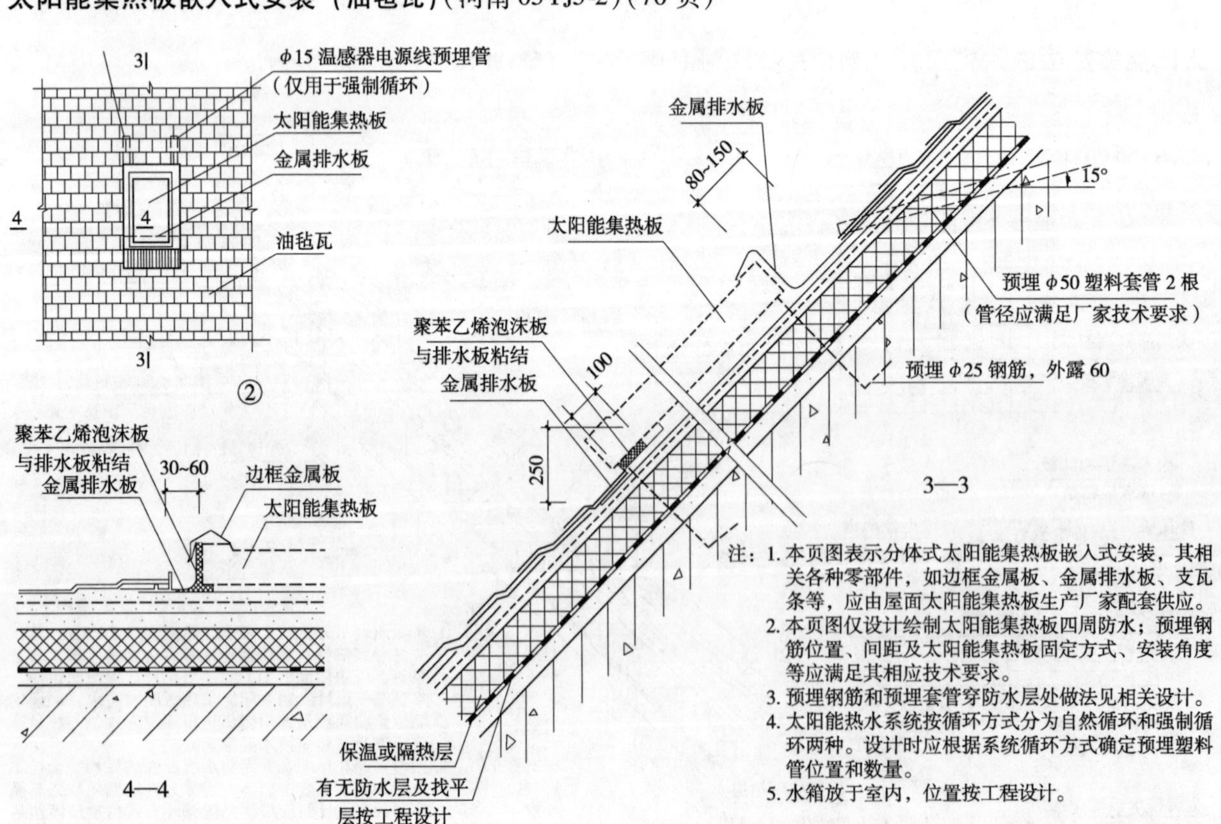

注：1. 本页图表示分体式太阳能集热板嵌入式安装，其相关各种零部件，如边框金属板、金属排水板、支瓦条等，应由屋面太阳能集热板生产厂家配套供应。
2. 本页图仅设计绘制太阳能集热板四周防水；预埋钢筋位置、间距及太阳能集热板固定方式、安装角度等应满足其相应技术要求。
3. 预埋钢筋和预埋套管穿防水层处做法见相关设计。
4. 太阳能热水系统按循环方式分为自然循环和强制循环两种。设计时应根据系统循环方式确定预埋塑料管位置和数量。
5. 水箱放于室内，位置按工程设计。

太阳能集热板嵌入式安装（钢板彩瓦）（河南 05YJ5-2）（71 页）

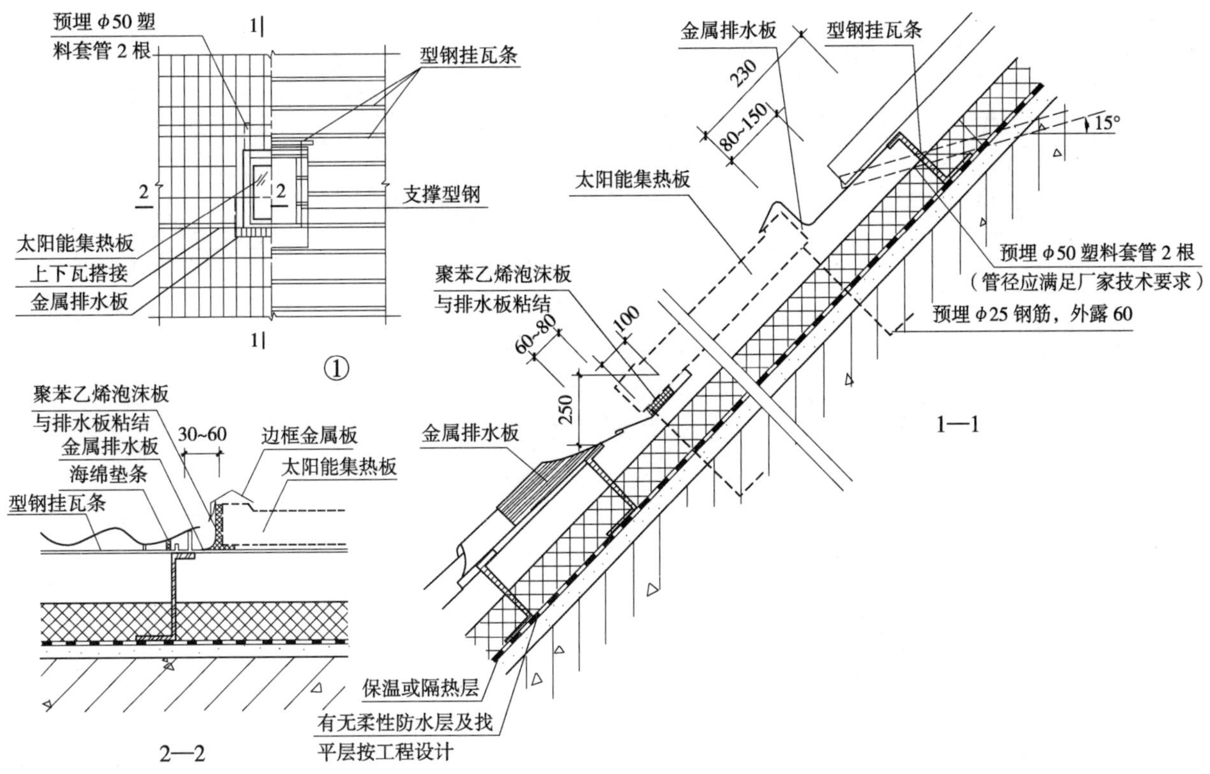

太阳能集热板凸出式安装（砂浆卧瓦）（河南 05YJ5-2）（72 页）

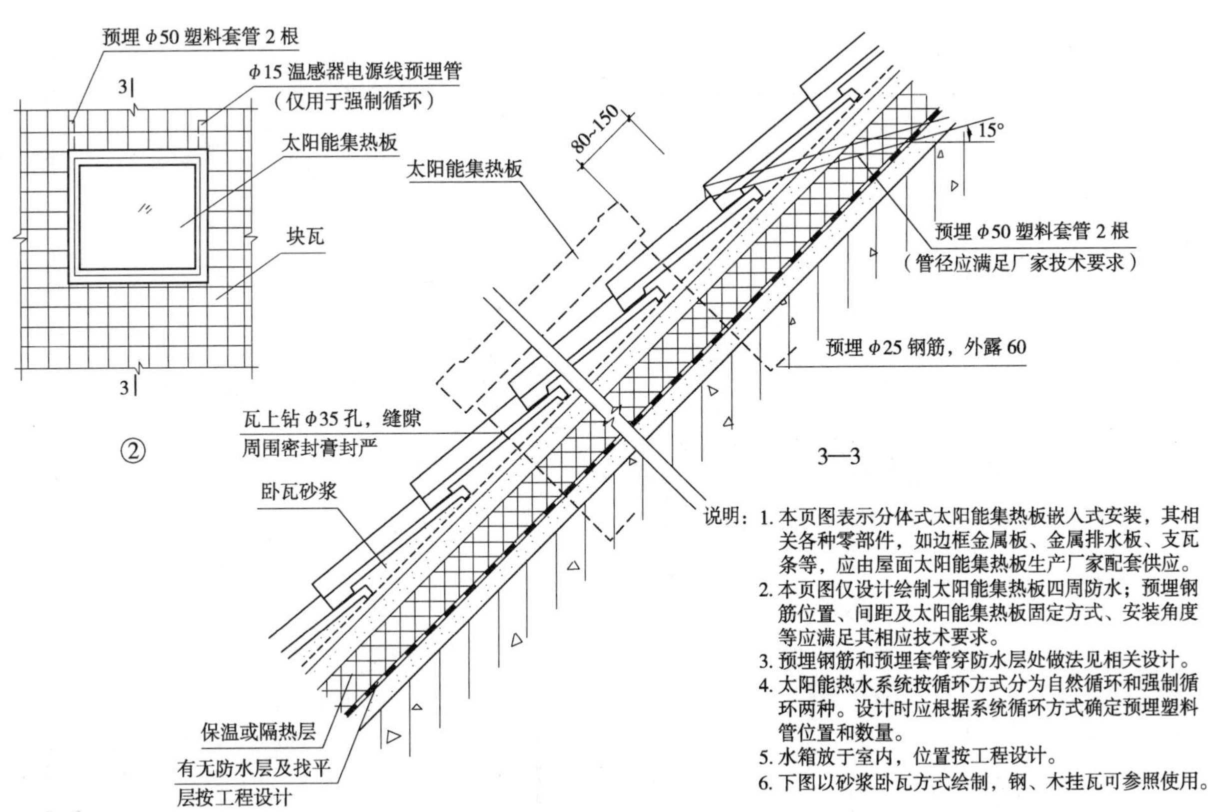

说明：
1. 本页图表示分体式太阳能集热板嵌入式安装，其相关各种零部件，如边框金属板、金属排水板、支瓦条等，应由屋面太阳能集热板生产厂家配套供应。
2. 本页图仅设计绘制太阳能集热板四周防水；预埋钢筋位置、间距及太阳能集热板固定方式、安装角度等应满足其相应技术要求。
3. 预埋钢筋和预埋套管穿防水层处做法见相关设计。
4. 太阳能热水系统按循环方式分为自然循环和强制循环两种。设计时应根据系统循环方式确定预埋塑料管位置和数量。
5. 水箱放于室内，位置按工程设计。
6. 下图以砂浆卧瓦方式绘制，钢、木挂瓦可参照使用。

太阳能集热板凸出式安装（油毡瓦）（河南 05YJ5-2）（73 页）

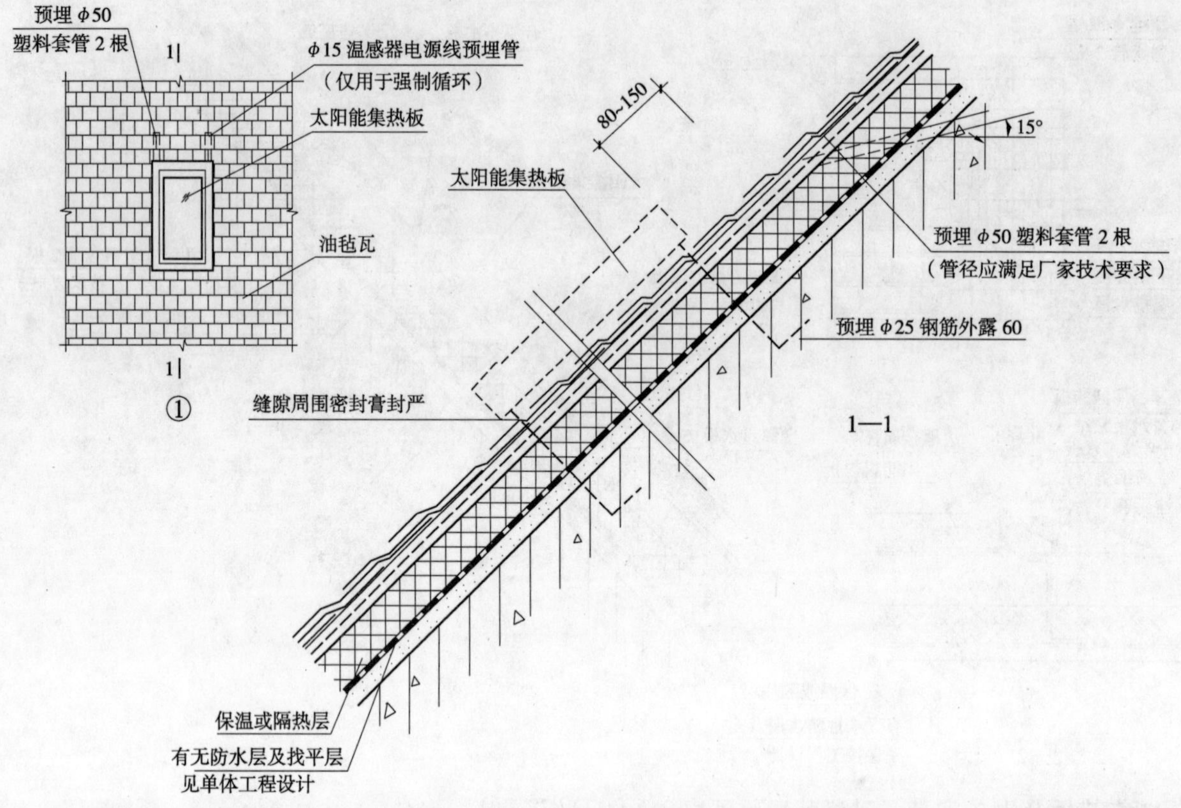

太阳能集热板凸出式安装（钢板彩瓦）（河南 05YJ5-2）（74 页）

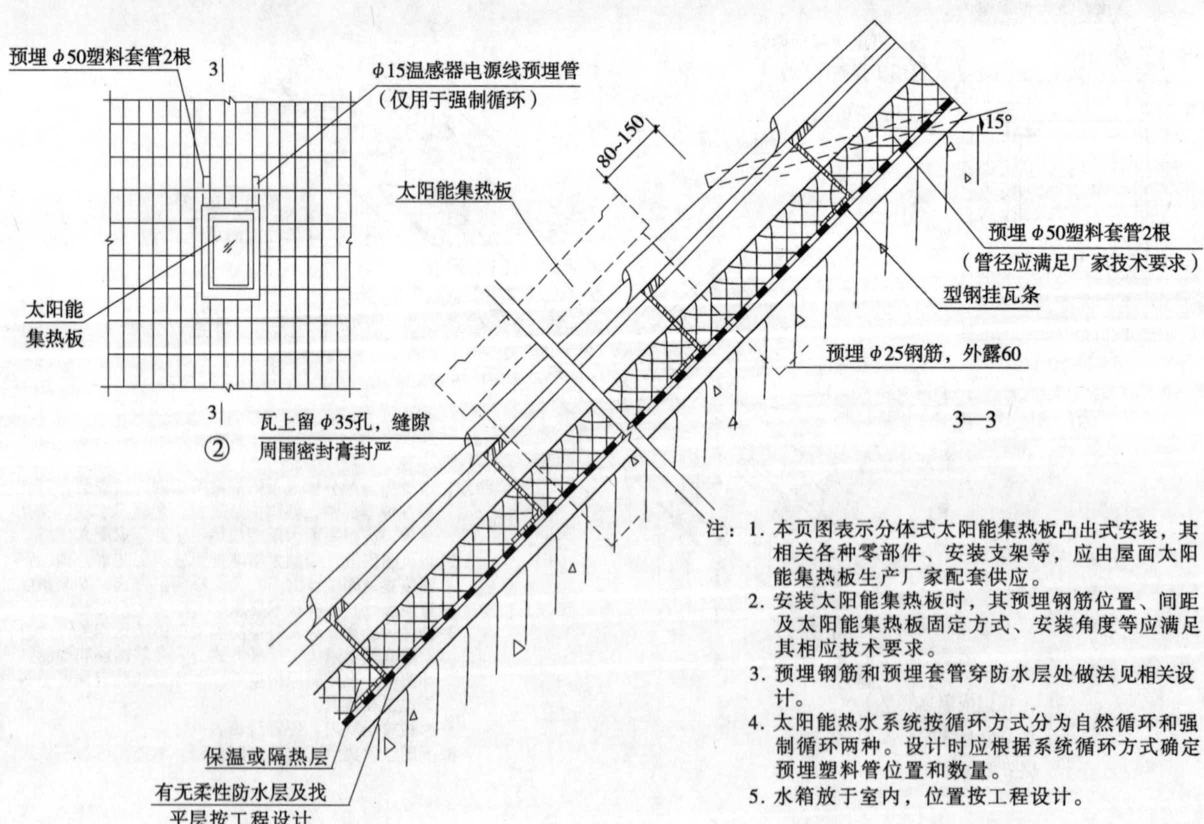

注：1. 本页图表示分体式太阳能集热板凸出式安装，其相关各种零部件、安装支架等，应由屋面太阳能集热板生产厂家配套供应。
2. 安装太阳能集热板时，其预埋钢筋位置、间距及太阳能集热板固定方式、安装角度等应满足其相应技术要求。
3. 预埋钢筋和预埋套管穿防水层处做法见相关设计。
4. 太阳能热水系统按循环方式分为自然循环和强制循环两种。设计时应根据系统循环方式确定预埋塑料管位置和数量。
5. 水箱放于室内，位置按工程设计。

种植屋面

种植屋面设计说明

一、适用范围

种植屋面是在屋面防水层上铺种植土种植花草的屋面。屋面利用植被降温，具有隔热、保温与防水性能兼好的生态环境与节能效果，多用在保温隔热屋面上。但种植屋面荷载大，植物根系穿刺力强、屋面返修困难。一般旧建筑屋顶，需改造为种植屋面时，必须对其结构体系的承载力、防水等级与相关构造重新核定、加固改造，方可使用。

种植屋面有：不上人的种植屋面；在屋顶上铺设有走道的种植屋面；上人的种植屋面；活动平台型的种植屋面；将屋顶作为室外活动辅助场所的屋面；空中花园型的屋面；设有屋顶花园的台阶型建筑；高级别墅屋顶；屋顶观光屋面；景观花坛型屋面，包括利用屋面作为街心广场花坛，利用地下建筑物如地下车库的屋顶作为广场、停车场等。种植屋面适用于现浇钢筋混凝土平屋顶、除严寒地区外的其他热工分区、抗震设防烈度小于或等于7度地区，以及建筑中防水等级为Ⅰ～Ⅳ级的一般新建筑；适用于对室内温、湿度与屋顶生态环境有较高要求的住宅、宿舍、旅馆、幼托所、疗养院及医院病房等；可用于半地下建筑、低层与多层砖混结构、中小跨度框架结构房屋。采用种植屋面房屋的地基一般应为均匀的岩土地基，以及经处理能确保不会因不均匀沉降引起屋面开裂的其他类型地基。

植被以浅根地被草与草花植被为主，不适合种植灌木或乔木，但可间植浅根灌木。

二、种植屋面构造设计

1. 屋面结构

种植屋面结构应采用现浇钢筋混凝土屋面，屋面板厚≥100mm，裂缝控制等级为三级，最大裂缝开展宽度 $w_{max}<0.2$mm。为减轻屋面荷载应尽可能采用结构找坡，坡度为1%～3%（浅蓄水种植屋面可不设坡）。

现浇屋面在纵横墙处均应设圈梁，圈梁顶与屋面同高，与墙同宽，高度不小于180mm，纵筋不小于4ϕ12，并与现浇屋面浇成整体。结构自防水屋面除按单体工程结构计算配筋外，宜另在屋面板顶跨中位置上方加构造筋 ϕ6@150 双向（与设计的板顶主筋搭接200mm）。

屋面伸缩缝，一般住宅可按单元或分户设缝，其他类型工程按单体设计。结构自防水屋面及上有水泥砂浆防护层的刚性防水层伸缩缝间距宜≤20m。此外，凡不同类型屋面分界处均宜设伸缩缝。

多层砖混结构房屋屋顶女儿墙应按《建筑抗震设计规范》（GB 50011—2001）设置抗震柱。

2. 种植屋面的分层做法

种植屋面分层做法，一般是：种植土层下有蓄（排）水层，以下有防水层、找平层，其中或设保温隔热层或不设保温隔热层，然后是现浇钢筋混凝土屋面。蓄（排）水层有些地方用成品的“塑料保水排水格片”代替；防水层可以是Ⅰ级、Ⅱ级、Ⅲ级的防水做法，且有卷材防水、刚性防水、涂膜防水或上述防水做法混合的不同做法。

3. 分层的材料及做法

（1）防水层

a. 刚性防水层：40mm 厚 C30 UEA 补偿收缩细石混凝土（内配 ϕ^b4@150mm 双向钢筋，设置于上部，保护层厚度不小于10mm），表面压光，分格缝宽20mm，纵横间距≤6m，缝内嵌密封材料，缝顶粘贴250mm宽防水卷材（刚性防水层与基层间宜设隔离层，可采用石灰砂浆、干铺卷材、聚乙烯薄膜等）。

b. 柔性卷材防水层：1——合成高分子防水卷材，Ⅰ级防水等级厚度≥1.5mm，Ⅱ级防水等级厚度≥1.2mm；如：聚氯乙烯（简称PVC）防水卷材、氯化聚乙烯（简称CPE）防水卷材、氯化聚乙烯-橡胶共混防水卷材、氯璜化聚乙烯（简称CSPE）防水卷材。2——高聚物改性沥青防水卷材，Ⅰ、Ⅱ级防水等级厚度≥3mm；如：SBS（苯乙烯-丁二烯-苯乙烯）改性沥青卷材、APP（无规则聚炳烯）改性沥青卷材；还有自粘聚酯胎改性沥青防水卷材，Ⅰ、Ⅱ级防水等级厚2mm。

c. 涂膜防水层：1——合成高分子防水涂料，Ⅰ、Ⅱ级防水等级厚度≥1.5mm，如：聚氨脂防水涂料（非焦油型）、丙烯酸脂类防水涂料、硅橡胶防水涂料、聚合物水泥防水涂料等。2——高聚物改性沥青防水涂料，厚度≥3mm，如：氯丁橡胶沥青防水涂料、SBS改性沥青防水涂料；Ⅰ级防水等级不得使用。

d. 特种防水层：PVC防水板（焊接）厚2mm，复合型合金防水卷材（焊接）厚0.7mm，铝薄膜高分子卷材厚2mm，高密度聚乙烯（HPPE）。

（2）防护层

刚性防水层本身具有防护功能。

旧房改造的种植屋面，防水层可用PVC防水板或铝薄膜高分子卷材，自重轻且具防根刺功能，其上可选用薄植土层。

（3）排（蓄）水层

1）100mm厚陶粒；稍大粒径在下，稍小粒径在上，顶部铺陶粒砂并敷盖聚酯针刺土工布一层，质量200～300g/m^2。

2）蜂窝型保水排水格片，具备保水排水功能外还具备防护功能。

（4）保温隔热层

种植屋面不便设置排气道与排气管，凡须另设保温隔热层时不宜采用松散材料及非自防水的水泥膨胀珍珠岩与水泥膨胀蛭石等，而应选用具脱水性（自防水性能）的轻质隔热保温板，如聚苯乙烯泡沫塑料板、挤塑型聚苯乙烯泡沫塑料板、发泡聚氨酯水泥聚苯板等。

另外，屋面给、排水管设置：每个管理区段设置供浇水用的水嘴不少于1处，排水管配置与一般屋面工程相同（浅蓄水植草屋面的排水口应按溢流口设计，溢流口高出屋面80mm）。至于是否设保温隔热层，根据资料，对有节能要求的建筑屋面，其种植土层厚度在50～200mm之间时，多数无法满足热工要求，或在同一屋面中有种植部分与非种植部分比例不同，亦会影响屋面热工性能。刚性防水与卷材防水之间可设白灰砂浆隔离，屋面板与卷材防水层或涂膜防水之间可设水泥砂浆找平层，并刷基层处理剂等等，具体做法应根据各地经验对防水层等各层构造进行优化组合设计。

图1为两个上人种植屋面分层做法示例。

图1*a*）用于底层种植屋面需消防车通过时，图中1的种植土需改铺120mm厚C25混凝土，随打随抹，配双向ϕ8@250钢筋，分格缝宽12mm，双向中距3000mm，缝内填粗砂，其余与*a*）原来相同。

图1*b*）用于底层种植屋面时，亦将图中1的种植土改铺120mm厚C25混凝土，并如图*a*）改变后一样配筋和处理，其余则取消4与硬泡聚氨酯配套的防水涂料，而以下各层不变，仍与*b*）原来相同。

图2为种草兼停车的屋面分层做法示例，其中保温层采用挤塑聚苯板，屋面传热系数为0.46W/(m^2·K)。若采用硬泡聚氨酯保温时，则可取消其中4的防水层，将50mm厚的挤塑聚苯板改为40mm厚的硬泡聚氨酯防水保温一体化材料。屋面传热系数0.46W/(m^2·K)。图3-3为塑料种草箅子示例。

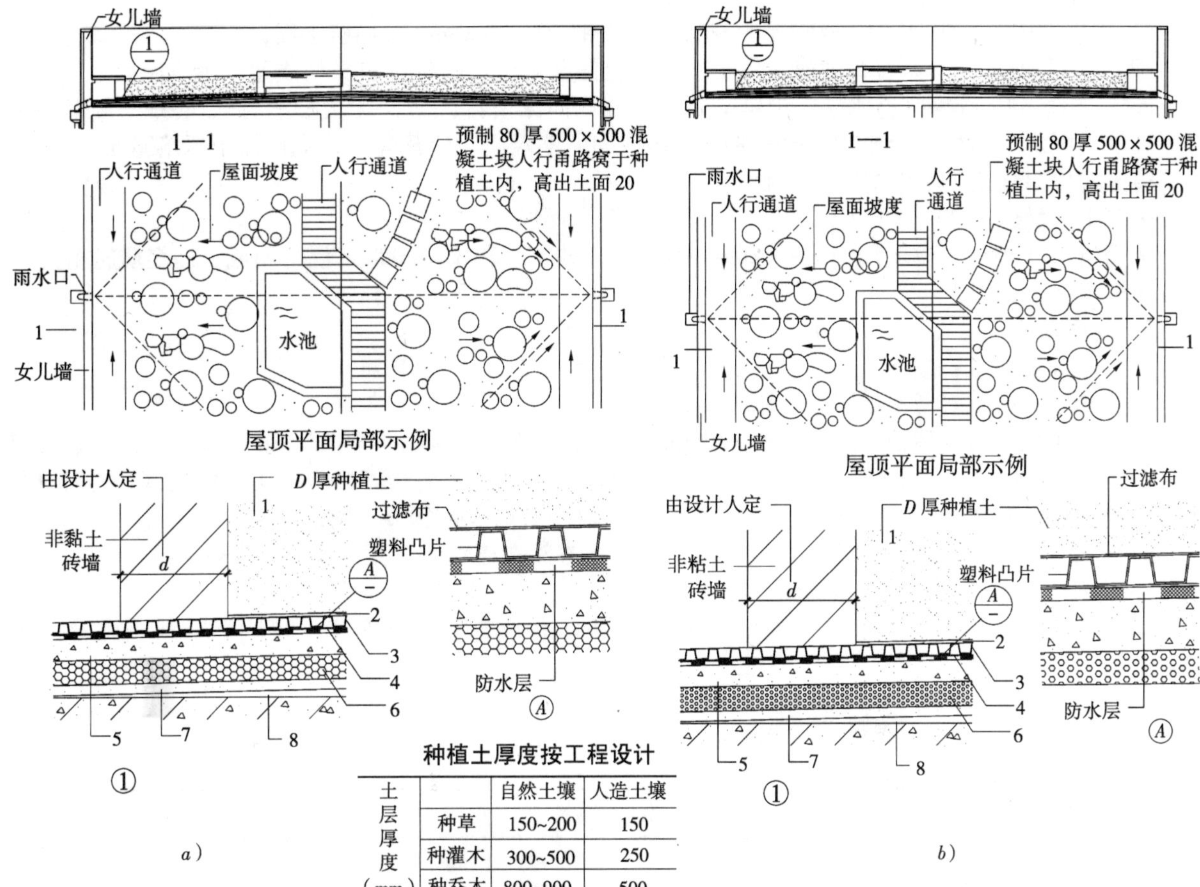

种植土厚度按工程设计

土层厚度（mm）		自然土壤	人造土壤
	种草	150~200	150
	种灌木	300~500	250
	种乔木	800~900	500

说明：1. D厚种植土，采用专用种植土；2. 过滤布（土工布）；3. 20mm 高塑料凸片排水层，凸点向上；4. 能抗树根穿透的防水卷材；5. 40mm 厚 C20 细石混凝土，随打随用 1∶1 水泥砂浆抹平；6. 50mm 厚挤塑聚苯板；7. 20mm 厚 1∶5 水泥增稠粉砂浆找平层；8. 找坡层，檐口起处 1m 范围内抹 0~20mm 厚 1∶4 水泥砂浆找坡 2%，1m 以外最薄 20mm 厚 C15 豆石混凝土找坡 2%；9. 钢筋混凝土屋面板。

说明：1. D厚种植土按工程设计；2. 3同图 a)中 2、3、4、5 硬泡聚氨酯配套的能防树根穿透的防水涂料；5. 40厚C20细石混凝土，随打随用 1∶1水泥砂浆抹平；6. 30mm厚硬泡体聚氨酯防水保温一体化材料；7. 20mm 厚 15 水泥增稠粉砂浆找平层；8. 同图 a)8；9. 同图 a)9。

图 1　上人种植屋面

a）挤塑聚苯板保温；b）硬泡聚氨酸保温

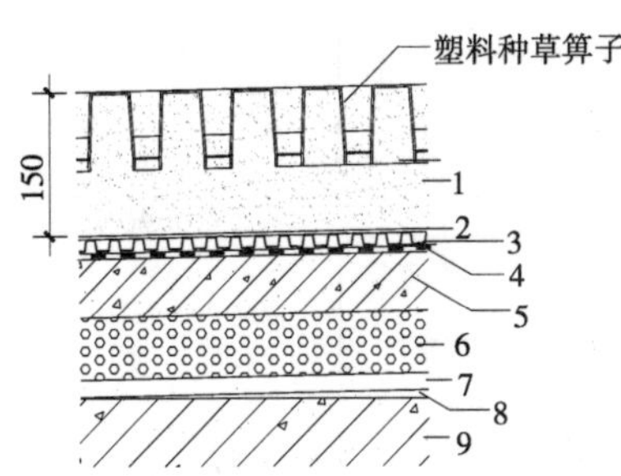

图 2　种草兼停车的屋面分层做法示例

说明：1. 150mm 厚种草土，表面嵌入 70mm 厚塑料种草箅子；2. 过滤布（土工布）；3. 20mm 高塑料凸片排水层，凸点向上；4. 防水层，5. 40mm 厚 C20 细石混凝土，随打随用 1∶1 水泥砂子抹平；6. 50mm 厚挤塑聚苯板；7. 20mm 厚 1∶5 水泥增稠粉砂浆找平层；8. 找坡层檐口起始处 1m 范围内抹 0 ~ 20mm 厚 1∶4 水泥砂浆找 2% 坡，1m 以外最薄 20 厚 C15 豆石混凝土找 2% 坡，9. 钢筋混凝土屋面板。

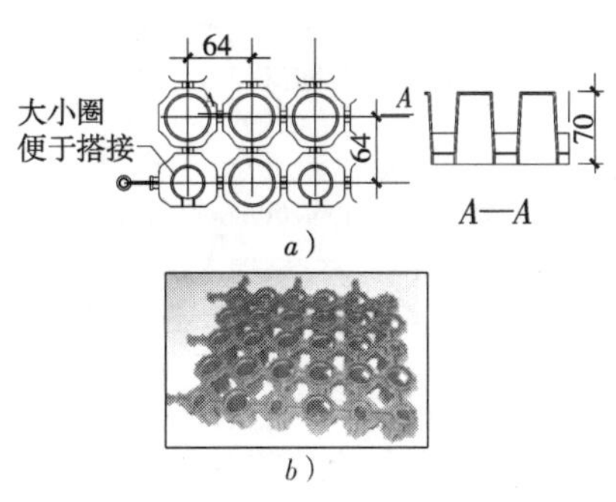

图 3　塑料种草箅子

说明：1. 塑料种草箅子平面图；

2. 塑料种草箅子样式

4. 屋顶种植层，即植土层，可以有多种构造方法，例如：

（1）下设100mm厚卵石（或陶粒）排水层，上铺200～300mm厚种植土层；

（2）下设100mm厚卵石粗砂或陶粒蓄水层，上铺种植土，这种做法又称浅蓄水植草屋面；

（3）下设100mm厚排蓄水层，上铺蛭石、岩棉或泡沫塑料、锯末（炭酵木屑）、谷糠、膨胀珍珠岩、煤渣、泥炭、腐植草叶等与其他基质混合做成的所谓轻质混合营养土，也称无土栽培屋面。

植土应由绿化施工单位配制，一般有：

- 耕土（50%～70%）、砂土（30%～50%）混合而成。
- 腐殖土（50%～70%）、蛭石（10%～40%）、砂土（10%～20%）混合而成，即轻质腐植土。
- 轻质混合营养土。

5 屋面荷载

（1）屋面活荷载：按上人屋面，活荷载标准值宜取≥2.0～3.5kN/m^2。

（2）植物重：可参考本篇附录～附表1-1。

（3）种植层：对于种植层厚为200～300mm的一般覆土植草屋面与浅蓄水植草屋面，恒载标准值可取4.0～6.0kN/m^2，（凡在屋面另设大型或深型花池、水池、植树槽等均应按实际可能达到的荷载另加）。不同成分构成的种植层重量可参阅本篇附录中附表1-1、附表1-3、附表1-4。

（4）蓄（排）水层自重：不同材料构成的重量可参阅本篇附录（附表2-2、附表2-4）。

（5）刚性防水层自重：按40mm厚配筋细石混凝土自重1.0kN/m^{2}计算。

（6）保温层、防水卷材，找平层、防护层、隔离层等重量，按单体工程所选材料重度及厚度确定。

华北地区种植屋面分层构造（华北88J5-1第2版）（17页）

<table>
<tr><th>编号</th><th>名　称</th><th colspan="5">用料及分层做法</th><th>附　注</th></tr>
<tr><td rowspan="12">1A</td><td rowspan="12">**种植屋面**
（上人）
挤塑聚苯板保温</td><td rowspan="4">1. *D*厚种植土，厚度按工程设计屋面专用种植土一般含砖粒、腐殖土、重量轻、种植效果好</td><td rowspan="4">土层厚度（mm）</td><td></td><td>自然土壤</td><td>人造土壤</td><td rowspan="14">参阅说明图1*a*）</td></tr>
<tr><td>种草</td><td>150～200</td><td>150</td></tr>
<tr><td>种灌木</td><td>300～500</td><td>250</td></tr>
<tr><td>种乔木</td><td>800～900</td><td>500</td></tr>
<tr><td colspan="5">2. 过滤布（土工布）</td></tr>
<tr><td colspan="5">3. 20mm高塑料凸片排水层，凸点向上</td></tr>
<tr><td colspan="5">4. 能抗树根穿透的防水卷材</td></tr>
<tr><td colspan="5">5. 40mm厚C20细石混凝土，随打随用1:1水泥砂子抹平</td></tr>
<tr><td colspan="5">6. 50mm厚挤塑聚苯板</td></tr>
<tr><td colspan="5">7. 20mm厚1:5水泥增稠粉砂浆找平层</td></tr>
<tr><td colspan="5">8. 找坡层：檐口起始处1m范围内抹0～20mm厚1:4水泥砂浆找2%坡，1m以外最薄20mm厚C15豆石混凝土找2%坡</td></tr>
<tr><td colspan="5">9. 钢筋混凝土屋面板</td></tr>
<tr><td rowspan="2">1B</td><td rowspan="2">**混凝土面**
（用于底层种植屋面内需消防车通过的屋面）
（挤塑聚苯板保温）</td><td colspan="5">1. 120mm厚C25混凝土随打随抹，配筋：双向ϕ8@250，分格缝宽12mm，双向中距3000mm，缝填粗砂</td></tr>
<tr><td colspan="5">2～9同1A的2～9</td></tr>
</table>

续表

<table>
<tr><th>编号</th><th>名称</th><th colspan="5">用料及分层做法</th><th>附　注</th></tr>
<tr><td rowspan="12">2A</td><td rowspan="12">种植屋面
（上人）
（硬泡聚氨酯保温）</td><td rowspan="4">1. D 厚种植土，厚度按工程设计</td><td rowspan="4">土层厚度（mm）</td><td></td><td>自然土壤</td><td>人造土壤</td><td rowspan="21">参阅说明图 1b）</td></tr>
<tr><td>种草</td><td>150 ~ 200</td><td>150</td></tr>
<tr><td>种灌木</td><td>300 ~ 500</td><td>250</td></tr>
<tr><td>种乔木</td><td>800 ~ 900</td><td>500</td></tr>
<tr><td colspan="5">2. 土工布</td></tr>
<tr><td colspan="5">3. 20mm 高塑料凸片排水层凸点向上</td></tr>
<tr><td colspan="5">4. 与硬泡聚氨酯配套的能防树根穿透的防水涂料</td></tr>
<tr><td colspan="5">5. 40mm 厚 C20 细石混凝土，随打随用 1∶1 水泥砂子抹平</td></tr>
<tr><td colspan="5">6. 30mm 厚硬泡体聚氨酯防水保温一体化材料</td></tr>
<tr><td colspan="5">7. 20mm 厚 1∶5 水泥增稠粉砂浆找平层</td></tr>
<tr><td colspan="5">8. 找坡层檐口起始处 1m 范围内抹 0 ~ 20mm 厚 1∶4 水泥砂浆找 2% 坡，1m 以外最薄 20mm 厚 C15 豆石混凝土找 2% 坡</td></tr>
<tr><td colspan="5">9. 钢筋混凝土屋面板</td></tr>
<tr><td rowspan="9">2B</td><td rowspan="9">混凝土面
（用于底层种植屋面内需消防车通过的屋面）
（硬泡聚氨酯保温）</td><td colspan="5">1. 120mm 厚 C25 混凝土随打随抹，配筋：双向 ϕ8@250mm</td></tr>
<tr><td colspan="5">分格缝宽 12mm，双向中距 3000mm，缝填粗砂</td></tr>
<tr><td colspan="5">2. 土工布</td></tr>
<tr><td colspan="5">3. 20mm 高塑料凸片排水层，凸点向上</td></tr>
<tr><td colspan="5">4. 40mm 厚 C20 细石混凝土，随打随用 1∶1 水泥砂抹平</td></tr>
<tr><td colspan="5">5. 40mm 厚硬泡体聚氨酯防水保温一体化材料</td></tr>
<tr><td colspan="5">6. 20mm 厚 1∶5 水泥增稠粉砂浆找平层</td></tr>
<tr><td colspan="5">7. 找坡层：檐口起始处 1m 范围内抹 0 ~ 20mm 厚 1∶4 水泥砂找 2% 坡，1m 外最薄 20mm 厚 C15 豆石混凝土找 2% 坡</td></tr>
<tr><td colspan="5">8. 钢筋混凝土屋面板</td></tr>
<tr><td rowspan="9">3A</td><td rowspan="9">种草兼停车屋面
（挤塑聚苯板保温）
屋面传热系数
0.46W/（m²·K）</td><td colspan="5">1. 150mm 厚种草土，表面嵌入 70mm 厚塑料种草箅子</td><td rowspan="17">参阅说明图 2、图 3</td></tr>
<tr><td colspan="5">2. 过滤布（土工布）</td></tr>
<tr><td colspan="5">3. 20mm 高塑料凸片排水层，凸点向上</td></tr>
<tr><td colspan="5">4. 防水层</td></tr>
<tr><td colspan="5">5. 40mm 厚 C20 细石混凝土，随打随用 1∶1 水泥砂子抹平</td></tr>
<tr><td colspan="5">6. 50mm 厚挤塑聚苯板</td></tr>
<tr><td colspan="5">7. 20mm 厚 1∶5 水泥增稠粉砂浆找平层</td></tr>
<tr><td colspan="5">8. 找坡层：檐口起始处 1m 范围内抹 0 ~ 20mm 厚 1∶4 水泥砂浆找 2% 坡，1m 以外最薄 20mm 厚 C15 豆石混凝土找 2% 坡</td></tr>
<tr><td colspan="5">9. 钢筋混凝土屋面板</td></tr>
<tr><td rowspan="8">3B</td><td rowspan="8">种草兼停车屋面
（硬泡聚氨酯保温）
屋面传热系数
0.46W/（m²·K）</td><td colspan="5">1. 150mm 厚种草土，表面嵌入 70mm 厚塑料种草箅子</td></tr>
<tr><td colspan="5">2. 过滤布（土工布）</td></tr>
<tr><td colspan="5">3. 20mm 高塑料凸片排水层，凸点向上</td></tr>
<tr><td colspan="5">4. 40mm 厚 C20 细石混凝土，随打随用 1∶1 水泥砂子抹平</td></tr>
<tr><td colspan="5">5. 40mm 厚硬泡体聚氨酯防水保温一体化材料</td></tr>
<tr><td colspan="5">6. 20mm 厚 1∶5 水泥增稠粉砂浆找平层</td></tr>
<tr><td colspan="5">7. 找坡层：檐口起始处 1m 范围内抹 0 ~ 20mm 厚 1∶4 水泥砂浆找 2% 坡，1m 以外最薄 20mm 厚 C15 豆石混凝土找 2% 坡</td></tr>
<tr><td colspan="5">8. 钢筋混凝土屋面板</td></tr>
</table>

中南地区种植屋面分层构造（中南 05ZJ203）(5 页)

简　图	屋面构造	备　注
1. 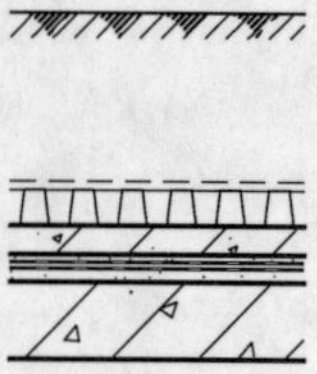	·种植土层 200 ~ 300mm ·土工布过滤层 ·蜂窝型塑料保水排水格片 12mm ·刚性防水层 40mm ·白灰砂浆隔离层 10mm ·卷材防水层 1 或 21.5 ~ 3mm 涂膜防水层 11.5mm ·刷基层处理剂一遍 ·1∶3 水泥砂浆找平层 20mm （·1∶8 水泥陶粒局部调坡） ·现浇屋面板，结构调坡 2% ~ 3%	Ⅰ级防水 总厚度： 287 ~ 387mm 自重： 347 ~ 437kg/m² $K = 1.55 \sim 1.27 W/(m^2 \cdot K)$ $D = 4.2 \sim 5.4$
2. 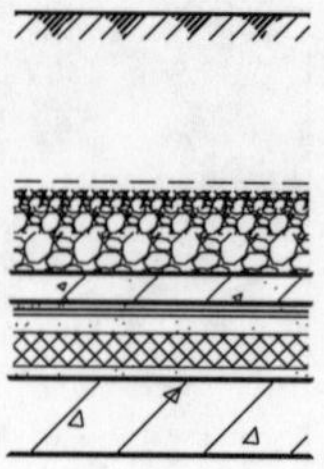	·种植土层 200mm ·土工布过滤层 ·陶粒排（蓄）水层 100mm ·刚性防水层 40mm ·白灰砂浆隔离层 10mm ·卷材防水层 1 或 21.5 ~ 3mm ·涂膜防水层 11.5mm ·刷基层处理剂一遍 ·1∶3 水泥砂浆找平层 20mm （·1∶8 水泥陶粒局部调坡） ·保温隔热层 δ ·1∶3 水泥砂浆找平层 20mm ·现浇屋面板，结构调坡 2% ~ 3%	Ⅰ级防水 有保温层 总厚度：420mm 自重：422kg/m² $K = 0.61 W/(m^2 \cdot K)$ $D = 6.1$ δ：25mm 挤塑聚苯乙烯泡沫塑料板
3. 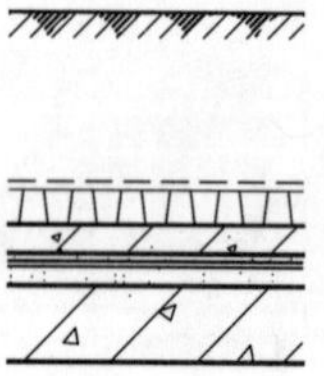	·种植土层 200 ~ 300mm ·土工布过滤层 ·蜂窝型塑料保水排水格片 12mm ·刚性防水层 40mm ·点粘 350 号石油沥青油毡 2mm ·合金防水卷材 0.7mm ·卷材防水层 2（自粘）3mm ·刷基层处理剂一遍 ·1∶3 水泥砂浆找平层 20mm （·1∶8 水泥陶粒局部调坡） ·现浇屋面板，结构调坡 2% ~ 3%	Ⅰ级防水 总厚度： 278 ~ 378mm 自重： 330 ~ 420kg/m² $K = 1.58 \sim 1.29 W/(m^2 \cdot K)$ $D = 4.1 \sim 5.2$
4. 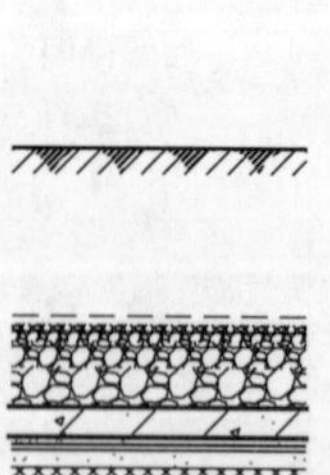	·种植土层 200mm ·土工布过滤层 ·陶粒排（蓄）水层 100mm ·刚性防水层 40mm ·点粘 350 号石油沥青油毡 2mm ·合金防水卷材 0.7mm ·卷材防水层 2（自粘）3mm ·刷基层处理剂一遍 ·1∶3 水泥砂浆找平层 20mm （·1∶8 水泥陶粒局部调坡） ·保温隔热层 δ ·1∶3 水泥砂浆找平层 20mm ·现浇屋面板，结构调坡 2% ~ 3%	Ⅰ级防水 有保温层 总厚度：411mm 自重：405kg/m² $K = 0.61 W/(m^2 \cdot K)$ $D = 5.9$ δ：25mm 挤塑聚苯乙烯泡沫塑料板

续表

简　图	屋面构造	备　注
5. 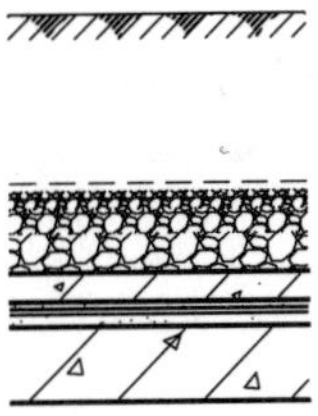	· 种植土层 200～300mm · 土工布过滤层 · 陶粒排(蓄)水层 100mm · 刚性防水层 40mm · 聚乙烯薄膜 0.2mm 二层卷材防水层 1　3mm · 刷基层处理剂一遍 · 1∶3 水泥砂浆找平层 20mm （· 1∶8 水泥陶粒局部调坡） · 现浇屋面板，结构调坡 2%～3%	Ⅰ级防水 总厚度： 363～463mm 自重：368～458kg/m^2 K = 1.09～0.95W/(m^2·K) D = 5.4～6.6
6. 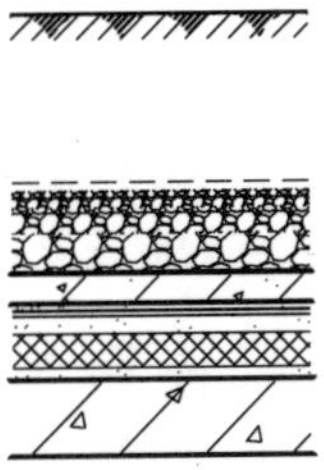	· 种植土层 200mm · 土工布过滤层 · 陶粒排（蓄）水层 100mm · 刚性防水层 40mm · 点粘 350 号石油沥青油毡 2mm · 1∶3 水泥砂浆找平层 20mm （· 1∶8 水泥陶粒局部调坡） · 保温隔热层 δ · 涂膜防水层 1　1.5mm · 刷基层处理剂 · 1∶3 水泥砂浆找平层 20mm · 现浇屋面板，结构调坡 2%～3%	Ⅱ级防水 有保温层 总厚度：410mm 自重：405kg/m^2 K = 0.61W/(m^2·K) D = 5.9 δ：25mm 挤塑聚苯乙烯泡沫塑料板
7. 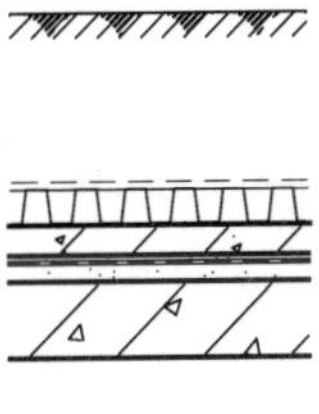	· 种植土层 200～300mm · 土工布过滤层 · 蜂窝型塑料保水排水格片 12mm · 刚性防水层 40mm · 白灰砂浆隔离层 10mm · 卷材防水层 1 或 2　1.5～3mm · 刷基层处理剂一遍 · 1∶3 水泥砂浆找平层 20mm （· 1∶8 水泥陶粒局部调坡） · 现浇屋面板，结构调坡 2%～3%	Ⅱ级防水 总厚度： 285～385mm 自重：346～436kg/m^2 K = 1.55～1.27W/(m^2·K) D = 4.2～5.4
8. 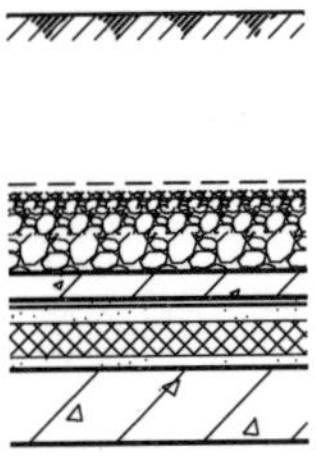	· 种植土层 200mm · 土工布过滤层 · 陶粒排（蓄）水层 100mm · 刚性防水层 40mm · 白灰砂浆隔离层 10mm · 涂膜防水层 1 或 2　1.5～3mm · 刷基层处理剂一遍 · 1∶3 水泥砂浆找平层 20mm （· 1∶8 水泥陶粒局部调坡） · 保温隔热层 δ · 1∶3 水泥砂浆找平层 20mm · 现浇屋面板，结构调坡 2%～3%	Ⅱ级防水 有保温层 总厚度：418mm 自重：421kg/m^2 K = 0.61W/(m^2·K) D = 6.1 δ：250mm 挤塑聚苯乙烯泡沫塑料板

续表

简图	屋面构造	备注
9. 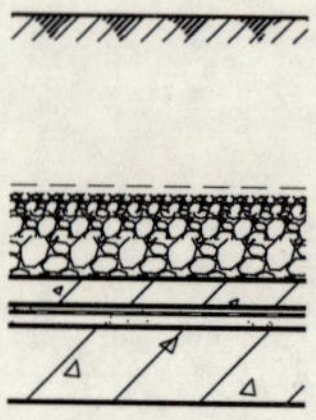	·种植土层 200～300mm ·土工布过滤层 ·陶粒排（蓄）水层 100mm ·刚性防水层 40mm ·聚乙烯薄膜 0.2mm ·卷材防水层 2　3mm ·刷基层处理剂 ·1:3 水泥砂浆找平层 20mm （·1:8 水泥陶粒局部调坡） ·现浇屋面板，结构调坡 2%～3%	Ⅱ级防水 总厚度：363～463mm 自重：368～458kg/m^2 K=1.09～0.95W/(m^2·K) D=5.4～6.6
10. 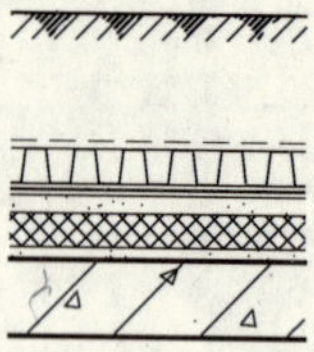	·轻质混合营养土 50～200mm ·土工布过滤层 ·蜂窝型塑料保水排水格片 12mm PVC 防水板 2mm ·合金防水卷材 0.7mm ·卷材防水层 2（自粘）3mm ·刷基层处理剂一遍 ·1:3 水泥砂浆找平层 20mm （·1:8 水泥陶粒局部调坡） ·保温隔热层 δ ·1:3 水泥砂浆找平层 20mm ·现浇屋面板，结构调坡 2%～3%	Ⅰ级防水 轻型种植屋面，有保温层 总厚度：133～283mm 自重：127～247kg/m^2 K=0.9～0.75W/(m^2·K) D=2.4～4.2 δ：25mm 挤塑聚苯乙烯泡沫塑料板
11. 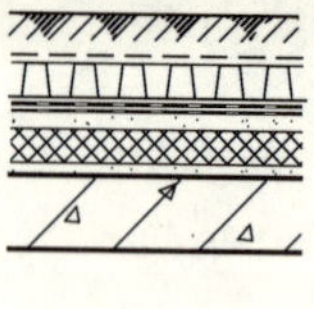	·轻质混合营养土 50mm ·土工布过滤层 ·蜂窝型塑料保水排水格片 12mm ·高密度聚乙烯卷材防水层 2mm ·卷材防水层 1 或 2　1.5～3mm ·刷基层处理剂一遍 ·1:3 水泥砂浆找平层 20mm （·1:8 水泥陶粒局部调坡） ·保温隔热层 δ ·1:3 水泥砂浆找平层 20mm ·现浇屋面板，结构调坡 2%～3%	Ⅱ级防水 轻型种植屋面 有保温层 植被为佛甲草 总厚度：142mm 自重：127kg/m^2 K=0.72W/(m^2·K) D=2.5 δ：35mm 挤塑聚苯乙烯泡沫塑料板
12. 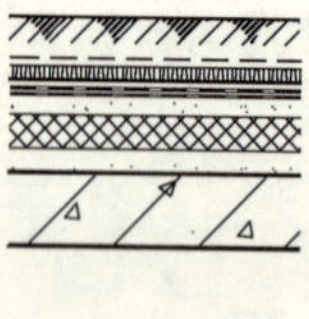	·轻质混合营养土 50mm ·土工布过滤层 ·无纺毯 5mm ·铝箔膜高分子防水卷材层 2mm ·涂膜防水层 1 或 2　1.5～3mm ·刷基层处理剂一遍 ·1:3 水泥砂浆找平层 20mm （·1:8 水泥陶粒局部调坡） ·保温隔热层 δ ·1:3 水泥砂浆找平层 20mm ·现浇屋面板，结构调坡 2%～3%	Ⅱ级防水 轻型种植屋面 有保温层 植被为佛甲草 总厚度：135mm 自重：115kg/m^2 K=0.76W/(m^2·K) D=2.5 δ：35mm 挤塑聚苯乙烯泡沫塑料板

注：K——传热系数（$K=1/R$）W/(m^2·K)　$R=\delta/\lambda$；
S——材料蓄热系数 W/(m^2·K)；
D——热惰性指标　$D=R\cdot S$；
λ——材料导热系数 W/(m·K)；
δ——材料厚度；
R——材料热阻(m^2·K)/W。

浙江地区种植屋面分层构造（浙江 99 浙 J32）(8～12 页)

一、结构自防水屋面（一道防水）

1.

—植被：选植浅根、耐旱、耐热、耐寒、耐贫瘠型地被草
—种植层：200～300mm 厚一般砂性耕作土或天然坡积沙壤土、河滩砂土等
—排(蓄)水层：100mm 厚砂石（稍大石子在下，小石子在上，顶铺粗砂）
—结构防水层：现浇钢筋混凝土结构自防水屋面（板厚≥100mm，具体尺寸与配筋按工程设计）
结构找坡，随捣随抹平

2.

—植被：种值耐旱、耐热、耐寒型草坪植生带
—种植层：300mm 厚耕作土，掺 30%～50% 膨胀珍珠岩
—排蓄水层：100mm 厚砂石（稍大石子在下，小石子在上，顶铺粗砂）
—结构防水层：现浇钢筋混凝土自防水屋面（板厚≥100mm，具体尺寸与配筋按工程设计）
结构找坡，随捣随抹平

3.

—植被：选植耐旱、耐热、耐寒型草坪植生带
—种植层：300mm 厚耕作土，掺 30%～50% 蛭石
—排(蓄)水层：100mm 厚砂石（稍大石子在下，小石子在上，顶铺粗砂）
—防护层：20mm 厚 1∶2 水泥砂浆（内置编织钢丝网片一层，分格缝纵横间距≤6m，缝宽 20mm，内嵌填密封材料）
—结构防水层：现浇钢筋混凝土结构自防水屋面（板厚≥100mm，具体尺寸与配筋按工程设计）
结构找坡，随捣随抹平

二、卷材防水屋面（二道防水）

1.

—植被：选植浅根、耐旱、耐热、耐寒、耐贫瘠型地被草
—种植层：200～300mm 厚耕作土，掺 30%～50% 粗砂
—排(蓄)水层：100mm 厚砂石（稍大石子在下，小石子在上，顶铺粗砂）
—卷材防水层：铝箔面聚酯胎 SBS 改性沥青卷材（厚度≥3mm，热熔粘贴）
—基层处理剂：SBS 弹性沥青冷胶料或 JG—2 防水冷胶料
—找平层：15mm 厚 1∶2.5 水泥砂浆（掺微膨胀剂，分格缝宽 20mm，间距≤6m，缝内嵌密封材料）
—结构防水层：现浇钢筋混凝土结构自防水屋面（板厚≥100mm，具体尺寸与配筋按工程设计）
结构找坡，随捣随抹平

2.

—植被：选植耐旱、耐热、耐寒型草坪植生带
—种植层：300mm 厚耕作土，掺 30%～50% 膨胀珍珠岩
—排(蓄)水层：100mm 厚砂石（稍大石子在下，小石子在上，顶铺粗砂）
—防护层：单面涤沦短纤维聚氯乙烯卷材
—卷材防水层：聚氯乙烯塑料油膏（801 型）与涤纶无纺短纤维布（二布三膏，总厚度≥3.0mm）
—找平层：15mm 厚 1∶2.5 水泥砂浆（掺微膨胀剂，分格缝宽 20mm，间距≤6m，缝内嵌密封材料）
—结构防水层：现浇钢筋混凝土结构自防水屋面（板厚≥100mm，具体尺寸与配筋按工程设计）
结构找坡，随捣随抹平

3.

—植被：选植草花地被及浅根花卉

—种植层：300mm 厚轻质混合营养土

—过滤层：琉璃纤维布一层

—排(蓄)水层：100~200mm 厚陶粒

—防护层：20mm 厚 1:2 水泥砂浆（掺微膨胀剂，内置编织钢丝网片一层，分格缝纵横间距≤6m，缝宽 20mm，内嵌填密封材料）

—卷材防水层：热熔橡胶复合防水卷材（厚度≥3mm）

—基层处理剂：沥青冷底子油一度

—找平层：15mm 厚 2.5 水泥砂浆（掺微膨胀剂）

—结构防水层：现浇钢筋混凝土结构自防水屋面（板厚≥100mm，具体尺寸与配筋按工程设计）结构找坡，随捣随抹平

三、刚性防水屋面（二道防水）

1.

—植被：选植浅根、耐旱、耐热、耐寒、耐贫瘠型地被草

—种植层：200~300mm 厚耕作土掺 30%~50% 粗砂

—排(蓄)水层：100mm 厚砂石（稍大石子在下，小石子在上，顶铺粗砂）

—刚性防水层：40mm 厚 C25 细石混凝土（内配钢筋 ϕ^b4@150 双向，置于上部），掺微膨胀剂，随浇捣随抹平，分格缝宽 20mm，纵横间距≤6m，缝内嵌填密封材料，顶粘贴 250mm 宽防水卷材

—隔离层：油毡一层

—找平层：15mm 厚 1:2.5 水泥砂浆

—结构防水层：现浇钢筋混凝土结构自防水屋面（板厚≥100mm，具体尺寸与配筋按工程设计）结构找坡，随捣随抹平

2.

—植被：选植耐旱、耐热、耐寒型草花地被植生带

—种植层：300mm 厚轻质混合营养土

—过滤层：玻璃纤维布一层

—排(蓄)水层：100~200mm 厚陶粒

—防护层：15mm 厚 1:2.5 水泥砂浆（掺微膨胀剂，分格缝宽 20mm，间距≤6m，缝内嵌密封材料）

—刚性防水层：40mm 厚 C25，细石混凝土（内配钢筋 ϕ^b4@150，双向，置于上部）掺微膨胀剂，随浇捣随抹平，伸缩缝间距同现浇屋面板缝宽 20mm，缝内嵌密封材料，顶粘贴 250mm 宽防水卷材

—隔离层：油毡一层

—找平层：15mm 厚 1:2.5 水泥砂浆

—结构防水层：现浇钢筋混凝土结构自防水屋面（板厚≥100mm，具体尺寸与配筋按工程设计）结构找坡，随捣随抹平

四、刚、柔性复合防水屋面（三道防水）

1.

—植被：选植耐旱、耐热、耐寒型草坪植生带

—种植层：300mm 厚轻质混合营养土

—过滤层：玻璃纤维布一层

—排(蓄)水层：100 ~200mm 厚陶粒

—刚性防水层：40mm 厚 C25 细石混凝土（掺微膨胀剂，内配钢筋 $\phi^b4@150$，双向，置于上部），随浇捣随抹平，分格缝宽 20mm，纵横间距≤6m，缝内嵌填密封材料，缝顶粘贴 250mm 宽防水卷材。

—防护隔离层：10mm 厚 1∶4 灰砂

—卷材防水层：氯化聚乙烯-橡胶共混防水卷材（厚度≥2. 0mm，接缝粘结用 Bx-12 乙组分，嵌缝与密封用丁基橡胶密封膏）

—胶粘层：Bx-12 胶粘剂（基层与卷材粘接用）

—基层处理剂：氯丁胶乳

—找平层：15mm 厚 1∶2. 5 水泥砂浆

—结构防水层：现浇钢筋混凝土结构自防水屋面（板厚≥100mm，具体尺寸与配筋按工程设计），结构找坡，随捣随抹平

2.

—植被：选植耐旱、耐热、耐寒型草坪植生带

—种植层：300mm 厚耕作土掺 30% ~50% 膨胀珍珠岩或蛭石

—排(蓄)水层：100mm 厚砂石（稍大石子在下，小石子在上，顶铺粗砂）

—防护层：20mm 厚 1∶2 水泥砂浆（掺微膨胀剂，内置编织钢丝网片一层，分格缝间距纵横≤6m，缝宽 20mm，内嵌密封材料）

—隔离层：10mm 厚 1∶4 灰砂

—卷材防水层：氯磺化聚乙烯防水卷材（厚度≥2mm，热熔粘贴）

—基层处理剂：以氯丁胶涂料稀释的冷底子油

—找平层：15mm 厚 1∶2. 5 水泥砂浆

—刚性防水层：40mm 厚 C25 细石混凝土（内配钢筋 $\phi^b4@150$，双向，置于上部）随浇捣随抹平，伸缩缝间距同现浇屋面板，缝宽 20mm，缝内嵌密封材料。

—隔离层：油毡一层

—找平层：15mm 厚 1∶2. 5 水泥砂浆

—结构防水层：现浇钢筋混凝土结构自防水屋面（板厚≥100mm，具体尺寸与配筋按工程设计），结构找坡，随浇捣随抹平

说明：1. 草坪植生带是将草种定植在无纺布上的工厂化生产产品，均匀、生长快，植生膜自然化解成养料，具体植被品种选择可参照 284 页附录三中的推荐作物类型。

2. 合成腐植土构成比例可参阅 283 页附表 2-3 中的构成比例。

3. 有关屋面覆土厚度、土质、防护层、给（排）水及作物选择一般建议参考 284 页附录三。

4. 憎水膨胀珍珠岩制品指：环氧树脂膨胀珍珠岩保温板及水玻璃膨胀珍珠岩保温板。

5. 233 页一之 3、234 页三之 1、2，235 页四之 1 亦可适用于局部覆土种植屋面与浅蓄水种植屋面，其余均适用于满铺型植草屋面。

6. 不同品种防水卷材施工应严格按《屋面工程技术规范》并参照生产厂的有关说明与《建筑工程防水材料手册》的有关章节。

7. 带铝箔面的改性沥青卷材不另设防护层。

8. 保温层材料选用请按 226 页“设计说明”。（二.3. 之（4）处理。保温层厚度根据工程设计要求按《屋面工程技术规范》(GB 50207—2004）与《民用建筑热工设计规范》(GB 50176—93）确定。

9. 保温层下是否须设隔气层按《屋面工程技术规范》(GB 5027—2004）的规定。

五、设有保温层的刚、柔性复合防水屋面（三道防水）

1.

—植被：选植耐旱、耐热、耐寒型草花地被与花卉
—种植层：300mm 厚轻质营养土
—过滤层：玻璃纤维布一层
—排(蓄)水层：100～200mm 厚陶粒
—防护层：20 厚 1：2 水泥砂浆（掺微膨胀剂，内置钢丝网片一层分格缝间距≤6m，缝宽 20mm，内嵌填密封材料）
—卷材防水层：氯化聚乙烯-橡胶共混防水卷材（厚度≥2.0mm，接缝粘接用 Bx-12 乙组分）
—胶粘层：Bx-12 胶粘剂（基层与卷材粘结用）
—基层处理剂：氯丁胶乳
—找平层：15mm 厚 1：2.5 水泥砂浆
—刚性防水层：40mm 厚 C25 细石混凝土（内配钢筋 ϕ^b4@150，双向，置于上部）随捣随抹平，伸缩缝间距同现浇屋面板，缝宽 20mm，缝内嵌密封材料，缝顶贴 250mm 宽防水卷材
—隔离层：油毡一层
—找平层：15mm 厚 1：3 水泥砂浆
—保温层：100mm 厚加气混凝土，随捣随抹平
—结构防水层：现浇钢筋混凝土结构自防水屋面（板厚≥100mm，具体尺寸与配筋按工程设计）结构找坡，随捣随抹平

2.

—植被：选植耐旱、耐热、耐寒型草花地被与花卉
—种植层：300mm 厚轻质营养土
—过滤层：玻璃纤维布一层
—排(蓄)水层：100～200mm 厚陶粒
—刚性防水层：40mm 厚 C25 细石混凝土（掺微膨胀剂，内配钢筋 ϕ^b4@150，双向，置于上部），随捣随抹平，分格缝宽 20mm，纵横间距≤6m，缝内嵌填密封材料，缝顶粘贴 250mm 宽防水卷材
—隔离层：油毡一层
—防护层：20mm 厚 1：2.5 水泥砂浆（半硬性施工，一次压光，然后用 250mm 见方的分块器压槽，槽内填干砂，再对砂浆进行养护）
—卷材防水层：焊接浮铺高密度聚乙烯（HDPE）卷材（厚度≥1.5mm，边铺边盖砂浆，留出焊接缝）
—找平层：20mm 厚 1：2.5 水泥砂浆
—保温层：防水泡沫石棉复合板或增水膨胀珍珠岩保温板
—找平层：15mm 厚 1：2.5 水泥砂浆
—结构防水层：现浇钢筋混凝土结构自防水屋面（板厚≥100mm，具体尺寸与配筋按工程设计），结构找坡，随捣随抹平

3.

—植被：选植耐旱、耐热、耐寒型草坪植生带
—种植层：300mm 厚耕作土掺 30%～50% 膨胀珍珠岩或蛭石
—过滤层：玻璃纤维布一层
—排(蓄)水层：100～200mm 厚陶粒
—防护层：20mm 厚 1：2.0 水泥砂浆（掺微膨胀剂，内置钢丝网片一层，分格缝间距≤6m，缝宽 20mm，内嵌填密封材料）
—刚性防水层：40mm 厚 C25 细石混凝土（内配 ϕ^b4@150 双向，置于上部），随捣随抹平，伸缩缝间距同现浇屋面板，缝宽 20mm，缝内嵌密封材料
—隔离层：油毡一层
—找平层：20mm 厚 1：2.5 水泥砂浆
—保温层：50mm 厚丁烯防水保温复合板（接缝与板面用冷胶处理）
—找平层：15mm 厚 1：2.5 水泥砂浆
—结构防水层：现浇钢筋混凝土结构自防水屋面（板厚≥100mm，具体尺寸与配筋按工程设计），结构找坡，随捣随抹平

种植屋面示例（华北 88J5-1）(20、21 页)

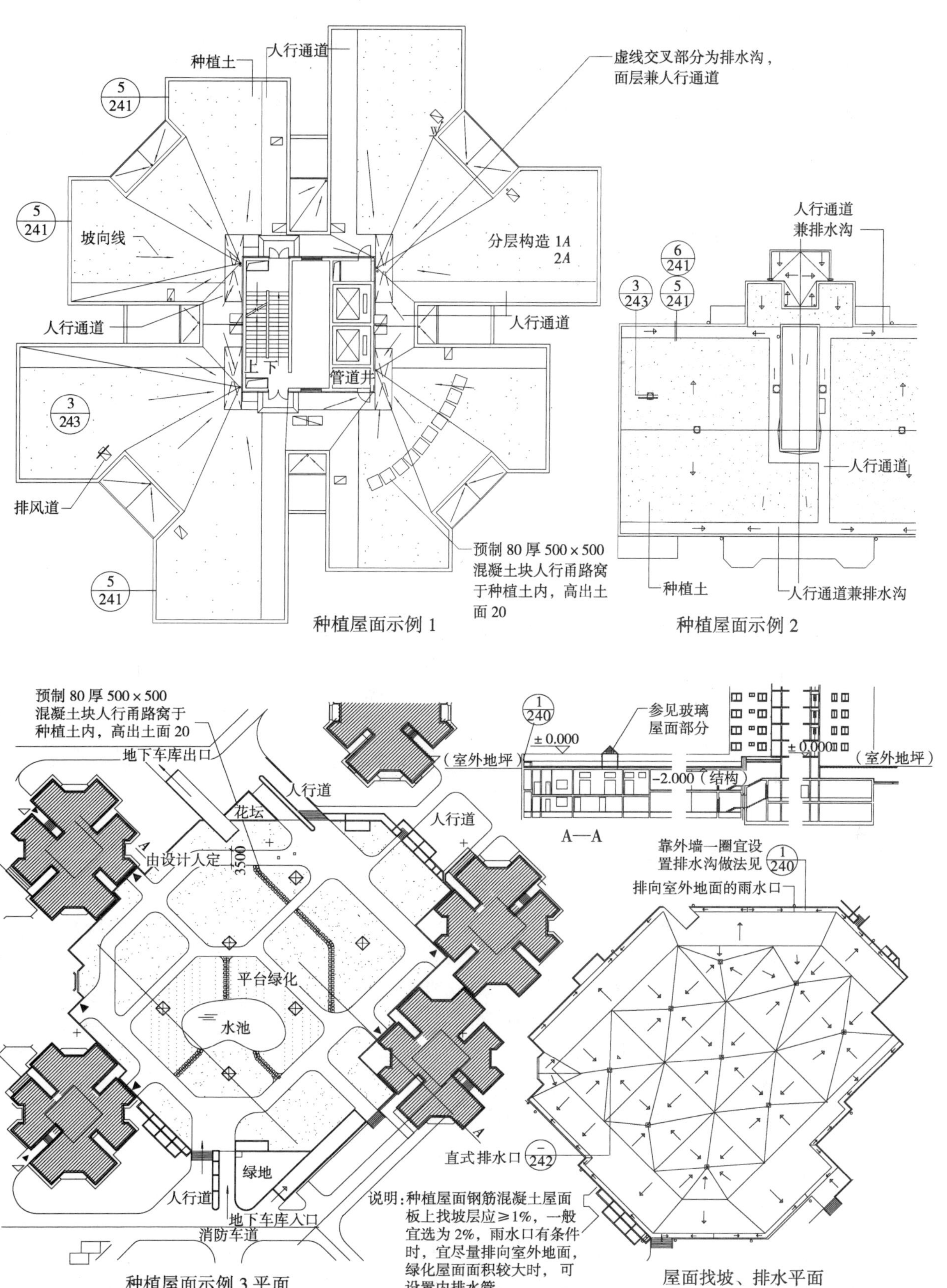

种植屋面示例 1

种植屋面示例 2

种植屋面示例 3 平面

说明：种植屋面钢筋混凝土屋面板上找坡层应≥1%，一般宜选为 2%，雨水口有条件时，宜尽量排向室外地面，绿化屋面面积较大时，可设置内排水管。

屋面找坡、排水平面

建筑顶板种植屋面示例（河北 05J5-1）(21 页)

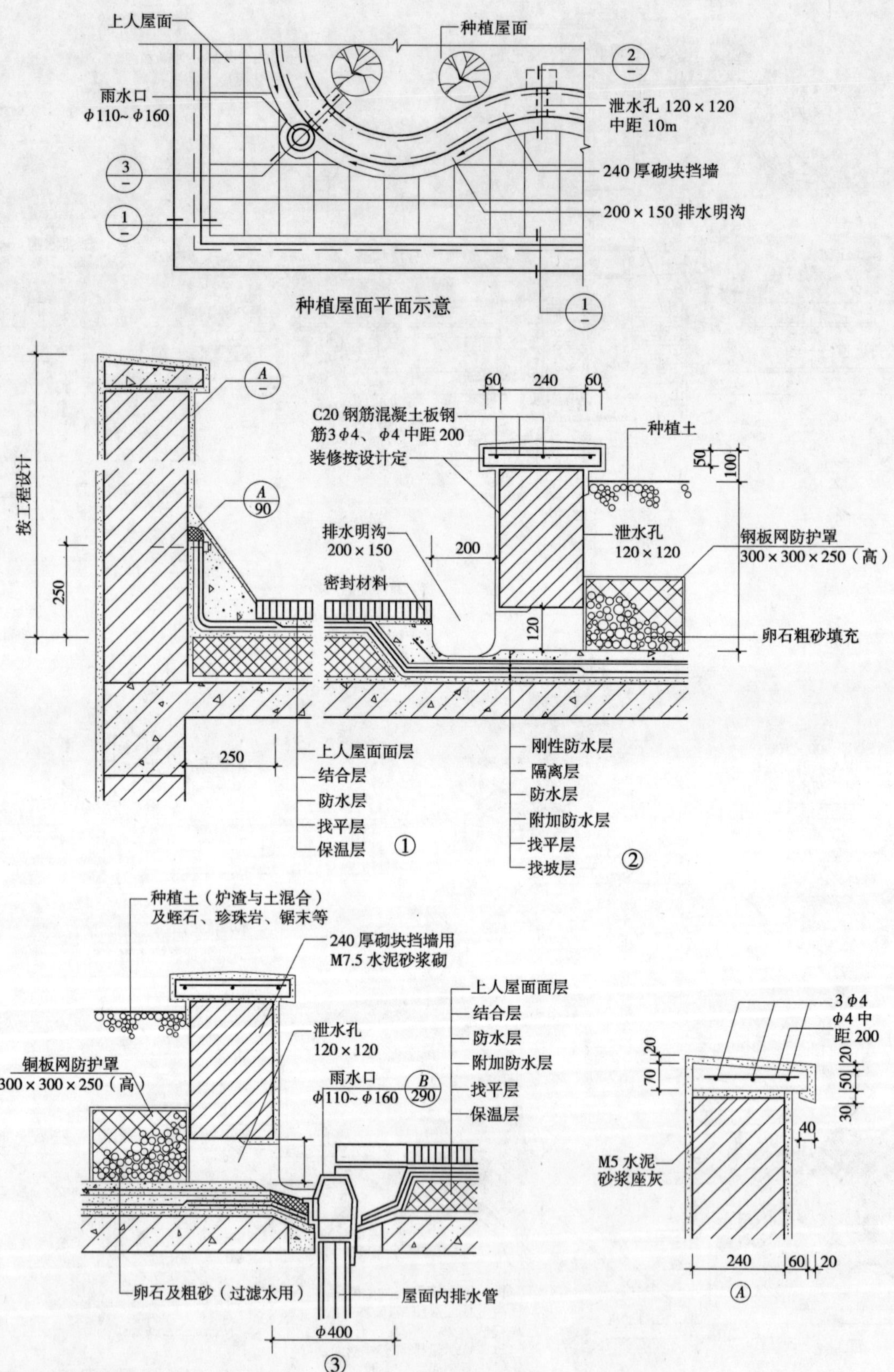

说明：屋顶种植屋面与上人屋面配合使用，以增加屋面景观及城市绿化率。

种植屋面的屋面防水等级不低于Ⅱ级，两道以上设防，面层为刚性防水，下层为柔性防水。

地下室顶板种植屋面示例（河北 05J5-1）（22 页）

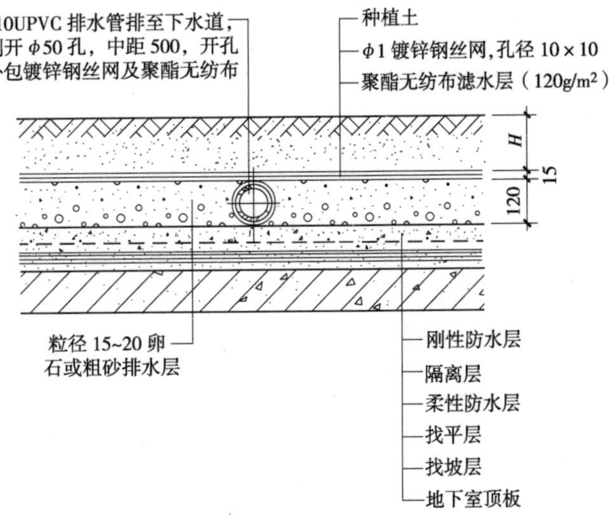

①普通室外地下室上种植屋面

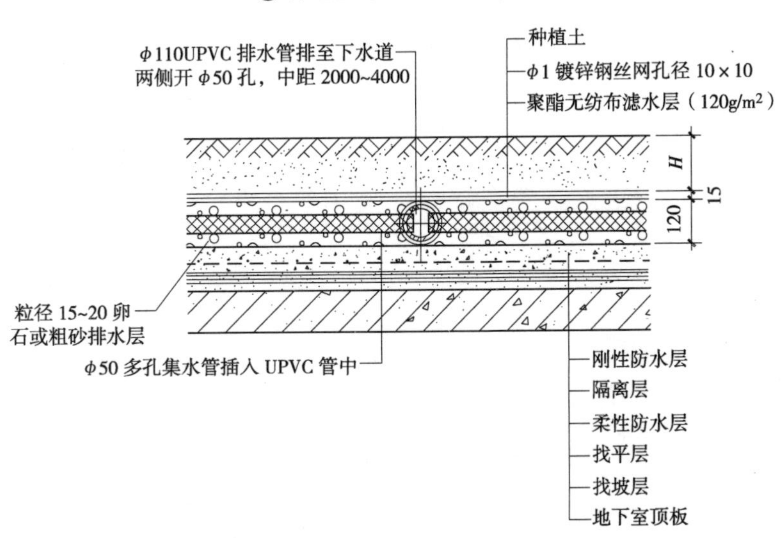

② 较高标准室外地下室上种植屋面

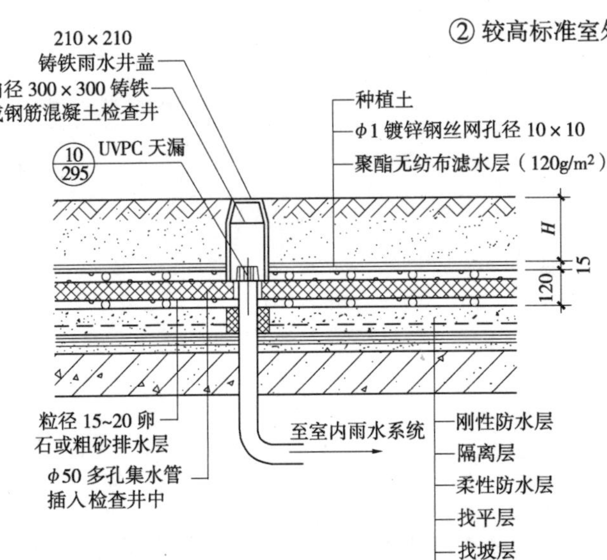

③ 室内地下室上种植屋面

序号	植物类别	H（mm）
1	草本植物	150~250
2	花卉类植物	300~400
3	灌木类植物	500~600
4	覆盖面积 5m² 以内树木	800~1000

说明：1. *H* 为种植层厚度，根据植物类别确定。

2. 多孔集水管采用直径 1.5~2mm 镀锌碳素弹簧钢丝绕成直径 φ50mm 螺旋管、或用带孔的镀锌钢管等外包聚酯无纺布滤水层而成（有成品），集水管布置间距为 2~4m，根据设计确定。

3. 图③种植屋面宜与阳光大厅配合用于室内种植。

4. 建筑顶板种植屋面排水坡度≮0.5%。地下室顶板种植屋面排水坡度≮0.2%。

5. 当种植土厚度不能满足保温要求时，需增加保温层，保温层厚度由计算确定。

种植屋面详图（华北 88J5-1）（22 页）

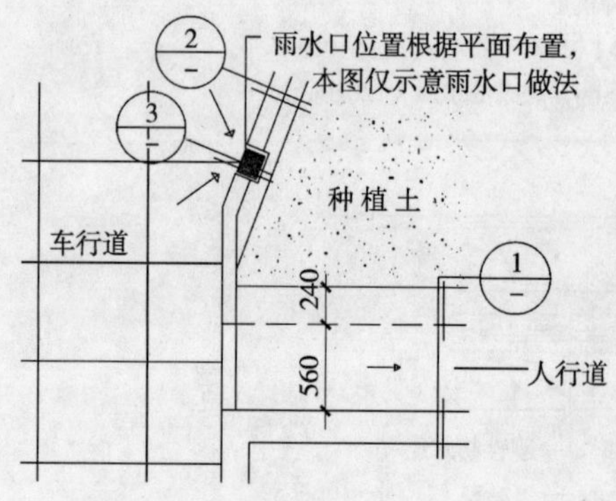

⓪ 种植屋面局部平面

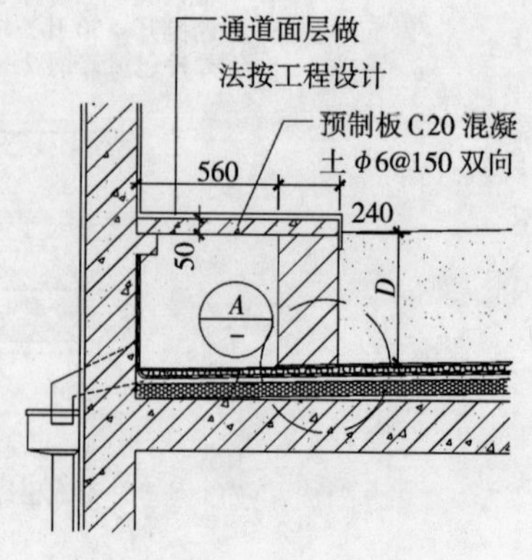

① 靠外墙排水沟详图

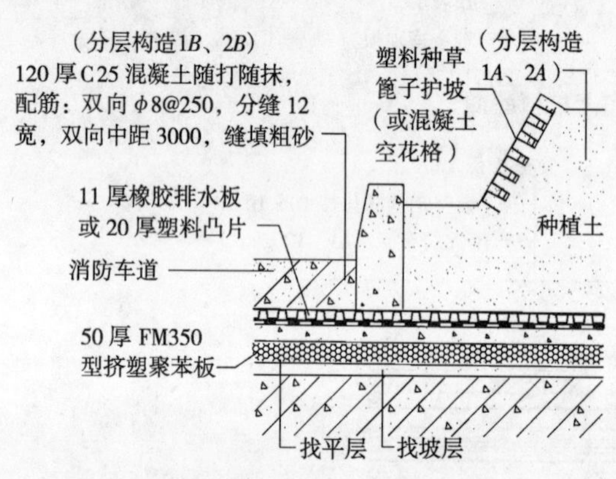

② 消防车道与种植区搭接

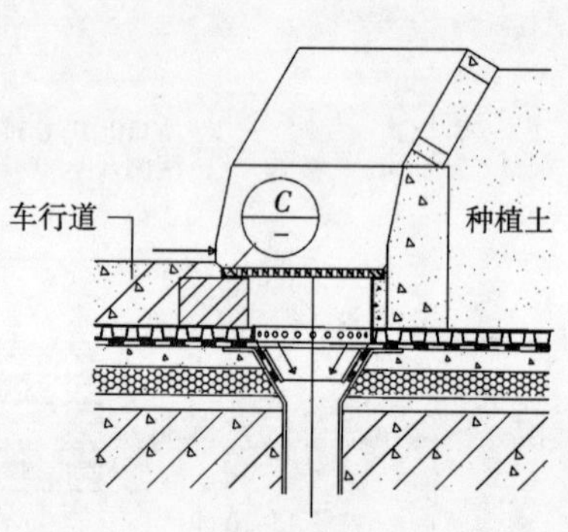

③ 车行道排水口

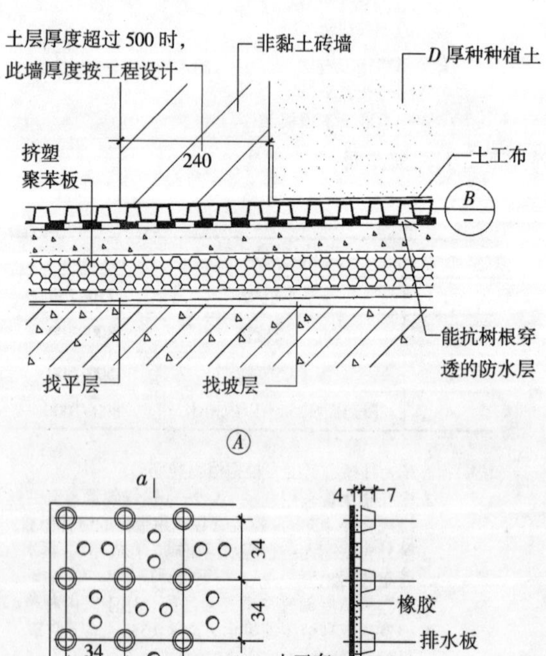

橡胶疏水板平面

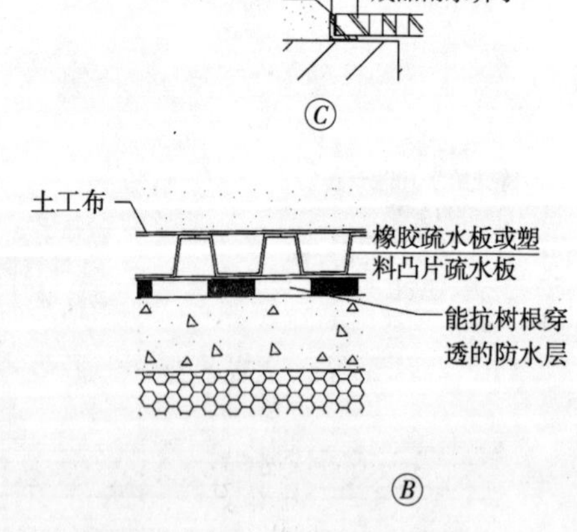

说明：1. 种植屋面可用于地下室屋面，也可用于楼房屋顶。
2. 本图各详图均按分层构造一的种植屋面做法绘制，他种植屋面做法也可参考使用。

带走道女儿墙、山墙泛水女儿墙、山墙泛水（中南 05ZJ203）（12 页）

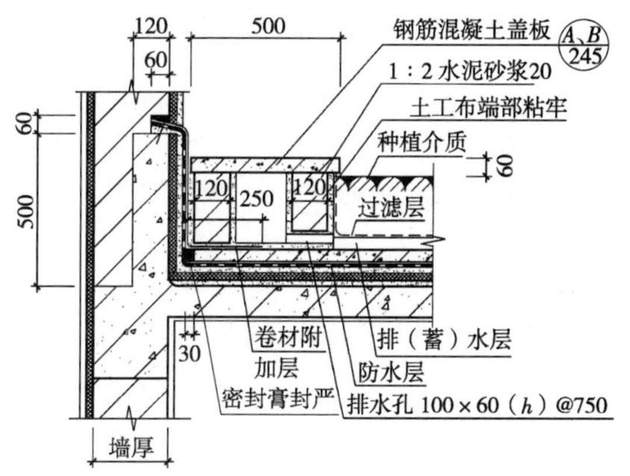

① 带走道女儿墙、山墙泛水（一）

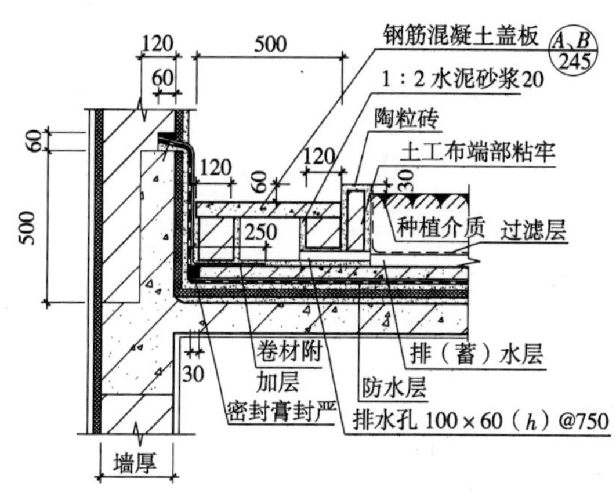

② 带走道女儿墙、山墙泛水（二）

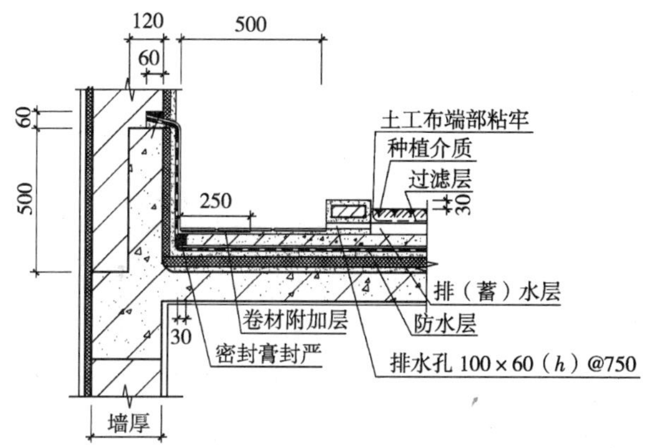

③ 带走道女儿墙、山墙泛水（三）

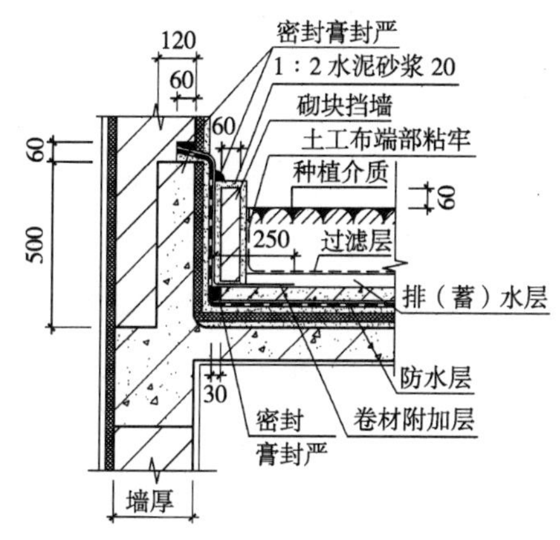

④ 女儿墙、山墙泛水

说明：1. 图中砖砌体强度等级为MU7.5，用M5水泥砂浆砌筑。
2. 设计人应结合工程节能设计统一屋面与外墙的保温构造。

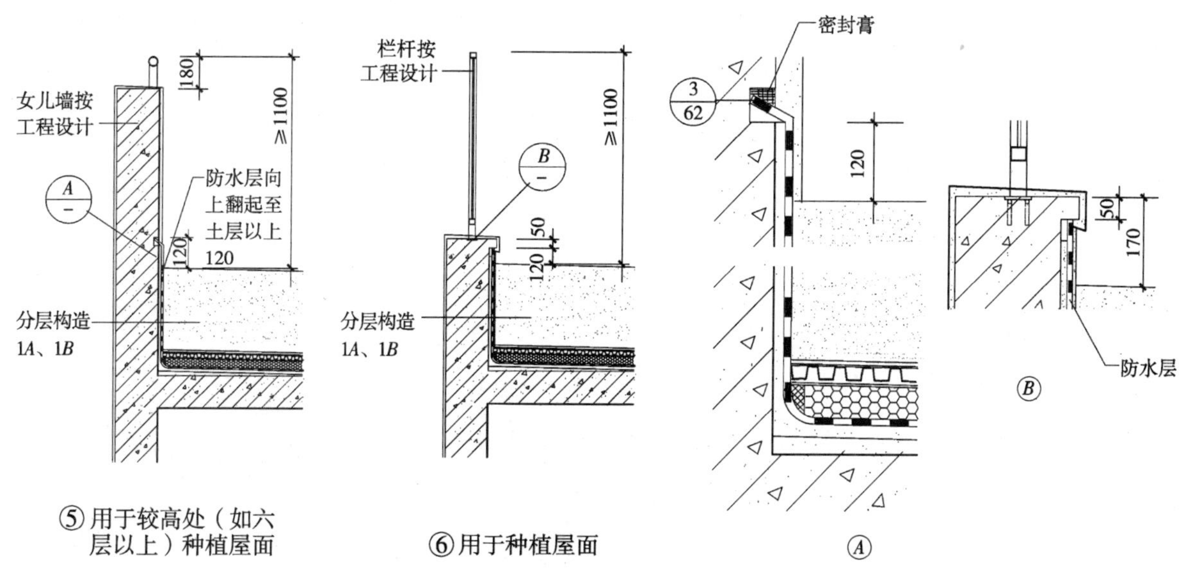

⑤ 用于较高处（如六层以上）种植屋面

⑥ 用于种植屋面

女儿墙出水口天沟檐口（中南05ZJ203）(13页)

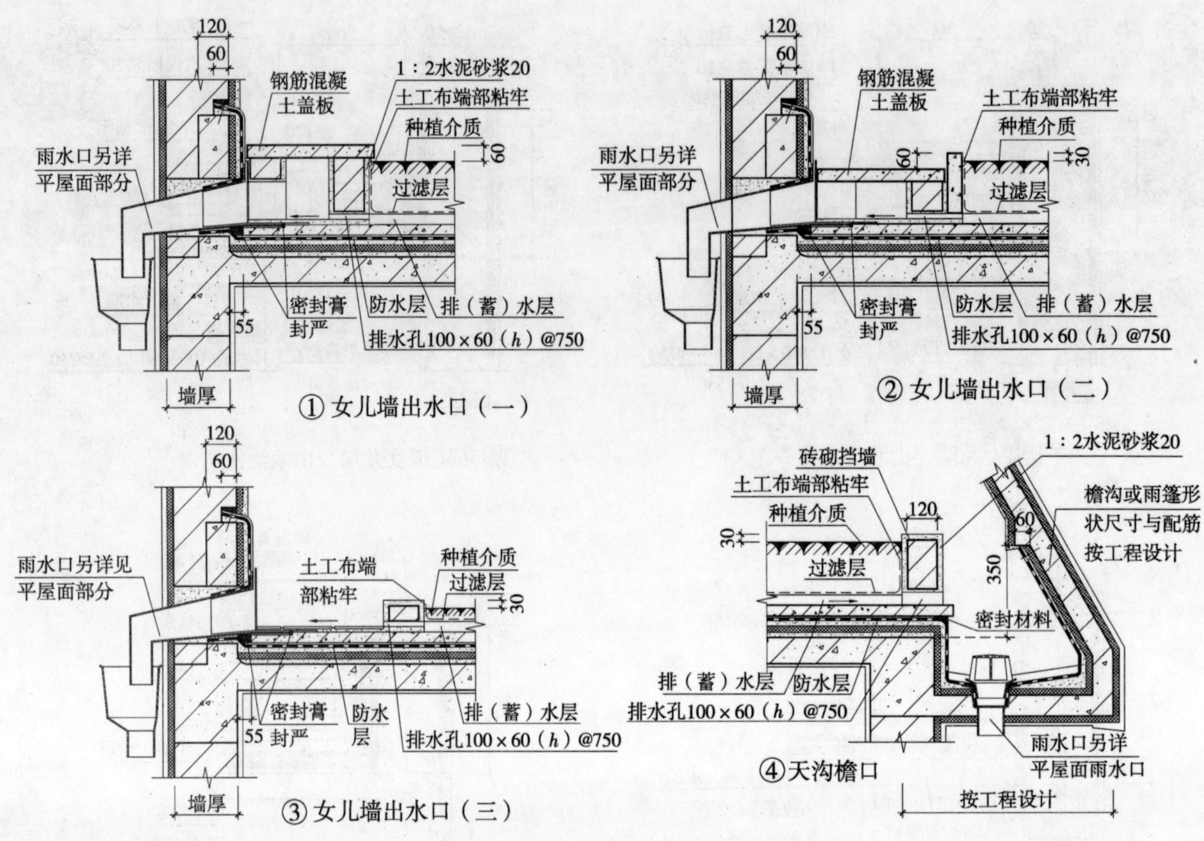

① 女儿墙出水口（一）

② 女儿墙出水口（二）

③ 女儿墙出水口（三）

④ 天沟檐口

种植屋面直式排水口（华北88J5-1）(24页)

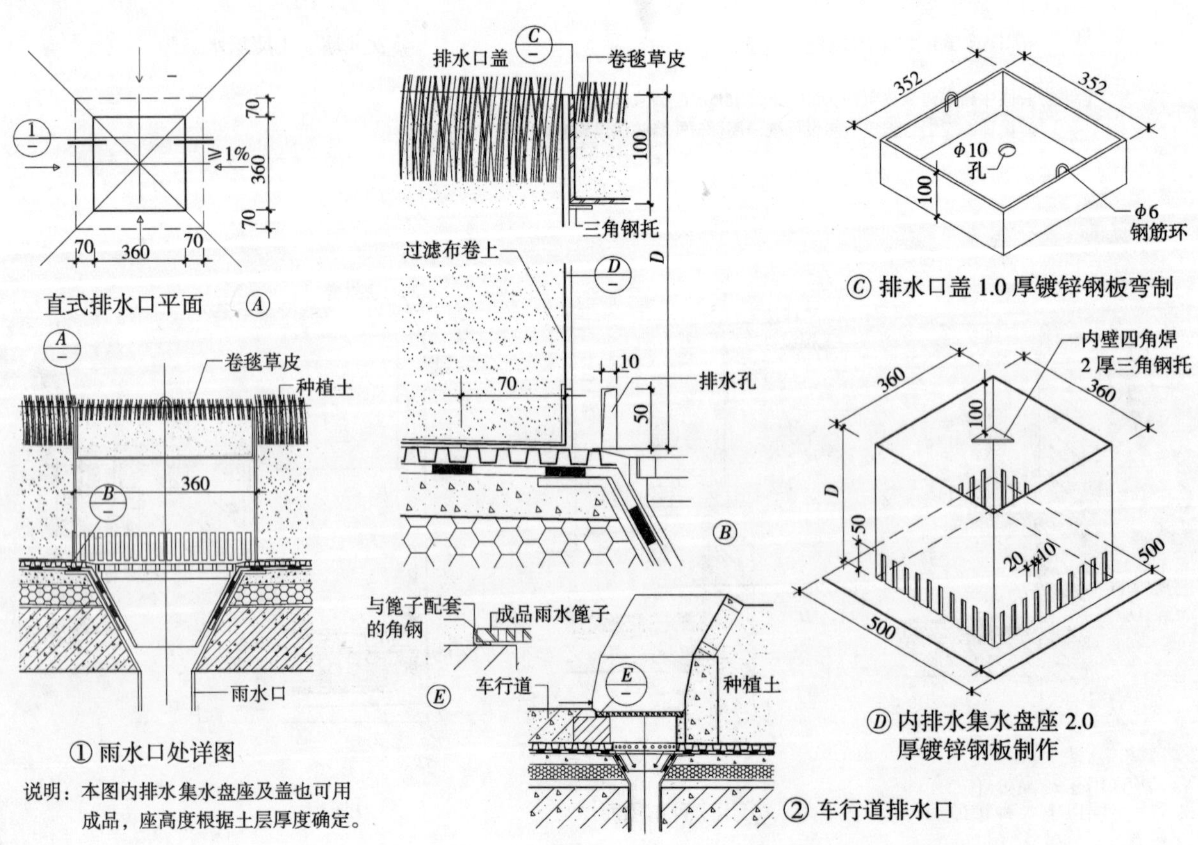

① 雨水口处详图

说明：本图内排水集水盘座及盖也可用成品，座高度根据土层厚度确定。

② 车行道排水口

Ⓒ 排水口盖1.0厚镀锌钢板弯制

Ⓓ 内排水集水盘座2.0厚镀锌钢板制作

管道排气道穿屋面（中南 05ZJ203）（17 页）（华北 88J5-1）（23 页）

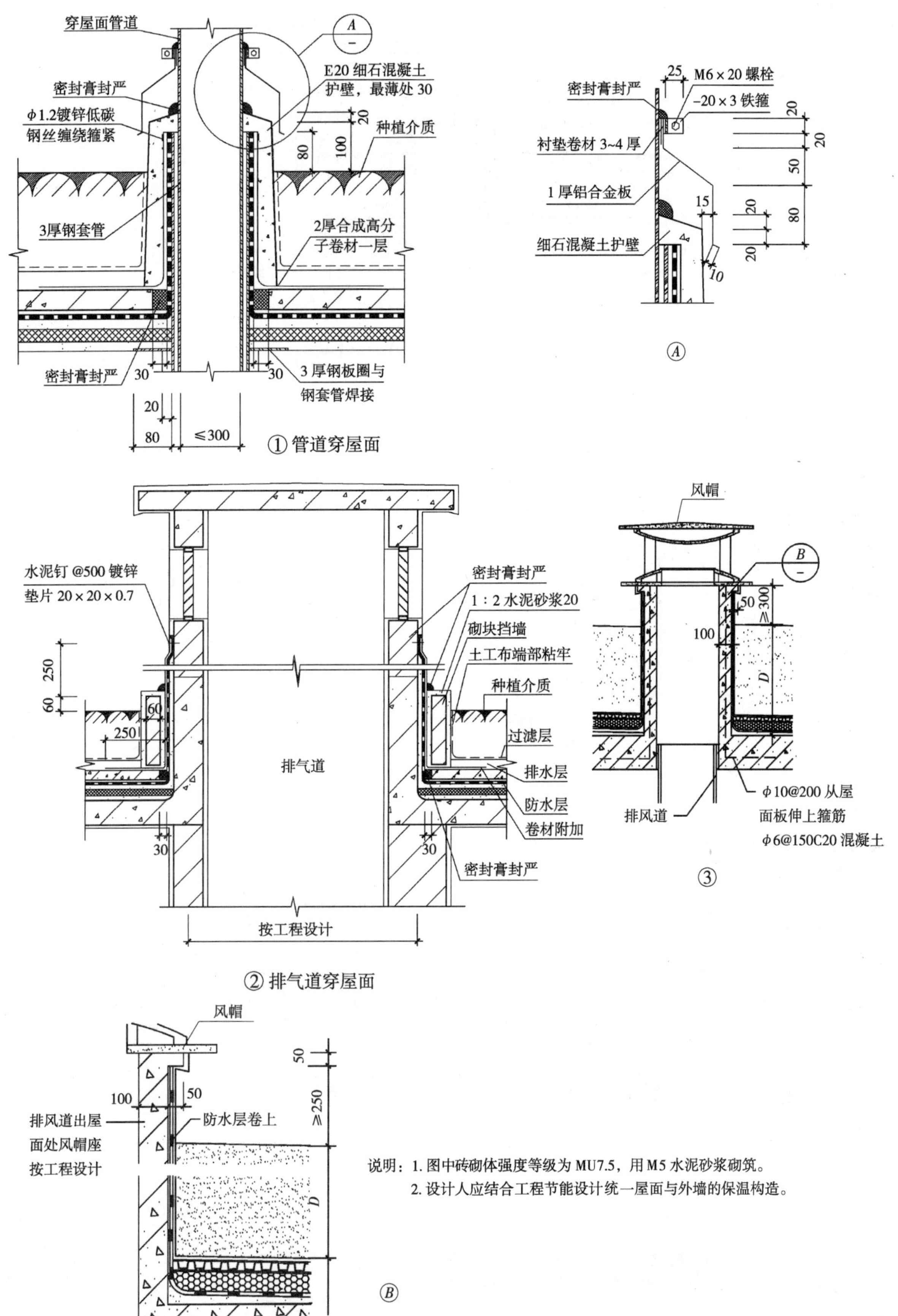

说明：1. 图中砖砌体强度等级为 MU7.5，用 M5 水泥砂浆砌筑。

2. 设计人应结合工程节能设计统一屋面与外墙的保温构造。

变形缝、屋面出入口（中南 05ZJ203）(14 页)

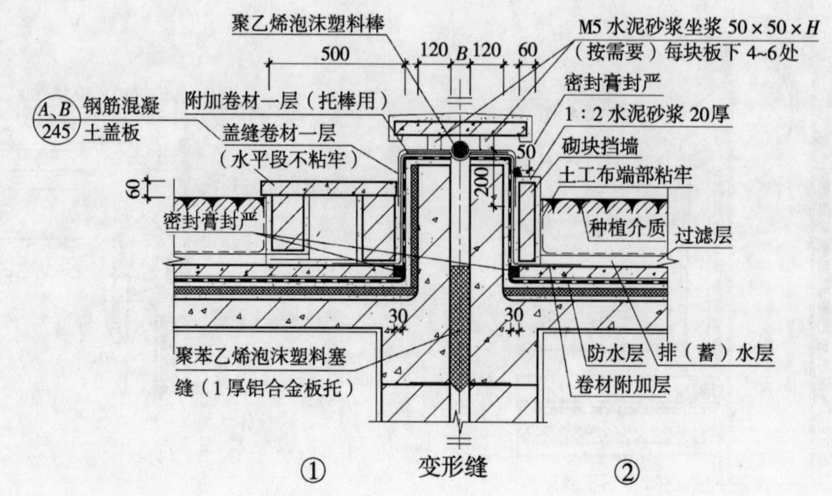

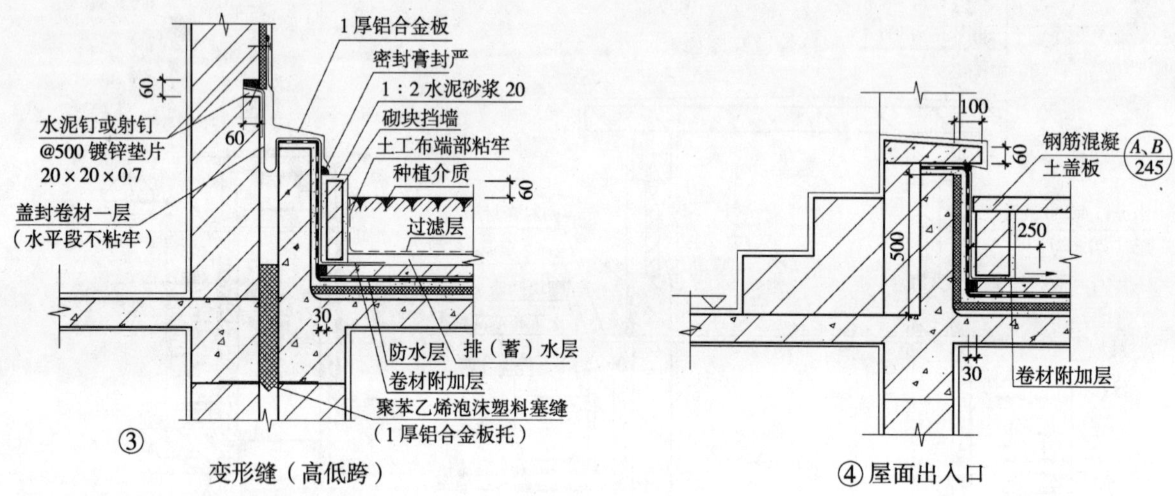

变形缝（高低跨） ④屋面出入口

设备基座（中南 05ZJ203）(17 页)

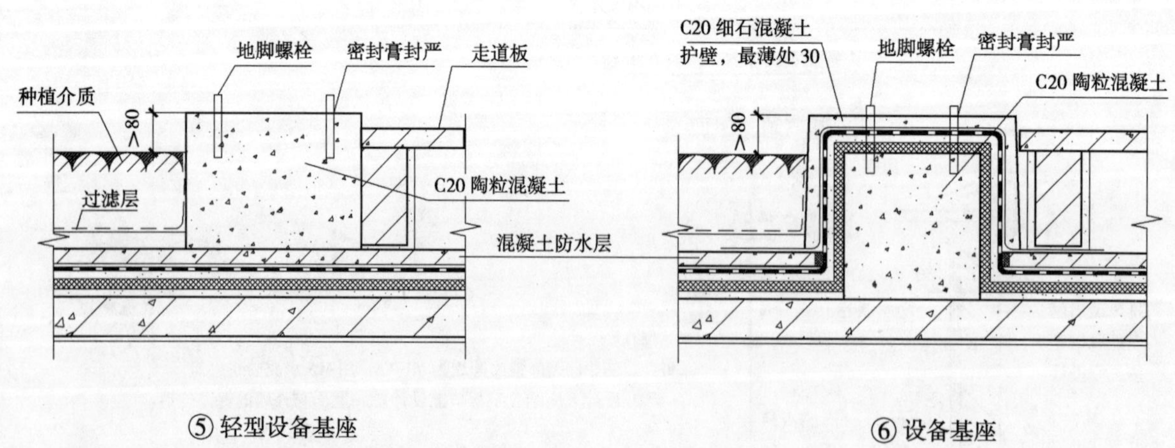

⑤轻型设备基座 ⑥设备基座

说明：1. 图中砖砌体强度等级为 MU7.5，用 M5 水泥砂浆砌筑。

2. 设计人应结合工程节能设计统一屋面与外墙的保温构造。

花槽　水池　走道与活动场地（中南 05ZJ203）（15、16 页）　　（华北 88J5-1）（23 页）

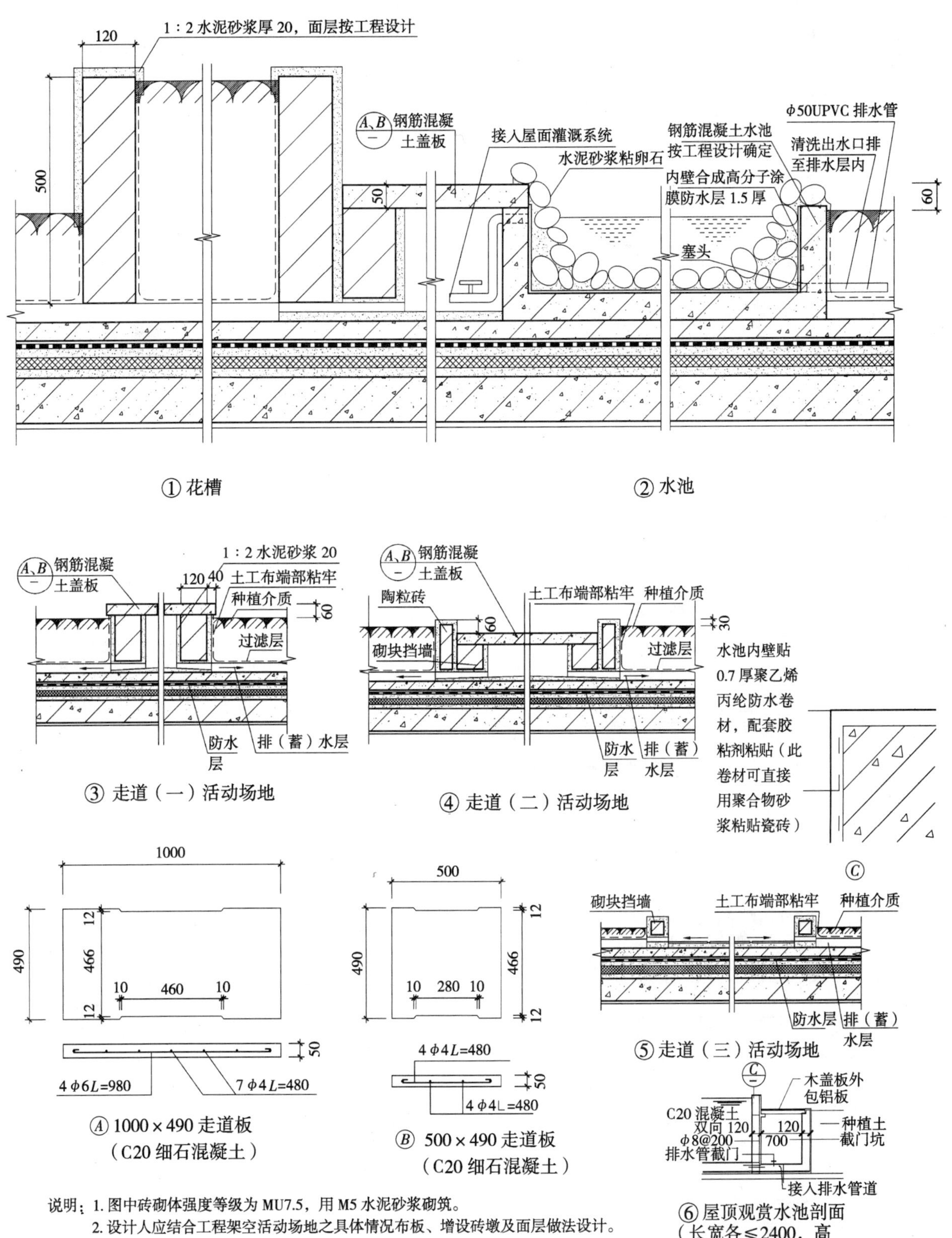

说明：1. 图中砖砌体强度等级为 MU7.5，用 M5 水泥砂浆砌筑。
2. 设计人应结合工程架空活动场地之具体情况布板、增设砖墩及面层做法设计。

结构自防水屋面节点（一）（浙 J32）（14 页）

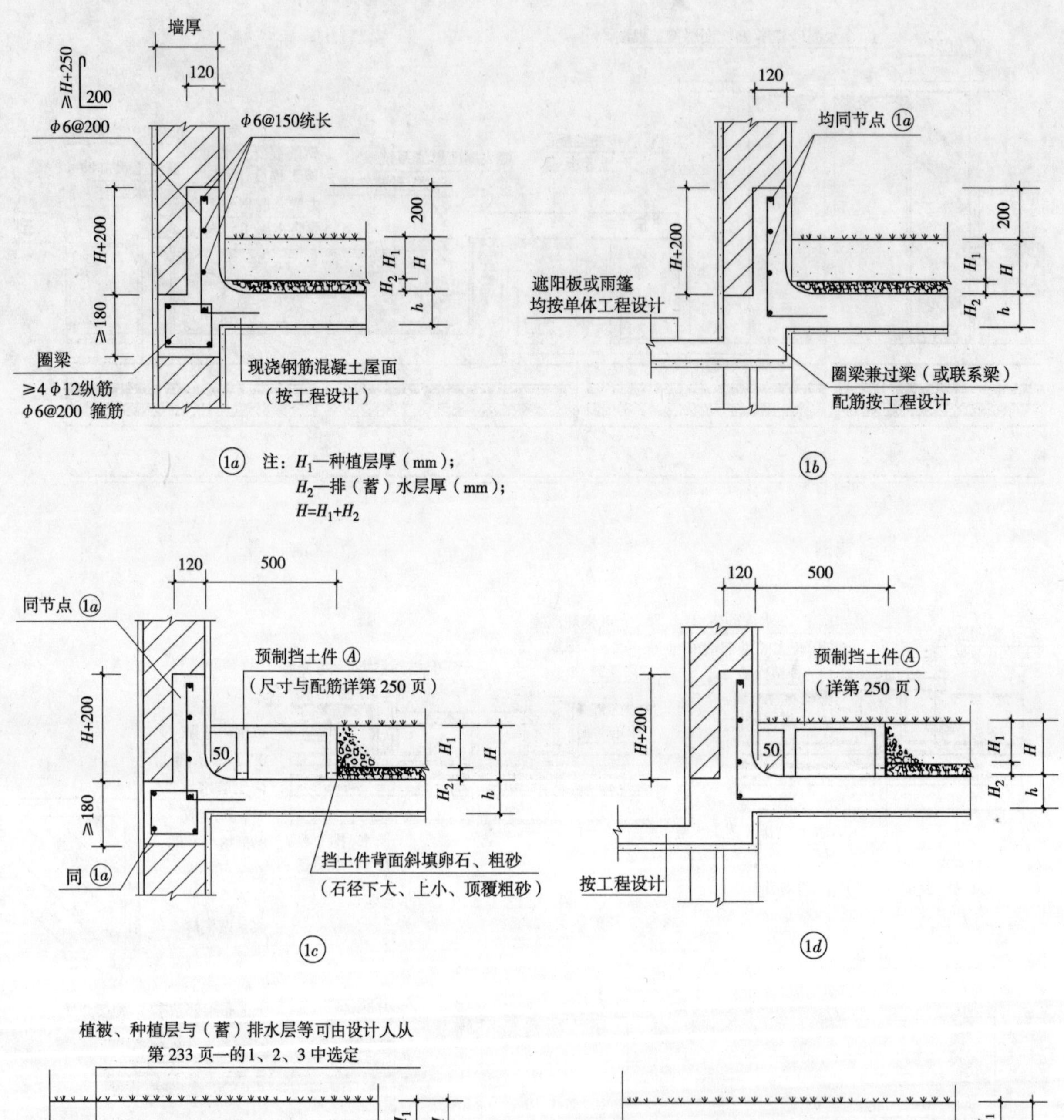

说明：1. 现浇钢筋混凝土屋 面板厚（$h\geqslant100$mm）具体尺寸与配筋均按单体工程结施设计。

2. H_1、H_2可由设计人参照附录选择。

3. 各节点圈梁尺寸与配筋均同节点 1a。

结构自防水屋面节点（二）（浙 J32）（15 页）

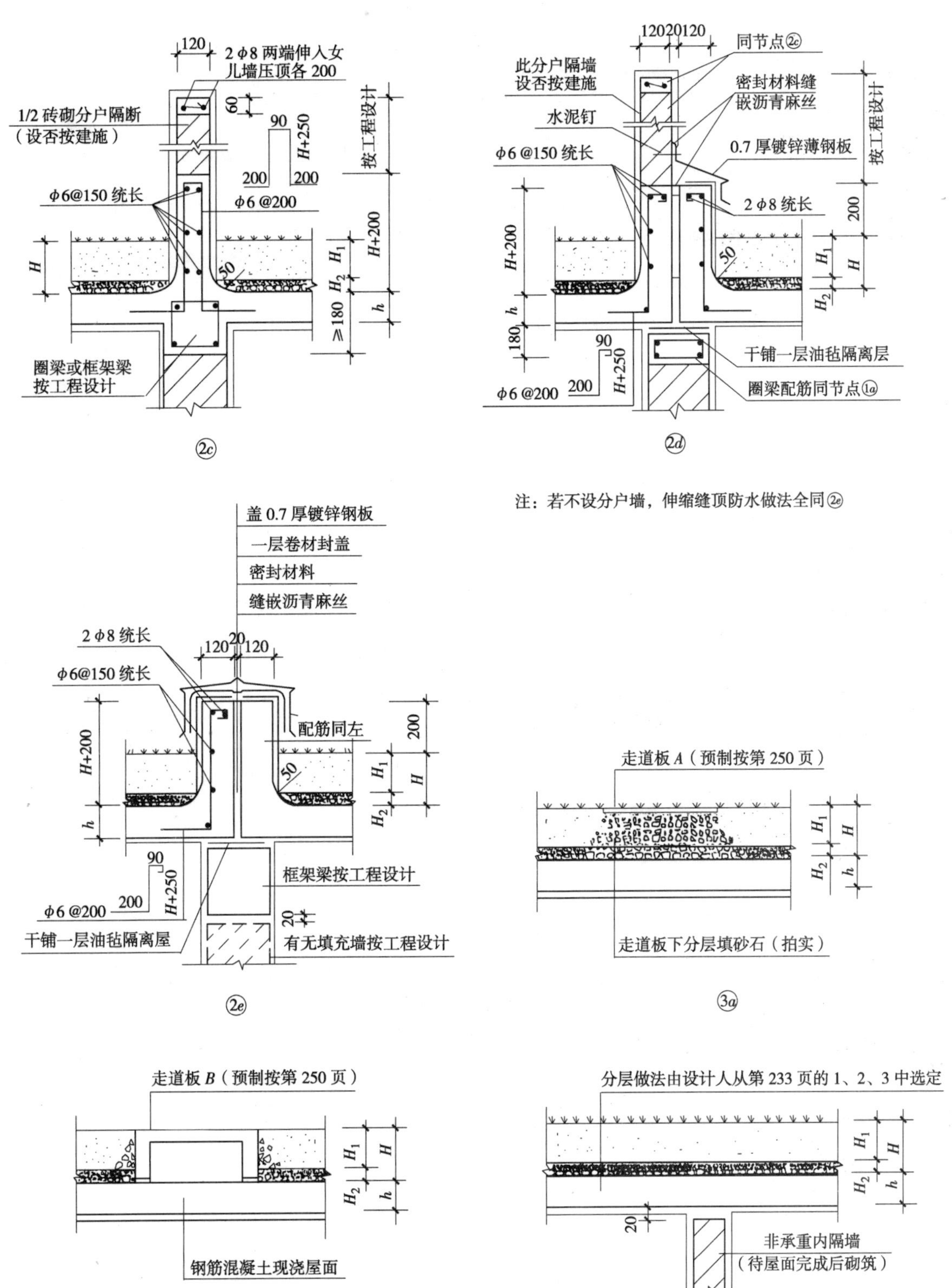

说明：1. 现浇钢筋混凝土屋面板厚（$h \geqslant 100$mm）具体尺寸与配筋均按单体工程结施设计。按防水混凝土施工。

2. 密封材料性能及嵌缝工序均应符合《屋面工程技术规范》（GB 50345—2004）的有关规定。

结构自防水屋面节点（三）(浙 J32)(16 页)

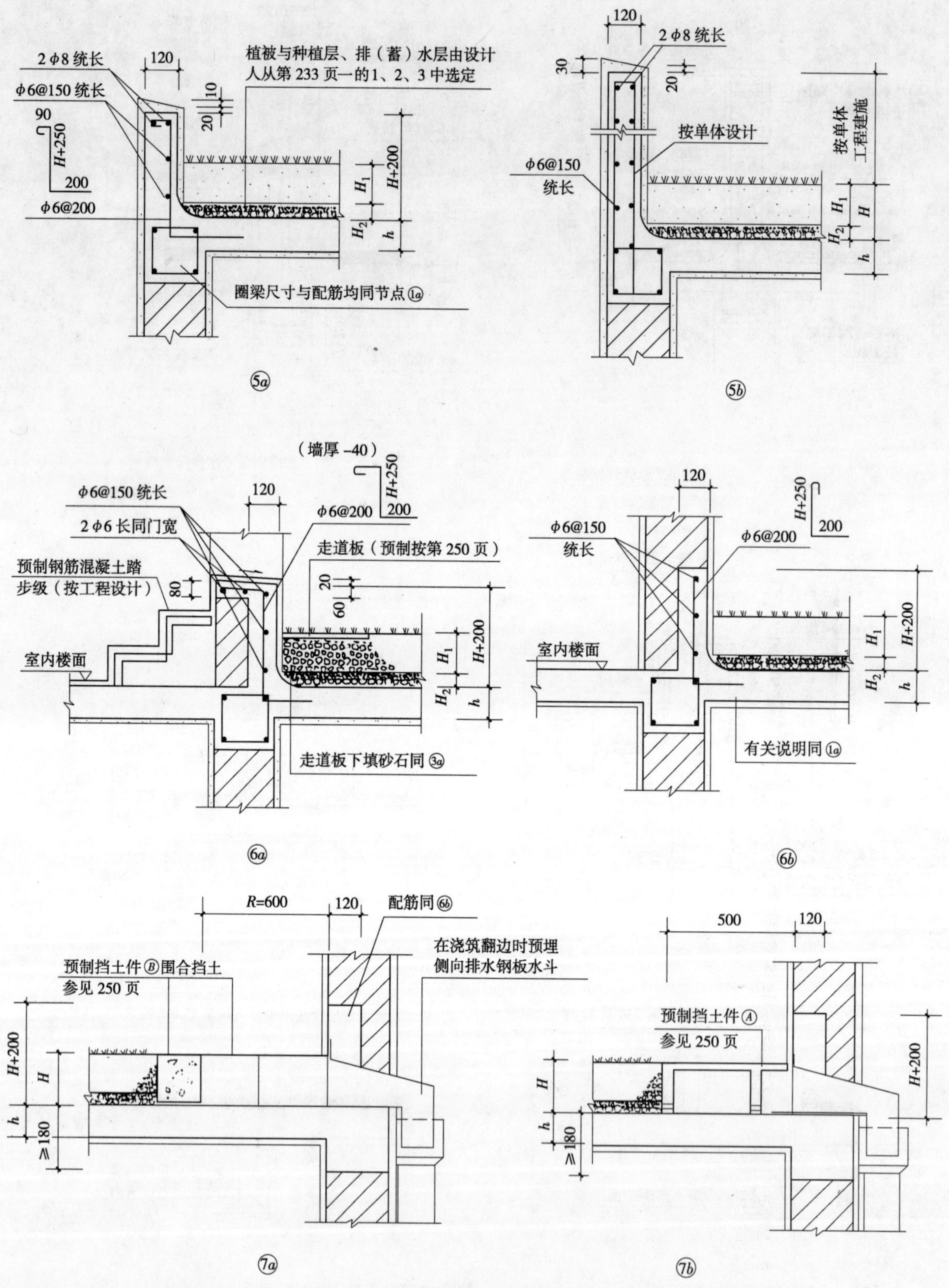

说明：现浇钢筋混凝土屋面板厚（h≥100）具体尺寸与配筋均按单体工程设计。

结构自防水屋面节点（四）（浙 J32）（17 页）

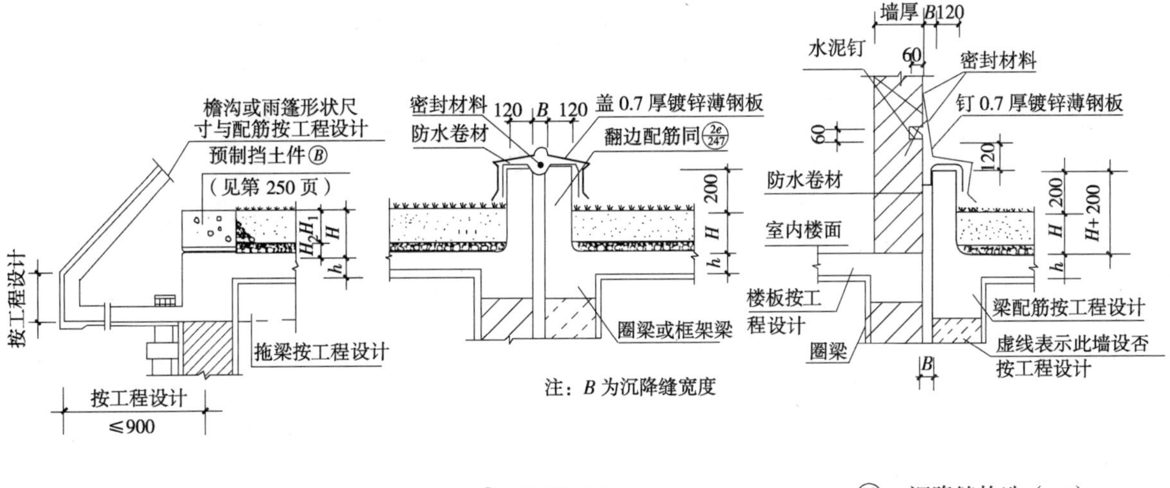

⑧

⑨a 沉降缝构造（一）

⑨b 沉降缝构造（二）

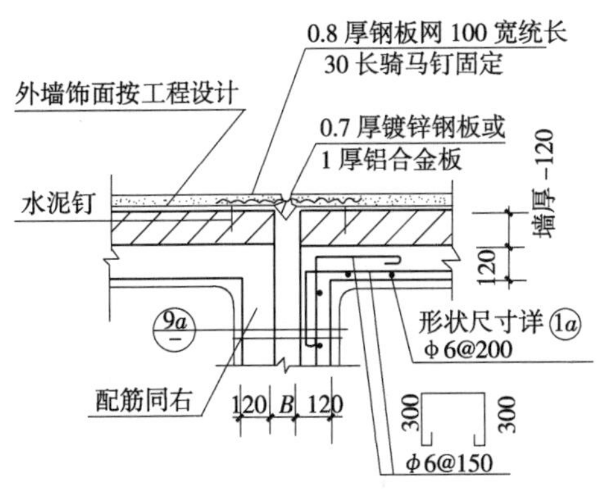

⑩ 女儿墙变形缝

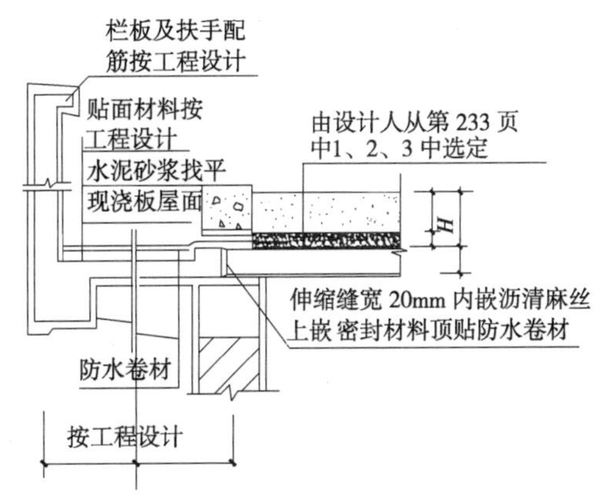

⑪ 挑外廊屋面节点

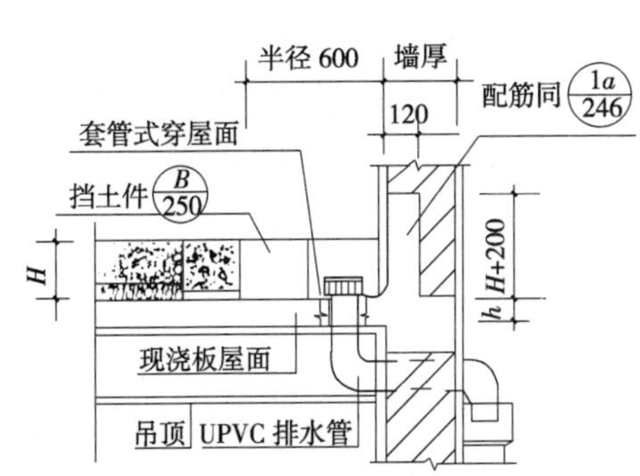

⑫ 内排水节点

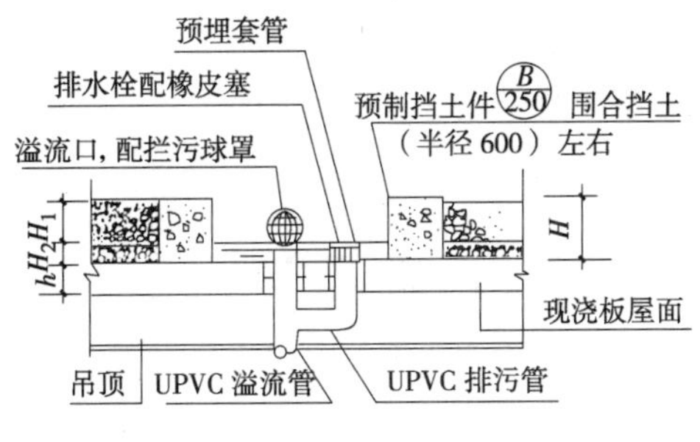

⑬ 浅蓄水植草屋面内排水节点

结构自防水屋面节点及带花槽的女儿墙压顶、走道板、挡土构件（浙 J32）(18 页)

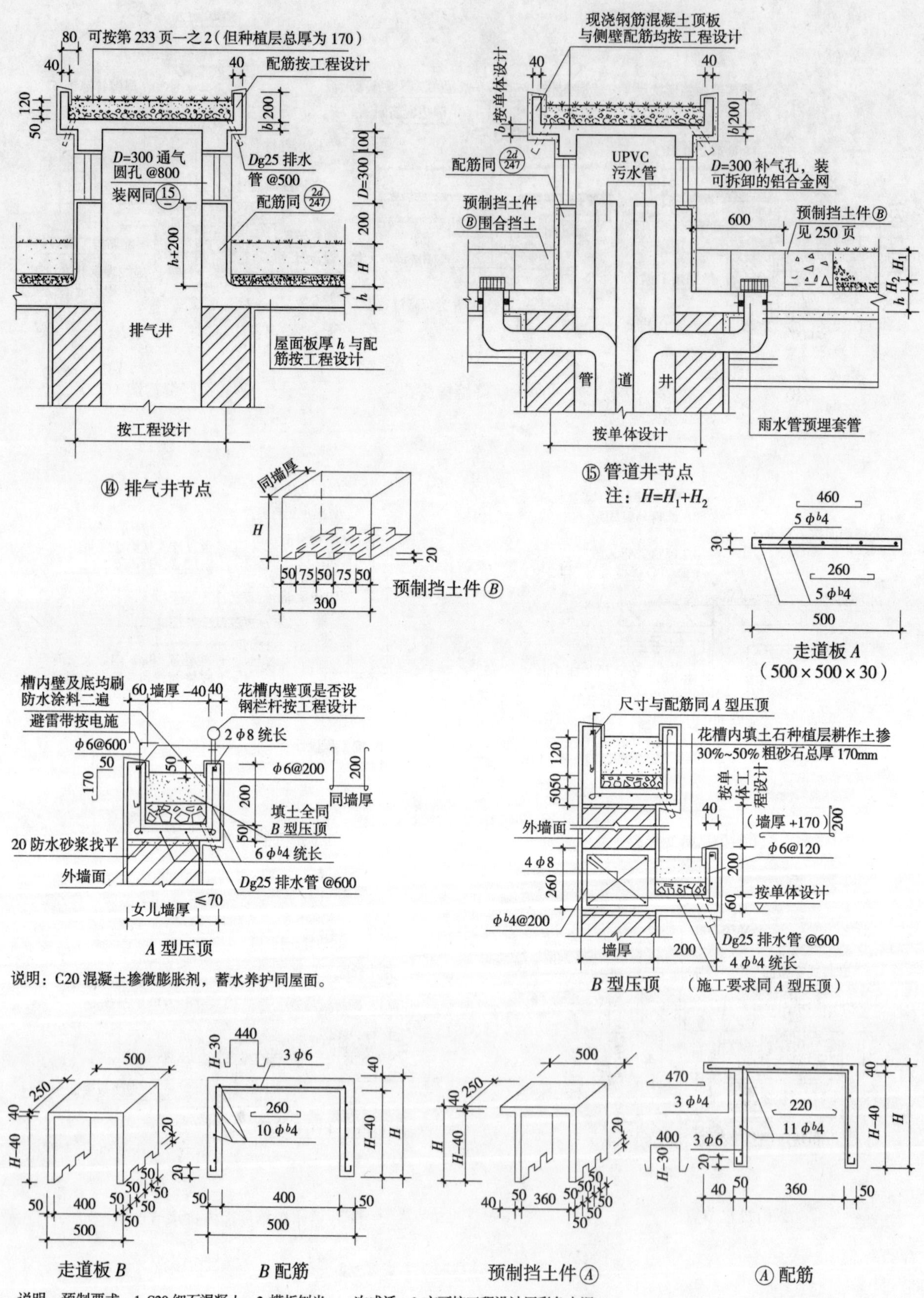

⑭ 排气井节点

⑮ 管道井节点

注：$H=H_1+H_2$

走道板 A（500 × 500 × 30）

A 型压顶

说明：C20 混凝土掺微膨胀剂，蓄水养护同屋面。

B 型压顶 （施工要求同 A 型压顶）

走道板 B　　B 配筋　　预制挡土件Ⓐ　　Ⓐ配筋

说明：预制要求：1. C20 细石混凝土；2. 模板刨光，一次成活；3. 亦可按工程设计用彩色水泥。

带卷材防水层的屋面节点（一）(浙 J32)(19 页)

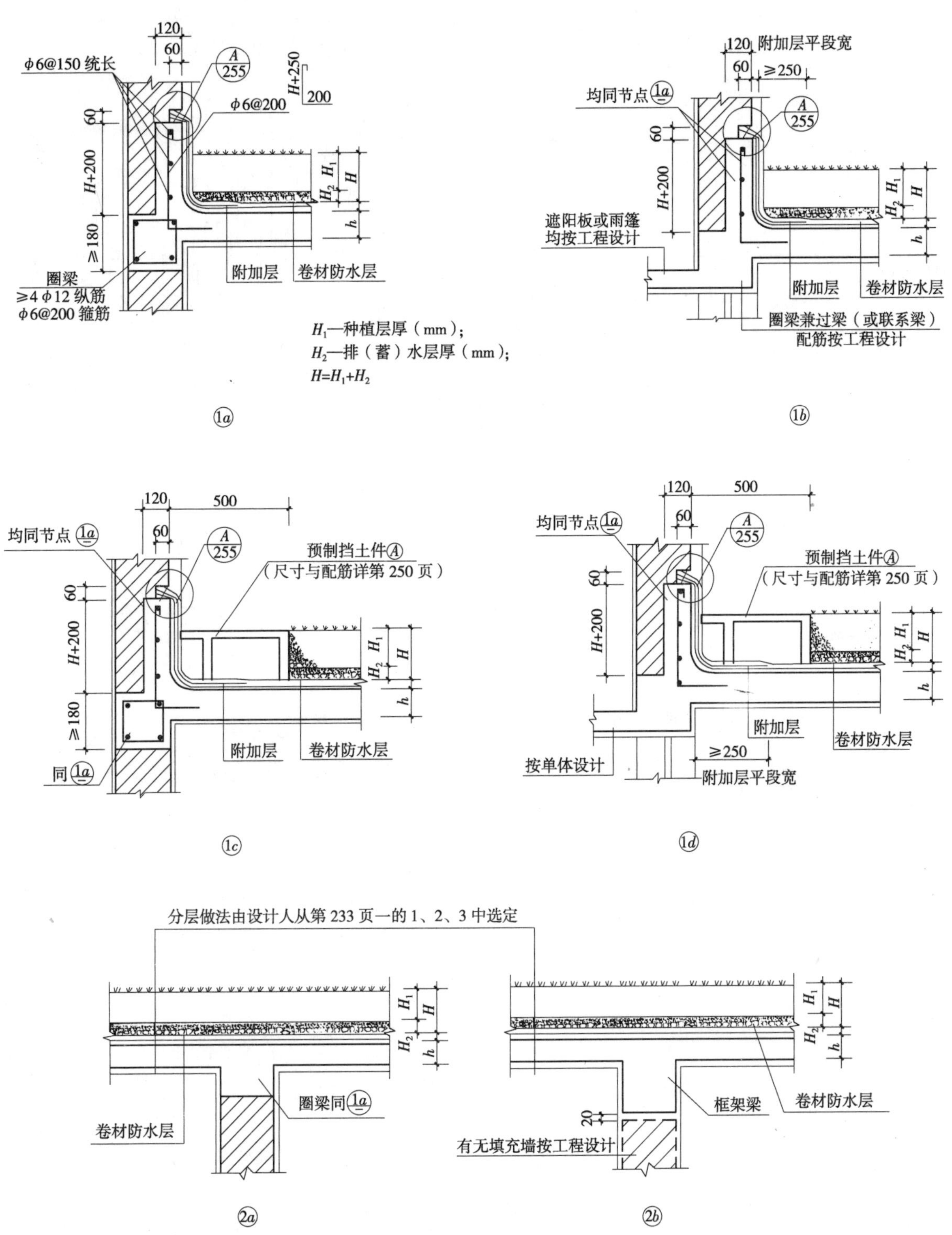

说明：1. 现浇钢筋混凝土屋面板厚（$h\geq100$）具体尺寸与配筋均按工程设计。

2. 防水卷材宜用较坚韧、能兼作防植物根系穿越防护层的新型优质防水卷材，如高聚物改性沥青卷材、氯化聚乙烯-橡胶共混防水卷材，热溶胶复合防水卷材等。卷材厚度与屋面防水等级相应。基层处理剂及密封材料均应与卷材材性相应。

3. 转角处附加层平段宽均≥250mm。

带卷材防水层的屋面节点（二）(浙 J32)(20 页)

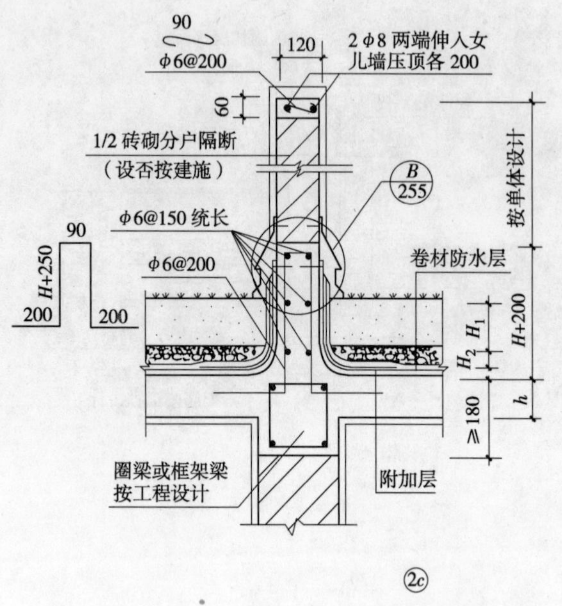

②c

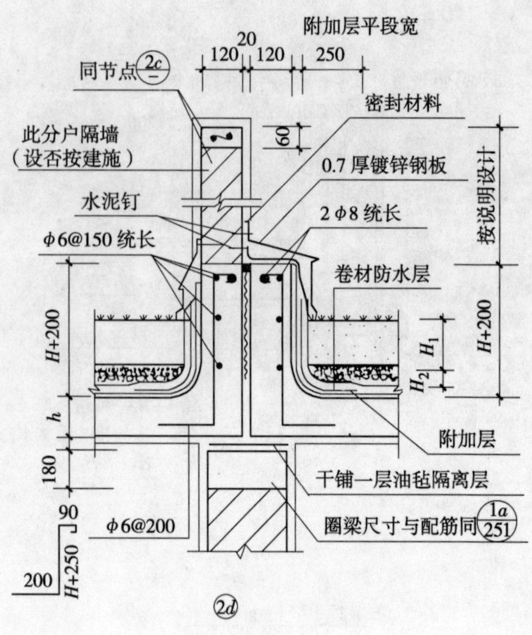

②d

说明：若不设分户墙，伸缩缝顶防水做法全同 ②a。

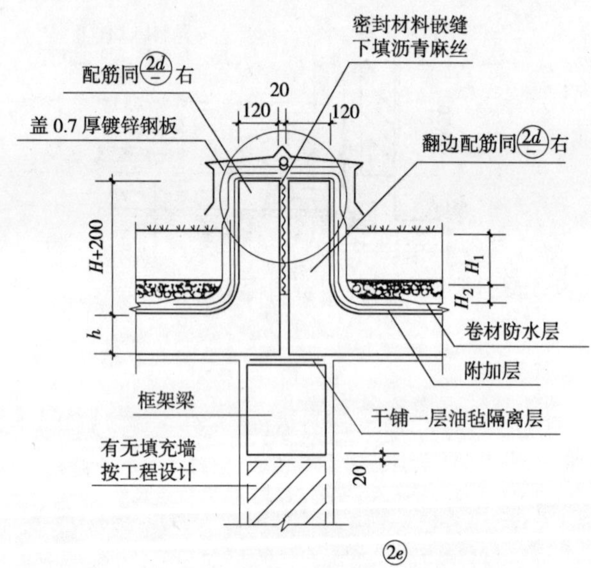

②e

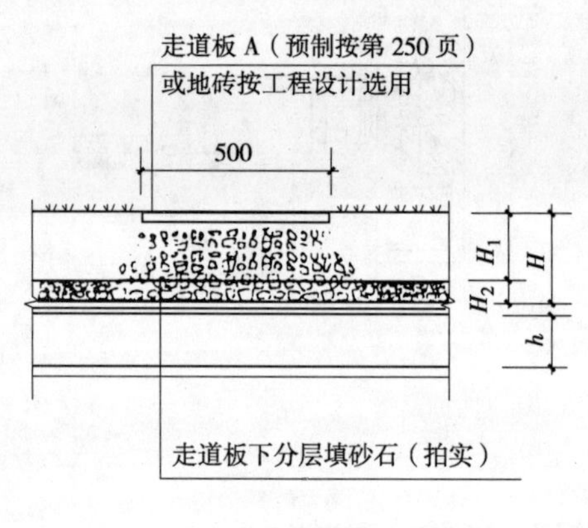

③a

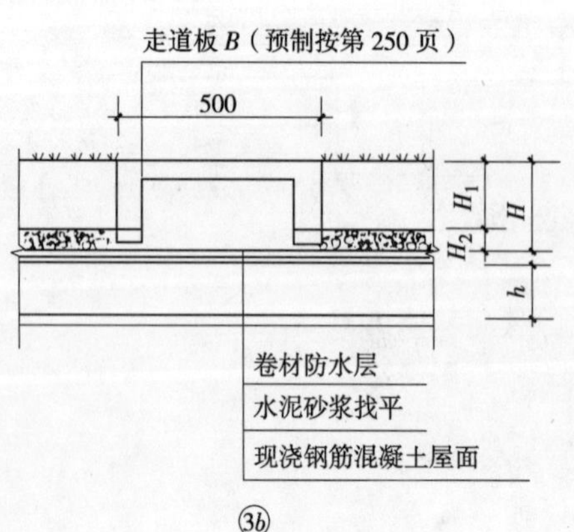

③b

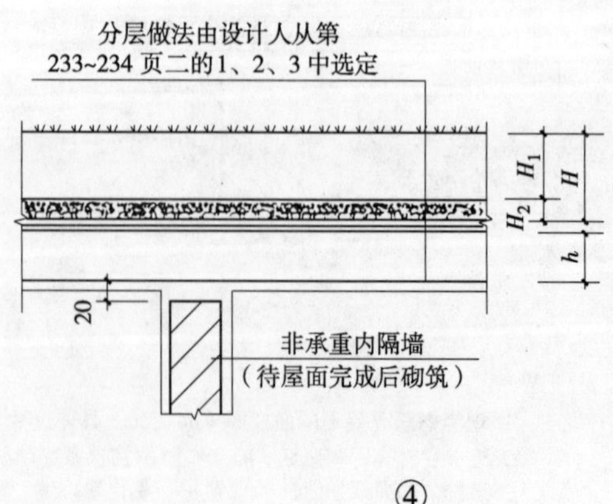

④

说明：密封材料应选用与卷材材性相容的品种。

带卷材防水层的屋面节点（三）（浙 J32）（21 页）

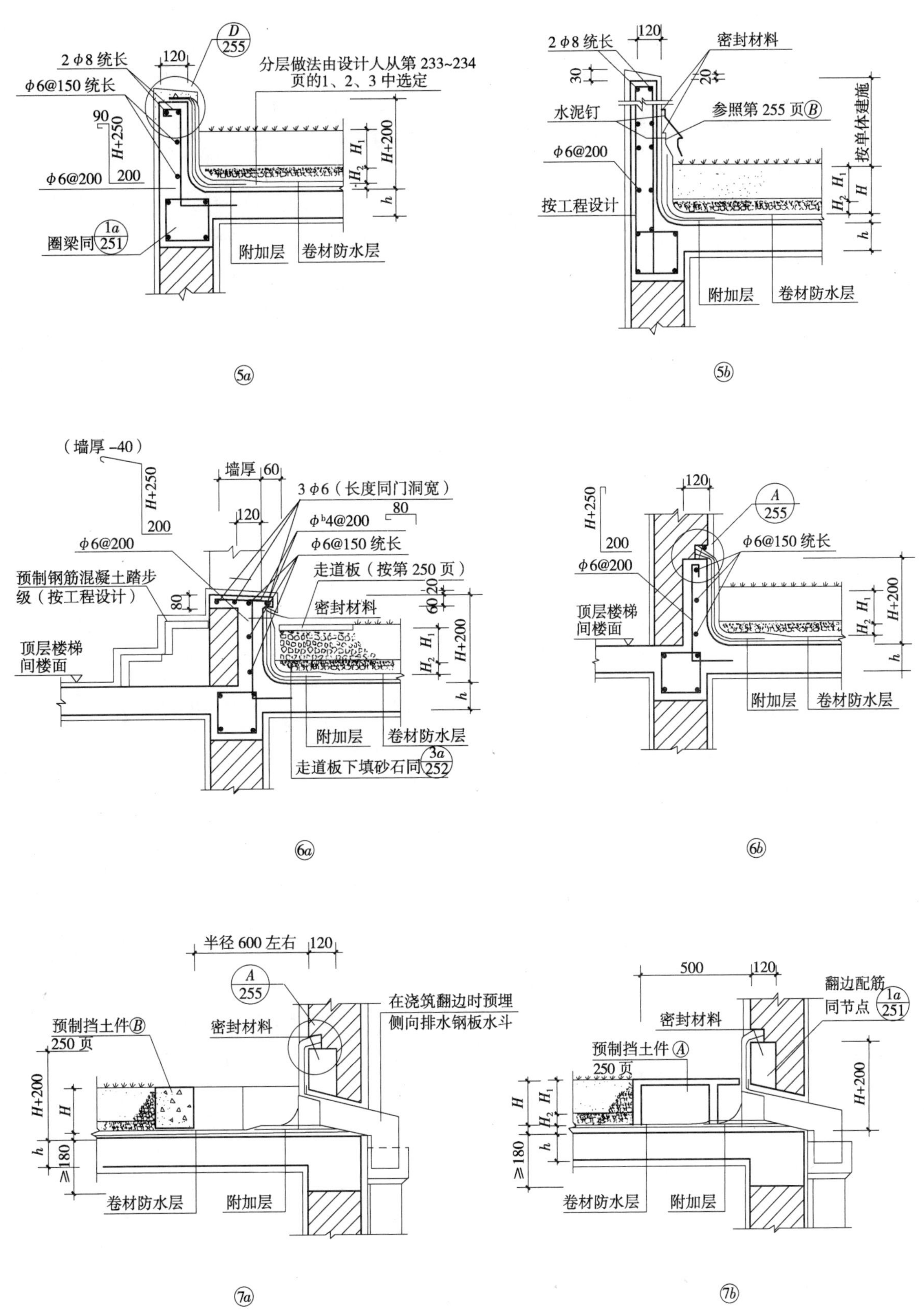

带卷材防水层的屋面节点（四）（浙 J32）（22 页）

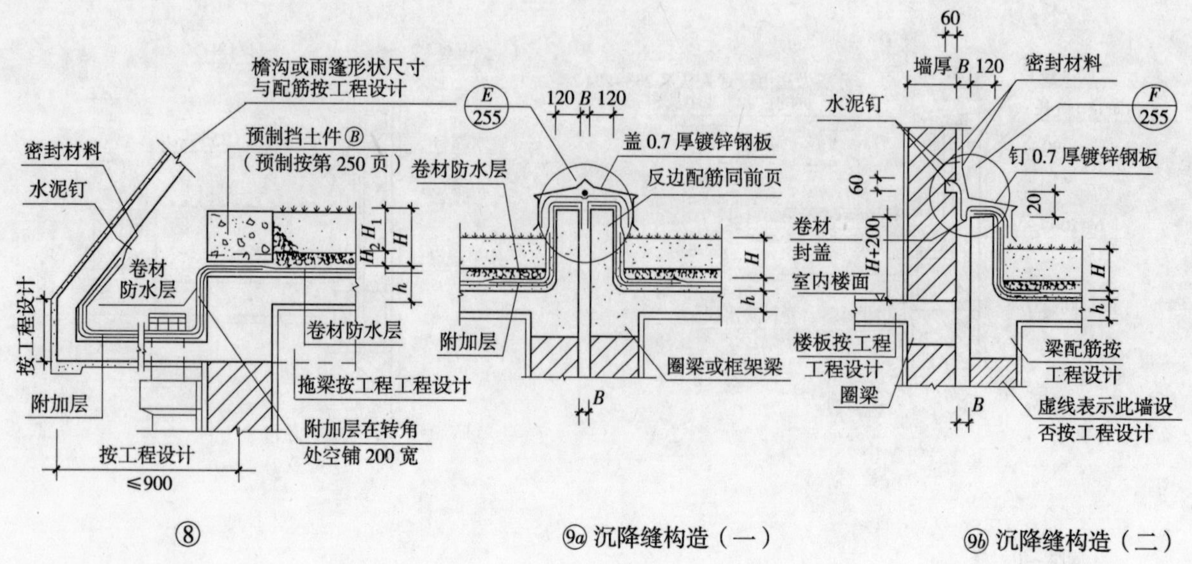

⑧

⑨a 沉降缝构造（一）

⑨b 沉降缝构造（二）

注：B 为沉降缝宽度

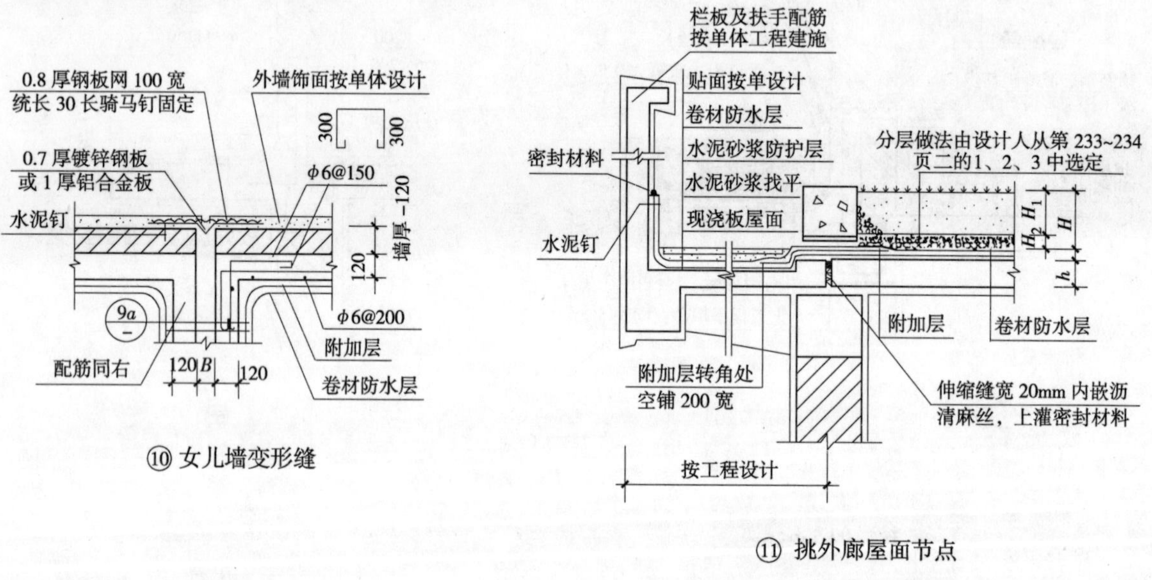

⑩ 女儿墙变形缝

⑪ 挑外廊屋面节点

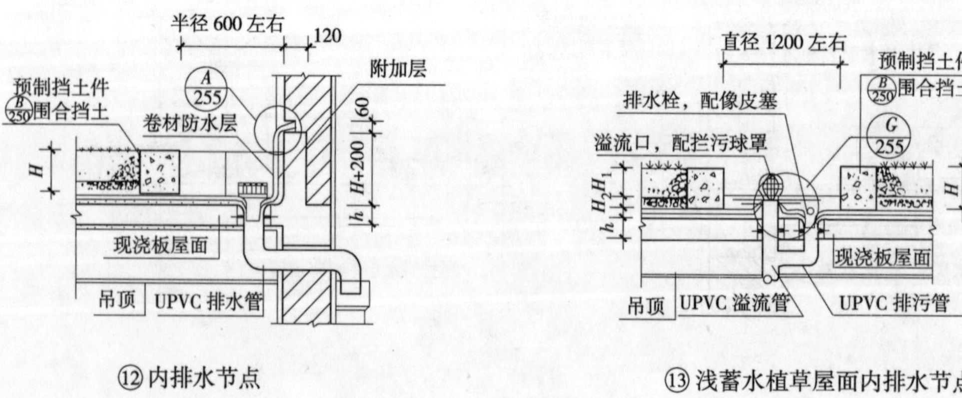

⑫ 内排水节点

⑬ 浅蓄水植草屋面内排水节点

注：排水管穿屋面可参考有关做法或按（浙 S5—94）的套管式做法。

带卷材防水层的屋面节点（五）（浙江 99 浙 J32）（23 页）

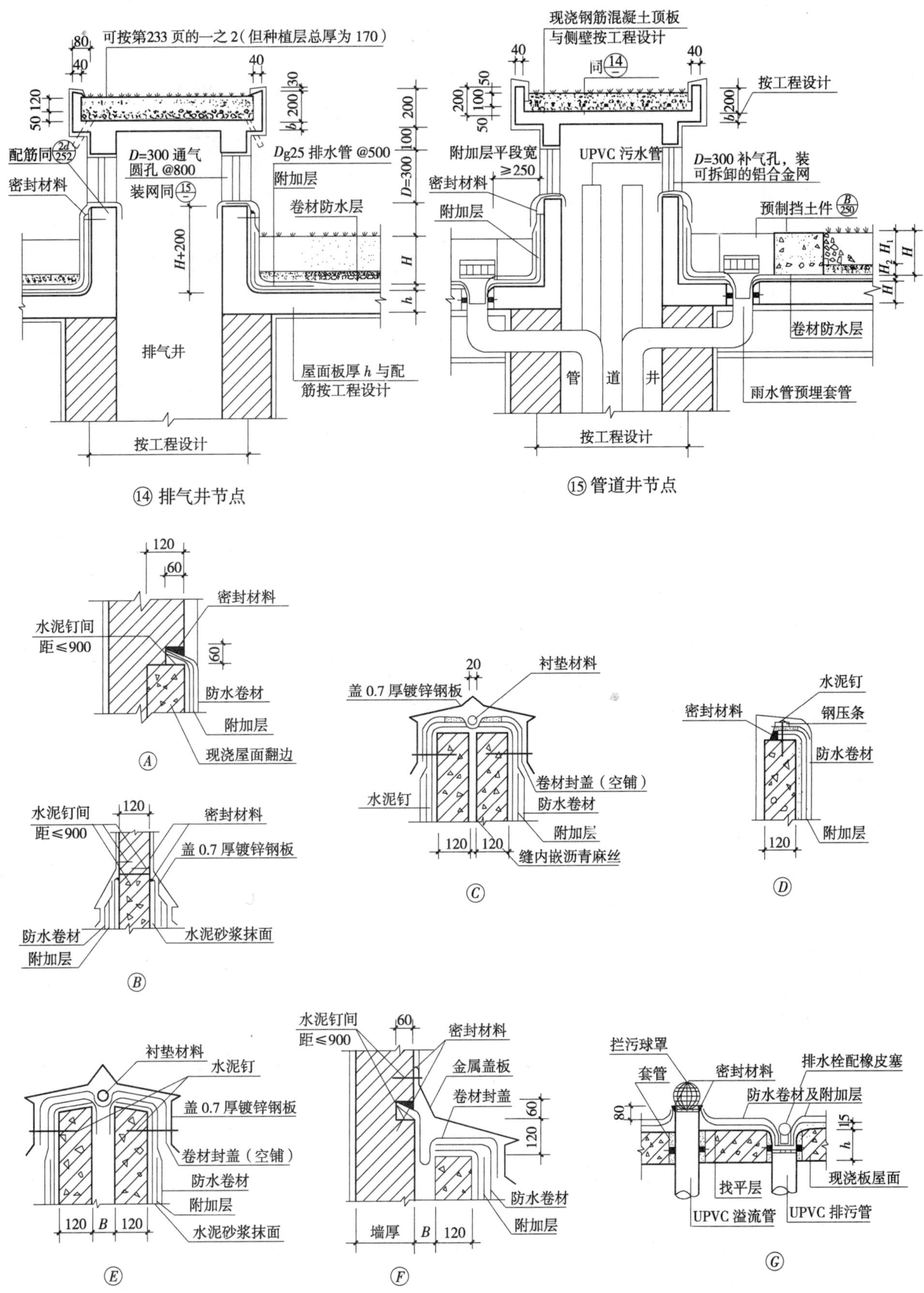

⑭ 排气井节点

⑮ 管道井节点

Ⓐ Ⓑ Ⓒ Ⓓ Ⓔ Ⓕ Ⓖ

注：预埋套管做法见 254 页注。

带刚性防水层的屋面节点（一）(浙 J32)(24 页)

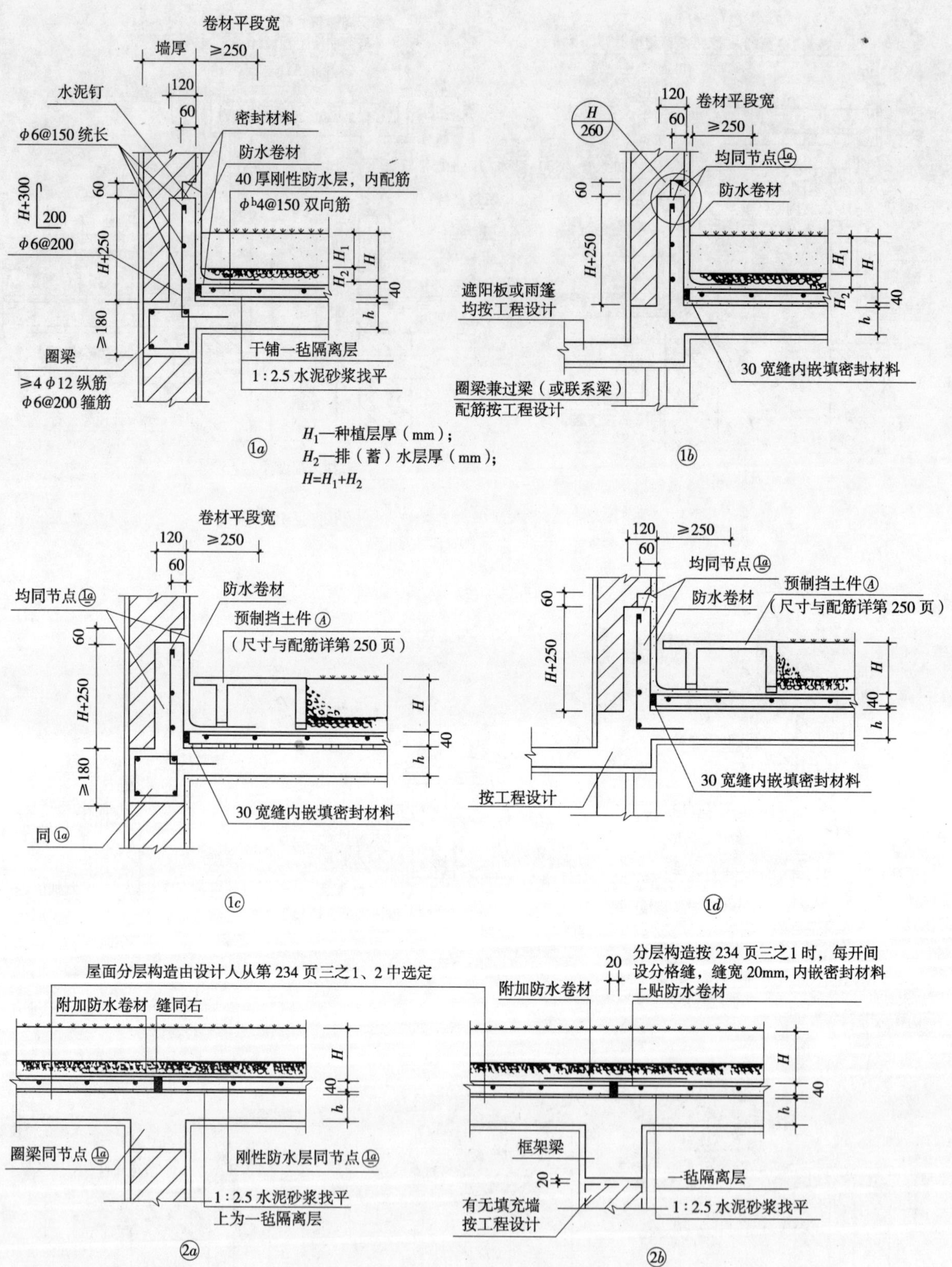

说明：1. 现浇板屋面板厚（$h \geq 100$mm）具体尺寸与配筋按工程设计。

2. 刚性防水层为 40mm 厚 C25 细石混凝土，内配 φb4@150mm 双向钢筋，当屋面分层构造按 234 页三的1 时，刚性防水层设分格缝，间距≤6mm，双向；如选 234 页三的2，则设伸缩缝间距同屋面。

带刚性防水层的屋面节点（二）（浙 J32）（25 页）

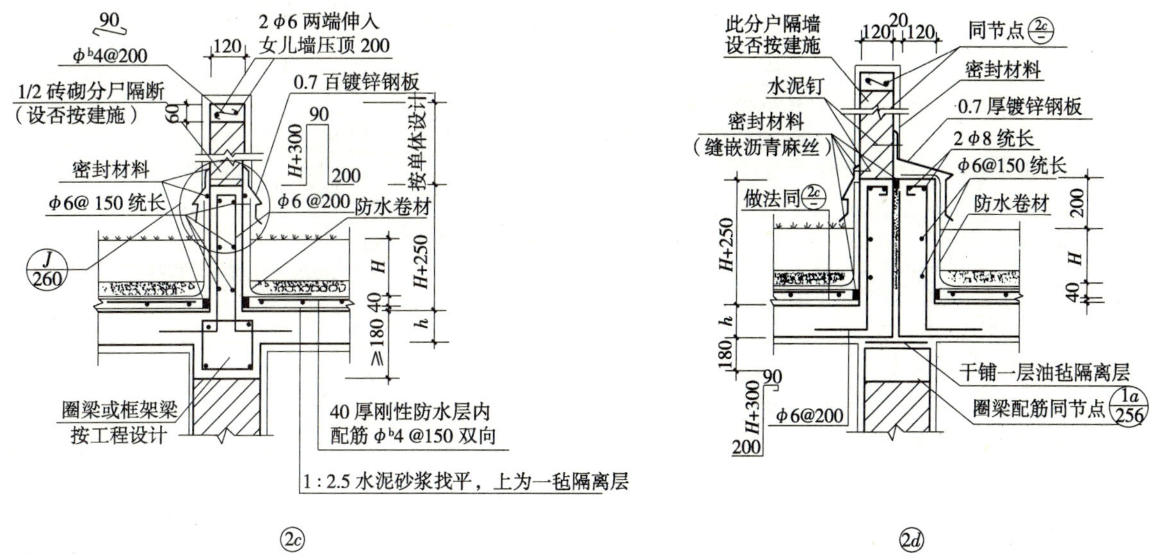

②c

②d

注：若不设分户墙，伸缩缝顶防水做法全同②e

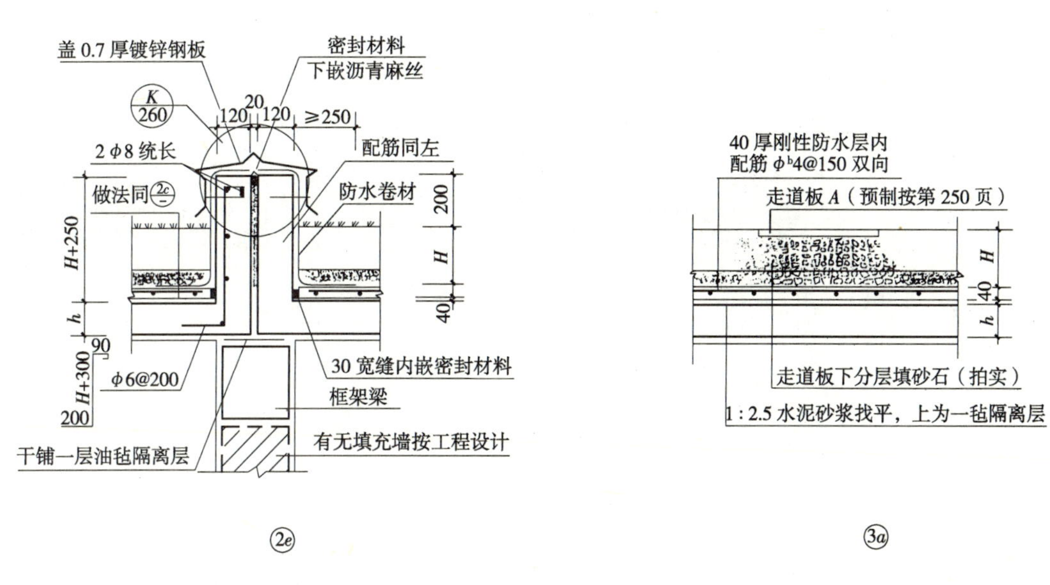

②e

③a

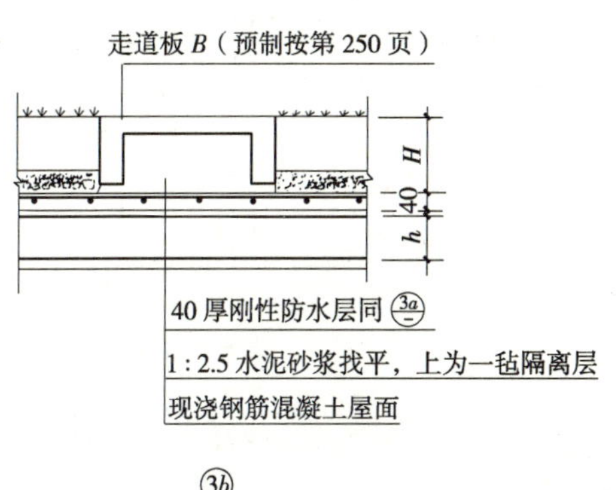

③b

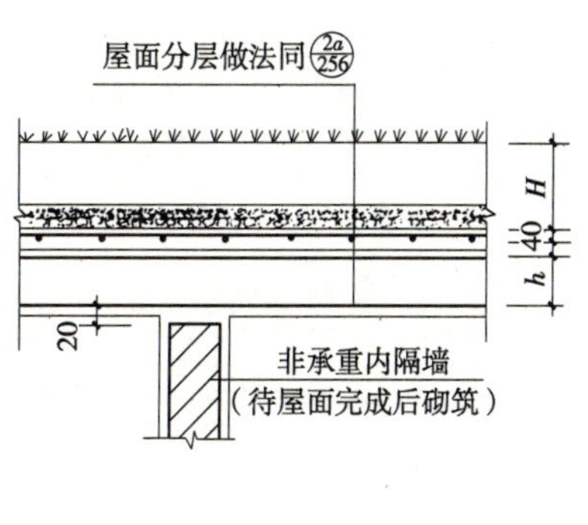

④

带刚性防水层的屋面节点（三）（浙 J32）（26 页）

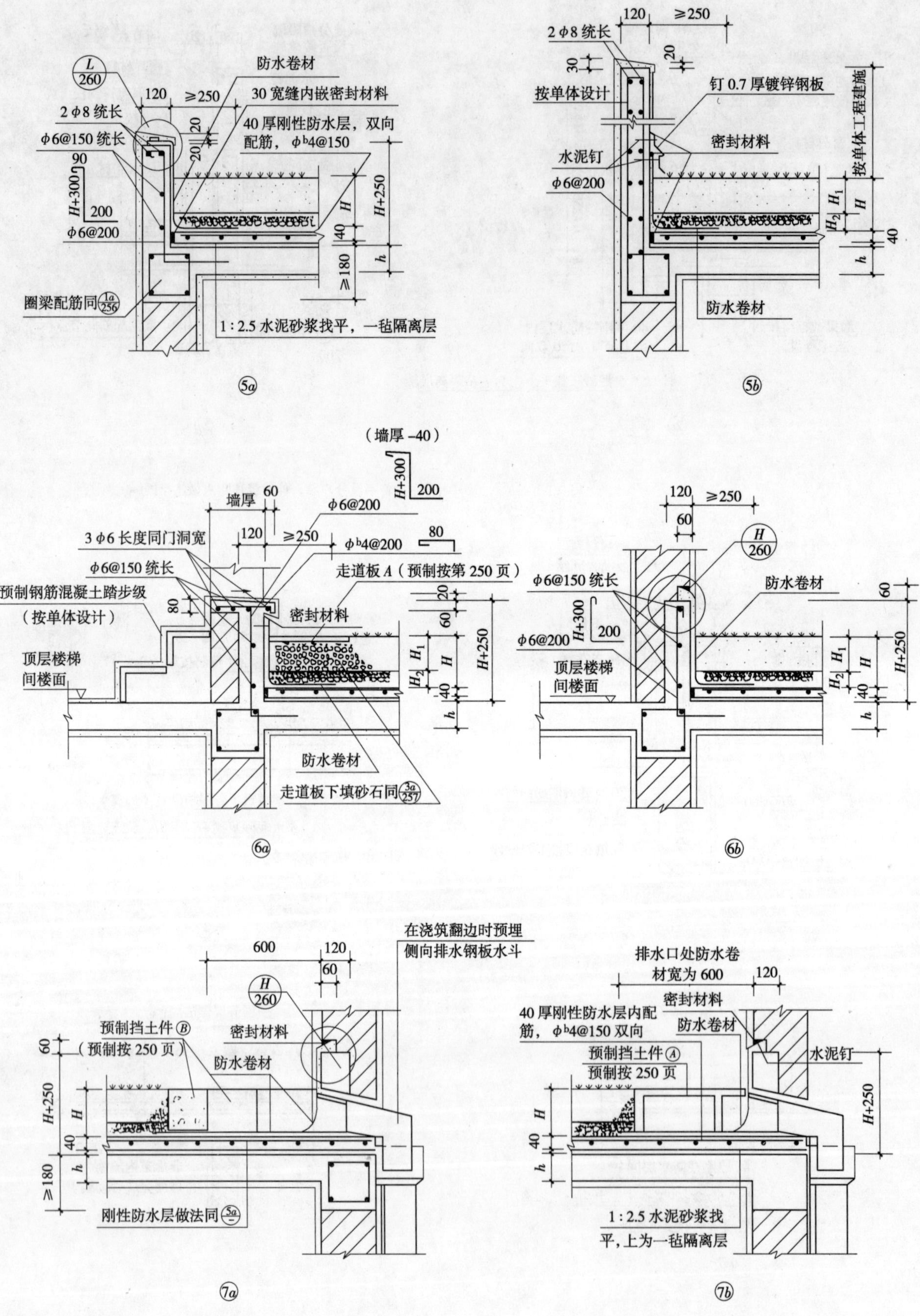

带刚性防水层的屋面节点（四）(浙 J32)(27 页)

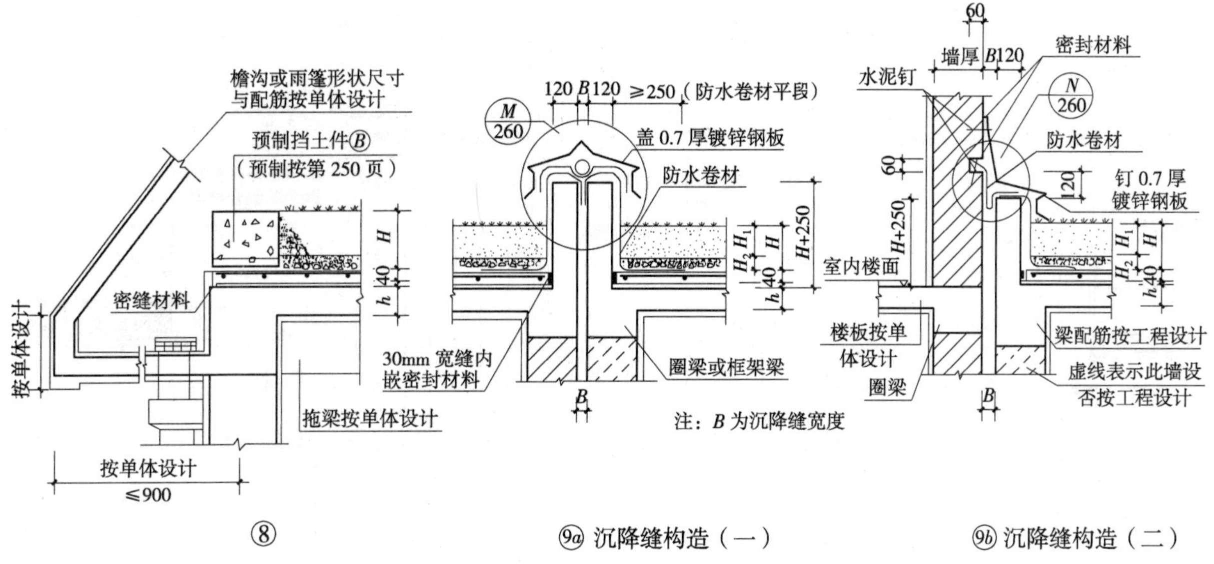

⑧

⑨a 沉降缝构造（一）

⑨b 沉降缝构造（二）

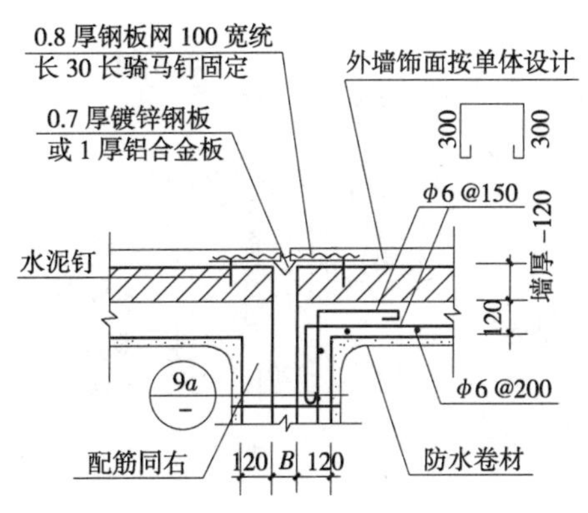

⑩ 女儿墙变形缝

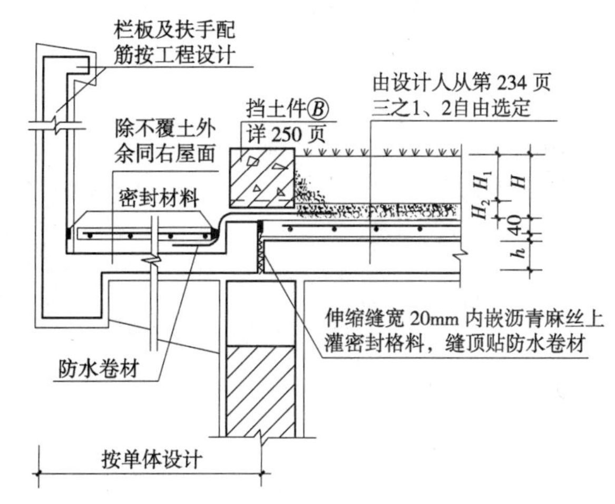

⑪ 挑外廊屋面节点

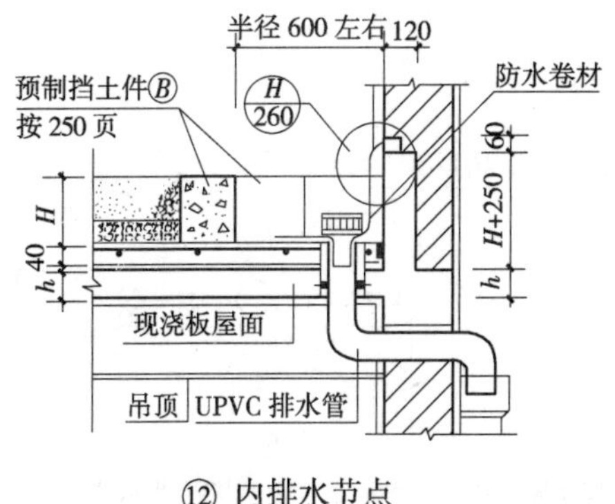

⑫ 内排水节点

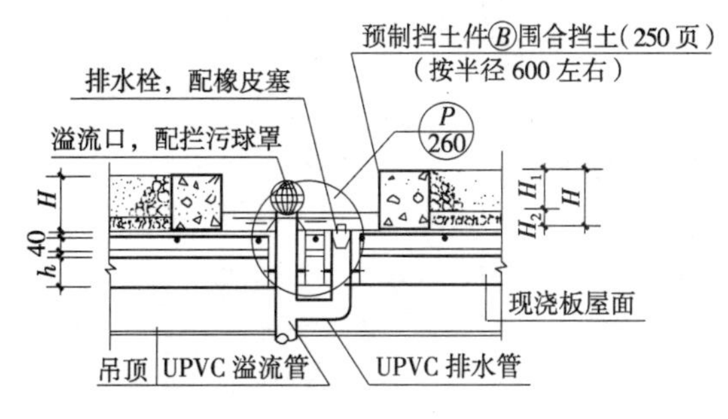

⑬ 浅蓄水植草屋面内排水节点

说明：刚性防水层配筋见第 256 页节点①a。

带刚性防水层的屋面节点（五）（浙 J32）（28 页）

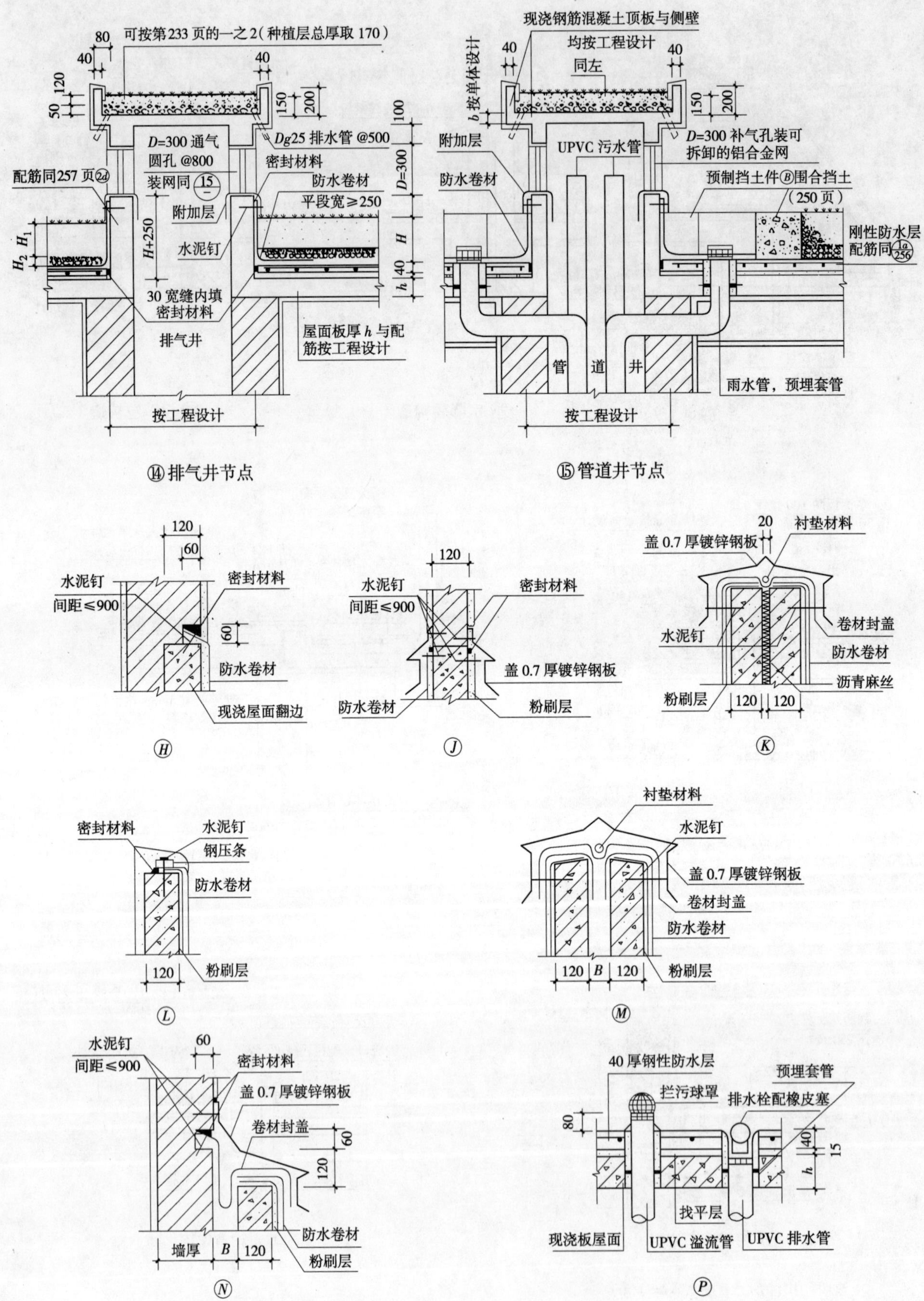

刚、柔性复合防水的屋面节点（一）（浙 J32）（29 页）

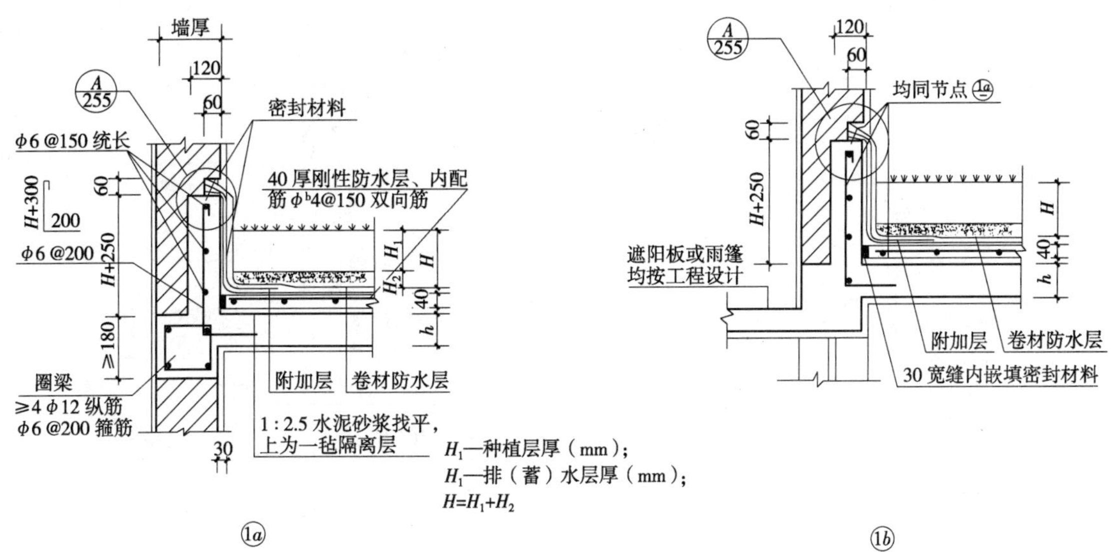

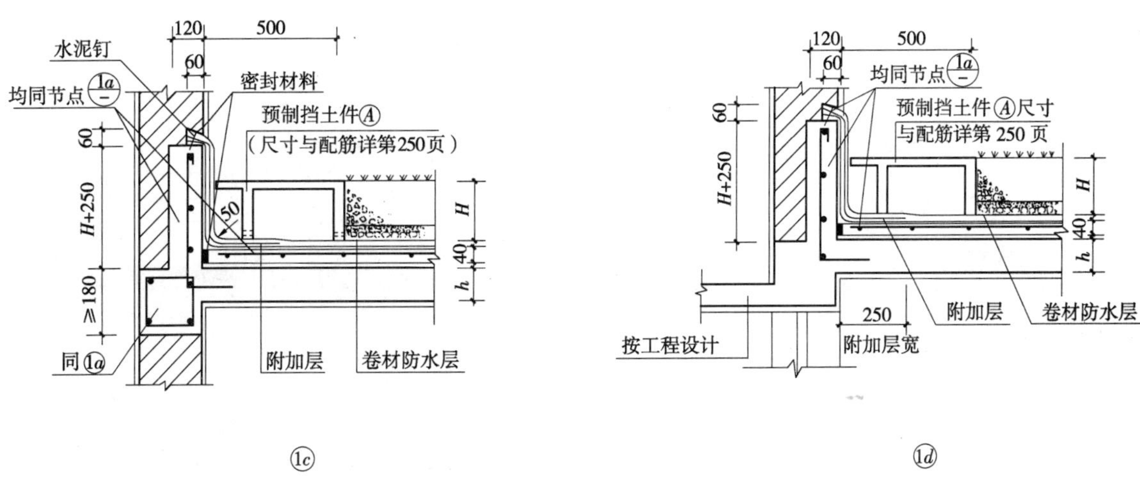

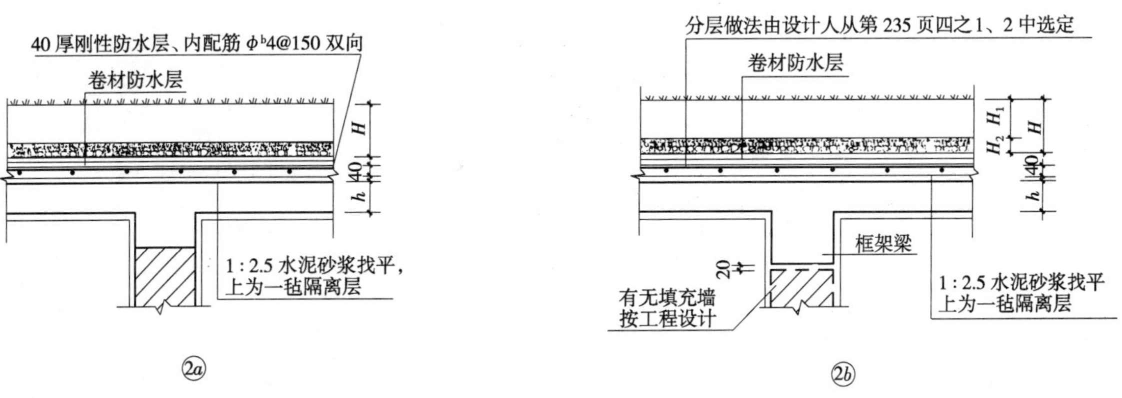

说明：现浇板屋面板厚（$h \geq 100$）具体尺寸与配筋按单体工程设计。刚性防水层为 C25 细石混凝土，φᵇ4@150 双向。

刚、柔性复合防水的屋面节点（二）（浙 J32）（30 页）

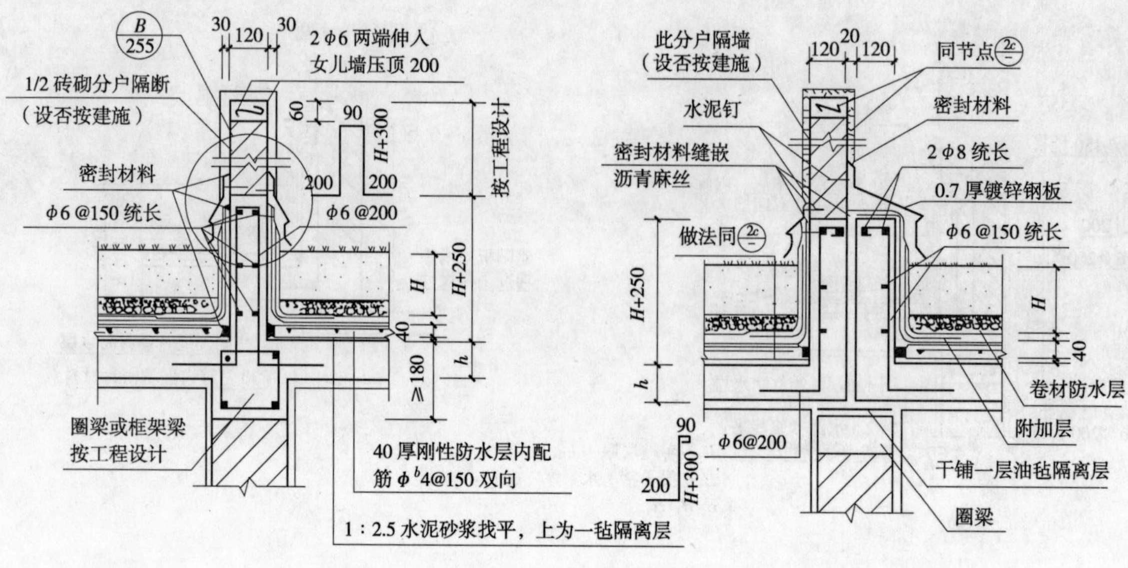

②c

②d

说明：若不设分户墙，伸缩缝顶防水做法全同②e。

30 120 20 120 30

C
255

盖 0.7 厚镀锌钢板

2 φ8 统长

配筋同②d右

做法同②c

H+250

H

40

h

90

H+300

200

φ6@200

框架梁

有无填充墙按工程设计

干铺一层油毡隔离层

②e

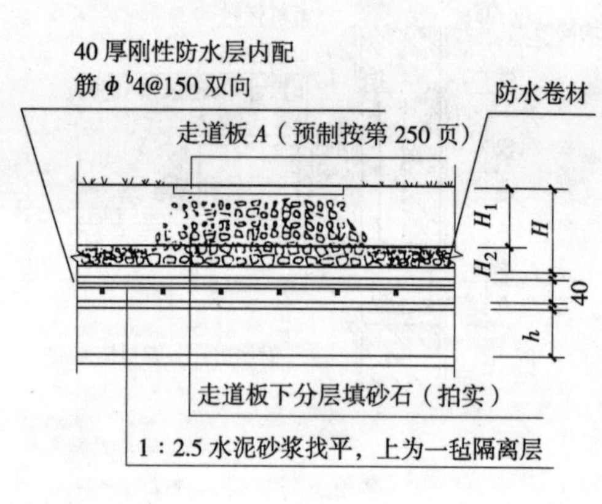

③a

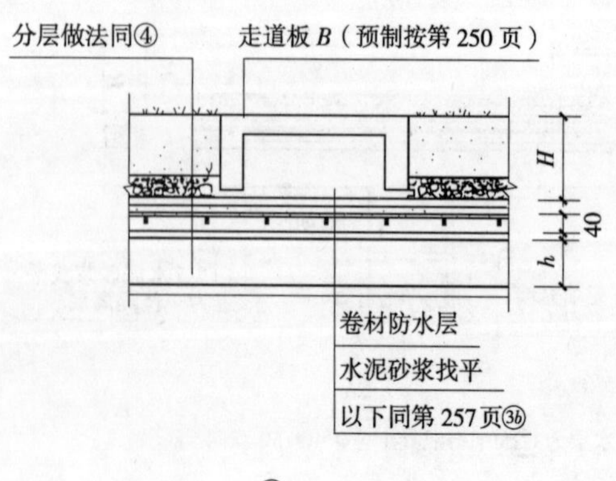

③b

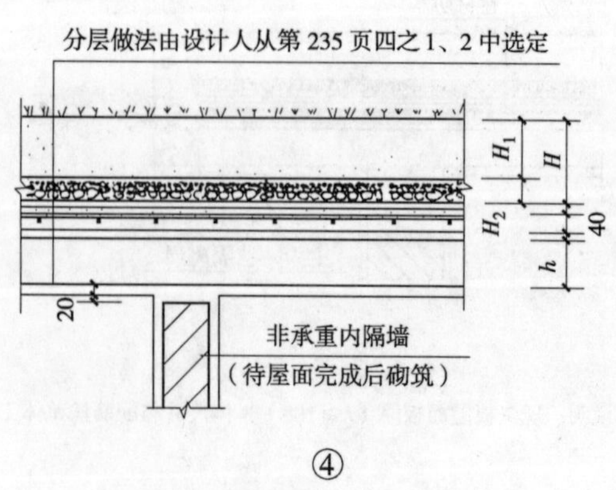

④

刚、柔性复合防水的屋面节点（三）(浙 J32)(31 页)

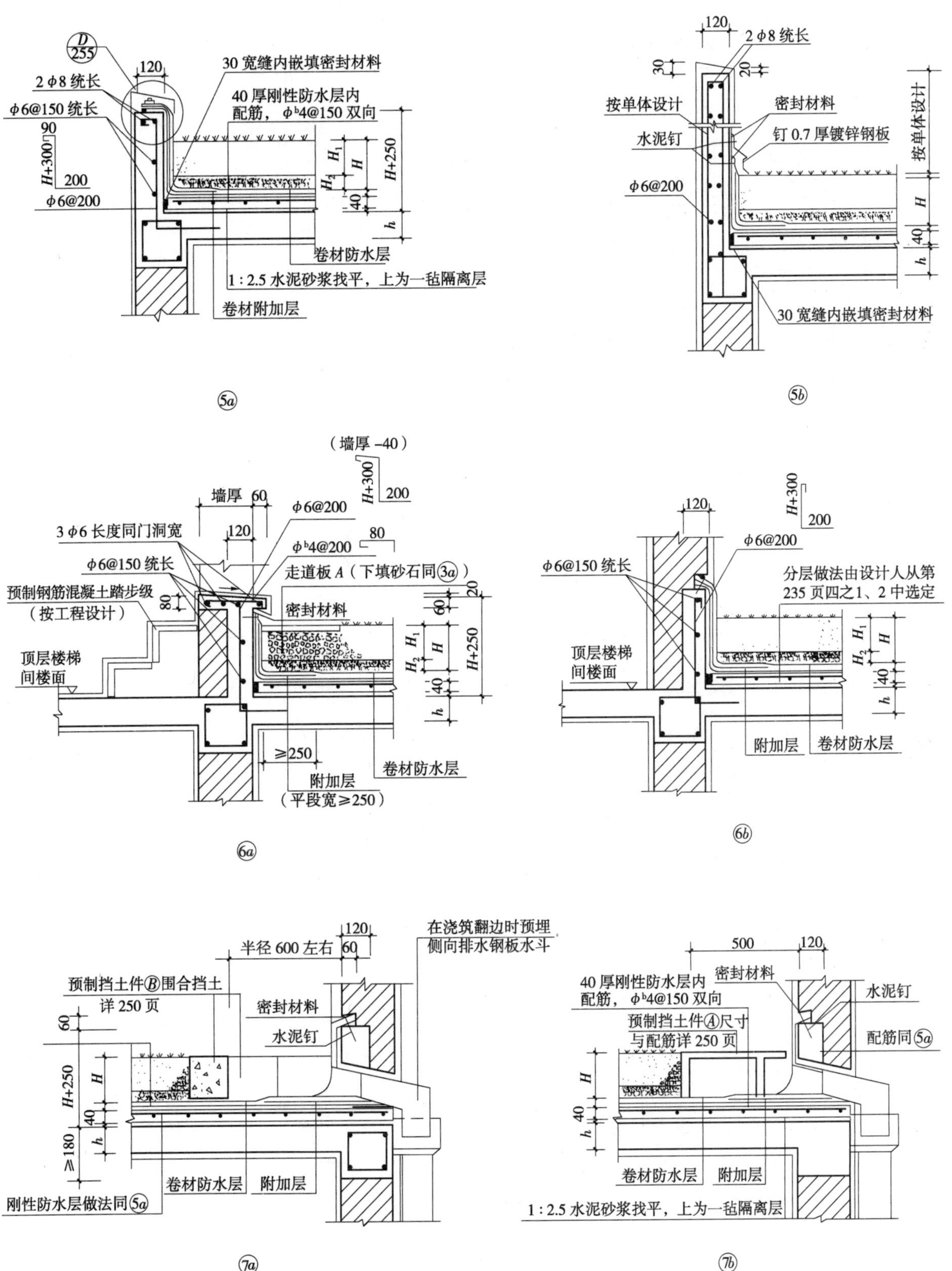

说明：本图所示分层构造是按第 235 页四的 2；若为局部不覆土屋面上人与浅蓄水植草屋面宜将刚性防水层设在卷材防水层之上 [按 235 页四之1]。

刚、柔性复合防水的屋面节点（四）(浙 J32)(32 页)

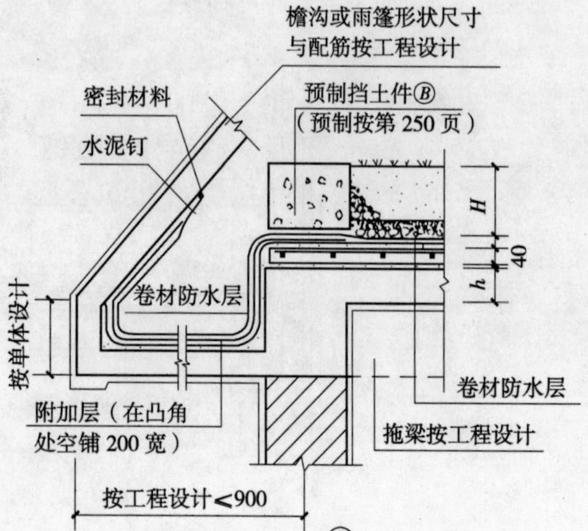

檐沟或雨篷形状尺寸
与配筋按工程设计
密封材料
预制挡土件Ⓑ
（预制按第 250 页）
水泥钉
H
40
h
卷材防水层
按单体设计
卷材防水层
附加层（在凸角
处空铺 200 宽）
拖梁按工程设计
按工程设计≤900

⑧

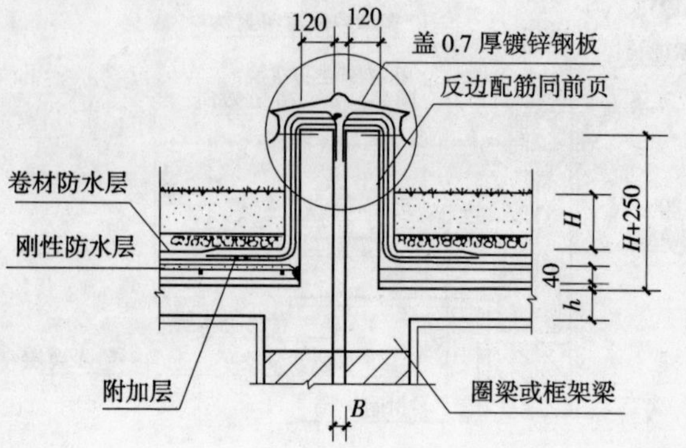

120
120
盖 0.7 厚镀锌钢板
反边配筋同前页
卷材防水层
刚性防水层
H
H+250
40
h
附加层
圈梁或框架梁
B

说明：B 为沉降缝宽度。

⑨a 沉降缝构造（一）

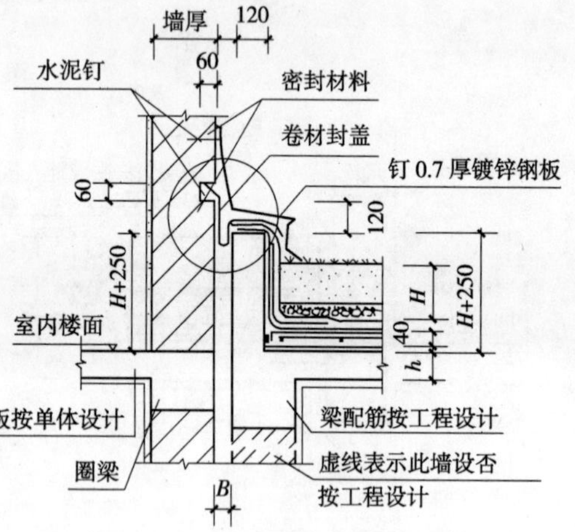

墙厚
120
60
水泥钉
密封材料
卷材封盖
60
钉 0.7 厚镀锌钢板
120
H+250
H
H+250
40
h
室内楼面
楼板按单体设计
梁配筋按工程设计
圈梁
虚线表示此墙设否
按工程设计
B

⑨b 沉降缝构造（二）

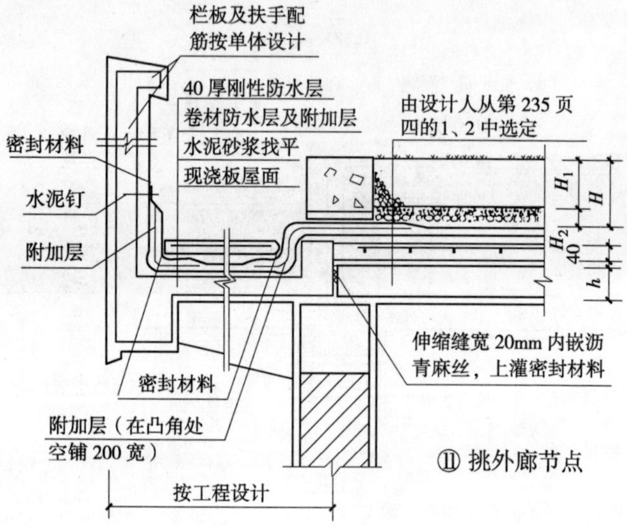

栏板及扶手配
筋按单体设计
40 厚刚性防水层
卷材防水层及附加层
由设计人从第 235 页
四的 1、2 中选定
密封材料
水泥砂浆找平
现浇板屋面
水泥钉
附加层
H1
H
H2
40
h
伸缩缝宽 20mm 内嵌沥
青麻丝，上灌密封材料
密封材料
附加层（在凸角处
空铺 200 宽）
按工程设计

⑪ 挑外廊节点

说明：节点⑩见第 254 页。

半径 600 左右
120
预制挡土件Ⓑ围合挡土
附加层
60
H
H+250
40
h
h
现浇板屋面
吊顶
UPVC 排水管

⑫ 内排水节点

直径 1200 左右
排水栓，配橡皮塞
溢流口，配拦污球罩
预制挡土件Ⓑ围合挡土
（详 250 页）
H1
H
H2
40
h
吊顶
现浇板屋面
直径 100UPVC 溢流管
UPVC 排水管

⑬ 浅蓄水植草屋面内排水节点

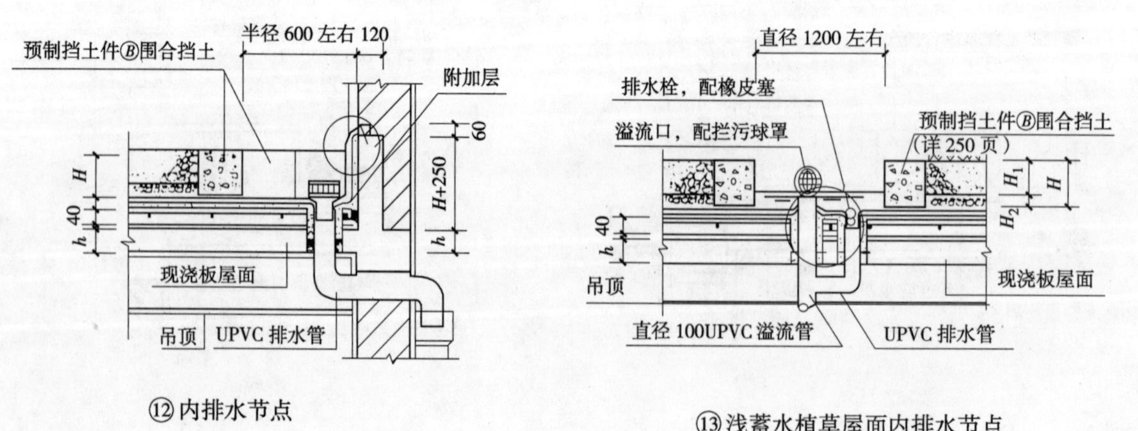

刚、柔性复合防水的屋面节点（五）(浙 J32)(33 页)

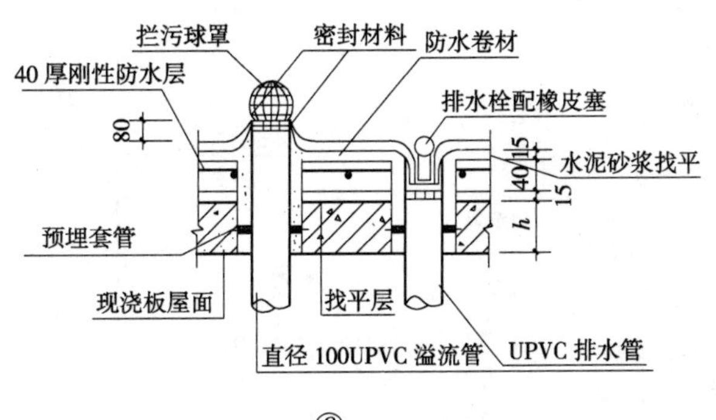

Ⓠ

可按第 233 页一之3（但种植层总厚为 170）

80 40 40 120 50 170 200 100 D=300 H 40 h

D=300 通气圆孔 @800 装网同⑮

Dg25 排水管 @500

配筋同②d

密封材料

附加层

H+250

水泥钉

30 宽缝内填密封材料

附加层

附加层

卷材防水层

排气井

屋面板厚 h 与配筋按工程设计

按工程设计

⑭ 排气井节点

现浇钢筋混凝土顶板与侧避均按工程设计结施

40 40 b 按单体设计 170 200

UPVC 污水管

D=300 补气孔，装可拆卸的铝合金网

预制挡土件 Ⓑ 围合挡土详 250 页

H_1 H_2 H 40 h

管 道 井

雨水管，预埋套管

按工程设计

⑮ 管道井节点

带保温层的复合防水屋面节点（一）(浙 J32)(34 页)

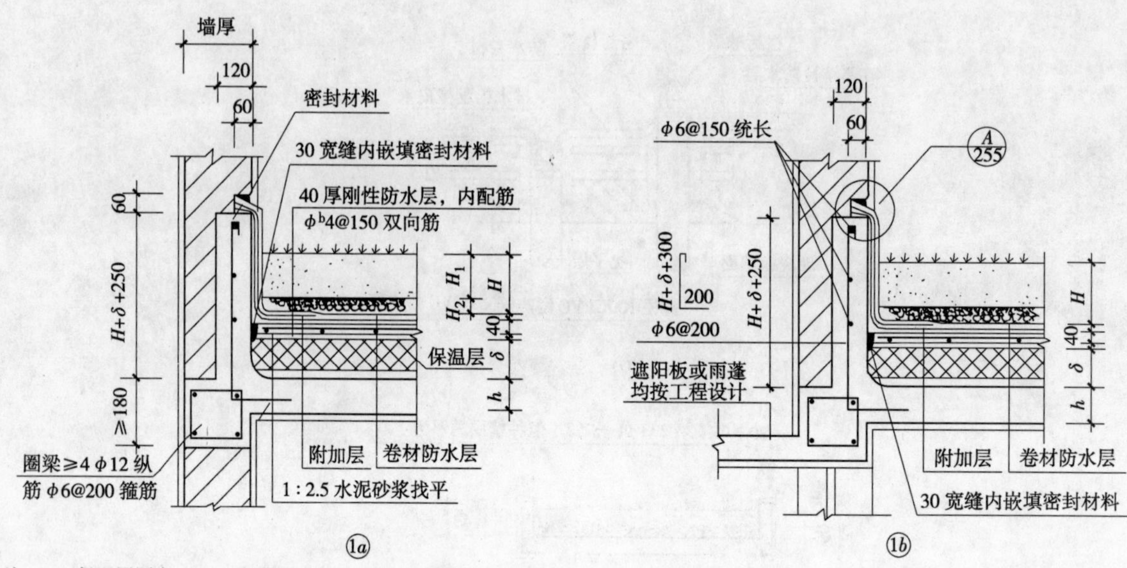

墙厚
120
60
密封材料
30 宽缝内嵌填密封材料
40 厚刚性防水层，内配筋
ϕb4@150 双向筋
60
H+δ+250
≥180
H_1
H_2
H
40
δ
h
保温层
圈梁≥4 ϕ12 纵
筋 ϕ6@200 箍筋
附加层
卷材防水层
1 : 2.5 水泥砂浆找平

①a

120
60
ϕ6@150 统长
A
255
H+δ+300
H+δ+250
200
ϕ6@200
遮阳板或雨蓬
均按工程设计
H
40
δ
h
附加层
卷材防水层
30 宽缝内嵌填密封材料

①b

注：δ—保温层厚度，H_1—种植层厚（mm），H_2—排（蓄）水层厚（mm）$H=H_1+H_2$。

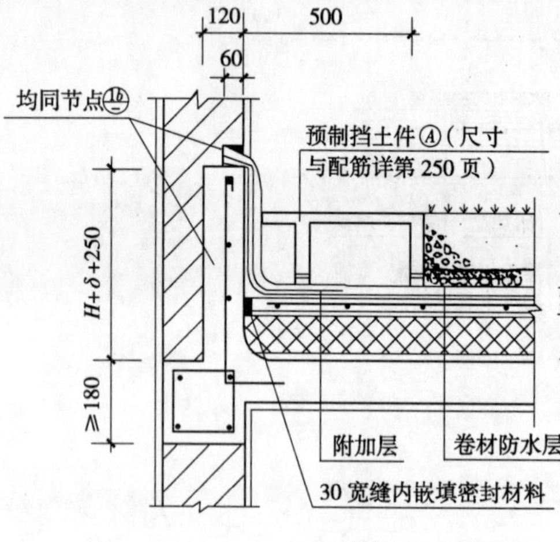

120
500
60
均同节点①b
预制挡土件Ⓐ（尺寸
与配筋详第 250 页）
H+δ+250
≥180
H
40
δ
h
附加层
卷材防水层
30 宽缝内嵌填密封材料

①c

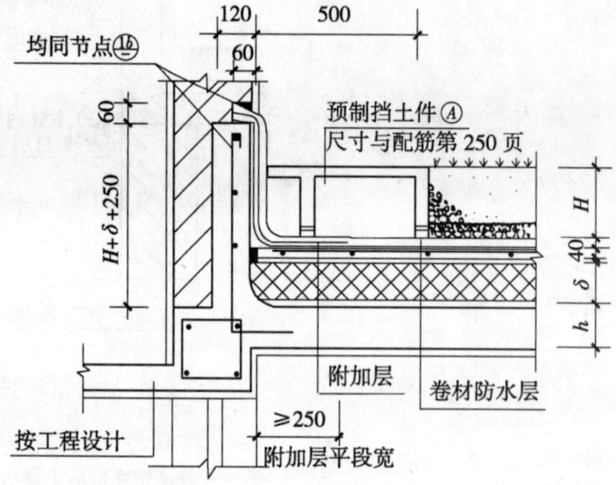

120
500
60
均同节点①b
预制挡土件Ⓐ
尺寸与配筋第 250 页
60
H+δ+250
H
40
δ
h
附加层
卷材防水层
≥250
按工程设计
附加层平段宽

①d

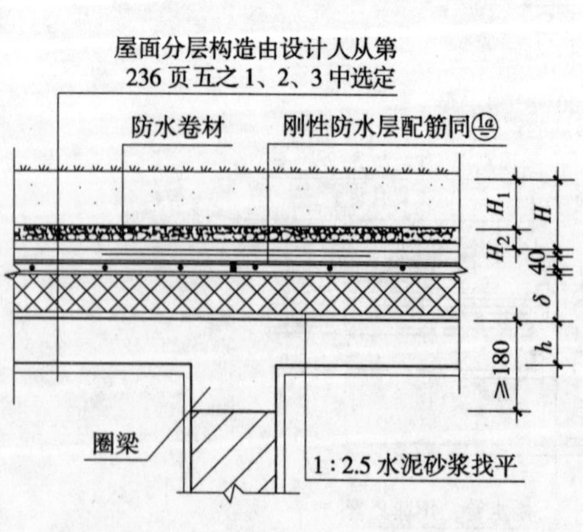

屋面分层构造由设计人从第
236 页五之 1、2、3 中选定
防水卷材
刚性防水层配筋同①a
H_1
H_2
H
40
δ
h
≥180
圈梁
1 : 2.5 水泥砂浆找平

②a

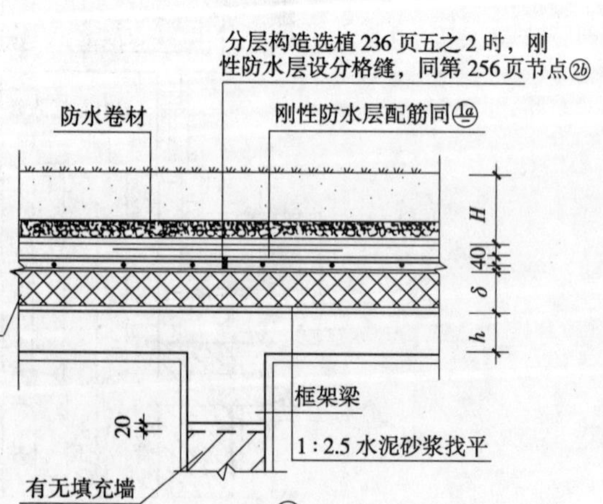

分层构造选植 236 页五之 2 时，刚
性防水层设分格缝，同第 256 页节点②b
防水卷材
刚性防水层配筋同①a
H
40
δ
h
保温层
框架梁
20
1 : 2.5 水泥砂浆找平
有无填充墙
按工程设计

②b

说明：1. 现浇板屋面板厚（h ≥100mm）具体尺寸与配筋均按工程设计。

2. 保温层厚度（δ）选定请按附录有关附表注。

3. 本图②a、②b的分格缝仅适用于 236 页五的1、2 的刚性防水层可不设分格缝，设伸缩缝同屋面板。

带保温层的复合防水屋面节点（二）（浙 J32）（35 页）

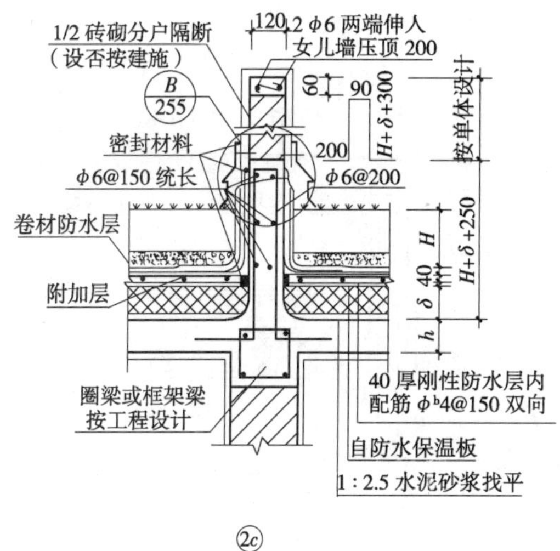

②c

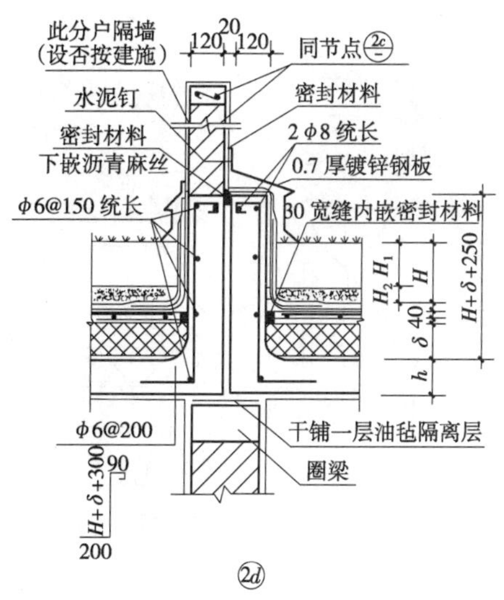

②d

注：若不设分户墙，伸缩缝顶防水做法全同②e。

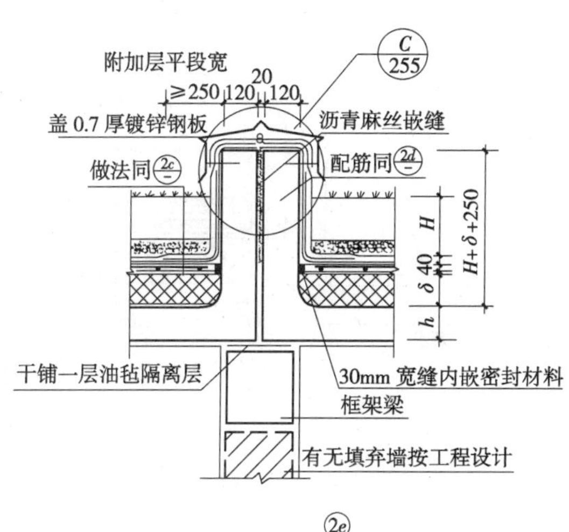

②e

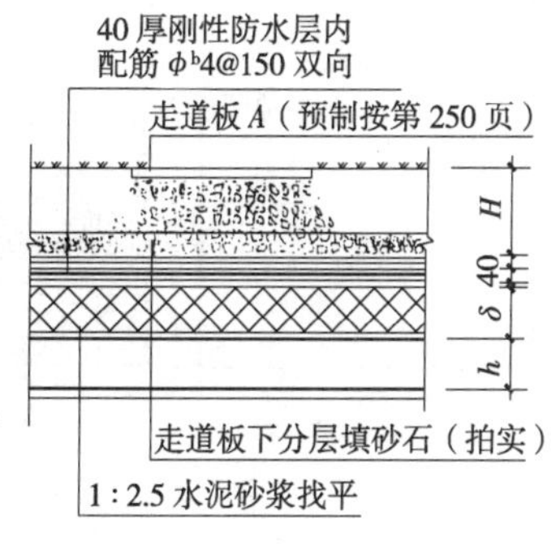

③a

走道板 B（预制按第 250 页）

H₁ H₂ H 40 δ h

卷材防水层

水泥砂浆找平层

刚性防水层同③a

水泥砂浆找平层

自防水保温层

水泥砂浆找平层

现浇钢筋砼屋面

③b

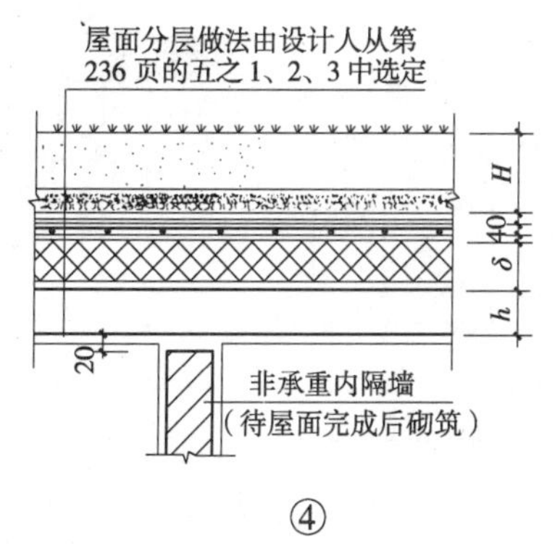

④

说明：现浇钢筋混凝土屋面及保温层等同第 266 页说明 1，2。

带保温层的复合防水屋面节点（三）（浙 J32）（36 页）

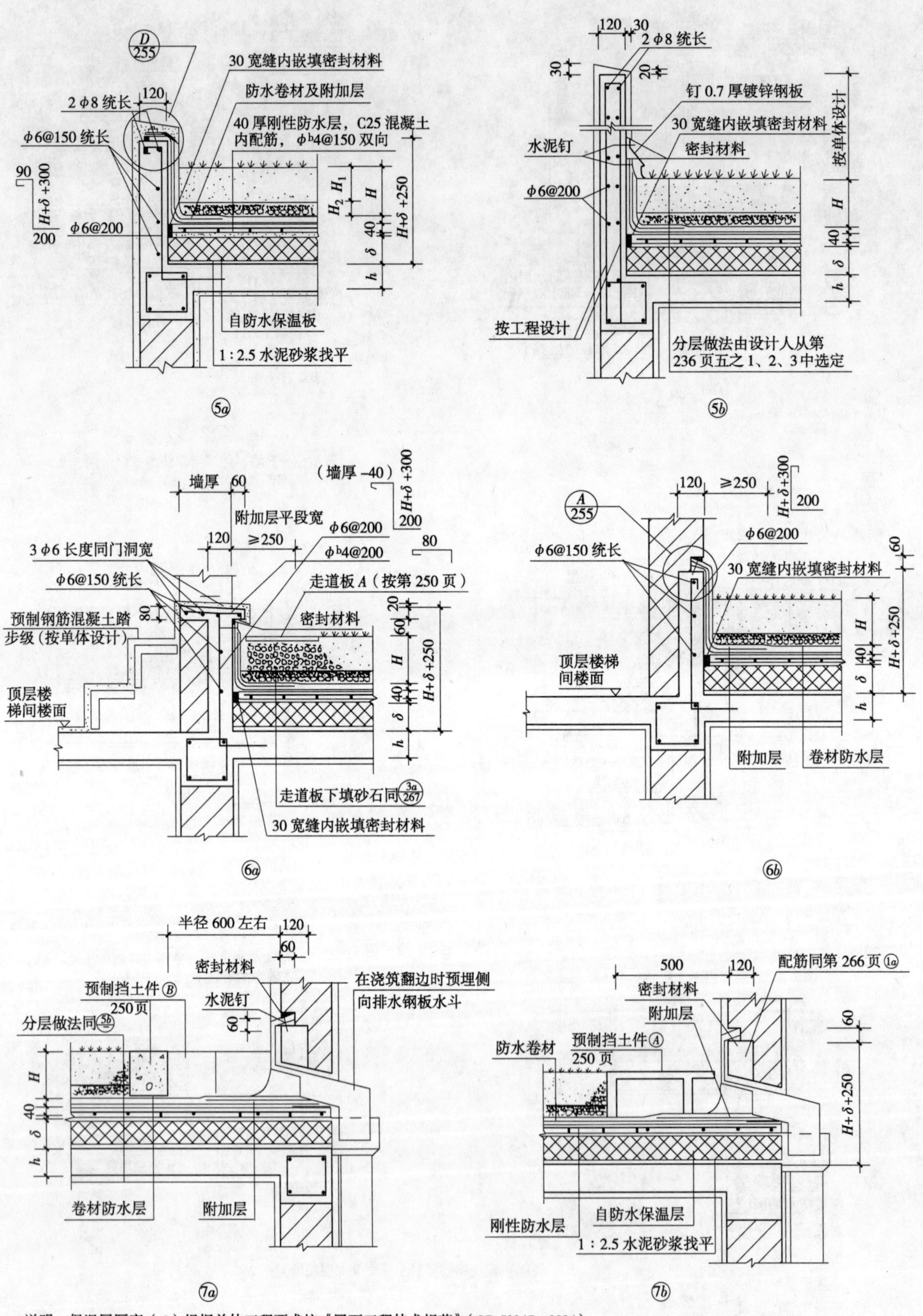

说明：保温层厚度（δ）根据单体工程要求按《屋面工程技术规范》（GB 50345—2004）与《民用建筑热工规范》（GB 50176—93）确定。

带保温层的复合防水屋面节点（四）（浙 J32）（37 页）

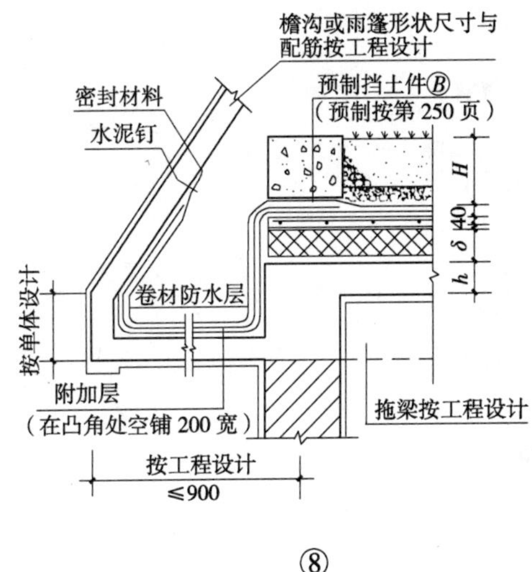

⑧

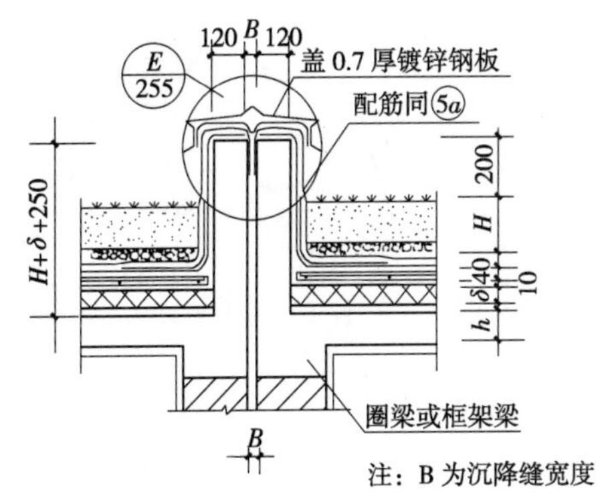

9a 沉降缝构造（一）

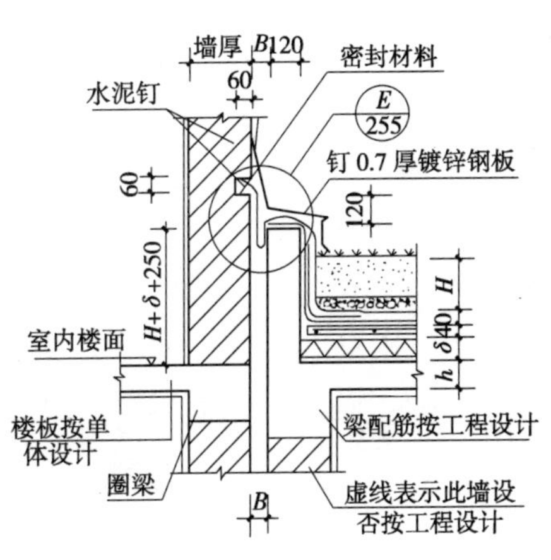

9b 沉降缝构造（二）

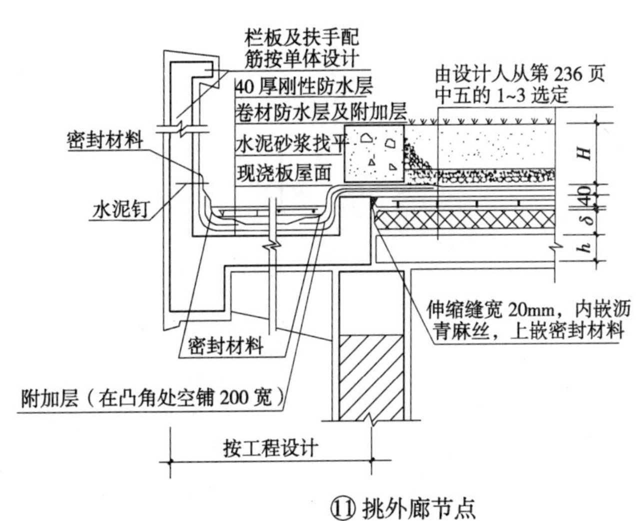

⑪ 挑外廊节点

注：节点⑩见第 254 页。

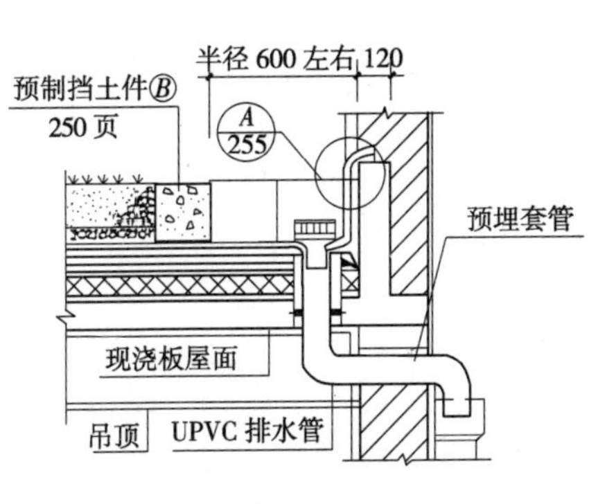

⑫ 内排水节点

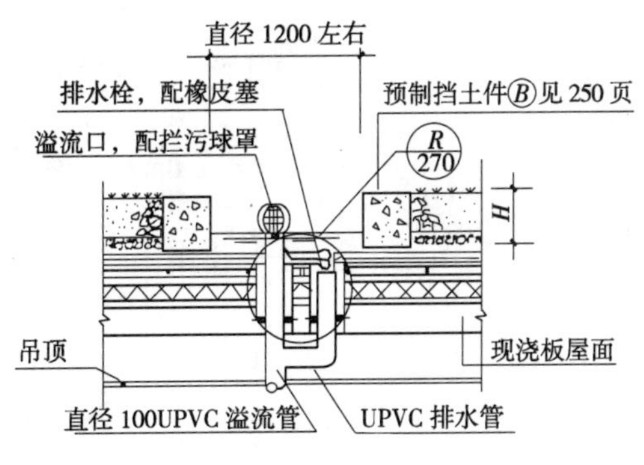

⑬ 浅蓄水植草屋面内排水节点

带保温层的复合防水屋面节点（五）(浙 J32)(38 页)

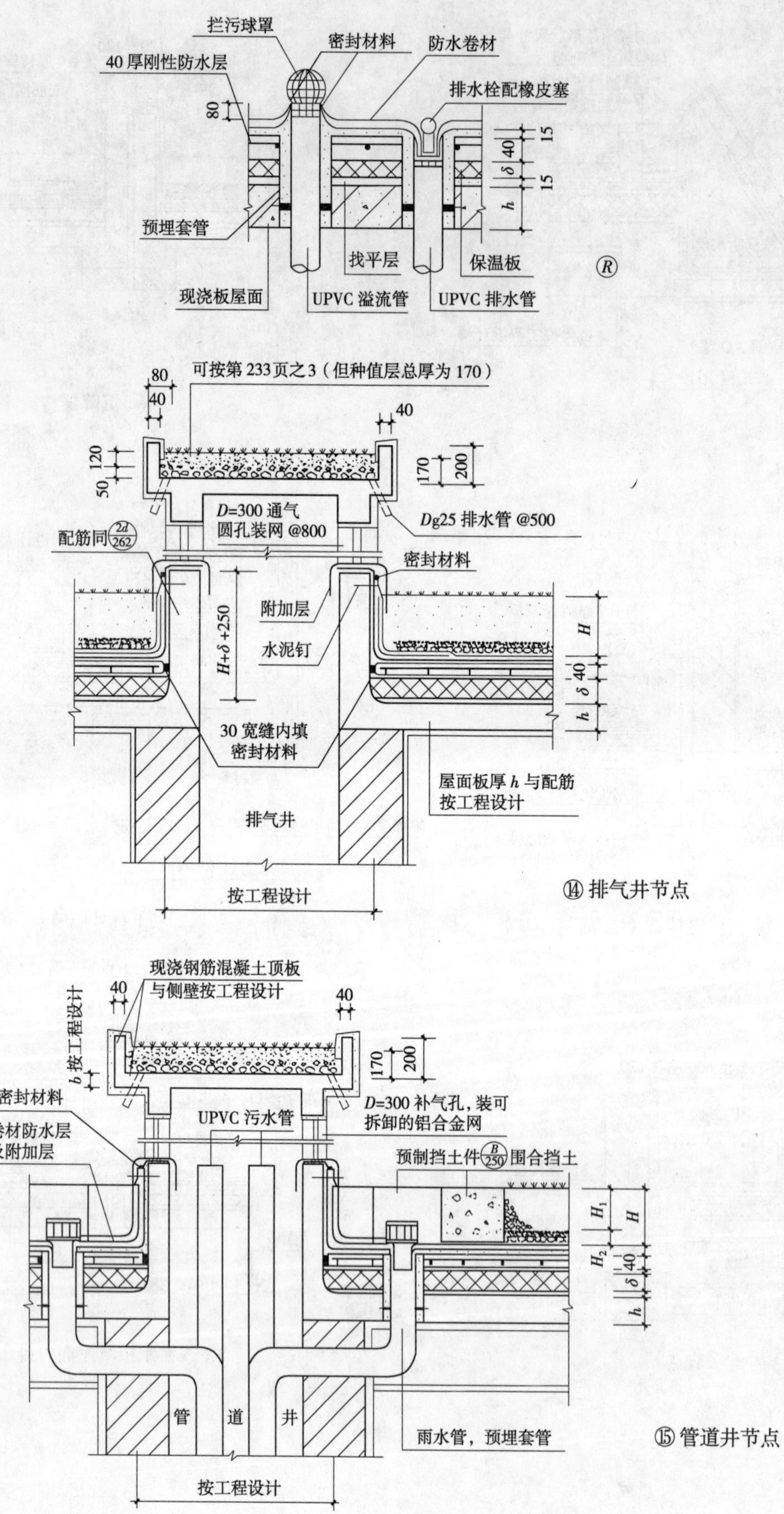

种植屋面附录一　种植屋面构造荷载与热工计算表　（中南05ZJ203）(18～29页)

编号	材料名称	干密度 ρ_0 (kN/m³)	材料厚度 δ (m)	自重 (kg/m²)	材料导热系数 λ [W/(m·K)]	材料蓄热系数 S [W/(m²·K)]	材料热阻 $R=\delta/\lambda$ (m²·K/W)	热惰性指标 $D=R\cdot S$	传热系数 $K=1/R_0$ [W/(m²·K)]
屋面1	种植土层	900	0.2～0.3	180～270	0.47(×1.5)=0.705	5.57(×1.5)=8.355	0.2837～0.4255	2.3703～3.5551	
	土工布过滤层								
	蜂窝型塑料保水排水格片		0.012	(满水时)12			0.07		
	刚性防水层	2500	0.04	100	1.74	17.20	0.023	0.3956	
	白灰砂浆隔离层	1600	0.01	16	0.81	10.07	0.0123	0.1239	
	卷材(涂膜)层	600	0.003～0.0045	1.8～2.7	0.17	3.33	0.0176	0.0586	
	刷基层处理剂一遍								
	水泥砂浆找平层	1800	0.02	36	0.93	11.37	0.0215	0.2445	
	屋面板		0.10		1.74	17.20	0.0575	0.989	
	合计(+内外表面换热阻0.16)		0.285/0.287～0.385/0.387	346/347～436/437			R_0=0.6456～0.7874	4.1819～5.3667	1.5489～1.27
屋面1a	种植土层	900	0.2	180	0.47(×1.5)=0.705	5.57(×1.5)=8.355	0.2837	2.3703	
	土工布过滤层								
	蜂窝型塑料保水排水格片		0.012	(满水时)12			0.07		
	刚性防水层	2500	0.04	100	1.74	17.20	0.023	0.3956	
	白灰砂浆隔离层	1600	0.01	16	0.81	10.07	0.0123	0.1239	
	卷材(涂膜)层	600	0.003～0.0045	1.8～2.7	0.17	3.33	0.0176	0.0586	
	刷基层处理剂一遍								
	水泥砂浆找平层	1800	0.02	36	0.93	11.37	0.0215	0.2445	
	保温层隔热层(挤塑)	32	0.025	0.8	0.03(×1.2)=0.036	0.6(×1.2)=0.432	0.6944	0.3	
	水泥砂浆找平层	1800	0.02	36	0.93	11.37	0.0215	0.2445	
	屋面板		0.10		1.74	17.20	0.0575	0.989	
	合计(+内外表面换热阻0.16)		0.330/0.332	383/384			R_0=1.3615	4.7264	0.7345

续表

编号	材料名称	干密度 ρ_0 (kN/m³)	材料厚度 δ (m)	自重 (kg/m²)	材料导热系数 λ [W/(m·K)]	材料蓄热系数 S [W/(m²·K)]	材料热阻 $R=\delta/\lambda$ (m²·K/W)	热惰性指标 $D=R\cdot S$	传热系数 $K=1/R_0$ [W/(m²·K)]
屋面2	种植土层	900	0.2~0.3	180~270	0.47(×1.5)=0.705	5.57(×1.5)=8.355	0.2837~0.4255	2.3703 ~3.5551	
	土工布过滤层								
	陶粒排(蓄)水层	500	0.10	50	0.19(×1.5)=0.285	2.52(×1.5)=3.78	0.3509	1.3264	
	刚性防水层	2500	0.04	100	1.74	17.20	0.023	0.3956	
	白灰砂浆隔离层	1600	0.01	16	0.81	10.07	0.0123	0.1239	
	卷材(涂膜)层	600	0.003~0.0045	1.8~2.7	0.17	3.33	0.0176	0.0586	
	刷基层处理剂一遍								
	水泥砂浆找平层	1800	0.02	36	0.93	11.37	0.0215	0.2445	
	屋面板		0.10		1.74	17.20	0.0575	0.989	
	合计 (+内外表面换热阻0.16)		0.373/0.375~0.473/0.475	384/385~474/475			R_0=0.9265~1.0683	5.5083~6.6931	1.0793~0.9361
屋面2a	种植土层	900	0.2	180	0.47(×1.5)=0.705	5.57(×1.5)=8.355	0.2837	2.3703	
	土工布过滤层								
	陶粒排(蓄)水层	500	0.10	50	0.19(×1.5)=0.285	2.52(×1.5)=3.78	0.3509	1.3264	
	刚性防水层	2500	0.04	100	1.74	17.20	0.023	0.3956	
	白灰砂浆隔离层	1600	0.01	16	0.81	10.07	0.0123	0.1239	
	卷材(涂膜)层	600	0.003~0.0045	1.8~2.7	0.17	3.33	0.0176	0.0586	
	刷基层处理剂一遍								
	水泥砂浆找平层	1800	0.02	36	0.93	11.37	0.0215	0.2445	
	保温层隔热层(挤塑)	32	0.025	0.8	0.03(×1.2)=0.036	0.36(×1.2)=0.432	0.6944	0.3	
	水泥砂浆找平层	1800	0.02	36	0.93	11.37	0.0215	0.2445	
	屋面板		0.10		1.74	17.20	0.0575	0.989	
	合计 (+内外表面换热阻0.16)		0.418/0.420	421/422			R_0=1.6424	6.0528	0.6089

续表

编号	材料名称	干密度 ρ_0 (kN/m^3)	材料厚度 δ (m)	自重 (kg/m^2)	材料导热系数 λ [$W/(m \cdot K)$]	材料蓄热系数 S [$W/(m^2 \cdot K)$]	材料热阻 $R=\delta/\lambda$ ($m^2 \cdot K/W$)	热惰性指标 $D=R \cdot S$	传热系数 $K=1/R_0$ [$W/(m^2 \cdot K)$]
屋面3	种植土层	900	0.2～0.3	180～270	0.47(×1.5)=0.705	5.57(×1.5)=8.355	0.2837～0.4255	2.3703～3.5551	
	土工布过滤层								
	蜂窝型塑料保水排水格片		0.012	(满水时)12			0.07		
	刚性防水层	2500	0.04	100	1.74	17.20	0.023	0.3956	
	点粘一层石油沥青油毡		0.002						
	合金防水卷材		0.0007						
	卷材(涂膜)层	600	0.003	1.8	0.17	3.33	0.0176	0.0586	
	刷基层处理剂一遍								
	水泥砂浆找平层	1800	0.02	36	0.93	11.37	0.0215	0.2445	
	屋面板		0.10		1.74	17.20	0.0575	0.989	
	合计(+内外表面换热阻0.16)		0.278～0.378	330～420			R_0=0.6333～0.7751	4.058～5.2428	1.5790～1.2902
屋面3a	种植土层	900	0.2	180	0.47(×1.5)=0.705	5.57(×1.5)=8.355	0.2837	2.3703	
	土工布过滤层								
	蜂窝型塑料保水排水格片		0.012	(满水时)12			0.07		
	刚性防水层	2500	0.04	100	1.74	17.20	0.023	0.3956	
	点粘一层石油沥青油毡		0.002						
	合金防水卷材		0.0007						
	卷材(涂膜)层	600	0.003	1.8	0.17	3.33	0.0176	0.0586	
	刷基层处理剂一遍								
	水泥砂浆找平层	1800	0.02	36	0.93	11.37	0.0215	0.2445	
	保温层隔热层(挤塑)	32	0.025	0.8	0.03(×1.2)=0.036	0.36(×1.2)=0.432	0.6944	0.3	
	水泥砂浆找平层	1800	0.02	36	0.93	11.37	0.0215	0.2445	
	屋面板		0.10		1.74	17.20	0.0575	0.989	
	合计(+内外表面换热阻0.16)		0.323	367			R_0=1.3492	4.6025	0.7412

续表

编号	材料名称	干密度 ρ_0 (kN/m^3)	材料厚度 δ (m)	自重 (kg/m^2)	材料导热系数 λ [W/(m·K)]	材料蓄热系数 S [W/(m^2·K)]	材料热阻 $R=\delta/\lambda$ (m^2·K/W)	热惰性指标 $D=R\cdot S$	传热系数 $K=1/R_0$ [W/(m^2·K)]
屋面4	种植土层	900	0.2~0.3	180~270	0.47(×1.5)=0.705	5.57(×1.5)=8.355	0.2837~0.4255	2.3703~3.5551	
	土工布过滤层								
	陶粒排(蓄)水层	500	0.10	50	0.19(×1.5)=0.285	2.52(×1.5)=3.78	0.3509	1.3264	
	刚性防水层	2500	0.04	100	1.74	17.20	0.023	0.3956	
	点粘一层石油沥青油毡		0.002						
	合金防水卷材		0.0007						
	卷材(涂膜)层	600	0.003	1.8	0.17	3.33	0.0176	0.0586	
	刷基层处理剂一遍								
	水泥砂浆找平层	1800	0.02	36	0.93	11.37	0.0215	0.2445	
	屋面板		0.10		1.74	17.20	0.0575	0.989	
	合计 (+内外表面换热阻0.16)		0.366~0.466	368~458			R_0=0.9124~1.056	5.3844~6.5692	1.0939~0.947
屋面4a	种植土层	900	0.2	180	0.47(×1.5)=0.705	5.57(×1.5)=8.355	0.2837	2.3703	
	土工布过滤层								
	陶粒排(蓄)水层	500	0.10	50	0.19(×1.5)=0.285	2.52(×1.5)=3.78	0.3509	1.3264	
	刚性防水层	2500	0.04	100	1.74	17.20	0.023	0.3956	
	点粘一层石油沥青油毡		0.002						
	合金防水卷材		0.0007						
	卷材(涂膜)层	600	0.003	1.8	0.17	3.33	0.0176	0.0586	
	刷基层处理剂一遍								
	水泥砂浆找平层	1800	0.02	36	0.93	11.37	0.0215	0.2445	
	保温层隔热层(挤塑)	32	0.025	0.8	0.03(×1.2)=0.036	0.36(×1.2)=0.432	0.6944	0.3	
	水泥砂浆找平层	1800	0.02	36	0.93	11.37	0.0215	0.2445	
	屋面板		0.10		1.74	17.20	0.0575	0.989	
	合计 (+内外表面换热阻0.16)		0.411	405			R_0=1.6301	5.9289	0.6135

续表

编号	材料名称	干密度 ρ_0 (kN/m^3)	材料厚度 δ (m)	自重 (kg/m^2)	材料导热系数 λ [$W/(m \cdot K)$]	材料蓄热系数 S [$W/(m^2 \cdot K)$]	材料热阻 $R=\delta/\lambda$ ($m^2 \cdot K/W$)	热惰性指标 $D=R \cdot S$	传热系数 $K=1/R_0$ [$W/(m^2 \cdot K)$]
屋面5	种植土层	900	0.2~0.3	180~270	0.47(×1.5)=0.705	5.57(×1.5)=8.355	0.2837~0.4255	2.3703~3.5551	
	土工布过滤层								
	陶粒排(蓄)水层	500	0.10	50	0.19(×1.5)=0.285	2.52(×1.5)=3.78	0.3509	1.3264	
	刚性防水层	2500	0.04	100	1.74	17.20	0.023	0.3956	
	聚乙烯薄膜		0.0002						
	卷材(涂膜)层	600	0.003	1.8	0.17	3.33	0.0176	0.0586	
	刷基层处理剂一遍								
	水泥砂浆找平层	1800	0.02	36	0.93	11.37	0.0215	0.2445	
	屋面板		0.10		1.74	17.20	0.0575	0.989	
	合计(+内外表面换热阻0.16)		0.363~0.463	368~458			R_0=0.9142~1.056	5.3844~6.5692	1.0939~0.9470
屋面5a	种植土层	900	0.2	180	0.47(×1.5)=0.705	5.57(×1.5)=8.355	0.2837	2.3703	
	土工布过滤层								
	陶粒排(蓄)水层	500	0.10	50	0.19(×1.5)=0.285	2.52(×1.5)=3.78	0.3509	1.3264	
	刚性防水层	2500	0.04	100	1.74	17.20	0.023	0.3956	
	聚乙烯薄膜		0.0002						
	卷材(涂膜)层	600	0.003	1.8	0.17	3.33	0.0176	0.0586	
	刷基层处理剂一遍								
	水泥砂浆找平层	1800	0.02	36	0.93	11.37	0.0215	0.2445	
	保温层隔热层(挤塑)	32	0.025	0.8	0.03(×1.2)=0.036	0.36(×1.2)=0.432	0.6944	0.3	
	水泥砂浆找平层	1800	0.02	36	0.93	11.37	0.0215	0.2445	
	屋面板		0.10		1.74	17.20	0.0575	0.989	
	合计(+内外表面换热阻0.16)		0.408	405			R_0=1.6301	5.9289	0.6135

续表

编号	材料名称	干密度 ρ_0 (kN/m^3)	材料厚度 δ (m)	自重 (kg/m^2)	材料导热系数 λ [$W/(m \cdot K)$]	材料蓄热系数 S [$W/(m^2 \cdot K)$]	材料热阻 $R=\delta/\lambda$ ($m^2 \cdot K/W$)	热惰性指标 $D=R \cdot S$	传热系数 $K=1/R_0$ [$W/(m^2 \cdot K)$]
屋面6	种植土层	900	0.2~0.3	180~270	0.47(×1.5)=0.705	5.57(×1.5)=8.355	0.2837~0.4255	2.3703~3.5551	
	土工布过滤层								
	陶粒排(蓄)水	500	0.10	50	0.19(×1.5)=0.285	2.52(×1.5)=3.78	0.3509	1.3264	
	刚性防水层	2500	0.04	100	1.74	17.20	0.023	0.3956	
	点粘一层石油沥青油毡		0.002						
	卷材(涂膜)层	600	(0.0015)0.003	(0.9)1.8	0.17	3.33	0.0176	0.0586	
	刷基层处理剂一遍								
	水泥砂浆找平层	1800	0.02	36	0.93	11.37	0.0215	0.2445	
	屋面板		0.10		1.74	17.20	0.0575	0.989	
	合计(+内外表面换热阻0.16)		0.364(0.365)~0.464(465)	367(368)~457(458)			R_0=0.9124~1.056	5.3844~6.5692	1.0939~0.947
屋面6a	种植土层	900	0.2	180	0.47(×1.5)=0.705	5.57(×1.5)=8.355	0.2837	2.3703	
	土工布过滤层								
	陶粒排(蓄)水	500	0.10	50	0.19(×1.5)=0.285	2.52(×1.5)=3.78	0.3509	1.3264	
	刚性防水层	2500	0.04	100	1.74	17.20	0.023	0.3956	
	点粘一层石油沥青油毡		0.002						
	水泥砂浆找平层	1800	0.02	36	0.93	11.37	0.0215	0.2445	
	保温层隔热层(挤塑)	32	0.025	0.8	0.03(×1.2)=0.036	0.36(×1.2)=0.432	0.6944	0.3	
	卷材(涂膜)层	600	(0.0015)0.003	(0.9)1.8	0.17	3.33	0.0176	0.0586	
	刷基层处理剂一遍								
	水泥砂浆找平层	1800	0.02	36	0.93	11.37	0.0215	0.2445	
	屋面板		0.10		1.74	17.20	0.0575	0.989	
	合计(+内外表面换热阻0.16)		0.409(0.410)	404(405)			R_0=1.6301	5.9289	0.6135

续表

编号	材料名称	干密度 ρ_0 (kN/m^3)	材料厚度 δ (m)	自重 (kg/m^2)	材料导热系数 λ [$W/(m \cdot K)$]	材料蓄热系数 S [$W/(m^2 \cdot K)$]	材料热阻 $R=\delta/\lambda$ ($m^2 \cdot K/W$)	热惰性指标 $D=R \cdot S$	传热系数 $K=1/R_0$ [$W/(m^2 \cdot K)$]
屋面7	种植土层	900	0.2~0.3	180~270	0.47(×1.5)=0.705	5.57(×1.5)=8.355	0.2837~0.4255	2.3703~3.5551	
	土工布过滤层								
	蜂窝型塑料保水排水格片		0.012	(满水时)12			0.07		
	刚性防水层	2500	0.04	100	1.74	17.20	0.023	0.3956	
	白灰砂浆隔离层	1600	0.01	16	0.81	10.07	0.0123	0.1239	
	卷材(涂膜)层	600	0.0015~0.003	0.9~1.8	0.17	3.33	0.0176	0.0586	
	刷基层处理剂一遍								
	水泥砂浆找平层	1800	0.02	36	0.93	11.37	0.0215	0.2445	
	屋面板		0.10		1.74	17.20	0.0575	0.989	
	合计(+内外表面换热阻0.16)		0.284/285~0.384/385	345/346~435/436			R_0=0.6456~0.7874	4.1819~5.3667	1.5489~1.27
屋面7a	种植土层	900	0.2	180	0.47(×1.5)=0.705	5.57(×1.5)=8.355	0.2837	2.3703	
	土工布过滤层								
	蜂窝型塑料保水排水格片		0.012	(满水时)12			0.07		
	刚性防水层	2500	0.04	100	1.74	17.20	0.023	0.3956	
	白灰砂浆隔离层	1600	0.01	16	0.81	10.07	0.0123	0.1239	
	卷材(涂膜)层	600	0.0015~0.003	0.9~1.8	0.17	3.33	0.0176	0.0586	
	刷基层处理剂一遍								
	水泥砂浆找平层	1800	0.02	36	0.93	11.37	0.0215	0.2445	
	保温层隔热层(挤塑)	32	0.025	0.8	0.03(×1.2)=0.036	0.36(×1.2)=0.432	0.6944	0.3	
	水泥砂浆找平层	1800	0.02	36	0.93	11.37	0.0215	0.2445	
	屋面板		0.10		1.74	17.20	0.0575	0.989	
	合计(+内外表面换热阻0.16)		0.329/330	382/383			R_0=1.3615	4.7264	0.7345

续表

编号	材料名称	干密度 ρ_0 (kN/m³)	材料厚度 δ (m)	自重 (kg/m²)	材料导热系数 λ [W/(m·K)]	材料蓄热系数 S [W/(m²·K)]	材料热阻 $R=\delta/\lambda$ (m²·K/W)	热惰性指标 $D=R\cdot S$	传热系数 $K=1/R_0$ [W/(m²·K)]
屋面8	种植土层	900	0.2～0.3	180～270	0.47(×1.5)=0.705	5.57(×1.5)=8.355	0.2837～0.4255	2.3703～3.5551	
	土工布过滤层								
	陶粒排(蓄)水层	500	0.10	50	0.19(×1.5)=0.285	2.52(×1.5)=3.78	0.3509	1.3264	
	刚性防水层	2500	0.04	100	1.74	17.20	0.023	0.3956	
	白灰砂浆隔离层	1600	0.01	16	0.81	10.07	0.0123	0.1239	
	卷材(涂膜)层	600	0.0015～0.003	0.9～1.8	0.17	3.33	0.0176	0.0586	
	刷基层处理剂一遍								
	水泥砂浆找平层	1800	0.02	36	0.93	11.37	0.0215	0.2445	
	屋面板		0.10		1.74	17.20	0.0575	0.989	
	合计 (+内外表面换热阻0.16)		0.372/0.373～0.472/0.473	383/384～473/474			R_0=0.9265～1.0683	5.5083～6.6931	1.0793～0.9361
屋面8a	种植土层	900	0.2	180	0.47(×1.5)=0.705	5.57(×1.5)=8.355	0.2837	2.3703	
	土工布过滤层								
	陶粒排(蓄)水层	500	0.10	50	0.19(×1.5)=0.285	2.52(×1.5)=3.78	0.3509	1.3264	
	刚性防水层	2500	0.04	100	1.74	17.20	0.023	0.3956	
	白灰砂浆隔离层	1600	0.01	16	0.81	10.07	0.0123	0.1239	
	卷材(涂膜)层	600	0.0015～0.003	0.9～1.8	0.17	3.33	0.0176	0.0586	
	刷基层处理剂一遍								
	水泥砂浆找平层	1800	0.02	36	0.93	11.37	0.0215	0.2445	
	保温层隔热层(挤塑)	32	0.025	0.8	0.03(×1.2)=0.036	0.36(×1.2)=0.432	0.6944	0.3	
	水泥砂浆找平层	1800	0.02	36	0.93	11.37	0.0215	0.2445	
	屋面板		0.10		1.74	17.20	0.0575	0.989	
	合计 (+内外表面换热阻0.16)		0.417/0.418	420/421			R_0=1.6424	6.0528	0.6089

续表

编号	材料名称	干密度 ρ_0 (kN/m^3)	材料厚度 δ (m)	自重 (kg/m^2)	材料导热系数 λ [$W/(m \cdot K)$]	材料蓄热系数 S [$W/(m^2 \cdot K)$]	材料热阻 $R=\delta/\lambda$ ($m^2 \cdot K/W$)	热惰性指标 $D=R \cdot S$	传热系数 $K=1/R_0$ [$W/(m^2 \cdot K)$]
屋面9	种植土层	900	0.2～0.3	180～270	0.47(×1.5)=0.705	5.57(×1.5)=8.355	0.2837～0.4255	2.3703～3.5551	
	土工布过滤层								
	陶粒排(蓄)水层	500	0.10	50	0.19(×1.5)=0.285	2.52(×1.5)=3.78	0.3509	1.3264	
	刚性防水层	2500	0.04	100	1.74	17.20	0.023	0.3956	
	聚乙烯薄膜		0.0002						
	卷材(涂膜)层	600	0.003	1.8	0.17	3.33	0.0176	0.0586	
	刷基层处理剂一遍								
	水泥砂浆找平层	1800	0.02	36	0.93	11.37	0.0215	0.2445	
	屋面板		0.10		1.74	17.20	0.0575	0.989	
	合计 (+内外表面换热阻0.16)		0.363～0.463	368～458			R_0=0.9142～1.056	5.3844～6.5692	1.0939～0.947
屋面9a	种植土层	900	0.2	180	0.47(×1.5)=0.705	5.57(×1.5)=8.355	0.2837	2.3703	
	土工布过滤层								
	陶粒排(蓄)水层	500	0.10	50	0.19(×1.5)=0.285	2.52(×1.5)=3.78	0.3509	1.3264	
	刚性防水层	2500	0.04	100	1.74	17.20	0.023	0.3956	
	聚乙烯薄膜		0.0002						
	卷材(涂膜)层	600	0.003	1.8	0.17	3.33	0.0176	0.0586	
	刷基层处理剂一遍								
	水泥砂浆找平层	1800	0.02	36	0.93	11.37	0.0215	0.2445	
	保温层隔热层(挤塑)	32	0.025	0.8	0.03(×1.2)=0.036	0.36(×1.2)=0.432	0.6944	0.3	
	水泥砂浆找平层	1800	0.02	36	0.93	11.37	0.0215	0.2445	
	屋面板		0.10		1.74	17.20	0.0575	0.989	
	合计 (+内外表面换热阻0.16)		0.408	405			R_0=1.6301	5.9289	0.6135

续表

编号	材料名称	干密度 ρ_0 (kN/m³)	材料厚度 δ (m)	自重 (kg/m²)	材料导热系数 λ [W/(m·K)]	材料蓄热系数 S [W/(m²·K)]	材料热阻 $R=\delta/\lambda$ (m²·K/W)	热惰性指标 $D=R\cdot S$	传热系数 $K=1/R_0$ [W/(m²·K)]
屋面10	种植土层(轻质混合营养土)	800	0.05～0.2	40～160	0.47(×1.5)=0.705	5.57(×1.5)=8.355	0.0709～0.2837	0.5924～2.3703	
	土工布过滤层								
	蜂窝型塑料保水排水格片		0.012	(满水时)12			0.07		
	PVC 防水板		0.002						
	合金防水卷材		0.0007						
	卷材(涂膜)层	600	0.003	1.8	0.17	3.33	0.0176	0.0586	
	刷基层处理剂一遍								
	水泥砂浆找平层	1800	0.02	36	0.93	11.37	0.0215	0.2445	
	屋面板		0.10		1.74	17.20	0.0575	0.989	
	合计(+内外表面换热阻0.16)		0.088～0.238	90～210			R_0=0.3975～0.6103	1.8845～3.6624	2.5157～1.6385
屋面10a	种植土层(轻质混合营养土)	800	0.05～0.2	40～160	0.47(×1.5)=0.705	5.57(×1.5)=8.355	0.0709～0.2837	0.5924～2.3703	
	土工布过滤层								
	蜂窝型塑料保水排水格片		0.012	(满水时)12			0.07		
	PVC 防水板		0.002						
	合金防水卷材板		0.0007						
	卷材(涂膜)层	600	0.003	1.8	0.17	3.33	0.0176	0.0586	
	刷基层处理剂一遍								
	水泥砂浆找平层	1800	0.02	36	0.93	11.37	0.0215	0.2445	
	保温层隔热层(挤塑)	32	0.025	0.8	0.03(×1.2)=0.036	0.36(×1.2)=0.432	0.6944	0.3	
	水泥砂浆找平层	1800	0.02	36	0.93	11.37	0.0215	0.2445	
	屋面板		0.10		1.74	17.20	0.0575	0.989	
	合计(+内外表面换热阻0.16)		0.133～0.283	127～247			R_0=1.1134～1.3262	2.429～4.2069	0.8981～0.754

续表

编号	材料名称	干密度 ρ_0 (kN/m^3)	材料厚度 δ (m)	自重 (kg/m^2)	材料导热系数 λ [W/(m·K)]	材料蓄热系数 S [W/(m^2·K)]	材料热阻 $R=\delta/\lambda$ (m^2·K/W)	热惰性指标 $D=R\cdot S$	传热系数 $K=1/R_0$ [W/(m^2·K)]
屋面11	种植土层(轻质混合营养土)	800	0.050	40	0.47(×1.5)=0.705	5.57(×1.5)=8.355	0.0709	0.5924	
	土工布过滤层								
	蜂窝型塑料保水排水格片		0.012	(满水时)12			0.07		
	高密度聚乙烯卷材防水层		0.002						
	卷材(涂膜)层	600	0.0015~0.003	0.9~1.8	0.17	3.33	0.0176	0.0586	
	刷基层处理剂一遍								
	水泥砂浆找平层	1800	0.02	36	0.93	11.37	0.0215	0.2445	
	保温层隔热层(挤塑)	32	0.035	1.12	0.03(×1.2)=0.036	0.36(×1.2)=0.432	0.9722	0.42	
	水泥砂浆找平层	1800	0.02	36	0.93	11.37	0.0215	0.2445	
	屋面板		0.10		1.74	17.20	0.0575	0.989	
	合计(+内外表面换热阻0.16)		0.141/0.142	126/127			$R_0=1.3912$	2.549	0.7188
屋面12	种植土层(轻质混合营养土)	800	0.050	40	0.47(×1.5)=0.705	5.57(×1.5)=8.355	0.0709	0.5924	
	土工布过滤层								
	蜂窝型塑料保水排水格片		0.012	(满水时)12			0.07		
	铝薄膜高分子防水卷材		0.002						
	卷材(涂膜)层	600	0.0015~0.003	0.9~1.8	0.17	3.33	0.0176	0.0586	
	刷基层处理剂一遍								
	水泥砂浆找平层	1800	0.02	36	0.93	11.37	0.0215	0.2445	
	保温层隔热层(挤塑)	32	0.035	1.12	0.03(×1.2)=0.036	0.36(×1.2)=0.432	0.9722	0.42	
	水泥砂浆找平层	1800	0.02	36	0.93	11.37	0.0215	0.2445	
	屋面板		0.10		1.74	17.20	0.0575	0.989	
	合计(+内外表面换热阻0.16)		0.141/0.142	126/127			$R_0=1.3912$	2.549	0.7188

续表

编号	材料名称	干密度 ρ_0 (kN/m³)	材料厚度 δ (m)	自重 (kg/m²)	材料导热系数 λ [W/(m·K)]	材料蓄热系数 S [W/(m²·K)]	材料热阻 $R=\delta/\lambda$ (m²·K/W)	热惰性指标 $D=R\cdot S$	传热系数 $K=1/R_0$ [W/(m²·K)]
屋面13	种植土层(轻质混合营养土)	800	0.050	40	0.47(×1.5)=0.705	5.57(×1.5)=8.355	0.0709	0.5924	
	土工布过滤层								
	无纺毡		0.005						
	高密度聚乙烯卷材防水层		0.002						
	卷材(涂膜)层	600	0.0015~0.003	0.9~1.8	0.17	3.33	0.0176	0.0586	
	刷基层处理剂一遍								
	水泥砂浆找平层	1800	0.02	36	0.93	11.37	0.0215	0.2445	
	保温层隔热层(挤塑)	32	0.035	1.12	0.03(×1.2)=0.036	0.36(×1.2)=0.432	0.9722	0.42	
	水泥砂浆找平层	1800	0.02	36	0.93	11.37	0.0215	0.2445	
	屋面板		0.10		1.74	17.20	0.0575	0.989	
	合计(+内外表面换热阻0.16)		0.13410/0.135	114/115			$R_0=1.3212$	2.549	0.7569
屋面14	种植土层(轻质混合营养土)	800	0.050	40	0.47(×1.5)=0.705	5.57(×1.5)=8.355	0.0709	0.5924	
	土工布过滤层								
	无纺毡		0.005						
	铝薄膜高分子防水卷材		0.002						
	卷材(涂膜)层	600	0.0015~0.003	0.9~1.8	0.17	3.33	0.0176	0.0586	
	刷基层处理剂一遍								
	水泥砂浆找平层	1800	0.02	36	0.93	11.37	0.0215	0.2445	
	保温层隔热层(挤塑)	32	0.035	1.12	0.03(×1.2)=0.036	0.36(×1.2)=0.432	0.9722	0.42	
	水泥砂浆找平层	1800	0.02	36	0.93	11.37	0.0215	0.2445	
	屋面板		0.10		1.74	17.20	0.0575	0.989	
	合计(+内外表面换热阻0.16)		0.134/0.135	114/115			$R_0=1.3212$	2.549	0.7569

说明： 计算种植屋面总高度、自重、K值、D值的原则与条件：

1. 总高度为屋面结构表面以上各构造层的高度之和。
2. 自重为屋面结构表面以上各层构造重量之和。种植土层暂按900kg/m³计算，设计人应根据实际情况调整。
3. 植被、土工布、油毡、薄膜隔离层、1∶8水泥陶粒局部调坡、合金卷材及铝膜等均未计算对K、D值产生的影响（K为传热系数；D为热惰性指标）。
4. 屋面结构板仅按100mm厚计算对K、D值的影响，设计人应根据实际调整。
5. 构造层中的卷材部分一律按3mm计算对K、D值的影响。
6. 有保温层的种植屋面构造中，保温层统一以挤塑板为代表列入计算，设计人可代换其他保温材料。

种植屋面附录二　常用保温材料性能及屋面种植区荷载（浙 J32）、（中南 052J203）

常用保温隔热材料选用表　　**附表 2-1**

材料名称	材质要求				导热系数计算值 [W/(m·K)]	蓄热系数计算值 [W/(m²·K)]
	导热系数 [W/(m·K)]	蓄热系数 [W/(m²·K)]	比热容 C [(kJ/(kg·K)]	干密度 (kg/m³)		
聚苯乙烯泡沫塑料板	0.039	0.36	1.38	≥30	0.039×1.3=0.0507	0.36×1.3=0.468
挤塑聚苯乙烯泡沫塑料板	0.030	0.36	1.38	≥32	0.030×1.2=0.036	0.36×1.2=0.432
发泡聚氨酯	0.030	0.36	1.38	30~45	0.030×1.2=0.036	0.36×1.2=0.432
水泥聚苯板	0.09	1.54	-	300	0.09×1.5=0.135	1.54×1.25=1.925

种植屋面的种植区荷载包括：植物自重、种植层（土或其他轻质材料）重，及排（蓄）水层材料重。

由于不同种类植物、不同材料构成的种植层与排（蓄）水层的重量均不相同，而且会随气温、湿度及植物生长状况不同而有所变化。

附表 2-2 ~ 附表 2-4 所列数据系参照下列参考文献列出，设计计算时可根据当地最新的数据更改。

参考文献：

1. 黄金锜著. 屋顶花园设计与营造. 北京：中国林业出版社，1996。

2. （德）克劳斯·奥洛魏著，张美贞，崔志忠译. 住宅绿化. 北京：中国建筑工业出版社，1987 年。

屋顶风荷载随屋顶离地面距离加大而增大，故屋顶一般不适合种乔木；如须种植，应按集中荷载并按参考文献 1、2 提供的数据附加根系荷载。

植物平均荷载　　**附表 2-2**

植物种类	荷载（kN/m²）
草坪草与草花地被	0.05
低矮灌木与小丛木本植物	0.10
1.5m 以下的长成灌木	0.20
2.0~3.0m 灌木与小乔木	0.30

种植层荷载　　**附表 2-3**

名称	构成比例	湿重（每 cm 厚 kN/m²）
坡积沙灌土	长有植物的天然坡积沙壤土	0.18~0.20
耕作土掺砂	耕作土 50%~70% 粗砂 50%~30%	0.18~0.20
河滩砂土	长草的天然河滩土	0.16~0.18
合成土	耕作土 50%~70% 膨胀珍珠岩（或蛭石）50%~30%	0.12~0.15
轻质腐殖土	腐殖土 50%~70% 蛭石 40%~10%　砂土 10%~20%	0.08~0.12
轻质混合营养土	由蛭石、珍珠岩、发酵木屑、林区腐植草炭等及营养素构成	0.08 以下

注：种植层设计厚度与构成可由设计人参照分层构造举例选择。

排（蓄）水层荷载　　**附表 2-4**

材料	湿重（每 cm 厚 kN/m²）
卵石、粗砂	0.19~0.23
陶粒	0.06~0.07

说明：1. 卵石、粗砂排水层厚度由设计人参照分层构造举例选定。

2. 卵石、粗砂排水层均应按反滤层要求先铺稍大石子，再铺小石子，顶铺粗砂。

种植屋面附录三　有关屋面种植层、排（蓄）水层、防护层、给排水及作物选择的一般建议　（浙J32）(6页)

	屋面类型	种植层厚度 H_1（mm）	种植层土质	排（蓄）水层 H_2（mm）	防护层	供水设施	排水设施	推荐作物类型	除杂草措施
不上人屋面	（A）	200～300	一般沙性耕作土或有植被的坡积沙壤土、河滩砂土等	宜设排（蓄）水层：100mm厚粗砂、卵石（稍大石子在下，小石子在上，顶铺粗砂）	铺植浅根草，不施底肥，一般亦可不设防护层	同一标高屋面至少设一处供水水嘴	同标高屋面每200m²不少于一根 ϕ100mm排水管，排水口附近用预制挡土件Ⓑ按半径600围合挡土（若浅蓄水可同B型）	移植溪边或山坡野生的多年生耐旱、耐寒的浅根草（如：结缕草、狗牙根、野牛草等）	按需要在秋冬季除杂草
一般上人屋面	（B）	200～300	耕作土掺30%～50%粗砂（或膨胀珍珠岩）	同　上	同　上	同上，或另设浅蓄水用的自动供水口	排水设施同上。若按浅蓄水植草屋面，排水口应按溢流口设计	草坪草同上；可间植草花地被，如：紫茉莉、麦冬、雏菊、金盏菊、葱兰、丛生福禄考等	头几年可每年二～三次剔除杂草，以限制其漫延
活动平台型屋　面	（C）	300	可任选： （1）沙质壤土； （2）耕作土掺粗砂30%～50% （3）耕作土掺30%蛭石或膨胀珍珠岩	一般宜设，作法同A型	应设防止根系穿透的防护层（可用较厚的防水卷材）	视实际可能任选 （1）设集中供水水嘴； （2）设浅蓄水自动供水口（类似卫生间低水箱中的浮球阀）； （3）设定点喷水头	排水同A型屋面	宜选用草坪植生带中耐旱、耐践踏的高羊茅、早熟禾及马尼拉结缕草等。	铺草坪前先用除草剂除草，并通过反复剔除与修剪抑制杂草繁殖，确保目的草正常覆盖
空中花园型屋　面	（D）	（1）植草坪土厚300	同C	100～200mm厚陶粒，其上并加玻璃纤维布过虑层	同C型	按屋顶花园具体布置设计供水系统（定点喷灌或滴灌管网）	按屋顶花园具体布置专门设计排（蓄）水系统	宜选植草坪植生带中的马尼拉结缕草、假俭草、地毯草；草花地被同B型或四季花卉	同　上
		（2）植树槽土厚300～450	耕作土掺30%～50%粗砂（或蛭石、木屑）	同　上	同C型	同　上	同　上	植树：可植浅根矮小乔木与花灌木，如：龙爪槐、南洋杉、葡萄等	由专人维护，适时除草
景观花坛型屋　面	（E）	300	（1）轻质混合营养土；（2）耕作土掺蛭石等轻质材料	同　上	同C型	宜设喷灌或滴灌系统	排水同D（1）型屋面	四季花卉及造景植物，如：石岩杜鹃、八仙花、栀子花、偃柏、小翠竹等	由专人经常性除草

注：1. 种植层土质一般均应同时满足重量轻、持水量大、透气性好、排水性佳、营养适中、清洁无毒、材源丰富、价格低廉等要求。总孔隙度>45%，非毛细管孔隙度>10%。
2. 营养土为园林专业部门按一定比例合成并含植物生长必要养分的轻质混合土。
3. 如用户拟将原设计的植草屋面改种灌木等，均应通过结构设计人员验算。植物与种植层、排（蓄）水层荷载见283页附表2-2。
4. 草坪植生带是将草种定植在无纺布上的新产品，工厂化生产，成坪快，植生膜能自然化解为养料。

种植屋面附录四　覆土植草屋面的维护（浙 J32）（41 页）

覆土种植屋面具有良好的屋面生态环境，兼改善屋面隔热、保温与防渗漏性能，并以相对低廉的造价，换来建设屋顶绿地活动平台、屋顶草坪、屋顶花园及进一步拓宽屋面综合利用的前景。因而在国内外均日益受到人们重视与欢迎。从调查考察所见，原设计为覆土种植屋面的，多数在使用中得到一定的管理与维护。但不少工程的覆土植草屋面间种花卉瓜果与灌木，有些覆土屋面从一开始就种蔬菜，形成屋顶菜园，或以四季花卉灌木为主，形成屋顶花园；有些植草屋面无人管理，以杂草为主；还有不少原设计并非覆土种植的屋面被用户自行改为屋顶菜园与屋顶花园，后二者覆土一般较厚，多超载而尚未引起有关方面应有的重视。

鉴于覆土种植屋面的效益与成败均涉及较多方面因素，其结构的安全耐久性、隔热防水性能，以及屋面种植效益、生态环境等，除取决于设计与施工质量外，还与整个使用期间的维护情况直接有关，因而有必要重视覆土种植屋面的维护要求。首先，宜明确维护的责任，除不上人屋面多属无人管理型外，一般均宜按“享用与责任统一”的原则明确维护责任。譬如：住宅的上人屋顶一般可由顶层的住户负责（给水管路接入该户水表）；单位公用房与一般公共建筑的种植屋面，则可由主权单位委托具体部门与人员负责屋面日常管理。

在屋顶维护中应注意的几个方面：

一、覆土种植屋面的实施与验收均应强化对其实施程序与屋面施工质量的监督与检验（严格按有关规定实施监督）。

二、覆土种植屋面在使用期间须始终注意以下几点：

1. 未经原设计人员同意，不得擅自改变屋面覆土状况，包括：

（1）未经设计人员验算许可不得擅自增加覆土厚度、改变覆土范围或增设原设计中未考虑的大型、深型种植槽（缸）、养鱼池等——擅自加大屋面荷载或导致荷载不均匀，均会影响结构安全与有损屋面抗渗漏性能。

（2）必须经蓄水检验证实不漏后统一覆土，不可将屋面分片划给各户自行覆土种植。否则，因各自覆土造成屋面覆土厚薄不匀或有裸有覆，必削弱屋面隔热保温与防水性能，并降低屋面结构耐久性。

（3）将植草屋面改为创收型种植屋面时，不得将土集中堆放——否则，屋面局部超载引起裂缝与不均匀沉降等，均对结构安全与防渗漏不利。

2. 铺土、松土、加土或返修屋面时，均不得将土集中堆放，——否则，屋面局部超载引起裂缝及有损结构，均对安全与防渗漏不利。

3. 屋面补漏应先找准须修补的部位，并且不得乱敲、乱凿；如须扒开土层修补屋面，须注意不要损伤土下的刚性（或柔性）防水层，并应及时恢复原状——损伤防水层、过大震动与长时间裸露均会导致屋面产生新的裂缝与渗漏。

4. 不宜在屋面种植深根作物与高大树木，——以免深根作物的根系通过缝隙穿透屋面引起渗漏。屋顶植树易被大风刮倒。

5. 不要在覆土种植屋面上再任意堆放重物或加搭棚屋等，——以避免屋面超载影响结构安全与防水性能。

6. 不要在覆土植草屋面的支承墙体上随意打凿孔洞，——过大震动与改变支承条件均会损及结构安全与屋面防水。

7. 直接在钢筋混凝土屋面覆土的种植屋面须施肥时，不要使用人畜粪尿与含铵盐、碳酸盐或油脂成分的肥料，——以免屋面防水层混凝土受到腐蚀，影响屋面防水层的耐久性。

三、屋面作物种植与维护注意事项：

1. 覆土屋面作物的选择：按用户对屋面功能与生态环境的要求，可参照本篇附录三（284 页）选择。

2. 屋顶草坪的维护：

（1）除杂草：为确保所选植的目的草正常生长，屋顶草坪也须适时割除杂草。除草的方法：

①覆土后尚未植草前，先用草甘磷等灭生性除草剂杀灭杂草（操作应严格按有关说明），约2~3周后再铺植目的草。

②在植草前不要施肥，防止杂草旺长。

③在目的草与杂草混杂的情况下，宜适时人工割除杂草与修剪草坪（一般应在杂草尚未开花结子时就拔除与反复修剪草坪，如此进行几次即可有效抑制杂草漫延）。

（2）草坪修剪：除粗放型不上人屋面的杂草可不必修剪外，屋顶草坪一般宜适时进行修剪。这不仅可使草坪平整、美观，还可抑制杂草繁殖。剪草宜用专用剪刀或人力剪草机，视屋面大小与使用要求而定。

（3）屋顶草坪防火：当冬季屋顶的植草大部分枯萎时，应更注意屋面防火。

例如：①不得向屋顶草坪乱扔烟头、火柴；

②不得在屋顶草坪及其附近屋面燃放烟花爆竹；

③不得在屋面焚烧枯干枝叶；

④不得在屋面草坪上点燃炉火等等。

四、种植屋面给水与蓄（排）水设施维护管理：

1. 屋顶裸露的水管在冬季一般应加适当防护，以免冻裂。
2. 注意屋面的排水口拦污栅是否完好，以防植物枯枝叶堵塞排水口。
3. 对凡浅蓄水植草屋面，在夏季高温季节应不时补充水量，在冬季严寒时节则应放空蓄水。

种植屋面附录五　塑料凸片详图（华北 88J5-1）(25 页)

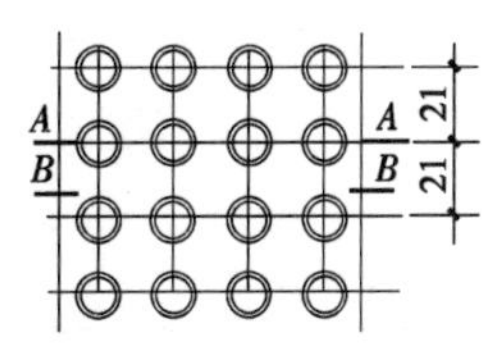

*A*1 型塑料凸片局部平面

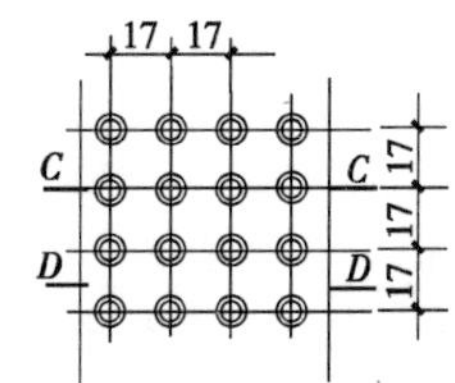

*A*2 型塑料凸片局部平面

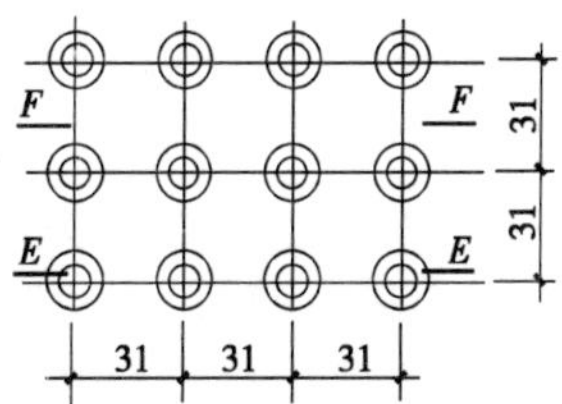

*A*3 型塑料凸片局部平面
（常用于需较大疏水作用时，如种植屋面）

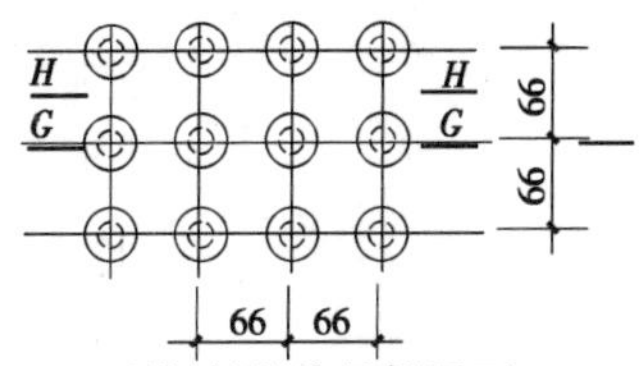

*A*4 型塑料凸片局部平面
（常用于需较大疏水作用时，如种植屋面）

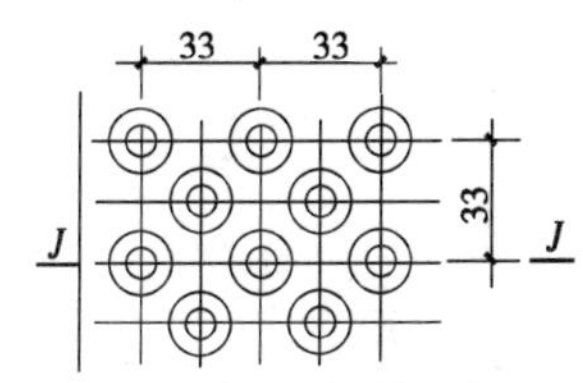

B 型塑料凸片局部平面

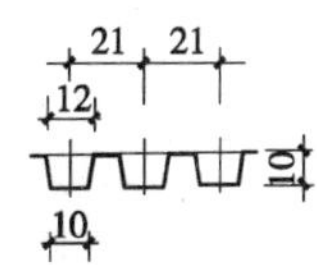

A—*A*

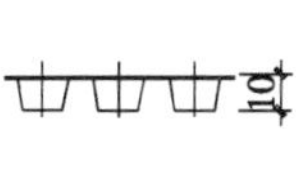

B—*B*

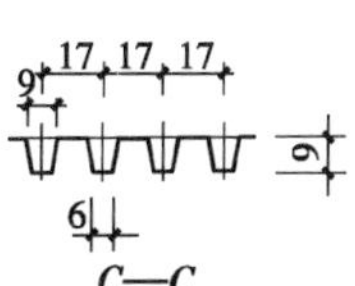

C—*C*

9

D—*D*

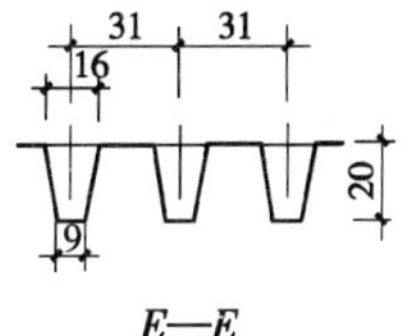

E—*E*

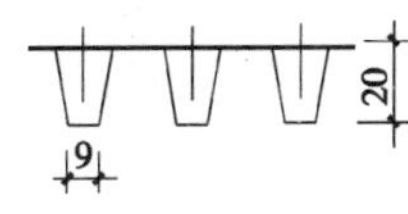

F—*F*

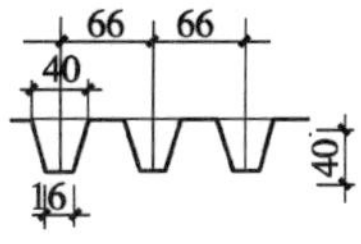

G—*G*

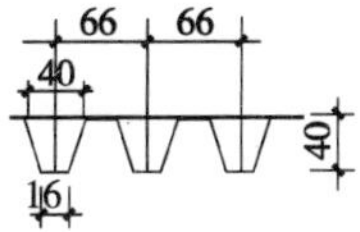

H—*H*

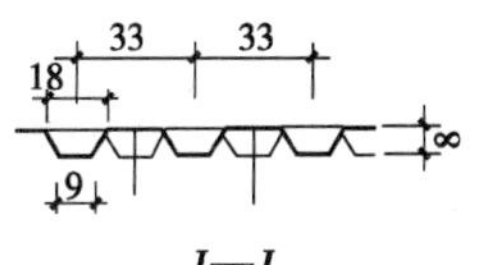

J—*J*

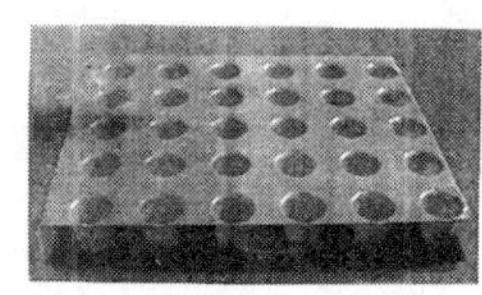

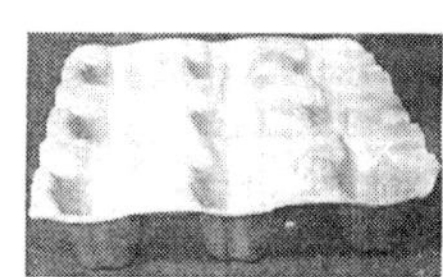

说明：1. 塑料凸片为高抗压聚乙烯粒状板，用于屋面工程时，有几种功能：

（1）倒置式屋面置于防水层上面，利用凸片造成的空隙排水，有利于上层保温层保持干燥，并起不同材料层间的隔离层作用。

（2）与土工布结合用于种植屋面，同样起疏水作用，以代替以前用的陶粒。

（3）置于保温层与上层混凝土间，起隔离作用，如屋 19D1 19D2。

2. 用于屋面面层与混凝土组合时，可以承受 200~400kN/m²（20~40t/m²）的压力，可用于停车屋面及消防车道屋面。

3. 用于地下室外墙防水层的保护层及用在地下室地面下，可构造排堵结合的地下室防水方案。

总附录一　人孔板

人孔板选用图（中南 05ZJ201）(38 页)

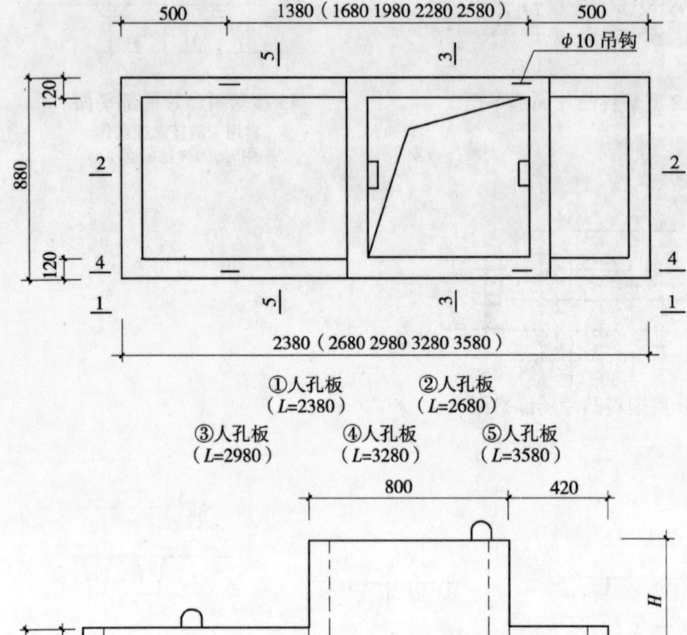

板号	L	h	h_1	钢筋①号
1	2380	120	60	1Φ14 L=2530
2	2680	120	60	1Φ16 L=2850
3	2980	150	90	1Φ14 L=3130
4	3280	150	90	1Φ16 L=3450
5	3580	150	90	1Φ16 L=3560

覆盖层做法	H
坐砌大阶砖或混凝土预制块	370
架空 120 大阶砖或钢筋混凝土预制块	505
架空 180 大阶砖或钢筋混凝土预制块	580
用于顶棚板时（无泛水要求）	200

说明：

1. 本图人孔板用于屋面或顶棚，板面活荷载应≤2kN/m²。
2. 剖面 2-2~剖面5-5 及钢筋布置见下半页图。

人孔板配筋图（中南 05ZJ201）(39 页)

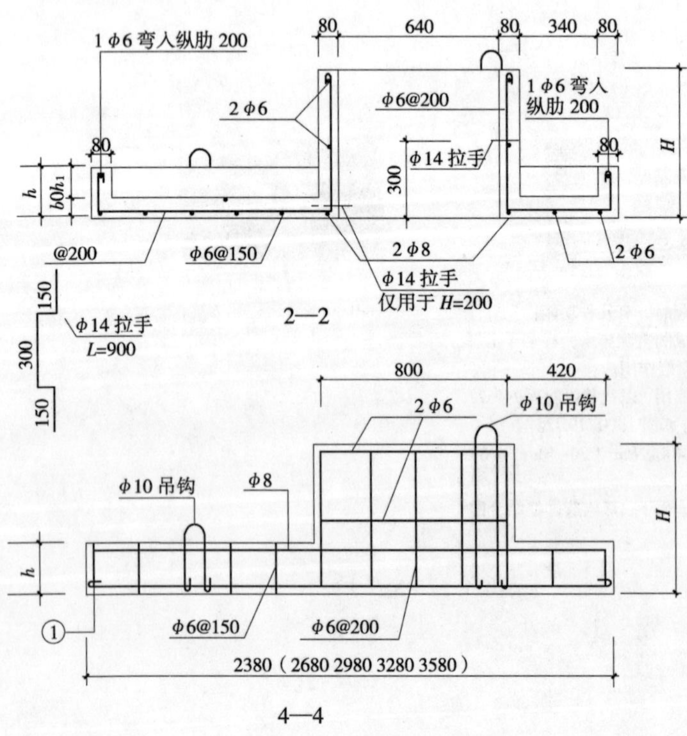

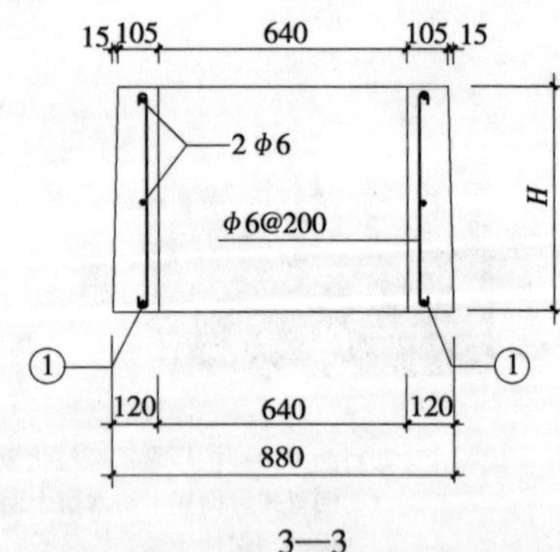

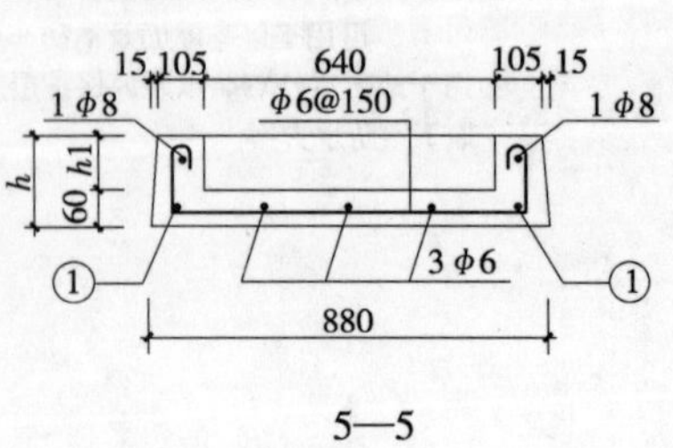

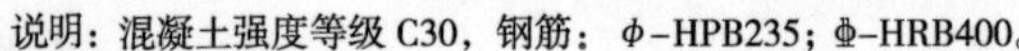
说明：混凝土强度等级 C30，钢筋：φ-HPB235；Φ-HRB400。

总附录二　排水构件（一）(河北 05J5-1) (62～69 页)

屋面排水构件组合

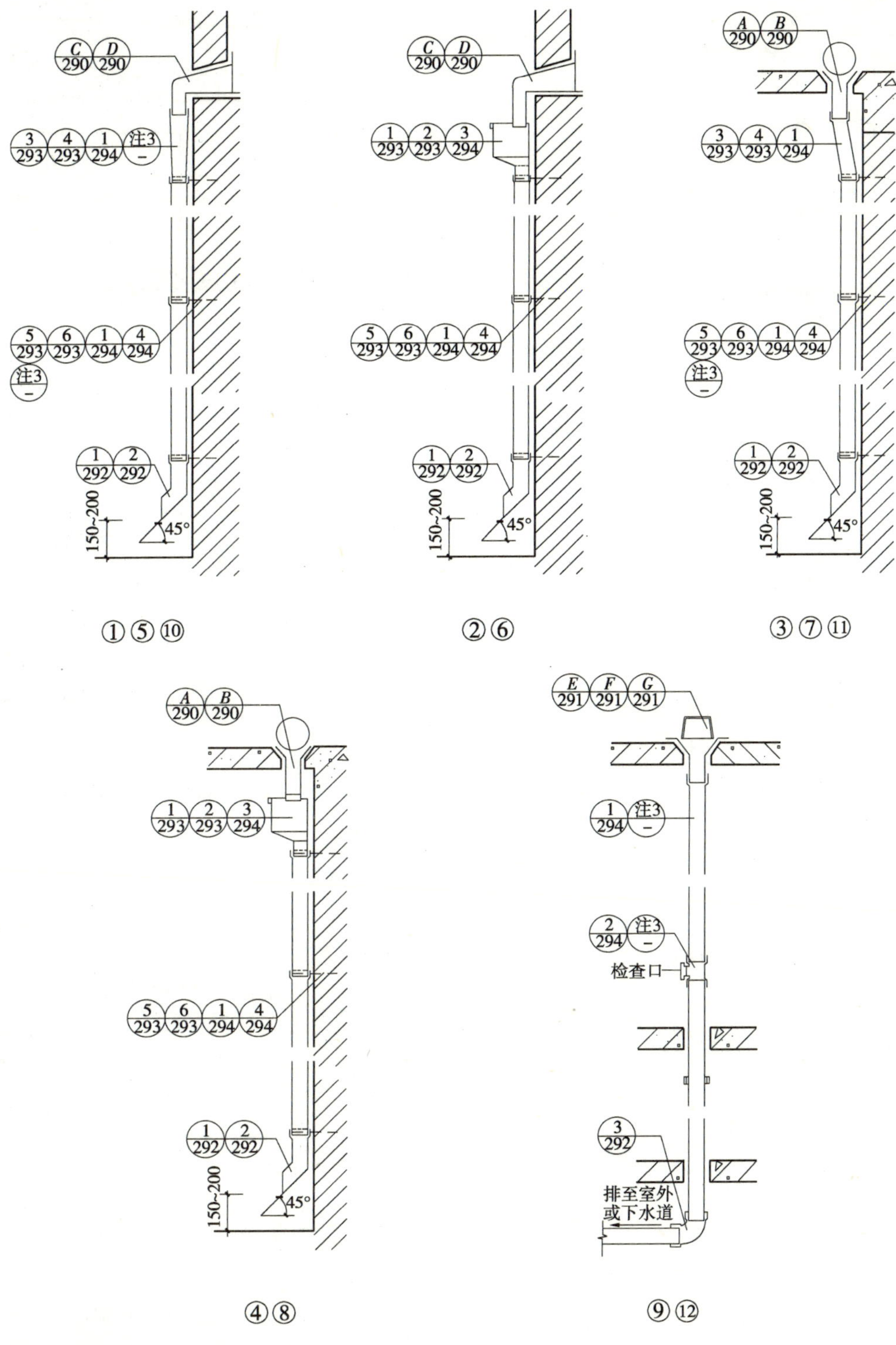

说明：1. ①、②、③、④为镀锌钢板雨水管。⑤、⑥、⑦、⑧、⑨为 UPVC 塑料雨水管。⑩、⑪、⑫为钢雨水管。
2. 镀锌钢板雨水管刷防锈漆，接头用插口。钢雨水管焊接刷防锈漆。
3. 钢管雨水管的管子、弯头、检查口及固定件均有成品，与一般排水管道相同，不再绘详图。

屋面外排水雨水口

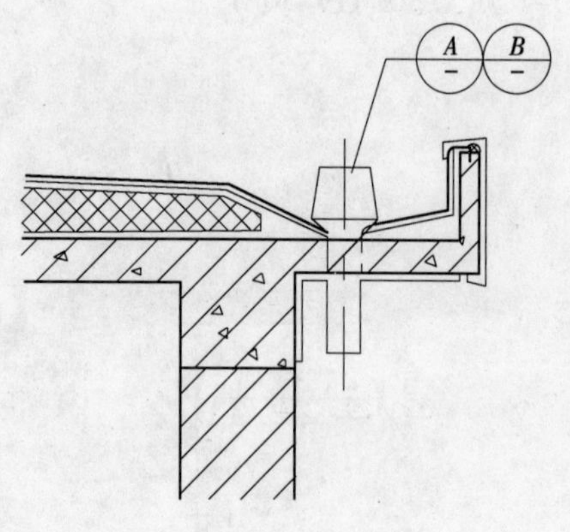

① 挑檐雨水口

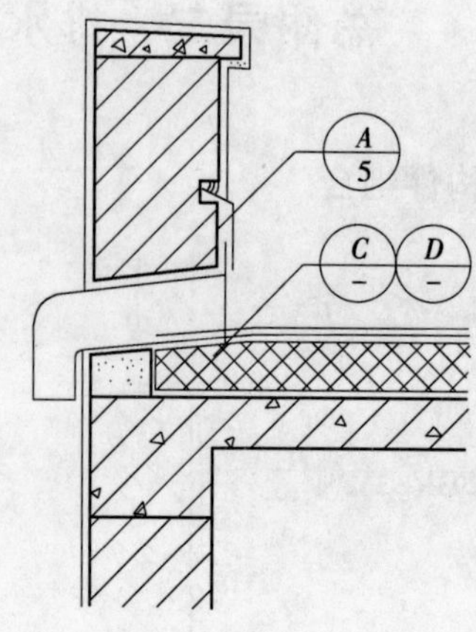

② 女儿墙雨水口

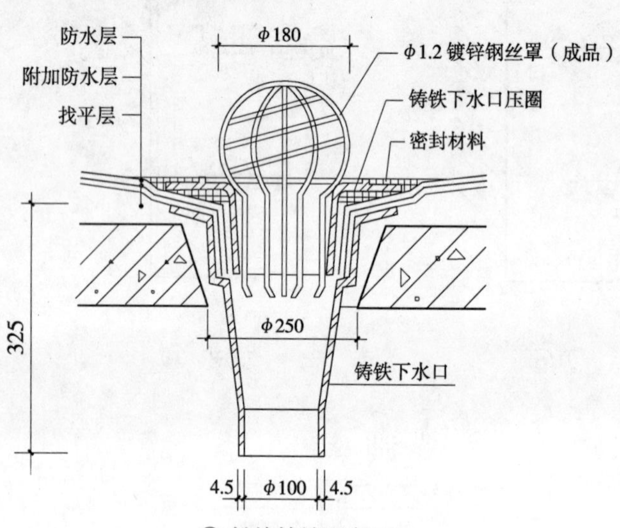

Ⓐ 挑檐铸铁雨水口

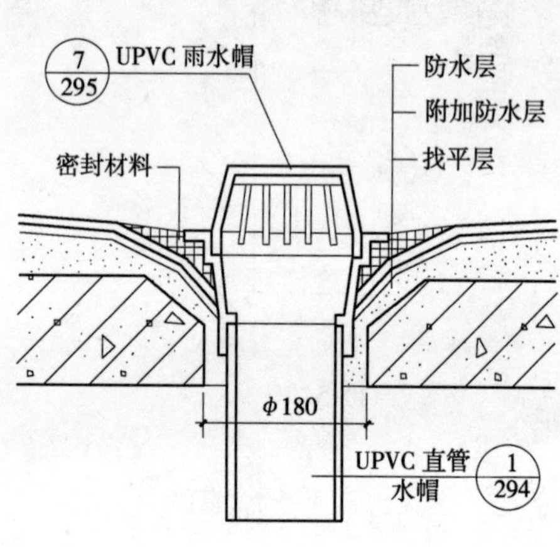

Ⓑ 挑檐 UPVC 雨水口

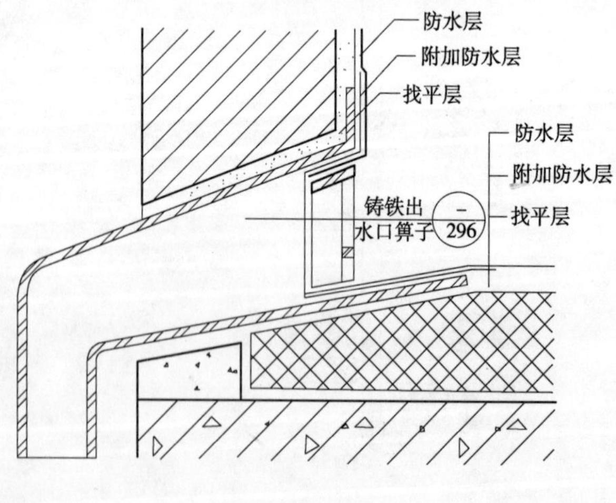

Ⓒ 女儿墙铸铁雨水口

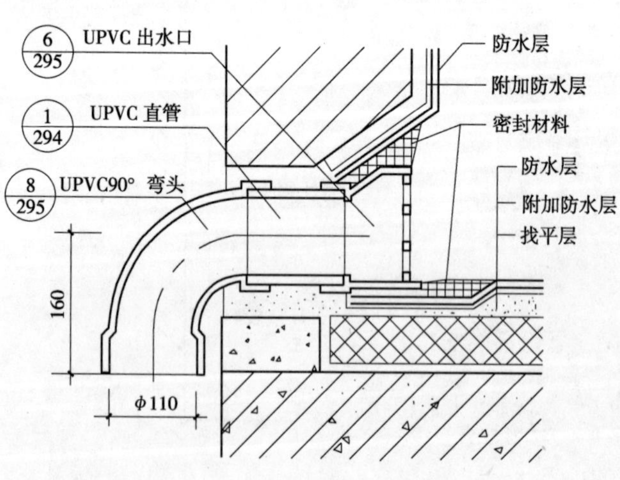

Ⓓ 女儿墙 UPVC 雨水口

屋面内排水雨水口

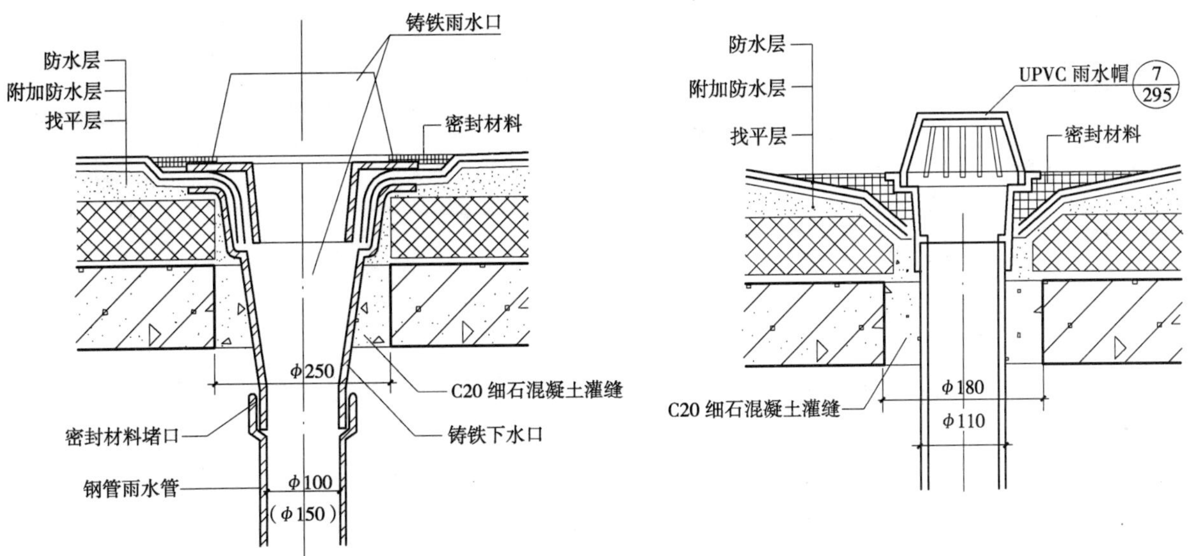

Ⓔ 内排水铸铁雨水口

Ⓕ 内排水 UPVC 雨水口

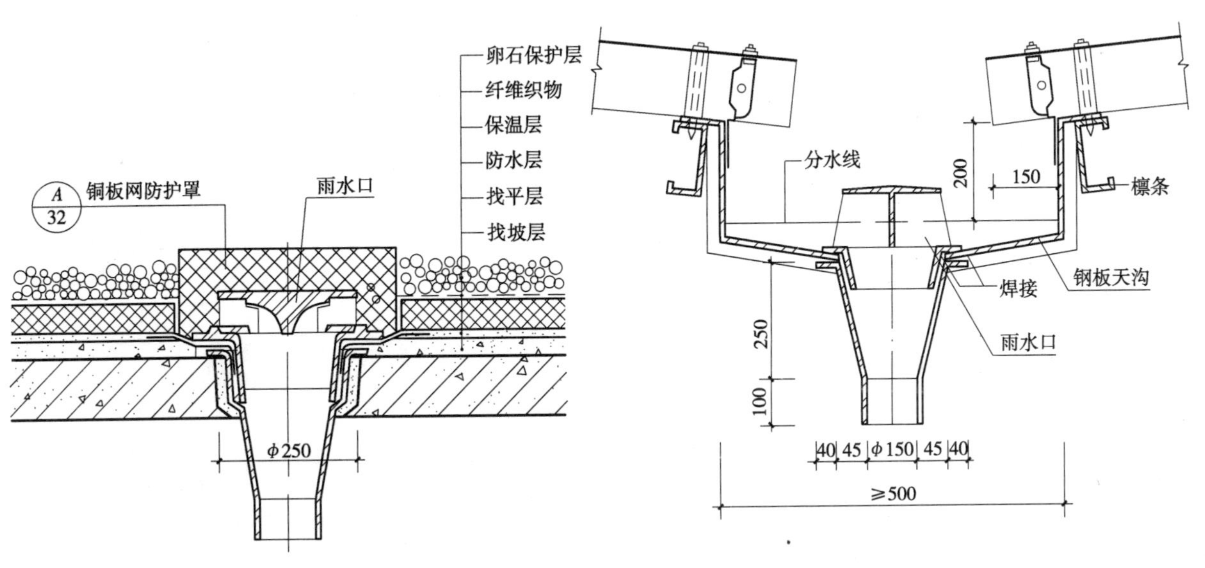

Ⓖ 倒置式屋面内排水雨水口

Ⓗ 金属板材屋面内排水雨水口

说明：常用雨水管内径为 φ100，内排水管为 φ100 及 φ150 两种规格。
UPVC 雨水管中设有 φ150 雨水斗，可将 UPVC φ160 直管与铸铁下水口连接。
内雨水管检查口每层设一个。

管底出水口

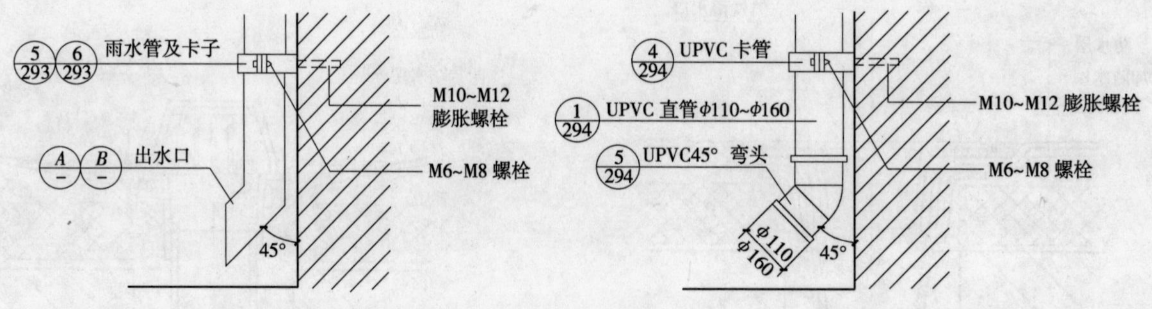

① 外排镀锌钢板管底出水口

② 外排 UPVC 管底出水口

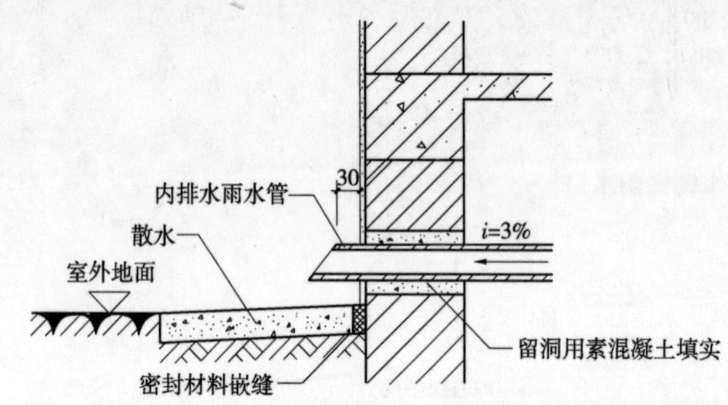

③ 内排雨水管出水口

（严寒地区北向不采用）

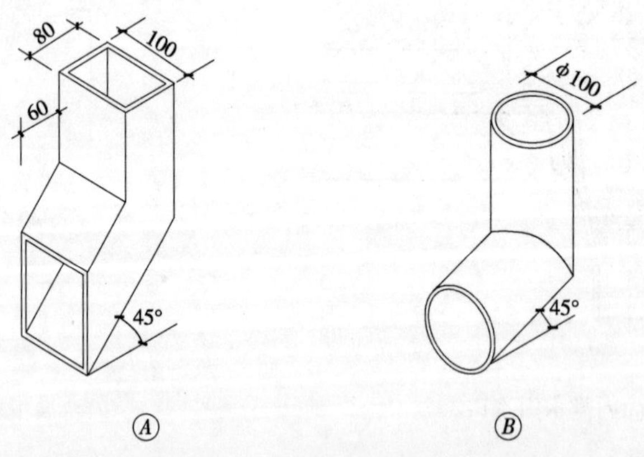

外排镀锌钢板管底方（圆）出水口

说明：镀锌钢板 0.6mm 厚。

镀锌钢板雨水管件

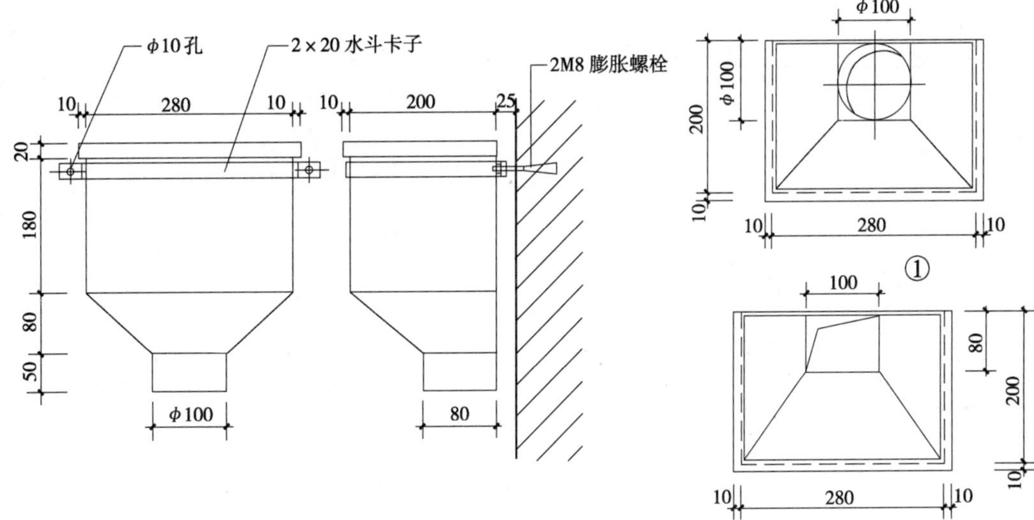

① 镀锌钢板水斗（一）

② 镀锌钢板水斗（二）

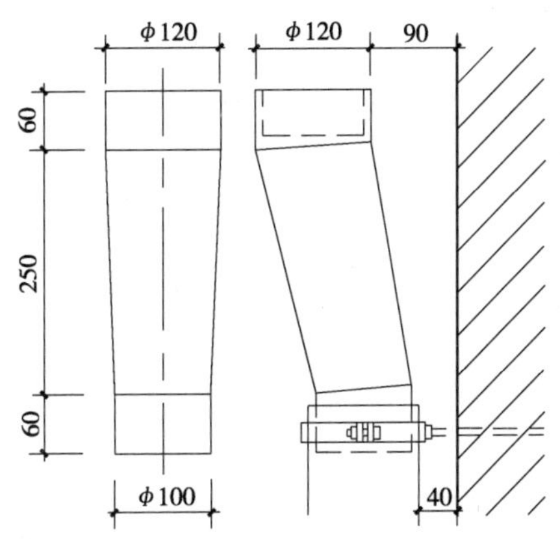

③ 圆雨水接口

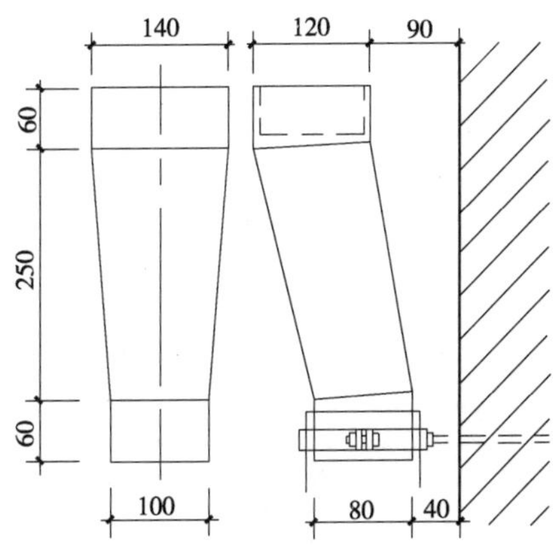

④ 方雨水接口

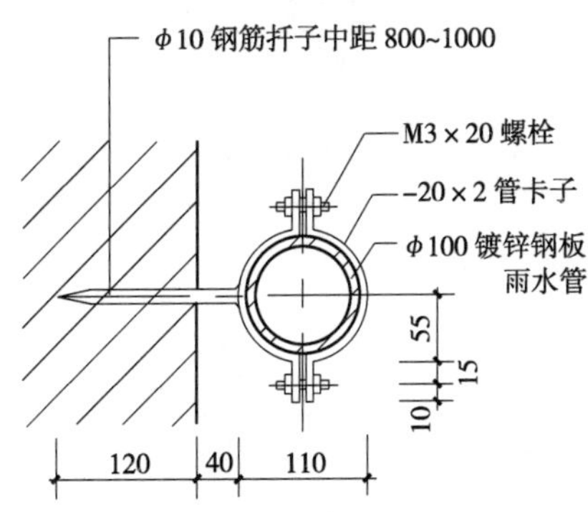

⑤ 圆雨水管及卡子

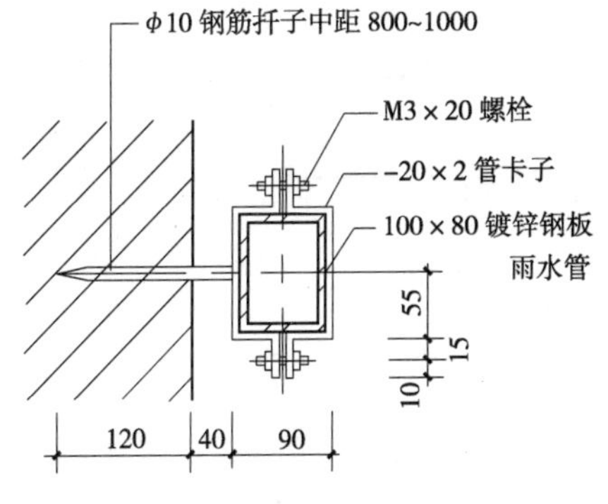

⑥ 方雨水管及卡子

说明：本页镀锌钢板 0.6mm 厚。

VPVC 雨水管零件（一）

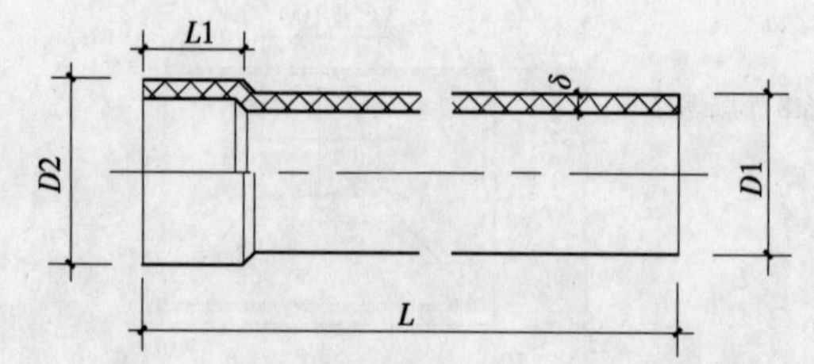

管径 $D1$	$D2$	L	$L2$	δ
110	110.75	4000	61	3.2
160	160.35	4000	86	3.2

① UPVC 直管

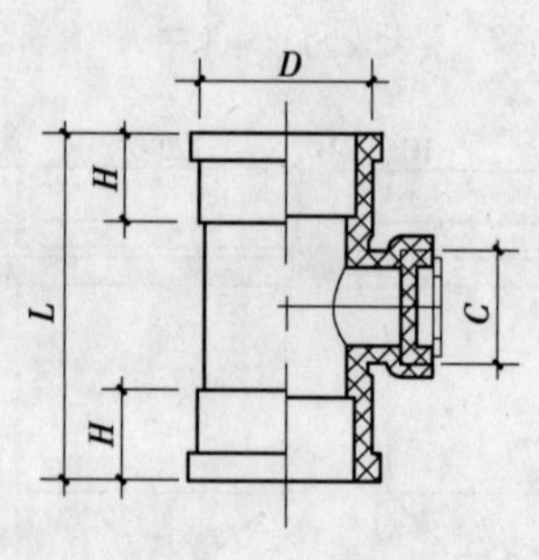

② UPVC 检查口

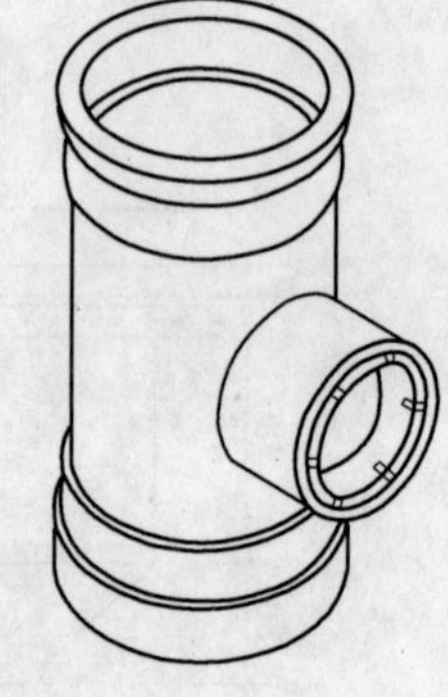

UPVC 检查口透视

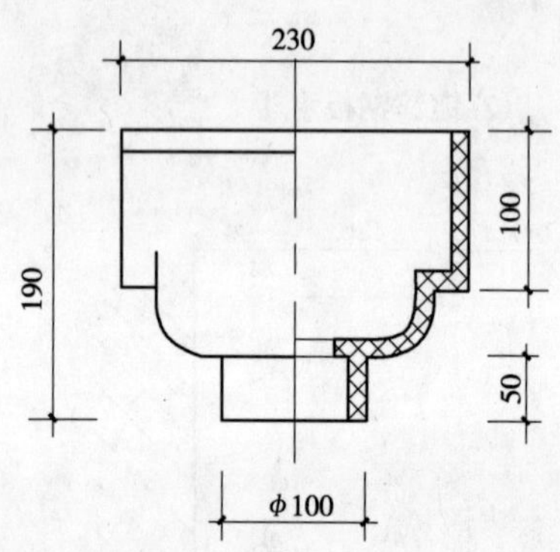

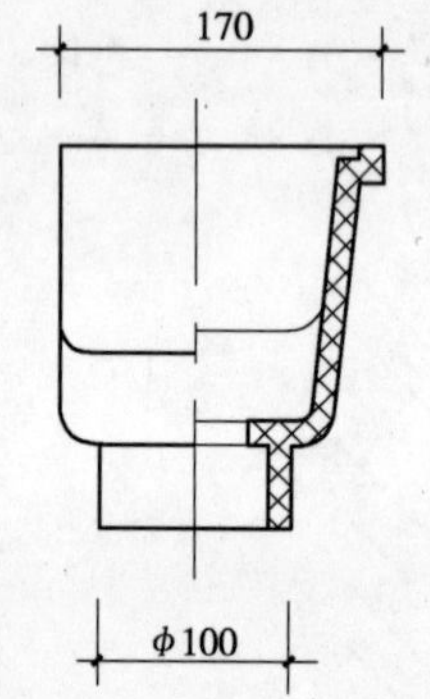

③ UPVC 方雨水斗

名 称	D	H	L	C
UPVC 检查口	110	50	230	75
	160	60	280	75

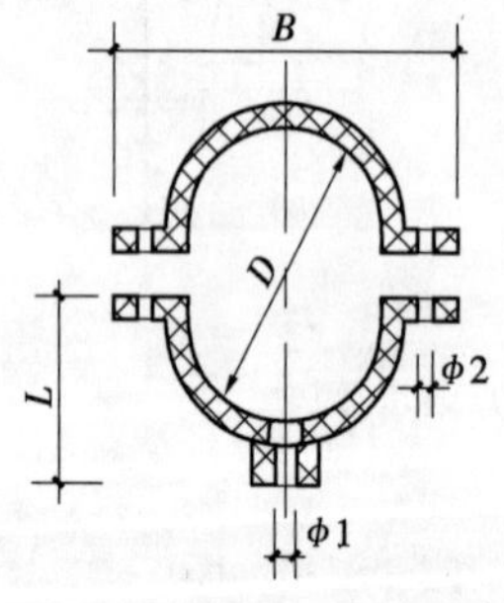

④ UPVC 卡管

名 称	管径 D	$\phi 1$		$\phi 2$		B	L
		孔径	螺栓	孔径	螺栓		
UPVC 管卡	110	$\phi 10.5$	M10	$\phi 6.5$	2M6	158	87
	160	$\phi 13.0$	M12	$\phi 9.0$	2M8	230	117

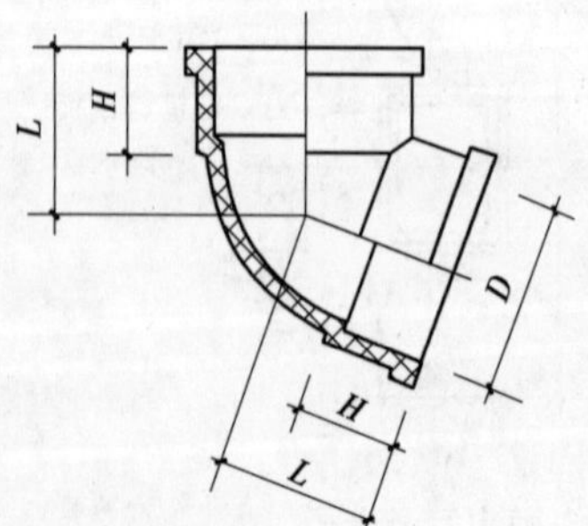

⑤ UPVC45° 弯头

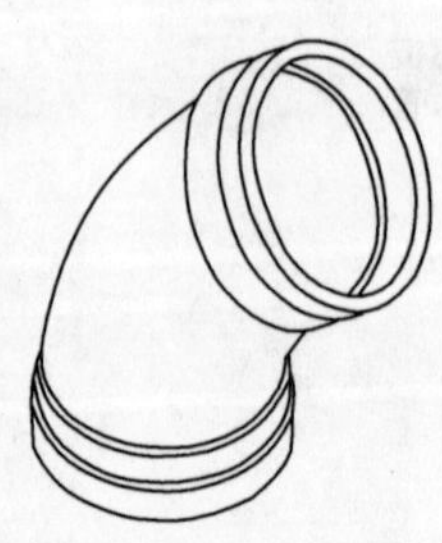

UPVC45° 弯头透视

名 称	D	H	L
UPVC 45° 弯头	110	50	80
	160	60	100

说明：1. UPVC 管材、管件是以聚氯乙烯树脂为主要原料的硬聚氯乙烯塑料制品。

2. UPVC 雨水管仅有圆管。UPVC 管卡 $\phi 1$ 螺栓为膨胀螺栓。

UPVC 雨水管零件

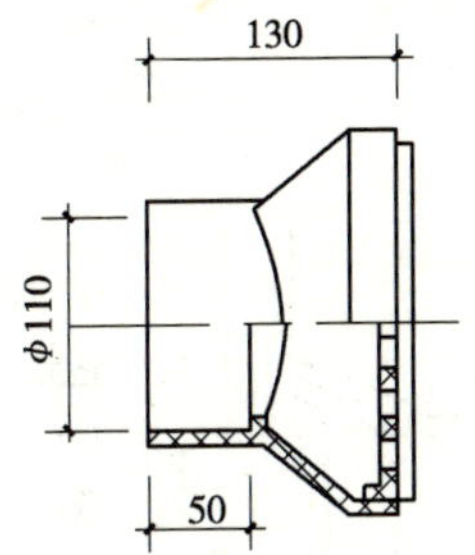

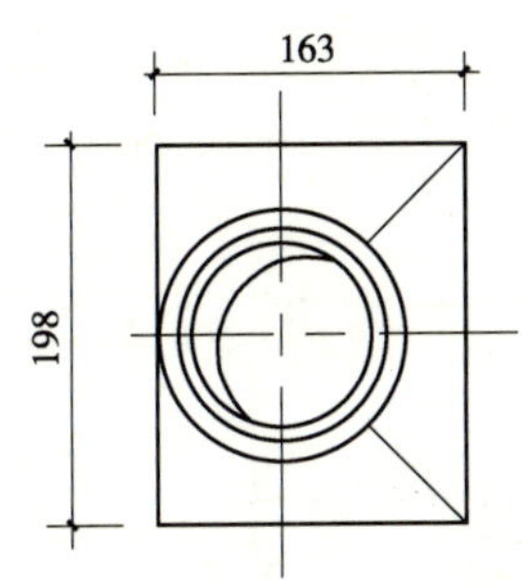

⑥ UPVC 外雨水口

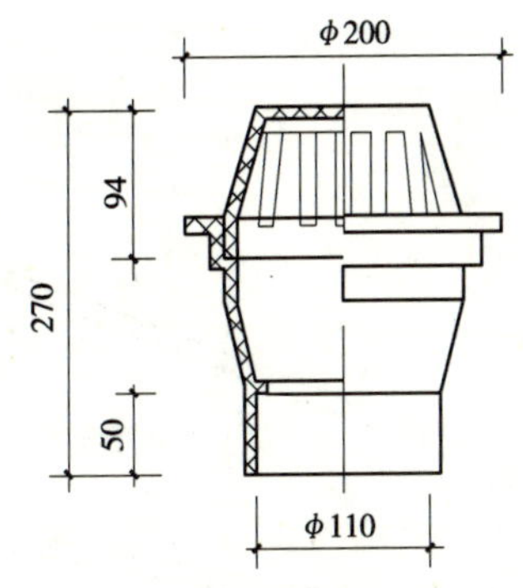

⑦ UPVC 雨水帽

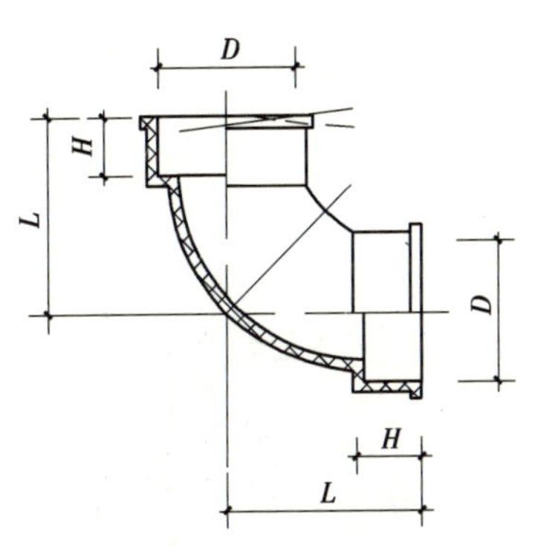

⑧ UPVC90° 弯头

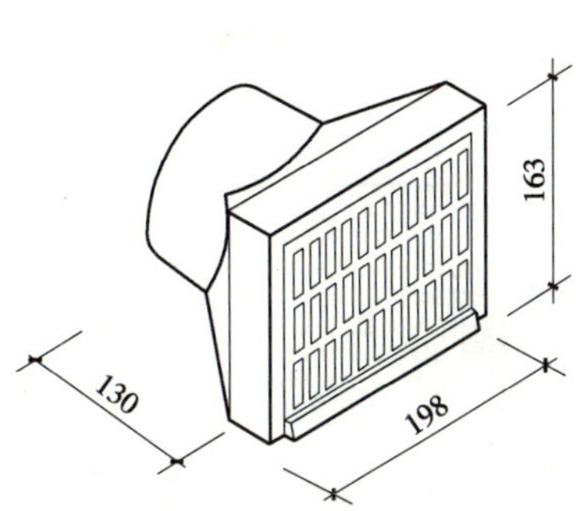

⑨ UPVC 外雨水口透视

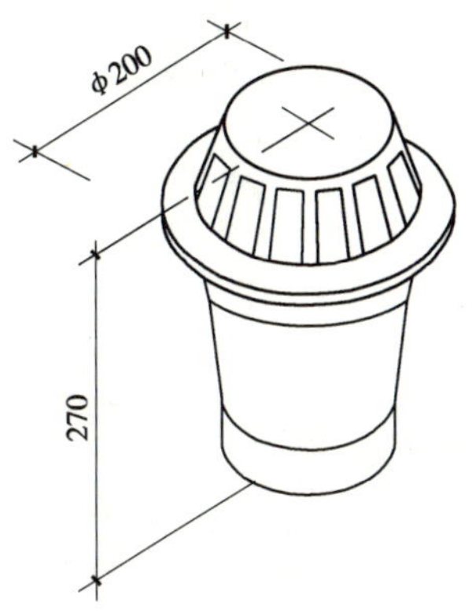

⑩ UPVC 雨水帽透视

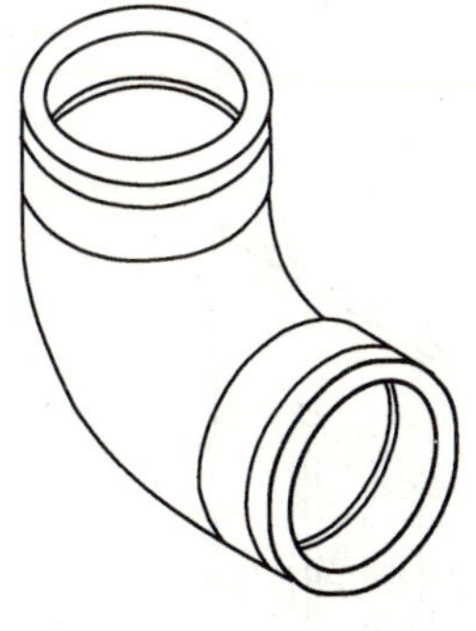

⑪ UPVC90° 弯头透视

名 称	D	H	L
UPVC 90° 弯头	110	50	160
	160	60	208

铸铁外雨水口

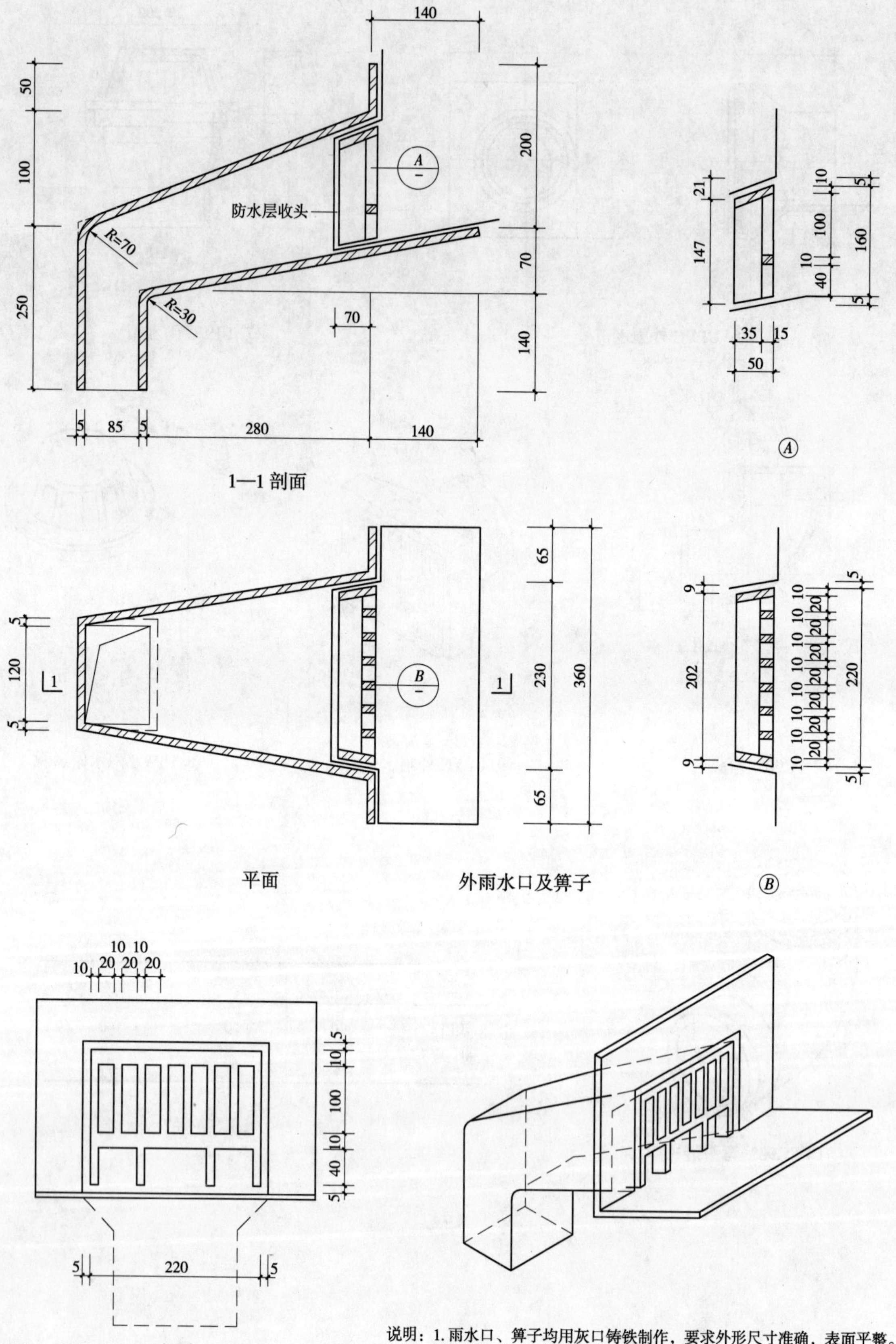

说明：1. 雨水口、箅子均用灰口铸铁制作，要求外形尺寸准确，表面平整。

2. 安装箅子前先将卷材粘牢，再将箅子压入，必须对口严密。

总附录三　排水构件（二）（中南 05ZJ201）（32～37 页）

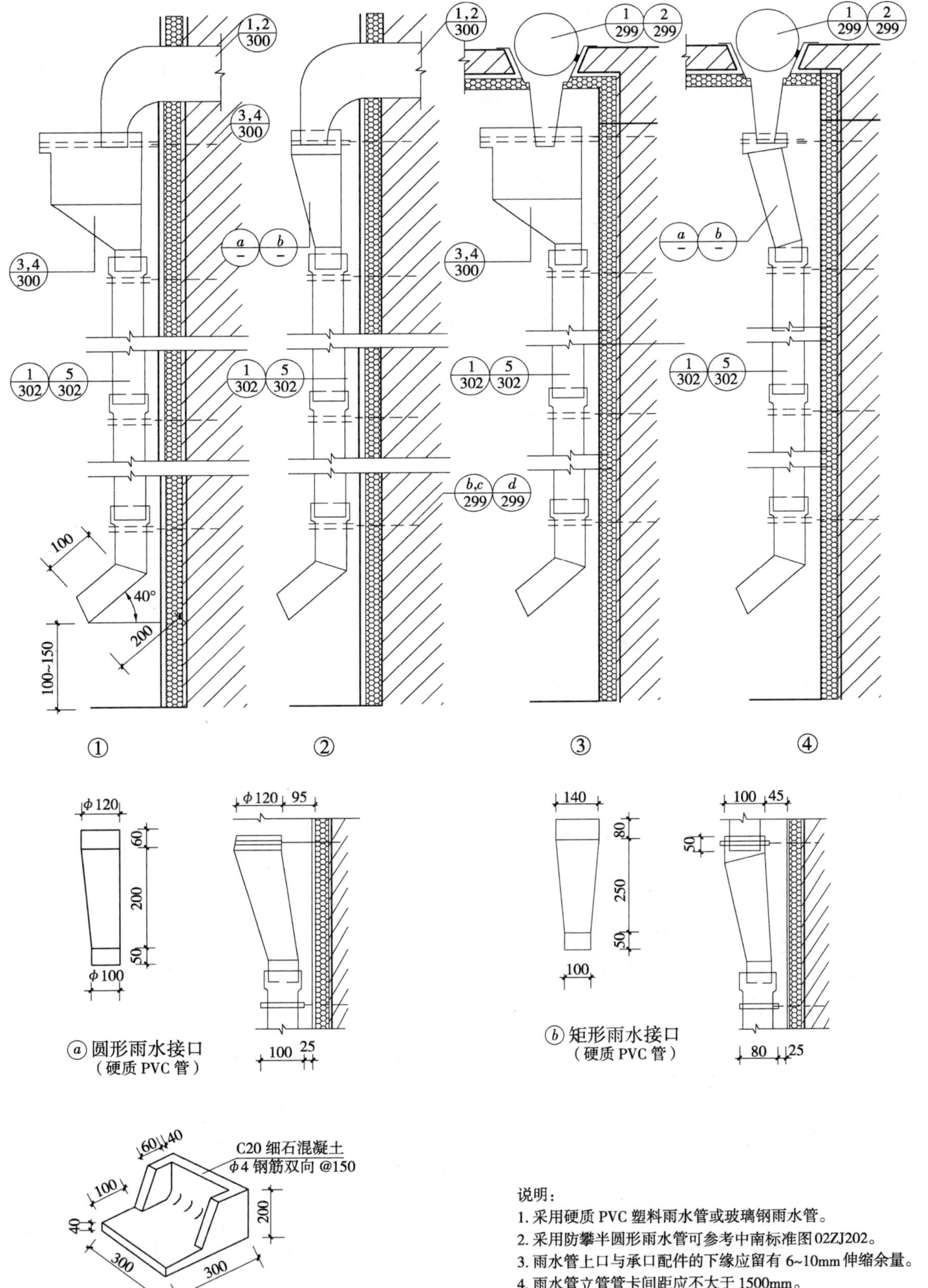

说明：

1. 采用硬质 PVC 塑料雨水管或玻璃钢雨水管。
2. 采用防攀半圆形雨水管可参考中南标准图 02ZJ202。
3. 雨水管上口与承口配件的下缘应留有 6~10mm 伸缩余量。
4. 雨水管立管管卡间距应不大于 1500mm。

87 型雨水口安装图（中南 05ZJ201）(33 页)

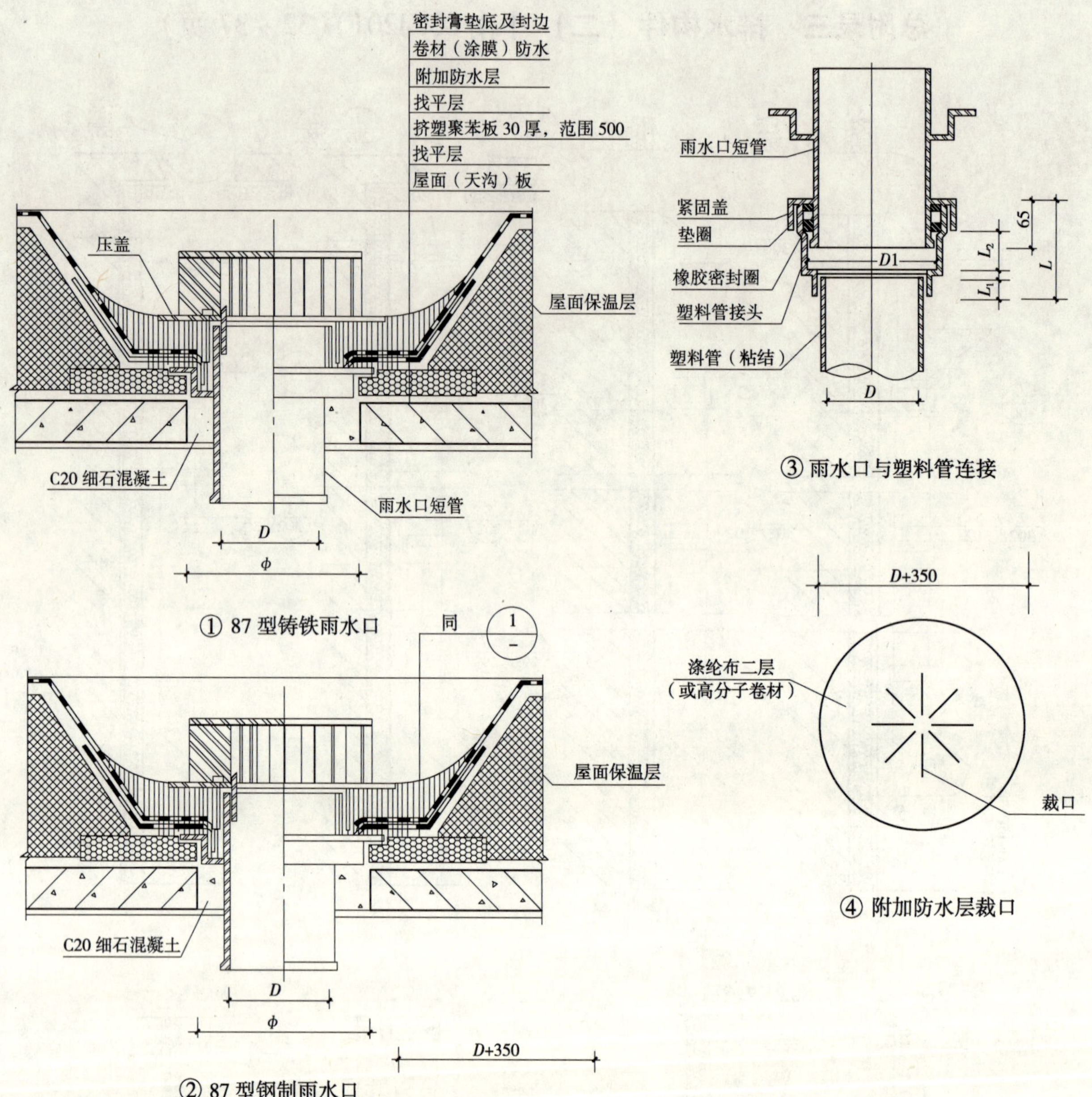

87 型雨水口屋面（天沟）板留洞尺寸表（mm）

序号	雨水口公称尺寸 DN	雨水口短管内径 D	屋面（天沟）板留洞尺寸 ϕ
1	75（80）	75（90）	195
2	100	100（104）	220
3	100	150（154）	270

表中括号内为刚制短管尺寸。

87 型雨水口塑料接头尺寸表（mm）

序号	DN	D	D_1	L	L_1	L_2
1	80	90	95	123	38	48
2	110	100	115	145	48	58
3	160	150	168	170	58	68

说明：

1. 图中为常用尺寸，有特殊要求时可按工程设计。
2. 雨水口安装时，将附加防水层，防水卷材弯入短管承口，填满防水密封膏后，即将压板盖上，并插入螺栓使压板固定，压板底面应与短管顶面压平，密合。
3. 附加防水层，用涤纶布二层或高分子卷材一层，应按本图裁剪。
4. 雨水口周围 d=500mm 范围内，应低于屋面 60~100mm。

65型雨水口及雨水管安装图（中南05ZJ201）(34页)

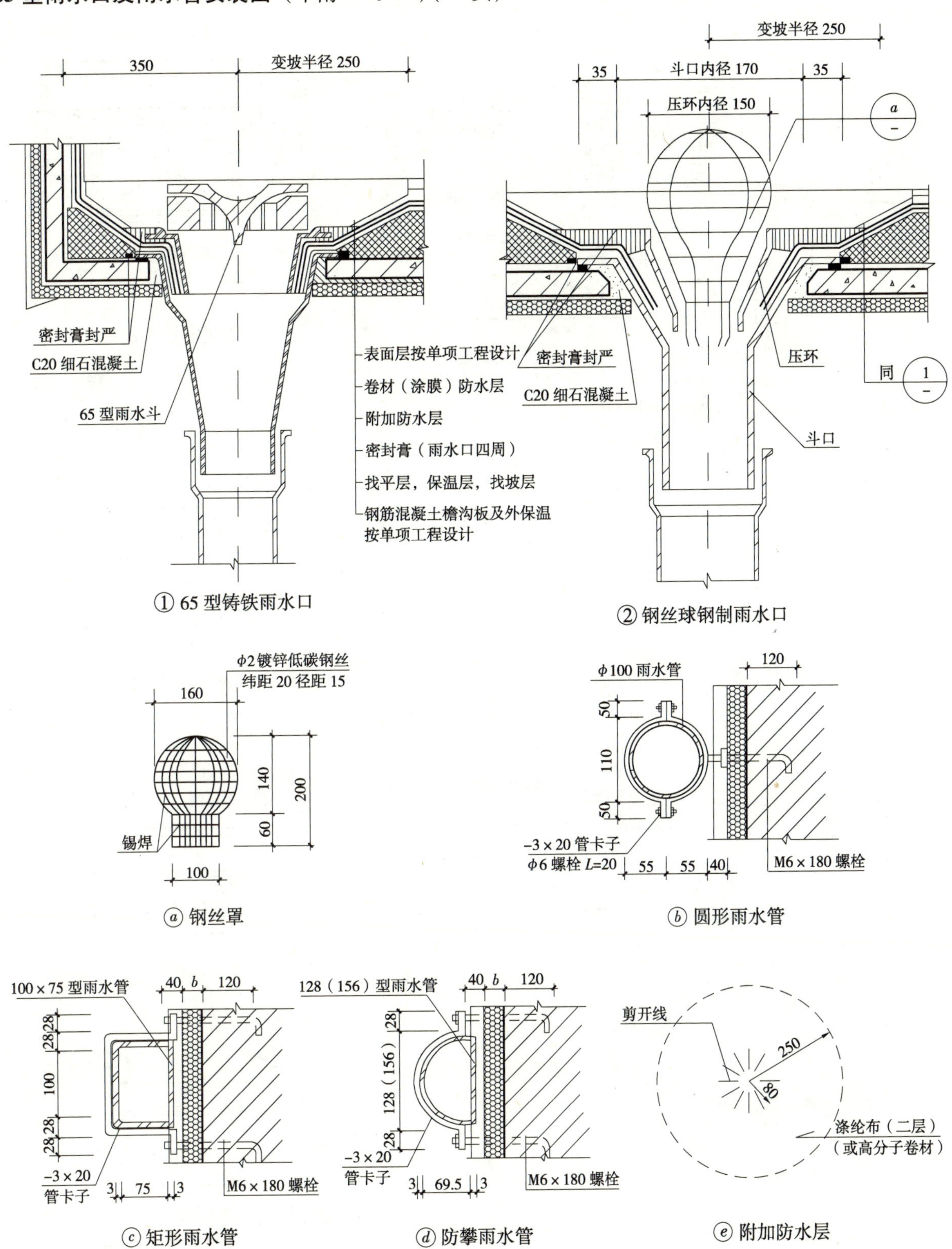

① 65型铸铁雨水口

② 钢丝球钢制雨水口

ⓐ 钢丝罩

ⓑ 圆形雨水管

ⓒ 矩形雨水管

ⓓ 防攀雨水管

ⓔ 附加防水层

说明：

1. 图中为常用尺寸，有特殊要求时可按工程设计。
2. 雨水管应优先采用PVC-U硬质塑料管或玻璃钢雨水管。
3. 雨水口周围d=500mm范围内，应低于屋面60~100mm。

侧入式雨水口及雨水斗安装图（中南 05ZJ201）(35 页)

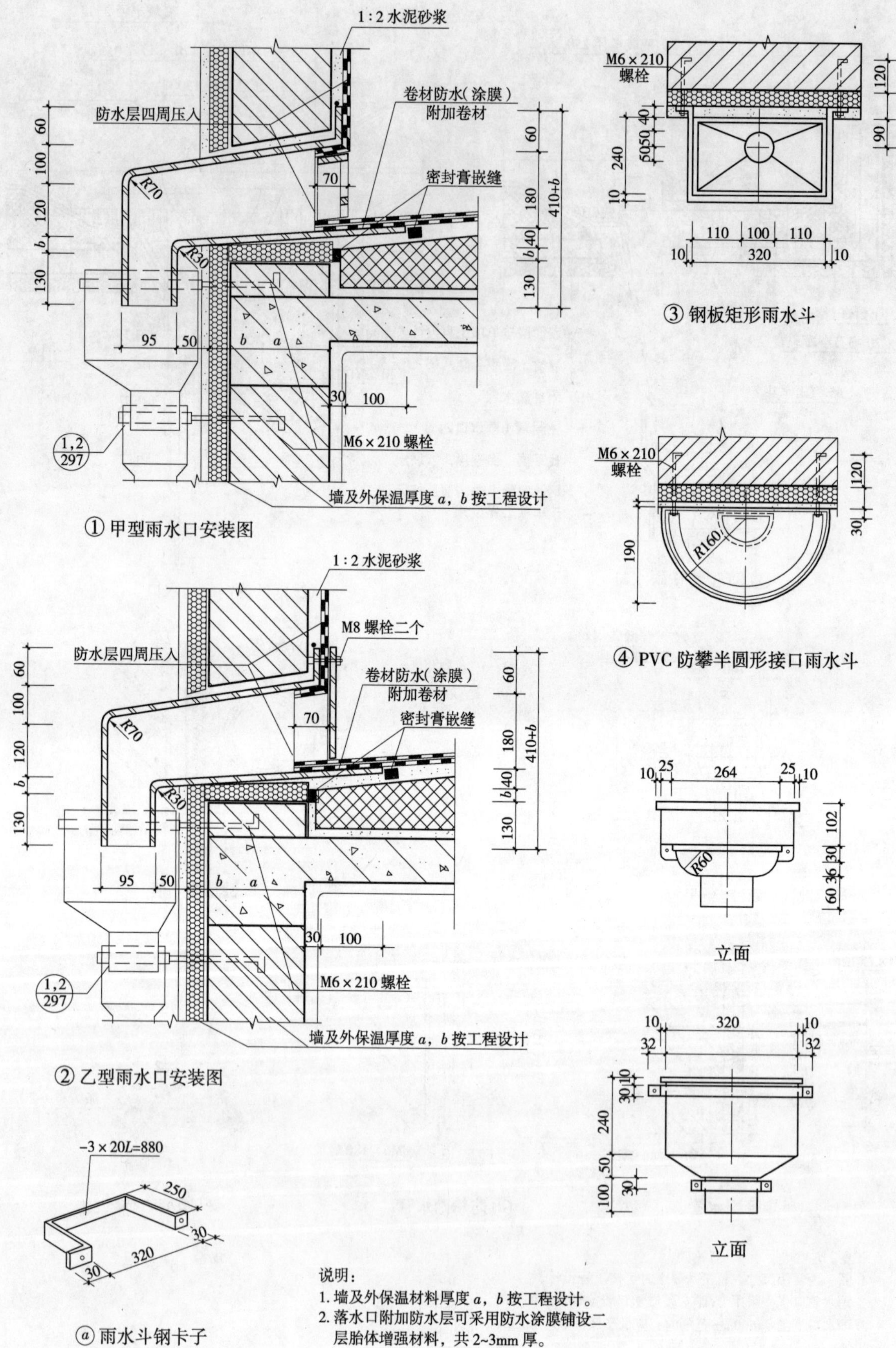

说明：

1. 墙及外保温材料厚度 a，b 按工程设计。
2. 落水口附加防水层可采用防水涂膜铺设二层胎体增强材料，共 2~3mm 厚。

内排水管详图（中南 05ZJ201）（36 页）

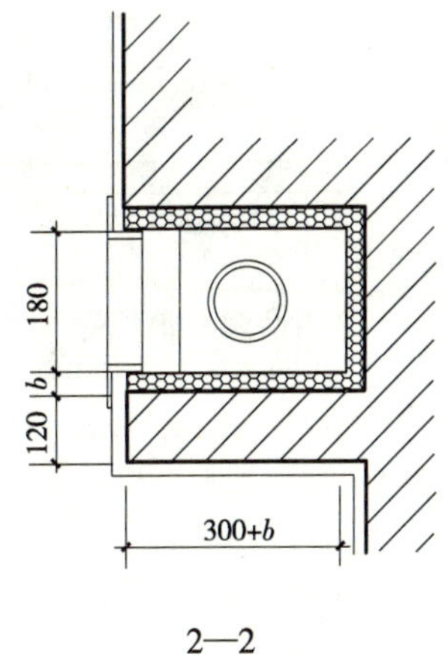

2—2

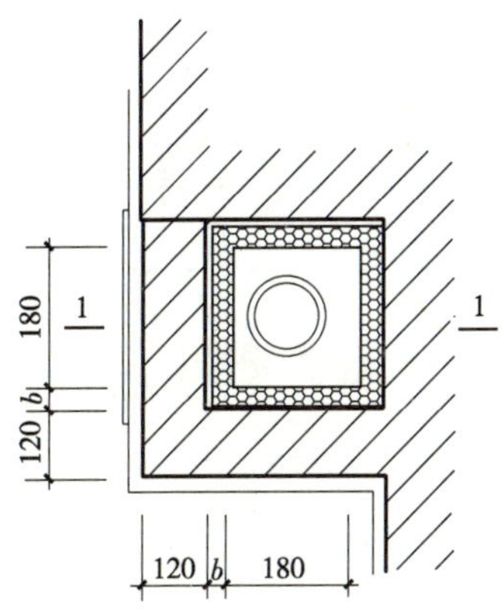

① 平面图

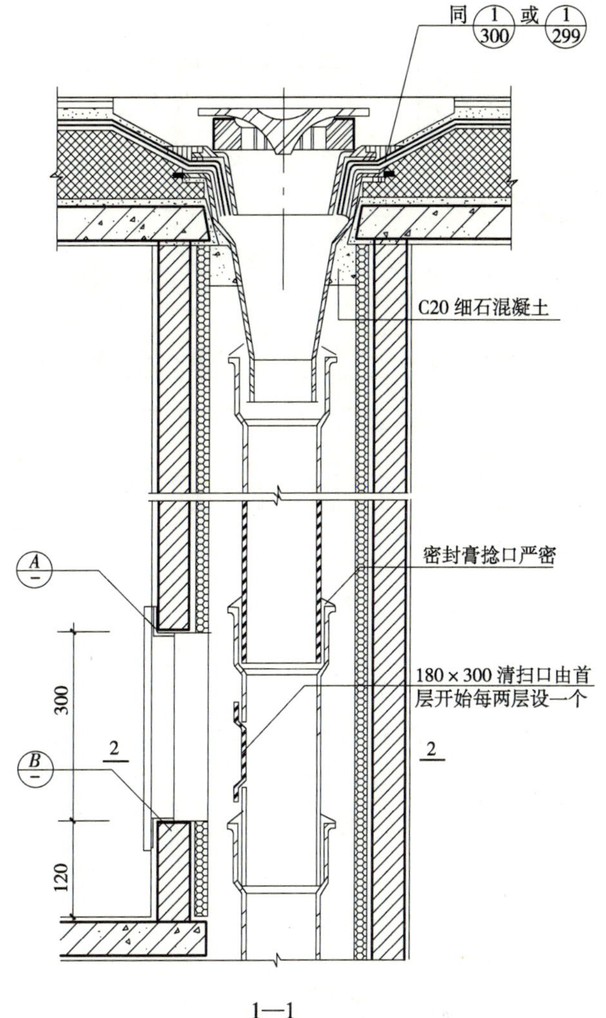

1—1

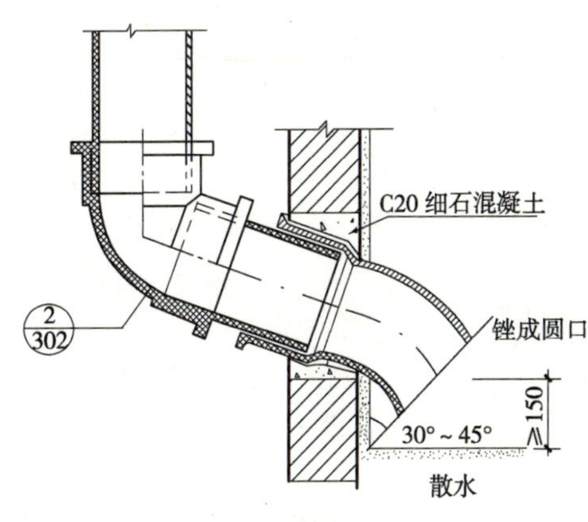

② 底部出水口

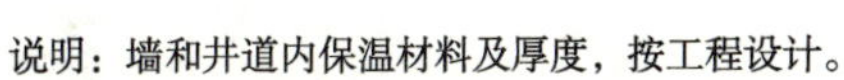
说明：墙和井道内保温材料及厚度，按工程设计。

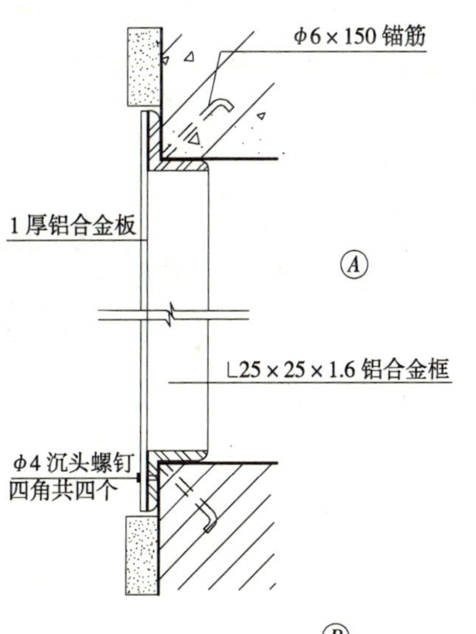

B

PVC-U 雨水管件（中南 ZJ201）(37 页)

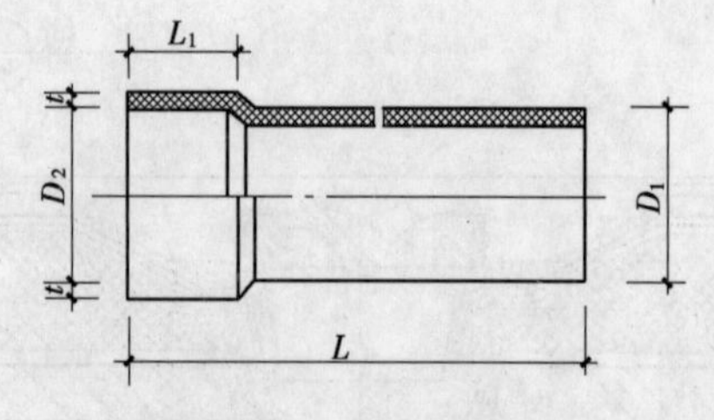

①PVC–U圆形直管

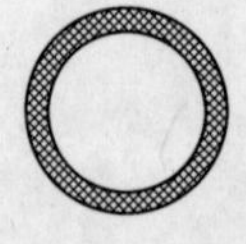

PVC–U直管

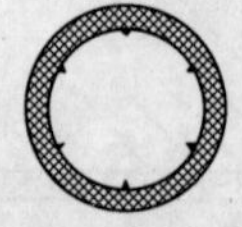

带内凸螺纹消声管

PVC–U直管（带内凸螺纹消声管）尺寸表（mm）

管径D_1	D_2	L_1	t	L
75	75.40	61	3.2（2.3~4.0）	4000 （4000~6000）
110	110.40	61	3.2（2.3~5.0）	
160	160.60	86	3.2（2.3~6.0）	

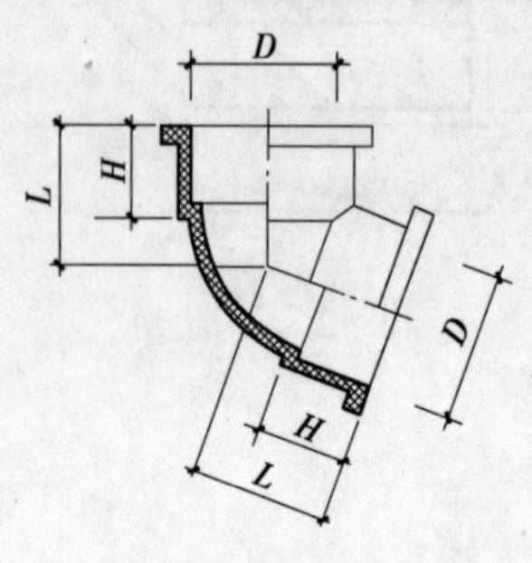

弯头尺寸表（mm）

D	H	L
110	50	80
160	60	100

② PVC–U45° 弯头

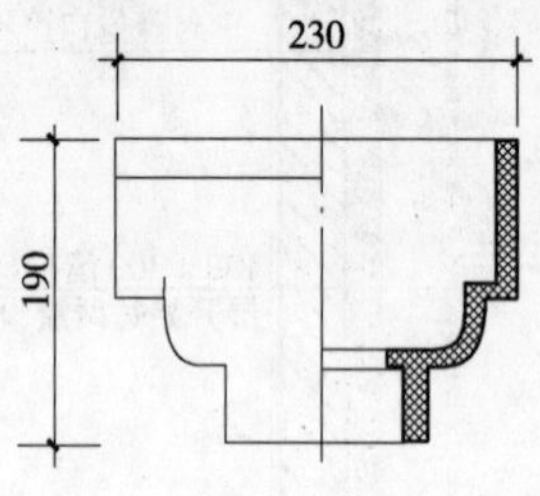

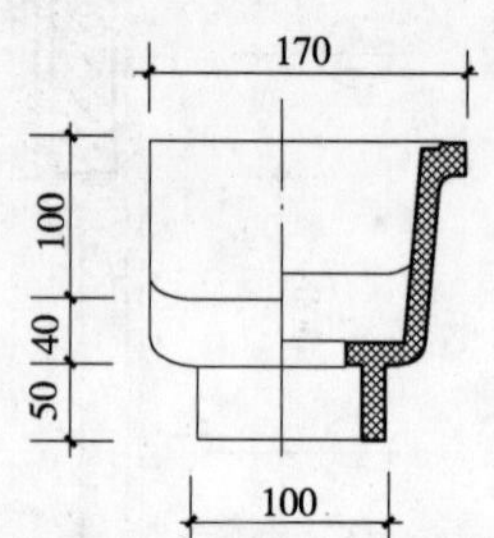

③ PVC–U方雨水斗

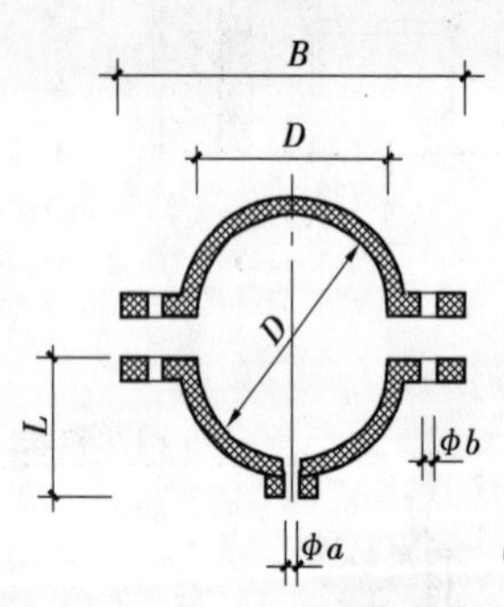

④ PVC–U圆管管卡

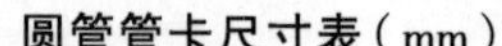

圆管管卡尺寸表（mm）

名称	管径D	ϕa	ϕb	B	L
PVC–U管卡	110	10.5	6.5	158	87
	160	13.0	9.0	230	117

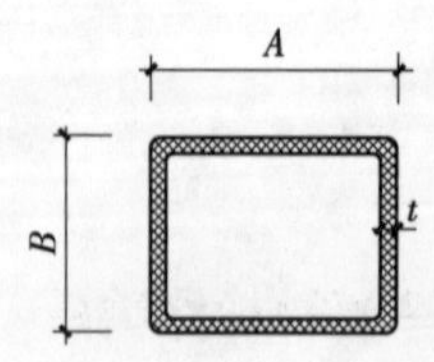

矩形直管尺寸表（mm）

规格	A	B	t	L
100×75	104.0	79.0	2.0	≤3000
75×50	78.6	53.6	1.8	
60×40	63.2	43.2	1.6	

⑤矩形直管

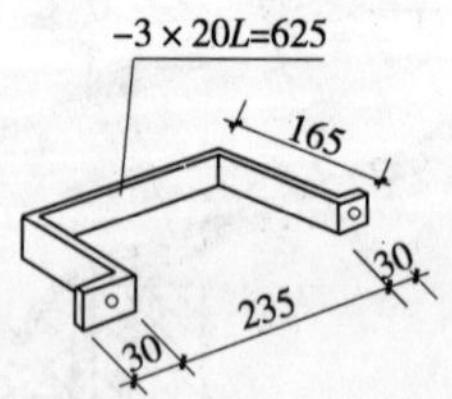

ⓐ 雨水斗铁卡子

说明：

1. PVC–U管材、管件是以聚氯乙烯树酯为主要原料的硬质塑料制品。
2. 矩形管规格参照《建筑用硬聚氯乙烯雨水管及配件》DB31/71–91。

总附录四　块瓦屋面挂瓦条、顺水条等的安装（河南 05YJ5-230 页）

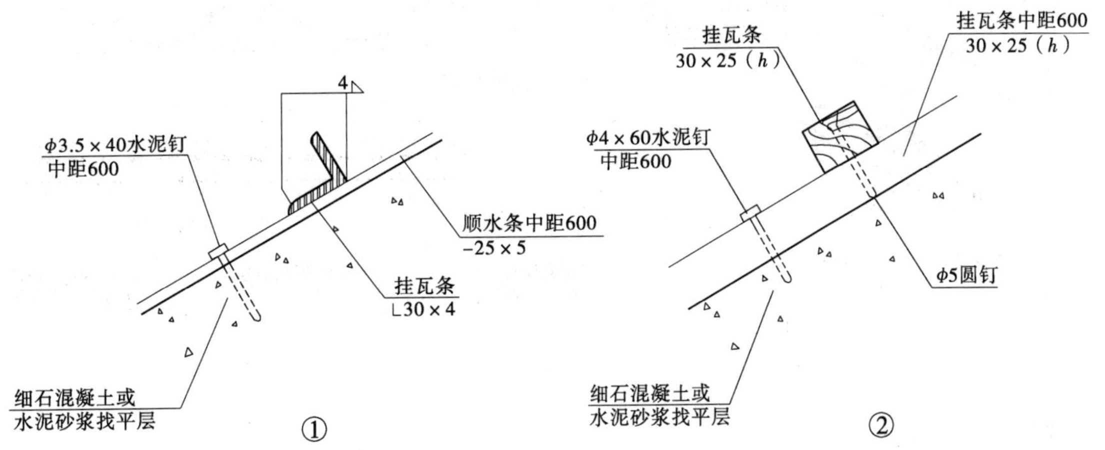

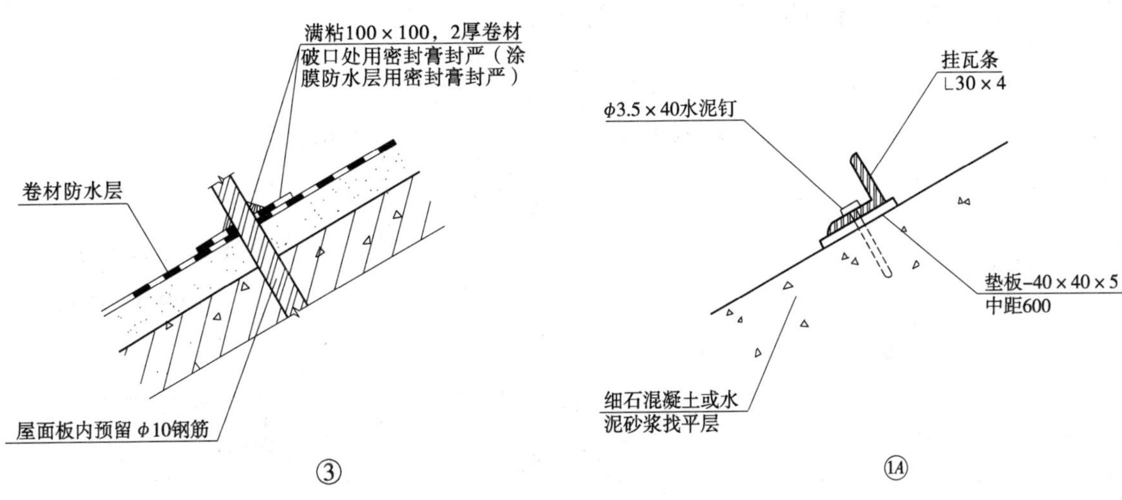

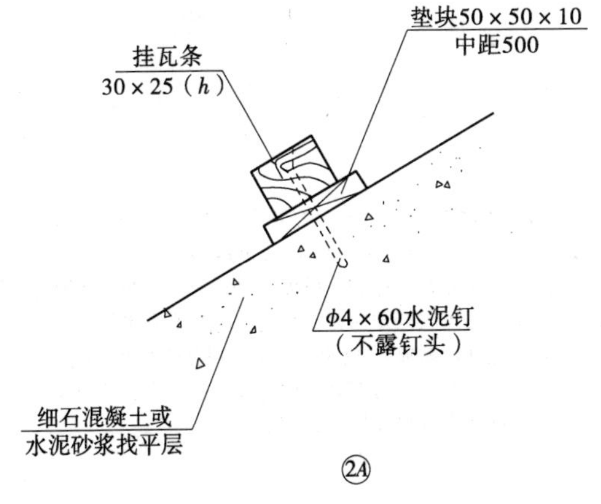

说明：1. 所有钢材下钉处应先钻φ4孔。
2. 钢顺水条安装前应调直。
3. (1A)、(2A)为挂瓦条安装的第二方案，供施工选用，(2A)仅适用于屋面坡度小于100%时。

块瓦形钢板彩瓦屋面瓦材安装及避雷针带支架（河南05YJ5-2）(61页)

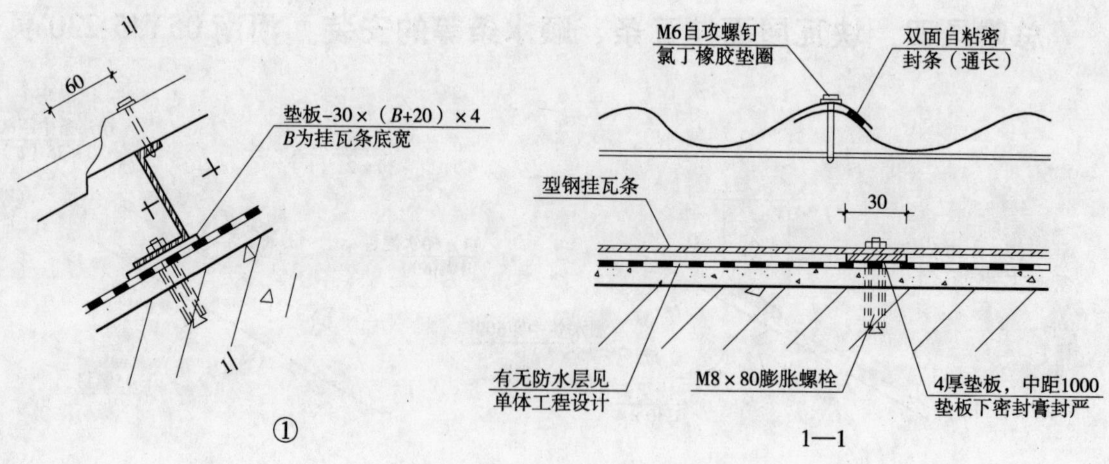

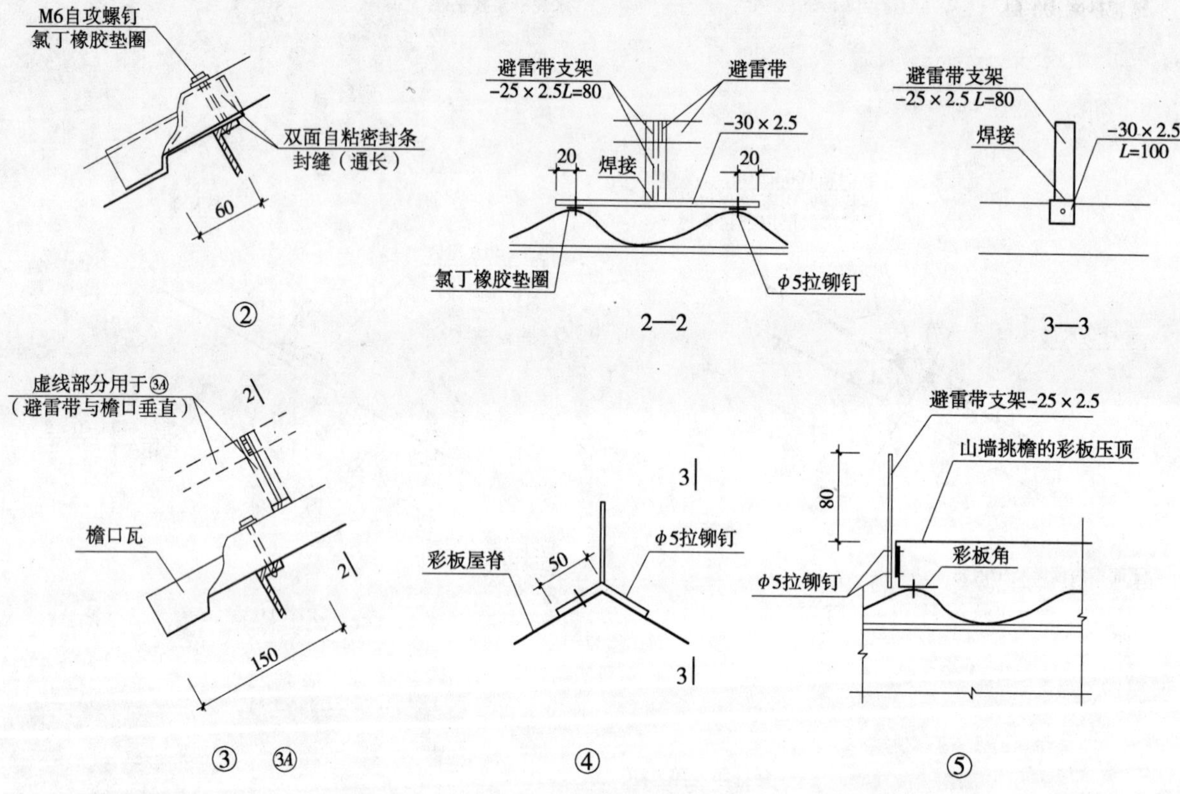

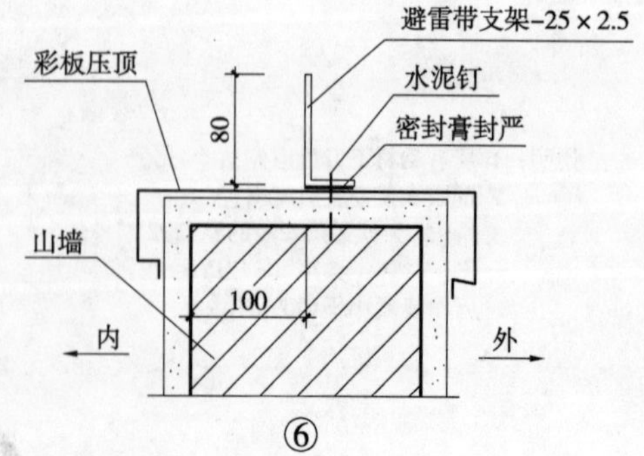

说明：1. 瓦材的搭接如多于一波或有可靠防水措施，搭接处可不设密封条。纵向搭接不小于200mm。
2. 所有拉铆钉（螺钉、螺栓）的外露钉头均用密封膏封严。
3. 避雷带支架与避雷带的固定见电气专业图纸。
4. 固定瓦材的M6自攻螺钉，上下搭接部位和瓦的前、末端，每波一个；左右搭接部位每挂瓦条一个；其他部位每隔一根挂瓦条并错波均匀布钉。

本书采用图集的图集号与标准图名称对照

1. 浙 J14——浙江省标准设计站．平屋面
2. 河南 05YJ5—1——河南省工程建设标准设计管理办公室．平屋面
3. 中南 05ZJ201——中南地区建筑标准设计协作组办公室．平屋面
4. 河北 05J5—1——河北省工程建设标准化管理办公室．平屋面
5. 华北 88J5—1——华北地区建筑设计标准化办公室、西北地区建筑标准设计协作办公室．屋面
6. 河南 05YJ5—2——河南省工程建设标准设计管理办公室．坡屋面
7. 江苏 J10—2003——江苏省工程建设标准站．瓦屋面
8. 中南 05ZJ211——中南地区建筑标准设计协作组办公室．坡屋面
9. 河北 05J5—2——河北省工程建设标准化管理办公室．坡屋面
10. 浙江 2005 浙 J15——浙江省标准设计站．瓦屋面
11. 中南 05ZJ211——中南地区建筑标准设计协作组办公室．坡屋面
12. 中南 05ZJ203——中南地区建筑标准设计协作组办公室．种植屋面
13. 浙江 J32——浙江省标准设计站．覆土植草屋面